国外电子与通信教材系列

固态电子器件

（第七版）

Solid State Electronic Devices

Seventh Edition

[美] Ben G. Streetman
Sanjay K. Banerjee 著

杨建红 李海蓉 田永辉 译

電子工業出版社
Publishing House of Electronics Industry
北京 · BEIJING

内 容 简 介

本书是固态电子器件的教材，全书分为固体物理基础和半导体器件物理两大部分，共 10 章。第 1 章至第 4 章介绍半导体材料及其生长技术、量子力学基础、半导体能带以及过剩载流子。第 5 章至第 10 章介绍各种电子器件和集成电路的结构、工作原理以及制造工艺等，包括：p-n 结、金属-半导体结、异质结；场效应晶体管；双极结型晶体管；光电子器件；高频、大功率及纳电子器件。第 9 章使用较大篇幅介绍 CMOS 制造工艺，从器件物理角度介绍 SRAM、DRAM、CCD、闪存等集成器件的结构和工作原理。本书的器件种类基本涵盖了所有的器件大类，反映了现代电子器件的基础理论、工作原理、二级效应以及发展趋势。各章均给出小结，并附有习题、参考读物和自测题。

本书可作为高等院校微电子、固态器件与电路、半导体材料、电子科学与技术等专业的基础课程的教材，也可供器件与集成电路等相关领域的研究人员和技术人员参考。

图书在版编目（CIP）数据

固态电子器件：第七版 /（美）本·G. 斯特里特曼（Ben G. Streetman），（美）桑贾伊·K. 班纳吉（Sanjay K. Banerjee）著；杨建红，李海蓉，田永辉译. —北京：电子工业出版社，2018.3

书名原文：Solid State Electronic Devices, Seventh Edition

国外电子与通信教材系列

ISBN 978-7-121-31565-7

I. ①固… II. ①本… ②桑… ③杨… ④李… ⑤田… III. ①半导体器件－固态器件－电子器件－高等学校－教材 IV. ①TN301

中国版本图书馆 CIP 数据核字（2017）第 108273 号

策划编辑：杨　博

责任编辑：李秦华

印　　刷：天津千鹤文化传播有限公司

装　　订：天津千鹤文化传播有限公司

出版发行：电子工业出版社

北京市海淀区万寿路 173 信箱　　邮编　100036

开　　本：787×1092　1/16　　印张：27　　字数：691 千字

版　　次：2018 年 3 月第 1 版（原著第 7 版）

印　　次：2023 年 3 月第 3 次印刷

定　　价：109.00 元

凡所购买电子工业出版社图书有缺损问题，请向购买书店调换。若书店售缺，请与本社发行部联系，联系及邮购电话：（010）88254888，88258888。

质量投诉请发邮件至 zlts@phei.com.cn，盗版侵权举报请发邮件至 dbqq@phei.com.cn。

本书咨询联系方式：yangbo2@phei.com. cn。

译 者 序

电子器件是信息技术的基础，也是信息技术的核心。固态电子器件是实现信息产生、获取、传输、变换、存储的硬件基础，在微电子系统、光电子系统以及集成电路中具有不可替代的作用。一部好的固态电子器件教材，首先应阐明各类器件赖以实现其特性的材料、结构、工艺等相关基础知识，其次应阐明不同器件特性的物理学、电学、光学等本质属性，第三应阐明影响或制约器件性能的各种器件物理效应，这样才能帮助读者将所涉及各项基础知识融会贯通，在透彻理解的基础上受到启发而进一步受益。译者根据自己的专业教学实践和经验，认为本书是一本适合本科生学习的好教材，这也是译者欣然受托翻译本书的本意。

本书一直处于更新之中，目前是其第七版，英文原版于 2015 年由 Pearson 出版集团出版。作为译者之一，杨建红曾于 2000 年将本书的第五版作为国外先进教材首次翻译，由兰州大学出版社于 2005 年正式出版，2007 年第 2 次印刷(ISBN 978-7-311-02564-9)。同期，该教材也被引进到其他四个主要语种的十多个国家作为本科生教材。从读者反馈和译者体会来看，该教材吸引读者的特色之处，在于其原理性描述清晰，文字说明充分，图片(或图示)配置恰当，不拘泥于烦琐且无实际意义的数学推导。在第七版中，除更新了前几版的习题和参考读物以外，各章均增加了“小结”和“自测题”作为组成部分。在器件种类方面，增加了新兴或先进器件的内容，如先进 MOSFET(第 6 章，包括高 k 栅介质、应变硅、SOI MOSFET 和 FinFET)、量子级联激光器(第 8 章)、纳电子器件(第 10 章，包括量子点、量子线、层状晶体结构、自旋存储器、变阻存储器)等内容。这为读者进一步学习思考留下了空间。

全书正文部分共 10 章，其中有公式 470 多个，插图 340 多幅，另有附录 9 个。李海蓉主要翻译第 10 章，田永辉主要翻译各章中新增的“教学目的”、“小结”和“自测题”部分，杨建红主要翻译第 1 章至第 9 章和其余各部分，并负责全书文稿的初审和统稿。翻译文本保持了作者的原意，在此基础上，尽量避免因中英文表达习惯不同而影响读者的阅读感受。在个别可能影响读者理解的地方，增加了“译者注”。对某些明显的错误，如例题解答、物理量的单位、表达式符号等错误，则直接做了更正[①]。

感谢电子工业出版社的信任，将本书的翻译工作交给译者；感谢杨博编辑在翻译出版过程中给予的有益指导和帮助。译者所在研究组的部分研究生庞正鹏、李玉苗、张洋等同学参与了部分章节的文字查错等工作，在此一并表示感谢。由于译者水平有限，译文中不妥或疏漏之处在所难免，敬请读者不吝指正。

译 者

2016 年 3 月

① 由于原书中关于例题的解答步骤过于简略，不利于学生理解，译者特别进行了整理与补充，以帮助读者理解。

前　　言

本书的适用对象是电子工程专业、微电子学专业的本科生，也可供对固态电子器件感兴趣的学生和科技工作者作为参考读物。本书的主要内容是固态电子器件的工作原理，同时对许多新型器件和制造技术也有所介绍。本书在内容安排上力求使那些具有物理背景知识的高年级学生对专业知识有更为深入的理解，从而使他们能够阅读关于新器件及其应用的参考文献。

课程目的

在我来看，对本科生开设的电子器件课程有两个基本目的：一是让学生对现有器件有一个透彻的理解，这样才能充分体现对电子线路和电子系统课程学习的意义；二是培养学生掌握分析器件的基本方法，使他们能够有效地掌握新型器件。从长远的观点来看，第二个目的可能会更重要些，因为从事电子学领域工作的人员在其工作中需要不断地学习和掌握新器件和新工艺。基于这样的考虑，我曾尝试把半导体材料和固态导电机理两方面的基本知识融合到一起；特别是在介绍新器件时更是如此。这些观念在指导性课程讲授中常常被忽略掉了。比如,有一种观点认为没有必要在本课程的讲授中去详细介绍有关半导体 p-n 结和晶体管的基本知识，但我认为：培养学生的一个重要目的，就是要让学生能够通过阅读最新的、专业性很强的相关文献来理解一种新器件，而上述观点却忽视了这一点。所以，本书介绍了大多数常用的半导体术语和概念，并将它们与器件的各种性质联系起来阐述器件物理问题。

新增内容

1. 针对 MOS 器件，新增了弹道输运场效应晶体管、鳍栅场效应晶体管(FinFET)、应变硅场效应晶体管、金属栅/高 *k* 介质栅场效应晶体管，以及 III ~ V 族高迁移率晶体管等内容。
2. 针对光电子器件，新增了宽带隙氮化物半导体器件和量子级联激光器的相关内容。
3. 新增了纳电子器件的相关内容，包括二维结构石墨烯、一维结构纳米线和纳米管，以及零维结构量子点等。
4. 新增了自旋电子器件、阻变存储器、相变存储器的相关内容。
5. 新增了大约 100 道习题，更新了参考读物列表。

参考读物

为培养学生独立学习的能力，在每章的参考读物列表中，给出了可供学生阅读的若干文章。某些文章选自科普期刊，比如《科学美国人》(Scientific American)和《今日物理》(Physics Today)等。还有些文章选自其他教材和专业刊物，对相关内容做了更为详细的阐述。一般来说，学生阅读这些文章并不困难。我不期望学生读遍列表中的所有文章，但鼓励他们尽可能多地阅读一些有关文章，以便为以后的工作打好基础。

课后习题

学好本课程的关键之一是多做课后习题，以便加深理解并透彻掌握基本概念。每章的后面都有一定量的习题，其中有一小部分是“附加题”，用以扩展或深化每章的内容。另外，每章后面增加了自测题(Self Quiz)，便于读者自我检测对相关内容的掌握程度。

物理量的单位

本书对物理量采用的单位是半导体领域的常用单位。一般情况下均采用MKS单位制，但有时采用厘米作为长度单位更方便，这在例题和习题中已给出了不少实例。出于同样的原因，本书中能量的单位更多地采用的是电子伏特(eV)而不是焦耳(J)。附录A和附录B分别列出了常用物理量的符号及其单位。

内容安排①

在给本科生讲授这门课程时，有时可能会使用“可以证明……”这样的术语来直接引用某些更高级或更复杂的内容，但往往得不到应有的效果。为避免这种情况过多出现，可以根据需要把课程的某些内容拖后，留待研究生阶段学习，因为那时就可以把统计力学、量子理论以及其他高级知识轻易地穿插进来。当然，这样做可以使课程讲授起来容易一些，但同时也使学生失去了探索某些器件问题的乐趣。

本书的内容包括硅和化合物半导体器件，特别是对化合物半导体在光电子和高速器件应用方面日益增长的重要性做了适度的介绍。某些内容，比如异质结、三元和四元合金的晶格匹配、带隙随杂质组分的变化，以及量子阱的共振隧穿等，拓宽了讨论的范围。但是，在讲授时不要太过强调化合物半导体的应用，硅基器件照样有显著的进展；这些进展在场效应晶体管结构和硅基集成电路的讨论中得到了具体的反映。我们不可能介绍所有的、最新的器件，那是专业刊物和国际会议论文所关注的事；我们只对那些有代表性和说明性的器件加以介绍。

本书的前四章阐述半导体性质和半导体导电理论，其中第2章对量子力学的基本概念做了简要介绍，这主要是为那些尚不具备这方面基础知识的学生而准备的。第3章和第4章介绍半导体导电理论，第5章介绍半导体p-n结理论及其典型应用，第6章和第7章分别介绍场效应晶体管和双极结型晶体管的工作原理，第8章介绍光电子器件，第9章介绍集成电路(从器件物理和制造工艺的角度)。第10章基于半导体理论介绍了微波器件和功率器件，其中最后一节，即纳电子器件是新增的。书中介绍的所有器件在当今电子学中都很重要，对这些器件的学习将是充满乐趣、富有收获的，我们希望本书能让读者有这样一种体验。

---

①本书可向授课教师提供英文原版教辅(教学PPT、教师手册等)，具体申请方式请联系te_service@phei.com.cn。

致谢

那些使用过本书前六版的学生和教师提出的意见和建议使第七版受益匪浅；正是他们宝贵的、无私的意见，促成了本书的出版。在此，我们仍一如既往地向前六版序言中提到的那些人深表感谢，他们对本书的贡献巨大。特别要提到的是，Nick Holonyak 在整个七个版本的完成和出版过程中一直是我们的精神动力和信息源泉。我们还要感谢得克萨斯大学奥斯汀分校的同事们给我们提供的帮助，他们是 Leonard Frank Register，Emanuel Tutuc，Ray Chen，Ananth Dodabalapur，Seth Bank，Misha Belkin，Zheng Wang，Neal Hall，Deji Akinwande，Jack Lee 以及 Dean Neikirk。Hema Movva 对本书习题解答的文字录入工作提供了有益的帮助。本书图题中提到的诸多公司和机构为本书提供了器件和工艺照片，在此也谨向他们的慷慨帮助表示感谢；特别要向为本版本提供新图片的公司和个人表示感谢，他们是：TI 公司的 Bob Doering，Intel 公司的 Mark Bohr，Micron 公司的 Chandra Mouli，MEMC 公司的 Babu Chalamala 以及 TEL 公司的 Kevin Lally。最后，我们想说的是，珍视并感谢 Joe Campbell、Karl Hess 和后来的 Al Tasch 与我们多年的共事与合作，他们既是我们的好同事，又是难得的好朋友。

Ben G. Streetman
Sanjay K. Banerjee

作 者 简 介

Ben G. Streetman 是得克萨斯大学奥斯汀分校 Cockrell 工程学院的名誉院长，也是电子与计算机工程名誉教授和 Dula D. Cockrell 主席(Centennial Chair)。1984—1996 年在得克萨斯大学奥斯汀分校工作期间，创立微电子研究中心并担任中心主任，1996—2008年担任工程学院院长。长期从事半导体材料与器件的教学和科研工作。1966 年从得克萨斯大学奥斯汀分校获得博士学位后到伊利诺伊大学香槟分校任教，直到 1982 年返回得克萨斯大学工作。获得的主要荣誉有：电子与电气工程师学会(IEEE)教育奖、美国工程教育学会(ASEE) Frederick Emmons Terman 奖、化合物半导体国际会议 Heinrich Welker 奖。他是美国国家工程院院士和美国艺术与科学院院士，同时也是 IEEE 和电化学协会会士。曾荣膺得克萨斯大学奥斯汀分校杰出校友和工程学院优秀毕业生称号。因在电子工程教学方面成绩斐然，曾获得通用动力公司的优秀成果奖；本科生教学方面的工作受到广泛赞誉，曾获得家长协会授予的优秀教师称号。曾在工业界和政府的许多专业小组和委员会中担任重要职务。发表的论文有 290 多篇。在他的指导下，先后有 34 名电子工程专业、材料科学专业，以及物理学专业的学生获得了博士学位。

Sanjay K. Banerjee 现任得克萨斯大学奥斯汀分校电子与计算机工程首席教授、微电子研究中心主任。1979 年从印度理工学院获得电子工程学士学位，并分别于 1981 年和 1983 年从伊利诺伊大学香槟分校获得电子工程硕士和博士学位。1983—1987 年在得克萨斯仪器公司(TI)工作，参与研发了世界上第一块 4 MB DRAM，为此成为 ISSCC 最佳论文奖的共同获奖人之一。发表有 900 多篇被引论文和会议论文，拥有 30 项美国专利，指导过 50 多名博士研究生。获得的主要奖项和荣誉有：1988 年(美国)国家自然科学基金总统青年探索者奖，1990—1997 年得克萨斯原子能跨世纪人才奖，1997—2001 年 Cullen 教授奖，得克萨斯大学 Hocott 研究奖，2003 年 ECS Callinan 奖，2004 年工业研发杰出 100 奖，2005 年 IIT 杰出校友奖，2000 年 IEEE 千年奖，以及 2014 年 IEEE Andrew S. Grove 奖。他是 IEEE、APS 和 AAAS 会士。研究方向包括：基于二维材料和自旋电子学的后 CMOS 时代纳电子晶体管、先进 MOSFET 制造与建模、太阳能电池等。

目　录

第1章　晶体性质和半导体生长

本章教学目的

1. 熟悉常见半导体的基本性质和用途。
2. 掌握晶格参数的计算方法。
3. 了解块状晶体和薄膜晶体的制备和生长方法。
4. 熟悉晶体缺陷及其性质。

我们在研究固态电子器件时主要关心的是固体的电学行为。从后面几章将看到，金属或半导体中的电荷输运不仅依赖于电子的性质，而且也与原子排列有关。本章将讨论半导体区别于其他固体的物理性质、常见半导体材料中原子的排列，以及半导体晶体的生长技术。许多教科书已对晶体结构与晶体生长技术做了专门介绍；本书作为导论性质的课程教材，只对半导体材料的性质和材料制备技术的主要方面加以介绍。

1.1　半导体材料

半导体的导电性介于金属和绝缘体之间，它们的电导率随着温度、激发源的强度、杂质浓度等因素的改变可以发生很大程度的改变(可在几个数量级范围内变化)。正是基于这种性质，半导体材料才成为电子器件材料的自然选择。

在化学元素周期表的 IV 族元素及其附近可以找到半导体材料，典型的半导体材料参见表 1-1。由 IV 族元素原子组成的半导体，如硅(Si)和锗(Ge)，因为其中只含有一种原子，故称为**元素半导体**。另外，III 族和 V 族元素的化合物以及 II 族和 VI 族元素的化合物也是常用的半导体材料，称为**金属间半导体**或**化合物半导体**。

表 1-1 所示的半导体具有各不相同的电学和光学性质，这为器件的设计、制造和应用带来很大的灵活性。在半导体器件的发展初期，首先使用的是元素半导体 Ge 用以制造二极管和三极管，现在正广泛应用的整流器件、晶体管，以及集成电路则主要使用元素半导体 Si 材料，某些高速器件和光电子器件则使用化合物半导体材料。二元化合物半导体如 GaAs 和 GaP 是制作发光二极管(LED)的常用材料。在 1.2.4 节将看到，三元化合物半导体(如 GaAsP)和四元化合物半导体(如 InGaAsP)在材料性质和器件特性的控制方面具有更多的灵活性，因而具有非常重要的应用。

电视屏幕的荧光材料通常是 II ~ VI 族化合物半导体材料，如 ZnS。其他 II ~ VI 族半导体如 InSb、CdSe、PbTe，以及 HgCdTe 则常用于制作光探测器。Si 和 Ge 广泛用于红外探测器和辐射探测器中。某些重要的微波器件，如 Gunn 器件(参见 10.3 节)，常用 GaAs 或 InP 材料制作。半导体激光器则使用 GaAs，AlGaAs，以及其他三元或四元化合物半导体制作。

半导体区别于金属和绝缘体的重要性质之一是**禁带宽度**(或者**带隙**)不同。半导体的禁带宽度决定了半导体的许多性质。比如，纯净半导体对光的吸收特性以及半导体的发光波长就是由其禁带宽度决定的(参见第 3 章的有关讨论)。例如，GaAs 的禁带宽度是 1.43 eV，因而发光波长位于近红外区。又如，GaP 的禁带宽度是 2.3 eV，故发光波长与可见光区的绿光波长接近[①]。附录 C 给出了各种半导体材料的禁带宽度和其他许多性质。由于不同半导体的禁带宽度不同，所以使用不同材料制作的发光二极管和激光器的发光波长也不同，从红外到可见光都有。

表 1-1 常用的半导体材料。(a)半导体元素在周期表中的位置；(b)元素半导体和化合物半导体

(a)	II 族	III 族	IV 族	V 族	VI 族
		B	C	N	
		Al	Si	P	S
	Zn	Ga	Ge	As	Se
	Cd	In		Sb	Te

(b)	元素半导体	IV 族化合物半导体	二元 III～V 族化合物半导体	二元 II～VI 族化合物半导体
	Si	SiC	AlP	ZnS
	Ge	SiGe	AlAs	ZnSe
			AlSb	ZnTe
			GaN	CdS
			GaP	CdSe
			GaAs	CdTe
			GaSb	
			InP	
			InAs	
			InSb	

在半导体内引入某些特定的杂质可在较大程度上改变其电学和光学特性，控制和改变杂质的数量可使半导体的导电性能发生很大改变。例如，在纯的硅晶体中引入百万分之一的杂质就可以使其由不良导体变为良导体。在半导体内引入杂质的过程称为**掺杂**。掺杂可由杂质扩散和离子注入工艺实现(将在 5.1 节介绍)。

为分析和理解半导体的上述性质，有必要先了解其中原子的排列情况。显然，如果材料纯度的微小改变能够引起电学性质的巨大改变，那么原子的性质和原子的排列情况肯定是起了重要作用的。下面我们从晶体结构入手研究半导体的性质。

1.2 晶格

我们知道，晶体中原子的排列具有周期性，由此可将晶体和其他固体区别开来。我们以基本的具有立方晶格的晶体为参照，定义并解释一些结晶学术语，以帮助我们认识晶面和晶向。在此基础上，着重介绍金刚石结构及其类似结构，这是电子器件所用的大多数半导体材料的典型结构。

1.2.1 周期结构

晶体的特征是其中的原子排列具有空间周期性。也可以这样说，晶体中原子的排列是以

① 光子能量 E(以 eV 为单位)和波长 λ(以μm 为单位)之间的对应关系是 $\lambda = 1.24/E$。比如，GaAs 的禁带宽度是 1.43 eV，对应的光波波长是 $\lambda = 1.24/1.43 = 0.87$ μm。

某种基本单元重复进行的。正是因为具有这种空间周期性，从晶体中某一点看到的晶体结构与从其他等效点看到的晶体结构是完全相同的。但是，并非所有的固体都是晶体。如图 1-1 所示，有些固体的原子排列就没有任何周期性，我们将这样的固体材料称为**非晶**材料。还有一些固体，从整体上看，原子的排列没有周期性，但在其中很多小的区域内，原子的排列却是周期性的，我们将这些固体材料称为**多晶**材料。

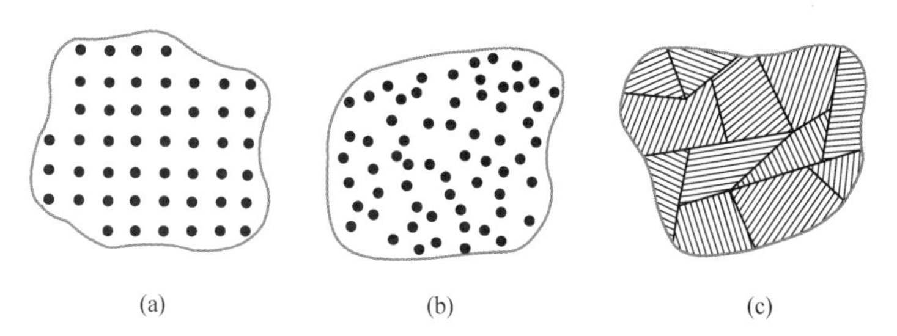

图 1-1　按照原子排列情况划分的三种固体类型。(a) 晶体；(b) 非晶体；(c) 多晶体(其中有大量的晶粒)

晶体中原子的周期性排列构成**晶格**。原子的排列方式不同，则原子之间的距离和相对位置也不同；但不管如何排列，整个晶格总是可以由称为**晶胞**的基本单元按某种规则重复排列而成的。图 1-2 给出了某一斜方晶格中原子的二维排列情形，其中 ODEF 代表一个**元胞**，在该基元的每个顶角处都有一个与相邻元胞共享的原子。元胞是最小的晶胞。将矢量 $\boldsymbol{a}$、$\boldsymbol{b}$ 称为**基矢**；若将一个元胞沿基矢平移整数个单位，就可以找到另一个完全相同的元胞。比如，将晶胞 ODEF 沿矢量 $\boldsymbol{r}=3\boldsymbol{a}+2\boldsymbol{b}$ 平移后，可找到另一个相同的晶胞 O'D'E'F'(参见图 1-2 中的阴影区)。对三维晶格，基矢用 $\boldsymbol{a}$、$\boldsymbol{b}$、$\boldsymbol{c}$ 表示，两个格点的相对位置可以通过矢量

$$\boldsymbol{r}=p\boldsymbol{a}+q\boldsymbol{b}+s\boldsymbol{c} \quad (\text{其中，}p\text{，}q\text{，}s\text{ 都是整数}) \tag{1-1}$$

来描述，这两个格点是完全相同的(不可分辨的)。注意元胞的选择不是唯一的，但不管怎样选择，当把元胞进行平移、重复后，总是应当不多不少地铺满整个晶体。显然，一个元胞可以只包含一个格点。通常的做法是选择最小的基矢来确定元胞。比如，图 1-2 中的基矢选法使得元胞顶角处的每个格点都被相邻元胞共享，因而属于每个元胞的有效格点数目都是 1。正是因为空间中原子的排列方式有多种多样，原子间的相对位置和相对方向也多种多样，才形成了多种不同的晶体结构。应记住的重要一点是，晶格的类型是由格点之间的对称性决定的，而不是由格点之间的距离决定的。

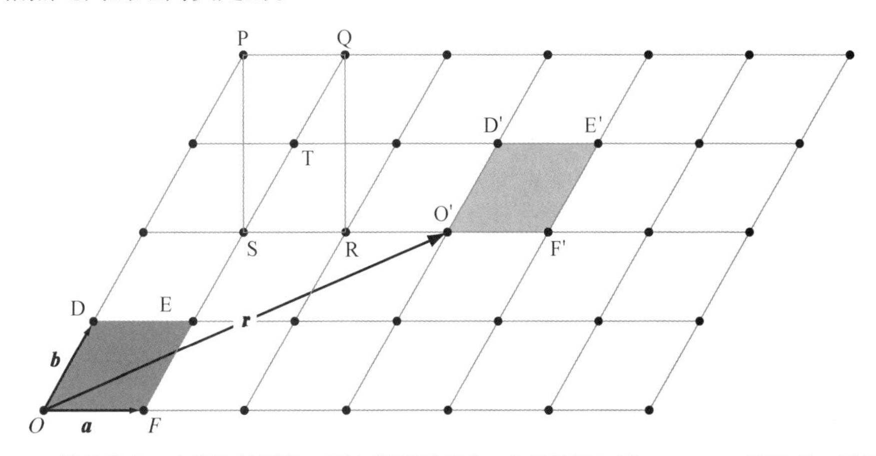

图 1-2　二维晶格中一个晶胞的平移：两个阴影区表示一个晶胞沿矢量 $\boldsymbol{r}=3\boldsymbol{a}+2\boldsymbol{b}$ 平移前、后的位置

然而，在很多情况下，使用元胞描述晶格不是很方便。例如，针对图1-2的斜方晶格，也可以将其看成是由一个长方形晶胞PQRS(中心处有一个格点T)平移、重复构成的，这显然比使用斜方形的元胞ODEF来描述该晶格要方便得多。一个晶胞，不但其顶角处可以有格点，而且其面心处(二维情形)或体心处(三维情形)也可以有格点。有时，使用晶胞比使用元胞能更好地描述晶格的对称性。

使用晶胞描述晶格的好处在于它能代表整个晶格，研究一个晶胞就能了解整个晶体的全貌。例如，从单个晶胞的原子排列情况就可以知道最近邻原子以及次近邻原子之间的距离，这对计算晶体的结合力很有用。我们还可以根据单个晶胞所占的体积和其中原子的排列情况计算出晶体的质量密度。更为重要的是，对电子器件来说，半导体材料的周期性晶格结构决定了参与导电的那些电子的允许能量。总之，晶格结构不仅决定了晶体材料的力学性质，而且也决定了它们的电学性质。

1.2.2 立方晶格

最简单的三维晶格的晶胞是立方体。图1-3所示给出了三种晶格的立方晶胞，即简单立方、体心立方和面心立方的晶胞。简单立方(sc)晶胞的八个顶角处各有一个原子；体心立方(bcc)晶胞除了在八个顶角处有原子外，体心处还有一个原子；面心立方(fcc)晶胞的八个顶角处有原子，同时在六个面的中心处也有原子。这三种晶格的元胞互不相同，但晶胞都是立方晶胞。后面的相关计算都是基于晶胞而做的。

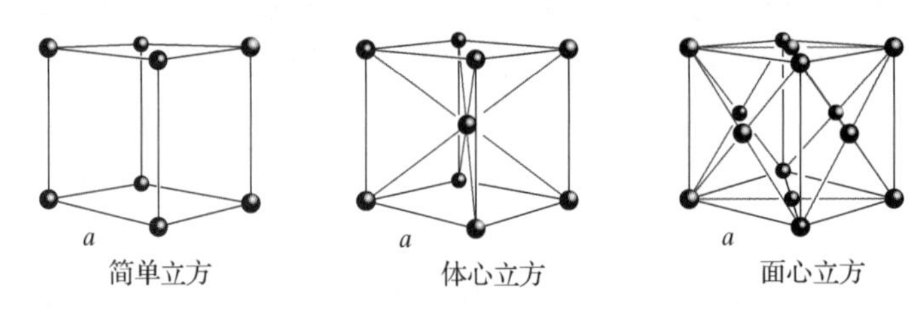

图1-3 三种立方晶格结构

当原子按上述任何一种情形组成晶格时，它们之间的距离由原子间的吸引力和排斥力相平衡的条件决定。我们将在3.1.1节讨论结合力的性质；在这里，把原子当成刚性球处理，以此来分析原子在晶胞中所占据的最大体积比(即**堆垛比**)。图1-4画出了边长为a的fcc晶胞，其中每个刚性原子与其相邻原子恰好相切。边长 a 就是该晶格的**晶格常数**。显然，对于fcc晶格，最近邻原子之间的距离是面对角线长度的一半，即$(\sqrt{2}a)/2$；要使面心处的原子恰好与顶角处的原子相切，原子的半径就必须是最近邻原子间距的一半，即$(\sqrt{2}a)/4$。

【例1-1】 求fcc晶胞中刚性原子的堆垛比。假设晶格常数是$a = 5\text{Å}$[①]。

【解】 因为fcc晶胞中每个顶角处的原子都被8个相邻的晶胞所共有，所以每个顶角处只能计有1/8个原子，8个顶角处计有1个原子。与此类似，一个面上只计1/2个原子，6个面计有3个原子。因此，一个fcc晶胞中的原子数目=1个顶角原子+3个面原子=4个原子。

最近邻原子间距$=\frac{1}{2}(\sqrt{2}a)=3.54\ \text{Å}$

① 原书未给出此晶格常数——译者注。

刚性原子的半径$=\frac{1}{4}(\sqrt{2}a)=1.77$ Å

刚性原子的体积$=\frac{4}{3}\pi\left[\frac{1}{4}(\sqrt{2}a)\right]^3=\frac{\sqrt{2}\pi a^3}{24}=23.14$ Å^3

原子堆垛比$=\frac{\text{每个原子的体积}\times\text{晶胞中的原子个数}}{\text{晶胞的体积}}=\frac{(\sqrt{2}\pi a^3/24)\times 4}{a^3}=\frac{\sqrt{2}\pi}{6}=74\%$

这就是说，如果原子在 fcc 晶格中紧密排列，使得每个原子与其最近邻原子相切，则晶胞体积的 74%将被原子占据。

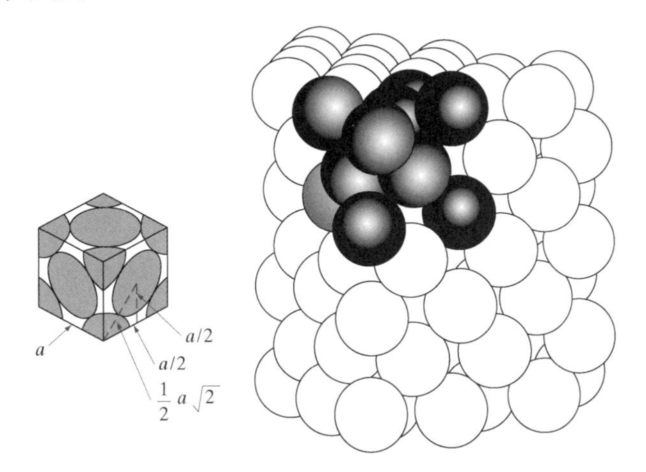

图 1-4　面心立方(fcc)晶格中刚性原子的堆积情况

1.2.3　晶面与晶向

用晶面和晶向描述晶格结构是非常有益的。通常采用一组三个整数来标记某个晶面簇和某个晶向簇。可以以某个格点为坐标原点建立一个 *xyz* 坐标系(任意一个格点都可以作为坐标原点，因为所有格点都是等价的)，使坐标轴沿着晶胞的三个边。对某个特定的晶面，标记它的三个整数是这样确定的：

1. 将该平面在晶轴上的截距表示为基矢的整数倍，记下这三个整数(为了便于确定截距，可在保持晶面取向不变的条件下将该平面平移，使其靠近或远离原点，并使截距成为基矢的整数倍，但平移过程中须保持平面的方向不变)。
2. 取上面记下的三个整数的倒数，再将三个倒数进行通分，取三个分子中最简的一组整数 h，k，l(这三个整数之间的比例关系应该与三个倒数之间的比例关系一样)。
3. 将该平面标记为(hkl)平面。

下面以一个实际的例子说明晶面的标记方法。

【例 1-2】 如图 1-5 所示的晶面，它在三个晶轴上的截距分别是 2$\boldsymbol{a}$，4$\boldsymbol{b}$ 和 1$\boldsymbol{c}$，三个基矢整数倍的倒数分别是 1/2、1/4 和 1。将它们通分，得到最简的一组整数 2，1，4，显然它们之间的比例关系与 1/2，1/4，1 之间的比例关系是一样的。因此，将该晶面标记为(214)晶面。唯一一个例外是截距是基矢的分数而不是整数的情况。例如，在图 1-3 的体心立方晶格中，那些穿过体心原子且与立方体的面平行的晶面，应标记为(200)晶面而不是(100)晶面。

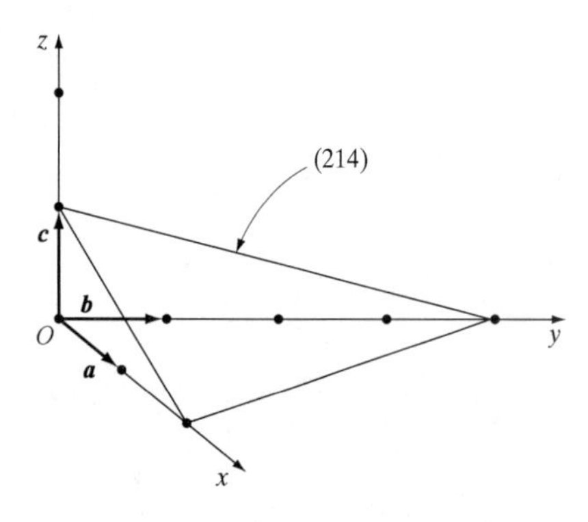

图 1-5　一个(214)平面的示例

三个整数 h、k、l 称为**米勒指数**。确定米勒指数时，之所以采用了截距的倒数，是为了避免出现无穷大的情况。比如，平行于某个晶轴的平面，它在该轴上的截距是无穷大，采用倒数就可以避免无穷大(倒数是零)。也就是说，如果一个晶面通过某个晶轴，或者与该晶轴平行，那么相应的米勒指数就取为零。另外，如果一个晶面通过坐标原点，则先将该平面(晶面)平移到一个新的位置，再确定米勒指数。如果截距是在负半轴上，则把负号写在相应的米勒指数的上方，比如($hk\bar{l}$)。

从结晶学的观点来看，许多晶面的性质都是等价的。因此，实际上可以用一组特定的米勒指数来表示一簇等价的晶面，即表示一个晶面簇。不过，在表示晶面簇时，通常用花括号“{}”将米勒指数括起来，而不用圆括号“()”。例如，图 1-6 所示立方体的六个面在结晶学上是等价的，因此，将这六个等价的晶面标记为{100}晶面簇。

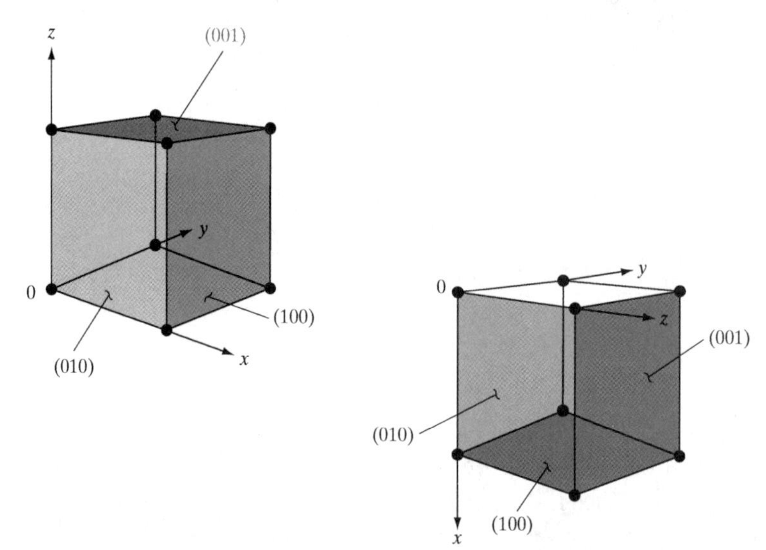

图 1-6　立方晶格中通过晶胞的旋转得到的等价晶面

由于用一个矢量可指出三维空间中某个特定的方向，所以可用类似的方法来表示晶向。表示晶向时，是将矢量的三个分量化为最简的三个整数(保持比例关系不变)，然后放入方括号。例如，图 1-7(a)中立方晶格的体对角线的方向矢量有三个分量 1$\boldsymbol{a}$、1$\boldsymbol{b}$、1$\boldsymbol{c}$，分别是三个基矢的 1，1，1 倍(比例关系已经最简)，因此将该晶向表示为[111]。与晶面的情形类似，晶格中许多晶向也是等价的，用尖括号“〈 〉”括起来的三个整数表示一个晶向簇。例如，图 1-7(b)中的[100]、[010]、[001]等晶向都是等价的，可将这些等价的晶向表示为〈100〉晶向簇。

借助米勒指数，通过两个有用的关系式可分别求得两个平行晶面之间的距离和两个不同晶向之间的夹角。两个平行的相邻晶面(hkl)之间的距离 d 可表示为

$$d = a / (h^2 + k^2 + l^2)^{1/2} \tag{1-2a}$$

两个米勒指数分别是[$h_1k_1l_1$]和[$h_2k_2l_2$]的晶向之间的夹角 θ 可表示为

$$\cos\theta = (h_1h_2 + k_2k_2 + l_1l_2)\{(h_1^2 + k_1^2 + l_1^2)^{1/2}(h_2^2 + k_2^2 + l_2^2)^{1/2}\} \tag{1-2b}$$

将图 1-6 给出的表示晶面的方法和图 1-7 给出的表示晶向的方法进行比较，我们注意到，对于立方晶格，[*hkl*]晶向总是垂直于(*hkl*)晶面，这对研究立方晶格是很方便的。但应指出的是，对于非立方晶系的晶格，这种晶向与晶面之间的关系则不一定正确。

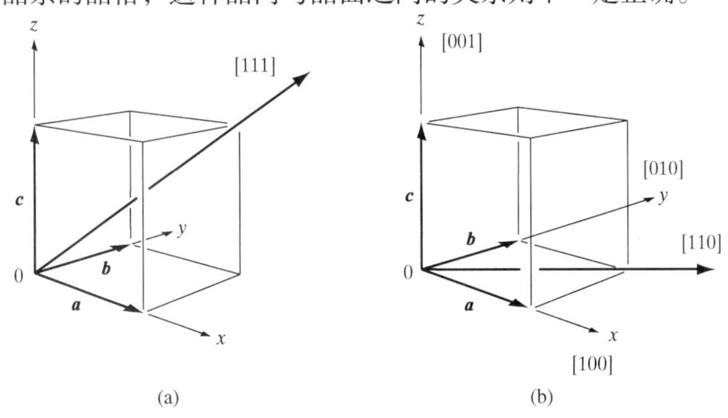

图 1-7　立方晶格中的各个晶向

1.2.4　金刚石晶格

许多重要的半导体的晶格结构是金刚石晶格，Si 晶体、Ge 晶体和 C 晶体就具有这样的晶格。**金刚石晶格**可以这样描述：它是由两个 fcc 晶格嵌套构成的复式晶格，其中一个 fcc 晶格相对于另一个 fcc 晶格沿晶胞的体对角线移动了 $\boldsymbol{a}/4+\boldsymbol{b}/4+\boldsymbol{c}/4$ 的距离。对于 Si 晶体(或者 Ge 晶体)，两个 fcc 晶格格点上的原子是相同的。常用的化合物半导体的晶格与金刚石晶格类似，但两个 fcc 晶格格点上的原子是不同的，我们将这样的晶格叫做**闪锌矿晶格**，它是 III ~ V 族化合物半导体晶格的典型结构。

图 1-8(a)是两个 fcc 晶格嵌套构成金刚石晶格的示意图。我们注意到，如果从 fcc 晶胞的某一个原子出发画一个矢量，使它在三个方向上的长度分量都为立方体边长的 1/4，则该矢量的端点必定能到达另一个 fcc 晶格中某个原子的位置；如果从 fcc 晶格的每一个原子出发画出相同的矢量，则这些矢量的端点都能到达另一个 fcc 晶格中相应原子的位置。金刚石晶格就是由这样两个 fcc 晶格嵌套构成的，其中第二个 fcc 相对于第一个 fcc 发生了$(\frac{1}{4},\frac{1}{4},\frac{1}{4})$的位移。如果从图 1-8(a)所示晶胞的上方往下看(或者沿任何一个$\langle 100\rangle$方向看)，就可以直接看到两个嵌套的 fcc 晶格。图 1-8(b)是图 1-8(a)的俯视图，其中的空心圆点和实心圆点分别代表两个 fcc 晶格格点上的原子。正像前面说明的那样，如果该图中空心圆点和实心圆点处的原子相同，则它就是金刚石晶格；如果空心圆点和实心圆点处的原子不同，则它就是闪锌矿晶格。例如，如果排列在一个 fcc 晶格中的原子是 Ga，另一个 fcc 晶格中的原子是 As，则它就是 GaAs 晶格，具有闪锌矿晶格结构。大多数化合物半导体的晶格都是这种结构，但某些 II ~ VI 族化合物的晶格结构与此稍有不同，而是**纤锌矿**(wurtzite)**晶格**。我们主要关注的是金刚石晶格和闪锌矿晶格。

【例 1-3】 设 Si 晶体的晶格常数是 5.43 Å，计算 Si 晶体中 Si 原子的体密度(单位是：原子数/cm^3)。再计算(100)面上 Si 原子的面密度(单位是：原子数/cm^2)。

【解】 Si 晶体的晶格是金刚石晶格，一个 fcc 晶格的等效顶角原子数为 1、等效面心原子数为 3，因而一个晶胞(含两个 fcc 晶格)中有 8 个等效原子。晶格常数 $a = 5.43\times10^{-8}$ cm，所以，

$$\text{Si 原子的体密度为 } \frac{8}{a^3} = \frac{8}{(5.43\times10^{-8})^3} = 5.00\times10^{22}\ \text{cm}^{-3}$$

在(100)面上，有 1 个等价的顶角原子和 1 个面心原子，计有 2 个等价原子，所以

$$\text{Si 原子的面密度为 } \frac{2}{a^2} = \frac{2}{(5.43\times10^{-8})^2} = 6.78\times10^{14}\ \text{cm}^{-2}$$

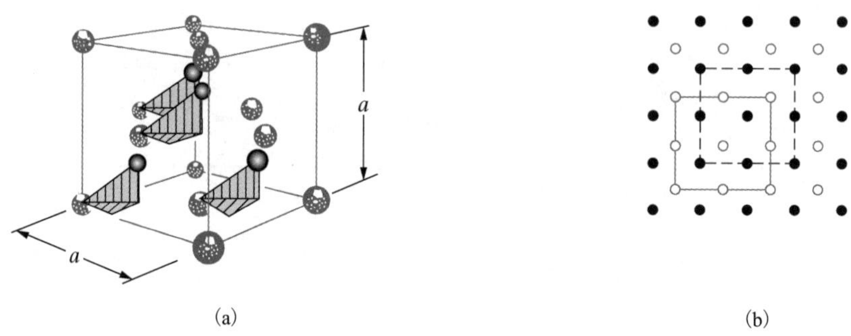

图 1-8 金刚石晶格。(a)从 fcc 晶格的每个原子出发，沿体对角线在$(\frac{1}{4},\frac{1}{4},\frac{1}{4})$处再各放置一个原子便构成金刚石晶格；(b)金刚石晶格的俯视图，沿任一〈100〉方向都会看到两个嵌套的 fcc 晶格

多元 III ~ V 族化合物半导体的一个显著优点是可以调整其中各元素的组分。例如，在三元化合物 AlGaAs 中，Al 原子和 Ga 原子都位于 III 族元素的 fcc 晶格上，可以控制 Al 原子所占的比例来调整材料的组分，从而改变其电学性质。组分采用下标 x 来表示。例如，$Al_xGa_{1-x}As$ 表示分布在 III 族元素 fcc 晶格上的 Al 原子所占的比例是 x，而 Ga 原子所占的比例是 $1-x$；以 $Al_{0.3}Ga_{0.7}As$ 为例，具体来说，它表示分布在 III 族元素 fcc 晶格上的 Al 原子和 Ga 原子所占的比例分别是 30%和 70%。AlGaAs 中的 As 原子全部分布在 V 族元素的 fcc 晶格上。生长具有特定组分的多元半导体化合物是极其有益的，比如，控制 $Al_xGa_{1-x}As$ 中 Al 的组分 x 使其在 0 ~ 1 的范围内变化，则得到的材料从 GaAs$(x = 0)$逐渐变化到 AlAs $(x = 1)$，相应的电学和光学性质发生了很大的变化。类似地，也可以生长诸如 $In_xGa_{1-x}As_yP_{1-y}$ 的四元化合物半导体材料，控制其组分(x 和 y)，可使电学性质和光学性质在更宽的范围内变化。

从电学观点来看，应当注意到金刚石晶格和闪锌矿晶格的每个原子都有 4 个最近邻原子围绕在其周围，如图 1-9 所示。一个原子与其近邻原子间的这种关系是很重要的，它的重要性在 3.1.1 节讨论晶体的结合性质时将会有所体现。

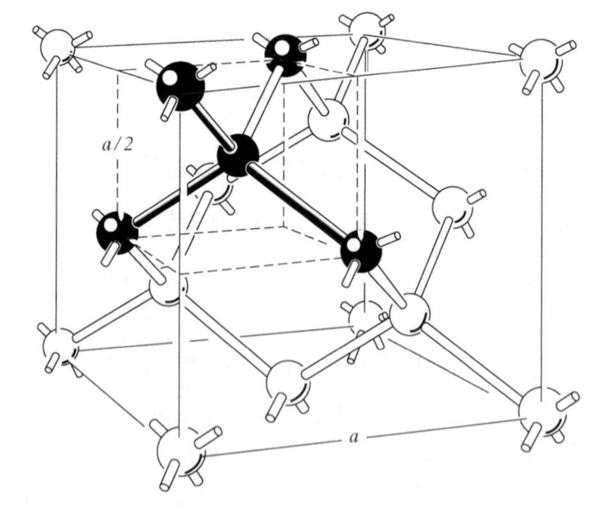

图 1-9 金刚石晶格的晶胞，每个原子周围都有 4 个近邻原子(引自 W. Shockley 编著的 Electrons and Holes in Semiconductors，1950 年 Litton Educational Publishing Co., Inc.出版；经 Van Nostrand Reinhold Co., Inc 授权引用)

显然，晶体中所有的原子都是分布在各个晶面上的。不同的晶面，其力学、冶金学，以及化学等许多性质都存在重要差异，这对半导体材料的机械加工和化学处理来说是十分有益

的。例如，可使晶体沿着某些特定的晶面**解理**，解理后可得到非常平整的表面(称为解理面)。金刚石结构和闪锌矿结构的晶体都有类似的解理面。把钻石进行切割、制成首饰，首饰的各面不但很平整，而且呈规则的三角形、六角形、正方形等对称形状，就是利用了晶体的解理性质(这是一种力学性质)。另外，化学反应(如化学腐蚀)的速度在某些晶向上比其他晶向占有优势。这些性质都是晶体对称性的具体表现，在半导体器件的制造工艺中起着十分重要的作用。

1.3　大块晶体生长

自 1948 年晶体管问世以来，固态器件技术的发展不仅得益于器件概念和器件理论的发展，而且也得益于材料种类的增多和材料性质的改善。今天我们之所以可以制造大规模集成电路，很大程度上应归因于 20 世纪 50 年代 Si 单晶生长技术的重大突破。器件中所用半导体材料的纯度比其他任何材料都要严格得多，不仅要求能够生长大块单晶，而且材料的纯度也应受到精确的控制。目前半导体器件中使用的 Si 单晶，在生长过程中应将杂质的浓度控制在十亿分之一原子密度以下，这就要求必须采用先进的生长技术和工艺措施。

1.3.1　原材料的制备

生长 Si 晶体所用的原始材料是 SiO_2。在很高的温度下(约为 1800℃)，让 SiO_2 和焦炭(C)在电弧炉内发生反应，将 SiO_2 还原成 Si

$$SiO_2 + 2C \rightarrow Si + 2CO \tag{1-3}$$

得到冶金级的 Si 固体(MGS)，其中所含杂质(如 Fe，Al，以及重金属等)的浓度在数百至数千 ppm 的范围(由例 1-3 看到，对 Si 固体来说，1 ppm 相当于 $5\times10^{16}cm^{-3}$ 的掺杂)。如果说 MGS 的纯度对冶金应用来说已经足够的话(如生产不锈钢)，对电子器件应用来说则是远远不够的，况且 MGS 还不是单晶。

将 MGS 进一步提纯，可以得到半导体级或者电子级的 Si 固体(EGS)，其纯度可达到 ppb 量级(对 Si 固体来说，1 ppb = $5\times10^{13}cm^{-3}$)。这是通过下列反应实现的：MGS 和干的 HCl 气体反应，生成 $SiHCl_3$(液体，沸点为 32℃)

$$Si + 3HCl \rightarrow SiHCl_3 + H_2 \tag{1-4}$$

与 $SiHCl_3$ 一起生成的还有一些氯化物杂质如 $FeCl_3$ 等，但所幸的是，它们的沸点与 $SiHCl_3$ 的不同，因此可以采用分级蒸馏法将它们去除，方法是：将生成物($SiHCl_3$ 和氯化物杂质的混合物)加热成为蒸气，然后让蒸气在温度不同的蒸馏塔内凝结，这样就把 $SiHCl_3$ 和杂质分离开了。最后，纯度极高的 EGS 是通过下列反应得到的：

$$SiHCl_3 + H_2 \rightarrow Si + 3HCl \tag{1-5}$$

1.3.2　单晶的生长

EGS 的纯度虽然很高，但仍然是多晶，因此下一步就是要把多晶的 EGS 转变成为单晶硅。目前常用的方法是**丘克拉斯基**(Czochralski)**法**。生长单晶体时，需有一块籽晶作为生长的本体。先把 EGS 放入石墨坩埚，将其加热，达到硅的熔点(1412℃)后待其熔化。

然后把一小块籽晶浸入到熔融的液态硅中，缓慢抬高籽晶，使熔融体缓慢结晶到籽晶上去，如图 1-10(a)所示。通常情况下，还应在抬高籽晶的同时慢速旋转，起到搅拌作用，使熔融体的温度分布均匀，以避免不均匀结晶。Si，Ge 以及一些化合物半导体晶体都可采用这种方法生长。

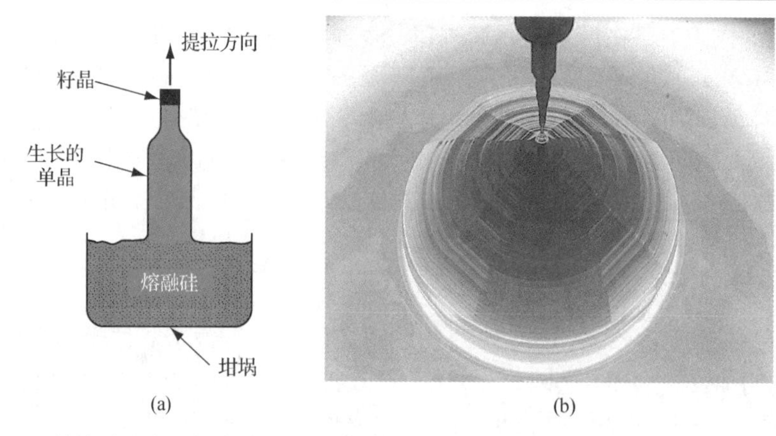

图 1-10 从熔融硅中生长单晶硅(丘克拉斯基法)。(a)晶体生长装置示意图；(b)正在生长中的直径为 8 in 的〈100〉单晶硅棒(图片由 MEMC Electronics Intl 公司提供)

采用上述方法生长化合物半导体(如 GaAs)时，还要设法阻止挥发性元素(如 As)的挥发。常用的方法是使用 B_2O_3，它在熔融状态时又黏又稠，将其漂浮在 GaAs 熔融体的上面，可以阻止 As 的挥发。这种生长方法称为**液封丘克拉斯基法**(LEC)。

采用丘克拉斯基法生长的晶体的形状由两方面的因素决定：一是受晶体结构的影响，生成的晶体的截面趋向于呈多边形；二是受表面张力的影响，使晶体的截面又趋向于圆形。在靠近籽晶的地方，晶体的截面明显呈多边形[参见图 1-10(b)]；但对大块晶体而言，截面则几乎是圆形(参见图 1-11)。

在硅集成电路生产中，使用大尺寸硅片可以同时制造很多 IC 芯片(将在第 9 章讨论)，因此比较经济。人们在生长大块硅单晶方面已经做了大量的研究和开发工作。比如，图 1-11 所示的硅棒，直径 12 in，长度 100 cm，质量达 140 kg。

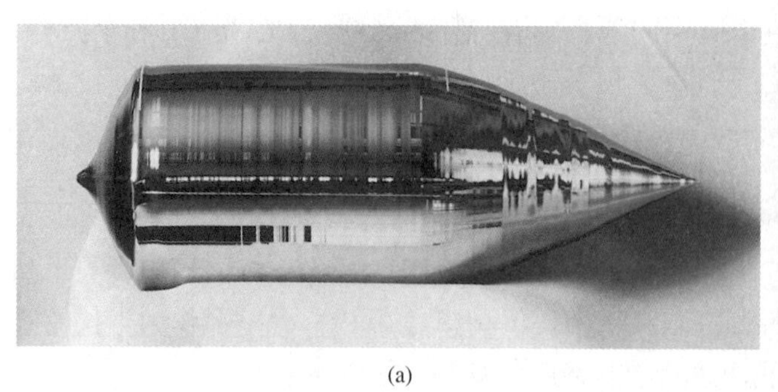

(a)

(b)

图 1-11 (a)采用丘克拉斯基法生长的硅单晶棒，切割后可提供直径为 300 mm 的硅片。该棒长约 1.0 m(包括尖头部分)，质量达 140 kg；(b)技术人员手持直径 300 mm Si 片的盒子(图片由 MEMC Electronics Intl 公司提供)

1.3.3　晶片加工

得到单晶块以后，还要进行机械加工把它切割成晶片。第一步就是把近似为圆柱形的棒状晶体滚磨成为理想的圆柱形。这是非常重要的一步，因为现代集成电路生产设备里使用的加工工具和机械手对晶片尺寸的要求非常严格。用 X 射线检查单晶块，可以看到大部分的硅棒都是沿〈100〉晶向生长的(参见图 1-10)，其原因将在 6.4.3 节进行介绍。所以在晶片加工过程中，经常在这种棒状圆柱体的侧面做一刻槽，作为{110}晶面的标记。对〈100〉硅片来说，这个标记很有用处：因所有的{110}晶面是互相垂直的，根据这个标记，就可以使每块集成电路芯片都在{110}晶面上制作；这样，在切割管芯时就能减小芯片破碎的几率，避免好的管芯报废。

晶片加工的第二步，就是用特制的片锯(金刚石刃)把棒状晶体分割成厚度约为 775 μm 的独立的晶片，如图 1-12 所示。当代主流晶片的直径多为 300 mm，下一代晶片的直径将可达到 450 mm。切片后，把晶片进行双面研磨去除加工过程中造成的机械损伤，获得平整的表面。从“景深”的观点来看，晶片表面的平整度对光刻过程是至关重要的：它决定了能否获得明晰的光刻图形(将在第 5 章讨论)。下一步就是晶片“切边”，以减小加工过程中破碎的可能性。最后，把晶片进行化学机械抛光，使晶片的正面尽可能平整。抛光所用的材料是 NaOH 溶液和 SiO_2 细粉组成的浆状物质。至此，晶片就可以用来制作电子器件了[参见图 1-12(b)]。整个加工过程中，经济增值是十分可观的：由只有几分钱的石英沙(SiO_2)，经加工变成价值几百美元的硅片，每个硅片又可制成几百只微处理器，每只微处理器又可卖到几百美元。

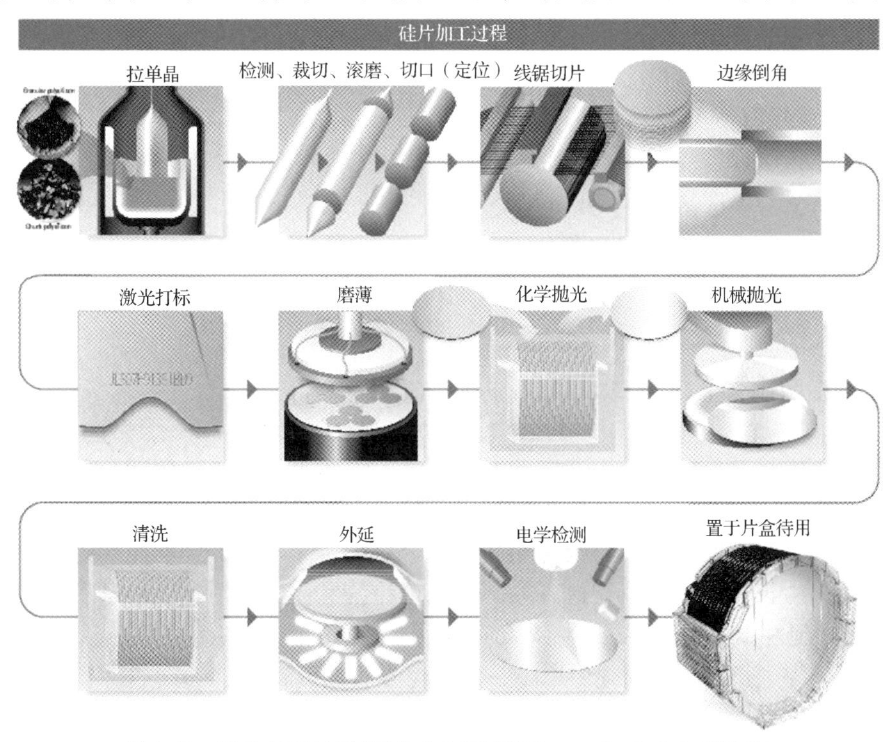

图 1-12　硅片加工过程(图片由 MEMC Electronics Intl 公司提供)

1.3.4　晶体掺杂

前面已经指出，EGS 中有一些杂质。如果在晶体生长时人为地在 EGS 熔融体中加入某种特定的杂质，则得到的晶体的电学性质会发生很大的改变。在熔融体和固体的界面附近，杂质有某种特定的分布。为表示杂质的分布特点，这里引入一个重要的参量 k_d，称为**分凝系数**，它表示平衡时固体中杂质的浓度 C_S 与液体中杂质的浓度 C_L 之比

$$k_d = \frac{C_S}{C_L} \tag{1-6}$$

分凝系数是材料、杂质种类、固体-液体界面温度，以及晶体生长速率的函数。如果说某种杂质的分凝系数是 0.5，那就是说，熔融液中杂质的浓度是结晶体中杂质浓度的两倍，即结晶后杂质浓度减小了一半。因此，在晶体生长过程中进行掺杂时，杂质的分凝系数是一个必须认真考虑的重要参数。下面看一个实际的例子。

【例 1-4】 采用丘克拉斯基法生长 Si 晶体的过程中，假如熔融 Si 的质量是 1 kg，分凝系数 $k_d = 0.3$，如果要获得 $10^{15}\ \mathrm{cm^{-3}}$ 的掺杂浓度，应加入多少质量的 As？As 的摩尔质量是 74.9 g/mol。

【解】 在熔融液中加入 As 的浓度为

$$C_L = \frac{C_S}{k_d} = \frac{10^{15}}{0.3} = 3.33\times10^{15}\ \mathrm{cm^{-3}}$$

加入的 As 杂质相对于熔融体的整体质量和体积可忽略不计。固体硅的质量密度为 $2.33\ \mathrm{g/cm^3}$；在忽略固体硅和液体硅的质量密度差异的情况下，熔融 Si 的体积为

$$\frac{1\ \mathrm{kg}}{2.33\ \mathrm{g/cm^3}} = 429.2\ \mathrm{cm^3}$$

因而需加入 As 原子的数量为

$$3.33\times10^{15}\ \mathrm{cm^{-3}} \times 429.2\ \mathrm{cm^3} = 1.43\times10^{18}$$

于是就得到所需添加的 As 的质量为

$$\frac{1.43\times10^{18}}{N_A}\times 74.9\ \mathrm{g/mol} = \frac{1.43\times10^{18}\times 74.9\ \mathrm{g/mol}}{6.02\times10^{23}/\mathrm{mol}} = 1.8\times10^{-4}\ \mathrm{g} = 0.18\ \mathrm{mg}$$

1.4　薄层晶体的外延生长

在众多晶体生长方法中，用于器件的薄层晶体的生长方法是很重要的。在很多现代半导体器件制造过程中，要求在衬底上生长与衬底晶格匹配的晶体薄层；衬底材料与薄层材料可以相同，也可以不同，但二者一般应有相同的晶格结构。在薄层晶体的生长过程中，衬底起到籽晶的作用，生长层则保持了与衬底相同的晶格结构和晶向。沿衬底的某个晶向生长单晶层的过程称为**外延生长**，或简称外延。外延生长可以在比衬底材料熔点低得多的温度下进行。可采用多种办法为生长层的表面提供原子，包括**化学气相淀积**[①]（CVD）、**液相外延**（LPE），以及**分子束外延**（MBE）等。使用这些技术，可以生长用于器件的各种晶体，从而达到电子器件或光电子器件的预期性能要求。

① “化学气相淀积”包括多晶材料薄膜和非晶材料薄膜的淀积。如果 CVD 过程只是用来制备单晶材料的外延层，就赋予它一个专门术语叫“气相外延”(Vapor-Phase Epitaxy，VPE)。

1.4.1　外延生长的晶格匹配

在 Si 衬底上生长 Si 的外延层时，衬底和外延层的晶格能够自然匹配，从而得到高质量的单晶外延层。另外，人们也经常需要在衬底上生长不同材料的外延层：在两种材料的晶格结构和晶格常数相同或相近的条件下，这是能够实现的。如 GaAs 和 AlAs 都具有闪锌矿结构，晶格常数都大约是 5.65 Å，故在 GaAs 衬底上可生长 AlGaAs 外延层(晶格只有少许不匹配)。又如，在 Ge 衬底上可生长 GaAs 外延层(参见附录 C)。

由于 AlAs 和 GaAs 有基本相同的晶格常数，因此在 GaAs 衬底上生长的三元合金 AlGaAs 在其整个组分变化范围内(即从 AlAs 变化到 GaAs)的晶格常数也是大致相同的。这从图 1-13 可看得出来。在生长 AlGaAs 时可以灵活地控制 $Al_xGa_{1-x}As$ 的组分 x，以满足器件的特定要求。外延层的晶格和 GaAs 衬底的晶格也是匹配的。

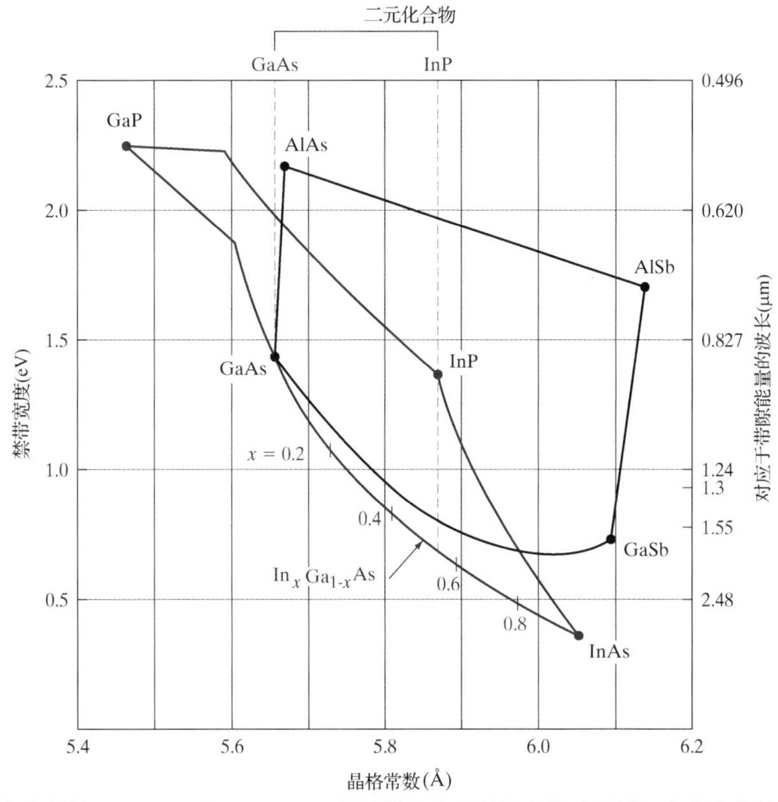

图 1-13　化合物半导体 InGaAsP 和 AlGaAsSb 的禁带宽度和晶格常数随材料组分的变化情况。垂直虚线表示二元材料 GaAs 和 InP 的晶格常数。箭头所指为 $In_xGa_{1-x}As$ 三元化合物材料；当 $x = 0.53$ 时，可以在 InP 衬底上生长晶格匹配的 InGaAs 外延层(晶格常数相同)。对于 $In_xGa_{1-x}As_yP_{1-y}$ 四元化合物材料，可同时调整 III 族和 V 族元素的组分(x 和 y)，生长与衬底晶格常数匹配的外延层，调整的范围在两条垂直虚线之间。例如，在 InP 衬底上生长的 $In_xGa_{1-x}As_yP_{1-y}$，禁带宽度在 0.75 ~ 1.35 eV 之间

图 1-13 还给出了其他几种 III ~ V 族化合物在组分变化范围内禁带宽度 E_g 和晶格常数的变化规律。比如，三元化合物 $In_xGa_{1-x}As$ 的化学组分从 1 变化到 0(从 InAs 变化到 GaAs)，晶格常数由 6.06 Å(InAs)变化到 5.65 Å(GaAs)，禁带宽度由 0.36 eV(InAs)变化到 1.43 eV (GaAs)。很明显，我们不可能在二元衬底上生长这种组分变化很大的三元化合物的外延层，因为二元衬底具有确定的晶格常数。但由图 1-13 看到，在 InP 衬底上可生长具有特定组分的 InGaAs，

即 $In_{0.53}Ga_{0.47}As$；在这个组分下，InP 衬底和 InGaAs 外延层具有相同的晶格常数，生长层和衬底是晶格匹配的。由图还可以看出，如果控制化学组分使 In 和 Ga 各占大约 50%，我们还可以在 GaAs 衬底上生长 InGaP 外延层,且也是晶格匹配的。在特定衬底上生长化合物合金时，为了使化学组分可调整的范围更宽，一个很有用的方法是生长四元合金(如 InGaAsP)。这样做的优点是，III 族元素和 V 族元素的化学组分都是可以调整的，不但生长层很容易与二元 GaAs 和 InP 衬底的晶格匹配，而且也为禁带宽度的选择提供了更多的灵活性。

具体以 GaAsP 来说，随着化学组分的变化，它的晶格常数在介于 GaAs 和 GaP 的晶格常数之间变化。例如,用做红色 LED 发光材料的 GaAsP,要求 P 和 As 的组分分别是 40%和 60%。这种材料既不能直接在 GaAs 衬底上生长，也不能直接在 InP 衬底上生长，在生长过程中一般是逐渐地改变晶格常数，使晶格匹配。若采用 GaAs 或 Ge 作为衬底生长 GaAsP，开始生长时的化学组分应当接近于 GaAs；生长大约 25 μm 后，逐渐地增大 P 的组分，使 As 和 P 组分达到一定比值后继续生长(厚度约 100 μm)。虽然这样生长出的晶体因调整区内存在晶格应力而引起了某些位错，但生长的晶体质量仍很好，完全可用以制作 LED。

除了上面介绍的外延生长技术外，在后面还要介绍更为先进的外延生长技术，利用这些技术可以形成非常薄的外延薄膜(约 100 Å)。如果外延层很薄且与衬底只有百分之几的晶格不匹配，它将按照籽晶的晶格常数生长，如图 1-14 所示。图 1-14(a)是外延层很薄的情况下形成的**伪晶**，图 1-14(b)表示厚度超过某一临界值 t_c 以后，应变导致的失配位错。如果采用晶格稍微不匹配的几个薄层交替生长，就得到**应变层超晶格**(SLS)，其中的各层都处于压应力状态。

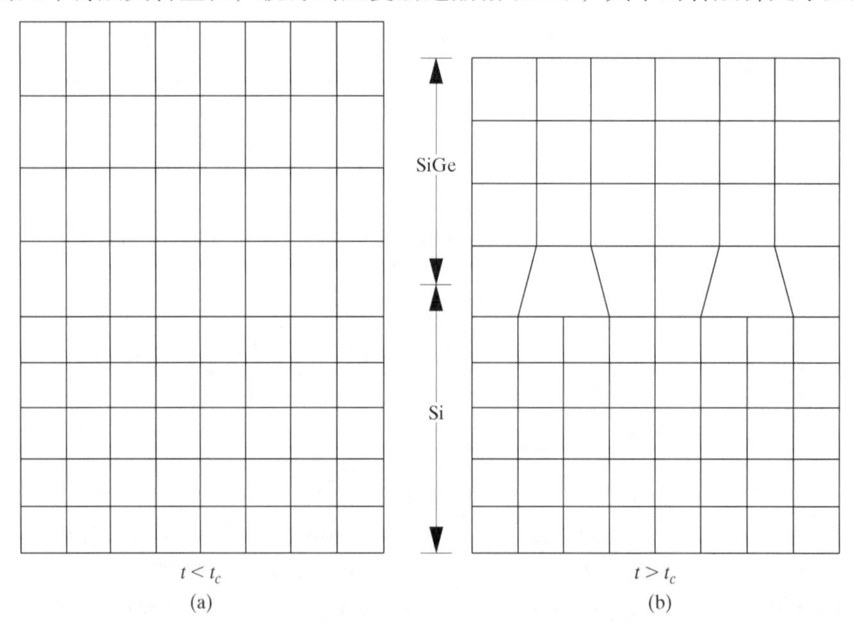

图 1-14 异质外延和失配位错。在 Si 衬底上外延生长 SiGe 异质外延层，由于二者的晶格常数不匹配，使 SiGe 层内存在压应力；压应力的大小与 Ge 的摩尔分数有关。(a)外延层厚度小于临界厚度 t_c 时生长的伪晶；(b)外延层厚度大于临界厚度 t_c 时，界面处形成失配位错

1.4.2 气相外延

使化学气体中的半导体成分结晶在籽晶或衬底的表面、从而生长出半导体层的过程称为**气相外延**(VPE)。气相外延具有温度低和纯度高的优点，是制备半导体薄层的非常重要的技

术手段之一。有些化合物半导体，如 GaAs，如果采用 VPE 生长，则其纯度和完美程度都是其他方法所不及的。更为重要的是，VPE 技术还为器件的实际制造工艺提供了更大的灵活性：采用 VPE 技术生长的掺杂外延层和衬底之间具有非常清晰的分界，硅集成电路中的许多薄层就是通过 VPE 技术生长而成的(将在第 9 章介绍)。

气相外延时，化学气氛中的 Si 原子沉积在 Si 的衬底上，Si 原子的沉积速率是可控的。一种生长方法是让四氯化硅($SiCl_4$)气体和氢气(H_2)反应，生成硅和无水氯化氢(HCl)

$$SiCl_4 + 2H_2 \rightleftharpoons Si + 4HCl \tag{1-7}$$

如果反应是在被加热的衬底表面发生的，则反应产物 Si 原子将会沉积到衬底的表面，从而形成外延层。反应产物 HCl 在反应温度下是气体，对晶体生长不发生影响。从上式看出，这是个可逆反应，这意味着改变反应的条件，可使它从右向左逆向进行；实际上，通常就是在外延生长之前，在一定的条件下，先进行逆向反应，将表面的一层腐蚀掉，得到洁净的表面，然后再改变条件进行外延生长。

气相外延系统包括反应室和加热装置，如图 1-15 所示。将 $SiCl_4$ 气体和 H_2 气混合，加热后导入反应室发生反应。Si 衬底片放在石墨舟(或其他材料)上，施加射频功率源将其加热到反应温度。将这种装置稍加改造便可同时在大量 Si 衬底上进行掺杂外延，且各片外延层的掺杂浓度近似相同。

H_2 和 $SiCl_4$ 发生还原反应(外延生长)的温度一般在 1150℃～1250℃之间。还有其他一些反应也可用于 Si 的外延生长，但反应温度较低。如 SiH_2Cl_2 的还原反应温度是 1000℃～1100℃，硅烷(SiH_4)的热解温度为 500℃～1000℃。硅烷的热解反应如下：

$$SiH_4 \rightarrow Si + 2H_2 \tag{1-8}$$

反应温度低的一个优点是在一定程度上抑制了杂质从衬底向外延层的扩散(称为**自扩散**)。

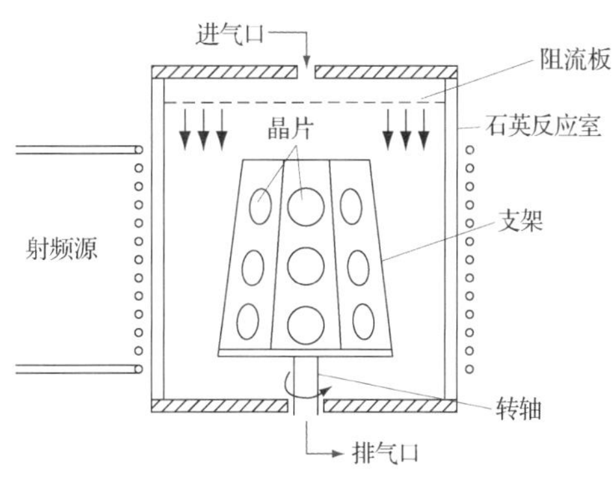

图 1-15　气相外延生长硅单晶层的圆筒形反应室，在常压下工作，其中有固定衬底片的可旋转的石墨支架

在某些应用场合，人们也在绝缘衬底上生长 Si 单晶层。例如，采用 VPE 技术可在蓝宝石和其他绝缘材料上生长 1 μm 左右的 Si 单晶层。

VPE 技术对 III～V 族化合物半导体(GaAs、GaP 和 GaAsP 等)的生长是很重要的。衬底放在旋转支架上，加热到 800℃左右，使携载有 P、As 和 GaCl 等的混合气体通入外延室。GaCl 是由 HCl 气体和熔融的 Ga 在反应室中反应生成的。生长 GaAsP 时，改变 As 和 P 携载气体的相对流量可以改变 GaAsP 的化学组分。

化合物半导体的另一种外延生长方法是**金属有机气相外延**(MOVPE)，有时也叫**有机金属气相外延**(OMVPE)。例如，金属有机化合物三甲基镓($(CH_3)_3Ga$)可与砷烷(AsH_3)反应生成砷化镓(GaAs)和甲烷(CH_4)

$$(CH_3)_3Ga + AsH_3 \rightarrow GaAs + 3CH_4 \tag{1-9}$$

该反应在大约 700℃时进行，能够生成高质量的 GaAs 层。其他化合物半导体也可采用此法生长，例如，把$(CH_3)_3Ga$ 加入到携载气体中可生长 AlGaAs。大量的器件，包括太阳能电池和激光器，都可采用 MOVPE 法制备外延薄层。MOVPE 法的优点是可方便、灵活地调整各种携载气体的比例，从而生长出与分子束外延方法相媲美的多层结构。

1.4.3 分子束外延

外延技术中用途最广的一种方法是**分子束外延**(MBE)。MBE 的基本原理是，在高真空环境中设法让分子束或原子束中的分子或原子沉积到衬底的表面，从而形成外延层[参见图 1-16(a)]。在 GaAs 衬底上生长 AlGaAs 外延层时，将 Al、Ga、As 材料以及杂质源等分别放在各自的加热器中进行加热，经过准直后，分子束射向 GaAs 衬底的表面。生长过程中，样品保持在较低的温度(对 GaAs 大约为 600℃)。每一分子束的前面都设置有一个闸门，控制闸门的开闭可控制分子束流的大小和单位时间内到达衬底表面的分子(或原子)数目，从而控制外延层的化学组分，这样便可以获得特定组分要求的、高质量的外延层。比如，在生长速率较低(≤1 μm/h)的情况下，利用 MBE 外延可生长出只有几个原子层厚的外延层。图 1-16(b)给出了 MBE 外延形成的 GaAs/AlGaAs 交替层的图片，其中每一层只有 4 个原子层厚。图 1-17 是 MBE 装置的实例图片，其中包括超高真空装置和高精密控制装置。虽然 MBE 系统的结构和操作比较复杂，但其用途却非常广泛。

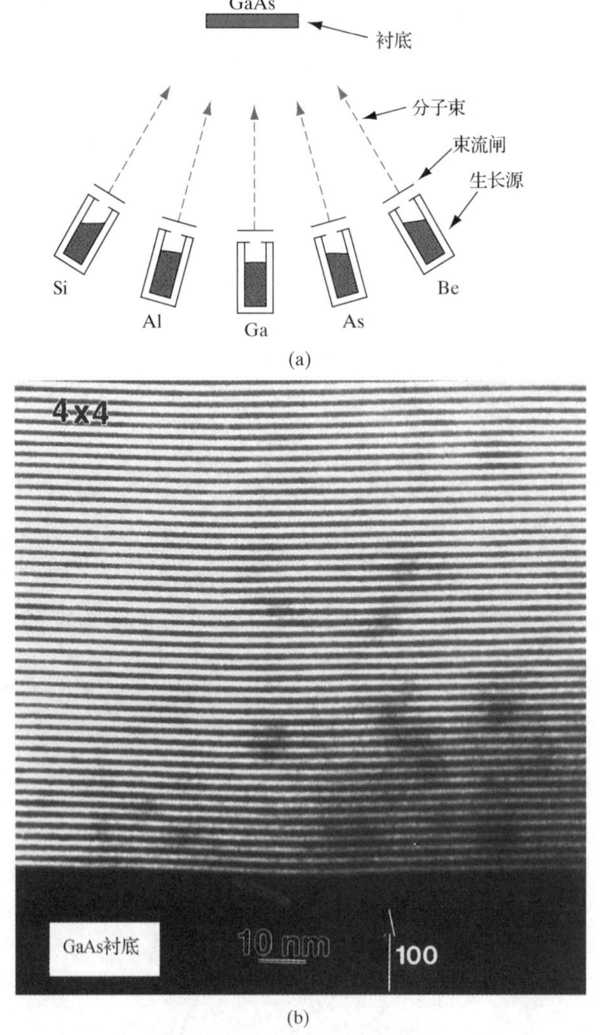

图1-16 分子束外延(MBE)生长单晶层。(a)高真空室中的蒸发部件，其中有 Al、Ga、As，以及杂质的蒸发源；(b)MBE 外延层的 SEM 图片，清晰可见 GaAs(暗色)/AlGaAs(亮色)的交替生长层，其中每个 GaAs 层只有 4 个原子层($4\times a/2 = 11.3$ Å)

图 1-17　得克萨斯大学奥斯汀分校微电子研究中心的分子束外延(MBE)设备

MBE 近几年来发展较快，目前已有很多外延系统不再使用图 1-16 所示的固态源，而使用的是气态源，此即**化学束外延**(CBE)，或者叫做**气态源分子束外延**(GSMBE)。这种系统综合了 MBE 和 VPE 的许多优点。

1.5　周期性结构中波的传播

在后续的两章中，我们会接触到无限大晶体中各种波的传播问题，因此，了解波在周期性结构中的一般性质是非常重要且富有意义的。我们已经知道，描述一列单色波的性质，需要用到的参数有：波长λ、角频率$\omega = 2\pi\nu$(ν 是频率)、相位φ、强度 $I = A^2$(A 是振幅)、波速 $v_p = \lambda\nu$ 等，如图 1-18(a)所示。如果用波矢 $\boldsymbol{k} = 2\pi/\lambda$ 代替波长λ，则波速可写为 $v_p = \omega/\boldsymbol{k}$，这是波的**相速度**。通常情况下，我们需要处理的波不是单色波，而是由多列波长不同的单色波叠加而成的波包，如图 1-18(b)所示。可以证明，波包的传播速度可用**群速度** $v_g = \mathrm{d}\omega/\mathrm{d}\boldsymbol{k}$ 表示。假如把沿$\pm x$ 方向传播的平面波表示为$\psi = A\exp\{\mathrm{j}(\boldsymbol{k}x \pm \omega t)\}$(j 是虚数单位)，则多列这样的平面波线性叠加可形成驻波，表示为 $\sin(\boldsymbol{k}x \pm \omega t)$或 $\cos(\boldsymbol{k}x \pm \omega t)$的形式。

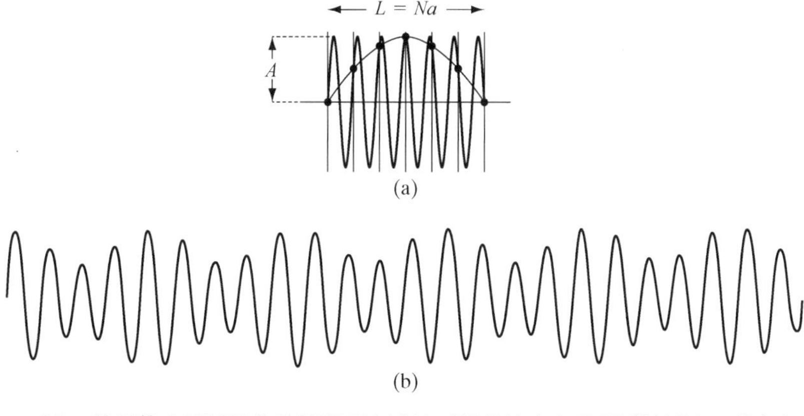

图 1-18　(a)一维晶体中原子的位移情况可由波长不同的波来表示(是等效的)，其中有意义的最短波长(或者说有意义的最大波矢)决定了布里渊区的边界，有限晶体中形成驻波；(b)由波长不同的波(或者 $\boldsymbol{k}$ 空间中不同的傅里叶分量)叠加形成的拍频图案。使用图(a)中有限晶体的周期性边界条件，即可得到行波而不是驻波，相关的数学问题也变得简单了

考察有限晶体中传播的波。设一维晶体的长度是 $L = Na$，其中 a 是晶格常数，N 是原子数［参见图 1-18(b)］。平面行波实际上不能在有限晶体中传播，因为它与来自边界处的反射波叠加会形成驻波。但是，只要我们关注的是晶体的体性质而不是表面性质，就可以人为地把有限晶体当成是无限晶体来处理，也就是把无限晶体看成是有限晶体($L = Na$)在空间中无限重复的结果，同时认为有限晶体的边界条件(即两个端面处的波函数相等 $\psi(0) = \psi(L)$)仍然适用，这样就使数学处理变得简单多了。$\psi(0) = \psi(L)$ 称为**周期性边界条件**［参见图 1-18(b)］。

晶体中的原子是以某个间距(如晶格常数 a)离散性地分布在空间中的，这样的介质称为离散介质。离散介质中，波长不同的波仅仅只在某种程度上是可分辨的。比如，在图 1-18(a)中，反映原子位移的两个波从其物理意义上来说就是不可分辨的。这意味着波长小于 $2a$ 的波，或者说波矢大于 $2\pi/2a = \pi/a$ 的波是没有意义的。波矢 $\boldsymbol{k}$ 的最大范围就是我们熟知的布里渊区。应当注意的是，这种情况对于连续介质来说是不正确的，因为连续介质中晶格常数趋近于零。

周期性结构中波的传播，既可在**实空间**中描述，也可在**波矢空间**(亦称 $\boldsymbol{k}$ 空间)中描述。这类似于一个时间周期性信号 $f(t) = f(t+T)$，既可以在时域中描述，也可以在频域中描述(如果在频域中描述，则要使用傅里叶变换)。时间周期 T 类似于晶体长度 L。将这一类比进一步扩展到非连续信号 $f(t)$ 的情形，比如数字信号处理那样的情形，$f(t)$ 是不连续的时域采样信号。如果采样速率是Δt，则必须使用离散傅里叶变换来处理信号，其中可用的、有意义的最高频率是奈奎斯特(Nyquist)频率。将数字信号处理和晶体中波的描述进行类比，采样速率Δt 对应着晶格常数 a，奈奎斯特频率对应着布里渊区边界。

这里顺便说明，在第 3 章将会看到，描述晶体中原子发生物理位移的波对应着在晶体中传播的声波(能量子是声子)。在第 2 章和第 3 章将会看到，晶体中电子的运动根据量子力学观点可看成是波动，可用波函数描述。电子的波函数可表示为一列平面波乘以一个周期性因子 $U(\boldsymbol{k}_x, x) = U(\boldsymbol{k}_x, x+a)$，这样的波函数称为布洛赫波函数。

小结

1.1 半导体器件是信息技术的核心。元素半导体如 Si、Ge 等位于元素周期表的 IV 族，化合物半导体如 GaAs 则由 IV 族元素两侧的元素组成(III 族和 V 族元素)。其他更复杂的化合物半导体材料可以用于优化光电子器件的性能。

1.2 半导体器件一般都是由单晶材料制作的，以获得最佳性能。单晶材料具有长程有序性，而多晶和非晶材料分别是短程有序和无序的。

1.3 晶体的晶格类型是由原子排列的对称性决定的。三维(3D)晶格统称为布拉维晶格。把原子放置在晶格的相应格点上就构成了晶体。常见半导体材料具有面心立方(fcc)对称性，每个格点上有两个相同或者不同的原子，分别形成金刚石晶格或闪锌矿晶格。

1.4 晶格的最基本构成单元是元胞，元胞的顶角处有格点。有时使用晶胞(比原胞大)来描述晶格结构会更为方便。晶胞不仅在其顶角处有格点，在其体心和面心处也可能有格点。

1.5 把晶胞按基矢的整数倍平移后可找到完全相同的晶胞。可用米勒(Miller)指数来标识晶格中的晶面和晶向。

1.6 实际的晶体中存在零维、一维、二维或者三维缺陷，这些缺陷有些是对器件性能有益的，但多数是有害的。

1.7 半导体块状晶体一般是使用丘克拉斯基(Czochralski)法由籽晶生长而成的。单晶外延层可采用多种方法在衬底上生长得到，包括气相外延(VPE)、金属有机化学气相淀积(MOCVD)以及分子束外延(MBE)等。使用这些方法可以优化器件有源区的掺杂分布，也可以改变外延层材料的能带结构。

习题

1.1 借助表 1-1 和附录 C，指出哪一种半导体的禁带宽度 E_g 最大？哪一种的 E_g 最小？若这些半导体以 E_g 的能量发射光子，相应的光波波长各为多大？III ~ V 族化合物半导体的禁带宽度与其中 III 族元素的种类有无关系？

1.2 设由全同原子构成的 bcc 晶格，晶格常数为 5 Å。若把原子看成是刚性球，并认为最近邻原子相切，试计算该晶格原子的最大堆垛比和原子的半径。

1.3 试标记出图 P1-3 所示的晶面。

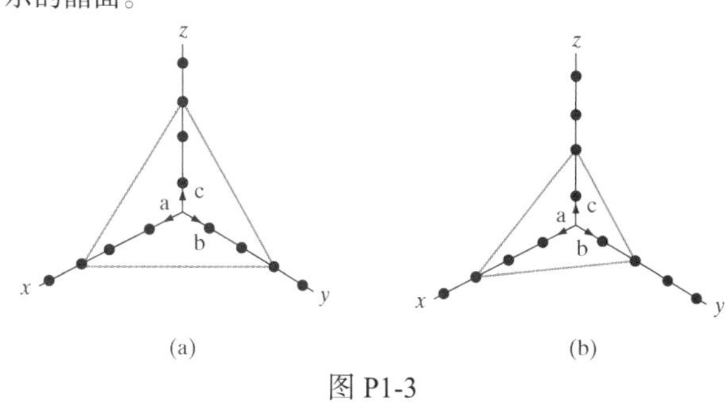

图 P1-3

1.4 画出 bcc 晶胞(每个格点上只有一个原子)。如果原子密度是 1.6×10^{22} cm^{-3}，试计算晶格常数。(110)面上的原子密度是多大？原子的半径是多大？原子堆垛比是多大？

1.5 使用附录 C 中的晶格常数和阿伏伽德罗常数，计算 Si 晶体和 GaAs 晶体的质量密度，并与附录 C 给出的数值进行比较。Si、Ga 和 As 的原子量分别是 28.1、69.7 和 74.9。

1.6 In 原子和 Sb 原子的半径分别是 1.44 Å 和 1.36 Å，将它们看成刚性球，计算 InSb 的晶格常数和原胞体积。(110)面的原子数密度是多大(提示：原胞的体积是 fcc 晶胞体积的 1/4)？

1.7 在 NaCl 晶体的晶格中，每个 Na 离子周围都有 6 个最近邻 Cl 离子，反之亦然。试画出沿〈100〉晶向看到的 NaCl 晶格的二维图，并画出一个 NaCl 晶胞。

1.8 参照图 1-9，画出金刚石晶格沿<110>晶向的二维视图。

1.9 通过作图证明：可以把 bcc 晶格看成是由两个 sc 晶格嵌套构成的。为简单起见，只画出〈100〉晶向的视图就可以了。

1.10 (a)求 Si(100)面的原子数密度。(b)求 InP 晶体中相邻 In 原子之间的距离(单位用 Å 表示)。

1.11 Na^+和 Cl^-的半径分别是 1.0 Å 和 1.8 Å，原子量分别是 23 和 35.5。将它们看成刚性球，计算 NaCl 晶体的质量密度，并将计算结果与实际测量值(2.17 g/cm^3)进行比较。

1.12 试画出一个晶格常数为 a = 4 Å 的 sc 晶胞，其中每个格点上有两个原子，A 原子位于晶胞的顶点，B 原子相对于 A 原子发生(a/2,0,0)的位移。假设两种原子的大小相同，且两种原子紧密接触形成密堆积结构，试求：(a)这种晶格中原子的堆垛比，(b)单位体积中 B 原子的个数，(c)(100)面上 A 原子的面密度（单位面积上的个数）。

1.13 在 sc,bcc,以及 fcc 的晶胞中各有几个原子？最近邻原子之间的距离分别为多大(用晶格常数 a 表示)？

1.14 画一个类似于图 1-7 的立方体，标出不同方向上的 4 个{111}等效面。用同样的方法，标出 4 个{110}等效面。

1.15 试求刚性原子在 sc，fcc 和金刚石晶格中的最大堆垛比。

1.16 由附录 C 中给出的 Ge 和 InP 的原子量和晶格常数，计算各自的质量密度，将所得结果与附录 C 给出的实测结果进行比较。

1.17 画一张 fcc 晶格的示意图，在离开每个 fcc 原子($\frac{1}{4}$，$\frac{1}{4}$，$\frac{1}{4}$)处各增加一个原子以构成金刚石晶格。试说明：增加的原子中，只有 4 个出现在金刚石晶格的一个晶胞中[参见图 1-8(a)]。

1.18 假设三元化合物 $AlSb_xAs_{1-x}$ 的晶格常数随组分 x 线性变化。试问 x 为多大时，$AlSb_xAs_{1-x}$ 的晶格常数和 InP 的晶格常数匹配？x 又为多大时，与 GaAs 的晶格常数匹配？两种情况下，$AlSb_xAs_{1-x}$ 的禁带宽度分别为多大？

1.19 直拉(丘克拉斯基法)Si 单晶生长过程中，需要掺入 As 杂质(As 在 Si 晶体中的分凝系数为 $k_d = 0.3$)。如果 Si 料的质量为 1 kg，欲得到 1×10^{15} cm^{-3} 的 As 杂质浓度，问需要在 Si 料中放入多少克 As？

参考读物

Ashcroft, N. W., and N. D. Mermin. *Solid State Physics.* Philadelphia: W.B. Saunders, 1976.

Kittel, C. *Introduction to Solid State Physics,* 7th Ed. New York: Wiley, 1996.

Plummer, J. D., M. D. Deal, and P. B. Griffin. *Silicon VLSI Technology.* Upper Saddle River, NJ: Prentice Hall, 2000.

Stringfellow, G. B. *Organometallic Vapor-Phase Epitaxy.* New York: Academic Press, 1989.

Swaminathan, V., and A. T. Macrander. *Material Aspects of GaAs and InP Based Structures.* Englewood Cliffs, NJ: Prentice Hall, 1991.

自测题

问题 1

(a)下图是一个立方晶格中的三个晶面，请表示出这几个晶面。

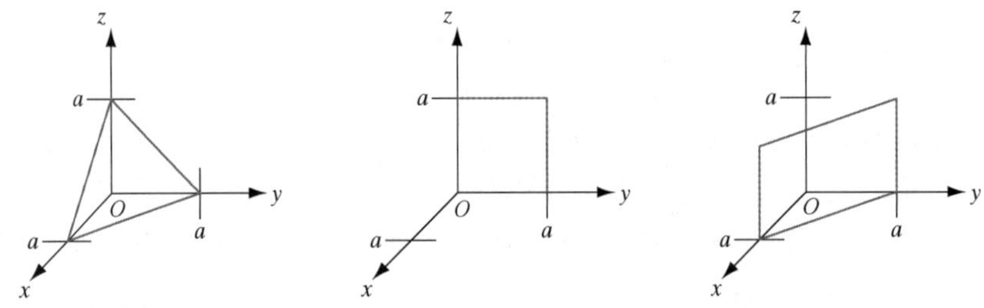

(b)写出所有的〈100〉等价晶向。

(c)一个立方晶格的基矢是 ***a***，***b***，***c***。请在下面的两个坐标中分别画出(1)[011]晶向和(2)(111)晶面。

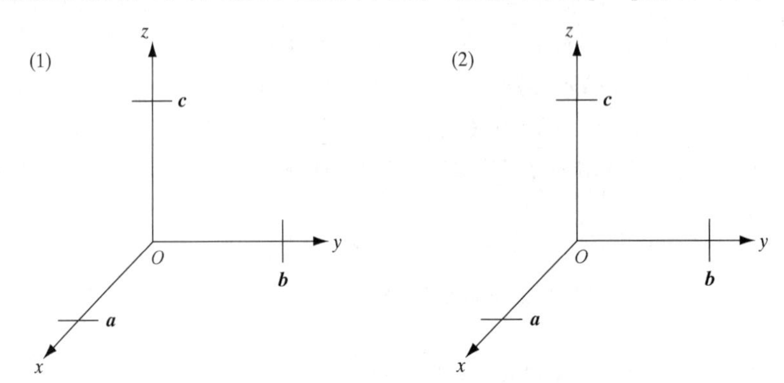

问题 2

(a) 下图画出了二维晶格的三个晶胞，试指出其中的哪个或哪些是元胞？

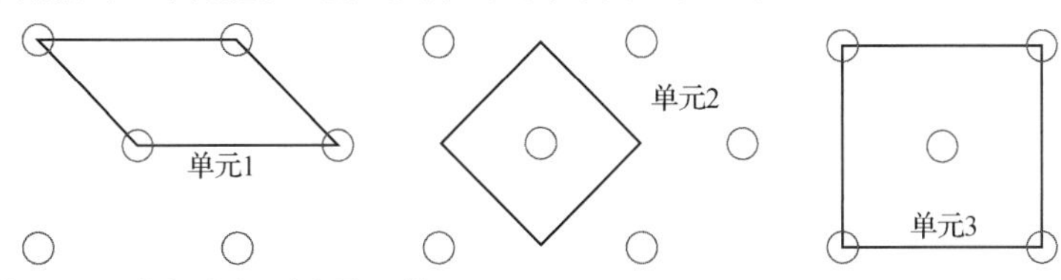

(b) 下图中的三个晶面属于哪个（同一个）晶面族？

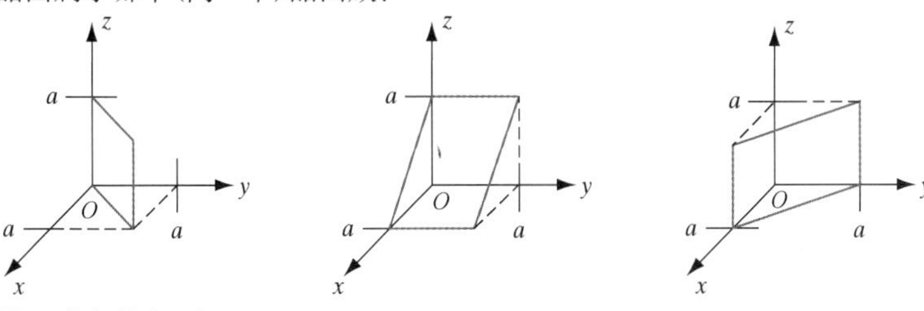

(c) 下图中的三个晶面哪个是 (121) 面？

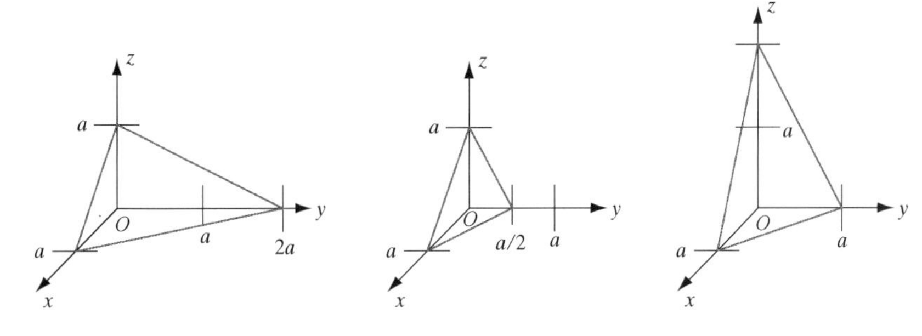

问题 3

(a) 金刚石晶格和闪锌矿晶格都是由两个原子基元构成的布拉维晶格。请指出下面哪个是这种晶格的晶胞？

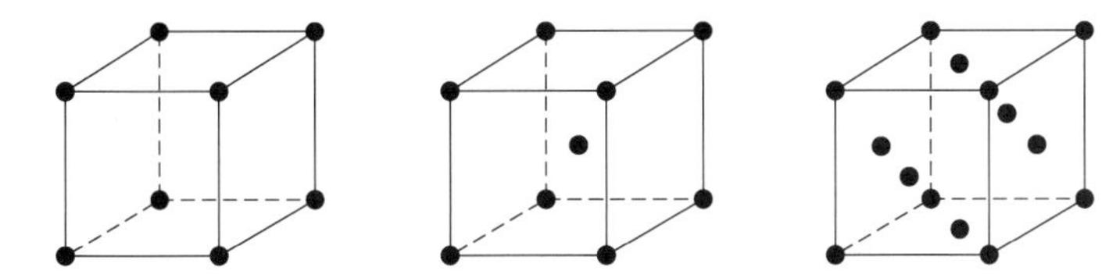

(b) 从下面的说法选择正确的说法：(1) GaAs 具有（金刚石晶格，闪锌矿晶格）。(2) Si 具有（金刚石晶格，闪锌矿晶格）。

问题 4

举例说明半导体中的零维、一维、二维以及三维缺陷。

问题 5

(a) 元胞和晶胞的区别是什么？两个概念有什么共同点？

(b) 晶格和晶体的区别是什么？可以有多少种一维晶格？

问题 6

假如要在 InP，AlAs，GaAs，GaP 衬底上分别生长 InAs 层，试问在哪种衬底上生长的 InAs 层的临界厚度最大（可参考图 1-13）？

第2章　原子和电子

本章教学目的

1. 理解波粒二象性的本质和量子力学的基本概念。
2. 掌握原子的玻尔模型。
3. 熟练应用薛定谔方程求解简单问题。
4. 熟悉原子的电子结构和元素周期表。
5. 了解决定半导体性质的主要因素。

既然本书主要是介绍固态电子器件，似乎就应直奔主题，而不应该花费过多笔墨阐述原子理论、量子力学以及电子模型等内容。但是，固态器件的很多性质恰恰与这些内容直接相关，如果不了解电子与晶格互作用的背景知识，就难以理解固态器件中电子的输运性质。鉴于此，本章将着重围绕以下两点展开讨论：(1)原子中的电子结构；(2)原子和电子与外界激发的互作用规律(如半导体对光的吸收和发射)。只有在理解了原子中的电子结构和能量分布特点以后我们才可能理解半导体晶体中电子的能量分布特点及其参与导电的性质。对电子和光子作用规律的掌握是分析光电导、光敏器件以及激光器的基础。

我们将首先回顾一下与现代原子物理有关的一些重要概念和实验，然后简要介绍量子力学的基本理论。重点介绍的内容是：量子力学基础和基本作用规律、原子中电子的量子化能级、能级的量子化与电子跃迁规律的内在联系、原子受到激发时的发光光谱。下面首先介绍物理模型的概念和意义。

2.1　关于物理模型

科学的主要任务就是尽可能完整、简明地阐述事物运动的本质规律。物理学的任务是观察自然现象，并把观察结果同现有的理论联系起来，建立新的合理的物理模型。建立物理模型的主要目的是用它来分析和帮助理解新的实验现象。最有用的物理模型应该能够给出数学表达，以便人们能够利用现有的基本原理和建立起来的物理模型去定量地分析实验结果。例如，我们之所以能够准确地描述弹簧下悬挂的重物所发生的周期性运动，是因为描述这种简谐运动的微分方程已经由经典的力学定律建立起来了。

研究新的物理现象时，有必要分析一下这些现象是否与现有的物理模型和物理规律相吻合，并且还要分析相互吻合的程度。在大部分情况下，我们只要根据新问题的特定条件，把已知规律的数学表达式加以扩展或修正，便可用于解决新的问题。在科学实践中，这种情况并不少见：科学工作者根据现有的物理模型或理论，就可以预料到某种新现象的发生。很多自然现象并不是孤立存在的，而是互相联系的，科学的美就在于能够把这种联系通过解析形式的物理定律表达出来。

但是，我们经常也会遇到这样的情况，就是某些观察到的新现象不能用现有的理论来解释。在这种情况下，就应该建立新的物理模型，该模型应尽可能地以现有的理论为基础，同时也要能够反映新现象的特点。提出新模型或新理论是一项严肃的工作，只有在现有理论尝试无望的情况下才可为之。提出新模型后，接下来就要围绕以下这些问题对它进行反复的考察：该模型能够足够精确地描述观察到的实验现象吗？根据该模型能够得出可靠的结论或推论吗？模型的优劣有赖于对这些问题的回答。

在 20 世纪 20 年代初，人们就曾迫切需要建立一套理论来描述微观粒子在原子尺度上发生的现象。在此之前，人们已做过大量的实验观察，证实原子和电子的行为在许多方面不遵守经典力学的规律。后来，人们建立了**量子力学**理论，不仅可以解释与原子有关的一些现象，而且可以描述电子的运动规律。而电子的运动规律正是我们要详加理解的内容。经过多年来的实践和发展，我们已经看到，量子力学在描述微观粒子的运动规律方面取得了巨大成功，已经从经典力学分离出来，成为描述量子系统性质和规律的十分重要的理论。

刚开始学习量子力学时可能会遇到一些困难。主要问题是：量子力学的大量概念都是直接由数学表达式给出的，很难用熟知的经典力学“常识”来理解。学习时感到困难，不是对数学问题难以理解，而是感到量子力学的概念与“现实”问题是脱节的。这实际上是一种正常的感受，因为学习者已习惯于在实际观察的基础上来理解物理概念，正如我们每天都能看到周围物体在运动，因而容易理解经典运动规律一样。对学习量子力学来说，我们对原子和电子的运动规律的了解和掌握是间接获得的，很少能亲身体验到发生在原子尺度上的事件。

下面几节将在回顾量子理论赖以建立的一些重要实验的基础上，说明量子理论是如何解释这些实验现象的。这里的介绍是定性的，且只侧重于与固体理论有关的方面。

2.2　重要实验及其结果

促使量子理论建立的因素是光和物质相互作用的一些重要实验，这些实验揭示了光的粒子性。一方面，惠更斯(Huygens)根据光的干涉和衍射现象提出光具有波动性，这与牛顿认为光是粒子的观点相左。另一方面，20 世纪初关于光与物质间相互作用的著名实验，又促使人们认识到，必须建立关于光的新理论。

2.2.1　光电效应

普朗克(Planck)根据黑体辐射现象指出：受热样品辐射的能量(即黑体辐射)是以能量子为单位发射的，辐射的能量子为 $h\nu$，其中 ν 是辐射频率，$h = 6.63\times10^{-34}$ J·s 是普朗克常量。在此假设提出后不久，爱因斯坦(Einstein)根据**光电效应**实验进一步指出了光的量子化性质。光电效应实验是一个非常著名的实验，指出了光电子的能量与光的频率之间的关系，如图 2-1 所示。在真空中，一束单色光照射到金属板的表面，金属中的一部分电子吸收到光的能量后脱离金属的表面而发射到真空中，如图 2-1(a)所示。改变入射光的频率，测量逃逸电子的动能，可画出逃逸电子最大动能 E_m 与入射光频率 ν 之间的关系曲线，如图 2-1(b)所示。

为测出逃逸电子的最大动能，一个简单方法是在图 2-1(a)的金属板的上方放置另一块金属板，在两个极板上施加偏压形成电场；改变偏压的大小，使所有发射的电子恰好都不能到达上方的金属板(使回路中的电流变为零)，根据此时两个金属板的电势差便可算出电子的最大能量 E_m。改变入射光的频率 ν，进行同样的测量，可得到 E_m–ν 关系曲线。实验结果表明 E_m–ν 关系是图 2-1(b)所示那样的直线，直线的斜率等于普朗克常量 h

$$E_m = h\nu - q\Phi \tag{2-1}$$

其中 q 是基本电荷，Φ 是表示所用金属性质的一个特征量，单位为伏特(V)；$q\Phi$ 表示电子从金属表面发射到真空中所需要的最小能量，称为金属的**功函数**。式(2-1)表明，金属中的电子在吸收了 $h\nu$ 的光能后，在从金属表面逃逸的过程中又损失了 $q\Phi$ 的能量。

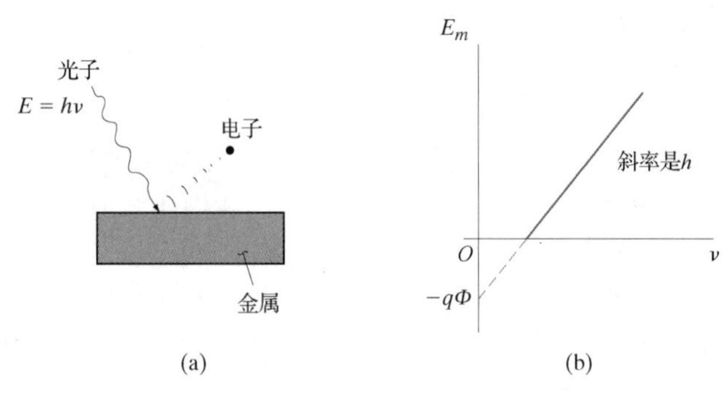

图 2-1　光电效应。(a)真空中在光照下电子从金属表面发射出来；(b)发射电子的最大动能与入射光频率的关系

这个实验清楚地表明普朗克假设是正确的：光的能量是量子化的而不是连续的。其他实验也表明了这样一个事实，即光除了具有波动性以外，其能量呈现出量子化的特征，一份一份的能量形式可认为是局域化的能量包，被称为**光子**(与牛顿力学中的粒子很像)。因而，光子的能量可表示为

$$E = h\nu = \left(\frac{h}{2\pi}\right)(2\pi\nu) = \hbar\omega \tag{2-2a}$$

这就是普朗克关系。

实验发现，光电子的能量不随光强的增大而增大，但光电子的数量随光强的增大而增大。这与经典物理学的预期结果大相径庭。按照经典物理学的观点，振幅或强度越大的波所具有的能量应该越大，因而光电子的能量应随光强的增大而增大。但按照量子物理学的观点来看，强度越大的光所包含的光子数越多，因而光电子的数量随光强的增大而增多。某些实验可能只揭示光的波动性，而另外一些实验则揭示光的粒子性。这种波粒二象性是量子理论的一个基本要点。在量子理论体系中波粒二象性并没有什么含糊不清的地方。

光的波粒二象性在杨氏双缝衍射实验中得到充分展示和验证。光通过双狭缝到达光屏，在光屏上可看到明暗相间的衍射和干涉图案，图案中有相长干涉造成的明亮区域和相消干涉造成的灰暗区域。如果减小光源强度，单位时间内只允许少量光子通过狭缝，就会发现在光屏上得不到干涉图案，只能看到星星点点的杂散光。这是因为一个光子不能再分，且一个光子在某时刻到达光屏的位置是随机的。但从统计意义上说，如果将实验持续下去，到达相长干涉的明亮区域的光子会更多，达到灰暗区域的光子相对更少，最终仍能得到干涉图案。如果用电子做同类实验，也会得到类似的结果。波粒二象性是量子力学发展的基础。

受到光的波粒二象性实验的启发，路易斯·德布罗意(Louis de Broglie)指出，物质粒子(如电子)在某些条件下也会表现出波动性。Davisson 和 Germer 所做的电子在周期性晶格中的衍射实验证实了德布罗意的这个观点。德布罗意进而指出，一个动量为 $\mathrm{p} = m\mathrm{v}$ 的粒子，其波长为

$$\lambda = \frac{h}{\mathrm{p}} = \frac{h}{m\mathrm{v}}$$

$$p = \frac{h}{\lambda} = \frac{h}{2\pi}\frac{2\pi}{\lambda} = \hbar k \tag{2-2b}$$

这就是德布罗意关系。

至此，我们看到，普朗克关系和德布罗意关系将物质的粒子性(能量和动量)与波动性(频率和波长)联系在一起。这种粒子性和波动性之间的关系对于任何物质和任何情形都是适用的(包括光子和电子)，因而成为量子物理学的基础。

频率和波长之间的关系，或者说能量和动量之间的关系，称为**色散关系**。对于不同的物质，色散关系是不同的。比如，对于光子来说，频率和波长的关系是 $\nu = c/\lambda$，因而能量和动量的关系是 $E = \hbar\omega = \hbar(2\pi\nu) = 2\pi\hbar(c/\lambda) = \hbar ck = cp$；而对于晶体中的电子来说，其能量和动量之间具有抛物线形色散关系，也就是第 3 章将要讨论的 E-k 关系(或能带结构)。

2.2.2　原子光谱

对近代物理的发展最有价值的实验之一是关于原子对光的吸收和发射规律的实验。电子的波动性是理解这些实验的关键。例如，气体放电过程中所发射光的波长其实就是这种气体分子的一个特征量。常见的 Ne 灯就是一个典型的气体放电的例子：在玻璃泡内充有 Ne 气(或 Ne 气与其他气体的混合气体)，外接两支电极用于放电。如果测得发光波长和相应的发光强度，就会发现只在某些特定的波长处才有光的发射，即发射光谱的波长是不连续的。几种原子的特征光谱早在 20 世纪初就已为人所知。图 2-2 给出了氢原子发射光谱的一部分，其中的垂直线代表光谱强度峰值对应的波长位置。光子能量 $h\nu$ 与其波长 λ 之间通过色散关系 $\lambda = c/\nu$ 联系起来。

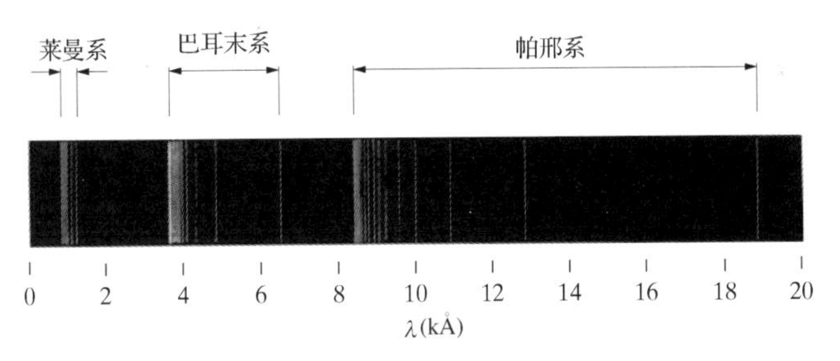

图 2-2　氢原子光谱的若干重要谱线

图 2-2 中出现的谱线分属于不同的谱线系，它们分别是莱曼(Lyman)系、巴耳末(Balmer)系和帕邢(Paschen)系。获得氢原子的发射光谱后，人们注意到了各谱线的频率之间有如下经验关系：

$$\text{莱曼系：}\nu = cR\left(\frac{1}{1^2} - \frac{1}{n^2}\right),\quad n = 2,3,4,\cdots \tag{2-3a}$$

$$\text{巴耳末系：}\nu = cR\left(\frac{1}{2^2} - \frac{1}{n^2}\right),\quad n = 3,4,5,\cdots \tag{2-3b}$$

$$\text{帕邢系：}\nu = cR\left(\frac{1}{3^2} - \frac{1}{n^2}\right),\quad n = 4,5,6,\cdots \tag{2-3c}$$

其中 R = 109 678 cm^{-1} 称为里德伯(Rydberg)常数。如果我们把能量 $E=h\nu$ 随连续整数 n 的变化关系用图来表示就会看到，任意谱线对应的光子能量都可以由另外两个特定谱线的能量相减(或相加)得到，如图 2-3 所示。例如巴耳末谱线系中能量为 E_{42} 的谱线，其能量对应着莱曼系中两条谱线 E_{41} 和 E_{21} 的能量差。不同谱线能量间的这种关系称为 **Ritz 组合原理**。式(2-3)表示的经验关系引起人们对于原子发射光子的理论根源问题的兴趣。

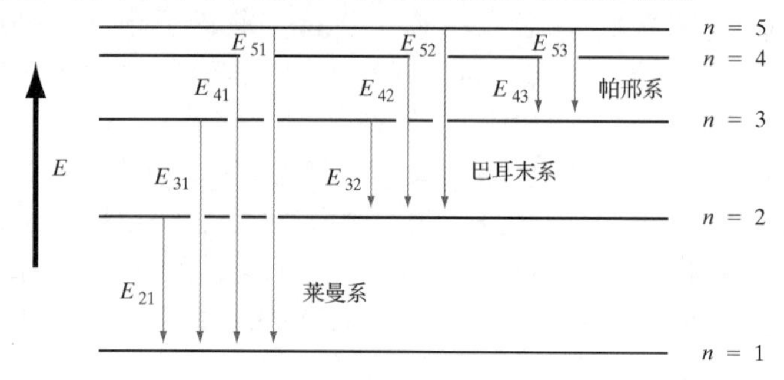

图 2-3　氢原子光谱中各谱线之间能量关系

2.3　玻尔模型

玻尔(Niels Bohr)利用氢原子发射光谱的实验结果，在行星运动的数学原理基础上建立了关于氢原子的物理模型。该模型的基本思想是这样的：如果氢原子中的电子位于类似于行星运动的轨道上，那么它吸收能量后就可以从内层轨道跃迁到外层轨道上去，然后可以从外层轨道跃迁到内层轨道上，并释放能量(参见图 2-3)。玻尔为建立原子的物理模型做了以下几点假设：

1. 原子中的电子位于原子核周围的某些稳定的、圆形的轨道上。这一假设意味着在轨道上运动的电子不会向外释放能量，否则电子将因失去能量而不能停留在某个稳定的轨道上，并最终落到原子核上去。这与经典电磁理论不同；在经典电磁理论中，一个做圆周运动的电荷因具有角加速度必然向外辐射能量。
2. 电子可以跃迁到能量较高的轨道上，也可以跃迁到能量较低的轨道上。跃迁过程中获得能量，或者失去能量。电子获得或失去的能量对应于两个轨道的能量 E_2 和 E_1 之差。电子跃迁过程中，原子可以吸收或者发射能量为 $h\nu$ 的光子。发射光子的能量与轨道能量之间有如下关系：

$$h\nu = E_2 - E_1 \tag{2-4}$$

E_2

$h\nu$　　$h\nu = E_2 - E_1$

E_1

3. 电子沿轨道运动的角动量 p_θ 总是等于普朗克常量的整数倍再除以 2π。为方便起见，把 $h/2\pi$ 记为 $\hbar$($\hbar$ 称为约化普朗克常量)，于是

$$p_\theta = n\hbar,\ n = 1,2,3,4,\cdots \tag{2-5}$$

这一假设对于分析图 2-3 的结果是十分必要的。玻尔提出以上假设用于解释光谱结构和数据。这等同于认为电子轨道的周长是电子德布罗意波长的整数倍(参见习题 2.2)，即可理解为这样一种图景：原子中的电子围绕原子核在做导波(Pilot Wave)运动。德布罗意波动概念为薛定谔波动方程的建立提供了灵感(参见 2.4 节)。

设想氢原子中的电子在半径为 r 的稳定圆形轨道上绕原子核运动，则电子和质子间的静电吸引力提供了圆周运动的向心力

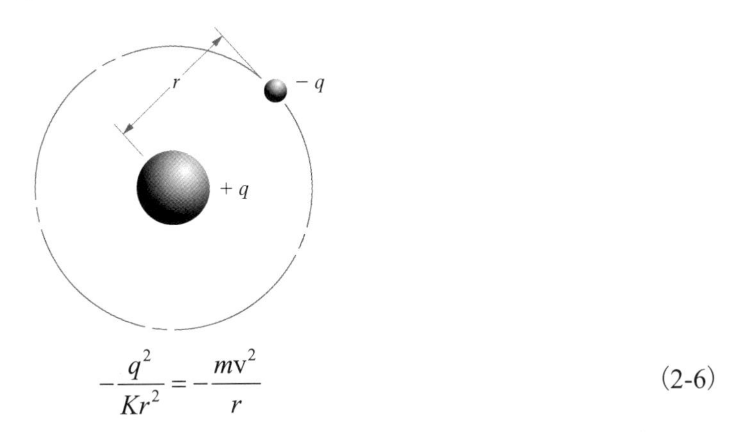

$$-\frac{q^2}{Kr^2}=-\frac{m\mathrm{v}^2}{r} \tag{2-6}$$

在 MKS 单位制中 $K=4\pi\varepsilon_0$。m 是电子的质量，v 是其运动速率。根据假设(3)，有

$$\mathrm{p}_\theta=m\mathrm{v}r=n\hbar \tag{2-7}$$

考虑到 n 是整数，应当用 r_n 来代替 r，以表示第 n 轨道的半径，上式可写为

$$m^2\mathrm{v}^2=\frac{n^2\hbar^2}{r_n^2} \tag{2-8}$$

把式(2-8)代入式(2-6)可得第 n 轨道的半径 r_n

$$\frac{q^2}{Kr_n^2}=\frac{1}{mr_n}\frac{n^2\hbar^2}{r_n^2} \tag{2-9}$$

$$r_n=\frac{Kn^2\hbar^2}{mq^2} \tag{2-10}$$

现在来求电子在第 n 轨道运动的总能量，以便计算电子在轨道间跃迁时的能量变化。由式(2-7)和式(2-10)可得

$$\mathrm{v}=\frac{n\hbar}{mr_n} \tag{2-11}$$

$$\mathrm{v}=\frac{n\hbar q^2}{Kn^2\hbar^2}=\frac{q^2}{Kn\hbar} \tag{2-12}$$

电子的动能为

$$E_K=\frac{1}{2}m\mathrm{v}^2=\frac{mq^4}{2K^2n^2\hbar^2} \tag{2-13}$$

电子的势能为

$$E_P=-\frac{q^2}{Kr_n}=-\frac{mq^4}{K^2n^2\hbar^2} \tag{2-14}$$

因此第 n 轨道上电子的总能量为

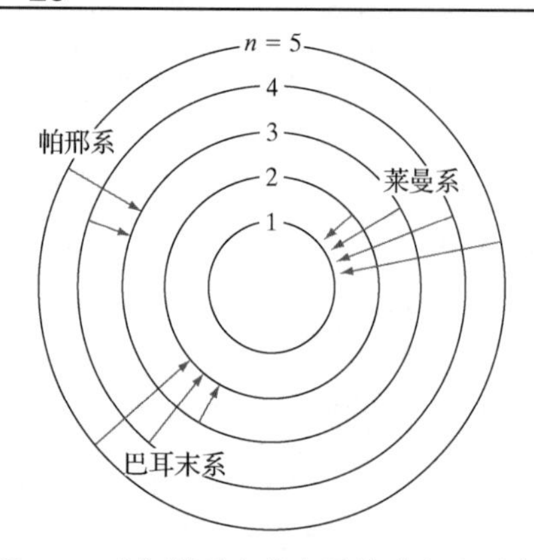

图 2-4 玻尔模型中的电子轨道和电子在轨道间的跃迁情形。注意：各轨道的相对半径不是按实际比例画出的

$$E_n = E_K + E_P = -\frac{mq^4}{2K^2n^2\hbar^2} \tag{2-15}$$

考察式(2-15)给出的各轨道电子的能量，将这些能量和观察到的光子能量相比较，就可以验证玻尔模型的正确性了。为方便起见，把氢原子光谱的各谱线重新画在图 2-4 中。可见，轨道 n_1 和 n_2 间的能量差为

$$E_{n2} - E_{n1} = \frac{mq^4}{2K^2\hbar^2}\left(\frac{1}{n_1^2} - \frac{1}{n_2^2}\right) \tag{2-16}$$

电子在这两个轨道间跃迁时所发光的频率为

$$\nu_{21} = \frac{mq^4}{2K^2\hbar^2 h}\left(\frac{1}{n_1^2} - \frac{1}{n_2^2}\right) \tag{2-17}$$

【例 2-1】 证明式(2-17)和式(2-3)是等价的，即证明 $cR = \dfrac{mq^4}{2K^2\hbar^2 h}$。

【解】 在式(2-17)中代入 m，q，K，h，$\hbar$ 等相关物理量的数值，有

$$\nu_{21} = \frac{mq^4}{2K^2\hbar^2 h}\left(\frac{1}{n_1^2} - \frac{1}{n_2^2}\right) = 3.29\times10^{15}\left(\frac{1}{n_1^2} - \frac{1}{n_2^2}\right)$$

在式(2-3)中代入光速 c 和里德伯常数 R 的数值，有

$$\nu_{21} = cR\left(\frac{1}{n_1^2} - \frac{1}{n_2^2}\right) = 3.29\times10^{15}\left(\frac{1}{n_1^2} - \frac{1}{n_2^2}\right)$$

这证明了 $cR = \dfrac{mq^4}{2K^2\hbar^2 h} = 3.29\times10^{15}$ Hz，即式(2-17)和式(2-3)是等价的。

上述例子证明了式(2-17)右边第一个括号内各因子的乘积等于式(2-3)右边的 cR 乘积，这说明玻尔在当时的情况下为氢原子中电子的跃迁建立了一个很好的物理模型。

尽管玻尔模型能够反映氢原子光谱的主要特点，但却不能反映其更多的细节。例如，在实验中除了观察到该模型指出的轨道能级外，还观察到了原子能级分裂而引起的新的能级，玻尔模型对此不能解释。再者，当试图把玻尔模型推广应用到比氢原子更复杂的原子时，人们遇到了困难，并很快意识到需要建立一个更完善的理论。尽管玻尔模型有上述不足，其成功之处仍然为量子理论的最终形成向前推进了一大步。

2.4 量子力学基础知识

在 20 世纪 20 年代后期，有两个人几乎是在同时采用完全不同的方法分别提出了量子力学，其中一人是海森伯(Heisenberg)，他采用的是**矩阵力学**方法；另一个人是薛定谔(Schrödinger)，他采用的是**波动力学**方法。这两种方法的数学形式表面看起来完全不同，但深入分析以后就会发现两种方法的基本原理是相同的。可以证明，经过适当的数学处理，可以从矩阵力学推出波动力学的结果。这里我们主要了解波动力学方法，因为采用波动力学方法可以更容易地得到一些简单问题的解，而不需要过多的数学推导。

2.4.1　几率和不确定性原理

要想绝对精确地描述单个粒子在原子尺度上发生的事件是不可能的。对一个粒子，我们经常所说的位置、动量以及能量等物理量都是指其量子力学平均值(或称为**期望值**)。应当指出的是，量子力学所指的不确定性并不是因为量子理论本身的缺陷造成的。实际上，量子理论用了很大的篇幅专门研究原子和电子相关事件的几率性质。量子力学认为，粒子的位置和动量等物理量，它们本身就不能脱离开不确定性而存在。这种内在的不确定性的大小由海森伯**不确定性原理**[①]给出。对某个粒子的位置和动量进行测量时，这两个被测的量总是存在不确定性的，且这两个被测的量的不确定性之间有如下关系：

$$(\Delta x)(\Delta \mathrm{p}_x) \geqslant \frac{\hbar}{2} \tag{2-18}$$

与此类似，对某个粒子的能量进行测量时，能量的不确定性和测量时刻的不确定性之间也存在类似关系

$$(\Delta E)(\Delta t) \geqslant \frac{\hbar}{2} \tag{2-19}$$

以上两个关系表明，同时测量粒子的位置和动量、或者同时测量能量和时间，测量结果不可能同时是准确的。当然，由于普朗克常量 h 很小，对于一辆卡车而言，我们无须关心它的位置和动量的不确定性究竟是多大。但是，若要同时测量一个电子的位置和速度，这两个物理量的准确性就要受到不确定性原理[参见式(2-18)]的限制。

根据不确定性原理，我们不宜说一个电子处在某个确定的位置，而应当说在某个位置找到电子的几率是多大。量子力学中，采用**几率密度函数**表示在特定条件下发现粒子的几率，采用几率密度函数来确定粒子的位置、动量、能量等重要物理量的期望值。我们已经学会用平时的经验估算某些事件的发生几率，例如，从一副扑克牌中随机抽中某一张牌的几率是1/52；再如，随意抛掷一枚硬币，正面朝上的几率是 1/2。但是，如果事件发生的情形比较复杂，我们就不能轻而易举地估计出某事件的发生几率。在这种情况下，用几率密度函数表示事件的发生几率。对于一个做一维运动的粒子，假定几率密度函数为 $P(x)$，则它出现在 $x \sim x+\mathrm{d}x$ 空间范围内的几率是 $P(x)\,\mathrm{d}x$。由于粒子可能出现在它所能到达的任何地方，所以几率密度函数 $P(x)$ 在粒子运动所及的整个空间的积分应该等于 1，即

$$\int_{-\infty}^{\infty} P(x)\mathrm{d}x = 1 \tag{2-20}$$

该式称为几率密度函数的归一化条件(一维情况)。

为求得某个函数 $f(x)$ 的平均值，我们只要将该函数在 dx 附近的值 $f(x)$ 乘以在 dx 范围内找到粒子的几率 $P(x)\,\mathrm{d}x$，然后将乘积 $f(x)\,P(x)\,\mathrm{d}x$ 对每个 dx 求和(实际上演变为对整个空间的积分)，即 $f(x)$ 的平均值可表示为

$$\langle f(x) \rangle = \int_{-\infty}^{\infty} f(x)P(x)\mathrm{d}x \tag{2-21a}$$

如果几率密度函数 $P(x)$ 尚未归一化，则平均值应当表示为

---

① 不确定性原理也被称为测不准关系(Principle of Indeterminacy)，因为对这些物理量的测量误差不可能比式子表示的误差更小。

$$\langle f(x)\rangle=\frac{\int_{-\infty}^{\infty}f(x)P(x)\mathrm{d}x}{\int_{-\infty}^{\infty}P(x)\mathrm{d}x} \tag{2-21b}$$

2.4.2 薛定谔波动方程

采用几种不同的途径，把量子概念应用到经典力学方程，都可得到量子力学波动方程，其中最为简单的途径是先提出一些基本假设，以这些假设为基础建立波动方程，然后用所得结果的准确程度来检验所做假设的合理性。在一些量子力学的高级读物中对这些假设有详细的说明，这里我们只是简单地借用这些假设。

基本假设

1. 在一个物理系统中，每个粒子的行为都可以用一个波函数$\psi(x,y,z,t)$来描述，该波函数及其空间导数$(\partial\psi/\partial x+\partial\psi/\partial y+\partial\psi/\partial z)$是连续、有限、单值的。
2. 物理量(如能量和动量)可用抽象的量子力学算符表示，这些算符的定义见下表(对其他两个方向的表示形式与x方向的表示形式类似)。

经典变量	量子算符
x	x
$f(x)$	$f(x)$
$\mathrm{p}(x)$	$\frac{\hbar}{\mathrm{j}}\frac{\partial}{\partial x}$
E	$-\frac{\hbar}{\mathrm{j}}\frac{\partial}{\partial t}$

3. 具有波函数ψ的粒子，在空间范围 $\mathrm{d}x\,\mathrm{d}y\,\mathrm{d}z$ 内出现的几率可表示为$\psi^*\psi\,\mathrm{d}x\,\mathrm{d}y\,\mathrm{d}z$[①]。根据式(2-20)，乘积$\psi^*\psi$的归一化条件是

$$\int_{-\infty}^{\infty}\psi^*\psi\,\mathrm{d}x\,\mathrm{d}y\,\mathrm{d}z=1$$

利用第(2)个假设给出的量子力学算符，可以由波函数求变量Q的平均值$\langle Q\rangle$

$$\langle Q\rangle=\int_{-\infty}^{\infty}\psi^*Q_{op}\psi\,\mathrm{d}x\,\mathrm{d}y\,\mathrm{d}z$$

其中Q_{op}是变量Q的算符表示。

当粒子的波函数ψ确定以后，可以求得粒子的位置、动量，以及能量等物理量的平均值。因此，量子计算的主要工作就是根据特定物理体系的已知条件，解出波函数。由第(3)个假设可看到，几率密度函数是$\psi^*\psi$，或者将其简单地写为$|\psi|^2$。

经典力学中粒子的能量写为

动能 +势能 = 总能量

$$\frac{1}{2m}\mathrm{p}^2+V=E \tag{2-22}$$

① ψ^*是ψ的复共轭。求一个复数的共轭时，如果该复数具有类似于$\mathrm{e}^{\mathrm{j}x}$的形式，则直接把该复数中的每一个 j 都改变符号即可。比如，复数$\mathrm{e}^{\mathrm{j}x}$的共轭可直接写作$\mathrm{e}^{-\mathrm{j}x}$。

在量子力学中，上式中的各个物理量要用相应的量子力学算符表示[参见第(2)个假设]。对于一维问题，利用算符可以把式(2-22)写为

$$-\frac{\hbar^2}{2m}\frac{\partial^2\psi(x,t)}{\partial x^2}+\mathrm{V}(x)\psi(x,t)=-\frac{\hbar}{\mathrm{j}}\frac{\partial\psi(x,t)}{\partial t} \tag{2-23}$$

对于三维问题，式(2-22)可写为

$$\boxed{-\frac{\hbar^2}{2m}\nabla^2\psi+\mathrm{V}\psi=-\frac{\hbar}{\mathrm{j}}\frac{\partial\psi}{\partial t}} \tag{2-24}$$

这就是**薛定谔方程**，其中 $\nabla^2\psi=\frac{\partial^2\psi}{\partial x^2}+\frac{\partial^2\psi}{\partial y^2}+\frac{\partial^2\psi}{\partial z^2}$。薛定谔方程中的波函数既是空间的函数，也是时间的函数。求解波函数时，通常是先分别解出空间函数和时间函数，然后再加以合成。但是，很多实际问题是与时间无关的，只需要求解与空间有关的函数即可。用分离变量法将波函数写成与空间和时间有关的两部分，即把 $\psi(x, t)$ 写成 $\psi(x)$ 和 $\phi(t)$ 两个函数的乘积，代入式(2-23)，便得到

$$-\frac{\hbar^2}{2m}\frac{\partial^2\psi(x)}{\partial x^2}\phi(t)+\mathrm{V}(x)\psi(x)\phi(t)=-\frac{\hbar}{\mathrm{j}}\psi(x)\frac{\partial\phi(t)}{\partial t} \tag{2-25}$$

其中与时间有关的函数 $\phi(t)$ 所满足的方程为

$$\boxed{\frac{\mathrm{d}\phi(t)}{\mathrm{d}t}+\frac{\mathrm{j}E}{\hbar}\phi(t)=0} \tag{2-26a}$$

与空间有关的函数 $\psi(x)$ 满足的方程为

$$\boxed{\left[-\frac{\hbar^2}{2m}\frac{\mathrm{d}^2}{\mathrm{d}x^2}+\mathrm{V}(x)\right]\psi(x)=E\psi(x)} \tag{2-26b}$$

该方程的特点是：对波函数通过算符操作后，等于一个常数乘以该函数本身。将这种方程称为本征值方程。可以证明，对于一个特定的解，上述方程中的常数 E 就是粒子相应于该解的总能量，包括动能和势能。不同的本征函数 ψ_n 对应着不同的能量 E_n。因为式(2-26a)是一个关于时间的一阶微分方程，很容易得到其解为 $\phi(t) = \exp(-\mathrm{j}E/\hbar t) = \exp(-\mathrm{j}\omega t)$（使用了普朗克关系），这是所有本征函数的"普适性"时间依赖关系。

在量子力学中任意一个波函数都可以写为本征函数的线性叠加，只是其中每个本征函数的权重系数不同。就像三维空间中任意一个矢量 **V** 可写为基矢的线性叠加一样

$$\mathbf{V}=\mathrm{V}_x\boldsymbol{x}+\mathrm{V}_y\boldsymbol{y}+\mathrm{V}_z\boldsymbol{z} \tag{2-27a}$$

其中 V_x、V_y、V_z 是权重系数。类似地，一个波函数可以写为本征函数的线性叠加(其中已包含了前述关于时间部分的波函数)

$$\psi(x,t)=\sum_n c_n\psi_n\exp(-\mathrm{j}E_n/\hbar t) \tag{2-27b}$$

也就是说，三维真实空间中一个矢量可以展开为三个方向的分量，但一个波函数在绝对空间也就是希尔伯特(Hilbert)空间展开时不受维数限制(可以有无限维数)。一个粒子所具有的可能能量取决于不同本征态的几率，不同本征态的几率由 c_n^2 给出。如果持续不断测量粒子的能量，每次会得到不同的本征能量，因为 c_n^2 会每次不同。这就是量子力学中不确定性的含义。

多次量子力学测量结果的平均值将趋近于经典物理学的结果。这些方程是波动力学的基础，据此我们可以确定各种简单系统中粒子的波函数。不同系统之间的唯一差异表现在势能项 V(x) 上。对于系统中的电子而言，势能项 V(x) 通常源于电场和(或)磁场的作用。

2.4.3 势阱问题

对于大部分实际问题，薛定谔方程的求解是十分困难的。对于氢原子问题，薛定谔方程的求解不算太困难，但对于复杂原子，薛定谔方程的求解却非常困难。但是我们也注意到，有些重要的问题不需要复杂的数学处理也可以求解，其中最简单的例子是无限深势阱中的粒子问题。设一个粒子在这样一个一维势阱中运动

$$\begin{aligned} &\mathrm{V}(x)=0, \qquad 0<x<L \\ &\mathrm{V}(x)=\infty, \qquad x=0, L \end{aligned} \tag{2-28}$$

这是一个无限深势阱，$x=0$ 和 $x=L$ 是势阱的边界，如图 2-5(a)所示。在这个势阱中，势能项 $\mathrm{V}(x)=0$，将其代入式[2-26(b)]，有

$$\frac{\mathrm{d}^2\psi(x)}{\mathrm{d}x^2}+\frac{2m}{\hbar^2}E\psi(x)=0, \qquad 0<x<L \tag{2-29}$$

这实际上就是自由粒子的波动方程。只要求解区域内的势能为零(或者说没有势能)，该方程对自由粒子就是适用的。

方程式(2-29)的解具有 $\sin(kx)$ 和 $\cos(kx)$ 两种形式，究竟应该采用哪一种形式，则要根据边界条件来确定。在该势阱的边界上，波函数 $\psi(x)$ 的唯一允许的值只能是 0，否则就意味着在势阱以外 $|\psi|^2\neq 0$，这是不可能的，因为粒子不可能越过无限高的势垒到达势阱之外。因此，我们应当选取 $\sin(kx)$ 形式的解

$$\psi=A\sin(kx), \qquad k=\sqrt{2mE}/\hbar \tag{2-30}$$

常数 A 是波函数的幅值，其大小必须由归一化条件确定。要使 $x=L$ 处 $\psi=0$，k 必须是 π/L 的整数倍，即

$$k=\frac{n\pi}{L}, \qquad n=1,2,3,\cdots \tag{2-31}$$

解方程式(2-30)和方程式(2-31)，便得到无限深势阱中粒子的量子化能级 E_n

$$\frac{\sqrt{2mE_n}}{\hbar}=\frac{n\pi}{L} \tag{2-32}$$

$$E_n=\frac{n^2\pi^2\hbar^2}{2mL^2} \tag{2-33}$$

这就是说，势阱中粒子的能量是量子化的，粒子的能量只能取某些允许的值[参见式(2-33)]。整数 n 称为量子数。量子态由波函数 ψ_n 和量子化能级 E_n 来描述。

由式(2-33)描述的量子化能级在很多小尺寸器件中都存在。后面还会分析势阱中粒子问题的具体实例。

根据前面给出的第(3)个假设可求得波函数的幅值 A

$$\int_{-\infty}^{\infty}\psi^*\psi\,\mathrm{d}x=\int_0^L A^2\left(\sin\frac{n\pi}{L}x\right)^2\mathrm{d}x=A^2\frac{L}{2} \tag{2-34}$$

令该积分等于 1(归一化条件)，便得

$$A=\sqrt{\frac{2}{L}},\qquad \psi_n=\sqrt{\frac{2}{L}}\sin\left(\frac{n\pi}{L}x\right) \tag{2-35}$$

图 2-5(b)给出了由上式得到的前 3 个波函数ψ_1、ψ_2和ψ_3，图 2-5(c)给出了对应于量子态ψ_2的几率密度分布函数$\psi^*\psi$或$|\psi|^2$。

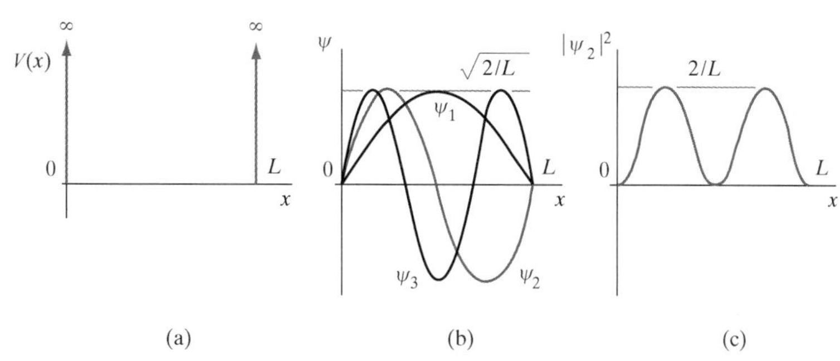

图 2-5　势阱中的粒子。(a)势能分布；(b)前 3 个量子态对应的波函数$\psi(x)$；(c)第 2 个量子态对应的几率密度分布

如果势能项是简谐运动形式 $V(x)=kx^2$，则粒子波函数和能量本征值将不同于上述方形势阱的情形，本征能量将变为$E_n=(n+1/2)\hbar\omega$，且不同本征能量之间的间隔相同。这里的 n 表示有 n 个能量子(简谐振子)。在第 3 章将看到，晶体中的原子在原子间势能的作用下做类似的简谐振动(原子间势能项是抛物线形的)，只不过振动的能量子是声子。

【例 2-2】 一列平面波$\psi(x)=A\exp(\mathrm{j}k_xx)$，其动量的 x 分量 p_x 是多大？能量是多大？

【解】

$$\langle p_x\rangle=\frac{\int_{-\infty}^{\infty}A^*\mathrm{e}^{-\mathrm{j}k_xx}\left(\frac{\hbar}{\mathrm{j}}\frac{\partial}{\partial x}\right)A\mathrm{e}^{\mathrm{j}k_xx}\mathrm{d}x}{\int_{-\infty}^{\infty}|A|^2\,\mathrm{e}^{-\mathrm{j}k_xx}\mathrm{e}^{\mathrm{j}k_xx}\mathrm{d}x}=\hbar k_x\ (\text{已归一化})$$

这一结果正是德布罗意关系。如果直接求积分，将会遇到这样的问题：分子和分母都趋近于无穷大，因为一列真实的平面波严格来说是不能归一化的波函数。避开此问题的方法是，尝试在有限范围内进行积分，比如积分上下限分别取为$-L/2$ 和 $L/2$，则分子和分母中的 L 就自然抵消了，积分上下限分别取为$-\infty$和∞也是一样。对于可归一化的波函数，则用不着这样处理。

如果在上述波函数中将时间依赖项也同时考虑进去，则可得到该平面波的能量

$$\langle E\rangle=\frac{\int_{-\infty}^{\infty}A^*\mathrm{e}^{-\mathrm{j}(k_xx-\omega t)}\left(-\frac{\hbar}{\mathrm{j}}\frac{\partial}{\partial t}\right)A\mathrm{e}^{\mathrm{j}(k_xx-\omega t)}\mathrm{d}x}{\int_{-\infty}^{\infty}|A|^2\,\mathrm{e}^{-\mathrm{j}k_xx}\mathrm{e}^{\mathrm{j}k_xx}\mathrm{d}x}=\hbar\omega\ (\text{已归一化})$$

这一结果正是普朗克关系。

2.4.4　量子隧穿

前面求解的是关于无限深势阱的问题，粒子的波函数ψ在阱壁和阱外为零，求解时较为容易。现在来考虑粒子“穿过”势垒的问题，即**量子隧穿**问题。如图 2-6 所示是一个高度和宽度都有限的势垒，根据量子力学几率的概念，从左向右运动的粒子依靠量子隧穿机制可以“穿

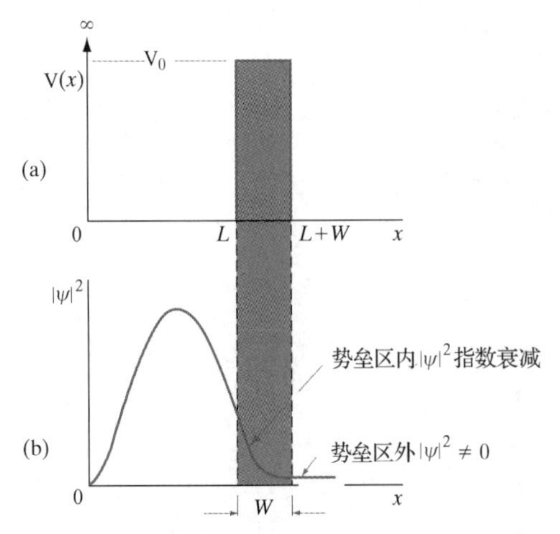

图 2-6　量子隧穿效应。(a)高度为 V_0、宽度为 W 的势垒；(b)能量 $E < V_0$ 的电子的几率密度分布，势垒区外电子的几率密度不为零

过”势垒，也就是说，在势垒的右边也存在着一定找到粒子的几率。这就是量子隧穿效应。隧穿效应在小尺寸结构或器件中表现得尤为明显。与无限深势阱的情形不同，波函数 ψ 在势垒的边界处不再为零，且 ψ 及其一阶导数 $d\psi/dx$ 在边界处是连续的；同时，势垒内部和势垒外部(包括势垒右边)的波函数 ψ 也不为零(即在势垒宽度很窄的情况下，在右边找到粒子的几率 $\psi^*\psi \neq 0$)。应当说明，在隧穿效应中，粒子并不是“越过”势垒(因为粒子的能量可能远小于势垒的高度 V_0)，而是“穿过”势垒，但势垒右边波函数的幅值与左边相比是减小了。如果增大势垒的宽度 W，则右边波函数 ψ 的幅值可变得足够小，以至于隧穿效应可被忽略(参见图 2-6)。隧穿效应在很小的尺度范围内发生才较为明显，但对固体中电子的导电机制来说非常重要(在第 5 章、第 6 章和第 10 章有具体实例)。例如，谐振隧道二极管就是基于隧穿效应工作的一种器件。

2.5　原子结构和元素周期表

利用薛定谔方程可以准确地描述粒子和势场之间的相互作用，如电子在原子中的运动。实际上，现代原子理论就是从薛定谔波动方程和海森伯矩阵力学发展而来的。然而，要想用薛定谔方程对复杂原子问题直接进行求解仍然非常困难。严格地说，只有氢原子的问题可以用薛定谔方程直接求解。对原子序数大于 1 的某些原子，如碱金属原子 Li、Na、K 等，它们的最外壳层上只有一个电子，求解薛定谔方程时，可采用近似方法，将它们看成是“类氢原子”，即外壳层上的电子绕着一个“核”在运动。用薛定谔方程对这些原子进行求解时相对简单，只要把氢原子问题加以适当扩展即可，但求解的结果必须能够反映电子跃迁的选择定则，且应当与实验结果相吻合。本节将主要介绍原子中电子能级的概貌，对那些烦琐的数学推导不做过多说明。

2.5.1　氢原子

把氢原子中的电子看成是在三维库仑势场中运动的粒子，通过求解薛定谔方程，可得到电子的波函数。由于氢原子是球对称的，所以采用图 2-7 所示的球坐标比较方便。将式(2-24)中的势能项 $V(x, y, z)$ 用 $V(r, \theta, \phi)$ 代替(它代表氢原子系统所具有的电势能)。在球坐标中，$V(r, \theta, \phi)$ 可写为如下形式：

$$V(r,\theta,\phi) = V(r) = -\frac{q^2}{4\pi\epsilon_0 r} \tag{2-36}$$

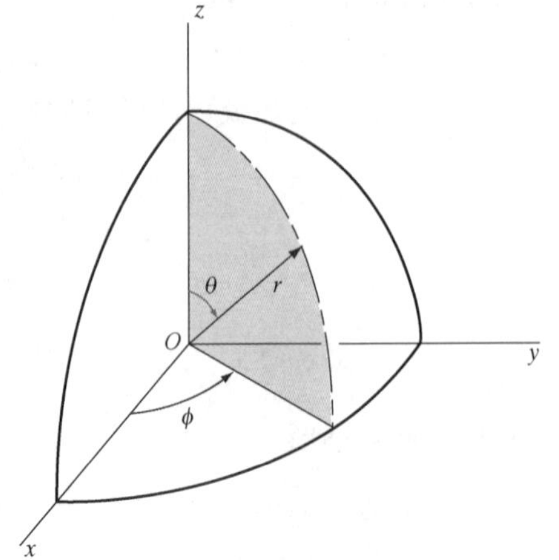

图 2-7　球坐标系

利用分离变量法，可将薛定谔方程式(2-24)中的

波函数写成如下形式（与时间无关）：

$$\psi(r,\theta,\phi) = R(r)\Theta(\theta)\Phi(\phi) \tag{2-37}$$

对其中的三部分 $R(r)$，$\Theta(\theta)$ 和 $\Phi(\phi)$ 分别求解，可得到波函数 $\psi(r, \theta, \phi)$。$\Phi(\phi)$ 满足的方程是

$$\frac{\mathrm{d}^2\Phi}{\mathrm{d}\phi^2} + m^2\Phi = 0 \tag{2-38}$$

其中的 m 是量子数（整数）。该方程的解为

$$\Phi_m(\phi) = A\mathrm{e}^{\mathrm{j}m\phi} \tag{2-39}$$

其中的 A 由归一化条件确定

$$\int_0^{2\pi} \Phi_m^*(\phi)\Phi_m(\phi)\,\mathrm{d}\phi = 1 \tag{2-40}$$

$$A^2\int_0^{2\pi} \mathrm{e}^{-\mathrm{j}m\phi}\mathrm{e}^{\mathrm{j}m\phi}\mathrm{d}\phi = A^2\int_0^{2\pi}\mathrm{d}\phi = 2\pi A^2 \tag{2-41}$$

即

$$A = \frac{1}{\sqrt{2\pi}} \tag{2-42}$$

$$\Phi_m(\phi) = \frac{1}{\sqrt{2\pi}}\mathrm{e}^{\mathrm{j}m\phi} \tag{2-43}$$

由于 $\Phi(\phi)$ 必须是 ϕ 的单值函数，所以 $\Phi(\phi)$ 应是以 2π 为周期的周期性函数。因此，量子数 m 的取值规则（称为**选择定则**）应为

$$m = \cdots -3, -2, -1, 0, +1, +2, +3, \cdots \tag{2-44}$$

同样，我们可以解出式（2-37）中的另外两个函数 $R(r)$ 和 $\Theta(\theta)$（这里不再给出）。这样，便又引入了另外两个量子数 n 和 l，这两个量子数的取值也分别遵循各自的选择定则，即 n 取任意正整数，l 取零或任意正整数。但是，由 $R(r)$，$\Theta(\theta)$，$\Phi(\phi)$ 共同决定的波函数

$$\psi_{nlm}(r,\theta,\phi) = R_n(r)\Theta_l(\theta)\Phi_m(\phi) \tag{2-45}$$

其中，三个量子数 n，l，m 的取值之间也有一定的限制，即

$$\begin{aligned} &n = 1,2,3,\cdots \\ &l = 0,1,2,3,\cdots(n-1) \\ &m = -l,\cdots-2,-1,0,+1,+2,\cdots+l \end{aligned} \tag{2-46}$$

通常将 n、l、m 分别称为**主量子数**、**轨道量子数**（或**角量子数**）、**磁量子数**。除了这三个量子数以外，为了完整地表示氢原子中电子所处的量子态，还需要引入另外一个量子数 m_s，称为**自旋磁量子数**，用以表示电子自旋的量子化条件。电子的自旋是一种相对论量子力学效应，即自旋角动量 s 只能取两个可能的值

$$s = m_s\hbar = \pm\hbar/2 \tag{2-47}$$

也就是说，原子中电子的自旋角动量是量子化的，两个取值分别对应着自旋“向上”或“向下”两种状态。根据式（2-47），自旋磁量子数 m_s 只能取两个可能的值，即 m_s=+1/2 和 m_s=−1/2。至此，我们可以说，采用四个量子数 n、l、m、m_s 可以唯一地确定[①]氢原子中电子所处的状态。主量子数 n 代表了玻尔理论中的“轨道”。当然，在计算氢原子中电子的几率密度分

① 在很多教科书中，使用 m_l 表示这里的 m。

布时，采用的是量子力学中的“几率密度”概念，而不是玻尔理论中的“轨道”概念。显然，电子的几率密度分布与原子的壳层结构有着密切的关系。

在玻尔轨道能级中包含大量的精细结构。精细结构源于量子数的取值规则。例如，若主量子数 $n = 1$(第一玻尔轨道)，角量子数 l 和磁量子数 m 都只能取一个值，即 $l = 0$，$m = 0$[参见式(2-46)]，但自旋磁量子数 m_s 可取两个值，$m_s = \pm 1/2$[见式(2-47)]。因此，主量子数为 $n = 1$ 的允许态数为 2。又如，若主量子数为 $n = 2$，则其他三个量子数的可能取值分别是：$l = 0$、1，$m = -1$、0、+1，$m_s = \pm 1/2$，共有 8 种组合情况，即 $n = 2$ 的允许态数为 8。表 2-1 的前四列给出了量子数的各种可能的组合情况。这表明，氢原子中的电子除了可以占据基态(ψ_{100})外，也可以占据任何一个激发态。各个允许态之间的能量差与氢原子光谱的实验结果完全一致。

2.5.2 元素周期表

上节介绍的几个量子数虽然是在求解氢原子问题时引入的，但是它们的取值规则对复杂原子也是适用的；正是基于这一点，我们才能比较容易地理解元素周期表中各元素的排列顺序。

为理解各元素在周期表中的排列顺序，首先需了解量子理论中的一个重要原理，即**泡利(Pauli)不相容原理**。该原理指出：在一个电子互作用体系[①]中，不可能有两个或两个以上的电子具有相同的一组量子数(n，l，m，m_s)。由此可知，如果原子中两个电子具有相同的三个量子数 n，l 和 m，则这两个电子的自旋必定相反(即自旋磁量子数 m_s 必定不同)。根据泡利不相容原理和量子数取值规则，我们可以知道周期表中所有元素原子的电子结构，从而得到原子中每个壳层和支壳层可容纳的电子数量。在表 2-1 中已列举出了几种量子数取值组合所对应的电子组态(基态)。

表 2-1 主量子数 n 从 1 变化到 3，氢原子中电子的各个允许能态：前 4 栏列出了量子数的各种可能的组合[见式(2-46)和式(2-47)]，后两栏分别列出了属于每个 l 和 n 的允许能态数目

n	l	m	$\frac{s}{\hbar}$	支壳层的允许能态数目	满壳层的允许能态数目
1	0	0	$\pm\frac{1}{2}$	2	2
2	0	0	$\pm\frac{1}{2}$	2	8
	1	−1	$\pm\frac{1}{2}$	6	
		0	$\pm\frac{1}{2}$		
		1	$\pm\frac{1}{2}$		
3	0	0	$\pm\frac{1}{2}$	2	18
	1	−1	$\pm\frac{1}{2}$	6	
		0	$\pm\frac{1}{2}$		
		1	$\pm\frac{1}{2}$		
	2	−2	$\pm\frac{1}{2}$	10	
		−1	$\pm\frac{1}{2}$		
		0	$\pm\frac{1}{2}$		
		1	$\pm\frac{1}{2}$		
		2	$\pm\frac{1}{2}$		

① 这里所指的互作用体系，是指含有两个或两个以上电子的原子，其中电子的波函数发生交叠。

对原子的第一壳层($n = 1$)，因 l 的最大值只能是(n–1)，所以 l 的值只能是 0；同时，因 m 的值只能取–l 和+l 之间的整数(包括 0)，所以 m 的值也只能是 0。因此，原子处于基态时，n = 1 壳层上最多只能容纳两个自旋相反的电子。例如，处于基态的氦(He)原子(原子序数 Z = 2)，其中的两个电子都分布在 n = 1 壳层上，它们的 l 和 m 的值都是 l = 0 和 m = 0，但自旋相反；当其中一个电子或两个电子都被激发到较高的能态、再返回到较低的能态时，将释放出具有一定能量的光子。

从表 2-1 看到，l = 0 支壳层可容纳 2 个电子，l = 1 支壳层可容纳 6 个电子，l = 2 支壳层可容纳 10 个电子。照此规律，可判断出各种原子处于基态时的电子组态。表 2-2 给出了若干原子处于基态时的电子组态。在表示电子组态时，习惯上用不同的符号代替 l 的不同取值，这些符号与 l 取值之间的对应关系是

$$l \text{ 取值 } 0, 1, 2, 3, 4, \cdots$$

$$\text{惯用符号 } s, p, d, f, g, \cdots$$

表 2-2 某些原子的电子组态(基态)

		n=1	2		3			4		
		l=0	0	1	0	1	2	0	1	
		1s	2s	2p	3s	3p	3d	4s	4p	
原子序数(Z)	元素	各层电子数目								电子组态的表示
1	H	1								$1s^1$
2	He	2								$1s^2$
3	Li	He 原子实：2 个电子	1							$1s^2\ 2s^1$
4	Be		2							$1s^2\ 2s^2$
5	B		2	1						$1s^2\ 2s^2\ 2p^1$
6	C		2	2						$1s^2\ 2s^2\ 2p^2$
7	N		2	3						$1s^2\ 2s^2\ 2p^3$
8	O		2	4						$1s^2\ 2s^2\ 2p^4$
9	F		2	5						$1s^2\ 2s^2\ 2p^5$
10	Ne		2	6						$1s^2\ 2s^2\ 2p^6$
11	Na	Ne 原子实：10 个电子			1					[Ne] $3s^1$
12	Mg				2					$3s^2$
13	Al				2	1				$3s^2\ 3p^1$
14	Si				2	2				$3s^2\ 3p^2$
15	P				2	3				$3s^2\ 3p^3$
16	S				2	4				$3s^2\ 3p^4$
17	Cl				2	5				$3s^2\ 3p^5$
18	Ar				2	6				$3s^2\ 3p^6$
19	K	Ar 原子实：18 个电子						1		[Ar] $4s^1$
20	Ca							2		$4s^2$
21	Sc						1	2		$3d^1\ 4s^2$
22	Ti						2	2		$3d^2\ 4s^2$
23	V						3	2		$3d^3\ 4s^2$
24	Cr						5	1		$3d^5\ 4s^1$
25	Mn						5	2		$3d^5\ 4s^2$
26	Fe						6	2		$3d^6\ 4s^2$
27	Co						7	2		$3d^7\ 4s^2$
28	Ni						8	2		$3d^8\ 4s^2$
29	Cu						10	1		$3d^{10}\ 4s^1$
30	Zn						10	2		$3d^{10}\ 4s^2$
31	Ga						10	2	1	$3d^{10}\ 4s^2\ 4p^1$
32	Ge						10	2	2	$3d^{10}\ 4s^2\ 4p^2$
33	As						10	2	3	$3d^{10}\ 4s^2\ 4p^3$
34	Se						10	2	4	$3d^{10}\ 4s^2\ 4p^4$
35	Br						10	2	5	$3d^{10}\ 4s^2\ 4p^5$
36	Kr						10	2	6	$3d^{10}\ 4s^2\ 4p^6$

f 以后的支壳层符号按照英文字母的顺序来使用。以电子组态 $3p^6$ 为例，其中的“3”代表 $n=3$ 壳层，“p”代表 $l=1$ 支壳层，“6”代表 p 支壳层上有 6 个电子。

按照以上习惯写法，可将基态 Si 原子的电子组态表示为 $1s^22s^22p^63s^23p^2$。可见，基态 Si 原子的内层电子组态与基态 Ne 原子的电子组态（$1s^22s^22p^6$）相同，最外壳层（$n=3$）上 4 个价电子的电子组态为 $3s^23p^2$，即两个价电子位于 s 支壳层（处于 s 态），另外两个位于 p 支壳层（处于 p 态）。有时为了方便，就把基态 Si 原子的电子组态写为[Ne]$3s^23p^2$，因为基态 Ne 原子的电子组态与 Si 原子的内层电子组态是一样的。

图 2-8(a) 直观地给出了 Si 原子的壳层结构，图中画出了原子核（其中包含 14 个质子和 14 个中子）、原子实（其中包含内壳层 $n=1$ 和 $n=2$ 上的 10 个电子），以及外壳层 $n=3$ 的 $3s$ 和 $3p$ 支壳层上的 4 个价电子。图 2-8(b) 画出了 Si 原子中电子的各个能级。因为异号电荷相吸，所以带正电的原子核和带负电的电子之间有静电吸引作用；又由式(2-36)可知，原子中电子的势能随距离 r 按照 $1/r$ 的规律变化，在无穷远处，势能为零，因此，原子系统的势场以及其中的能级与 2.4.3 节和式(2-33)描述的势阱情形类似，只是势阱的形状不同[与图 2-5(a)进行比较]。正因为如此，Si 原子能级的表达式与氢原子能级的表达式(2-15)相似，但与方势阱的能级表达式(2-33)有较大差异。

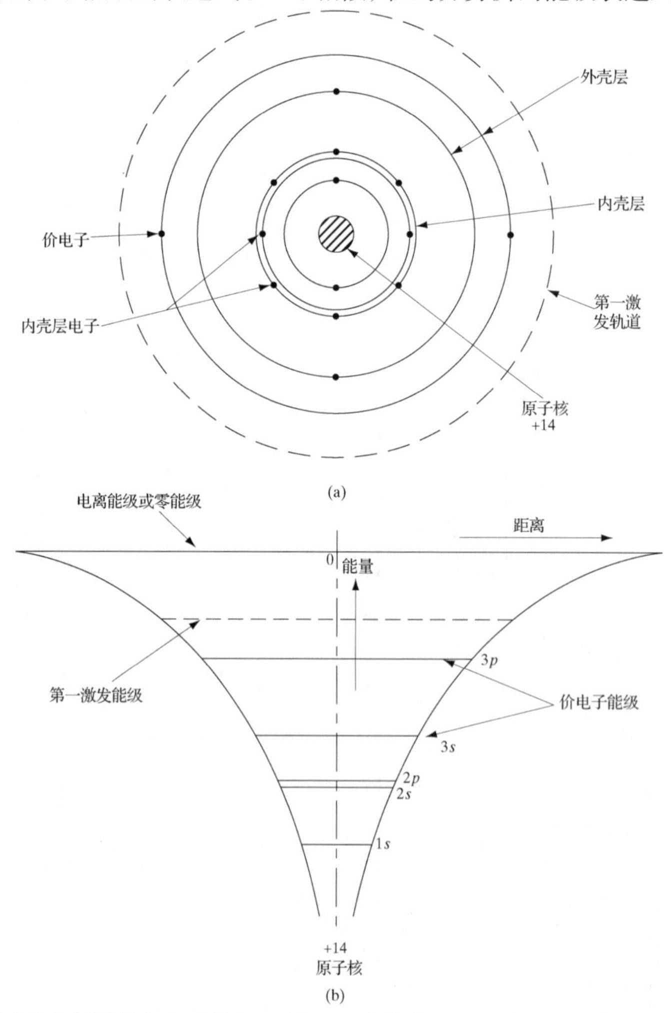

图 2-8 Si 原子的壳层结构与电子能级。(a) 电子在各壳层上的分布，原子实中有 10 个内壳层电子（$n=1$ 和 $n=2$），外壳层上有 4 个价电子（$n=3$）；(b) 电子在库仑势场中的各个能级

如果我们像求解氢原子问题那样，对 Si 原子也求解薛定谔方程(参见 2.5.1 节)，则也能得到电子的径向几率分布和角向几率分布。我们主要关注的是价电子所在的 $n = 3$ 壳层，该壳层上有 2 个 s 电子和 2 个 p 电子。图 2-9 给出了波函数的图示。可以看到，s 轨道波函数是球对称的，且处处为正。p 轨道波函数与角度有关，有 3 个互相垂直的分支，分别记为 “p_x”、“p_y”、“p_z”，图中只给出了 “p_y” 分支，每个分支的形状都呈哑铃状，都有一个正波瓣和一个负波瓣。当 Si 原子结合成晶体时，由于原子靠得非常近，s 轨道和 p 轨道发生交叠，从而失去了各自的性质而演化成为 4 个杂化的 sp^3 轨道(图中只画出了一个杂化轨道)。sp^3 杂化轨道是 s 轨道和 p 轨道线性叠加的结果，即 s 轨道和 p 轨道的 “正” 部分和 “负” 部分相抵、“正” 部分和 “正” 部分相加，因此形成了 4 个 “方向” 键，这 4 个 “方向” 键在空间是沿着一个四方体的对角线对称分布的。在第 1 章已看到，组成金刚石晶格和闪锌矿晶格的晶胞中有 4 个化学键，它们就是因为轨道杂化而形成的。化学键的空间取向对理解半导体的电荷输运性质和能带结构是很重要的。

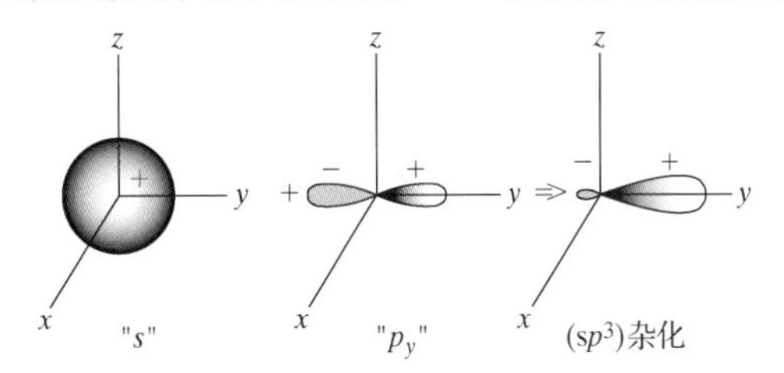

图 2-9　Si 原子中的电子轨道：球对称的 “s” 轨道波函数处处为正，哑铃状的 “p” 轨道波函数有一个正波瓣和一个负波瓣(注意 “p” 轨道波函数有 p_x、p_y、p_z 三个分支，图中只画出了 p_y 分支)。“s” 轨道和 “p” 轨道交叠形成 sp^3 杂化轨道。Si 原子结合成晶体时，每个 Si 原子与相邻原子形成 4 个 sp^3 杂化轨道，这里只画出了其中的一个

IV 族元素半导体 Ge 原子($Z = 32$)的电子组态与 Si 原子类似，只是其 $n = 3$ 壳层已全部被电子填满，价电子分布在 $n = 4$ 壳层上，电子组态为$[Ar]3d^{10}4s^2 4p^2$。我们已注意到，表 2-2 中有个别原子的电子组态不符合量子数的取值规则。例如，K 原子($Z = 19$)和 Ga 原子($Z = 20$)的 $3d$ 壳层未被占满之前，电子先占据了 $4s$ 壳层；又如，Cr 原子($Z = 24$)和 Cu 原子($Z = 29$)中有一个电子从 $4s$ 壳层退回到了 $3d$ 壳层。这些例外情况是由能量最小原理决定的，这里不便展开论述，读者可参考其他教科书加以理解。

小结

2.1　在经典物理学中，使用牛顿力学把物质(包括电子)描述成粒子，而光被描述成波(与光的干涉和衍射现象一致)。

2.2　黑体辐射和光电效应等物理现象促使普朗克(Planck)和爱因斯坦(Einstein)将光(或光子)赋予了粒子性，而原子光谱的规律促使玻尔(Bohr)和德布罗意(de Broglie)将亚原子粒子如电子赋予了波动性。这些工作又促使海森伯(Heisenberg)和薛定谔(Schrödinger)提出了波-粒二象性和量子力学理论。

2.3　为了理解电子在半导体器件中的输运规律及其与光的相互作用规律，需要确定其波函数。电子波函数的数学表达式一般是复数，它的模(幅值)的平方表示某时刻在空间某处发现电子的几率。

2.4　通过求解时间相关的薛定谔方程可得到粒子的波函数。利用适当的边界条件(势能分布)可求得本征波函数，根据量子数的允许取值可求得相应的本征能级。物理测量的结果不再具有确定性(不同于经典力学测量)，而反映为某个期望值出现的概率。物理量的期望值是该物理量对应的量子力学算符的统计平均值。

2.5　利用量子力学理论描述氢(H)原子的电子状态，引入了 4 个量子数(n, l, m, s)。将这一结果推广应用到更复杂的原子(如 Si)，并结合泡利不相容原理，则形成了电子结构和周期表等概念。泡利不相容原理指出，在一个电子互作用体系中，不可能有两个或两个以上的电子具有相同的一组(4 个)量子数。

习题

2.1 (a)画出测量光电子最大动能的光电效应实验简图，其中应包括真空室和简单的电路。金属极板放在密闭的、内部为真空的玻璃罩内。(b)对某一给定的金属材料和给定的实验装置，画出光电流 I 随电压 V 的变化曲线；并同时画出入射光强改变(波长不变)时的 I-V 曲线簇。(c)如果使用 Pt 做金属板(已知 Pt 的功函数为 4.09 eV)，入射光的波长为 2440 Å，则需要多高的减速电压才能使光电流为零？提示：电子从金属表面脱离时，要损失 $q\Phi$的能量。

2.2 证明玻尔模型中的第三个假设［即式(2-5)］可以等效地这样理解：电子轨道的周长是电子德布罗意波长的整数倍。

2.3 (a)证明：若波长用 Å 为单位，则氢原子光谱中各谱线的波长可表示为$\lambda(\text{Å})=\dfrac{911n_1^2n^2}{n^2-n_1^2}$，其中 $n_1=1$ 时代表莱曼系，$n_1=2$ 时代表巴耳末系，$n_1=3$ 时代表帕邢系。n 取整数，且 n 大于 n_1。(b)计算 $n\leqslant 5$ 的莱曼系、$n\leqslant 7$ 的巴耳末系，以及 $n\leqslant 10$ 的帕邢系各条谱线的波长。将计算结果画成一个类似于图 2-2 的图，并指出各谱线系的波长范围。

2.4 (a)一个电子，若对其位置测量的不确定范围是 1 Å，则其动量的不确定范围是多大？(b)一个电子，若对其能量测量的不确定范围是 1 eV，则时间的不确定性是多大？

2.5 一个电子，其能量是 100 eV，其波长为多大(单位采用 Å)？当其能量为 12 keV 时(该能量是电子显微镜中用于加速电子的典型能量)，其波长又为多大？将计算结果与可见光的波长进行比较，并由此说明电子显微镜的优点。

2.6 下面给出了几个函数，判断其中哪些不可能是有意义的波函数，并说明原因。其中，j 代表虚数单位，C 是归一化常数。只考虑一维情形。(a) $\psi(x)=C$(对 x 无限制)。(b)在 2 cm$\leqslant x\leqslant$8 cm 范围，$\psi(x)=C$；在 5 cm$\leqslant x\leqslant$10 cm 范围，$\psi(x)=3.5C$；在其他位置处，$\psi(x)=0$。(c)在 $x=5$ cm 处，$\psi(x)=\mathrm{j}C$；由此点出发$\psi(x)$向两侧逐渐线性衰减，在 $x=2$ cm 和 $x=10$ cm 处衰减为 0；在其他位置处，$\psi(x)=0$。如果上述某个函数可以是有意义的波函数，试确定其归一化常数 C。对于该波函数，在 $x\leqslant$2 cm 和 $x\geqslant$10 cm 的范围内分别具有怎样的势能？

2.7 一个在一维空间运动的粒子，其波函数是位置的函数：$\psi(x)=B\mathrm{e}^{-2x}$，其中 $x\geqslant 0$；$\psi(x)=C\mathrm{e}^{4x}$，其中 $x<0$ 且 B 和 C 是实常数。要使$\psi(x)$成为一个有意义的波函数，试确定 B 和 C 的取值。该粒子在什么位置出现的几率最大？

2.8 一个电子，其波函数在 2 cm$\leqslant x\leqslant$22 cm 范围内是$\psi(x)=C\mathrm{e}^{\mathrm{j}kx}$；在其他位置处，$\psi(x)=0$。试确定 C 的取值在 0$\leqslant x\leqslant$4 cm 范围内发现电子的几率有多大？

2.9 一个势阱，其中的势能是位置的函数：−0.5 nm$\leqslant x\leqslant$0 nm，$V(x)=\infty$；0 nm$\leqslant x\leqslant$5 nm，$V(x)=0$ eV；5 nm$\leqslant x\leqslant$6 nm，$V(x)=10$ eV；$x<-0.5$ nm 和 $x>6$ nm，$V(x)=0$ eV。如果在 0 nm$\leqslant x\leqslant$5 nm 范围内任意位置处放置一个能量为 7 eV 的电子，那么在 $x<0$ nm 的范围内发现电子的几率是多大？在 $x>6$ nm 的范围内发现电子的几率是否为零？如果采用经典力学理论，在 $x>6$ nm 的范围内发现电子的几率是多大？

2.10 某个电子的波函数可用一列平面波表示：$\Psi(x,t)=A\exp[\mathrm{j}(10x+3y-4t)]$，试计算相应于该电子的$(4p_x^2+2p_z^2+7mE)$的值，其中 p_x 和 p_z 分别是该电子的动量在 x 方向和 z 方向的分量，m 是其质量，E 是其能量。结果用普朗克常量表示。

2.11　势阱中的一个粒子处于基态，势阱的宽度是 L。为理解该粒子的局域化特征，使用其位置的标准偏差 $\Delta x=\sqrt{\langle x^2\rangle-\langle x\rangle^2}$ 表示其位置的不确定性，其中 $\langle x^2\rangle$ 和 $\langle x\rangle$ 分别表示 x^2 和 x 的期望值。试求该粒子的位置不确定性是多大？其动量的最小不确定性又是多大？将结果用阱宽 L 和普朗克常量 h 表示出来。

提示：$\dfrac{2}{L}\displaystyle\int_0^L x\left(\sin\dfrac{\pi x}{L}\right)^2 \mathrm{d}x=0.5L$，$\dfrac{2}{L}\displaystyle\int_0^L x^2\left(\sin\dfrac{\pi x}{L}\right)^2 \mathrm{d}x=0.28L$。

2.12　一个电子处于宽度为 10 Å 的无限深势阱中，试计算该电子的前三个能级(即第 1、2、3 能级)。

2.13　一个原子，其原子序数是 21，内壳层电子分布是 $1s^22s^22p^4$，试描述该原子中各支壳层的电子分布。该原子的原子核中有多少个质子和多少个中子？该元素的化学性质是否活泼？

参考读物

Cohen-Tannouoji, C., B. Diu, and F. Laloe. *Quantum Mechanics.* New York: Wiley, 1977.

Datta, S. *Modular Series on Solid State Devices: Vol. 8. Quantum Phenomena.* Reading, MA: Addison-Wesley, 1989.

Feynman, R. P. *The Feynman Lectures on Physics, Vol. 3. Quantum Mechanics.* Reading, MA: Addison-Wesley, 1965.

Kroemer, H. *Quantum Mechanics.* Englewood Cliffs, NJ: Prentice Hall, 1994.

自测题

问题 1

判断下列一维波函数是否是允许的波函数。x 的范围是从负无穷大到正无穷大，C 和 a 是不为零的有限大小的常数。

(1) $\psi(x)=C\ (-|a|<x<|a|)$；$\psi(x)=0$ (其他位置)

(2) $\psi(x)=C[\exp(x/a)+\exp(-x/a)]$

(3) $\psi(x)=C\exp(-x^2/|a|)$

其中，C 和 a 都是非零和有限常数。

问题 2

考虑下图所示的有限深势阱，回答问题。

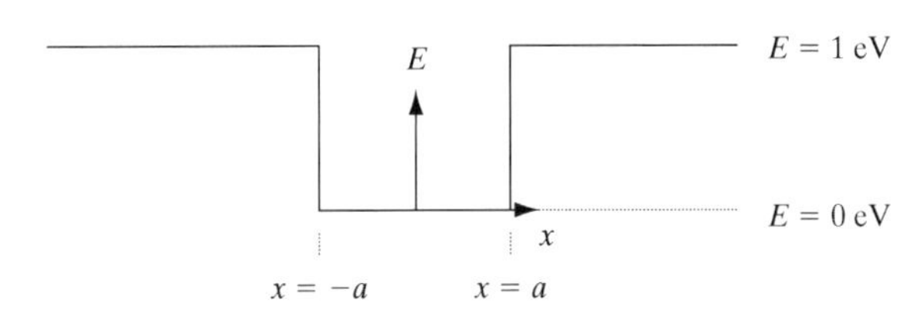

(a) 该势阱中一个粒子的能量的测量值能否是 0 eV？

(b) 如果势阱中一个粒子的能量 $E<1$ eV，能否在 $|x|>a$ 的范围内测量到该粒子？

问题 3

(a) 在下图所示的势阱中(最小势能是 0 eV)，一个粒子的基态本征能量 E_1 能否是 0 V？

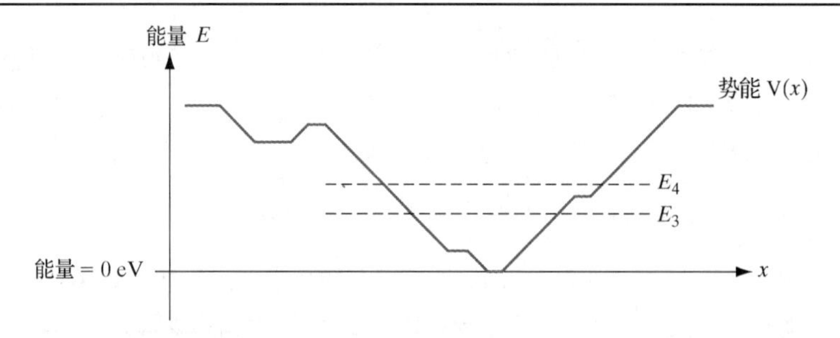

(b) 图中给出了粒子的第 3 能级和第 4 能级(E_3 和 E_4)。在任何可能的情况下，该粒子的能量是否可以准确地等于 $0.5(E_3+E_4)$(不要认为粒子处于某个本征态)？

(c) 下图表示一个连续、光滑且可归一化的波函数 $\psi(x)$。对于一个能量高于(a)中势能 V(x)的粒子来说，该波函数是否是一个允许的量子力学波函数？

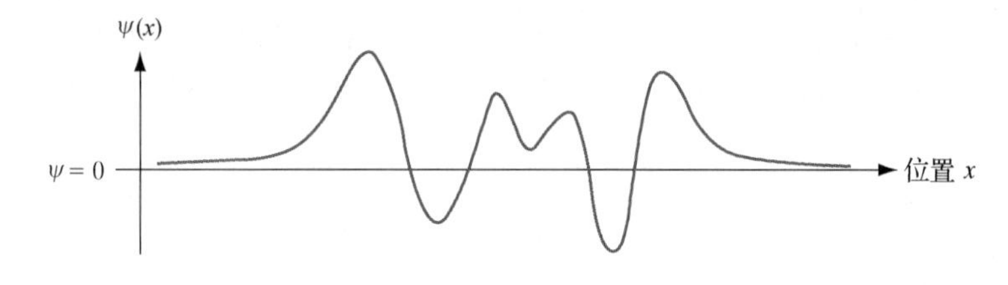

问题 4

下图画出了两个势垒，粒子从势垒的左边入射。试问：粒子在势垒 1 中的反射几率是否比在势垒 2 中的反射几率大？

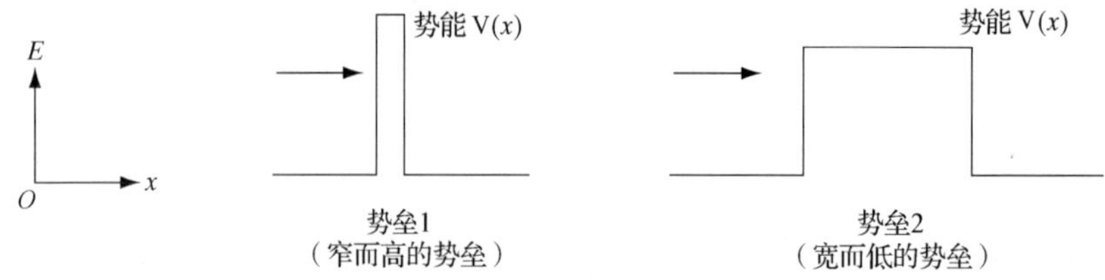

问题 5

假设对一个粒子做了 5 次连续的测量，每次测量的时间间隔很短，以至于粒子波函数随时间的变化可以忽略不计。测量按以下顺序依次进行：(1) 位置，(2) 动量，(3) 动量，(4) 位置，(5) 动量。如果前两次测量的结果分别是 x_o 和 p_o，那么后三次测量的结果将会怎样？

问题 6

如果光电效应受经典力学规律支配，而不受量子力学规律支配，下列实验的结果将会如何？

(a) 改变入射光的强度，发射电子的能量和数量会如何变化？

(b) 改变入射光的频率，发射电子的能量和数量又会如何变化？

第3章　半导体的能带和载流子

本章教学目的

1. 理解半导体能带的成因、导带和价带的性质。
2. 理解半导体掺杂、杂质的性质和作用。
3. 熟练掌握并使用态密度和费米-狄拉克分布函数计算载流子浓度。
4. 掌握迁移率的概念并用于相关计算。
5. 掌握有效质量的概念并用于相关计算。

本章我们讨论固体能带的成因、载流子的性质，以及影响半导体导电性能的主要因素。在阐述良导体和不良导体各自性质的基础上，着重阐明半导体的导电性能对温度和杂质浓度的依赖关系。这些内容是以后研究固态器件的基础。

3.1　固体结合性质与能带

在第 2 章我们已经看到，孤立原子中的电子被束缚在各自的轨道上，具有一系列分立的能级；相邻能级之间没有可供电子占据的能态。但是当大量孤立的原子结合成固体后，由于电子的共有化运动，形成了**能带**；电子分布在能带的各个允许能态上，能带和能带之间没有可供电子占据的能态。之所以形成了能带，是因为固体中原子靠得非常近，相邻原子的波函数发生了交叠，以至于原来属于某个原子的电子不再专属于那个原子，而是被固体中其他原子所共享。例如，处于原子外壳层上的某个电子受到相邻原子的影响，波函数发生了变化，从而使薛定谔方程的势能项和边界条件发生了变化，此时由薛定谔方程解得的电子能量显然不同于孤立原子的能级。在计算固体的能带时，通常把近邻原子对某个特定原子能级的影响当成微扰来处理，这种微扰的作用就是使原子的能级发生移动、分裂以至于成为能带。

3.1.1　固体的结合性质

原子之所以能结合在一起而形成固体，究其原因，相邻原子中电子之间的相互作用起了重要作用。卤化物晶体(如 NaCl)是由正负离子依靠**离子键**结合形成的。NaCl 晶体中，每个 Na 原子周围有 6 个最近邻 Cl 原子，每个 Cl 原子周围也有 6 个最近邻 Na 原子，如图 3-1(a)所示。从 NaCl 晶格结构的二维原子分布可以清楚地看到 4 个最近邻原子。Na($Z = 11$)的电子结构是[Ne]$3s^1$，Cl($Z = 17$)的电子结构是[Ne]$3s^2 3p^5$，当它们结合成固体时，每个 Na 原子贡献一个 3s 电子给邻近的 Cl 原子，因此所形成的晶体实际上是由 Na^+和 Cl^-离子组成的。虽然 Na^+和 Cl^-的电子结构分别与惰性气体原子 Ne 和 Ar 的电子结构相同，但是 Na^+和 Cl^-分别带有一个单位的正电荷和一个单位的负电荷，因此它们之间有静电吸引作用。Na^+离子和 Cl^-离子正是依靠库仑引力的作用结合在一起形成 NaCl 晶体的。

形成晶体后，每个离子都有各自的平衡位置。平衡位置由离子间的吸引力和排斥力的平衡条件来决定。如果把原子(或者离子)看成是刚性球，则它们之间的平衡距离可以很容易地计算出来(参见例 1-1)。

这里需要特别指出的是：一旦 Na 原子和 Cl 原子完成电子交换而变成 Na^+离子和 Cl^-离子，它们的最外壳层都被电子填满。也就是说，NaCl 晶体中的所有电子都被离子紧紧束缚，晶体中没有可供导电的电子，所以 NaCl 晶体是绝缘体。

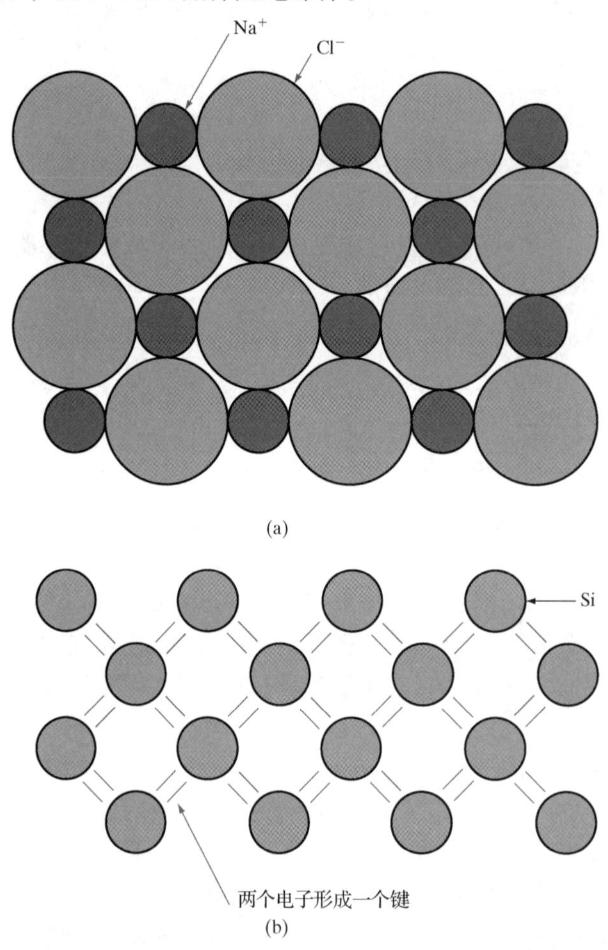

图 3-1 固体中不同类型的化学键。(a) NaCl 晶体中的离子键，这是离子键的典型例子；(b) Si 晶体中的共价键(从<100>方向看，参见图 1-8 和图 1-9)

金属中原子的外壳层是部分填充的，通常不超过 3 个电子。碱金属原子(如 Na)的外壳层只有一个电子(价电子)，它很容易失去，因此碱金属原子的化学活性强，形成晶体的导电性能好。原子的价电子被整个晶体共有，即金属晶体实际上是由失去电子的正离子和自由电子的“海洋”构成的。金属晶体的结合力就是正离子与其周围电子的相互作用，这种结合性质是**金属键**。不同的金属晶体，结合力的大小不同，从它们的熔点温度的差异就可以看出这一点。比如，汞(Hg)的熔点温度为 234 K，而钨(W)的熔点温度为 3643 K。金属晶体的共同特征是都有自由电子的“海洋”，在微弱电场的作用下，电子的运动可形成很大的电流。

具有金刚石晶格的半导体晶体，其结合性质是**共价键**。我们知道，Si 和 Ge 都有金刚石晶格结构，其中每个原子的周围都有 4 个最近邻原子，每个原子又都有 4 个价电子。每个原子将其 4 个价电子全部贡献出来与周围的 4 个近邻原子共享，每两个电子配对形成一个共价键，如图 3-1(b)所示。这些晶体的结合力源自共享电子之间的量子力学互作用(参见图 1-9)。电子共享后，就无所谓哪个电子属于哪个原子。构成共价键的配对电子需满足泡利不相容原理，即自旋方向相反；除此之外，配对电子是不可分辨的。某些分子（如 H_2）也是以共价键结合的。

以共价键结合的金刚石晶体中没有自由电子，这一点与离子晶体类似[参见图 3-1(b)]。以此推论，在温度为 0 K 的理想情形下，Ge 和 Si 都是绝缘体。但是，在后面几节我们将看到，温度升高、受到热激发或者受到光激发时，共价键中的电子将挣脱共价键的束缚而成为自由电子，从而参与导电。这是半导体的一个重要特性。

化合物半导体（如 GaAs）晶体具有混合键，即晶体的结合既有离子键成分，又有共价键成分。这些晶体之所以有离子键的成分，是与组成晶体的各元素在周期表中的位置密切相关的；各元素在周期表中的位置离得越远，离子键的成分也就越明显（II ~ VI 化合物半导体就是如此）。组成晶体的原子的电子结构状况，决定了晶体（包括半导体）的物理和化学性质。

3.1.2　能带

孤立原子相互靠近形成固体的过程中，原子之间将发生多种相互作用，包括前面已提到的吸引和排斥作用。随着原子间距的变化，引力和斥力发生相应变化；二者达到平衡时，原子间距保持为平衡间距，形成稳定的固体。在这一过程中，如前所述，不同原子的电子波函数发生交叠，引起了电子能态的变化。因此，固体中的电子能态与孤立原子的电子能态很不相同。

在图 2-8 中给出了 Si 原子的轨道模型，也给出了电子在 Si 原子核的库仑势阱中的各个能级。当 Si 原子相互靠近结合成固体时，最外壳层（$n = 3$，称为价电子壳层）的 2 个 3s 电子和 2 个 3p 电子通过互作用而形成了 4 个 sp^3 杂化轨道。现在分析一下原子靠近时电子波函数的叠加情况。图 3-2 画出了两原子体系的库仑势阱和两个电子的波函数叠加的情形。通过求解这个两电子体系的薛定谔方程可以发现，两个电子波函数的叠加是原子轨道的线性叠加（LCAO）。如果是反对称叠加（奇叠加），则形成**反键轨道**（亦称**反键态**）；如果是对称叠加（偶叠加），则形成**成键轨道**（亦称**成键态**）。由图看到，在两原子核之间，成键轨道波函数高于反键轨道波函数，说明成键轨道的电子几率密度高于反键轨道的电子几率密度。成键轨道对应着原子之间的共价键。

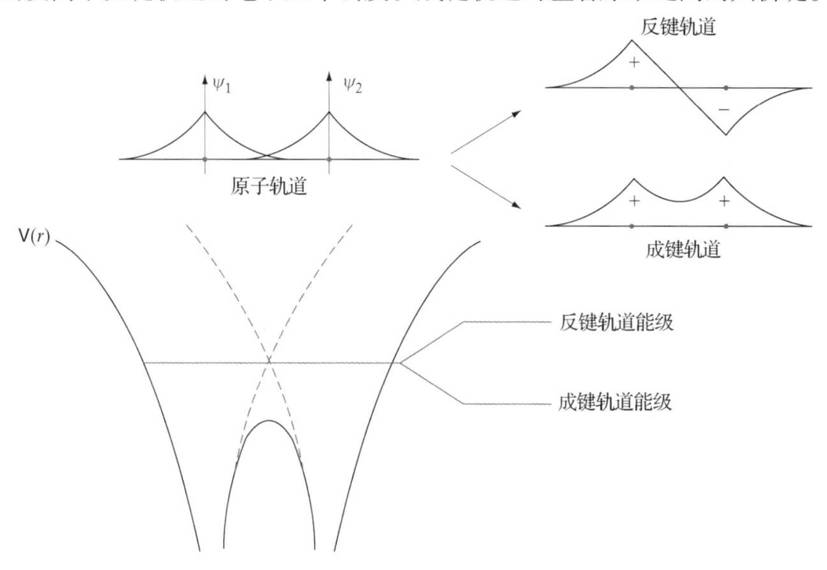

图 3-2　原子轨道波函数的线性叠加（LCAO）形成的成键轨道和反键轨道。成键轨道的电子几率密度高、能量低。如果 N 个原子相互靠近，则有 N 个非常靠近的能级形成能带

自然界的基本粒子要么具有整数自旋(如光子)——被称为玻色子，要么具有半整数自旋(如电子)——被称为费米子。电子波函数包含轨道相关的部分和自旋相关的部分。可以证明，多电子体系的费米子波函数一定是反对称的：如果轨道相关的部分是对称的，那么自旋相关的部分就一定是反平行的；反之亦然。因此，成键轨道中两个电子的自旋一定相反，反键轨道中两个电子的自旋一定平行。这从一个侧面"解释"了泡利不相容原理，即如果试图让两个电子占据某个量子态时，它们的自旋必须相反。从量子力学的观点来看，两个自旋平行的电子是互相"排斥"的(注意不要与库仑排斥作用相混淆)，因此反键轨道的能量较高。在第 10 章将会看到，上述电子波函数叠加的基本概念对于理解纳电子器件的原理和性质是非常重要的。既然波函数的叠加有成键态和反键态之分，那么成键态和反键态对应的能级也会有高低之分。我们注意到，固体中两原子之间的库仑势 $V(r)$ (图 3-2 中的实线)与孤立原子的库仑势(图 3-2 中的虚线)相比减小了，这是因为电子同时受到两个原子核吸引的缘故。于是，原来孤立原子的一个能级将分裂成为两个能级，一个是能量较低的成键态能级，另一个是能量较高的反键态能级。正是因为成键态具有较低的能量，才使得晶体具有了内聚性。但当原子间距更小时，原子核之间的排斥作用将使系统的能量升高。需要注意的是，固体中含有大量的原子，故能级分裂所形成的新能级的数目，取决于构成固体的原子数目。系统中的最低能级是完全对称叠加的结果，最高能级是完全反对称叠加的结果，其他叠加形成的能级则位于最低和最高能级之间。根据泡利不相容原理，系统中的每一个量子态只能由一个电子占据，这对理解半导体中电子占据能带的情况是非常重要的。

这里以 Si 晶体为例，具体分析从孤立原子的能级到晶体能带的演变过程，如图 3-3 所示。孤立 Si 原子的电子组态是 $1s^22s^22p^63s^23p^2$(基态)，可供电子占据的能态数量由低到高分别是 2 个 $1s$ 态、2 个 $2s$ 态、6 个 $2p$ 态、2 个 $3s$ 态、6 个 $3p$ 态，以及许多更高的能态(参见表 2-1 和表 2-2)。若一个系统由 N 个 Si 原子组成，则上述各能态的数量分别成为 $2N$，$2N$，$6N$，$2N$，$6N$，…个。在 N 个 Si 原子相互靠近形成晶体的过程中，首先受到影响的是外壳层($n=3$)电子：$3s$、$3p$ 能级首先发生分裂而展宽成为两个能带。随着原子间距的减小，这两个能带交汇在一起成为一个混合带，其中有 $8N$ 个可供电子占据的能态。当原子间距进一步减小到平衡间距时，这个带又分开成为两个能带，上方的能带就是 Si 晶体的**导带**，其中可供电子占据的能态有 $4N$ 个；下方的能带是**价带**，其中可供电子占据的能态也是 $4N$ 个。导带底和价带顶之间有 E_g 的间隙，称为**禁带**(或者**带隙**)，其中没有可供电子占据的能态。另外，由图 3-3 还可以看到，N 个 Si 原子形成 Si 晶体后，所形成的 $1s$ 带、$2s$ 带和 $2p$ 带应分别容纳 $2N$、$2N$、$6N$ 个电子。

再来分析 Si 晶体能带中的电子数。N 个 Si 原子共有 $14N$ 个电子，它们在 Si 晶体的能带中是这样分布的：N 个孤立原子的 $2N$ 个 $1s$、$2N$ 个 $2s$ 和 $6N$ 个 $2p$ 电子仍然位于简并的 $1s$、$2s$ 和 $2p$ 能级上，$2N$ 个 $3s$ 电子和 $2N$ 个 $3p$ 电子则占据导带或价带中的 $4N$ 个量子态。电子按照泡利不相容原理和能量由低到高的顺序依次占据能带中的各个量子态。价带的能量比导带的能量低，且 Si 晶体价带中恰好有 $4N$ 个量子态，因此在温度为 0 K 的情况下，$4N$ 个外壳层电子恰好将价带的 $4N$ 个量子态占完，而导带中的 $4N$ 个量子态则全都空着。这就是说，0 K 时 Si 晶体的价带是填满的，而导带是全空的，如图 3-3 所示。在 3.2 节分析半导体的载流子浓度时将会介绍这种能带结构对电学性质有至关重要的影响。

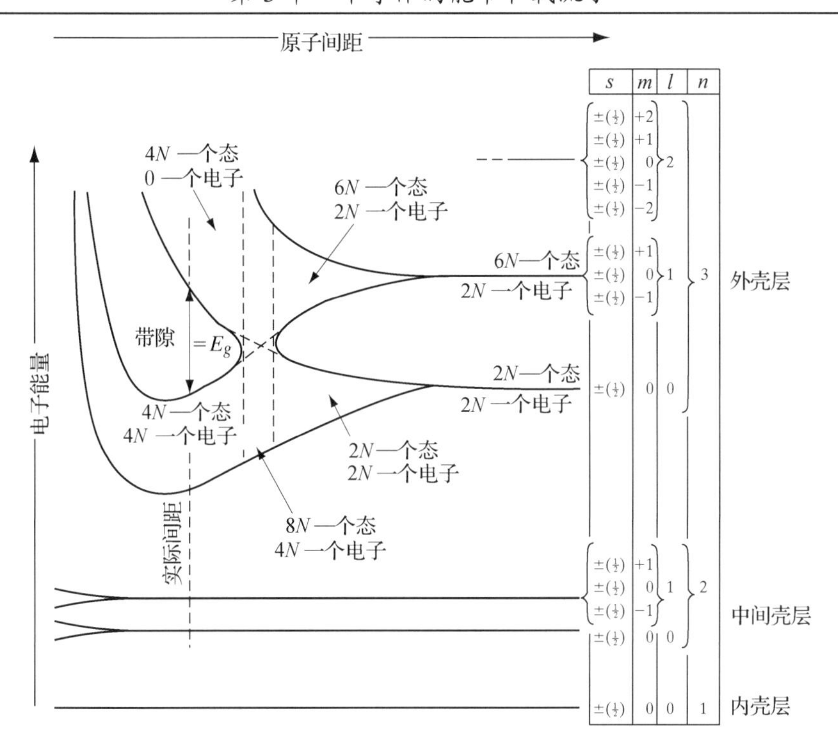

图 3-3　Si 晶体中电子能级随原子间距的变化情况。大量 Si 原子结合成晶体时，内层能级(n = 1、2)全被电子占据。3s 和 3p 轨道发生 sp^3 杂化形成导带和价带，其中各有 4N 个能态，带间存在带隙

3.1.3　金属、半导体和绝缘体

不同材料的晶体有不同的能带结构，电学性质也各不相同。前面的图 3-3 给出了 Si 晶体的能带结构，显然 0 K 下 Si 晶体是良好的绝缘体。为深入理解这一点，有必要分析一下全空或全满的能带对晶体导电性质的影响。

固体中的电子在外加电场的作用下获得加速度，能量增大，由能量较低的态进入能量较高的态。这意味着能带中必须有可供电子占据的、能量较高的空能态。如果某个能带中有一部分能态被电子占据，另一部分能态未被电子占据(即是空的)，则该能带中的电子从电场获得能量后可以去占据那些能量较高的空态。但是，0 K 下 Si 晶体的价带是全满的(价带中的各个能态全被电子占据)，而导带是全空的。既然价带中没有空能态，那么价带中就没有电子的运动。同时，在 0 K 下 Si 晶体的导带中没有电子，所以导带中也没有电子的运动。因此 0 K 下 Si 晶体具有绝缘体那样的很高的电阻率。

基于上面的分析可以得出这样的结论，即半导体和绝缘体本质上没有截然分开的界线；0 K 下它们的能带结构是相同的，即价带全满、导带全空，如图 3-4 所示。但这并不是说绝缘体和半导体没有其他区别，实际上二者的主要区别在于禁带宽度 E_g 不同：半导体的禁带宽度比绝缘体的禁带宽度小。比如，Si 晶体的禁带宽度是 1.1 eV，而金刚石的禁带宽度约为 5 eV。对于半导体来说，正是因为禁带宽度小(参见附录 C)，在受到热激发时，就有相当数量的电子能够从价带跃迁到导带。但对于绝缘体来说，因为禁带宽度大，受到激发时只有极少量的电子能够从价带跃迁到导带。因此，半导体区别于绝缘体的重要特征是半导体受到激发(热激发或光激发)时，参与导电的电子的数量会显著增加，因而导电能力会大大增强。

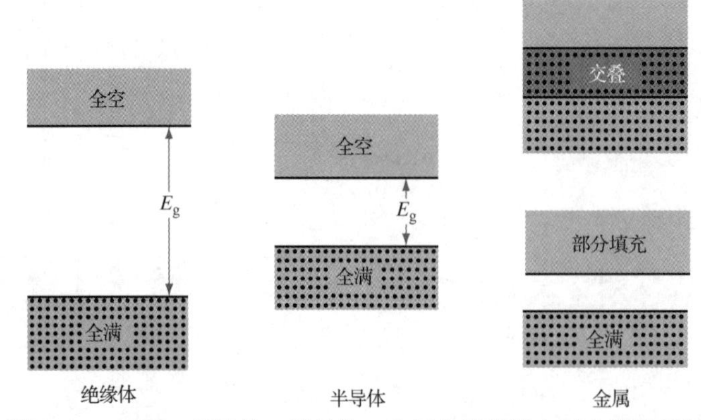

图 3-4 0 K 时，绝缘体、半导体、金属的能带被电子占据的情况

而金属的能带结构具有这样的特点：要么价带和导带交叠在一起，要么导带只是部分地被电子占据。也就是说，金属的能带中有大量的可供电子占据的空能态，在外加电场的作用下，其中的电子可以运动形成电流。因此，金属的电导率很高，是良导体(参见图 3-4)。

3.1.4 直接禁带半导体和间接禁带半导体

在 3.1.2 节定性地分析了能带的成因和绝缘体、半导体、金属的能带特点。然而，如果要定量地描述能带结构和能带性质，仅有这些知识是远远不够的。一般来说，在计算能带结构时，采用的是单电子近似法，即把电子的运动看成是一列平面波在晶格周期势场中的运动。在完美晶体中沿 x 方向运动的电子，其空间波函数可用波矢为 $\boldsymbol{k}_x$ 的平面波[①]描述，即

$$\psi_k(x) = U(\boldsymbol{k}_x, x)\mathrm{e}^{\mathrm{j}\boldsymbol{k}_x x} \tag{3-1}$$

其中 $U(\boldsymbol{k}_x, x)$ 具有晶格的周期性，反映了波函数的空间周期性。通常将这样的波函数以科学家费利克斯·布洛赫(Felix Bloch)的名字命名，称为**布洛赫函数**。

一维情形下，晶体中允许的电子能量 E 是波矢 $\boldsymbol{k}_x$ 的函数，可用图表示 E-$\boldsymbol{k}_x$ 关系，如图 3-5 所示。一般情况下不同方向上晶格的周期不同，应采用三维 E-$\boldsymbol{k}$ 图才能完整地描述能带的全貌。对大多数的半导体晶体，在波矢空间描绘的三维 E-$\boldsymbol{k}$ 图都是比较复杂的。

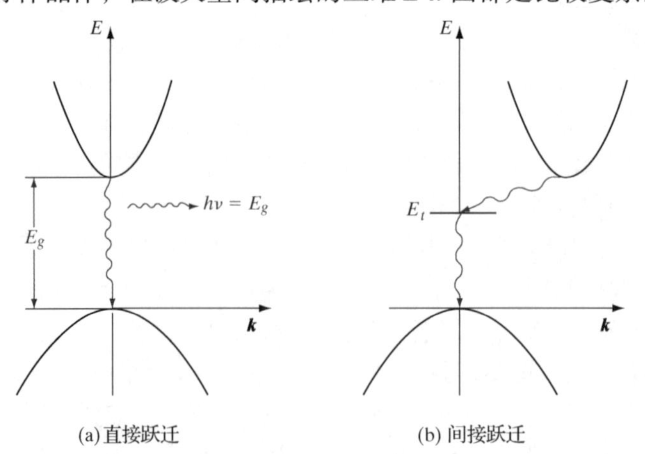

图 3-5 半导体中电子的直接跃迁和间接跃迁。(a) 电子在导带和价带之间的直接跃迁，可放出光子；(b) 电子通过缺陷能级发生的间接跃迁

① 在很多大学二年级学生的物理教程或电磁学教程中都有关于平面波的论述。

GaAs 导带的最小值(**导带底**)和价带的最大值(**价带顶**)都对应着相同的波矢 $\boldsymbol{k}=0$，而 Si 的导带底和价带顶对应着不同的波矢 $\boldsymbol{k}$。因此，当 GaAs 的价带电子从价带跃迁到导带的过程中，电子的波矢不发生改变(从导带跃迁到价带时也不改变)，而 Si 中的电子在价带和导带之间跃迁时，波矢发生改变。我们根据这种 E-$\boldsymbol{k}$ 能带结构的差异，可将半导体分为两类：一类是**直接禁带半导体**(如 GaAs)，一类是**间接禁带半导体**(如 Si)，如图 3-5 所示。可以证明，电子的波矢和电子的动量是联系在一起的。在间接跃迁过程中，电子波矢改变的同时，电子动量必定也发生改变。

附录 C 指出了哪些半导体是直接禁带半导体、哪些是间接禁带半导体。在直接禁带半导体(如 GaAs)中，导带电子向下跃迁到价带，能够以发射光子的形式释放能量。如果一个电子从导带底跃迁到价带顶，则发射光子的能量等于禁带宽度 E_g。而在间接禁带半导体(如 Si)中，电子在不改变动量和能量的情况下，不能从导带底跃迁到价带顶，通常情况下电子是通过禁带中的缺陷能级发生间接跃迁的(关于禁带中的缺陷态和缺陷能级将在 4.2.1 节和 4.3.2 节讨论)。间接跃迁的特点是跃迁过程中释放的能量一般是以热能的形式传递给了晶格，而不是像直接跃迁那样发射光子。直接跃迁和间接跃迁的上述特点是我们选择发光材料的重要依据。通常情况下，半导体发光二极管(LED)和激光器(将在第 8 章讨论)要么采用直接禁带半导体，使其中的电子发生带间直接跃迁；要么采用间接禁带半导体，使其中的电子通过禁带中的缺陷能级发生垂直间接跃迁。

在进行器件分析时，采用图 3-5 那样的 E-$\boldsymbol{k}$ 图显然是比较烦琐的，而且也没能反映出器件内各处能带的变化情况。在大多数情况下，我们分析器件时仍采用图 3-4 那样简单明了的能带图，只是需要记得区分直接跃迁和间接跃迁就可以了。

3.1.5　化合物半导体能带结构随组分的变化

当 III～V 族化合物半导体的组分发生变化时，它们的能带结构也发生相应的变化(参见 1.2.4 节和 1.4.1 节)。图 3-6 给出了 GaAs 和 AlAs 的能带结构以及它们的三元化合物 $Al_xGa_{1-x}As$ 的能带结构随组分 x 的变化情况。我们将位于 $\boldsymbol{k}=0$ 的导带能谷记为Γ能谷。GaAs 是直接禁带半导体，室温下的禁带宽度为 1.43 eV。除Γ能谷外，GaAs 导带中还有另外两个较高的间接能谷，分别记为 L 能谷和 X 能谷。由于 L 能谷和 X 能谷远高于Γ能谷，所以通常情况下这两个能谷内几乎没有电子[在第 10 章将看到，在强电场的激发作用下，电子可转移到间接能谷 L 中，发生耿氏(Gunn)效应]。对于 AlAs 而言，Γ能谷却远高于 L 能谷和 X 能谷，所以 AlAs 是间接禁带半导体，室温下的禁带宽度约为 2.16 eV。

三元化合物半导体 $Al_xGa_{1-x}As$ 的所有导带能谷随着 Al 组分 x 从 0(GaAs)到 1(AlAs)变化时逐渐抬高，禁带宽度逐渐增大，如图 3-6(c)所示。X 能谷随 Al 组分增大而抬高的幅度最小。当 $x<0.38$ 时，Γ能谷是导带的最低能谷；当 $x>0.38$ 时，X 能谷成为导带的最低能谷。因此，当 $x<0.38$ 时 $Al_xGa_{1-x}As$ 是直接禁带半导体，而当 $x>0.38$ 时则转变为间接禁带半导体。

三元化合物半导体 $GaAs_{1-x}P_x$ 的能带结构随 P 组分 x 的变化规律与 $Al_xGa_{1-x}As$ 的大致相同。在 $x<0.45$ 的范围内，$GaAs_{1-x}P_x$ 是直接禁带半导体；而在 $x>0.45$ 的范围内，$GaAs_{1-x}P_x$ 成为间接禁带半导体。GaAsP 材料常用于可见光 LED 中。

由于直接禁带半导体中电子从导带跃迁到价带时无须改变波矢 $\boldsymbol{k}$ 和动量 p，因而直接禁带半导体的发光效率高。用 GaAsP 制造 LED 时 P 的组分一般控制在 0.45 以下(直接禁带半导体，

Γ能谷是最低能谷)。例如，用 GaAsP 制作红光 LED 时，P 的组分大约控制为 0.40，此时禁带宽度约为 1.9 eV，对应于红光的光子能量。在间接禁带半导体中，引入某些特定的杂质，也可能增强辐射复合从而增大发光效率(详见 8.2 节)。

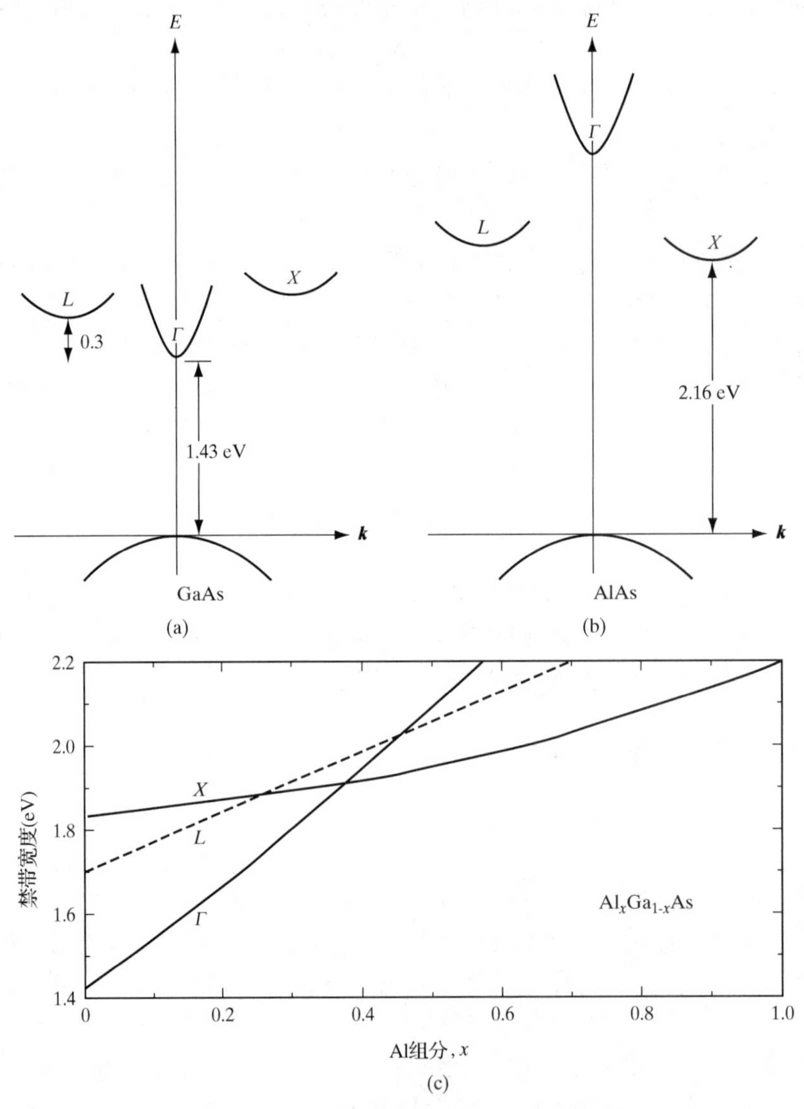

图 3-6 $Al_xGa_{1-x}As$ 的能带结构随组分 x 变化。(a) GaAs 的 E-$\boldsymbol{k}$ 关系，有三个导带极小；(b) AlAs 的 E-$\boldsymbol{k}$ 关系，与 GaAs 的情形类似；(c) $Al_xGa_{1-x}As$ 中的 Al 组分在 $x = 0$ (GaAs) 到 $x = 1$ (AlAs) 变化时，三个导带极小的变化情况。$x < 0.38$ 时，$Al_xGa_{1-x}As$ 是直接禁带半导体，最小禁带宽度由价带顶和导带的 Γ 极小决定；$x>0.38$ 时，$Al_xGa_{1-x}As$ 是间接禁带半导体，最小禁带宽度由价带顶和导带的 X 极小决定

3.2 半导体中的载流子

金属的导电机理比较直观：原子实沉浸在自由电子的“海洋”中，在电场的作用下这些“自由电子”发生群体运动而参与导电。尽管“自由电子”模型太过简化，但金属的许多导电性质都可以用这一模型加以解释。但是，对于半导体而言，我们不能简单地照搬这一模型，

必须考虑温度升高时电子受到热激发、导带中电子数量增多的这一事实，同时也必须考虑价带电子被激发到导带后，在价带中留下的空态对导电能力的贡献；并且，还必须考虑杂质对能带结构和载流子数量的影响。

3.2.1　电子和空穴

若从 0 K 逐渐升高温度，则半导体价带中的电子受到热激发而越过禁带跃迁到导带。电子向上跃迁的直接结果是：原来导带中全空的能态现在有一部分被电子占据了，而原来价带中全满的能态现在则有一部分变成了空态，如图 3-7 所示[①]。为方便起见，把价带中的空态称为**空穴**。如果参与导电的导带电子和价带空穴是因为受到外界激发而产生的，就把这样产生的电子和空穴称为**电子-空穴对**(EHP)。激发的形式主要有两种，即热激发和光激发。

尽管在一定的温度下，一定数量的电子被激发到导带而占据了其中的一部分空能态，但导带中仍然存在大量未被占据的空能态。例如，纯 Si 晶体中原子的体密度约为 5×10^{22} cm^{-3}，在室温下热激发只能产生 10^{10} cm^{-3} 量级的电子-空穴对(EHP)，可见 EHP 的浓度与原子密度相比仍是很小的。这样，导带中数量很少的电子可以在很多的空能态之间自由运动。

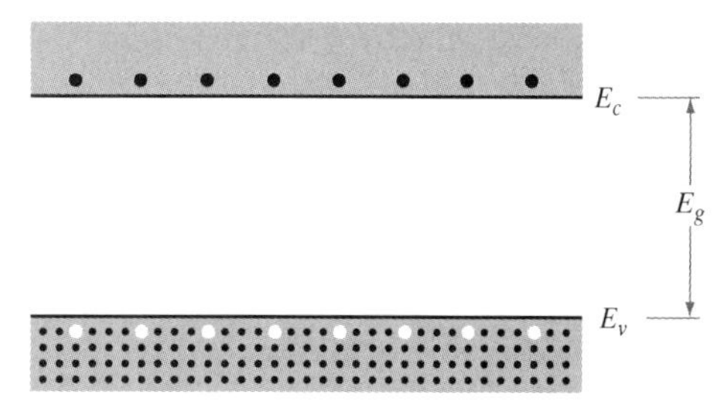

图 3-7　半导体受到激发形成的电子-空穴对

价带中的电荷输运与导带相比稍微复杂一些。让我们从空穴在价带中的运动情况入手来分析价带空穴参与导电的情形。

在价带的所有能态全部被电子占据的情况下(即价带全满时)，若某个电子 j 以一定的速度 v_j 运动，则必定有另外一个电子 j' 以大小相等但方向相反的速度 $-v_j$ 运动。因此，即使在电场作用下，全满价带中的电子发生了运动，但“净”电流却是零。图 3-8 所示的情形正说明了这一问题。设单位体积内的电子数是 N，则全满价带中电子运动形成的电流密度为

$$J=(-q)\sum_{i}^{N}v_i=0 \tag{3-2a}$$

现在考虑把电子 j 从价带中移走后会出现什么情况。把一个电子从全满的价带中移走后，便在价带中留下一个空能态，即价带中出现了一个空穴。比如，价带中的一个电子受到激发、跃迁到导带，便会在价带中留下一个空穴。此时价带中电子运动形成的电流密度为

$$J=(-q)\sum_{i}^{N}v_i-(-q)v_j=qv_j \tag{3-2b}$$

显然此时的电流密度不为零，而是 $+qv_j$。这说明，价带中一个空穴对电流的贡献相当于带有一个基本正电荷的、以相同速度运动的一个粒子对电流的贡献。当然，价带中真正发生运动并形成电流的仍然是电子，只不过产生的电流与一个带电量为 $+q$、速度为 v_j 的粒子运动形成的电流是等效的。

我们可以做一个简单的类比来理解价带空穴的运动。设有两只瓶子，一只装满水，另一只是空的。现在设想这样一个问题：“如果把瓶子颠倒过来，瓶子里的水会有净流动吗？”。

① 在该图及以后的讨论中，我们把价带顶和导带底的能量分别记为 E_v 和 E_c。

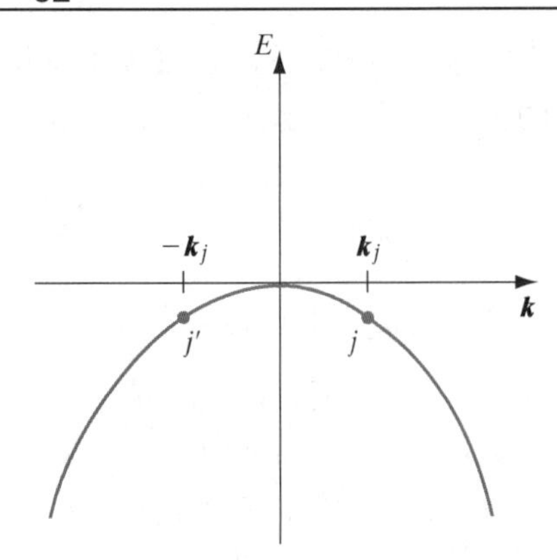

图 3-8 在价带所有能态全被电子占据的情况下，若其中某个电子 j 以波矢 $\boldsymbol{k}_j$ 运动，则必有另一个电子 j'以波矢$-\boldsymbol{k}_j$运动。除非将某个或多个电子从价带中移走，否则全满的价带中即使有电子在运动，也不会形成“净”电流。如果把电子 j 从价带中移走，则电子 j'的运动就会形成电流

答案显然是“没有”。对于空瓶子，答案是显而易见的；而对于装满水的瓶子，由于瓶子里没有空余位置供水流动，所以其中的水就没有净流动。与这种情况类似，全空的导带因为其中没有电子，或者全满的价带因为其中的能态全被电子占据，所以都不会有电子的净流动，因而也都不会形成净电流。

接下来，我们设想从装满水的瓶子向空瓶子里注水的情形。这时我们会看到有气泡和水滴分别在两只瓶子里运动。提一个与上面同样的问题，答案自然变成：此时瓶子里有水的净流动。在下边的瓶子里面，水滴从上到下运动；在上面的瓶子里面，气泡由下向上运动。总之，在重力场的作用下，两个瓶子里面分别有水滴和气泡的运动。如果把价带比为上面的瓶子、把导带比为下面的瓶子、把电场的作用比为重力场的作用，则价带中空穴的运动和导带中电子的运动分别相当于气泡和水滴的运动。在电场的作用下，导带中的电子沿着与电场相反的方向运动，价带中的空穴沿着与电场相同的方向运动。上面的类比可能不太恰当，但我们从中却能认识到这样一个重要事实：无论是导带中的电子还是价带中的空穴，它们的运动都能形成电流，都对电流有贡献。正因为如此，我们把半导体中的电子和空穴统称为**载流子**。通过上面的类比，我们也容易理解为什么空穴的电荷和有效质量与电子的电荷和有效质量的符号相反。

图 3-8 中给出的能带图是按照能量-波矢关系画出的(即 E-$\boldsymbol{k}$ 关系图)，它是把电子的能量(包括动能和势能)作为电子波矢的函数画出的，是在波矢空间画出的能带图。因为电子的速度和动量都与波矢 $\boldsymbol{k}$ 成正比(参见例 3-1 和例 3-2)，所以 E-$\boldsymbol{k}$ 关系图中分布在价带顶的空穴的动能为零，分布在导带底的电子的动能为零。在做器件分析时，使用 E-$\boldsymbol{k}$ 关系图不是很方便，一般更常使用的是在真实空间画出的能带图，反映导带底和价带顶在真实空间的变化情况，是“简化”的能带图，如图 3-9 所示。与图 3-8 进行比较显然可见，简化能带图中空间某处的**能带边**(E_c和 E_v)对应着该处 E-$\boldsymbol{k}$ 关系图中电子动能为零的点；也就是说，简化能带图反映的是电子势能在真实空间的变化情况。在 4.4.2 节将会证明，能带边在空间某处的斜率与该处的电场成正比，所以，如果 A、B 两点之间的电场不是常数，那么能带边的斜率也不是常数。

在图 3-9 中，处于 A 点的一个电子在电场的作用下向 B 点运动，由于受到电场的加速而获得了动能，所以速度增大；相应地，波矢 $\boldsymbol{k}$ 从 A 点的 $\boldsymbol{k}=0$ 增大到某点的 $\boldsymbol{k}\neq 0$。随后，电子会因为受到散射的作用(将在 3.4.3 节讨论)，在经历一系列散射事件后，损失其动能(以热能的形式释放)而重新回到导带底(波矢重新变为 $\boldsymbol{k}=0$)，如图中的虚线所示。

【例 3-1】 有一棒状半导体样品，该半导体的禁带宽度为 $E_g=2$ eV，动能为 3 eV 的电子从样品左端进入，沿 x 方向从 A 点运动到 B、C、D 点。从 A 点到 B 点，各处电场为零；从 B 点到 C 点有电场，电势线性地提高了 4 V；从 C 点到 D 点，各处电场又变为零。假设电子不受散射作用，试画出能带图(示意图)。如果能用平面波描述样品中运动的电子，试写出 D 点电子的波函数(不必求出归一化常数)。电子的质量采用其自由质量。

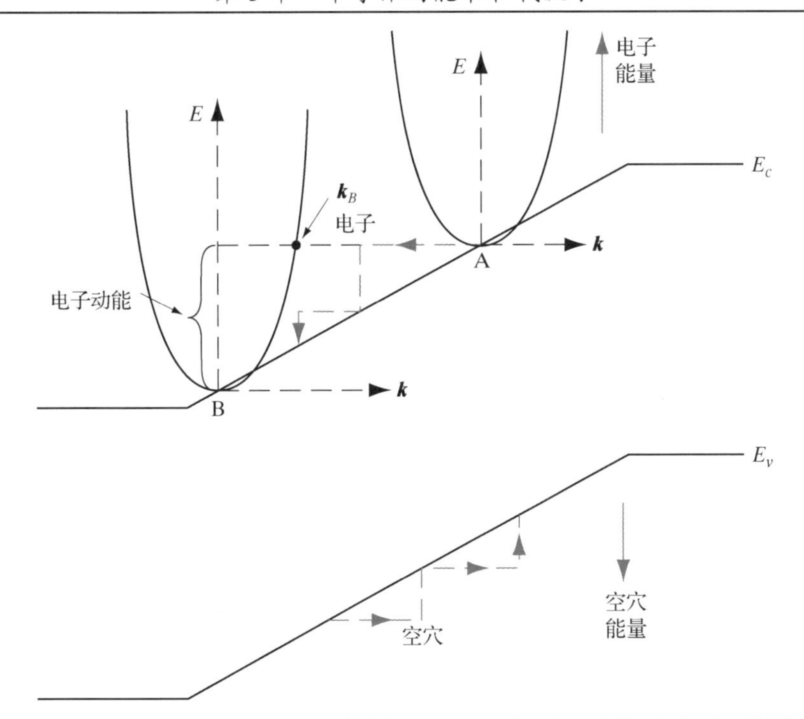

图 3-9　电场中半导体的能带和其中载流子的运动。在电场作用下，电子的波矢和空穴的波矢方向相反，表示两种载流子沿相反的方向运动。在 E-$\boldsymbol{k}$ 图中，越往上，导带电子的能量越大；越往下，价带空穴的能量越大

【解】 画出能带图如下(示意图):

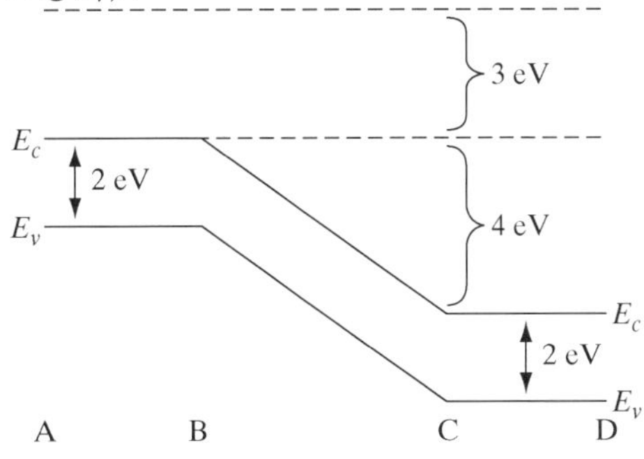

电子在 D 点的能量为

$$E = \hbar\omega = \frac{\hbar^2 k^2}{2m_0} = 3\text{ eV}+4\text{ eV} = 7\text{ eV}=1.12\times10^{-18}\text{ J}$$

相应的角频率和波矢分别是

$$\omega = \frac{E}{\hbar} = \frac{1.12\times10^{-18}\text{ J}}{1.06\times10^{-34}\text{ J}\cdot\text{s}} = 1.06\times10^{16}\text{ Hz}$$

$$k = \sqrt{2m_0 E/\hbar^2} = \sqrt{2\times9.11\times10^{-31}\times1.12\times10^{-18}/(1.06\times10^{-34})^2} = 1.35\times10^{10}\text{ m}^{-1}$$

因为电子波函数具有平面波 $\psi(x,t) = C\exp[\mathrm{j}(kx-\omega t)]$ 的形式，所以 D 点处电子的波函数可表示为

$$\psi(x,t) = C\exp[\mathrm{j}(1.35\times10^{10}x - 1.06\times10^{16}t)]$$

其中 C 是归一化常数。

3.2.2 有效质量

电子在晶体中运动时，毕竟要受到晶格的周期性势场的作用，所以晶体中电子的运动并不完全等同于自由电子的运动。要利用经典力学的运动方程描述晶体中载流子的运动，就首先必须要考虑晶格周期势场的影响。考虑了这种影响后，可把晶体中的载流子作为具有某个**有效质量**的近自由载流子处理，此时便可使用经典力学方程来描述它们的运动。要确定载流子的有效质量，必须考虑在波矢空间中能带的具体结构(即 E-$\boldsymbol{k}$ 关系)。

【例 3-2】 试给出自由电子的 E-$\boldsymbol{k}$ 关系，将其与电子的质量联系起来。

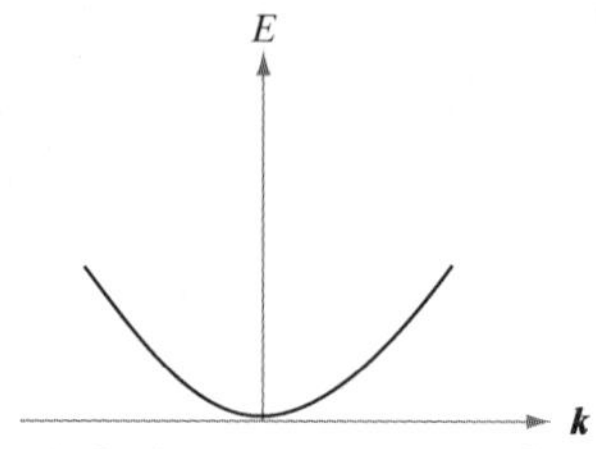

【解】 由例 2-2 可知，电子的动量是 $\mathrm{p}=m\mathrm{v}=\hbar\boldsymbol{k}$，相应的能量为

$$E=\frac{1}{2}m\mathrm{v}^2=\frac{1}{2}\frac{\mathrm{p}^2}{m}=\frac{\hbar^2}{2m}\boldsymbol{k}^2$$

即自由电子的能量是波矢的抛物线形函数。将 E 对 $\boldsymbol{k}$ 求二次导数，可得如下关系:

$$\frac{\mathrm{d}^2E}{\mathrm{d}\boldsymbol{k}^2}=\frac{\hbar^2}{m}$$

即电子的质量可由 E-$\boldsymbol{k}$ 关系的二次导数表示出来。固体中的电子虽然不是自由电子，但在能带的各个极值附近 E-$\boldsymbol{k}$ 关系都近似为抛物线形，特别是在导带和价带的极值附近更是如此。

根据上面的例子，我们把晶体中载流子的有效质量用 m^*表示，则

$$m^*=\frac{\hbar^2}{\mathrm{d}^2E/\mathrm{d}\boldsymbol{k}^2}\tag{3-3}$$

即有效质量取决于 E-$\boldsymbol{k}$ 关系的曲率。例如，对于 GaAs，E-$\boldsymbol{k}$ 关系如图 3-6(a)所示，导带极小$\varGamma$的曲率比另外两个极小 L 和 X 的曲率大得多，所以$\varGamma$附近的电子有效质量比 L 和 X 附近的电子有效质量 m^*小得多。

从图 3-5 和图 3-6 还可以看出，导带极小附近的曲率 $\mathrm{d}^2E/\mathrm{d}\boldsymbol{k}^2$ 是正的，而价带极大附近的曲率是负的。根据式(3-3)可知，导带底(E_c)附近电子的有效质量是正的，而价带顶(E_v)附近电子的有效质量是负的。又根据 3.2.1 节的讨论可知，价带中具有负电荷和负有效质量的电子的运动，等效于价带中具有正电荷和正有效质量的空穴的运动，即价带中的电荷输运完全可由空穴的运动来描述。

对于一个以 $\boldsymbol{k}=0$ 为中心的能带，导带能谷附近(如 GaAs 的导带能谷$\varGamma$附近)的 E-$\boldsymbol{k}$ 关系近似是抛物线形，可表示为

$$E=\frac{\hbar^2}{2m^*}\boldsymbol{k}^2+E_c\tag{3-4}$$

由此并结合式(3-3)可知，这样的能带极值附近电子的有效质量是常数。但另一方面，许

多半导体的 E-$\boldsymbol{k}$ 关系并不是简单的抛物线形关系，而具有比较复杂的形式(取决于载流子相对于主晶向的运动方向)。在这种情况下，载流子的有效质量具有张量的形式，我们应取适当形式的平均值作为有效质量。

图 3-10(a)画出了 Si 和 GaAs 沿[111]和[100]方向的能带结构(即 E-$\boldsymbol{k}$ 关系)。我们看到，能带极值附近的 E-$\boldsymbol{k}$ 关系近似为抛物线形(参见图 3-5 和例 3-2)，但在能量较高的地方则明显偏离了抛物线形关系。在图 3-10(a)中，能量是沿[111]和[100]方向画出的，$\boldsymbol{k}=0$ 的点标记为Γ，沿[100]方向存在一个 X 能谷，沿[111]方向存在一个 L 能谷。因为曲线是在 $\boldsymbol{k}=0$ 两侧沿不同方向画出的，所以曲线是不对称的。绝大多数半导体的价带顶都位于Γ处。价带有 3 个分支，分别是曲率最小的**重空穴带**、曲率较大的**轻空穴带**，以及一个因自旋-轨道耦合而形成的**分裂带**。我们注意到，GaAs 的导带底和价带顶都位于 $\boldsymbol{k}=0$ 处，说明 GaAs 是直接禁带半导体。而对于 Si 来说，价带顶在 $\boldsymbol{k}=0$ 处，而沿 6 个等价的〈100〉方向有 6 个等价的 X 能谷，且这些能谷都不在 $\boldsymbol{k}=0$ 处，所以 Si 是间接禁带半导体。

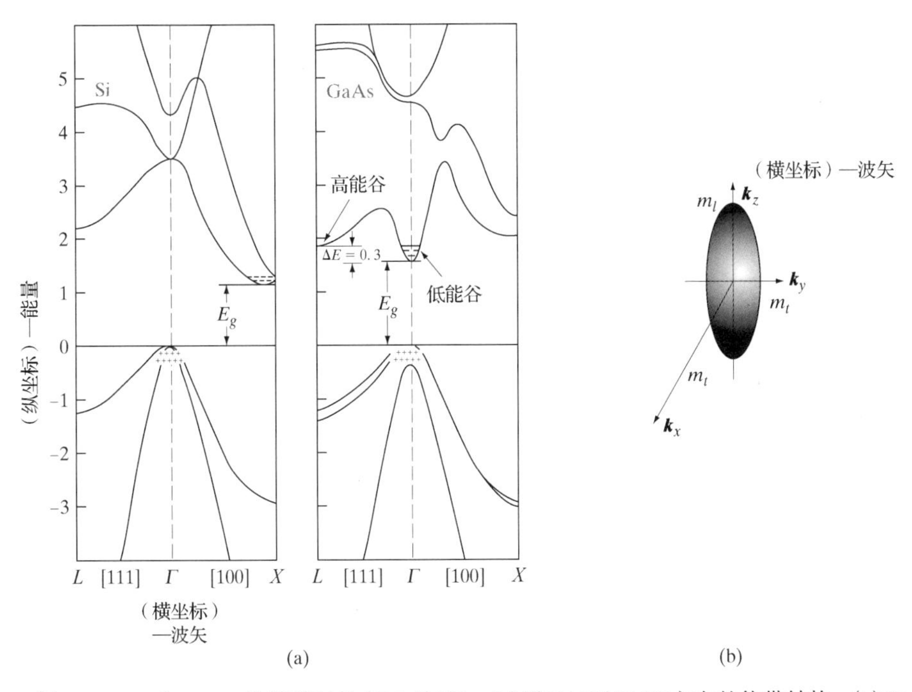

图 3-10　Si 和 GaAs 的能带结构(E-$\boldsymbol{k}$ 关系)。(a)沿[111]和[100]方向的能带结构；(b)Si 的椭球形等能面(引自 Chelikowsky and Cohen, Phys. Rev. B14, 556, 1976)

图 3-10(b)示意地画出了 Si 的导带能谷附近电子的等能面。等能面是 $\boldsymbol{k}$ 空间中具有相同能量的点的集合所描绘的曲面，它是这样画出的：根据 E-$\boldsymbol{k}$ 关系，将能量 E 固定为某一值，在 $\boldsymbol{k}$ 空间中找出具有该能量的所有的点(坐标为($\boldsymbol{k}_x$，$\boldsymbol{k}_y$，$\boldsymbol{k}_z$))，将这些点在 $\boldsymbol{k}$ 空间中描出便构成了等能面。可见 Si 的导带电子的等能面是椭球面。由于 Si 中沿 6 个等价的〈100〉方向有 6 个等价的导带能谷，所以在 6 个等价的方向上有 6 个相同的等能面。沿等能面长轴方向的有效质量称为**纵有效质量**，记为 m_l；沿短轴方向的有效质量称为**横有效质量**，记为 m_t。对于 GaAs，能量较小时，等能面近似为球面。另一方面，价带顶附近的等能面是扭曲的球面。在 3.3.2 节和 3.4.1 节将分别讨论态密度有效质量和电导率有效质量时，我们会进一步认识到等能面的重要性。

在以后的有关计算和分析讨论中，凡牵涉到载流子的质量，都应使用其有效质量。分别

用 m_n^*和 m_p^*表示电子和空穴的有效质量，其中的下标 n 和 p 表示电子和空穴分别是带负电(Negative)和带正电(Positive)的载流子。

关于有效质量的概念，其实并没有什么神秘之处。至于为什么不同的半导体中载流子的有效质量不一样，也没有什么疑惑不解之处。事实上，所有半导体(如 Si、Ge、GaAs 等)中电子的真实质量与真空中自由电子的质量是一样的。但为什么我们在做有关计算时不使用其真实质量而使用有效质量呢？可借助牛顿第二定律来说明这个问题。牛顿第二定律指出：粒子所受的合力等于其动量随时间的变化率，即

$$\frac{\mathrm{dp}}{\mathrm{d}t}=\frac{\mathrm{d}(m\mathrm{v})}{\mathrm{d}t}=\boldsymbol{F}_{\mathrm{int}}+\boldsymbol{F}_{\mathrm{ext}} \tag{3-5a}$$

晶体中的电子所受的合力来自两部分：一部分是晶格周期性势场对电子的作用力 $\boldsymbol{F}_{\mathrm{int}}$，另一部分是外加电场或磁场对电子的作用力 $\boldsymbol{F}_{\mathrm{ext}}$。对该方程的求解是非常复杂的，因为它涉及晶格周期性势场的计算。我们总不希望每次在求解方程时都将这种复杂的计算过程重复一遍。可取的处理办法是：对该计算过程只进行一次，将取得的关于 $\boldsymbol{F}_{\mathrm{int}}$ 的信息充实到 E-$\boldsymbol{k}$ 关系中去，再根据 E-$\boldsymbol{k}$ 关系的曲率求得电子的有效质量 m_n^*。这样，在以后进行类似求解或计算时，就不必再重复计算晶格的周期性势场的作用，而是将晶体中的电子看成是质量为 m_n^*、电荷为 $-q$ 的粒子，只需关注这样的粒子在外加电场或磁场中的运动即可，因而使求解过程大为简化。对于抛物线形能带极值附近的载流子，采用有效质量，其运动方程可简化为(这里以电子为例)

$$\frac{\mathrm{d}(m_n^*\mathrm{v})}{\mathrm{d}t}=\boldsymbol{F}_{\mathrm{ext}} \tag{3-5b}$$

当然，上面只是对有效质量概念的一个非常简化的说明。既然载流子是在晶格的周期性势场中运动，而特定的半导体具有其特定的晶格周期性势场，所以，不同半导体中载流子的有效质量不同。

式(3-5b)中的电子速度 v，是指量子力学范畴中电子波包的群速度(参见 1.5 节)：

$$\mathrm{v}=\frac{\mathrm{d}\omega}{\mathrm{d}k}=\frac{1}{\hbar}\frac{\mathrm{d}E}{\mathrm{d}k} \tag{3-5c}$$

如果 E-$\boldsymbol{k}$ 关系是式(3-4)的简单抛物线形关系，则电子速度为 $\mathrm{v}=\hbar k/m_n^*=\mathrm{p}/m_n^*$。但在一般情况下，载流子的速度正比于能带的斜率，比如处于 Si 导带底的电子［参见图 3-10(a)］，尽管此处的 $\hbar k$ 不为零，但此处电子的速度为零。为理解这一点，对于式(3-4)表示的简单抛物线形能带，我们把式(3-5b)写为

$$\frac{\mathrm{d}(\hbar k)}{\mathrm{d}t}=\boldsymbol{F}_{\mathrm{ext}} \tag{3-5d}$$

因为 $\boldsymbol{F}_{\mathrm{ext}}$ 并不代表电子所受的所有的力，所以 $\hbar k$ 并不代表电子的真实动量，而是晶体动量或准动量。式(3-5c)和式(3-5d)是半导体中载流子运动的基本方程，称为半经典动力学方程。

根据 E-$\boldsymbol{k}$ 关系求出载流子的纵、横有效质量(m_l和 m_t)后，必须对它们进行适当形式的平均才能用于不同类型的计算。比如，在计算载流子浓度时(参见 3.3.2 节)，取 m_l和 m_t的几何平均值作为态密度有效质量。又如，在计算载流子迁移率或半导体电导率时(参见 3.4.1 节)，取 m_l和 m_t的调和平均值作为电导率有效质量。

3.2.3 本征半导体

不含杂质、没有晶格缺陷的完美半导体称为**本征半导体**。本征半导体在 0 K 下没有能够

参与导电的载流子，因为其价带和导带分别为全满和全空。在较高的温度下，价带电子受到热激发后越过禁带跃迁到导带，产生电子–空穴对(EHP)。在热平衡条件下，这些因热激发而产生的电子和空穴是本征半导体中载流子的唯一来源。

电子–空穴对的产生过程可通过图 3-11 所示的“断键”模型定性说明。设想这样一种情况：将 Si 的一个价电子从共价键中移开，就产生了一个可以在晶格中自由运动的电子和一个断裂的共价键(空穴)。使一个共价键断裂所需要的能量等于半导体的禁带宽度E_g。虽然这种“断键”模型较为直观地描述了电子–空穴对的产生过程，但对于定量计算而言仍显得无能为力，通常还是采用能带模型。另外，“断键”模型还容易给人们造成一种错误印象，似乎自由电子和空穴在晶格中的位置是定域化的，但采用量子力学的几率密度分布的概念加以分析可知，电子和空穴的位置其实已扩展到了几个晶格周期的范围(参见 2.4 节)。

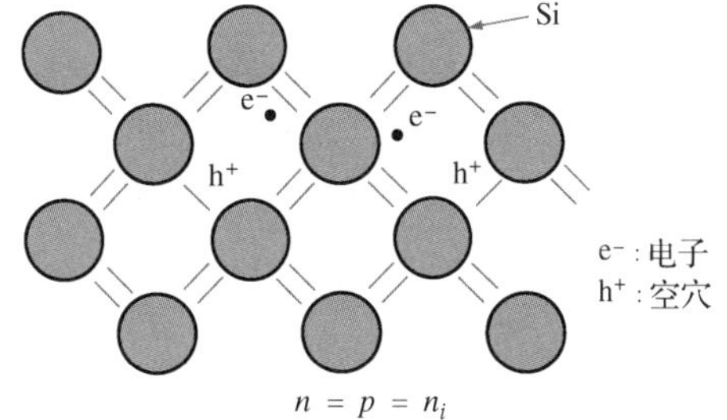

图 3-11　Si 晶体共价键模型中的电子–空穴对

既然本征半导体受到热激发时电子和空穴是成对产生的，那么热产生的电子的浓度 n 必然等于热产生的空穴的浓度 p。我们把本征半导体中的载流子浓度称为**本征载流子浓度**，记为 n_i，因此对于本征半导体，有

$$n = p = n_i \tag{3-6}$$

在一定的温度下(稳态条件下)，载流子的热产生率(在单位时间单位体积内热产生的电子–空穴对数目)是固定的，载流子的浓度也是不随时间变化的，这说明还存在着一种与热产生过程作用相反的过程，即电子和空穴的**复合**过程。正是因为产生和复合的共同作用才使得载流子的浓度保持不变。所谓复合过程，简单地说就是导带的电子跃迁到价带并占据价带中空态的过程。可见，复合过程与产生过程的作用相反。一个电子和一个空穴复合的结果是使半导体内减少了一个电子–空穴对。如果把电子–空穴对的热产生率记为 g_i(单位是 $cm^{-3}\cdot s^{-1}$)，把复合率记为 r_i(单位也是 $cm^{-3}\cdot s^{-1}$)，则在热平衡条件下，产生率和复合率应相等，即

$$r_i = g_i \tag{3-7a}$$

产生率和复合率都是温度的函数。温度升高时，产生率 $g_i(T)$ 增大，载流子浓度 n_i 增大，同时复合率 $r_i(T)$ 也相应增大，结果是 n_i 在更高的温度下达到新的平衡值。在任何温度下，载流子的复合率与该温度下的载流子平衡浓度(n_0 和 p_0)成正比，即

$$r_i = \alpha_r n_0 p_0 = \alpha_r n_i^2 = g_i \tag{3-7b}$$

其中，α_r 是比例常数，称为**复合系数**，其数值取决于载流子的复合机制。n_i 对温度的依赖关系将在 3.3.3 节讨论，而复合过程将在第 4 章讨论。

3.2.4　非本征半导体

除了热激发产生载流子以外，我们还可以有目的地在半导体中引入杂质来增大载流子的浓度。在半导体中引入杂质的过程称为**掺杂**。掺杂是改变半导体电导率的最常用方法。通过掺杂，可以使半导体的导电性发生显著改变：要么以电子导电为主，要么以空穴导电为主。经过掺杂的半导体可分为两种，一种是以电子导电为主的 n 型半导体，另一种是以空穴导电为主的 p 型半导体。掺杂半导体的载流子平衡浓度(n_0 和 p_0)不再等于该半导体的本征载流子

浓度 n_i，因而通常把掺杂半导体称为**非本征半导体**。

当半导体内存在杂质或晶格缺陷时，它们会在能带中形成额外的能级，通常是在禁带中形成杂质能级或陷阱能级。例如，在 Si 和 Ge 中掺入某种 V 族元素杂质(如 P、As、Sb 等)，则在禁带中形成靠近导带底的杂质能级。0 K 下这些杂质能级被电子占据，温度升高时，杂质能级上的电子受到热激发，只需很小的能量即可跃迁到导带中去，如图 3-12(a)所示。一般在 50～100 K 的温度下，杂质能级上的所有电子都已“贡献”到导带中。由于 Ge 和 Si 中的这些 V 族元素杂质能够为导带“提供”电子，故将其称为**施主杂质**，相应的能级称为**施主能级**。由图 3-12(a)看到，掺有施主杂质的半导体即使在很低的温度下，导带中也有大量的电子；在室温下，电子的平衡浓度 n_0 更是远高于空穴的平衡浓度 p_0 和本征浓度 n_i，即 $n_0 >> (n_i、p_0)$。这种半导体是 **n 型半导体**。

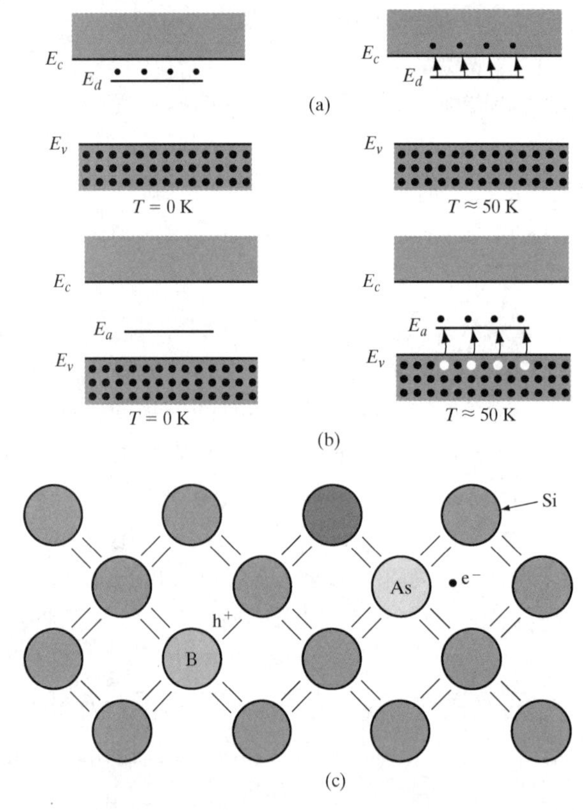

图 3-12 半导体的能带模型和杂质的共价键模型。(a)电子从施主能级 E_d 贡献到导带中；(b)受主能级 E_a 接受来自价带的电子，在价带中形成空穴；(c)Si 晶体杂质(施主和受主)原子的共价键模型

若在 Ge 或 Si 中掺入某种 III 族元素杂质(如 B、Al、Ga、In 等)，则形成的杂质能级靠近价带。0 K 下这些杂质能级是全空的[参见图 3-12(b)]；在稍高的温度下，价带电子受到热激发、获得很少的能量便可跃迁到杂质能级上，从而在价带中形成相同数量的空穴。由于这些杂质能级能够“接受”来自价带的电子，所以称为**受主能级**，相应地把这些 III 族元素杂质称为**受主杂质**。从图 3-12(b)看到，掺有受主杂质的半导体的价带内有大量的空穴，即使在室温下空穴的平衡浓度 p_0 也已远高于电子的平衡浓度 n_0 和本征浓度 n_i，即 $p_0 >> (n_i、n_0)$。这种半导体是 **p 型半导体**。

图 3-12(c)形象地表示了施主杂质和受主杂质参与形成共价键的情形。V 族元素 As 原子共有 5 个价电子，其中的 4 个与 Si 原子的 4 个价电子配对形成共价键，另外一个价电子因为

没有与之配对的电子，所以不能形成共价键，而是松散地束缚在 As 原子的周围。这个只被“松散”束缚的电子只要获得很小的能量就可以脱离 As 原子对它的束缚成为在晶格中自由运动的电子，从而参与导电。这就是施主能级上的电子受到激发、脱离施主能级、进入导带参与导电的定性分析模型［参见图 3-12(a)］。与此类似，III 族元素 B 原子只有 3 个价电子，它们与 Si 原子的 3 个价电子配对形成共价键，尚有 Si 的一个价电子未参与形成共价键[参见图 3-12(c)］。当来自其他地方的一个电子运动到 B 原子附近时，很容易与未配对的电子形成共价键。该过程实际上是不完整的共价键从一个位置转移到另外一个位置的过程，等同于空穴的运动［参见图 3-12(b)］。

将施主杂质原子看成类氢原子，我们可以近似地估计施主能级上的电子激发到导带所需的能量，即**束缚能**。考虑到 As 原子中参与成键的 4 个价电子被“紧密”束缚在 As 原子的周围，而第 5 个未成键的价电子被“松散”地束缚在 As 原子的周围，我们可以近似地认为被“松散”束缚的电子围绕着一个“核”在类氢原子的轨道上运动［参见图 3-12(c)］。根据玻尔模型和式(2-15)，这个被弱束缚的电子的基态能量($n = 1$)可表示为

$$E = \frac{mq^4}{2K^2\hbar^2} \tag{3-8}$$

其中，m 应理解为半导体中电子的电导率有效质量 m_n^*(参见 3.4.1 节)。常数 K 在真空中等于 $4\pi\varepsilon_0$，但在半导体中应修正为

$$K = 4\pi\varepsilon_0\varepsilon_r \tag{3-9}$$

其中，ε_r 是半导体材料的相对介电常数。

【例 3-3】 在 3.2 节曾提到共价键模型容易导致一种错误印象，似乎晶体中的载流子是局域化的。这里做一简单计算：假设 Si 晶体中受主杂质周围的电子在类氢原子的轨道上运动[参见图 3-12(c)]，我们估算基态电子轨道的半径，并与 Si 的晶格常数进行比较。取$\varepsilon_r = 11.8$，$m_n^* = 0.26m_0$。

【解】 根据式(2-10)，取 $n = 1$(基态)，有

$$r = \frac{4\pi\varepsilon_r\varepsilon_0\hbar^2}{m_n^* q^2} = \frac{11.8\times(8.85\times10^{-12})\times(6.63\times10^{-34})^2}{3.14\times0.26\times(9.11\times10^{-31})\times(1.6\times10^{-19})^2}$$

$$r = 2.41\times10^{-9}\text{m} = 24.1\ \text{Å}$$

这说明，Si 晶体中电子轨道的半径比 Si 晶格常数(5.43 Å)的 4 倍还大。

一般地，Ge 中 V 族元素施主杂质的能级位于导带底下方约 0.01 eV 处，III 族元素受主杂质的能级位于价带顶上方约 0.01 eV 处。Si 中常见的施主杂质能级和受主杂质能级在距离带边 0.03 ~ 0.06 eV 附近。

VI 族元素杂质在 III ~ V 族化合物中占据 V 族元素原子的位置，起施主的作用。如 S、Se 和 Te 等施主杂质在 GaAs 中占据 As 的位置。与此类似，II 族元素杂质(如 Be、Zn 和 Cd 等)在 III ~ V 族化合物中占据 III 族元素原子的位置，起受主的作用。但是，IV 族元素杂质(如 Si 和 Ge)在 III ~ V 族半导体中既可以占据 III 族元素原子的位置起施主的作用，又可以占据 V 族元素原子的位置起受主的作用，因此被称为**两性杂质**。一般情况下，Si 原子在 GaAs 中占据 Ga 原子的位置，是施主杂质，但如果在 GaAs 生长过程或处理过程中形成了过多的 As 空位，则 Si 原子也可能占据 As 的位置而成为受主杂质。

掺杂能在很大程度上改变半导体的导电性能。这里举一个简单的例子加以说明。室温下

本征 Si 的载流子浓度 n_i 是 10^{10} cm^{-3} 量级，若在 Si 中掺入 10^{15} cm^{-3} 的 As 杂质使之成为非本征的 n 型半导体，则电子浓度增大 5 个数量级，电阻率也从 2×10^5 Ω·cm 减小到 5 Ω·cm。

半导体经过掺杂后，无论是 n 型还是 p 型，其中一种载流子的数量比另一种载流子的数量要多得多。例如，在上面所给的例子中，Si 样品经掺杂成了 n 型半导体，其中的电子远超空穴多个数量级。据此，我们把半导体中数量较少(或浓度较小)的载流子称为**少数载流子**(简称**少子**)，而把数量较多(或浓度较大)的载流子称为**多数载流子**(简称**多子**)。例如，在 n 型半导体中电子是多子，空穴是少子，而在 p 型半导体中空穴是多子，电子是少子。

3.2.5 量子阱中的电子和空穴

上节讨论了半导体禁带中的杂质能级。本节将讨论半导体量子阱中的分立能级。我们将看到，量子阱中的分立能级是因为量子力学限制效应而形成的。

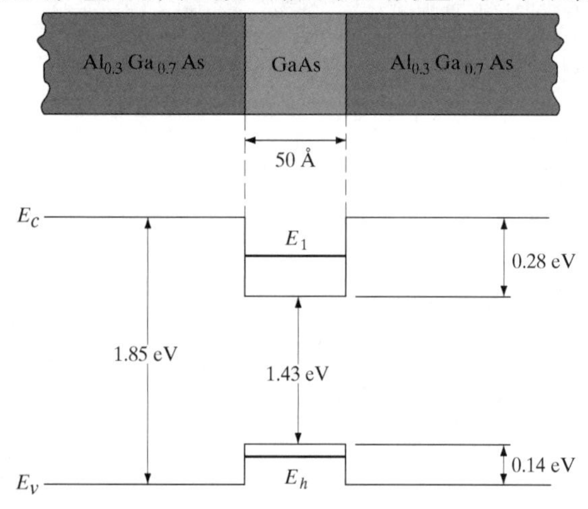

图 3-13 在禁带较宽的两层 AlGaAs 之间夹有禁带较窄的 GaAs 层形成的量子阱结构，其中载流子的能量是量子化的，具有分立的能级。导带电子类似于“势阱中的粒子”，分布在分立的能级上(如 E_1)。同理，价带空穴也分布在分立的能级上(如 E_h)

在 1.4 节我们已了解到，采用 MBE 和 OMVPE 技术能够生长多层单晶薄膜材料，其中不同的材料层有不同的禁带宽度。图 3-13 给出了一种多层结构，在两个 AlGaAs 单晶层之间夹有一层非常薄的 GaAs 单晶层，其中 AlGaAs 的禁带宽度比 GaAs 的禁带宽度大。不同的材料层之间形成了异质结(详见 5.8 节)。该结构是一种量子阱结构，中间薄层内的电子和空穴被限制在阱中运动，它们在约束方向上的行为类似于势阱中的粒子，具有分立的能级，这已在 2.4.3 节做了计算。在约束方向除外的其他两个方向上，载流子的运动实质上仍是自由的，只是这里我们不关注这两个方向的运动而已。在 8.4.6 节我们将会看到，在一系列量子阱中形成二维电子气(或二维空穴气)，从而形成“子带”而不是分立的能级。在这里讨论的量子阱中，载流子的能态不像能带中的那样连续变化，而具有分立的能级。阱中的导带电子和价带空穴都被限制在分立的能级上。分立的能级仍由式(2-33)给出，只是其中的粒子质量应当以载流子的有效质量代替，同时也应修正为有限深势阱的情形。当载流子在 GaAs 量子阱的分立能级之间跃迁时，发射光子的能量未必等于 GaAs 的禁带宽度，从而改变了发光光谱。例如，当一个电子从导带的分立能级 E_1 跃迁到价带的分立能级 E_h 时(参见图 3-13)，发射光子的能量为(E_g+E_1+E_h)，它比 GaAs 的禁带宽度 E_g 还要大。半导体激光器就是利用了量子阱的这个特点，增大了跃迁的能量范围，使发射光谱拓宽。在后面几章中我们还将看到半导体量子阱的更多实例。

3.3 载流子浓度

在分析半导体的电学性质和器件的电学行为时，总要用到载流子浓度。对于重掺杂的半导体，由于通常情况下一个杂质原子提供一个载流子，所以很容易知道其中的多数载流子浓度。但到目前为止，我们还不知道如何确定少数载流子的浓度。另外，我们也还不了解载流子浓度对温度的依赖关系。

要想确定载流子浓度，必须先了解载流子按能量的统计分布规律。统计分布的推导过程并不复杂，但涉及一些统计物理学方面的知识。这里我们主要关注的是载流子的统计分布规律对半导体的实际应用，可直接使用分布函数而不做详细推导。

3.3.1　费米能级

固体中的电子遵循费米-狄拉克统计分布①。它是在考虑了电子的不可分辨性、电子的波动性，以及泡利不相容原理的基础上推导出来的(详细的推导过程参见附录 E)。费米-狄拉克分布指出：热平衡条件下，电子在允许能态 E 上的分布几率为

$$\boxed{f(E)=\frac{1}{1+\mathrm{e}^{(E-E_F)/kT}}} \tag{3-10}$$

其中，$k = 8.62\times10^{-5}$ eV/K $= 1.38\times10^{-23}$ J/K 是玻尔兹曼(Boltzmann)常数。函数 $f(E)$ 称为**费米-狄拉克分布**(Fermi-Dirac Distribution)**函数**，它指出了在温度为 T 的热平衡条件下系统内的某个允许能态 E 被电子占据的几率。E_F 称为**费米能级**，它是描述半导体电子系统性质的一个重要物理量。根据上式，可得到费米能级 E_F 被电子占据的几率是

$$f(E_F)=[1+\mathrm{e}^{(E_F-E_F)/kT}]^{-1}=\frac{1}{1+1}=\frac{1}{2} \tag{3-11}$$

即任何温度下费米能级被电子占据的几率是 1/2。

将分布函数 $f(E)$ 用图表示出来，如图 3-14 所示。可以看到，在 $T = 0$ K 下，分布函数呈矩形形状，$E < E_F$ 的各个能态被电子占据的几率都是 $f(E)=\frac{1}{1+0}=1$，而 $E > E_F$ 的各个能态被电子占据的几率都是 $f(E)=\frac{1}{1+\infty}=0$，这说明 $T = 0$ K 时高于费米能级的各个能态都未被电子占据(是全空的)，而低于费米能级的各个能态都被电子占据(是全满的)。

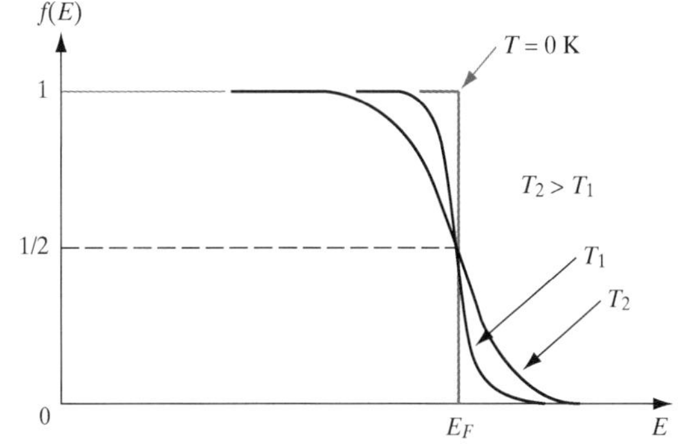

图 3-14　费米-狄拉克分布函数(参见附录 E 的推导)

在高于 0 K 的温度下，$E > E_F$ 的能态被电子占据的几率不为零；同时，$E < E_F$ 的能态未被电子占据的几率(为空的几率)是 $1- f(E)$，如图 3-14 所示。在任何温度下，分布函数 $f(E)$ 是一个以费米能级 E_F 为对称的对称函数。所谓“对称”，是指比 E_F 高ΔE 的能态被电子占据的几率 $f(E_F+\Delta E)$ 与比 E_F 低ΔE 的能态不被电子占据的几率$[1-f(E_F-\Delta E)]$相等。由于被占据和不被占据的几率是以费米能级 E_F 为对称的，所以在计算电子和空穴的浓度时，就自然地把费米能级作为能量的参考点。

在应用费米-狄拉克统计分布函数 $f(E)$ 计算载流子浓度时，要注意占据几率 $f(E)$ 只能应用于**允许能态**。如果在某个能量 E 处不存在可供电子占据的能态(例如纯净半导体的禁带中就不

① 其他类型的统计规律还有：关于经典粒子（如气态原子或分子）的麦克斯韦-玻尔兹曼(Maxwell-Boltzmann)统计和关于光子的玻色-爱因斯坦(Bose-Einstein)统计。

存在可供电子占据的能态)，则该处就不存在被电子占据(或不被占据)的问题。把图 3-14 的坐标旋转，如图 3-15 所示，便将分布函数 $f(E)$ 与能带中的能态对应起来。我们知道，在本征半导体中，价带空穴的浓度等于导带电子的浓度，所以费米能级 E_F 位于禁带的正中央[①]。图 3-15(a)中(表示本征半导体)延伸到导带中的 $f(E)$ 和延伸到价带中的 $[1-f(E)]$ 是以 E_F 为对称的，虽然在禁带中也画有分布曲线，但并不表示在禁带中的某个能量 E 有被电子占据的几率，因为本征半导体的禁带中没有可供电子占据的允许能态。

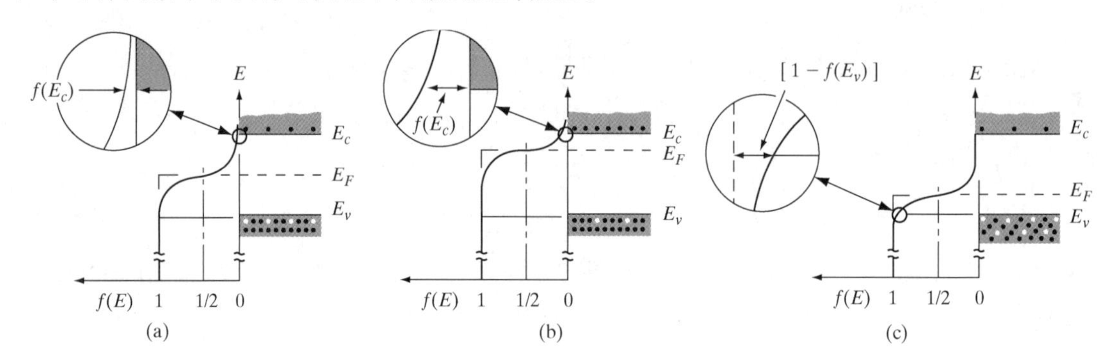

图 3-15 用费米–狄拉克分布函数分析半导体中载流子的分布。(a)本征半导体；(b)n 型半导体；(c)p 型半导体

另外，为了清楚起见，在图 3-15 中有意地把能带边附近的分布曲线画得夸张了些。实际上，只要温度不是很高，导带底 E_c 附近和价带顶 E_v 附近的能态被电子占据和不被电子占据的几率都是很小的。比如，300 K 下 Si 中载流子的本征浓度只有 $n_i=p_i\approx10^{10}\ \text{cm}^{-3}$ 量级，而导带底 E_c 和价带顶 E_v 的能态密度高达 $10^{19}\ \text{cm}^{-3}$ 量级，这说明能带边附近的能态被电子占据(对导带而言)和不被占据(对价带而言)的几率都是很小的，即导带中电子的数量和价带中空穴的数量都是很少的。但是，由于导带和价带的态密度都非常高，所以温度改变(或杂质浓度改变)时分布函数 $f(E)$ 的微小变化可引起导带电子和价带空穴数量(或浓度)的巨大变化。

对于 n 型半导体，由于其导带电子的浓度比价带空穴的浓度高，所以分布曲线的位置相对于本征情形抬高了，如图 3-15(b)所示，但只要温度不变，分布曲线 $f(E)$ 本身的形状就不发生变化。曲线位置的抬高意味着导带底(E_c)附近电子浓度的增大和价带顶(E_v)附近空穴浓度的减小。我们注意到，n 型半导体的费米能级 E_F 向导带底 E_c 靠拢，意味着我们可用 E_c 和 E_F 之差(E_c-E_F)表示导带电子的浓度 n，下一节将具体给出这种关系。

对于 p 型半导体，空穴的浓度高于电子的浓度，费米能级 E_F 向价带顶 E_v 靠拢[参见图 3-15(c)]，低于 E_v 的能态不被电子占据的几率 $[1-f(E)]$ 比高于 E_c 的能态被电子占据的几率 $f(E)$ 大。价带空穴的浓度 p 可由 E_F 和 E_v 之差(E_F-E_v)表示出来(将在下一节给出)。

如果在每次分析电子和空穴的分布时都使用像图 3-15 那样的 $f(E)-E$ 图显然是比较烦琐的。实际上，只要确定了费米能级的位置，根据费米–狄拉克分布函数便可求得载流子在能带中的分布。在需要用能带图说明问题的情况下，通常需要在能带图上标出费米能级 E_F 的位置。

3.3.2 平衡态电子和空穴浓度

如果知道价带和导带的能态密度(简称**态密度**)，就可以用几率分布函数来计算导带电子和价带空穴的浓度。显然，导带电子的平衡浓度可由下面的积分给出：

---

① 实际上本征半导体的费米能级稍微偏离禁带的正中央，因为价带和导带的有效态密度不同(参见 3.3.2 节)。

$$n_0 = \int_{E_c}^{\infty} f(E)N(E)\mathrm{d}E \tag{3-12}$$

式中 $N(E)\mathrm{d}E$ 表示单位体积内能量间隔为 E 至 $E+\mathrm{d}E$ 范围内的允许能态数目，$f(E)N(E)\mathrm{d}E$ 表示单位体积内能量 E 在附近的 $\mathrm{d}E$ 范围内的电子数目，将其对整个导带能量范围进行积分①便可得到导带电子的浓度。态密度 $N(E)$ 可根据量子力学和泡利不相容原理推导给出。下标 0 表示平衡浓度。

附录 D 给出了态密度 $N(E)$ 的推导过程。对三维情形，态密度 $N(E)$ 正比于 $E^{1/2}$，即随能量 E 的增大，导带的态密度 $N(E)$ 增大。但另一方面，随着能量 E 的增大，几率分布函数 $f(E)$ 却变得很小。总的结果是，在高于 E_c 的范围内，乘积 $f(E)N(E)$ 随着 E 的增大而迅速减小，即越远离导带底 E_c，存在的电子越少(因为电子首先占据的是导带底 E_c 附近的能态)。同样的道理，在低于 E_v 的范围内，越远离价带顶 E_v，存在的空穴也越少(因为空穴首先占据的是价带顶 E_v 附近的能态)。图 3-16 给出了态密度 $N(E)$、几率分布函数 $f(E)$、价带空穴分布以及导带电子分布。应注意的是，对于空穴而言，能量增大的方向朝下。

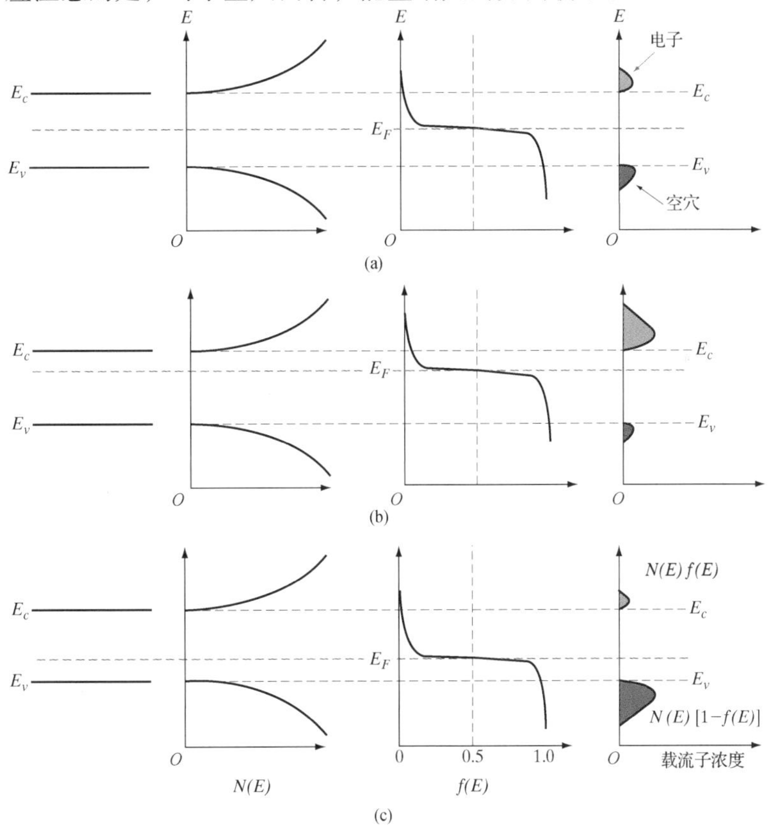

图 3-16　在平衡条件下，半导体的能带、态密度、费米-狄拉克函数，以及载流子浓度。(a)本征半导体；(b)n 型半导体；(c)p 型半导体

如果把整个导带范围内的所有能态的密度等效为一个能量为 E_c 的态密度 N_c，称为**导带有效态密度**，则式(3-12)可写为更简洁的形式②

① 严格地讲，式(3-12)的积分上限是不恰当的，因为导带的能量并没有延伸到无穷大。不过，这对于计算 n_0 来说并不重要，因为对于较高的能量 E，$f(E)$将变得非常小，甚至可被忽略不计。

② 式(3-13)是对式(3-12)积分的结果，参见附录 D。

$$n_0 = N_c f(E_c) \tag{3-13}$$

假设费米能级 E_F 比导带底 E_c 至少低几个 kT，则 $f(E_c)$ 可简化为

$$f(E_c) = \frac{1}{1+\mathrm{e}^{(E_c-E_F)/kT}} \approx \mathrm{e}^{-(E_c-E_F)/kT} \tag{3-14}$$

由于室温下 kT 只有 0.026 eV 左右,所以上式是对 $f(E_c)$ 的一个很好的近似。将其代入式(3-13),导带电子的平衡浓度即可表示为

$$\boxed{n_0 = N_c \mathrm{e}^{-(E_c-E_F)/kT}} \tag{3-15}$$

其中导带有效态密度 N_c 为(参见附录 D)

$$N_c = 2\left(\frac{2\pi m_n^* kT}{h^2}\right)^{3/2} \tag{3-16a}$$

式中除了温度以外，其他各量均为已知量，即有效态密度是温度的函数。由式(3-15)看到，E_F 越靠近 E_c，则导带电子浓度 n_0 越高，这与图 3-15(b)所示的规律是一致的。

式(3-16a)中的 m_n^* 是电子的**态密度有效质量**。在 3.2.2 节我们已经知道有效质量由 E-$\boldsymbol{k}$ 关系的曲率决定。沿不同的方向，能带的曲率不同，有效质量也不同。那么，态密度有效质量应如何取值呢？以 Si 为例，其导带在 X 极小附近有 6 个等价的能谷[参见图 3-10(b)]，沿椭球型等能面长轴方向的有效质量是 m_l(纵向有效质量),沿 2 个短轴方向的有效质量是 m_t(横向有效质量)，我们又看到式(3-16a)中有一个因子$(m_n^*)^{3/2}$，这样，既考虑到 6 个等价能谷的贡献，又考虑到不同方向的有效质量不同，可将电子的态密度有效质量表示为

$$(m_n^*)^{3/2} = 6(m_l m_t^2)^{1/2} \tag{3-16b}$$

这实际上就是不同方向的电子有效质量的几何平均值。

【例 3-4】 计算 Si 中电子的态密度有效质量。

【解】 对于 Si，导带有 6 个等价的 X 能谷，从附录 C 查得 $m_l = 0.98m_0$，$m_t = 0.19m_0$，于是

$$m_n^* = 6^{2/3}(0.98 \times 0.19^2)^{1/3} m_0 = 1.1m_0$$

注意：对于 GaAs，等能面是球形面，不同方向的有效质量相同，因此这个有效质量就是 GaAs 的态密度有效质量($m_n^* = 0.067m_0$)。

经类似的分析，价带空穴的浓度可表示为

$$p_0 = N_v[1 - f(E_v)] \tag{3-17}$$

其中 N_v 是**价带有效态密度**。在 E_F 比 E_v 高至少几个 kT 的情况下，价带中的能态被空穴占据的几率(也就是未被电子占据的几率)可表示为

$$1 - f(E_v) = 1 - \frac{1}{1+\mathrm{e}^{(E_v-E_F)/kT}} \approx \mathrm{e}^{-(E_F-E_v)/kT} \tag{3-18}$$

因而价带空穴的浓度可表示为

$$\boxed{p_0 = N_v \mathrm{e}^{-(E_F-E_v)/kT}} \tag{3-19}$$

其中价带有效态密度 N_v 为(参见附录 D)

$$N_v = 2\left(\frac{2\pi m_p^* kT}{h^2}\right)^{3/2} \tag{3-20}$$

由式(3-19)看到，E_F越靠近E_v，空穴浓度p_0就越高，这与图 3-15(c)所示的规律也是一致的。

式(3-15)和式(3-19)给出的电子和空穴浓度不论是对本征半导体还是掺杂半导体都是适用的。对本征半导体来说，费米能级是位于禁带中央附近的**本征费米能级** E_i[参见图 3-15(a)]，因此电子和空穴的本征浓度可表示为

$$n_i = N_c e^{-(E_c-E_i)/kT},\quad p_i = N_v e^{-(E_i-E_v)/kT} \tag{3-21}$$

在一定的温度下，同一种半导体材料，即使掺杂浓度发生了变化，电子和空穴的平衡浓度之积却总是一个常数，因为

$$n_0 p_0 = [N_c e^{-(E_c-E_F)/kT}][N_v e^{-(E_F-E_v)/kT}] = N_c N_v e^{-(E_c-E_v)/kT} = N_c N_v e^{-E_g/kT} \tag{3-22a}$$

$$n_i p_i = [N_c e^{-(E_c-E_i)/kT}][N_v e^{-(E_i-E_v)/kT}] = N_c N_v e^{-E_g/kT} \tag{3-22b}$$

由于本征半导体中的电子和空穴是受到热激发而成对产生的，所以电子和空穴的本征浓度总是相等的，即 $n_i = p_i$。通常用 n_i 表示半导体的本征载流子浓度。由上式可知，本征载流子浓度可表示为

$$n_i = \sqrt{N_c N_v} e^{-E_g/2kT} \tag{3-23}$$

例如，Si 在室温下(300 K)的本征载流子浓度 $n_i = 1.5\times10^{10}\ \text{cm}^{-3}$。根据上式，可将式(3-22a)改写为

$$\boxed{n_0 p_0 = n_i^2} \tag{3-24}$$

这是一个十分重要的关系，在以后的分析计算中经常用到。

比较式(3-21)和式(3-23)两式就会发现，如果导带和价带的有效态密度相等($N_c = N_v$)，则本征费米能级 E_i 就位于禁带的正中央($E_c - E_i = E_g/2$)。但是，由于电子和空穴的有效质量稍有不同，N_v 和 N_c 是不相等的[参见式(3-16)和式(3-20)]，所以本征费米能级 E_i 稍微偏离禁带正中央。GaAs 本征费米能级偏离禁带中央的程度比 Si 和 Ge 都大。

利用式(3-21)，还可以把电子和空穴的浓度写成另一种更方便的形式[参见式(3-15)和式(3-19)]

$$\boxed{n_0 = n_i e^{(E_F-E_i)/kT}} \tag{3-25a}$$

$$\boxed{p_0 = n_i e^{(E_i-E_F)/kT}} \tag{3-25b}$$

上式直接反映了载流子浓度变化的特点：当费米能级 E_F 位于本征费米能级 E_i 处时(本征情况)，电子的平衡浓度为 $n_0 = n_i$；当 E_F 远离 E_i 而逐渐靠近导带时，电子浓度 n_0 随($E_F - E_i$)的增大而指数式增大；当 E_F 远离 E_i 逐渐靠近价带时，空穴浓度 p_0 随($E_i - E_F$)的增大而指数式增大。上式反映了两种载流子浓度的数量特点，便于记忆，用起来也很方便。

【例 3-5】 在 Si 样品中掺入浓度为 $10^{17}\ \text{cm}^{-3}$ 的 As 杂质。求 300 K 下空穴的平衡浓度是多大？E_F 相对于 E_i 的位置如何？

【解】 室温(300 K)下 Si 中的 As 杂质已全部电离。因 $N_d >> n_i$，可认为电子的平衡浓度 $n_0 = N_d$，由式(3-24)可得到空穴的平衡浓度为

$$p_0 = \frac{n_i^2}{n_0} = \frac{2.25\times10^{20}}{10^{17}} = 2.25\times10^3\ \text{cm}^{-3}$$

又由式(3-25a)得到

$$E_F - E_i = kT \ln \frac{n_0}{n_i} = 0.0259 \times \ln \frac{10^{17}}{1.5 \times 10^{10}} = 0.407\ \text{eV}$$

即 E_F 位于 E_i 上方 0.407 eV 处。能带如下图所示。

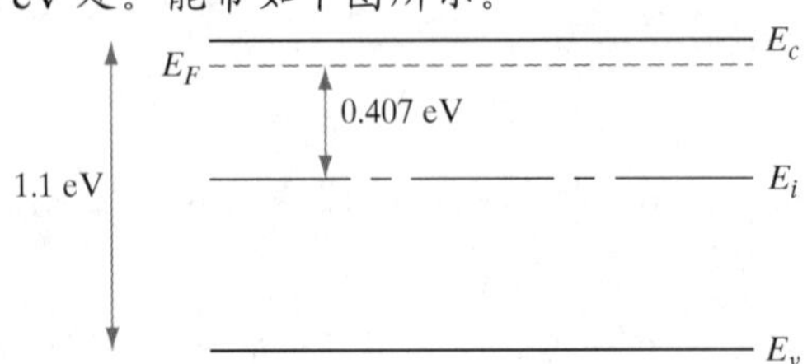

3.3.3 载流子浓度对温度的依赖关系

方程式(3-25)已经蕴涵了载流子浓度对温度的依赖关系。从表面上看，该方程右边的指数部分直观地包含了温度 T，似乎载流子浓度对温度 T 有指数式依赖关系，但实际上该方程隐含了 n_i 对温度的强烈依赖关系[参见式(3-23)]，同时 E_F 也随温度的变化而改变,问题要更为复杂一些。让我们首先考察本征载流子浓度 n_i 随温度的变化关系。将式(3-23)、式(3-16a)、式(3-20)联立起来，有

$$n_i(T) = 2\left(\frac{2\pi kT}{h^2}\right)^{3/2} (m_n^* m_p^*)^{3/4} \mathrm{e}^{-E_g/2kT} \tag{3-26}$$

图 3-17[①]给出了本征载流子浓度 n_i 随温度 T 的变化关系，可见 n_i-T 关系是近似指数式的关系(在半对数坐标上近似是一条直线),但应注意这里忽略了态密度对温度的 $T^{3/2}$ 依赖关系和禁带宽度 E_g 对温度的依赖关系[②]。不管怎样，只要温度确定，本征载流子浓度 n_i 就是确定的。目前已获得了绝大多数半导体的 n_i 对温度的依赖关系，我们在使用式(3-25)做相关计算时可把 n_i 当成已知量看待[③]。

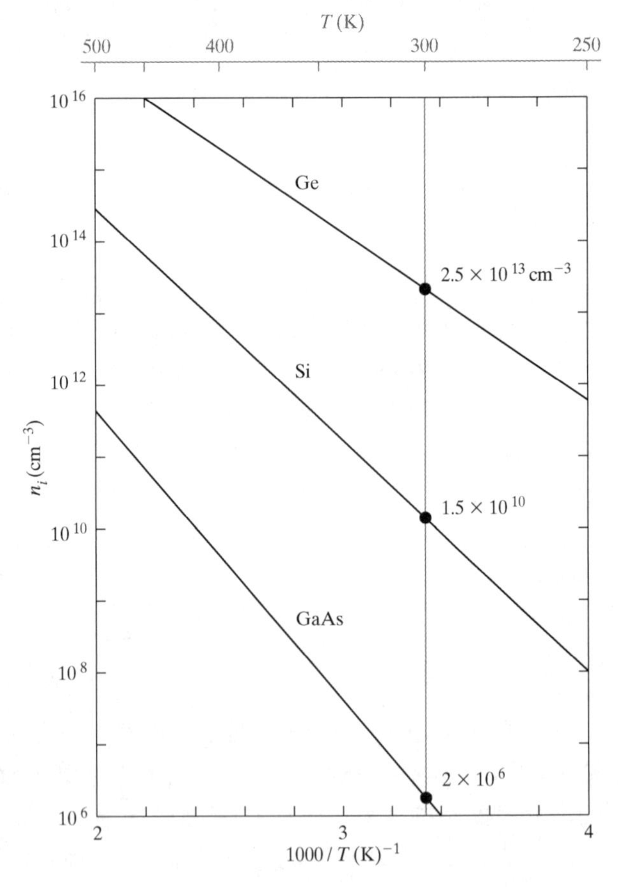

图 3-17 Ge、Si、GaAs 的本征载流子浓度随温度变化，黑点表示室温下(300 K)的本征载流子浓度

确定了 T 和 n_i 以后，式(3-25)中剩下的未知量就是载流子的浓度和费米能级 E_F 的位

① 对某些物理量(如载流子浓度)画图时，由于牵涉到玻尔兹曼因子，故坐标轴经常采用温度的倒数来标度，这样可使那些以 $1/T$ 作为指数项的物理量在半对数坐标上画成直线。

② 对于 Si 晶体，温度从 300 K 变化到 0 K，禁带宽度相应地从 1.11 eV 变化到 1.16 eV。

③ 计算时应特别注意单位的一致性。例如，k 的单位可以取 J/K 或 eV/K，E_g 的单位相应地可取为 J 或 eV。

置$(E_F–E_i)$。在这两个未知量中，要求得其中的一个，必须先给定另一个。例如，对于重掺杂半导体，载流子浓度可认为是已知的且固定不变的，使用式(3-25)可确定费米能级的位置。图 3-18 给出了掺杂半导体的载流子浓度随温度的变化规律。在这里，Si 中掺有 10^{15}cm^{-3} 的施主杂质。在很低的温度下(1000/T 较大)，施主尚未电离，载流子浓度很小，可以忽略。当温度升高到大约 100 K(1000/$T\approx$ 10)时，杂质已全部电离，大量的电子贡献到导带成为导带电子。我们把这个温度范围称为**电离区**。当杂质全部电离后，电子浓度成为 $n_0\approx N_d = 10^{15}\text{cm}^{-3}$。在更高的温度下、很宽的温度范围内，电子浓度基本保持不变，我们把这个温度范围称为**非本征区**。随着温度的进一步升高(1000/T 变小)，本征载流子浓度 n_i 已增大到与非本征载流子浓度 N_d 相当的水平；温度更高时，n_i 超过了 N_d，本征载流子浓度起主要作用，我们把这个温度范围称为**本征区**。对大部分器件而言，人们总希望其中的载流子浓度受掺杂浓度决定而不受本征激发的载流子浓度决定，即希望非本征区的温度上限比器件的最高工作温度还要高，这样可以使器件在更高的温度下仍能正常工作。

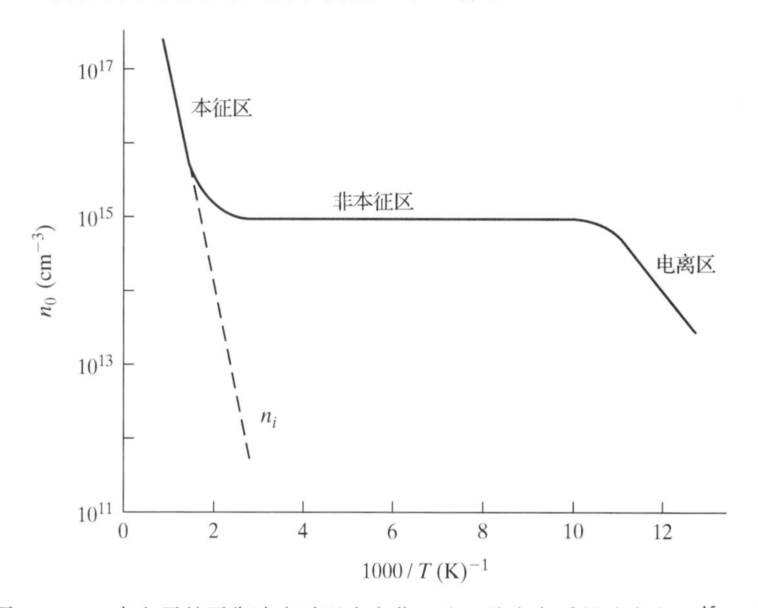

图 3-18　Si 中电子的平衡浓度随温度变化。这里施主杂质的浓度为 10^{15} cm^{-3}

3.3.4　杂质补偿和空间电荷中性

一般情况下，对半导体材料进行掺杂，要么使之成为 n 型半导体，$n_0\approx N_d$；要么使之成为 p 型半导体，$p_0\approx N_a$。另外还有一种情况，即在一块半导体的同一区域既掺有施主杂质又掺有受主杂质的情况。图 3-19 所示的半导体含有两种类型的杂质，但施主杂质占多数($N_d > N_a$)，所以半导体是 n 型的，费米能级 E_F 位于禁带的上半部分，更靠近导带。因费米能级 E_F 远高于受主杂质能级 E_a，可以认为受主杂质能级 E_a 上的能态已全被电子占据(即受主杂质全部电离)。又由于费米能级 E_F 高于本征费米能级 E_i，所以价带空穴的浓度不等于受主杂质的浓度 N_a。既然一部分电子分布在受主能级 E_a 上，所以导带电子的浓度不等于施主杂质的浓度 N_d。具体原因是：若一个价带电子跃迁到受主能级上[参见图 3-12(b)]，便在价带中形成一个空穴，但这个空穴很容易与来自导带的电子复合；以此类推，可知导带电子的浓度最终不是 N_d，而是$(N_d - N_a)$。这种效应称为**杂质补偿**。如果在 n 型半导体材料中掺入等量的受主杂质($N_a = N_d$)，

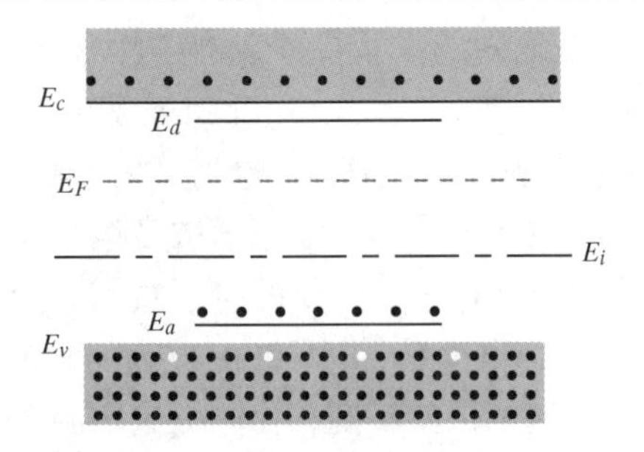

图 3-19 n 型半导体中的杂质补偿(这里 $N_d>N_a$)

则杂质补偿的结果是使载流子浓度变为 $n_0 = p_0 = n_i$；在此基础上继续提高受主杂质的浓度，半导体将变为 p 型，空穴将成为多子，其浓度为(N_a-N_d)。

从空间电荷的**电中性**要求出发，可以得到电子浓度、空穴浓度、施主浓度，以及受主浓度之间的准确关系。电中性要求半导体中的正电荷(空穴和电离的施主杂质离子)和负电荷(电子和电离的受主杂质离子)在数量上相等，即

$$p_0 + N_d^{\ +} = n_0 + N_a^{\ -} \tag{3-27}$$

所以净电子浓度可表示为(参见图 3-19)

$$n_0 = p_0 + (N_d^{\ +} - N_a^{\ -}) \tag{3-28}$$

比如，若掺杂后的半导体是 n 型的$(n_0 >> p_0)$且所有杂质都已电离，根据上式，净电子浓度近似为 $n_0 \approx (N_d - N_a)$。

由于本征半导体本身是电中性的，掺入的杂质也是电中性的，所以半导体掺杂后，在平衡条件下，电中性条件式(3-27)是自然满足的，电子浓度、空穴浓度，以及费米能级将自行调整使式(3-25)满足。

3.4 载流子在电场和磁场中的运动

在电场和磁场的作用下，半导体中载流子运动所形成的电流不仅与载流子的浓度有关，也与晶格和杂质原子的散射作用有关。散射作用影响了载流子在晶格中运动的难易程度，改变了载流子的**迁移率**。由于温度对晶格原子的热运动和载流子的运动都有影响，所以迁移率也与温度有关。

3.4.1 电导率和迁移率

即使在平衡条件下，固体中的电子也在不停地做热运动，就一个电子来说，它的运动可看成是受到晶格原子、杂质原子、其他电子以及缺陷的随机散射的结果，如图 3-20(a)所示。就大量电子来说，在任意时间内随机散射的平均效果是一样的，即电子在各个方向上的净位移都为零。当然，对单个电子而言，经过时间 t 后重新回到出发点的几率非常小，因而有净位移；但对大量电子而言，它们的运动在任何方向上都不占优势，因此在任何方向上都没有净位移。据此，我们可以说，载流子的随机热运动不会形成电流。

但如果在 x 方向加一电场 $\mathscr{E}_x$，则每个电子都受到一个大小为$-q\mathscr{E}_x$的电场力作用。这一电场力可能不足以显著改变单个电子的运动轨迹，但是从大量电子运动的平均效果来看，这些电子在电场的反方向上形成了定向运动，发生了净位移。若用 p_x 代表单位体积内所有电子总动量的 x 分量，并假定电子浓度为 n，那么这 n 个电子受到的电场作用力为

$$-nq\mathscr{E}_x = \left.\frac{\mathrm{dp}_x}{\mathrm{d}t}\right|_{\text{电场}} \tag{3-29}$$

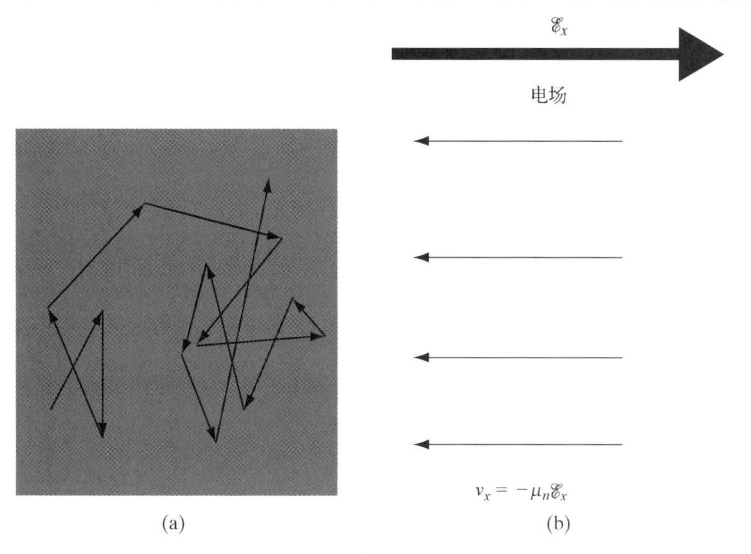

图 3-20　(a)固体中电子发生随机热运动的轨迹；(b)在电场作用下，电子发生漂移运动

乍看起来，上式似乎说明电子在 x 方向具有恒定的加速度。其实不然。因为在稳态情况下，电子除了受到电场力的作用以外，还受到晶格和杂质的碰撞(散射)作用，所有这些作用引起的加速度恰好相抵，电子实际上没有净的加速度。各种作用引起的动量的净变化率为零。

为了确定因碰撞而引起的加速度，必须先了解碰撞几率。如果碰撞是完全随机的，则每个电子在任意时刻的碰撞几率是一样的。设 $t=0$ 时刻有 N_0 个电子且直到 t 时刻仍有 $N(t)$ 个电子未发生碰撞，则 $N(t)$ 随时间的变化率应与 t 时刻未发生碰撞的电子数 $N(t)$ 成正比，写为

$$-\frac{\mathrm{d}N(t)}{\mathrm{d}t}=\frac{1}{\bar{t}}N(t) \tag{3-30}$$

其中 $1/\bar{t}$ 是碰撞几率，$\bar{t}$ 表示连续两次碰撞之间的平均时间间隔[①]，称为**平均自由时间**。上式的解具有指数形式

$$N(t)=N_0\mathrm{e}^{-t/\bar{t}} \tag{3-31}$$

每个电子在时间间隔 $\mathrm{d}t$ 内发生碰撞的几率是 $\mathrm{d}t/\bar{t}$，在 $\mathrm{d}t$ 间隔内因碰撞而引起的动量变化为

$$\mathrm{dp}_x=-\mathrm{p}_x\frac{\mathrm{d}t}{\bar{t}} \tag{3-32}$$

于是碰撞引起的动量变化率为

$$\left.\frac{\mathrm{dp}_x}{\mathrm{d}t}\right|_{\text{碰撞}}=-\frac{\mathrm{p}_x}{\bar{t}} \tag{3-33}$$

稳态时，电场引起的加速度和碰撞引起的加速度之和应为零，根据式(3-29)和式(3-33)，有

$$\left.\frac{\mathrm{dp}_x}{\mathrm{d}t}\right|_{\text{电场}}+\left.\frac{\mathrm{dp}_x}{\mathrm{d}t}\right|_{\text{碰撞}}=-nq\mathscr{E}_x-\frac{\mathrm{p}_x}{\bar{t}}=0 \tag{3-34}$$

因而电子的平均动量为

① 式(3-30)和式(3-31)是关于随机事件的典型规律。类似的规律在物理学和工程学的很多方面也很常见。例如，光在半导体中的衰减规律和过剩载流子的衰减规律都具有这种形式。

$$\langle p_x \rangle = \frac{p_x}{n} = -q\bar{t}\,\mathscr{E}_x \tag{3-35}$$

尖括号表示对所有电子进行平均。电子的平均速度(沿负 x 方向)为

$$\langle v_x \rangle = \frac{\langle p_x \rangle}{m_n^*} = -\frac{q\bar{t}}{m_n^*}\mathscr{E}_x \tag{3-36}$$

虽然说电子的热运动使它在各个方向上都发生了位移，但在电场作用下，从一段时间的运动效果来看，电子只是在电场的反方向上发生了净位移。载流子在电场作用下沿电场方向发生的运动称为**漂移运动**，式(3-36)就是漂移运动的速度。应当指出，一般情况下，载流子的漂移运动速度 $\langle v_x \rangle$ 远小于其热运动速度 v_{th}。

因电子漂移引起的电流密度 J_x 是单位时间内通过单位面积的电子数($n\langle v_x \rangle$)与电子电量($-q$)的乘积

$$\boxed{J_x = -qn\langle v_x \rangle} \tag{3-37}$$

将式(3-36)给出的漂移速度代入上式，得到

$$J_x = \frac{nq^2\bar{t}}{m_n^*}\mathscr{E}_x \tag{3-38}$$

这说明漂移电流密度 J_x 与电场强度 E_x 成正比，可进一步表示为如下形式：

$$J_x = \sigma\mathscr{E}_x, \quad \sigma \equiv \frac{nq^2\bar{t}}{m_n^*} \tag{3-39}$$

其中，σ 是半导体的**电导率**(这里以 n 型半导体为例)，可表示为

$$\sigma = qn\mu_n, \quad \mu_n \equiv \frac{q\bar{t}}{m_n^*} \tag{3-40a}$$

其中，μ_n 表示电子的**迁移率**，它是表征半导体材料性质的一个重要参数，其值大小反映了电子在半导体中发生漂移运动的难易程度。

需要说明的是，以上几式中的 m_n^*是电子的**电导率有效质量**，它不同于式(3-16b)中的态密度有效质量。3.2.2 节中我们采用态密度有效质量计算能带的有效态密度和载流子的浓度，这里则采用电导率有效质量计算半导体的电导率(或电阻率)。仍以半导体 Si 为例来说明如何确定电子的电导率有效质量 m_n^*。前面已经知道，Si 的导带有 6 个等价的 X 能谷；沿椭球等能面的长轴，由能带曲率决定的纵有效质量是 m_l；沿 2 个短轴，由能带曲率决定的横有效质量是 m_t[参见图 3-10(b)]。考虑各维度的等价性，并注意到电导率表达式中 $1/m_n^*$在形式上的特点[参见式 3-10(a)]，可以取 m_l 和 m_t 的调和平均值作为电导率有效质量

$$\frac{1}{m_n^*} = \frac{1}{3}\left(\frac{1}{m_l} + \frac{2}{m_t}\right) \tag{3-40b}$$

【例 3-6】 计算 Si 中电子的电导率有效质量。

【解】 对于 Si，导带中有 6 个等价的 X 能谷，由附录 C 查得 $m_l = 0.98m_0$，$m_t = 0.19m_0$，于是

$$\frac{1}{m_n^*} = \frac{1}{3}\left(\frac{1}{m_x} + \frac{1}{m_y} + \frac{1}{m_z}\right) = \frac{1}{3}\left(\frac{1}{m_l} + \frac{2}{m_t}\right) = \frac{1}{3}\left(\frac{1}{0.98m_0} + \frac{2}{0.19m_0}\right)$$

$$m_n^* = 0.26m_0$$

注意：对于 GaAs，导带能谷附近的等能面是球面，只有一个由曲率决定的有效质量，它就是 GaAs 的电导率有效质量。结合例 3-5 可知，GaAs 中电子的态密度有效质量和电导率有效质量相同，都是 $0.067m_0$。

将式(3-36)和式(3-40a)比较，可将迁移率表示为单位电场(1 V/cm)作用下电子的平均漂移速度

$$\mu_n = -\frac{\langle \mathrm{v}_x \rangle}{\mathscr{E}_x} \tag{3-41}$$

其单位是 $\mathrm{cm^2/(V \cdot s)}$。上式中的负号表示电子沿电场的反方向运动。

电子的漂移电流密度 J_x 用迁移率 μ_n 表示为

$$J_x = qn\mu_n\mathscr{E}_x \tag{3-42}$$

上面只给出了电子迁移率和电子漂移电流密度。对于空穴，也有类似的表达式，只是要把 n 换成 p，$-q$ 换成 q，μ_n 换成 μ_p（$\mu_p = +\langle \mathrm{v}_x \rangle / \mathscr{E}_x$ 表示空穴的迁移率）。如果电子和空穴都参与了漂移运动，则总的漂移电流密度为

$$\boxed{J_x = q(n\mu_n + p\mu_p)\mathscr{E}_x = \sigma\mathscr{E}_x} \tag{3-43}$$

附录 C 给出了常见半导体在温度为 300 K 时的载流子迁移率（μ_n 和 μ_p）。由式(3-40)可知，决定迁移率的因素是有效质量 m^* 和平均自由时间 $\bar{t}$。有效质量是关于能带结构的一个重要性质，已由式(3-3)给出。对于 GaAs 材料，导带底（Γ 处）附近的曲率很大(参见图 3-6)，因此导带电子的有效质量很小，迁移率很高。对于一个变化较为平缓的能带，式(3-40)的分母增大，意味着有效质量较大，迁移率较小。在 3.4.3 节我们将会看到，决定迁移率的另一个重要因素，即平均自由时间 $\bar{t}$，则主要依赖于温度和掺杂浓度。

3.4.2　电阻率

让我们进一步考察电子和空穴在半导体内的运动。如图 3-21 所示的一块半导体，考虑两种载流子共同参与导电，其电导率由式(3-43)给出，则这块半导体的电阻为

$$R = \frac{\rho L}{wt} = \frac{L}{wt}\frac{1}{\sigma} \tag{3-44}$$

其中 ρ 是电阻率（单位为 $\Omega \cdot \mathrm{cm}$）。载流子在半导体内运动的一般情形是：所有的空穴沿电场的方向发生整体运动，所有的电子沿电场的反方向发生整体运动。因为电流的方向规定为正电荷的运动方向，所以电子运动的方向与电流的方向相反，空穴的运动方向与电流方向相同。式(3-43)描写的电流在半导体内各处均是常数。在欧姆接触处，载流子既不注入也不被收集；在外电路中，只存在电子的运动，即电子的运动构成了电流回路(参见图 3-21)。

为什么外电路中只有电子的运动呢？如图 3-21 所示，每当一个电子从左边（$x = 0$ 处）离开半导体，就必定有一个电子从右边（$x = L$ 处）进入半导体，使半导体内各处的电子浓度始终保持恒定。那么，当半导体内的空穴运动到欧姆接触处时将发生怎样的情况呢？当一个空穴运动到 $x = L$ 处（欧姆接触）时，就与该处的一个电子复合。为保持电中性，因复合而消失的电子由外电路补充，消失的空穴则由 $x = 0$ 处热产生的空穴补充。简而言之就是：$x = 0$ 处热产生的电子-空穴对中，空穴流入半导体内，而电子则流向外电路。

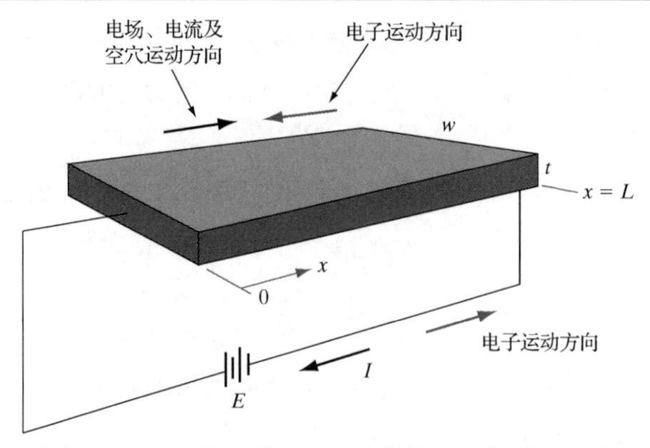

图 3-21 半导体中载流子在电场作用下的漂移运动

3.4.3 迁移率对温度和掺杂浓度的依赖关系

半导体中载流子受到散射的两种基本机制是**晶格散射**和**杂质散射**。晶格散射是指晶格的热振动[①]对载流子的散射作用。温度升高，晶格的热振动加剧，载流子受到晶格散射的频率增大。所以，样品受热后，载流子的迁移率将减小，如图 3-22 所示。另一方面，在温度比较低时，电离杂质对载流子的库仑散射作用占优势，因为温度较低时载流子的热运动速率较低，电离杂质的散射相对占有优势，即随着温度的降低，杂质的散射作用变得更为明显，导致载流子的迁移率减小。图 3-22 直观地给出了迁移率随温度变化的规律：晶格散射占优(温度较高)时，载流子迁移率对温度的依赖关系近似为$\mu \propto T^{-3/2}$；杂质散射(温度较低)占优时，迁移率对温度的依赖关系为$\mu \propto T^{3/2}$。因散射几率与平均自由时间成反比[参见式(3-32)]、迁移率与平均自由时间成正比[参见式(3-40a)]，所以在两种或两种以上的散射机构共同作用的情况下，载流子的迁移率μ可表示为

$$\frac{1}{\mu}=\frac{1}{\mu_1}+\frac{1}{\mu_2}+\cdots \tag{3-45}$$

上式表明，在各种散射机构中，使迁移率最小的那种散射机制对载流子的迁移率起主要决定作用(参见图 3-22)。

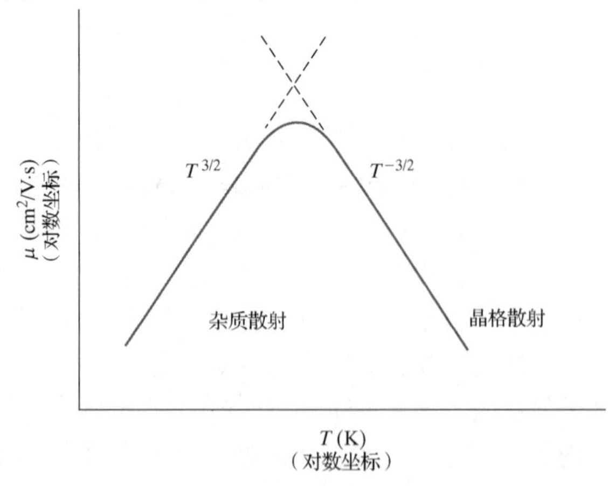

图 3-22 两种散射机构(晶格散射和杂质散射)决定的载流子迁移率对温度的依赖关系(示意图)

① 晶体中原子集体振动的能量子称为声子，所以有时也把晶格散射称为声子散射。

但是，当杂质浓度较高时，杂质散射对迁移率的影响即使在较高的温度下也表现得较为明显。例如，300 K 时本征 Si 中电子的迁移率为 1350 $cm^2/(V·s)$，但当杂质浓度提高到 10^{17} cm^{-3} 时，即使在相同温度下，电子迁移率也会减小到 700 $cm^2/(V·s)$。图 3-23 给出了室温下几种半导体中载流子的迁移率随掺杂浓度的变化关系，可见半导体中的掺杂浓度对迁移率的影响很显著。

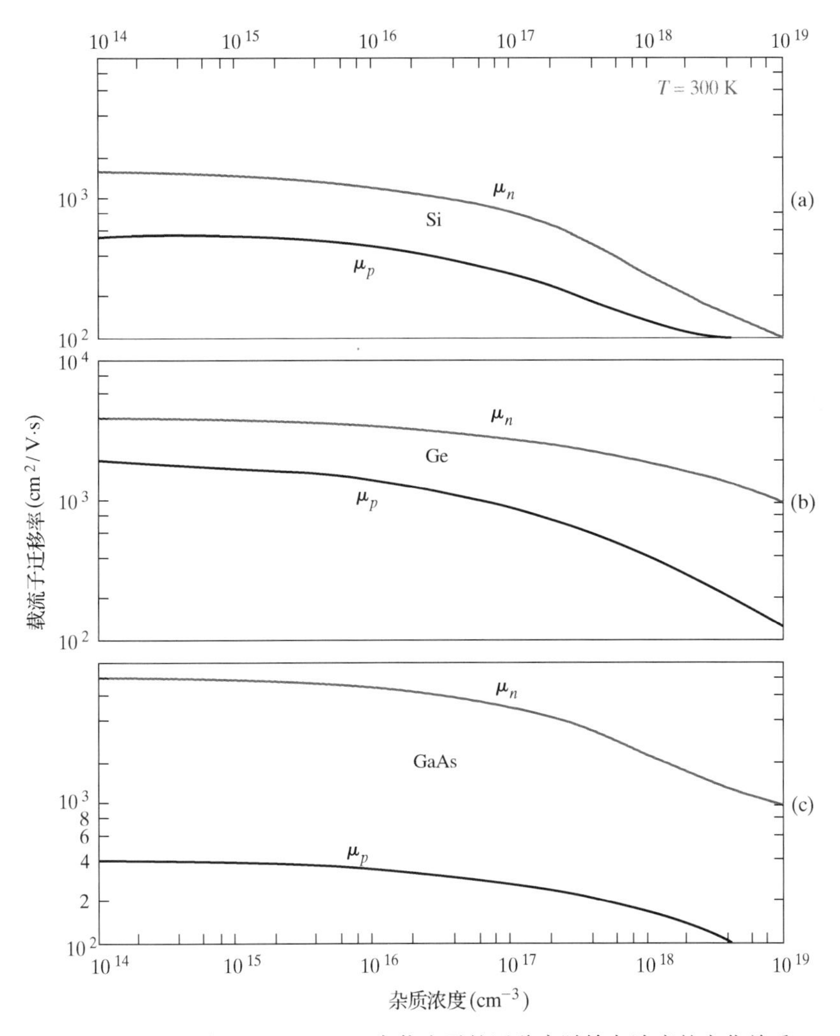

图 3-23　室温下 Si、Ge、GaAs 中载流子的迁移率随掺杂浓度的变化关系

【例 3-7】 (a)一棒状 Si 样品，长度为 1 μm，横截面积为 100 μm^2，掺入 10^{17} cm^{-3} 的杂质 P，试求：样品两端施加 10 V 偏压时通过其中的电流是多大(温度为 300 K)？(b)假如电子在纯 Si 样品中做漂移运动，当其中电场是 100 V/cm 时，漂移 1 μm 需要多长时间？如果电场增加到 10^5 V/cm 时，又需要多长时间？

【解】 (a)样品中的电场 $\mathscr{E} = V/L = 10/10^{-4} = 10^5$ V/cm，已超过 Si 中电子速度饱和对应的电场，所以电子以其饱和速度做漂移运动。由图 3-24 可知，饱和速度为 $v_s = 10^7$ cm/s，所以形成的漂移电流为

$$I = qAnv_s = (1.6\times10^{-19})\times(100\times10^{-8})\times10^{17}\times10^{7} = 0.16\ \text{A}$$

(b) $\mathscr{E}$ = 100 V/cm 属于低场情况，此时漂移速度 $v_d = \mu\mathscr{E}$。由附录 C 查得本征 Si 在 300 K 时电子迁移率 μ_n = 1350 cm²/(V·s)，所以漂移时间为

$$t = L / v_d = L / (\mu_n \mathscr{E}) = 10^{-4} / (1350 \times 100) = 7.4 \times 10^{-10}\ \text{s} = 0.74\ \text{ns}$$

$\mathscr{E}$ = 10^5 V/cm 属于高场情况，此时电子的漂移速度饱和，$v_s = 10^7$ cm/s(与迁移率无关)，因此漂移时间为

$$t = L / v_s = 10^{-4} / 10^7 = 1.0 \times 10^{-11}\ \text{s} = 10\ \text{ps}$$

3.4.4 高场效应

电流密度表达式(3-39)实际上是在这样一个前提条件下推导出来的，即欧姆定律对半导体内载流子的漂移过程也是适用的。换句话说，就是假定载流子的漂移速度与电场成正比，比例系数σ(因而μ)是常数，不随电场强度变化。虽然这个假设在很宽的电场范围内是适用的，但在较高的电场(>10^3 V/cm)下，载流子漂移速度和漂移电流对电场的依赖关系将明显偏离线性关系。这种现象是热载流子效应的一个具体表现，它意味着此时载流子的漂移速度 v_d 已增大到与热运动速度 v_{th} 相当。

当电场更高时，载流子的漂移速度趋于饱和，不再随电场明显变化。饱和漂移速度与平均热运动速度大致相当，对 Si 来说大约是 10^7cm/s，如图 3-24 所示。速度饱和后，载流子从电场获得的能量主要不是用来增加载流子的漂移速度，而是经过散射传递给了晶格。速度饱和的结果是使漂移电流趋于饱和，不再随电场的升高而明显增大。这是 Si、Ge 以及其他半导体常见的现象。另外，还有其他一些高场效应的表现形式，如第 10 章将要介绍的 GaAs 和某些半导体在高电场下出现的负电导、电流不稳定，以及漂移速度随电场的升高反而降低等现象。另外，将于 5.4.2 节介绍的载流子雪崩倍增效应，也属于高场效应的范畴。

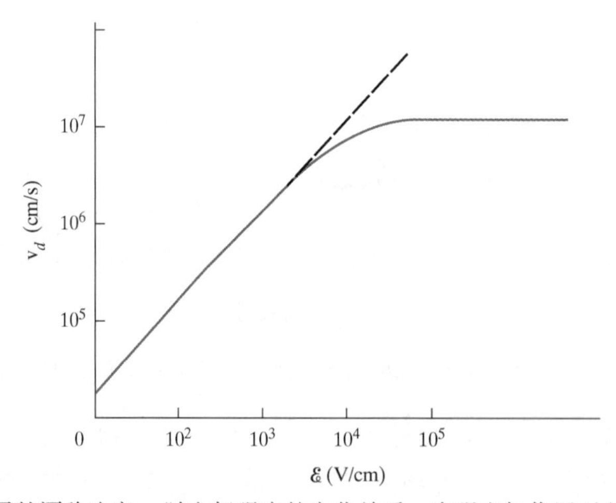

图 3-24　Si 晶体中电子的漂移速度 v_d 随电场强度的变化关系。在强电场作用下电子的漂移速度 v_d 饱和

3.4.5 霍尔效应

如图 3-25 所示，一块 p 型半导体内的空穴沿长度方向运动。若在垂直于空穴运动的方向上施加一磁场，则空穴的运动路径将发生偏转。由图 3-25 可见，空穴受到的合力包括电场力和磁场力，用矢量表示为

$$\boldsymbol{F} = q(\mathscr{E} + \mathrm{v} \times \mathscr{B}) \tag{3-46}$$

y 方向上受到的力为

$$F_y = q(\mathscr{E}_y - \mathrm{v}_x \mathscr{B}_z) \tag{3-47}$$

这表明，除非在 y 方向上空穴还受到电场力 $q\mathscr{E}_y$ 的作用，否则空穴在 $-y$ 方向上将受到一个净力 $q\mathrm{v}_x B_z$ 的作用。要使空穴能够沿 x 方向稳定运动，y 方向的电场强度 $\mathscr{E}_y$ 必须与 $\mathrm{v}_x\mathscr{B}_z$ 相等

$$\mathscr{E}_y = \mathrm{v}_x \mathscr{B}_z \tag{3-48}$$

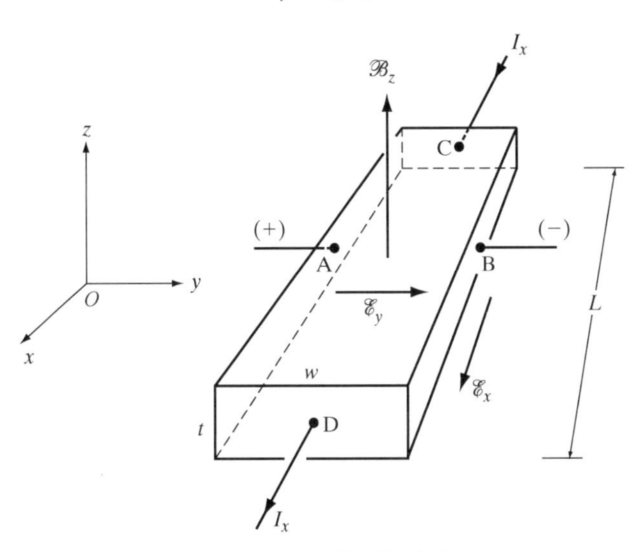

图 3-25　半导体霍尔效应

这个电场是在施加了磁场后自动建立起来的，原因是施加的磁场改变了空穴在 y 方向上的分布，而空穴分布的改变导致 $\mathscr{E}_y$ 也发生改变。当 $\mathscr{E}_y$ 改变到与 $\mathrm{v}_x\mathscr{B}_z$ 相等时，空穴在 y 方向上受到的净力为零，此时空穴仍将沿着 x 方向运动。半导体在磁场中表现出的这种效应称为**霍尔(Hall)效应**。我们把横方向(即图中的 y 方向)上出现的电压 $V_{AB} = \mathscr{E}_y w$ 称为**霍尔电压**。将漂移速度写为 $\mathrm{v}_x = J_x/(qp_0)$(对空穴而言)，代入式(3-48)，可得到**霍尔电场** $\mathscr{E}_y$ 为

$$\mathscr{E}_y = \frac{J_x}{qp_0}\mathscr{B}_z = R_H J_x \mathscr{B}_z, \quad R_H \equiv \frac{1}{qp_0} \tag{3-49}$$

这说明，霍尔电场 $\mathscr{E}_y$ 与电流密度 J_x 和磁感应强度 $\mathscr{B}_z$ 成正比。比例系数 $R_H = (qp_0)^{-1}$ 是由半导体材料的性质决定的，称为**霍尔系数**。在给定的电流密度和磁感应强度下，如果测量得到霍尔电压 V_{AB}，就可以确定出多子浓度 p_0(这里指空穴)

$$p_0 = \frac{1}{qR_H} = \frac{J_x\mathscr{B}_z}{q\mathscr{E}_y} = \frac{(I_x / wt)\mathscr{B}_z}{q(V_{AB} / w)} = \frac{I_x\mathscr{B}_z}{qtV_{AB}} \tag{3-50}$$

该式最右边的各量都是可测量，因此利用霍尔效应可以测量样品中的多子浓度。

样品的电阻率可表示为

$$\rho = \frac{Rwt}{L} = \frac{V_{CD} / I_x}{L / (wt)} \tag{3-51}$$

再根据关系式 $\sigma = 1/\rho = q\mu_p p_0$，可确定多子的迁移率

$$\mu_p = \frac{\sigma}{qp_0} = \frac{1/\rho}{q(1/qR_H)} = \frac{R_H}{\rho} \tag{3-52}$$

根据以上分析可知，如果能在各种不同的温度下测得样品的霍尔系数和电阻率，便能得到多子浓度和迁移率随温度的变化关系。由此可见，霍尔效应在分析半导体材料的性质时非常有用。尽管前面讨论的只是p型半导体，但相关结果对n型半导体也是适用的，只是电荷q、霍尔电压V_{AB}，以及霍尔系数R_H都改变符号(取负号)即可。事实上，根据霍尔电压的符号还可以确定待测样品的掺杂类型，即确定样品是p型半导体还是n型半导体。

【例 3-8】 参照图 3-25，设样品的宽度$w = 0.1$ mm，厚度$t = 10$ μm，长度$L = 5$ mm。当磁场$\mathscr{B} = 10$ kG(1 kG $= 10^{-5}$ Wb/cm^2)、电流$I = 1$ mA时，测得$V_{AB} = -2$ mV，$V_{CD} = 100$ mV。试指出(计算)样品中多子的类型、多子的浓度及其迁移率。

【解】 因为测得的霍尔电压V_{AB}为负值、V_{CD}是正值，且考虑到磁场的方向向上，可判断出样品是n型的，其中的多子是电子。

电子浓度为

$$n_0 = \frac{I_x \mathscr{B}_z}{qt|V_{AB}|} = \frac{10^{-3} \times 10 \times 10^{-5}}{1.6 \times 10^{-19} \times 10 \times 10^{-4} \times 2 \times 10^{-3}} = 3.125 \times 10^{17}\ \text{cm}^{-3}$$

样品的电阻率为

$$\rho = \frac{V_{CD}/I_x}{L/(wt)} = \frac{V_{CD}wt}{I_x L} = \frac{10 \times 10^{-4} \times 100 \times 10^{-3} \times 0.01}{10^{-3} \times 0.5} = 0.002\ \Omega \cdot \text{cm}$$

电子的迁移率为

$$\mu_n = \frac{1}{q\rho n_0} = \frac{1}{1.6 \times 10^{-19} \times 0.002 \times 3.125 \times 10^{17}} = 10000\ \text{cm}^2(\text{V} \cdot \text{s})^{-1}$$

3.5 平衡态费米能级的不变性

本章我们讨论的半导体主要局限于均匀掺杂的同质半导体，后面几章将讨论非均匀掺杂的半导体、p-n结、金属-半导体结，以及异质结的性质，它们对电子器件和光电子器件都是十分重要的。为了以后处理这些问题时方便起见，本节首先阐明这样一个重要概念，即上述这些系统处于各自的平衡状态时，都有一个共同的性质：整个系统内费米能级是处处连续的，不存在空间梯度。

让我们考察这样一种情况：将两种材料紧密接触，这两种材料可以是同一种半导体的n型区和p型区，或者是非均匀掺杂半导体的两个相邻区域，或者是两种异质半导体，或者是金属和半导体。接触后，电子可以从一种材料运动到另一种材料，如图3-26所示。图中$f(E)$是载流子的费米-狄拉克分布函数，$N(E)$是可供电子占据的能态密度。

处于热平衡状态的系统，其中既没有“净”电荷的输运，也没有“净”电流的流动，同时也没有“净”能量的传递。因此，在一定的时间间隔内，从第一种材料运动到第二种材料、能量为E的电子数量必然与从第二种材料运动到第一种材料、具有相同能量(E)的电子数量相等(参见图3-26)。设两种材料的态密度分别是$N_1(E)$和$N_2(E)$。不难理解，电子从第一种材料向第二种材料的输运速率正比于第一种材料被占据的能态数目和第二种材料未被占据的能态

数目，表示为

$$\text{电子从第一种材料向第二种材料的输运速率} \propto N_1(E)f_1(E)\cdot N_2(E)[1-f_2(E)] \tag{3-53}$$

同样的道理

$$\text{电子从第二种材料向第一种材料的输运速率} \propto N_2(E)f_2(E)\cdot N_1(E)[1-f_1(E)] \tag{3-54}$$

热平衡条件下，以上两个速率应相等

$$N_1(E)f_1(E)\cdot N_2(E)[1-f_2(E)] = N_2(E)f_2(E)\cdot N_1(E)[1-f_1(E)] \tag{3-55}$$

整理后得

$$\begin{aligned} &N_1(E)f_1(E)N_2(E) - N_1(E)f_1(E)N_2(E)f_2(E) \\ &= N_2(E)f_2(E)N_1(E) - N_2(E)f_2(E)N_1(E)f_1(E) \end{aligned} \tag{3-56}$$

对比上式左右两边的各项，得

$$f_1(E) = f_2(E),\quad [1+e^{(E-E_{F1})/kT}]^{-1} = [1+e^{(E-E_{F2})/kT}]^{-1} \tag{3-57}$$

由此我们可以得出这样的结论：$E_{F1}=E_{F2}$，即处于热平衡态的系统费米能级是处处水平的，不存在空间梯度。这一结论用简洁的数学形式表示出来就是

$$\boxed{\frac{dE_F}{dx}=0} \tag{3-58}$$

这一结论在后面各章会常常用到。

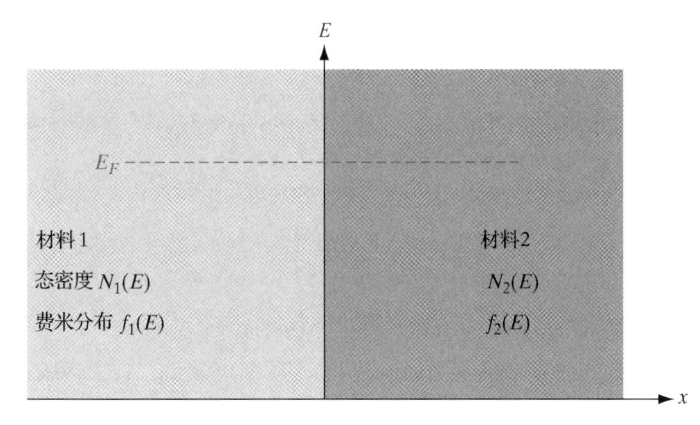

图3-26 两块紧密接触的半导体在热平衡条件下费米能级是水平的，不存在空间梯度

小结

3.1 在Si的金刚石晶格中，每个硅原子(有4个价电子)都与其周围的4个邻近Si原子形成共价键，每个共价键中有2个共享电子。在GaAs的闪锌矿晶格中，既有共价键成分(有共享的电子)，又有离子键的成分(电子从Ga原子转移到As原子)。

3.2 晶体中电子波函数的交叠形成了原子轨道的线性叠加(LCAO)。价电子波函数的成键态叠加(或者称为对称叠加)形成价带，其中的允许能态几乎是连续的且几乎全被电子占据；而反键态叠加(或者称为反对称叠加)形成导带(能量较高)，其中的能态几乎是全空的(未被电子占据)。价带中的空能态可视为是带正电的空穴，而导带中被占据的能态是被带负电的电子占据的。

3.3 某种固体，如果禁带宽度(或称带隙)很大，则是绝缘体；如果带隙很小(约 1 eV)，则是半导体；如果带隙是 0(没有禁带)，则是导体(金属)。

3.4 简化的能带图是按照电子的能量随位置变化的情况画出的，向上的方向代表电子能量增大的方向。导带底代表了电子的势能，离开导带底向上的距离代表了电子的动能。价带中向下的方向代表空穴能量增大的方向；离开价带顶向下越远，表示空穴的能量越大。

3.5 半导体中载流子的能量也可表示为波矢 $\boldsymbol{k}$ 的函数(波矢 $\boldsymbol{k}$ 正比于速度或动量)，即能带结构可由 E-$\boldsymbol{k}$ 关系来表示。不同半导体的能带结构有些是直接禁带(导带底正对着价带顶)，有些是间接禁带。载流子的有效质量 m^*概括了晶格周期性势场对载流子的作用。载流子的有效质量 m^*与 E-$\boldsymbol{k}$ 关系的曲率成反比。

3.6 纯净半导体在某一温度下的载流子浓度是这种半导体在这一温度下的本征载流子浓度，它是价带和导带之间载流子的热产生和复合共同作用的结果。如果在半导体中掺入施主杂质，则施主杂质向导带提供额外的电子；如果掺入受主杂质，则受主杂质向价带提供额外的空穴。

3.7 半导体中电子的浓度是将态密度(DOS)函数和费米-狄拉克(FD)分布函数的乘积在整个导带范围内对能量积分得到的。对于抛物线形能带结构，态密度函数是抛物线形的。费米-狄拉克函数用以确定能量为 E 的能态被电子占据的几率。电子浓度也可表示为导带的有效态密度 N_c 与导带底 E_c 被占据几率的乘积的形式；对于空穴也有类似的形式。热平衡条件下两种载流子浓度的乘积(np)是一个常数(n_i^2)。

3.8 固体中的电子永不停息地做随机的布朗运动(热运动)，运动的动能与热能量 kT 有关。在电场的作用下，电子在热运动的基础上做漂移运动。电场较低时，漂移速度等于迁移率与电场的乘积；电场较高时，漂移速度达到饱和。漂移电流正比于载流子浓度与漂移速度的乘积。对于电子而言，漂移运动的方向与电场的方向相反，漂移电流的方向与漂移运动的方向相反。对于空穴而言，漂移运动的方向与电场的方向相同，漂移电流的方向与漂移运动的方向相同。

3.9 载流子的迁移率与其受到的散射因素有关。散射因素包括晶格散射(即声子散射)和电离杂质散射等。载流子的迁移率和浓度可通过霍尔效应实验测量得到。

习题

3.1 估算 GaAs 中受主杂质的束缚能。取$\varepsilon_r = 13.2$，$m_n^* = 0.067m_0$。

3.2 选定 $E_F = 1.0$ eV，计算 300 K 时费米函数的值，并仿照图 3-14 画出 $f(E)$-E 曲线。为了使曲线光滑，应在 $E_F = 1.0$ eV 附近多选择几个点进行计算(这是因为在 E_F 附近几个 kT 的范围内 $f(E)$ 的变化很大)。并证明：比 E_F 高ΔE 的态被电子占据的几率与比 E_F 低ΔE 的态未被电子占据的几率是相等的。

3.3 一种半导体，$E_g = 1.1$ eV，$N_c = N_v$，掺入受主杂质的浓度为 10^{15} cm^{-3}，受主杂质能级位于 E_c 下方 0.2 eV 处，E_F 位于 E_c 下方 0.25 eV 处。计算 300 K 时该半导体的 n_i、n、p。

3.4 一种半导体，其[100]方向的导带极小附近的 E-$\boldsymbol{k}$ 关系是 $E = E_0 + A\cos(\alpha \boldsymbol{k}_x) + B\{\cos(\beta \boldsymbol{k}_y) + \cos(\beta \boldsymbol{k}_z)\}$。试求导带极小附近电子的态密度有效质量是多大？提示：x 较小时，近似有 $\cos(2x) = 1-2x^2$。

3.5 一种半导体，已知其是直接禁带的本征半导体，其晶格属于立方晶系，有如下能带结构：Γ 能谷和 X 能谷的能量差为 0.35 eV，禁带宽度为 1.7 eV，沿⟨100⟩方向有 6 个导带极小 X。如果 $m_n^*(\Gamma) = 0.065m_0$，$m_n^*(X) = 0.30m_0$(对每个 X 极小都如此)，$m_p^* = 0.47m_0$，试求在多高的温度下，Γ 能谷和 X 能谷中的电子浓度相等？m_0 是电子的有效质量。

3.6 由式(3-3)可知导带电子的有效质量随能带曲率的增大而减小。试据此比较 GaAs 导带Γ、L、X 能谷中电子有效质量的大小(参见图 3-10)。GaP 中这些导带能谷中的电子的有效质量又如何(参见附录 C)？如果 GaAs Γ 能谷中的电子在电场作用下转移到 L 能谷中，将会发生什么情况？

3.7　根据方程式(3-23)并仿照图 3-17 画出 Si 的 n_i 与 $1000/T$ 关系曲线，并据此计算 Si 的禁带宽度。

3.8　(a) Si 样品中掺有 10^{16} cm^{-3} 的 B 杂质和某种浅能级施主杂质，300 K 时 E_F 位于 E_i 上方 0.36 eV 处，施主杂质浓度 N_d 是多大？(b) Si 样品中掺有 10^{16} cm^{-3} 的受主杂质 In 和某种浅能级施主杂质，300 K 时 In 杂质能级位于 E_v 上方 0.16 eV 处，E_F 位于 E_v 上方 0.26 eV 处，试回答有多少 In 原子没有电离？

3.9　推导一个表达式，将本征费米能级 E_i 和禁带中央能级 $E_g/2$ 联系起来。计算 Si 在 300 K 时 E_i 相对于 $E_g/2$ 的偏移量(假设电子和空穴的有效质量分别是 $1.1m_0$ 和 $0.56m_0$)。

3.10　一种半导体器件需要使用 n 型材料并在 400 K 温度下正常工作，如果采用掺 As 浓度为 10^{15} cm^{-3} 的 Si 制作，能否满足要求？如果采用掺 Sb 浓度为 10^{15} cm^{-3} 的 Ge 制作，是否也能满足要求？

3.11　一种新近发现的半导体材料，$N_c = 10^{19}$ cm^{-3}，$N_v = 5\times10^{18}$ cm^{-3}，$E_g = 2$ eV，在其中掺入 10^{17} cm^{-3} 的施主杂质(已全部电离)，试求 627℃时电子浓度、空穴浓度，以及本征载流子浓度。画出其平衡态能带图，并在其中标明费米能级 E_F 的位置。

3.12　(a) 证明当 $n_0 = n_i\sqrt{\mu_p / \mu_n}$ 时半导体的电导率最小。提示：要用到式(3-43)和式(3-24)。(b) 给出最小电导率 $\sigma_{\min}$ 的表达式。(c) 计算 Si 在 300 K 时的 $\sigma_{\min}$，并与 300 K 时本征 Si 的电导率进行比较。

3.13　长为 2 cm、横截面积为 0.1 cm^2、施主掺杂浓度为 $10^{15}cm^{-3}$、电阻为 90 Ω的 Si 棒，在其两端施加 100 V 的偏压，试计算其中电子的漂移速度。如果两端施加 10^6 V 的偏压，则其中通过的电流是多大？已知 Si 中电场大于 10^5 V/cm 时，电子速度饱和且饱和速度为 10^7 cm/s。

3.14　一几何尺寸固定的 n 型半导体棒，如果将其掺杂浓度加倍，同时将其两端施加的偏压也加倍，假设施加的偏压不高，载流子迁移率随掺杂浓度线性降低，则通过其中的电流如何变化？假如施加的偏压足够高以至于载流子速度饱和，电流又将如何变化？

3.15　(a) 在 Si 中掺入 $10^{17}cm^{-3}$ 的 B 杂质，300 K 时电子浓度 n_0 是多大？(b) 在 Ge 中掺入 3×10^{13} cm^{-3} 的 Sb 杂质，利用电中性条件计算 300 K 时的电子浓度。

3.16　一块半导体 Si 样品，长度 5 μm，掺入施主杂质浓度为 10^{15} cm^{-3}，在其两端施加 2.5 V 的偏压，试计算通过其中的电流。如果将偏压提高到 2500 V，电流是多大？已知电子和空穴的迁移率分别是 1500 cm^2/(V·s)和 500 cm^2/(V·s)，电场低于 10^4 V/cm 时，载流子漂移速度随电场线性变化；电场高于 10^5 V/cm 时，载流子漂移速度饱和(同为 10^7 cm/s)①。

3.17　一种半导体，$E_g = 1$ eV，$N_c = 10^{19}$ cm^{-3}，$N_v = 4\times10^{19}$ cm^{-3}，$\mu_n = 4000$ cm^2/(V·s)，$\mu_p = 2500$ cm^2/(V·s)，其中存在这样的电场：$x = 0$ 的 A 点处，V = 0 V；$x = 2$ μm 的 B 点处，V = –2 V；$x = 4$ μm 的 C 点处，V = 4 V；D 点位于 $x = 8$ μm 处。除了 C、D 之间的电场为零，其余相邻两点之间的电势是线性变化的。试画出能带图，在其中标明以上各点的电子势能，并指出各处电场的方向。假如 B 点的电子浓度是 10^{18} cm^{-3}，该处的空穴浓度是多大(假设处于平衡态)？B 点导带底的电子运动到 C 点需要多长时间？假如从 C 点到 D 点电子不受散射作用，那么从 C 点运动到 D 点需要多长时间？

3.18　一种半导体的禁带宽度为 $E_g = 2$ eV，其中存在这样的电场：$x = 0 \sim 1$ μm，电势 V = 0 V；$x = 1 \sim 4$ μm，电势从 0 V 线性增大到 1.5 V；$x = 4 \sim 5$ μm，电势 V = 1.5 V 不变。试画出能带图，在其中标明各处电场的方向。假如电子不受散射作用，$x = 0$ 处动能为 0.5 eV 的电子运动到 $x = 2$ μm 处时其动能变为多大？如果电子的有效质量是 0.5 m_0，它从 $x = 4$ μm 处运动到 $x = 5$ μm 处需要多长时间？如果该半导体中的施主掺杂浓度是 10^{17} cm^{-3}，$x = 4.5$ μm 处的电子漂移电流密度是多大？

3.19　(a) 一种半导体的禁带宽度为 $E_g = 1.5$ eV，其中存在这样的电场：$x = 0 \sim 2$ μm，电势是常数；$x = 2 \sim 4$ μm，电场为 2 V/μm 恒定不变(方向向右)；$x = 4 \sim 8$ μm，电势线性地升高了 3 V。试画出能带图。(b) 一种

① 原文未给出样品的横截面积，读者可自行设定，或者仅计算电流密度也可——译者注。

半导体的能带结构是 $E(k)=(4k^2+5)$ eV(E 的单位是 eV，k 的单位是 Å^{-1})，计算电子的有效质量。为什么有效质量不同于真实质量(9.1×10^{-31} kg)？

3.20 Si 中一个具有热能 $E_{th}=kT$ 的电子，其平均热运动速度 v_{th} 与热能 E_{th} 的关系是 $E_{th}=m_0v_{th}^2/2$。Si 中电子的迁移率是$\mu_n=1350\ cm^2/(V\cdot s)$。如果该电子在 100 V/cm 的电场中做漂移运动，证明其漂移速度小于其热运动速度。如果该电子在 10^4 V/cm 的电场中做漂移运动，并假定电子仍具有相同的迁移率，再次计算其漂移速度。根据求得的结果，说明在高场作用下电子的真实迁移率有怎样的特点？

3.21 一块长为 8 μm、横截面积为 2 μm^2 的 Si 样品，在其中均匀掺入浓度很高的施主杂质(远高于本征载流子浓度 $n_i\approx10^{11}\ cm^{-3}$)。受杂质散射的影响，电子迁移率是掺杂浓度 N_d 的函数：$\mu=800/(N_d/10^{20})^{1/2}$(其中 N_d 的单位是 cm^{-3}，μ 的单位是 $cm^2/(V\cdot s)$)。如果在样品两端施加 160 V 偏压下测得电流是 10 mA，试计算样品中施主杂质的浓度。如果样品中少子空穴迁移率是 500 $cm^2/(V\cdot s)$，在高于 100 kV/cm 的电场下饱和速度为 10^6 cm/s，试计算空穴的漂移电流。在样品的中间部位，电子和空穴的扩散电流分别是多大？

3.22 对于 Si 样品，根据方程式(3-45)计算施主杂质浓度为 $10^{14}\ cm^{-3}$、$10^{16}\ cm^{-3}$ 和 $10^{18}\ cm^{-3}$，温度在 10 ~ 500 K 范围的电子迁移率，并画出$\mu(T)$-T 曲线。计算时注意：由杂质散射决定的迁移率为

$$\mu_I=3.29\times10^{15}\frac{\varepsilon_r^z T^{3/2}}{N_d^{+}(m_n^*/m_0)^{1/2}\left[\ln(1+z)-\dfrac{z}{1+z}\right]}$$

其中 $z=1.3\times10^{13}\varepsilon_rT^2(m_n^*/m_0)/N_d^+$，$N_d^+$是电离的施主杂质浓度(假定在全温度范围内 N_d^+都等于杂质浓度 N_d)；m_n^*是电子的电导率有效质量，取 $m_n^*=0.26m_0$。还应注意：由晶格(声子)散射决定的迁移率为

$$\mu_{AC}=1.18\times10^{-5}c_1(m_n^*/m_0)^{-5/2}T^{-3/2}(E_{AC})^{-2}$$

其中 $c_1=1.9\times10^{12}$ dyne/cm^2(Si 的劲度系数)，$E_{AC}=9.5$ eV(Si 导带声学形变势)。

3.23 针对习题 3.22，如果考虑低温下载流子的冻结效应，即低温下杂质并未完全电离，电离的杂质浓度 $N_d^+=N_d/[1+\exp(E_d/kT)]$，设施主电离能 $E_d=45$ meV，请重新计算并画出$\mu(T)$-T 曲线。

3.24 对一块宽度为 500 μm、厚度为 20 μm 的 p 型半导体样品进行霍尔测量(参见图 3-25)，电极 A 和 B 的间距为 2 μm，电流为 3 mA，施加的磁场为 10 kG(1 kG $=10^{-5}$ Wb/cm^2)，测得的霍尔电压为 3.2 mV。将磁场反向，重新测得霍尔电压为−2.8 mV。求样品中多子空穴的浓度和迁移率。

3.25 参见图 3-25 所示的霍尔测量装置，当把两个霍尔探针 A 和 B 焊接到样品上时，很难将它们精确对准；即使稍微偏离对准位置，测得的霍尔电压 V_{AB} 也很不可靠。试证明，在探针可能未对准的情况下，准确的霍尔电压可以这样测量得到：进行两次测量，一次令磁场沿+z 方向，另一次令磁场沿−z 方向，根据两次测量的结果可得到正确的霍尔电压。

3.26 一块 Si 样品中掺有 $10^{17}\ cm^{-3}$ 的 p 杂质，怎样能测量得到其电阻率？如果采用霍尔测量方法，假定样品厚度 $t=100$ μm，磁场 $\mathscr{B}_z=10$ kG(1 kG $=10^{-5}$ Wb/cm^2)，电流 $I_x=1$ mA，霍尔电压可能是多大？

参考读物

Blakemore, J. S. *Semiconductor Statistics.* New York: Dover Publications, 1987.

Hess, K. *Advanced Theory of Semiconductor Devices*, 2nd Ed. New York: IEEE Press, 2000.

Kittel, C. *Introduction to Solid State Physics,* 7th Ed. New York: Wiley, 1996.

Neamen, D. A. *Semiconductor Physics and Devices: Basic Principles*. Homewood, IL: Irwin, 2003.

Pierret, R. F. *Semiconductor Device Fundamentals.* Reading, MA: Addison-Wesley, 1996.

Schubert, E. F. *Doping in III–V Semiconductors.* Cambridge: Cambridge University Press, 1993.

Singh, J. *Semiconductor Devices.* New York: McGraw-Hill, 1994.

Wang, S. *Fundamentals of Semiconductor Theory and Device Physics*. Englewood Cliffs, NJ: Prentice Hall, 1989.

Wolfe, C. M., G. E. Stillman, and N. Holonyak, Jr. *Physical Properties of Semiconductors.* Englewood Cliffs, NJ: Prentice Hall, 1989.

自测题

问题 1

(a) 下面三幅图分别给出了三种假想的晶体材料的能带结构，它们的不同之处是费米能级(E_F)的位置不同。试说明对应的三种材料是金属、半导体还是绝缘体。

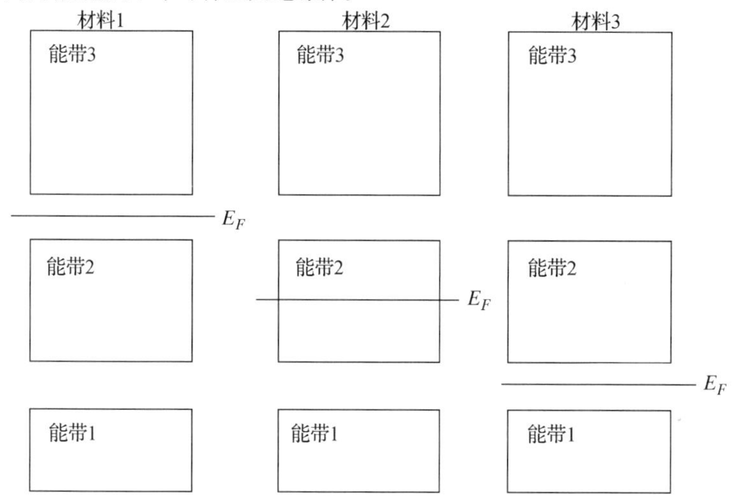

(b) 假如能透过图中的某一种材料看到光，那么它最可能是哪种材料？

问题 2

下图画出了某种半导体材料导带中的几个能谷(E-$\boldsymbol{k}_x$ 关系)。

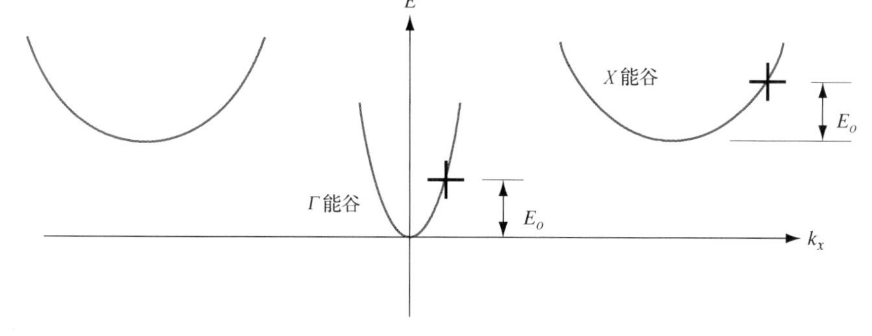

(a) 电子在哪个能谷中的有效质量更大(只比较 Γ 能谷和 X 能谷)？

(b) 假如在图中的两个十字标记位置各有一个电子，哪个位置的电子的速度更大？

问题 3

根据图 3-10 给出的 Si 和 GaAs 的能带结构回答下列问题。

(a) 电子在哪种材料中的有效质量较小，是 Si 还是 GaAs?

(b) 在哪种材料中电子和空穴复合时更容易发光?

(c) 根据对问题(b)的回答，并参阅附录 C，发射光子能量是多大？波长是多少？发射的光是可见光、红外线还是紫外线?

(d) Si 和 GaAs 的导带中各有几个等价的最低能谷?

问题 4

参见图 3-10，其中给出了硅(Si)和砷化镓(GaAs)沿[111]方向和[100]方向的 E-$\boldsymbol{k}$ 关系(导带和价带均已给出)。

(a) 忽略两种材料中电子所受散射的差异，你认为哪种材料中电子的迁移率更大?

(b) 如果沿[100]方向对两种材料导带底的电子施加相同大小的恒力(但持续时间很短)，不考虑散射因素的影响，那么哪种材料中电子波矢的变化更大?

问题 5

(a) 下图是某种掺杂的直接禁带半导体材料的平衡态能带图。据此判断，你认为它是 n 型、p 型或者不能确定?

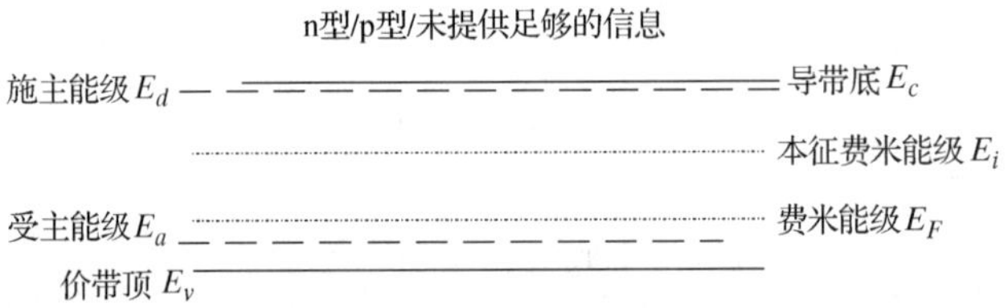

n型/p型/未提供足够的信息

施主能级 E_d —— 导带底 E_c

本征费米能级 E_i

受主能级 E_a 费米能级 E_F

价带顶 E_v

(b) 根据上面的能带图(注意 E_i 位于禁带的正中位置)，你认为导带电子的态密度有效质量是大于、等于还是小于价带空穴的有效质量?

(c) 如果可能的话，在下面哪种情况下会形成上图所示的能带？(1) 温度很高，(2) 受主掺杂浓度很高，(3) 受主掺杂浓度很低。

问题 6

一块假想的半导体在温度为 300 K 时其本征载流子浓度为 $n_i = 1.0\times10^{10}\ \text{cm}^{-3}$，导带和价带的有效态密度相等，$N_c = N_v = 10^{19}\ \text{cm}^{-3}$，试回答:

(a) 该半导体的禁带宽度 E_g 是多大?

(b) 如果在该半导体中掺入施主杂质，杂质浓度为 $N_d = 1.0\times10^{16}\ \text{cm}^{-3}$，那么在 300 K 时，电子和空穴的平衡浓度分别是多少?

(c) 如果在该半导体中掺入施主杂质的浓度为 $N_d = 1.0\times10^{16}\ \text{cm}^{-3}$，同时掺入受主掺杂的浓度为 $N_a = 2.0\times10^{16}\ \text{cm}^{-3}$，那么在 300 K 时，电子和空穴的平衡浓度又分别是多少?

(d) 根据对问题(c)的回答，此时费米能级(E_F)相对于本征费米能级(E_i)的位置如何?

问题 7

态密度和有效态密度有什么区别？请解释有效态密度这个概念。

问题 8

(a) 在电场很强的情况下，载流子迁移率的概念是否仍然适用？为什么?

(b) 采用什么方法可以测量载流子的迁移率和浓度?

第 4 章　半导体中的过剩载流子

本章教学目的

1. 了解光与半导体的相互作用。
2. 了解过剩载流子的产生-复合过程和机理。
3. 了解准费米能级的概念。
4. 掌握扩散电流的计算方法。
5. 熟练使用连续性方程求解载流子浓度分布。

绝大多数的半导体器件在工作时都涉及**过剩载流子**的产生和复合问题。半导体受到光照或受到电子轰击可产生过剩载流子①，正向偏置的 p-n 结通过“注入”机制也可形成过剩载流子(参见第 5 章)。过剩载流子数量的多少对半导体的导电能力和器件的行为有着重要的影响。本章我们将讨论光产生过剩载流子的物理机制、半导体的发光和光电导性质、过剩载流子的复合过程和复合机制，以及载流子的俘获效应等，在本章的最后还将讨论载流子的扩散问题。

4.1　半导体对光的吸收特性

通过对半导体光吸收特性的测量可确定半导体材料的禁带宽度。进行测量时，将不同波长的光照射到半导体的表面，分别测量不同波长的光的相对透射率。因为能量大于半导体禁带宽度的光子可被半导体吸收，而能量小于禁带宽度的光子不被吸收，这样便可根据测量结果精确地得到半导体的禁带宽度。

能量 $h\nu$ 大于等于禁带宽度 E_g 的光子能被半导体吸收(参见图 4-1)。半导体价带中有大量的电子，导带中有大量的空态，价带电子受到光激发可跃迁到导带，占据其中的空态。但是，价带中的电子只有在吸收了能量大于禁带宽度的能量后才能跃迁到导带中去。这样便不难理解：半导体对 $h\nu>E_g$ 的光的吸收率是很高的。由图 4-1 看到，吸收了光子能量而被激发到导带中的电子，其能量可以大于导带中其他电子的能量(导带中绝大多数的电子的能量都接近于导带底的能量 E_c，除非半导体是重掺杂的)，但通过散射过程将失去能量(传递给了晶格)，其运动速度逐渐减小直到与导带中其他电子的热平衡速度相等。这样受到激发而产生的电子和空穴就是过剩载流子。过剩载流子与其周围环境处于非平衡状态，当激发源撤除以后，最终必定是通过复合而恢复到

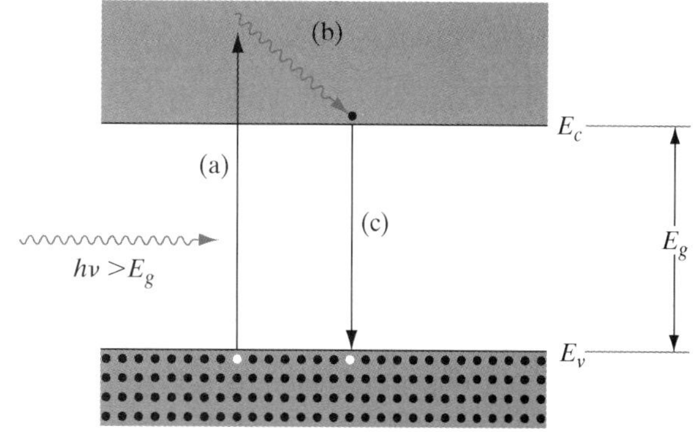

图 4-1　能量($h\nu$)大于禁带宽度(E_g)的光子被半导体吸收。(a)吸收光子后产生电子-空穴对；(b)受激电子受到晶格的散射，向晶格释放能量；(c)电子跃迁到价带，与空穴复合

① “光”激发并不意味着半导体吸收的一定是可见光。实际上许多半导体可吸收红外波段的光。

平衡态。一旦产生了过剩载流子，导带中的电子和价带中的空穴数量发生变化，相应的电子浓度和空穴浓度也发生改变，从而引起半导体材料的电导率发生改变。

如果激发源光子的能量 $h\nu$ 小于半导体的禁带宽度 E_g，则光子能量不足以将电子从价带激发到导带中去。因此，纯净的半导体材料几乎不能吸收 $h\nu < E_g$ 的光子。这也解释了为什么特定的半导体材料对某一波长范围的光是透明的，而对其他波长范围的光则不透明的原因。例如，某些绝缘体(如 NaCl 晶体)的禁带宽度较大，对可见光是透明的，所以我们可以透过这些晶体看到东西。若纯净材料的禁带宽度为 2 eV 左右，则它对红外线和红光是透明的；若禁带宽度为 3 eV 左右，则对红外线和所有可见光都是透明的。

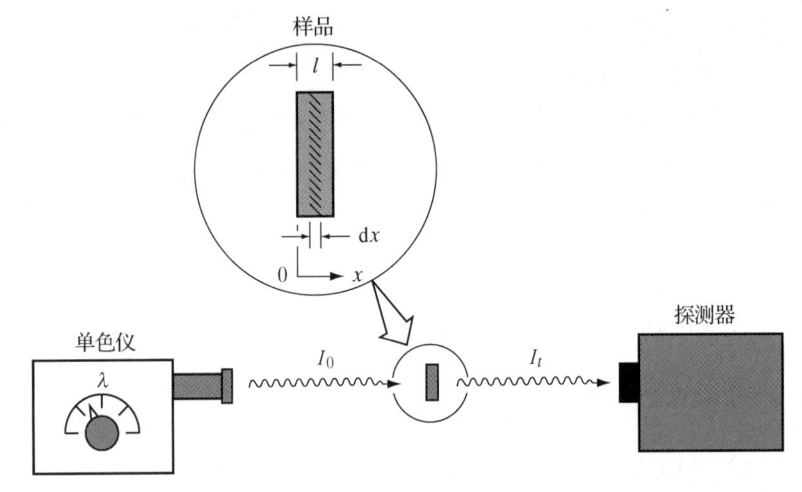

图 4-2　半导体的光吸收实验

光子能量 $h\nu$ 大于禁带宽度 E_g 的一束光照射到半导体表面上时，因被半导体吸收，强度随着透入深度的加深而逐渐衰减。对薄层样品来说，透过薄层的光强(透射光强)和入射光强之比与光的波长和薄层的厚度都有关系。为了定量描述它们之间的关系，我们设入射强度为 I_0(单位是“光子/$cm^2 \cdot s$”)、波长为 λ 的一束单色光照射到厚度为 l 的薄层样品上(参见图 4-2)，考虑到该波长的光被半导体吸收的几率是处处一样的(即吸收几率与透入深度无关)，所以深度为 x 处的光强 $I(x)$ 应与其衰减率 $dI(x)/dx$ 成正比，即

$$-\frac{dI(x)}{dx} = \alpha I(x) \tag{4-1}$$

从中可解出深度为 x 处的光强 $I(x)$，它是随透入深度的变化而变化的

$$I(x) = I_0 e^{-\alpha x} \tag{4-2}$$

令 $x = l$(l 为薄层的厚度)，便得到透射光强 I_t 为

$$I_t = I_0 e^{-\alpha l} \tag{4-3}$$

以上几式中的 α 是半导体对光的吸收系数，单位为 cm^{-1}，其大小与入射光的波长和材料的种类有关。图 4-3 定性地给出了 α 随 λ 的变化关系：对波长较大的光，特别是对 $h\nu < E_g$ 的光，吸收系数很小，常常可被忽略；而对波长较短的光($h\nu > E_g$)，吸收系数则明显大得多。由式(2-2)可知，光子能量与波长的关系是 $E = h\nu = hc/\lambda$；若采用电子伏特(eV)作为能量的单位，用微米(μm)作为波长的单位，则它们之间的关系可直接写为 $E = 1.24/\lambda$。

图 4-4 给出了常用半导体的禁带宽度 E_g 及其在光谱中的对应波长。可见，GaAs、Si、Ge、

InSb 等的禁带宽度对应于红外区的波长，其他半导体如 GaP、CdS 等的禁带宽度则对应于可见光区的波长。既然半导体材料可以吸收 $h\nu \geq E_g$ 的光子，则对 Si 材料而言，它既可以吸收一部分红外波段的光，也可以吸收可见光波段和紫外波段的光。

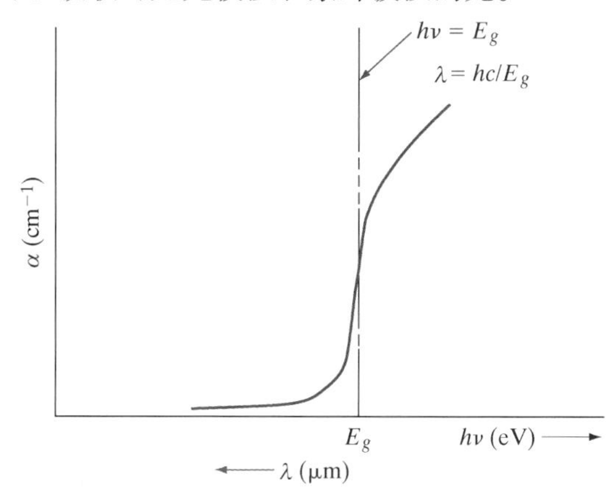

图 4-3　半导体的光吸收系数 α 与入射光波长 λ(或光子能量 $h\nu$) 的关系

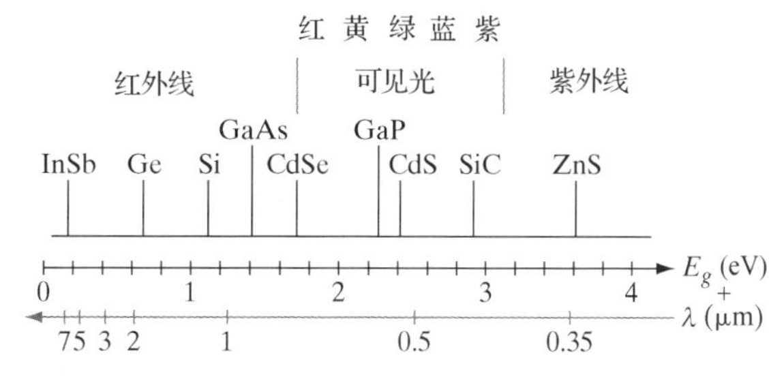

图 4-4　常见半导体的禁带宽度对应的光波波长

4.2　半导体发光

我们已经知道，半导体中的价带电子受到激发可跃迁到较高的能级上。此后，在该电子跃迁返回到原来能级或其他较低能级的过程中，半导体可以发出光子。比如，许多直接禁带化合物半导体在载流子的复合跃迁过程中都可发光。根据激发机制的不同，可将半导体发光分为这样几种类型：如果电子是因吸收了光子能量而被激发的，则复合过程的发光称为**光致发光**[①]；如果电子是因受到高能电子的轰击而被激发的，则复合过程的发光称为**阴极发光**；如果是因半导体内存在的电场和电流输运作用而被激发的，则相应的发光称为**电致发光**。当然，半导体内还存在其他激发机制，但以上三种激发机制是最常见的，也是最为重要的。

4.2.1　光致发光

半导体发光的最简单的例子，是电子-空穴直接复合过程的发光，如图 4-5(a) 所示。该复合过程不通过杂质能级，是一个带间直接复合过程，所以放出光子的能量等于半导体的禁带宽度。稳态情况下，载流子的复合率等于产生率，即半导体每吸收一个光子就会相应地放出一个光子。直接复合过程中载流子的平均寿命约为 10^{-8} s 甚至更短，故直接复合过程是一个

① 注意此处的光致发光和某些材料(如白炽灯)的受热发光不同。可将前者理解为“冷过程”，因为其发光强度随温度降低而增大；而后者可理解为“热过程”，其发光强度随温度升高而增大。

非常短暂的过程；一旦激发源撤除以后，发光过程将会在大约 10^{-8} s 后终止。通常把如此短暂的发光过程称为**荧光**现象。但是，对有些材料来说，当激发源撤除以后，发光过程仍将持续几秒甚至几分钟的时间，我们把这种发光现象称为**磷光**现象，进而把具有磷光性质的材料称为磷光材料。图 4-5 给出了发光时间较长的过程示意图。该发光过程是通过半导体禁带中的陷阱能级(E_t)完成的。让我们来分析一下该过程中发生的各个事件：(a)表示价带电子吸收了 $h\nu_1 > E_g$ 的光子能量而被激发到导带、从而产生一个电子–空穴对；(b)表示受激电子受到晶格散射作用而把部分能量传递给晶格，直到其能量降低至导带底附近；(c)表示该电子被陷阱能级俘获而停留在陷阱能级 E_t 上；(d)表示该电子受到热激发、再一次被激发到导带；(e)表示该电子与一个价带空穴发生带间直接复合，并释放出一个能量为 $h\nu_2 \approx E_g$ 的光子。整个过程中，若电子从陷阱能级被重新激发到导带的几率越小，则电子从受到激发到完成复合的时间就越长；并且，若电子在完成复合之前多次被陷阱能级俘获，那么发光延迟时间还会更长。如果电子被陷阱能级俘获的几率大于复合几率，则电子将在陷阱能级和导带之间多次往复；在这种情况下，即使将激发源撤除，磷光现象仍将持续一段时间。

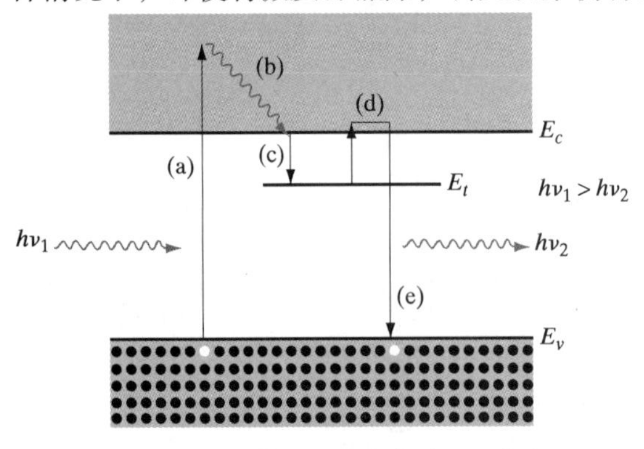

图 4-5 半导体的光致发光过程，载流子通过陷阱能级的激发与复合

磷光材料(如 ZnS)发光的颜色取决于所含杂质的种类。对发光颜色的选择和控制具有很重要的实际意义，比如彩色电视屏幕就是大家熟悉的例子。

荧光灯是光致发光的一个典型例子。荧光灯的主体部分是一个内部充有气体(通常为 Ar 气)的玻璃罩以及玻璃罩内壁涂覆的一层荧光物质。设法让玻璃罩内的两支电极发生放电，使气体原子受到激发，即可发出可见光和紫外线；这些光子被荧光涂层吸收后，涂层便发出可见光。荧光灯的发光效率远高于普通白炽灯。使用不同的荧光材料，可改变荧光灯的发光颜色(发光波长)。

【例 4-1】 一块厚度为 0.46 μm 的 GaAs 样品受到 $h\nu = 2$ eV 的单色光照射。已知 GaAs 材料对该单色光的吸收系数是 $\alpha = 5\times10^4$ cm^{-1}，入射光束的功率为 10 mW。参照图 4-6，求：(a)单位时间内被样品吸收光子的总能量；(b)受激电子在复合之前在单位时间内传递给晶格的能量；(c)单位时间内因复合而放出的光子数目。

【解】 (a)由式(4-3)可知透过 GaAs 薄层的光强是

$$I_t = I_0 \exp(-\alpha l) = 10^{-2}\exp(-5\times10^4\times0.46\times10^{-4}) = 10^{-3}\ \text{W}$$

所以单位时间内被样品吸收光子的总能量是

$$I_0 - I_t = 10\ \text{mW} - 10^{-3}\ \text{W} = 9\ \text{mW} = 9\times10^{-3}\ \text{J/s}$$

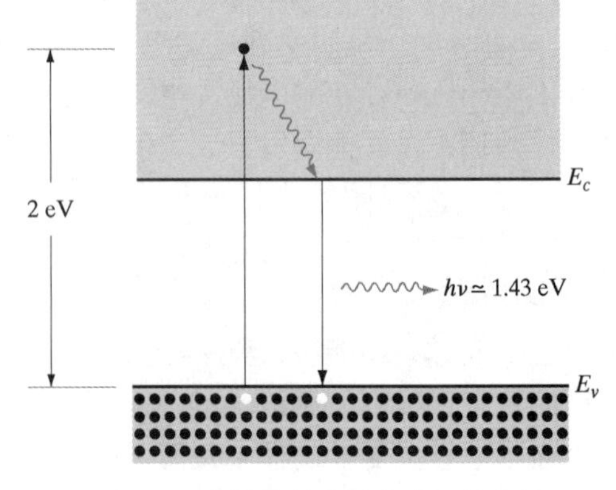

图 4-6 半导体的光致发光：载流子的激发与带间直接复合过程

(b) GaAs 的禁带宽度为 1.43 eV。由于一个光子激发一个电子，而电子在复合前又将(2 ~ 1.43 eV)的能量传递给了晶格，因此平均每个光子传递给晶格的能量百分比是

$$\frac{2\ \text{eV} - 1.43\ \text{eV}}{2\ \text{eV}} = 28.5\%$$

该百分比乘以单位时间内样品吸收的总能量，便得到单位时间内传递给晶格的能量

$$9\times10^{-3}\ \text{J/s}\times28.5\% = 2.57\times10^{-3}\ \text{J/s}$$

(c)按量子效率为 1 考虑，即样品每吸收一个光子就放出一个光子，则单位时间内发射光子的数目等于单位时间内样品吸收的总能量除以每个光子的能量

$$\frac{9\times10^{-3}\ \text{J/s}}{1.6\times10^{-19}\ \text{J/eV}\times2\ \text{eV/photon}} = 2.81\times10^{16}\ \text{Photons/s}$$

还有另一种解法，复合发光功率等于吸收的功率减去转变为热的功率，即 9–2.57=6.43(mW)，因此，单位时间内发射的光子数为

$$\frac{6.43\times10^{-3}}{1.6\times10^{-19}\times1.43} = 2.81\times10^{16}\ \text{Photons/s}$$

4.2.2　电致发光

有多种方式可以利用电能使固体发光。比如，发光二极管(LED)工作时，就是通过电流输运机制将少子注入到多子区域，并在那里与多子发生辐射复合而发光的。这一重要现象称为**注入式电致发光**，将在第 8 章进行详细讨论。

最早观察到的电致发光现象是在交变电场中磷光物质的发光现象。把磷光物质(如 ZnS)的细微颗粒掺和到某些介电常数较大的黏合剂材料(通常是塑料)中，制成发光器件，施加交变电场，磷光物质便会发光。用这种器件可做成发光面板，虽然发光效率较低，可靠性也不太好，但在某些场合仍是很有用处的。

4.3　载流子寿命和光电导

当半导体样品受到光照、产生过剩载流子后，电导率会大大增加[参见式(3-43)]；因光照而引起的电导率增大的部分称为**光电导**。利用光电导效应可分析半导体材料的性质，在某些器件中有重要应用。这一节我们研究过剩载流子的复合机制，并用复合动力学方法研究光电导。但应注意，复合的重要性并不仅仅局限于样品受到光照而产生过剩载流子这一种情况；实际上，几乎所有的半导体器件工作时都涉及过剩载流子的复合问题。因此，这里关于复合过程而引入的概念在以后讨论二极管、三极管、激光器时也经常用到。

4.3.1　电子和空穴的直接复合

在 3.1.4 节已经指出：载流子的复合过程要么是在带间直接进行的，要么是通过禁带中的陷阱能级或复合中心间接完成的。直接复合过程中，电子从导带直接跃迁到价带完成复合。复合使得过剩载流子的数量减少了。辐射复合过程中电子从导带跃迁到价带时能量减小了，但减小的那部分能量以光子的形式放出。直接复合过程是**自发**进行的，也就是说，电子和空穴发生复合的几率是与时间无关的常数，因此，过剩载流子的数量(或浓度)应当是随着时间指数式减小的。我们以电子为例加以说明。设时刻 t 电子的浓度为 $n(t)$，因复合而引起电子浓度变化率(即复合率)应该与该时刻的电子浓度和空穴浓度成正比，比例系数 α_r 称为复合系数。

考虑到复合过程进行的同时热产生过程也在进行，所以电子浓度的净变化率应该等于热产生率减去复合率。热产生率已由式(3-7)给出，于是有

$$\frac{\mathrm{d}n(t)}{\mathrm{d}t}=\alpha_r n_i^2-\alpha_r n(t)p(t) \tag{4-4}$$

设 $t=0$ 时刻在样品内形成了光产生的过剩载流子。考虑到过剩电子和过剩空穴是成对产生的，所以 $t=0$ 时刻过剩电子和过剩空穴的浓度Δn 和Δp 是相等的①；又因为复合也是成对进行的，所以任意时刻过剩电子和过剩空穴的浓度$\delta n(t)$和$\delta p(t)$也是相等的。在任意时刻，每种载流子的浓度应等于各自的平衡浓度与过剩浓度之和。根据上式和式(3-24)，有

$$\frac{\mathrm{d}\delta n(t)}{\mathrm{d}t}=\alpha_r n_i^2-\alpha_r[n_0+\delta n(t)][p_0+\delta p(t)]=-\alpha_r[(n_0+p_0)\delta n(t)+\delta n^2(t)] \tag{4-5}$$

这是一个非线性方程，求解比较困难。但是我们可以针对小注入情况做适当的简化处理进行求解。小注入情况下，过剩载流子浓度较低，上式中的$\delta n^2(t)$项可略去；在此基础上进一步假设材料是非本征的，则少子平衡浓度也可略去。对 p 型半导体，电子是少子($p_0 >> n_0$)，略去$\delta n^2(t)$项和 n_0 项，上式简化为

$$\frac{\mathrm{d}\delta n(t)}{\mathrm{d}t}=-\alpha_r p_0\delta n(t) \tag{4-6}$$

它的解具有指数形式，即过剩电子的浓度随着时间而指数式减小

$$\delta n(t)=\Delta n\mathrm{e}^{-\alpha_r p_0 t}=\Delta n\mathrm{e}^{-t/\tau_n} \tag{4-7}$$

上式指数部分的$\tau_n = (\alpha_r p_0)^{-1}$ 是过剩电子浓度的衰减常数，称为电子的**复合寿命**。因上述分析和推导是针对过剩少子进行的，所以也把这个常数τ_n称为**少子寿命**。对 n 型半导体，空穴是少子，过剩空穴浓度的衰减规律与上述规律相同，衰减常数是$\tau_p = (\alpha_r n_0)^{-1}$。这里顺便指出，根据复合过程的性质可知，在直接复合的情况下，过剩多子浓度的衰减速率与过剩少子浓度的衰减速率是完全相同的。

从下面的例 4-2 可以看到，复合过程中少子浓度的相对变化很大，而多子浓度的相对变化很小。因此，对非本征材料和小注入情况，可将式(4-4)中的少子浓度 $n(t)$用过剩少子浓度$\delta n(t)$代替，多子浓度 $p(t)$用多子的平衡浓度p_0代替，这样仍能得到很好的近似，图 4-7 的数据完全说明了这一点。经进一步

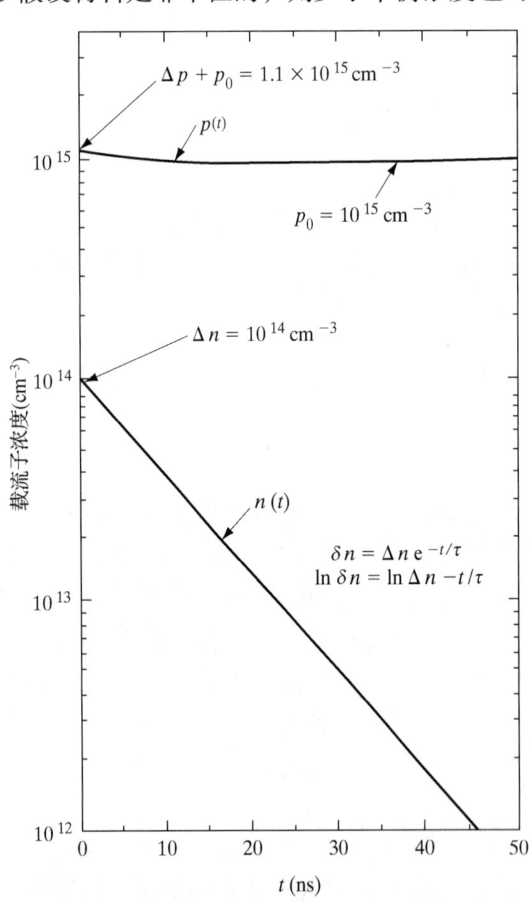

图 4-7　过剩载流子的衰减过程(参见例 4-2)。图中 $\Delta n=\Delta p=0.1p_0$，$\tau=10\,\text{ns}$，n_0可忽略。在半对数坐标中，指数式$\delta n(t)$衰减规律表现为一条直线

① 我们用$\delta n(t)$和$\delta p(t)$表示复合过程中任意时刻 t 的过剩载流子浓度，用Δn 和Δp 表示初始时刻($t=0$)的过剩载流子浓度。以后还将用同样的方法表示过剩载流子的空间分布，如$\delta n(x)$和$\Delta n(x=0)$等。

分析可以证明，在小注入情况下，载流子(电子)复合寿命的更一般的表达形式是

$$\tau_n = \frac{1}{\alpha_r(n_0 + p_0)} \tag{4-8}$$

它对 n 型半导体和 p 型半导体都是适用的(只要是在小注入情况)。

【例 4-2】 这里给出一个例子，用实际数据来说明推导式(4-6)时所做的假设是合理的。设 GaAs 样品的受主杂质浓度为 $N_a = 10^{15}\text{cm}^{-3}$，因其本征载流子浓度为 $n_i = 10^6\ \text{cm}^{-3}$，故少子电子的平衡浓度为 $n_0 = n_i^2/p_0 = 10^{-3}\ \text{cm}^{-3}$。显然，$p_0 = 10^{15}\text{cm}^{-3} >> n_0$，即少子与多子相比可忽略。又设 $t = 0$ 时刻产生了 10^{14}cm^{-3} 的过剩载流子，取 $\tau_n = \tau_p = 10^{-8}\text{s}$，通过计算可求出任意时刻过剩少子的浓度，结果示于图 4-7 中，可见 $\delta n << p_0$，即过剩少子浓度的平方项 $\delta n^2(t)$ 也可忽略。

4.3.2　间接复合；载流子俘获

IV 族元素半导体和某些化合物半导体中载流子发生直接复合的几率很小(参见附录 C)。比如，Si 和 Ge 中的载流子尽管也可通过直接复合而发光，发射光子的能量也等于禁带宽度，但是发光的强度非常弱，必须依靠高灵敏度探测仪器才能观察到。像 Si 和 Ge 这样的间接禁带半导体，载流子的复合过程绝大部分是通过禁带中的复合中心完成的，复合过程中释放的能量不是以发光的形式放出，而是以热能的形式传递给了晶格的。半导体内的某些杂质或晶格缺陷在禁带中产生的能级可以先后俘获两种类型的载流子，使载流子在该能级上完成复合。这些杂质或晶格缺陷起着**复合中心**的作用。图 4-8 给出了通过复合中心的间接复合过程的示意图，其中复合中心能级 E_r 位于 E_F 的下方，E_r 上的所有能态在平衡条件下全被电子占据。当半导体内产生了过剩载流子后，电子-空穴对(EHP)通过以下两个步骤在 E_r 上完成复合：(a)复合能级 E_r 俘获一个空穴；(b)复合能级 E_r 又俘获一个电子，从而完成一个 EHP 的复合。

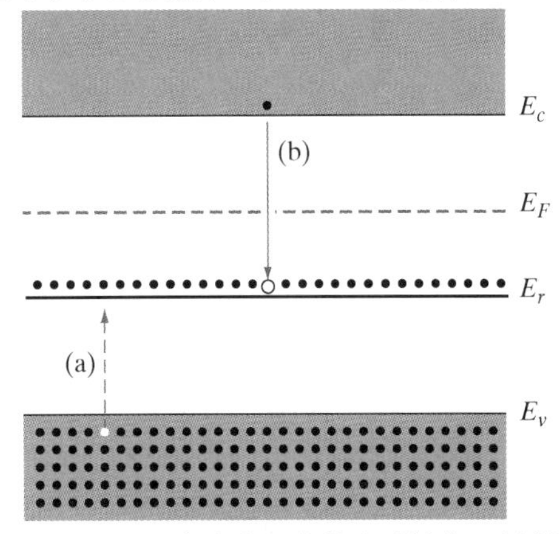

图 4-8　通过复合中心的载流子俘获。(a)被电子占据的复合中心俘获空穴；(b)未被电子占据的复合中心俘获电子

因为复合能级上的能态在平衡条件下全被电子占据(参见图 4-8)，要使过剩电子和空穴在该能级上复合，前提条件是该能级必须首先俘获一个空穴，使其上出现一个空态。俘获空穴的过程实际上就是一个电子从该能级“掉落”到价带，并在该能级上留下一个空态的过程。该过程中，“掉落”电子释放的能量以热能的形式传递给了晶格。随后，该能级又俘获一个电子，实际上就是一个电子从导带“掉落”到该能级上，同样是把能量交给了晶格。以上两个步骤的完成表示一个 EHP 完成了复合，复合能级恢复到了初始状态。以此类推，其他 EHP 以同样的步骤在 E_r 上完成复合。

要确定间接复合的载流子寿命，必须了解 E_r 俘获一个 EHP 所需要的时间。一般来说，复合能级 E_r 俘获电子和俘获空穴所需的时间是不同的，因此，就复合寿命来说，间接复合比直接复合的情况复杂一些。特别地，当 E_r 俘获了某一类型的一个载流子、但还未来得及俘获另一类型的载流子之前，已被俘获的载流子有可能被重新激发到原来所在的能带，从而延长了复合过程(参见 4.2.1 节)。由图 4-8 举例来说，如果步骤(b)(即 E_r 俘获一个电子)不是紧跟着步骤(a)(即 E_r 俘获一个空穴)进行的，那么步骤(a)中被俘获的空穴就有可能被重新激发到价带中去。要完成复合过程，

E_r必须"等待"一段时间，直到重新俘获一个空穴才行。这必然延长复合的时间。

如果杂质和缺陷能级俘获了一个载流子后，下一步最可能发生的事件不是俘获一个类型相反的载流子，而是已被俘获的载流子重新受到激发，则把它们称为**陷阱中心**(或者简称为**陷阱**)。相反地，如果下一步最可能发生的事件是俘获一个类型相反的载流子，则把它们称为**复合中心**。不难理解，复合过程的快慢取决于禁带中杂质能级和缺陷能级的性质，即取决于这些能级主要起陷阱中心的作用还是起复合中心的作用。一般情况下，禁带中的深能级陷阱俘获载流子后保持的时间比能带边附近的陷阱保持的时间长。比如，禁带中央附近的陷阱能级俘获电子后，要将该电子重新激发到导带所需的能量显然比靠近导带边陷阱能级上的电子重新激发到导带所需的能量高，所以前者在陷阱能级上保持的时间比后者的长。

图 4-9 画出了 Si 中各种杂质能级的位置①。上标的正负号表示杂质电离后是带正电(施主杂质)还是带负电(受主杂质)。有些杂质，比如 Zn，在 Si 禁带中可引入多个能级，既在价带上方 0.31 eV 处引入一个能级(用 Zn^-表示)，又在禁带中央附近引入一个能级(用 $Zn^=$表示)，因此，每个 Zn 杂质原子可接受两个电子，其中一个分布在较低的能级上(Zn^-)，另一个则分布在较高的能级上($Zn^=$)。

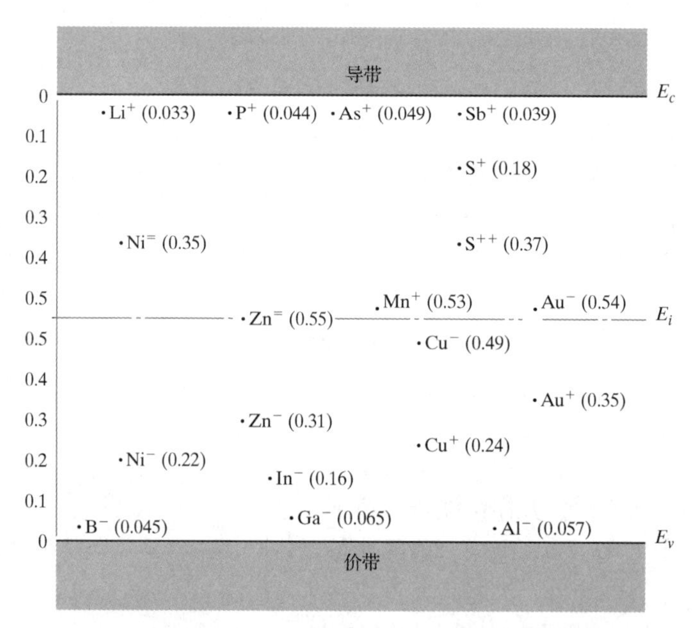

图 4-9 Si 中杂质能级的位置。括号中的能量表示杂质能级与最近带边(E_c或E_v)的距离，正、负号分别代表施主杂质和受主杂质

在过剩载流子的复合过程中，样品的电导率会发生显著变化，通过**光电导衰减实验**可观察到变化过程。图 4-7 已表明这样的事实，激发源撤除后，过剩载流子的浓度随着时间按指数式减小，因此样品的电导率也是随时间变化的

$$\sigma(t) = q[n(t)\mu_n + p(t)\mu_p] \tag{4-9}$$

只要通过实验获得电导率随时间的变化关系，便可获得过剩载流子浓度随时间的变化关

① 请参阅 S. M. Sze and J. C. Irvin, "Resistivity, Mobility, and Impurity Levels in GaAs, Ge and Si at 300 K," *Solid State lectronics,* vol. 11, pp. 599-602 (June 1968); E. Schibli and A. G. Milnes, "Deep Impurities in Silicon," *Materials Science and Engineering,* vol. 2, pp. 173-180(1967).

系（载流子的平衡浓度总是容易确定的）。图 4-10 是一个典型的光电导实验装置示意图，其中的光脉冲发生器和示波器分别用来产生微秒量级的光脉冲和观察样品两端电压的变化情况。如果采用的是激光脉冲发生器，则可以产生持续时间更短的光脉冲。

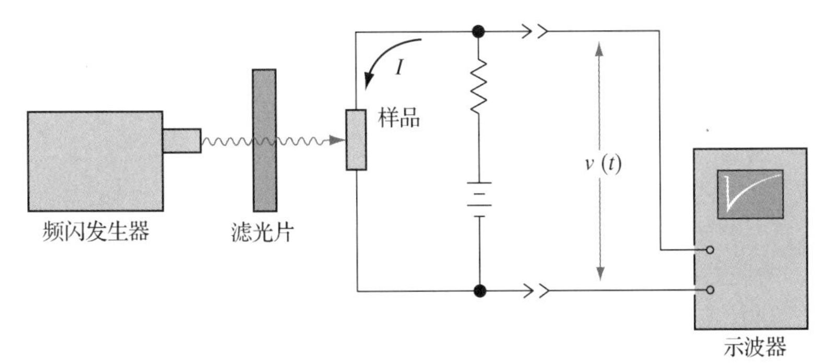

图 4-10　光电导衰减实验示意图。示波器上显示了一个典型的电压波形

4.3.3　稳态载流子浓度；准费米能级

前面我们分析了过剩载流子浓度随时间的瞬态变化规律。在平衡态和稳态①情况下，产生和复合过程都在起作用。我们已经知道平衡态载流子的产生率和复合率相等[参见式(3-7)]，即 $g(T) = g_i$，这样才使得载流子的平衡浓度 n_0 和 p_0 保持不变。

$$g(T) = \alpha_r n_i^2 = \alpha_r n_0 p_0 \tag{4-10}$$

这里的产生率 $g(T)$ 包括了通过陷阱中心的产生率和发生于带间的产生率。

现在假设强度恒定的光束均匀照射到样品的表面并达到稳态。此时载流子的产生率是热产生率 $g(T)$ 与光产生率 g_{op} 之和，载流子的稳态浓度（n 和 p）应等于平衡浓度（n_0 和 p_0）与过剩浓度（δn 和 δp）之和。稳态情况下产生率同样等于复合率，表示出来就是

$$g(T) + g_{op} = \alpha_r np = \alpha_r (n_0 + \delta n)(p_0 + \delta p) \tag{4-11}$$

在不存在复合中心（或陷阱中心）的稳态情况下，有 $\delta n = \delta p$，上式可写为

$$g(T) + g_{op} = \alpha_r n_0 p_0 + \alpha_r [(n_0 + p_0)\delta n + \delta n^2] \tag{4-12}$$

其中 $\alpha_r n_0 p_0$ 恰好等于左边的热产生率 $g(T)$。对于激发强度较小的一般情形，上式右边的 δn^2 项可忽略。利用式(4-8)，上式又可写为

$$g_{op} = \alpha_r (n_0 + p_0)\delta n = \frac{\delta n}{\tau_n} \tag{4-13}$$

由此得到过剩载流子的稳态浓度为

$$\delta n = \delta p = g_{op}\tau_n \tag{4-14}$$

在存在复合中心（或陷阱中心）的情况下，$\tau_n \neq \tau_p$，δn 和 δp 将由后面的式(4-16)给出。

【例 4-3】 这里给出一个具体例子来说明光激发引起的载流子浓度的变化。设 Si 样品的 $n_0 = 10^{14}\text{cm}^{-3}$，$\tau_n = \tau_p = 2\ \mu\text{s}$，受到光照后每微秒产生的电子-空穴对是 10^{13}cm^{-3}。由式(4-14)

① "平衡态"是指这样一种状态，样品的温度恒定，不受外界因素的影响，内部也没有电荷的净流动（如样品的温度恒定、放在黑暗处、不受外加电场作用，我们将它看成是处于平衡态的）。"稳态"是一种非平衡状态，样品内可存在过剩载流子和电流，但不随时间变化；或者受到光照，但光产生率恒定，在产生—复合过程的共同作用下，光生过剩载流子的浓度和分布不随时间变化。

可知，稳态情况下过剩电子和过剩空穴的浓度均为 $2\times10^{13}\ \text{cm}^{-3}$。与光照前的载流子浓度比较，光照后多子电子的浓度变化不大，但少子空穴的浓度变化很大。具体数值为：受到光照前少子空穴的平衡浓度是

$$p_0 = \frac{n_i^2}{n_0} = \frac{2.25\times10^{20}}{10^{14}} = 2.25\times10^{6}\,\text{cm}^{-3}$$

而受到光照后，少子空穴的(稳态)浓度变为

$$p = p_0 + \delta p \simeq \delta p = g_{op}\tau_p = 2\times10^{13}\,\text{cm}^{-3}$$

可见受到光照后少子空穴的浓度增大了约 6 个数量级。在计算平衡态少子浓度时使用了 $n_0p_0 = n_i^2$ 关系，但应注意该关系对非平衡态不适用(比如激发或注入而形成过剩载流子的情况)。根据上面的计算结果可以看出，在非平衡情况下 $np \neq n_i^2$。

电子的稳态浓度变为

$$n = n_0 + \delta n = 1.2\times10^{14}\ \text{cm}^{-3}$$

利用 $n = n_i e^{(F_n - E_i)/kT}$，室温下 $kT\approx 0.0259$ eV，$n_i = 1.5\times10^{10}\ \text{cm}^{-3}$，可确定电子准费米能级 F_n 的位置

$$F_n - E_i = kT\ln\frac{n}{n_i} = 0.0259\times\ln\frac{1.2\times10^{14}}{1.5\times10^{10}} = 0.233\ \text{eV}$$

即准费米能级 F_n 位于本征费米能级 E_i 上方 0.233 eV 处。同理，我们可以得到空穴的准费米能级 F_p 位于 E_i 下方 0.186 eV 处(参见图 4-11)。而在平衡条件下

$$E_F - E_i = kT\ln\frac{n_0}{n_i} = 0.0259\times\ln\frac{10^{14}}{1.5\times10^{10}} = 0.228\ \text{eV}$$

即平衡态费米能级 E_F 位于 E_i 上方 0.228 eV 处，如图 4-11 所示。

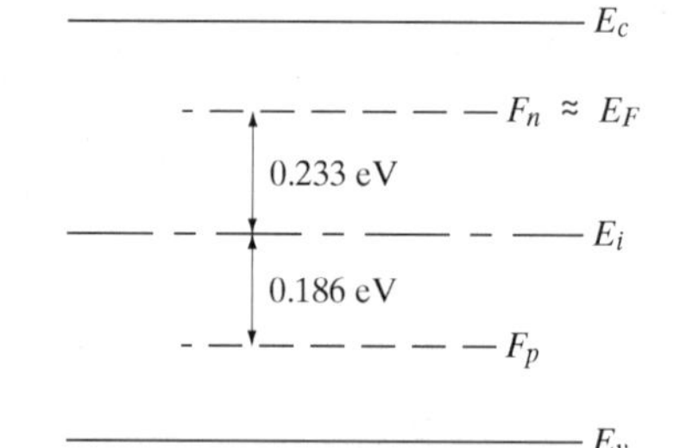

图 4-11 非平衡条件下 Si 中电子和空穴的准费米能级(这是例 4-4 的计算结果。相关数据为：$n_0 = 10^{14}\ \text{cm}^{-3}$，$\tau_p = 2\ \mu\text{s}$，$g_{op} = 10^{19}\text{EHP/cm}^3\cdot\text{s}$)

在式(3-25)中，我们采用费米能级 E_F 表示平衡态载流子浓度。对于稳态载流子浓度，我们也希望用类似的形式表示，这样使用起来比较方便。由于费米能级只对不存在过剩载流子的情况适用，所以在表示稳态载流子浓度时，我们采用**准费米能级**，将电子和空穴的浓度分别表示为

$$\boxed{\begin{aligned} n &= n_i e^{(F_n - E_i)/kT} \\ p &= n_i e^{(E_i - F_p)/kT} \end{aligned}} \tag{4-15}$$

式中，F_n 和 F_p 分别是电子和空穴的准费米能级。该式可作为准费米能级的定义式①。

由准费米能级的位置可以直观地了解到载流子稳态浓度偏离平衡浓度的程度。比如，由图 4-11 看到，多子电子的准费米能级 F_n 只比费米能级 E_F 稍高一点，说明多子浓度相对于平衡浓度的偏离很小(即变化很小)，而少子空穴的准费米能级 F_p 距离费米能级 E_F 很远，说明少子浓度偏离平衡浓度很大(即变化很大)。

① 在有些教科书中把准费米能级简写为 IMREF，其实就是将 FERMI（费米）的字母顺序颠倒过来写的。

显然，平衡条件下，$F_n = F_p = E_F$；非平衡条件下，$F_n - F_p$ 可作为偏离平衡程度的量度。在后面几章我们将看到，在器件内部的不同位置载流子浓度不同，因而不同位置的 $(F_n - F_p)$ 也不同，说明少子和多子浓度偏离平衡浓度的程度是随位置而变的。反过来说，根据器件内部各处 F_n 和 F_p 偏离 E_F 的程度，我们也可以判断出载流子浓度的大致分布情况。

4.3.4　光电导

利用半导体受到光照时电阻发生变化的特性可制成光电探测器。例如，家用的照明灯自控装置中使用的光电探测器，天亮时能够自动将照明灯关闭，天黑时则自动打开。又如，照相机中的自动曝光装置也是用光电器件测量光强的。再如，自动控制系统中也使用光电探测器实现控制功能：若光源和探测器之间出现物体，则装置便发出信号，用此装置可实现记数、防盗、报警等很多功能。当然，光电器件还可用于光信号的接收和转换。

设计光电探测器时，要根据其用途考虑材料的光敏波段、响应时间、灵敏度等因素。一般来说，一种半导体材料只对能量等于或略大于其禁带宽度的光子最敏感，对于能量小于禁带宽度的光子不敏感（不吸收）。能量 $h\nu$ 远大于等于禁带宽度 E_g 的光子，在半导体表面薄层内就被强烈吸收了，对整块半导体电导率的影响并不大。因此，附录 C 中给出的禁带宽度实际上就是半导体材料最为敏感的光子能量。例如，CdS（$E_g = 2.42$ eV）对可见光敏感，因此常用于可见光的探测，而禁带宽度较小的 Ge（$E_g = 0.67$ eV）和 InSb（$E_g = 0.18$ eV）对红外线敏感，因此主要用于红外线的探测。但半导体材料对光的敏感范围不是绝对的，如果在禁带中引入了杂质能级，则制作的探测器对能量小于禁带宽度的光子也是敏感的。

现在来分析半导体受到光照、产生过剩载流子时电导率的变化情况。设光产生率为 $g_{\rm op}$、载流子寿命为 τ_n 和 τ_p，则稳态情况下光生过剩载流子的浓度可表示为

$$\delta n = \tau_n g_{\rm op} \qquad \delta p = \tau_p g_{\rm op} \tag{4-16}$$

因此，光照引起的电导率变化为（即**光电导**）

$$\Delta\sigma = q g_{\rm op}(\tau_n \mu_n + \tau_p \mu_p) \tag{4-17}$$

上式考虑了禁带内存在陷阱能级的一般情况（$\tau_n \neq \tau_p$）。对于带间直接复合，有 $\tau_n = \tau_p$，所以 $\delta n = \delta p$。从上式可以看到，为了增大光电导，应设法增大载流子的迁移率和寿命；为提高半导体的光电响应速度，载流子的迁移率应很高。比如，InSb 材料中电子的迁移率可高达 $10^5 \text{cm}^2/(\text{V·s})$；该材料对红外线非常灵敏，常用于制作红外探测器。

光电导器件对光信号的响应速度受到很多因素的限制，如载流子的寿命、被陷阱能级俘获的几率，以及在器件有源区中的渡越时间等。适当地选择材料、改变器件的结构，可以提高对光信号的响应速度。但有时在提高响应速度的同时会降低灵敏度，比如，把器件做得短一些，可减小载流子的渡越时间，进而提高响应速度，但同时会使器件的有效受光面积减小，导致灵敏度降低。况且，光电导器件往往需要有尽可能高的暗电阻，缩短器件长度必然使暗电阻减小，因此这种做法只在某些情况下使用。

4.4　载流子在半导体中的扩散

如果半导体内过剩载流子的产生率不是各处均匀的，则各处的载流子浓度就不同，从而在体内形成载流子浓度梯度。浓度梯度的存在驱使载流子由浓度高的地方向浓度低的地方扩

散。半导体内有两种基本的电荷输运机制，载流子的扩散便是其中一种。另一种是载流子在电场作用下的漂移。下面首先分析载流子的扩散过程。

4.4.1 扩散机制

我们都有这样的体会：把一瓶香水打开放在房间的一角，不一会整个房间便弥漫着香味，即使在没有空气对流的情况下也是如此。这就是扩散的一个实际例子。扩散是与分子的随机热运动相伴的一种自然现象。设想空气中有一块区域，该区域内是带有香味的气体，区域外是无香味的空气，无论是区域外的气体还是区域内的气体，每个分子都在进行着无规则的热运动，并与其他分子不断地碰撞。一个分子受到碰撞后，就改变了原有的运动方向而沿着新的方向运动。由于分子的热运动是完全无序的，所以位于该区域边界处的分子向区域内和区域外运动的几率是相同的；在经过一个平均自由时间 $\bar{t}$ 后，边界处的分子有一半运动到了区域内，而另一半则运动到了区域外，如此持续下去的结果便是带有香味的气体分子弥散到了它能到达的任何地方。通过这个例子不难理解，只要存在浓度梯度，分子的扩散运动就会持续下去。

与上面分子的扩散情形类似，半导体中的载流子存在浓度梯度时也会发生扩散运动，载流子在运动过程中要受到热运动、杂质散射、晶格散射等因素的影响。图 4-12 给出了载流子扩散的示意图：在 $t = 0$ 时刻 $x = 0$ 处产生了过剩电子(以阶跃脉冲的形式表示)，随着时间的加长，电子向浓度较低的周围区域扩散，形成了如图所示的浓度分布。

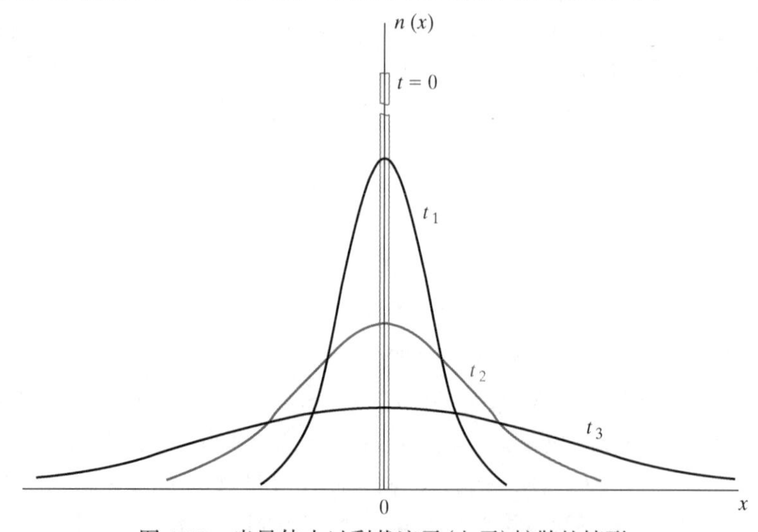

图 4-12 半导体中过剩载流子(电子)扩散的情形

为简单起见，我们以一维情形为例来分析载流子的扩散运动。设载流子 $n(x)$的浓度分布如图 4-13(a)所示。图中用平均自由程 $\bar{l}$ 为单位把载流子的分布空间划分成许多小的区段。借助微分的概念，认为小区段内载流子浓度是相等的，如图 4-13(b)所示。

参照图 4-13(b)，x_0 左边的区段(1)中的电子向右和向左运动的几率相同；经过平均自由时间 $\bar{t}$ 后，该区段中有一半数量的电子运动到了 x_0 右边的区段(2)中。同样的道理，区段(2)中的电子经过平均自由时间 $\bar{t}$ 后，也有一半运动到了区段(1)中。因此，在时间 $\bar{t}$ 内，经过 x_0 从左向右运动的净电子数目为 $\frac{1}{2}(n_1\bar{l}A)-\frac{1}{2}(n_2\bar{l}A)$，其中 A 是垂直于电子运动方向 x 的截面积，相应形成的电子流密度是

$$\phi_n(x_0)=\frac{\overline{l}}{2\overline{t}}(n_1-n_2) \tag{4-18}$$

考虑到平均自由程 $\overline{l}$ 是个小量，我们可以把浓度差 (n_1-n_2) 表示为

$$n_1-n_2=\frac{n(x)-n(x+\Delta x)}{\Delta x}\overline{l} \tag{4-19}$$

其中 x 是区段(1)的中心坐标，$\Delta x=\overline{l}$ 。将上式对 Δx 取极限，用 $\mathrm{d}n(x)/\mathrm{d}x$ 代替 $[n(x)-n(x+\Delta x)]/\Delta x$，则电子流密度可写为

$$\phi_n(x)=\frac{-(\overline{l})^2}{2\overline{t}}\lim_{\Delta x\to 0}\frac{n(x)-n(x+\Delta x)}{\Delta x}=\frac{-(\overline{l})^2}{2\overline{t}}\frac{\mathrm{d}n(x)}{\mathrm{d}x} \tag{4-20}$$

我们把上式中的 $(\overline{l})^2/2\overline{t}$ 称为**扩散系数**①，记为 D_n，其单位是 $\mathrm{cm^2/s}$。式(4-20)中的负号是由微分的定义引入的，表示电子朝着浓度减小的方向运动。这正是我们预期的结果：粒子总是由浓度较高的地方向浓度较低的地方扩散。同样的道理，当样品中存在空穴的浓度梯度时，空穴也由浓度高的地方向浓度低的地方扩散。将空穴的扩散系数记为 D_p，则有

$$\phi_n(x)=-D_n\frac{\mathrm{d}n(x)}{\mathrm{d}x} \tag{4-21a}$$

$$\phi_p(x)=-D_p\frac{\mathrm{d}p(x)}{\mathrm{d}x} \tag{4-21b}$$

因此，载流子的扩散电流密度可表示为

$$J_n(\text{扩散})=(-q)\phi(x)=-(-q)D_n\frac{\mathrm{d}n(x)}{\mathrm{d}x}=qD_n\frac{\mathrm{d}n(x)}{\mathrm{d}x} \tag{4-22a}$$

$$J_p(\text{扩散})=(+q)\phi(x)=-(+q)D_p\frac{\mathrm{d}p(x)}{\mathrm{d}x}=-qD_p\frac{\mathrm{d}p(x)}{\mathrm{d}x} \tag{4-22b}$$

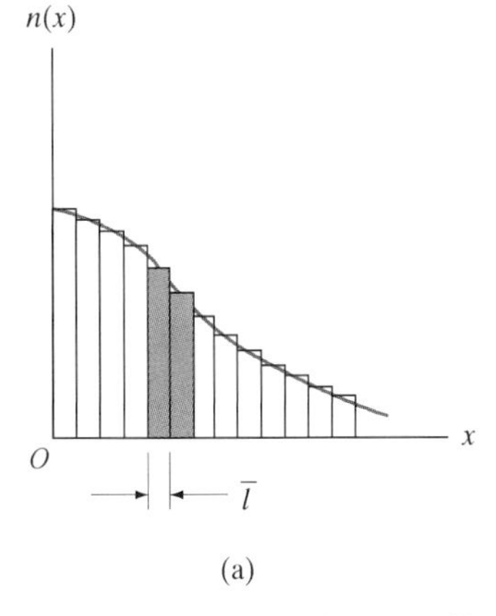

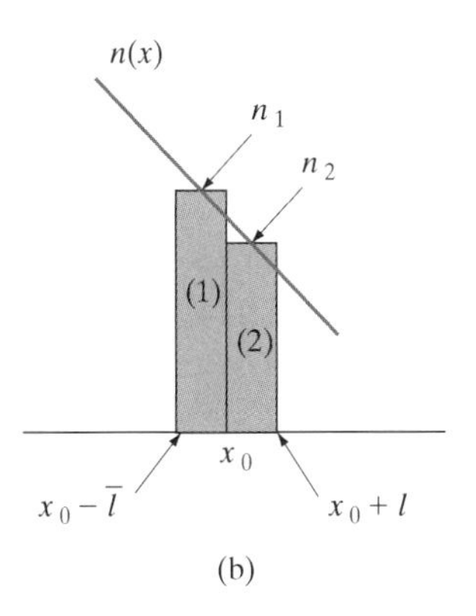

图 4-13　载流子浓度梯度(一维情况)。(a)将分布空间 $n(x)$ 划分为宽度等于平均自由程 $\overline{l}$ 的多个区段；(b)中心位置位于 x_0 的两个区段的放大图

需要指出的是，即使电子和空穴都向同一个方向扩散[参见式(4-21)]，但由于它们的电荷符号相反，二者扩散电流的方向却是相反的[参见式(4-22)]。

① 如果电子做三维运动，则其扩散系数将比这个值小。其实，半导体材料中载流子的扩散系数是由实验测量得到的，这一点将在 4.4.5 节讨论。

4.4.2 载流子的扩散和漂移；自建电场

如果半导体内既存在载流子浓度梯度，又存在电场，则载流子在做扩散运动的同时也做漂移运动。因此，每种载流子的电流密度都应包含扩散和漂移两个分量，分别写为

$$J_n(x) = q\mu_n n(x)\mathscr{E}(x) + qD_n \frac{\mathrm{d}n(x)}{\mathrm{d}x} \tag{4-23a}$$

$$J_p(x) = q\mu_p p(x)\mathscr{E}(x) - qD_p \frac{\mathrm{d}p(x)}{\mathrm{d}x} \tag{4-23b}$$

总的电流密度是两种载流子的电流密度之和，即

$$J(x) = J_n(x) + J_p(x) \tag{4-24}$$

图 4-14 直观地给出了载流子运动方向和电流方向之间的关系。图 4-14 中，假设电场方向沿 x 轴正方向，且载流子浓度 $n(x)$ 和 $p(x)$ 都沿 x 轴的正方向减小，因此式(4-21)中的浓度梯度具有负值，两种载流子都沿 x 轴的正方向做扩散运动，但电子扩散电流沿 x 轴的反方向，空穴的扩散电流沿 x 轴的正方向。同时，电子在电场作用下沿 x 轴的反方向做漂移运动，而空穴则沿 x 轴的正方向做漂移运动，因此两种载流子的漂移电流都沿着 x 轴的正方向[参见式(4-22)]。可见，当电场的方向指向浓度减小的方向时，空穴的扩散电流和漂移电流方向相同，都指向电场的方向，两个电流分量是互相加强的；而电子的扩散电流和漂移电流方向相反，两个电流分量是相减关系。总电流的大小和方向取决于两种载流子浓度的相对大小和浓度梯度的相对大小和方向。

由式(4-23)还能看出，由于扩散电流与载流子浓度梯度成正比，所以少数载流子的扩散电流对总电流的贡献可以很大；又由于漂移电流与载流子浓度成正比，所以少数载流子的漂移电流对总电流的贡献一般很小。例如，n 型半导体中少子空穴的浓度 p 比多子电子的浓度 n 小得多，所以少子空穴的漂移电流比多子电子的漂移电流小得多，但如果少子空穴的浓度梯度 $\mathrm{d}p/\mathrm{d}x$ 很大，则空穴电流(包括漂移和扩散两种电流分量)不一定比电子电流小。

我们可用能带图来说明电子在电场中运动时的能量变化情况。假设电场 $\mathscr{E}(x)$ 沿 $+x$ 方向，则相应的能带图如图 4-15 所示，电势 $\mathscr{V}(x)$ 沿 $+x$ 方向减小，电子的电势能 $\mathscr{E}(x)$ 沿 $+x$ 方向增加，故电势 $\mathscr{V}(x)$ 和电势能 $\mathscr{E}(x)$ 的关系可表示为 $\mathscr{V}(x) = \mathscr{E}(x)/(-q)$。

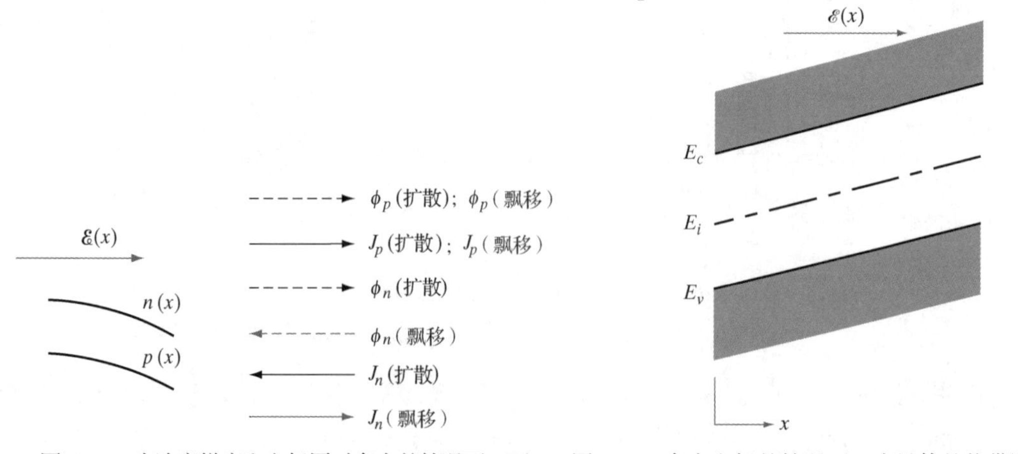

图 4-14 在浓度梯度和电场同时存在的情况下，两种载流子的漂移、扩散以及相应电流的方向。虚线代表粒子流，实线代表电流

图 4-15 存在电场的情况下，半导体的能带图

电场是电势的负梯度，即

$$\mathscr{E}(x) = -\frac{\mathrm{d}\mathscr{V}(x)}{\mathrm{d}x} \tag{4-25}$$

其中电势梯度 $\mathrm{d}\mathscr{V}(x)/\mathrm{d}x$ 可用本征费米能级 E_i 的梯度表示出来，于是上式也可写为

$$\boxed{\mathscr{E}(x) = -\frac{\mathrm{d}\mathscr{V}(x)}{\mathrm{d}x} = -\frac{\mathrm{d}}{\mathrm{d}x}\left[\frac{E_i}{(-q)}\right] = \frac{1}{q}\frac{\mathrm{d}E_i}{\mathrm{d}x}} \tag{4-26}$$

该式给出了电场中半导体能带的变化情况，就是图 4-15 所示的情形。由该图我们能够容易地记住能带倾斜的方向和电场方向的相对关系。

半导体处于平衡态时，其中不存在净电流。若因某种原因（比如随机涨落、不均匀掺杂等）形成了浓度梯度引起载流子扩散，则会在体内形成电场，而电场的形成反过来又会使载流子浓度发生重新分布，总的结果仍然是保持载流子的漂移电流和扩散电流相互抵消，总电流为零。由此可以推断载流子的扩散系数和迁移率之间必定存在着某种关系。考虑到平衡态下每一种载流子的净电流都等于零[参见式 4-23(b)]，以空穴为例，就是 $J_p(x) = 0$，于是有

$$\mathscr{E}(x) = \frac{D_p}{\mu_p}\frac{1}{p(x)}\frac{\mathrm{d}p(x)}{\mathrm{d}x} \tag{4-27}$$

利用式(3-25b)将空穴浓度 $p(x)$ 及其梯度 $\mathrm{d}p(x)/\mathrm{d}x$ 表示出来并代入上式，有

$$\mathscr{E}(x) = \frac{D_p}{\mu_p}\frac{1}{kT}\left(\frac{\mathrm{d}E_i}{\mathrm{d}x} - \frac{\mathrm{d}E_F}{\mathrm{d}x}\right) \tag{4-28}$$

因为平衡条件下费米能级 E_F 不存在空间梯度，所以上式括号中的 $\mathrm{d}E_F/\mathrm{d}x$ 项等于零。将式(4-26)给出的 $\mathrm{d}E_i/\mathrm{d}x$ 代入上式，便得到扩散系数和迁移率之间的关系

$$\boxed{\frac{D}{\mu} = \frac{kT}{q}} \tag{4-29}$$

该式称为**爱因斯坦**(Einstein)**关系**，其中省略了下标，表示它对两种载流子都是适用的。利用这个关系，只要知道了扩散系数 D 和迁移率 μ 中的任何一个，就可以方便地确定出另一个。表 4-1 给出了常用半导体在室温下(300 K)扩散系数 D 和迁移率 μ 的实测数据。显然，表中所列数据满足爱因斯坦关系，有 $D/\mu = kT/q = 0.026$ V(300 K)。

表 4-1　几种本征半导体中电子和空穴的扩散系数和迁移率(300 K)。对于掺杂半导体，载流子的扩散系数和迁移率已在图 3-23 中给出

半导体	D_n(cm²/s)	D_p(cm²/s)	μ_n(cm²/V·s)	μ_p(cm²/V·s)
Ge	100	50	3900	1900
Si	35	12.5	1350	480
GaAs	220	10	8500	400

根据平衡态半导体中任意一种载流子的扩散电流和漂移电流相互抵消的事实，可得到这样一个重要结果，即**自建电场**(如果有的话)和能带的梯度总是同时存在的，这正是式(4-26)所揭示的。化合物半导体内元素组分的变化可形成自建电场，相应的能带边(E_c、E_i、E_v)也具有梯度(但注意费米能级是水平的)。半导体内掺杂浓度不均匀也能形成自建电场，这实际上是形成自建电场的常见原因。例如，若 n 型半导体的掺杂浓度呈某种不均匀的分布 $N_d(x)$，则其中电子的浓度分布 $n_0(x)$ 就具有梯度；为保持净电流为零，半导体内就必然形成自建电场 $\mathscr{E}(x)$。

4.4.3　扩散和复合；连续性方程

前面尚未说明载流子在扩散过程中复合作用的影响。实际上，过剩载流子的数量在扩散过程中会因复合而减少。我们考虑长度为Δx、截面积为A的小块半导体，如图4-16所示，设空穴电流沿yz方向流动。考虑一般情形，载流子的数量因产生或复合而改变，那么从左边流入的空穴电流和从右边流出的空穴电流是不相等的。单位时间内空穴浓度的净增量$\partial p/\partial t$应等于单位时间内进入到单位体积内的空穴数量与单位时间内流出该单位体积的空穴数量之差，再减去(或加上)单位时间内在该单位体积内因复合(或产生)而减少(或增加)的空穴数量。单位时间内流入和流出单位体积ΔxA的空穴数量可分别表示为$J_p(x)/(q\Delta x)$和$J_p(x+\Delta x)/(q\Delta x)$，因复合(或产生)而减少(或增加)的空穴数量可表示为$\delta p/\tau_p$，于是单位时间内空穴浓度的净增量可表示为

$$\left.\frac{\partial p}{\partial t}\right|_{x\to x+\Delta x}=\frac{1}{q}\frac{J_p(x)-J_p(x+\Delta x)}{\Delta x}-\frac{\delta p}{\tau_p} \tag{4-30}$$

当$\Delta x\to 0$时，上式演变为

$$\frac{\partial p(x,t)}{\partial t}=\frac{\partial \delta p}{\partial t}=-\frac{1}{q}\frac{\partial J_p}{\partial x}-\frac{\delta p}{\tau_p} \tag{4-31a}$$

这就是空穴的**连续性方程**。同理，也能得到电子的连续性方程

$$\frac{\partial \delta n}{\partial t}=\frac{1}{q}\frac{\partial J_n}{\partial x}-\frac{\delta n}{\tau_n} \tag{4-31b}$$

如果电流只是由扩散引起的，则将扩散电流密度

$$J_n(\text{扩散})=qD_n\frac{\partial \delta n}{\partial x} \tag{4-32}$$

代入式(4-31b)，便得到电子的**扩散方程**

$$\boxed{\frac{\partial \delta n}{\partial t}=D_n\frac{\partial^2 \delta n}{\partial x^2}-\frac{\delta n}{\tau_n}} \tag{4-33a}$$

同理，空穴的扩散方程为

$$\boxed{\frac{\partial \delta p}{\partial t}=D_p\frac{\partial^2 \delta p}{\partial x^2}-\frac{\delta p}{\tau_n}} \tag{4-33b}$$

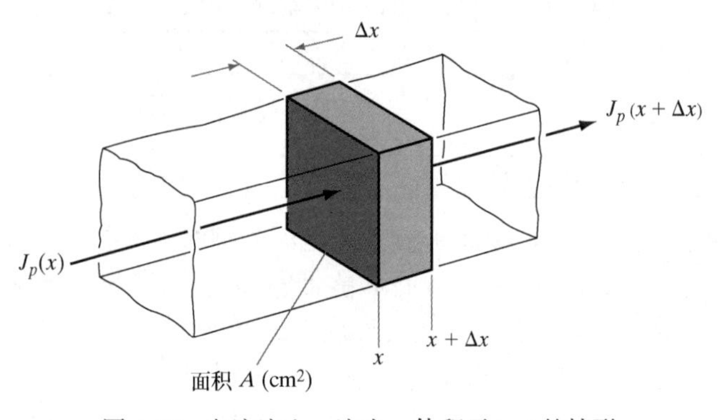

图4-16　电流流入、流出一体积元ΔxA的情形

利用扩散方程式(4-33)对载流子扩散和复合的瞬态问题进行求解是很有用的。例如，图 4-12 所示的过剩电子在扩散过程中不断与空穴复合，根据式(4-33a)可求出不同时刻电子浓度的分布 $n(x,t)$。

4.4.4　稳态注入；扩散长度

在稳态情况下，样品内各处的载流子浓度及其分布不随时间变化，式(4-33)中对时间的微分项等于零，此时扩散方程进一步演变为**稳态扩散方程**，即

$$\boxed{\frac{\mathrm{d}^2\delta n}{\mathrm{d}x^2}=\frac{\delta n}{D_n\tau_n}\equiv\frac{\delta n}{L_n^2}} \tag{4-34a}$$

$$\boxed{\frac{\mathrm{d}^2\delta p}{\mathrm{d}x^2}=\frac{\delta p}{D_p\tau_p}\equiv\frac{\delta p}{L_p^2}} \tag{4-34b}$$

其中 $L_n\equiv\sqrt{D_n\tau_n}$ 是**电子扩散长度**，$L_p=\sqrt{D_p\tau_p}$ 是**空穴扩散长度**。由于稳态时过剩载流子的分布不随时间变化，所以上式中的导数不再使用偏导数的形式。

下面我们结合实例来考察扩散长度的物理意义。假设通过某种方法在半导体样品内 $x=0$ 处产生了过剩空穴，且该处过剩空穴的浓度 $\delta p(x=0)$ 保持为 Δp 不变，空穴的复合寿命为 τ_p，则随着扩散距离的加长，因与电子复合，过剩空穴的浓度将逐渐减小；在距离 $x=0$ 很远的地方，过剩空穴的浓度减小为零，如图 4-17 所示。达到稳态后，过剩空穴浓度的分布可通过求解稳态扩散方程得到，它具有如下的形式：

$$\delta p(x)=C_1\mathrm{e}^{x/L_p}+C_2\mathrm{e}^{-x/L_p} \tag{4-35}$$

其中的系数 C_1 和 C_2 需根据边界条件确定，即 $x=0$ 处，$\delta p=\Delta p$；$x=\infty$处，$\delta p=0$。代入上式得到 $C_1=0$，$C_2=\Delta p$，因此

$$\boxed{\delta p(x)=\Delta p\mathrm{e}^{-x/L_p}} \tag{4-36}$$

这说明在扩散和复合同时进行的过程中，过剩载流子的浓度随扩散距离的增大而呈指数式减小。在 $x=L_p$ 处，即在一个扩散长度处，过剩载流子浓度减小到 $x=0$ 处的 $1/\mathrm{e}$（等于 $\Delta p/\mathrm{e}$）；在更远的地方，浓度更小直至为零。可以证明，扩散长度 L_p 代表了空穴与电子复合之前运动过的平均距离。下面对此加以证明。设过剩空穴在 $x=0$ 处形成，则扩散到 x 处而未与电子复合的几率是 $\delta p(x)/\Delta p=\exp(-x/L_p)$，在 $x\sim x+\mathrm{d}x$ 范围内与电子复合的几率是

$$\frac{\delta p(x)-\delta p(x+\mathrm{d}x)}{\delta p(x)}=-\frac{(\mathrm{d}\delta p(x)/\mathrm{d}x)\mathrm{d}x}{\delta p(x)}=\frac{1}{L_p}\mathrm{d}x \tag{4-37}$$

因此，空穴从 $x=0$ 运动到 x 处并在 $\mathrm{d}x$ 内与电子复合的几率是以上两个几率的乘积

$$(\mathrm{e}^{-x/L_p})\left(\frac{1}{L_p}\mathrm{d}x\right)=\frac{1}{L_p}\mathrm{e}^{-x/L_p}\mathrm{d}x \tag{4-38}$$

利用式(2-21)对 x 求平均，便得到空穴在复合前运动过的平均距离是

$$\langle x\rangle=\int_0^\infty x\frac{\mathrm{e}^{-x/L_p}}{L_p}\mathrm{d}x=L_p \tag{4-39}$$

这就是说，扩散长度代表了过剩载流子在复合前扩散通过的平均距离。

从过剩载流子的稳态浓度分布可求出稳态扩散电流。对于空穴，由式(4-22b)和式(4-36)可得到稳态扩散电流密度为

$$J_p(x) = -qD_p \frac{\mathrm{d}p}{\mathrm{d}x} = -qD_p \frac{\mathrm{d}\delta p}{\mathrm{d}x} = q\frac{D_p}{L_p}\Delta p\mathrm{e}^{-x/L_p} = q\frac{D_p}{L_p}\delta p(x) \tag{4-40}$$

这里将空穴的浓度梯度直接写成了过剩空穴的浓度梯度，这是因为 $p(x) = p_0 + \delta p(x)$，而 p_0 是不变的。由上式可见，任一点 x 的扩散电流正比于该处的过剩载流子浓度 δp 。

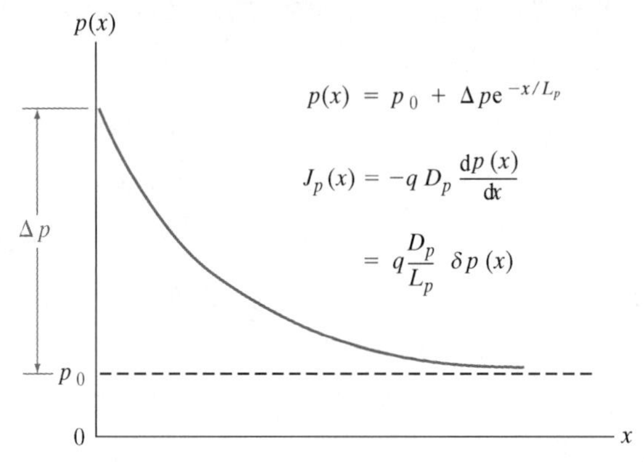

图 4-17 空穴在 $x = 0$ 处注入、形成稳态分布 $p(x)$ 以及扩散电流 $J_p(x)$

上面对于载流子扩散问题的讨论是学习 p-n 结理论(参见第 5 章)的基础。在第 5 章我们将会看到，p-n 结注入的过剩少子的分布就是由式(4-36)给出的，相应的少子扩散电流也是由式(4-40)表示的。

【例 4-4】 一半导体 Si 样品的长度很长，横截面积是 0.5 cm^2，掺杂浓度是 $N_a = 10^{17}$ cm^{-3}，加入在端点 $x = 0$ 处注入过剩空穴 5×10^{16} cm^{-3}，那么在 $x = 1000$ Å 处空穴的准费米能级 F_p 离开导带底 E_c 多远？该处空穴的电流是多大？整个样品中存储的过剩空穴电荷是多少？计算时取 $\mu_p = 500$ cm^2/(V·s)，$\tau_p = 10^{-10}$ s。

【解】 由爱因斯坦关系，可知空穴的扩散系数

$$D_p = \frac{kT}{q}\mu_p = 0.0259\times500 = 12.95\ \mathrm{cm^2/s}$$

空穴的扩散长度

$$L_p = (D_p\tau_p)^{1/2} = (12.95\times10^{-10})^{1/2} = 3.6\times10^{-5}\ \mathrm{cm} = 0.36\ \mu\mathrm{m}$$

空穴的稳态浓度分布

$$p(x) = p_0 + \delta p(x) = p_0 + \Delta p\mathrm{e}^{-x/L_p} = 10^{17} + 5\times10^{16}\mathrm{e}^{-x/0.36}$$

在 $x = 1000$ Å = 0.1 μm 处，空穴的稳态浓度

$$p = p_0 + \delta p = 10^{17} + 5\times10^{16}\times\mathrm{e}^{-0.1/0.36} = 1.38\times10^{17}\ \mathrm{cm^{-3}}$$

根据 $p = n_i\exp[(E_i - F_p)/kT]$，可知

$$E_i - F_p = kT\ln\frac{p}{n_i} = 0.0259\times\ln\frac{1.38\times10^{17}}{1.5\times10^{10}} = 0.415\ \mathrm{eV}$$

$$E_c - F_p = E_g / 2 + (E_i - F_p) = 1.1/2 + 0.415 = 0.965 \text{ eV}$$

空穴电流只有扩散电流一种成分，在 $x = 1000$ Å $= 0.1$ μm 处

$$I_p = -qAD_p \frac{\mathrm{d}p}{\mathrm{d}x} = qA\frac{D_p}{L_p}\Delta p \mathrm{e}^{-\frac{x}{L_p}}$$

$$= 1.6\times10^{-19}\times0.5\times\frac{12.95}{3.6\times10^{-5}}\times5\times10^{16}\times\mathrm{e}^{-\frac{10^{-5}}{3.6\times10^{-5}}} = 1.09\times10^{3} \text{ A}$$

Si 样品中存储的过剩空穴电荷

$$Q_p = qA\Delta pL_p = 1.6\times10^{-19}\times0.5\times5\times10^{16}\times3.6\times10^{-5} = 1.44\times10^{-7} \text{ C}$$

4.4.5 Haynes-Shockley 实验

1951 年由贝尔实验室(Bell)的海恩斯(J.R.Haynes)和肖克利(W.Shockley)进行的一项实验，首次对少数载流子的漂移和扩散进行了实验研究。这是关于半导体的经典实验之一，能够分别独立地测量出少子的迁移率 μ 和扩散系数 D。其基本原理是(以 n 型半导体为例，参见图 4-18)：在半导体样品某处(如 $x = 0$ 处)形成过剩少子空穴，在其他地方检测空穴浓度的变化；根据浓度峰值运动的距离和相应的运动时间，可确定出空穴的迁移率；根据某时刻空穴浓度的分布，还可确定出少子(这里指空穴)的扩散系数。

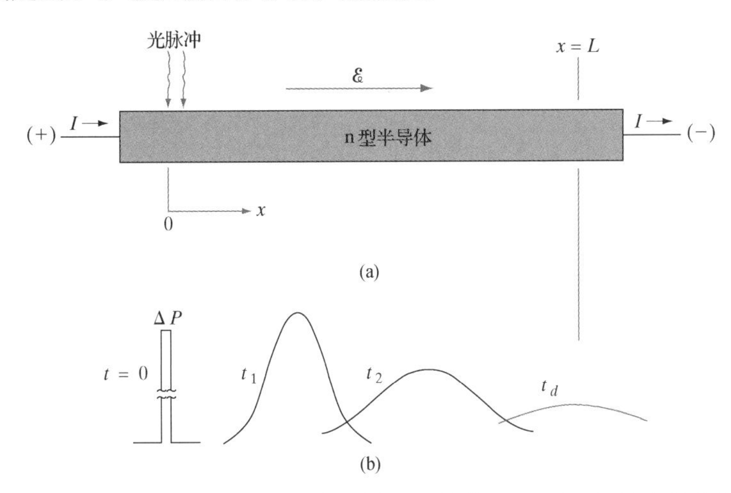

图 4-18　n 型半导体中过剩空穴脉冲的漂移和扩散及其随时间的变化情况。
(a)形成过剩空穴脉冲；(b)过剩空穴脉冲的位置和形状随时间的变化情况

如图 4-18 所示，用光脉冲照射到样品的 $x = 0$ 处，产生过剩载流子。n 型样品中少子空穴的浓度与多子电子的浓度相比虽然很小($p_0 \ll n_0$)，但它本身的变化幅度却很大($\delta p \gg p_0$)，因而容易被探测到。测量空穴脉冲峰值到达 $x = L$ 处所需的时间 t_d(漂移时间)，就可求出其漂移速度 v_d 和迁移率 μ_p

$$\mathrm{v}_d = L / t_d \tag{4-41}$$

$$\mu_p = \frac{\mathrm{v}_d}{\mathscr{E}} \tag{4-42}$$

显然，这里测得的是少子的迁移率，而利用霍尔效应测量的是多子的迁移率(参见 3.4.5 节)。

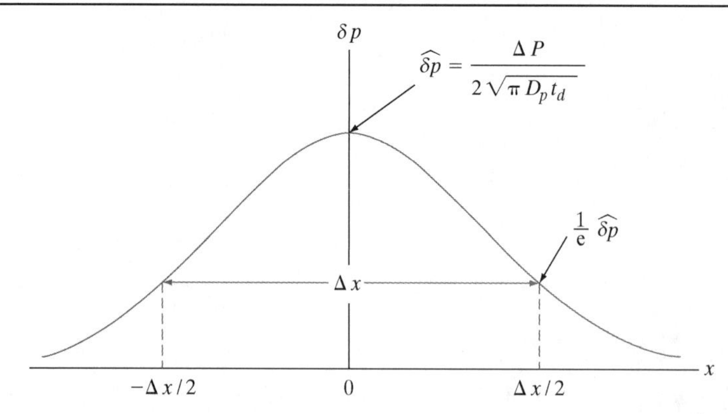

图 4-19 经过时间 t_d 后，由空穴脉冲的分布 $\delta p(x)$ 确定其扩散系数 D_p(不考虑漂移和复合的影响)

空穴在做漂移运动的同时，也在做扩散运动。测量某一时刻空穴的浓度分布，还可求出扩散系数 D_p(参见图 4-12)。空穴的浓度分布 $p(x,t)$ 应满足式(4-33b)描述的与时间有关的扩散方程。当空穴寿命 τ_p 比运动时间 t 长得多时，可以认为在这段时间内未发生复合，此时扩散方程可写为

$$\frac{\partial \delta p(x,t)}{\partial t}=D_p\frac{\partial^2 \delta p(x,t)}{\partial x^2} \tag{4-43}$$

从而可解出过剩空穴的浓度分布 $\delta p(x,t)$，即空穴脉冲是一个**高斯分布**

$$\delta p(x,t)=\left[\frac{\Delta P}{2\sqrt{\pi D_p t}}\right]\mathrm{e}^{-\frac{x^2}{4D_p t}} \tag{4-44}$$

其中，ΔP 是 $t=0$ 时刻在 $x=0$ 处单位面积下产生的过剩空穴数量，括号内的因子与时间有关，表示空穴脉冲的峰值随着时间的加长而减小；指数部分则表示脉冲的分布范围随着时间的加长而逐渐扩展。注意，上式中的时间 t 既是扩散时间，也是漂移时间，此式代表的分布如图 4-19 所示。测量 $t=t_d$ 时刻脉冲的峰值浓度 $\widehat{\delta p}$ 和半宽度($\Delta x/2$)处的浓度 $\delta p=\widehat{\delta p}/e$，就可求出空穴的扩散系数 D_p

$$e^{-1}\widehat{\delta p}=\widehat{\delta p}\mathrm{e}^{-\frac{(\Delta x/2)^2}{4D_p t_d}} \tag{4-45}$$

$$D_p=\frac{(\Delta x)^2}{16t_d} \tag{4-46}$$

但其中的脉冲宽度 Δx 不能直接测量得到，而需用图 4-20(a)所示的实验装置进行测量。其原理是：过剩载流子在(1)处形成，当空穴脉冲通过(2)处的探针时，其“波形”便显示在示波器上[见图 4-20(a)]；这个波形实际上是探针所在位置的过剩空穴浓度随时间的变化关系，将它的宽度 Δt(时间宽度)与漂移速度 v_d 相乘，就得到了空穴脉冲的空间宽度 Δx

$$\Delta x=\mathrm{v}_d\Delta t=\frac{L}{t_d}\Delta t \tag{4-47}$$

【例 4-5】 用 n 型 Ge 样品做海恩斯-肖克利实验，如图 4-20 所示。样品的长度为 1 cm，两个探针(1)和(2)之间的距离是 0.95 cm，电源电压为 $E_0=2$ V。少子空穴在(1)处产生，经过 0.25 ms 后其浓度峰值到达(2)处，从示波器上读出的脉冲宽度为 $\Delta t=117$ μs。试求空穴的迁移率和扩散系数，并由所得结果验证爱因斯坦关系。假设温度为 300 K。

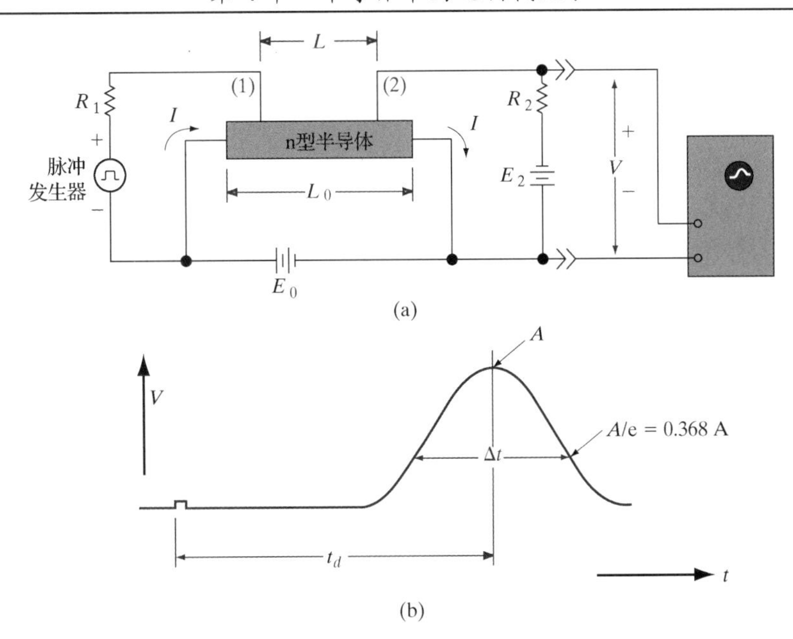

图 4-20　海恩斯-肖克利实验。(a)实验原理图；(b)示波器上显示的典型信号(电压)波形

【解】

$$\mu_p = \frac{\mathrm{v}_d}{\mathscr{E}} = \frac{0.95/(0.25\times10^{-3})}{2/1} = 1900\ \mathrm{cm^2/(V{\cdot}s)}$$

$$D_p = \frac{(\Delta x)^2}{16t_d} = \frac{(\Delta tL)^2}{16{t_d}^3} = \frac{(117\times0.95)^2\times10^{-12}}{16\times(0.25\times10^{-3})^3} = 49.4\,\mathrm{cm^2/s}$$

$$\frac{D_p}{\mu_p} = \frac{49.4}{1900} = 0.026\ \mathrm{V} = \frac{kT}{q} \qquad (T = 300\ \mathrm{K})$$

上面最后一式证明了爱因斯坦关系成立。

4.4.6　准费米能级的空间梯度

在 3.5 节已指出，处于平衡态的半导体，费米能级 E_F 是处处水平的、不存在空间梯度。但是，处于非平衡态的半导体，载流子的准费米能级却存在空间梯度。

下面结合式(4-23)、式(4-26)和式(4-29)对此加以说明。非平衡条件下半导体中的电子电流密度等于其扩散电流密度和漂移电流密度之和

$$J_n(x) = q\mu_n n(x)\mathscr{E}(x) + qD_n\frac{\mathrm{d}n(x)}{\mathrm{d}x} \tag{4-48}$$

利用式(4-15)可将电子浓度梯度表示为

$$\frac{\mathrm{d}n(x)}{\mathrm{d}x} = \frac{\mathrm{d}}{\mathrm{d}x}\left[n_i\mathrm{e}^{(F_n-E_i)/kT}\right] = \frac{n(x)}{kT}\left(\frac{\mathrm{d}F_n}{\mathrm{d}x} - \frac{\mathrm{d}E_i}{\mathrm{d}x}\right) \tag{4-49}$$

将上式和爱因斯坦关系代入式(4-48)，得到

$$J_n(x) = q\mu_n n(x)\mathscr{E}(x) + \mu_n n(x)\left[\frac{\mathrm{d}F_n}{\mathrm{d}x} - \frac{\mathrm{d}E_i}{\mathrm{d}x}\right] \tag{4-50}$$

根据式(4-26)可知，上式括号中的最后一项等于 $q\mathscr{E}(x)$，因此，上式可进一步写为

$$J_n(x) = \mu_n n(x)\frac{\mathrm{d}F_n}{\mathrm{d}x} \tag{4-51}$$

这说明电子电流可用电子准费米能级的梯度 $\mathrm{d}F_n(x)/\mathrm{d}x$ 表示出来。同理，也可把空穴电流用空穴准费米能级的梯度表示出来。将它们写成广义欧姆定律的形式，就是

$$J_n(x) = q\mu_n n(x)\frac{\mathrm{d}(F_n/q)}{\mathrm{d}x} = \sigma_n(x)\frac{\mathrm{d}(F_n/q)}{\mathrm{d}x} \tag{4-52a}$$

$$J_p(x) = q\mu_p p(x)\frac{\mathrm{d}(F_p/q)}{\mathrm{d}x} = \sigma_p(x)\frac{\mathrm{d}(F_p/q)}{\mathrm{d}x} \tag{4-52b}$$

上式指出了这样一条规律：半导体中某种载流子在某处形成的电流与这种载流子的准费米能级在该处的空间梯度成正比。也可以反过来说，如果半导体中某种载流子在某处没有形成净电流，则这种载流子的准费米能级在该处就不存在空间梯度。应当指出的是，上式中的电流密度已经包括了扩散电流密度和漂移电流密度两个分量。载流子的准费米能级可以比喻为流体的压力：水从压力高的地方流向压力低的地方，直到各处压力相等为止；与此类似，电子从准费米能级高的地方向准费米能级低的地方运动，直到各处的费米能级达到水平为止(即达到平衡)。另外，我们已经知道，促使载流子运动的驱动力一部分来自于电子势能(或者说是电场)——该驱动力使电子发生漂移，一部分来自于浓度梯度(与热力学中的化学势有关)——该驱动力促成载流子的扩散，所以，有时我们也把准费米能级理解为电化学势。

小结

4.1 当半导体受到光照，或者通过 p-n 结发生载流子注入(或抽出)，则会形成过剩载流子。半导体受到光照时(光子能量大于禁带宽度)，一方面会产生电子-空穴对(EHP)，另一方面产生的 EHP 又发生直接复合或间接复合。

4.2 载流子的产生-复合过程受到陷阱能级(特别是位于禁带中央附近的深陷阱能级)的影响。带间直接发生的或者通过陷阱能级发生的载流子产生-复合过程使得过剩载流子具有平均寿命。载流子寿命乘以产生率可得到过剩载流子的浓度。载流子寿命乘以扩散系数然后取平方根可得到扩散长度。

4.3 热平衡条件下，费米能级在空间是水平的。在过剩载流子的非平衡条件下，费米能级分开成为电子和空穴各自的准费米能级。两种载流子准费米能级分开的程度反映了系统偏离平衡态的程度。少子准费米能级的变化比多子的大，这是因为少子数量的相对变化比多子的明显。某一种载流子的准费米能级的梯度决定了该种载流子的净电流(即漂移电流和扩散电流之和)。

4.4 载流子从高浓度区域向低浓度区域扩散，扩散流的大小等于扩散系数与浓度梯度的乘积。电子扩散电流的方向与电子流的方向相反，空穴扩散电流的方向与空穴流的方向相同。载流子的扩散系数等于迁移率与热电势 kT/q 的乘积(爱因斯坦关系)。

4.5 半导体中各处的载流子在不同时刻的浓度可通过求解载流子连续性方程得到。连续性方程指出：如果到达某处的载流子数量比离开该处的数量多，则该处载流子的浓度是时间的函数且随着时间的加长而增加，反之亦然。产生-复合过程会改变载流子浓度。

习题

4.1 设 Si 样品的费米能级 E_F 位于价带顶 E_v 上方 0.4 eV 处。若样品中的杂质是 Ga，试分析该样品中的大多

数 Ga 原子具有怎样的电荷态。如果杂质是 Zn 或 Au，它们又具有怎样的电荷态？这里所说的电荷态是指以中性、带单个正电荷、带两个负电荷等形式存在的状态。

4.2　Si 样品中施主杂质浓度为 10^{16} cm^{-3}，受到光照时光生载流子产生率为 10^{19} cm^{-3}·s^{-1}(各处均匀)。光照使样品被加热到 450 K。试确定光照后两种载流子准费米能级的位置和光照前后样品电导率的变化。已知 450 K 时 $n_i = 10^{14}$ cm^{-3}，$D_n = 36$ cm^2/s，$D_p = 12$ cm^2/s，$\tau_n = \tau_p = 10$ μs。

4.3　GaAs 样品中施主杂质浓度为 2×10^{15} cm^{-3}，受到光照时光生载流子浓度为 4×10^{14}cm^{-3}(各处均匀)。若在 $t = 0$ 时刻撤除激发源，试仿照图 4-7 计算各量并作图。设 $\tau_n = \tau_p = 5$ μs。

4.4　求习题 4.3 中载流子的复合系数α_r。设求得的复合系数在光产生率为 $g_{op} = 10^{19}$ cm^{-3}·s^{-1} 的情况下仍保持不变，求过剩载流子浓度(稳态$\Delta n = \Delta p$)。

4.5　Si 样品中施主杂质浓度从表面随深度 x 呈指数式衰减分布：$N_d(x) = N_0\exp(-ax)$。(a)求样品中电场(注：考虑 $N_d >> n_i$ 的区域)。(b)若 $a = 1$ μm^{-1}，则样品中的电场为多大？(c)仿照图 4-15 画出平衡态能带图并在其中标明电场的方向。

4.6　均匀掺杂的 Si 样品，施主杂质浓度为 $N_d = 10^{15}$ cm^{-3}，受到光照时过剩载流子的产生率为 $g_{op} = 10^{19}$ cm^{-3}·s^{-1}。设 $\tau_n = \tau_p = 10$ μs，$D_p = 12$ cm^2/s，求受到光照前后样品电导率的变化和稳态情况下两种载流子的准费米能级之差($F_n - F_p$)。

4.7　均匀掺杂的 Si 样品，施主杂质浓度为 $N_d = 10^{15}$ cm^{-3}，受到光照时过剩载流子的产生率为 $g_{op} = 10^{19}$ cm^{-3}·s^{-1}，设 $\tau_n = \tau_p = 0.1$ μs。求稳态情况下少子空穴的浓度。如果将光源撤除，则空穴浓度降低 10%需要多长时间？空穴浓度达到比其平衡浓度值高 10%需要多长时间？

4.8　均匀掺杂的 Si 样品，施主杂质浓度为 $N_d = 10^{15}$ cm^{-3}，受到光照时过剩载流子的产生率为 $g_{op} = 10^{21}$ cm^{-3}·s^{-1}，设 $\tau_n = \tau_p = 1$ μs。求两种载流子的准费米能级之差($F_n - F_p$)。仿照图 4-11 画出能带图。

4.9　一掺杂浓度为 $N_d = 10^{16}$ cm^{-3} 的 Si 棒，长为 2 cm，横截面积为 0.05 cm^2，若在两端施加 10 V 的偏压，则通过其中的电流是多大？若以 10^{20} cm^{-3}·s^{-1} 的产生率产生过剩载流子(受到均匀光照)，$\tau_n = \tau_p = 10^{-4}$ s，且假设复合系数α_r在大注入条件下保持不变，则电流变为多大？若将偏压提高到 100 000 V，电流又是多大？提示：取$\mu_p = 500$ cm^2/(V·s)，需自主选取适当的μ_n值。

4.10　利用 5 μm 厚的 CdS 层设计一个光电导器件，$\tau_n = \tau_p = 1$ μs，$N_d = 10^{14}$ cm^{-3}，要求其暗电阻为 10 MΩ，且只能占用边长为 0.5 cm 的方形区域。如果光生载流子的产生率为 $g_{op} = 10^{21}$ cm^{-3}·s^{-1}，该器件的电阻变为多大？

4.11　波长λ为 6328 Å、功率为 100 mW 的激光束照射厚度为 100 μm 的 GaAs 样品，GaAs 对该波长的光的吸收系数是 3×10^4 cm^{-1}，若假定量子效率为 1，求单位时间内 GaAs 发射的光子数。激光束中有多大功率被转换为 GaAs 样品的热量？

4.12　一段长为 L、横截面积为 A 的半导体棒，两端施加偏压 V，受到光照时过剩载流子的产生率为 g_{op}(各处均匀)。假设$\mu_n >> \mu_p$，则受到光照后电流的变化ΔI 主要由电子的迁移率μ_n和寿命τ_n决定。试证明光电流为$\Delta I = qALg_{op}\tau_n/\tau_t$，其中$\tau_t$是电子在样品(长度为 L)内的渡越时间。

4.13　对于图 4-17 所示的少子空穴浓度分布，假设 $p(x) >> p_0$(意即 F_p 低于 E_F)，求空穴的准费米能级的位置，用 $E_i(x) - F_p(x)$ 表示。在能带图上，画出 $F_p(x)$ 随位置的变化情况。应注意，因为少子浓度很低(特别是当Δp 接近于 n_i 时)，所以 F_p 要经过很远的距离才能靠近 E_F。

4.14　在 5 μm 长的 p 型半导体样品的左端注入电子，并使注入的电子浓度从左端的 10^{20} cm^{-3} 线性变化到右端的 0，如果电子迁移率是 500 cm^2/(V·s)，在忽略电场的情况下，通过样品的电流密度是多大？

4.15　用强度为 10^{17} cm^{-2}·s^{-1} 的光照射 p 型半导体样品，入射光在样品表面附近被全部吸收，样品的温度被提高至 500 K。如果少子电子的寿命是 0.1 μs，电子和空穴的迁移率分别是 2000 cm^2/(V·s)和 500 cm^2/(V·s)，求离开样品表面 20 μm 处电子的扩散电流密度。

4.16 一很长的 n 型 Si 棒，掺杂浓度为 $N_d=10^{17}\text{ cm}^{-3}$，横截面积为 0.5 cm^2，受到光照时表面处($x=0$) $g_{op}=10^{20}\text{ cm}^{-3}\cdot\text{s}^{-1}$，光生载流子向右扩散。已知 $\tau_n=\tau_p=10\ \mu\text{s}$，$\mu_p=500\text{ cm}^2/(\text{V}\cdot\text{s})$，$D_n=36\text{ cm}^2/\text{s}$，求离开表面 50 μm 处的扩散电流。

4.17 在 n 型半导体棒内，电子浓度从左到右增大，同时棒内还存在电场，方向向左。画图说明电子漂移电流和电子扩散电流的方向，并解释原因。若将各处的电子浓度翻倍，那么电子的漂移电流和扩散电流将如何变化？如果各处增加的电子浓度都相同，则电子的漂移电流和扩散电流又会怎样变化？请使用适当的方程或表达式加以解释。

4.18 参看图 4-17，为维持 $x=0$ 处过剩空穴的浓度不变，需要供给的电流应为 $I_p(x=0)=qAD_p\Delta p/L_p$，这是由式(4-40)得到的。试证明，还可由下述方法得到 $x=0$ 处的供给电流：将过剩空穴浓度$\Delta p(x)$对整个分布范围进行积分，求出存储的过剩空穴电荷，然后除以空穴的寿命τ_p，即得。

4.19 在习题 4.5 中，通过数学推导已证明：如果半导体的掺杂浓度不均匀，则会形成自建电场。至于自建电场的方向，不需要经过数学推导就可以通过画图直接分析出来：根据掺杂类型(施主或受主)的不同和杂质浓度的变化情况，画出平衡态能带图，使其中各处 E_i 和 E_F 的间距不同。这样画出的能带图，带边(E_c 和 E_v)和 E_i 自然具有梯度(因为有电场)，然后根据式(4-26)就可判断自建电场的方向了。这种情形实际上与 BJT 的不均匀掺杂基区内的自建电场一样。试判断少子在这样的自建电场中运动时，在哪个方向上是被加速的？

4.20 在习题 4.5 中，掺杂浓度不均匀形成的自建电场的方向已由式(4-23)和式(4-26)判断出来。这里，请定性地说明为什么这个自建电场会存在。(a)画出习题 4.5 给定的杂质浓度分布，解释自建电场为什么能够阻止电子扩散。如果是 p 型杂质(分布相同)，那么自建电场是否可阻止空穴扩散？(b)画一个微观图示，在其中画出电离施主杂质和可动电子，解释自建电场及其方向的起源。如果是 p 型杂质，情况会怎样？

4.21 现要通过海恩斯-肖克利实验测量 n 型样品的少子寿命τ_p。假定在某一时刻 t_d，示波器显示的电压脉冲峰值正比于在该时刻收集极所在位置的空穴浓度，电压脉冲近似是高斯分布[以时间为横轴，如式(4-44)表示的那样]，该脉冲整体随时间按 $\exp(-t/\tau_p)$ 的规律衰减。在 $t_d=50\ \mu\text{s}$ 时测得脉冲峰值为 80 mV，在时刻 $t_d=200\ \mu\text{s}$ 测得脉冲峰值为 20 mV。求少子空穴的寿命τ_p。

4.22 一根长度为 2 μm 的半导体棒，里面均匀掺有 $2\times10^{13}\text{ cm}^{-3}$ 的施主杂质和 10^{13} cm^{-3} 的受主杂质。这种半导体的本征载流子浓度为 10^{13} cm^{-3}。在这种半导体中，对电子来说，如果电场低于 10^5 V/cm，则参与导电是欧姆型的；如果电场高于 10^5 V/cm，则以 10^8 cm/s 的饱和速度漂移。对空穴来说，如果电场低于 10^4 V/cm，则参与导电是欧姆型的；如果电场高于 10^4 V/cm，则以 10^5 cm/s 的饱和速度漂移。已知载流子扩散系数是 $D_n=26\text{ cm}^2/\text{s}$ 和 $D_p=52\text{ cm}^2/\text{s}$。若在其两端施加 5 V 的偏压，计算其中电子和空穴的漂移电流密度。在棒的中心位置处，电子和空穴的扩散电流密度分别是多大？温度取为 300 K。

4.23 一种新近发现的半导体材料，$N_c=10^{19}\text{ cm}^{-3}$，$N_v=5\times10^{18}\text{ cm}^{-3}$，$E_g=2$ eV，在其中掺入 10^{17} cm^{-3} 的施主杂质(已全部电离)，试求 627℃时电子浓度、空穴浓度，以及本征载流子浓度。画出其平衡态能带图，并确定 E_F 和 E_i 相对于能带边的位置。若这种半导体样品的长、宽、厚分别是 8 μm、2 μm、1.5 μm，在其两端施加 5 V 的偏压，那么通过其中的电流为多大？电子和空穴的扩散系数分别取为 $D_n=75\text{ cm}^2/\text{s}$ 和 $D_p=25\text{ cm}^2/\text{s}$。

4.24 一种新型半导体材料，本征载流子浓度为 10^{12} cm^{-3}，电子和空穴的迁移率分别是 $\mu_n=20\text{ cm}^2/(\text{V}\cdot\text{s})$ 和$\mu_p=5\text{ cm}^2/(\text{V}\cdot\text{s})$，饱和速度分别是 $v_{n\_sat}=10^8$ cm/s 和 $v_{p\_sat}=10^7$ cm/s。用这种半导体制作的样品，长、宽、厚分别是 2 μm、0.5 μm、0.2 μm，其中施主掺杂浓度为 $2\times10^{12}\text{ cm}^{-3}$。在其两端施加 10 V 的偏压，计算通过样品的电子电流和空穴电流。

4.25 某种半导体，$E_g = 2$ eV，$N_c = 10^{19}$ cm^{-3}。用这种半导体制作的长条形样品总长 1.0 cm，从左到右的掺杂情况为：0 ~ 0.2 cm 区域是重掺杂区(n^+)，0.2 ~ 0.7 cm 区域的施主杂质浓度是 10^{17} cm^{-3}，0.7 ~ 1.0 cm 也是重掺杂(n^+)区。将样品连接 0.5 V 的电池(左端接正极)组成回路，忽略重掺杂区中的电压降，试画出能带图。如果电子的迁移率是 100 cm^2/(V·s)，那么电子电流密度是多少？如果电子从右端注入样品(此处的动能可忽略)，假设电子不受散射作用，那么在 $x = 0.1$ cm、0.6 cm、0.9 cm 处电子的动能分别为多少？

参考读物

Ashcroft, N. W., and N. D. Mermin. *Solid State Physics.* Philadelphia: W.B. Saunders, 1976.

Bhattacharya, P. *Semiconductor Optoelectronic Devices*. Englewood Cliffs, NJ: Prentice Hall, 1994.

Blakemore, J. S. *Semiconductor Statistics.* New York: Dover Publications, 1987.

Neamen, D. A. *Semiconductor Physics and Devices: Basic Principles.* Homewood, IL: Irwin, 2003.

Pankove, J. I. *Optical Processes in Semiconductors.* Englewood Cliffs, NJ: Prentice Hall, 1971.

Pierret, R. F. *Semiconductor Device Fundamentals.* Reading, MA: Addison-Wesley, 1996.

Singh, J. *Semiconductor Devices.* New York: McGraw-Hill, 1994.

Wolfe, C. M., G. E. Stillman, and N. Holonyak, Jr. *Physical Properties of Semiconductors.* Englewood Cliffs, NJ: Prentice Hall, 1989.

自测题

问题 1

考虑一块 p 型半导体样品，该半导体的禁带宽度为 1.0 eV，少子(电子)寿命为 0.1 μs。受到均匀光照，光子的能量为 2.0 eV。

(a) 若要形成稳定的过剩载流子浓度 10^{10}/cm^3，那么光生载流子的产生率应为多少？

(b) 若要形成稳定的过剩载流子浓度 10^{10}/cm^3，那么单位体积样品吸收的光功率是多少？

(c) 如果载流子复合时发射光子(即辐射复合)，那么单位体积样品发射的光功率是多大？

问题 2

(a) 通常所说的“深能级”陷阱和“浅能级”陷阱分别是什么意思？哪种陷阱对半导体器件更为有害？为什么？请举出一个 Si 中深能级陷阱的例子加以说明。

(b) 光在 Si 和 GaAs 中的吸收长度(衰减长度)哪个更长？为什么？提示：光子能量略大于 Si 和 GaAs 各自的禁带宽度。

(c) 半导体对光的吸收系数与光子的能量有关吗？为什么？

问题 3

一块半导体样品，其中有自建电场 $\mathscr{E}$，热平衡条件下的能带图如下图所示。

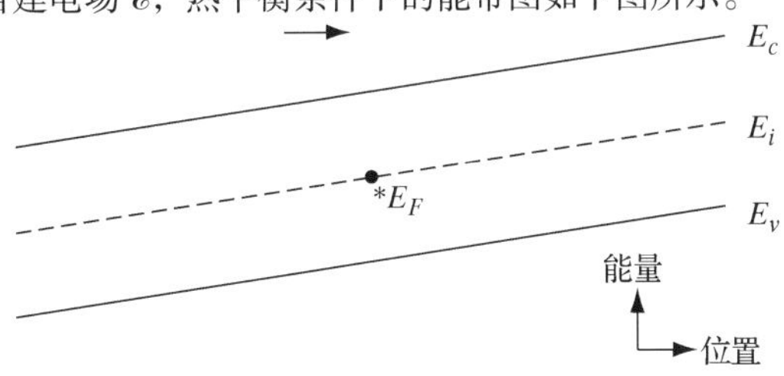

(a)在图中画出费米能级 E_F。提示：E_F必须通过图中标记为*的点。

(b)在图中标出电场的方向。该电场是常数还是随位置而变的?

(c)在下图中画出载流子浓度的分布(浓度取对数)。注意纵轴的原点对应着本征载流子浓度 $\log(n_i)$。

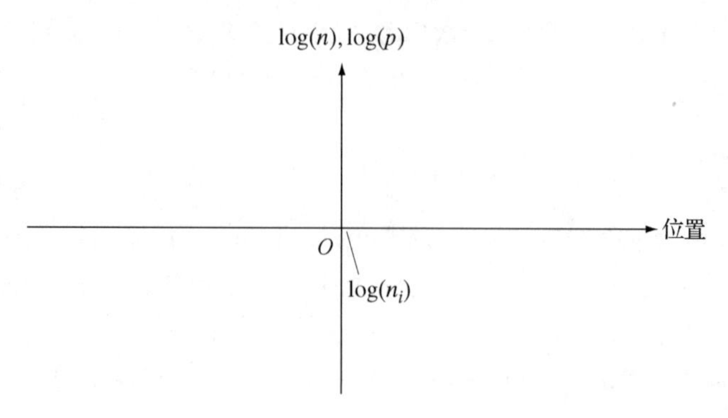

问题 4

(a)在问题 3 的平衡态能带图中分别标出电子和空穴的扩散流和漂移流的方向。

(b)在问题 3 的平衡态能带图中分别标出电子和空穴的扩散电流和漂移电流的方向。

问题 5

(a)为了解析半导体器件物理问题，通常需要求解的方程有哪些?

(b)半导体器件中一般有哪几种电流成分?分别是什么电流?

问题 6

考虑半导体的某个区域，假设其中电场的方向向右(→)，而载流子浓度增大的方向向左(←)。指出该区域内载流子流(包括扩散和漂移)的方向和相应电流的方向。

第 5 章　半导体 p-n 结和金属–半导体结

本章教学目的

1. 会画 p-n 结的能带图，会用泊松方程求解 p-n 结中的电势和电场分布。
2. 学习掌握二极管中的各种电流成分和 p-n 结的正偏和反偏 *I-V* 特性。
3. 熟练掌握并学会计算 p-n 结的耗尽层电容和扩散电容。
4. 熟练掌握并学会分析二极管中的各种器件物理效应。
5. 熟悉金属-半导体结和异质结的基本性质。

绝大多数半导体器件都含有至少一个由 p 型区和 n 型区构成的 p-n 结。p-n 结是实现整流、放大、开关等功能的基本器件。本章将讨论 p-n 结的平衡态、稳态，以及瞬态性质，还要讨论金属-半导体结的特性和异质结的基本性质。只有清晰了解并掌握这几种结的基本性质之后，才能学好后续各章中的具体器件的相关知识。

5.1　p-n 结的制造

尽管本书的主要目的是介绍固态电子器件的基本工作原理而不是其制造技术，但是，对器件的制造工艺技术有个概略的了解，对深入理解器件工作原理和物理机制是很有意义的。在第 1 章我们已了解块状晶体的生长技术、外延生长技术以及掺杂技术等，但迄今为止我们还不了解如何在晶片表面的不同区域形成各种器件结构的相关技术和过程。实际上，一个器件或一块 IC 芯片的结构是通过图形化掩模板将器件或芯片结构转移到晶片上，再通过掩模窗口进行选择性掺杂形成的。本节概略地介绍现代集成电路制造的主要工艺步骤。这些工艺步骤的排列组合可用于制造各种各样的器件或 IC 芯片，包括最简单的二极管和最复杂的微处理器芯片都是基于这些工艺的组合而制造出来的。

5.1.1　热氧化

许多工艺步骤都要求把晶片加热，用以加快相关的化学处理过程。Si 片的氧化过程就是如此：把一批 Si 衬底片放在洁净的石英管中置入氧化炉内，通过炉壁内的加热线圈将石英管加热到很高的温度(800 ~ 1000℃)，然后在常压下把含有氧(如干 O_2 或 H_2O 蒸气)的携载气体从石英管的一端通入，残余的气体由另一端排出。通入的干氧或湿氧(指 H_2O 蒸气)与衬底 Si 发生化学反应，即在 Si 片表面生成氧化层。这个过程称为热氧化。以前常用的氧化炉是如图 5-1(a)所示的卧式炉，但近年来人们更常使用如图 5-1(b)所示的立式炉。采用立式炉的一个好处是可把 Si 片的氧化面朝下，以减少微尘粒子污染；另一个好处是携载气体从炉体的上方通入，尾气从下部排出，炉内的气流比卧式炉更加均匀，利于氧化层的均匀生长。氧化过程中发生的化学反应为

$$Si + O_2 \rightarrow SiO_2 \text{（干法氧化）}$$

$$Si + 2H_2O \rightarrow SiO_2 + 2H_2 \text{（湿法氧化）}$$

干氧和湿氧氧化都发生在 Si 衬底的表面，即氧化剂是通过已经形成的 SiO_2 层扩散到 Si-SiO_2 界面，并在界面处与衬底 Si 发生反应。每生长 1 μm 厚的 SiO_2 层，大约消耗掉 0.44 μm 厚的 Si 层，即所生成的 SiO_2 与消耗掉的 Si 相比，体积膨胀了约 2.2 倍。现代集成电路的存在及其广泛应用，在很大程度上是得益于在 Si 衬底上能够生长出高质量的 SiO_2 层。相比之下，其他半导体材料一般不能通过氧化而如此方便地得到高质量的氧化层。因此可以说，Si 的氧化工艺简单方便，现代电子器件和集成电路的制造都是以此工艺为开端的。附录 F 给出了 Si(100) 单晶在不同温度下，采用干法氧化和湿法氧化生长 SiO_2 层的厚度与氧化时间的实验关系曲线。

(a)

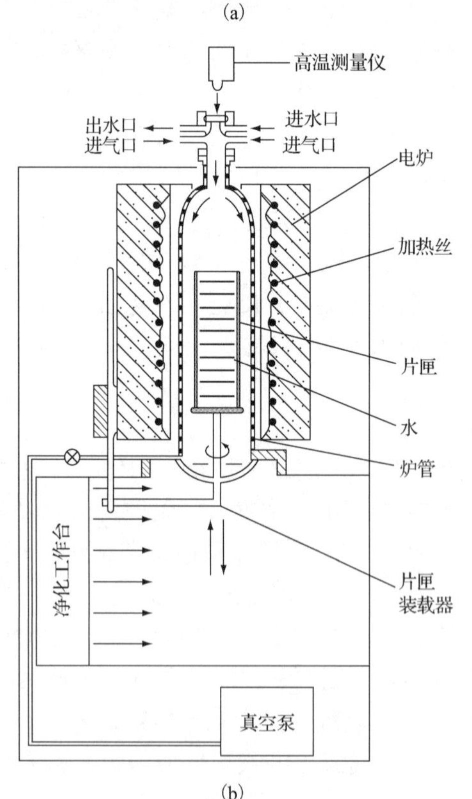

(b)

图 5-1 (a)将 Si 晶圆片装入高温炉体进行氧化、扩散、淀积等。对于直径为 8 英寸或更大的 Si 片，一般使用立式炉而不使用这种卧式炉；(b)对直径较大的 Si 晶圆片进行高温工艺处理的立式炉。将载有 Si 片的石英舟从炉体顶部放入炉体，然后进行氧化、扩散、淀积等工艺操作

5.1.2　扩散

扩散是 IC 制造过程中的另一个高温工艺步骤，其目的是将杂质通过扩散窗口引入到晶片内部而形成掺杂区。以往扩散所用的炉体是如图 5-1(a)所示的卧式炉。晶片经过氧化、形成氧化层后，再经过光刻和腐蚀(将分别在 5.1.6 节和 5.1.7 节介绍)在氧化层上打开扩散窗口，然后放入高温扩散炉(800 ~ 1100℃)，通入含有 B、P、或 As 等杂质的携载气体，使杂质从表面扩散窗口扩散必进入半导体晶片。杂质扩散的机理与载流子的扩散机理(参见 4.4 节)是一样的，只是杂质的扩散须在高温下进行且慢得多。附录 G 列出了各种杂质在不同温度下在 Si 晶体中的固溶度。杂质的扩散系数 D 对温度有强烈的依赖关系[称为阿伦尼乌斯(Arrhenius)依赖关系]，可表示为 $D = D_0\exp(-E_A/kT)$，其中 D_0 是与衬底材料和杂质种类有关的常数，E_A 是杂质的激活能。在一定温度下，经过时间 t，杂质在半导体内扩散的长度表示为 $\sqrt{Dt}$ (参见 4.4.4 节)。通常把扩散系数 D 和扩散时间 t 的乘积 Dt 称为**热预算**。因为扩散系数 D 随温度 T 呈指数式变化，为了得到精确的杂质分布，必须精确控制扩散温度，使其波动的范围小于几度。图 5-2 是扩散形成的杂质分布示意图。扩散窗口之外的区域受到 SiO_2 层掩蔽；杂质在 SiO_2 掩蔽层中的扩散系数比在 Si 中的扩散系数小得多(相同温度下)，因此杂质几乎不可能通过掩蔽层进入半导体。这就是器件制造过程中采用氧化层作为杂质掩蔽层的原因。附录 H 给出了各种杂质在 Si 和 SiO_2 中的扩散系数随温度的变化关系曲线。显然，采用热扩散方法对半导体进行掺杂，遇到的困难是杂质分布的控制问题和高温扩散条件的准备问题，因此目前更多地采用离子注入方法进行掺杂(将在 5.1.4 节专门介绍)。

大直径晶圆片的广泛使用为许多工艺步骤提出了新的要求。例如，直径 8 英寸及以上的晶圆片的扩散现在一般是在立式炉[参见图 5-1(b)]中进行的，很少在卧式炉[见图 5-1(a)]中进行。再如，大直径晶圆片往往要一片一片地单独进行处理，以满足薄膜淀积、图形刻蚀、离子注入等各种操作要求，因此现在人们更多地采用智能机器人系统来完成一系列烦琐的操作，可实现既快速又精准的操作。

扩散形成的杂质分布，可利用适当的边界条件，通过求解扩散方程得到。扩散方法不同，形成的杂质分布也不同。如果扩散过程中保持杂质总量恒定，即扩散前在晶片表面预先沉积一定数量的杂质，扩散过程中不再额外提供杂质，则形成的杂质分布是**高斯分布**的，与式(4-44)的形式相同($x > 0$)。如果扩散过程中始终保持晶片表面处的杂质浓度不变，也就是保持扩散气氛中的杂质浓度恒定，则形成的杂质分布是**余误差分布**。从图 5-2 给出的杂质分布中可以看到，掺入的受主杂质的浓度在某一深度处等于衬底中原有的施主杂质的浓度，这个深度就是扩散结深，也就是 p-n 冶金结的位置。在小于扩散结深的区域，受主杂质占优势，是 p 型区；在大于扩散结深的区域，施主杂质占优势，是 n 型区。扩散结深可通过扩散时间和扩散温度加以控制(参见习题 5.2)。

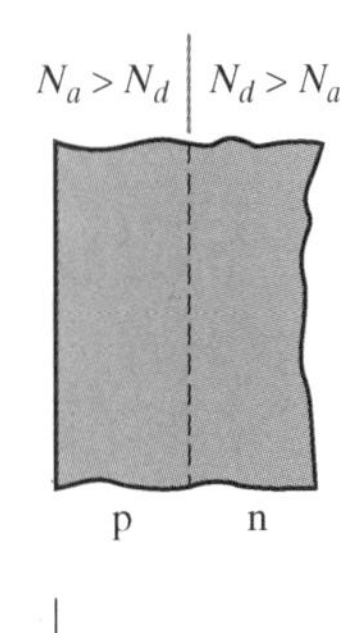

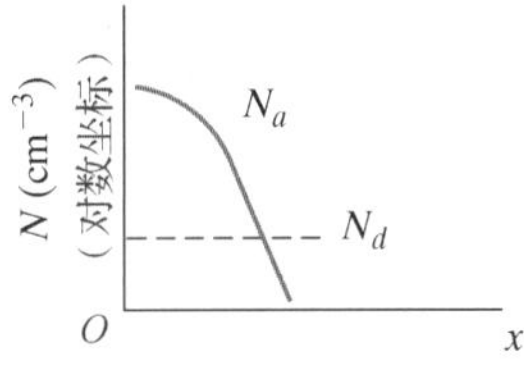

图 5-2　扩散形成的 p-n 结中的杂质浓度分布

若要使用图 5-1(a)所示的卧式炉进行杂质扩

散，则将 Si 晶片放在石英舟上，再用石英钩把石英舟送入或拉出石英管。若要在 Si 晶片中扩散掺入受主杂质硼(B)，常用 B_2O_3、BBr_3 或 BCl_3 等作为杂质源；若要掺入施主杂质磷(P)，常用 PH_3、P_2O_5 或 $POCl_3$ 等作为杂质源。固态杂质源一般放在 Si 晶片的正面位置，或者放在石英管内一个独立的加热区；气态杂质源则通过流量计后与携载气体混合再导入石英管；液态杂质源通常用惰性气体从中冒泡、将含有杂质的惰性携载气体导入石英管[参见图 5-1(a)]。

在扩散过程和其他工艺过程中应特别注意保持良好的洁净度。因为典型的掺杂浓度为百万分之一量级或更小，所以杂质源和携载气体的纯度必须非常高，所用的石英管、石英舟以及石英钩在使用前要经过 HF 酸浸泡、清洗(如果在使用过程中不接触其他物品或杂质，则不必每次清洗)，Si 晶片本身也要经过严格的清洗程序，且最后要用 HF 酸溶液漂洗以去除不必要的氧化层。

5.1.3 快速热处理

以前的晶圆高温处理工艺多在高温炉中完成[参见图 5-1(a)]，但现在的发展趋势是越来越多地在**快速热处理**(RTP)装置中来完成的。图 5-3 是一个简单的 RTP 装置示意图；利用这种装置，可在一定程度上取代高温炉进行快速热氧化、离子注入和化学气相淀积(CVD)后的退火处理等(CVD 工艺将在稍后介绍)，并且更为简便灵活。RTP 装置与前面介绍的高温炉有所不同。由于高温炉的温度不能快速改变，所以高温炉一般用于晶圆片的批量热处理；而 RTP 装置中热处理室的热容量很小，温度可快速变化，所以适于单个晶圆片的快速热处理。在 RTP 的处理室内，将单个晶片正面朝下放在样品架上，通过其周围的高辐射强度的卤素红外加热灯(一般为几十千瓦)对晶片进行加热。由于处理室的热容量很小，所以升温速度非常快(50 ~ 100℃/s)，很短时间内即可达到处理温度。在气流流速平稳的情况下进行热处理。处理结束后，关闭红外加热灯，晶片亦能快速降温(同样是因为热容量很小的原因)。可见，RTP 系统能像“开关”一样控制温度的变化，使处理过程(包括某些反应过程)按照要求快速地启动或停止。但使用 RTP 系统应注意两点：一是保证大尺寸晶片温度分布的均匀性，一是保证温度控制的精确性(一般用热电偶或高温计测量温度)。

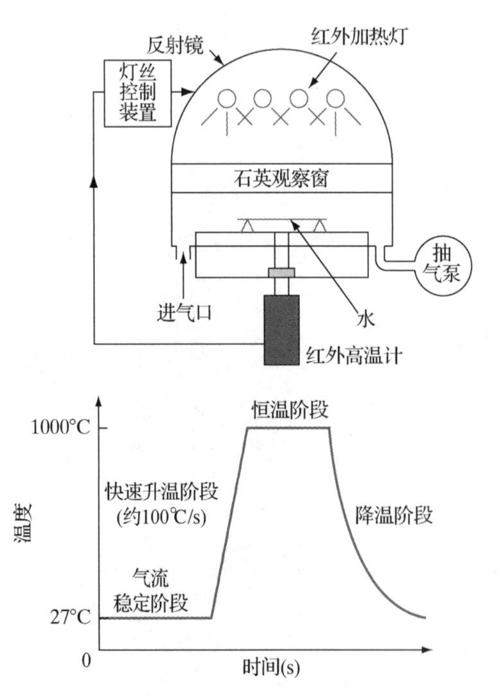

图 5-3 快速热处理装置及其典型的升温、恒温、降温过程

所有高温热处理过程的一个关键参数是热预算(Dt)。如果热处理过程导致杂质分布发生改变，对超微器件来说结果可能是“致命的”。因此，人们总是期望热预算越小越好，因为过大的 Dt 会导致已有杂质分布发生不可控的改变。如果采用高温炉进行热处理，应尽可能在更低的温度下进行(以减小扩散系数 D 值)。如果采用 RTP 系统进行热处理，尽管温度可能很高(约 1000℃)，但需要的时间却很短(约几秒)，因此 Dt 值很小，一般不足以造成杂质分布的改变。

5.1.4 离子注入

离子注入可替代高温扩散对半导体晶圆进行掺杂。把杂质源离化成离子束后进行加速，使离子的动能达到数 keV 至数 MeV 后，通过注入窗口射入半导体内，形成选择性区域掺杂。离子进入半导体后，由于受到晶格原子的碰撞而向晶格释放能量，最终停留在某一深度。大量离子的平均注入深度称为**射程**，用 R_p 表示。在同一种半导体内，离子注入深度(即射程)与离子的种类和注入时的能量有关，一般在数百 Å 至 1 μm 范围内。大多数离子注入后形成的分布在射程 R_p 两侧是对称的，如图 5-4 所示，可近似由高斯分布给出

$$N(x)=\frac{\phi}{\sqrt{2\pi}\Delta R_p}\exp\left[-\frac{1}{2}\left(\frac{x-R_p}{\Delta R_p}\right)^2\right] \quad (5\text{-}1a)$$

其中，ϕ是**注入剂量**，表示单位面积下注入离子(杂质)的数量，单位是 cm^{-2}；ΔR_p 是**射程偏差**，表示杂质浓度等于峰值浓度 $e^{-1/2}$ 的两点之间的宽度(参见图 5-4)。射程 R_p 和射程偏差ΔR_p 都随着注入能量的增大而增大。附录 I 给出了 Si 中注入各种离子(杂质)的 R_p 和ΔR_p 随注入能量的变化关系。

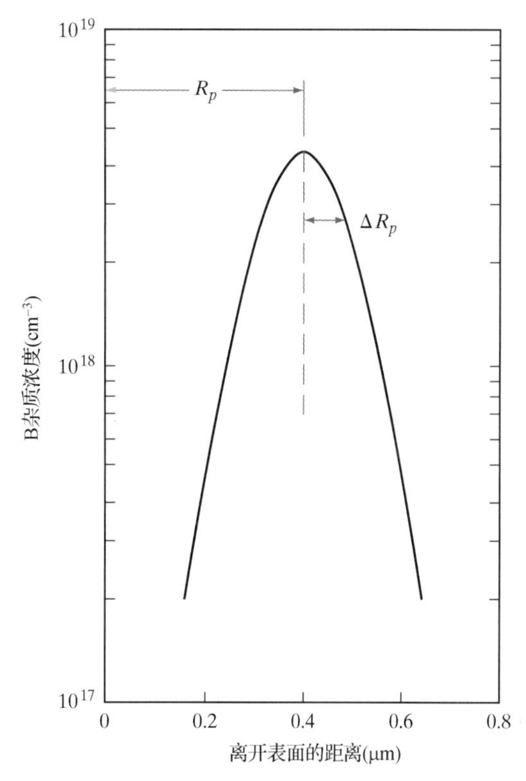

图 5-4　离子注入形成的杂质分布：射程 R_p 两侧的杂质近似呈高斯分布。该例中，注入的杂质是硼，注入能量是 140 keV，注入剂量是 $10^{14}\ cm^{-2}$

图 5-5 是离子注入机的示意图。把含有杂质原子的气体电离后导入加速管进行加速，使离子获得足够的动能，然后通过质量分离器①，选择性地只让那些符合特定质能比要求的杂质离子进入漂移管。离子束聚焦后被导入靶室、射向样品，在样品表面重复扫描，可获得非常均匀的杂质分布②。靶室内有自动化的晶片操纵装置，以提高注入效率。

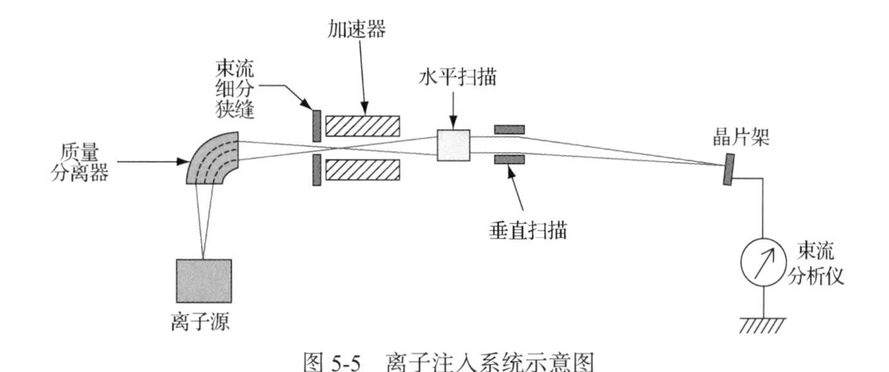

图 5-5　离子注入系统示意图

① 有些离子注入机是在离子被加速之前进行质量分离的。
② 这里所说的均匀分布，一般是指表面各处的注入剂量均匀，而不是指纵向分布各处均匀——译者注。

离子注入的一个显著优点是工作温度低，这意味着可在不影响原有杂质分布的情况下形成新的掺杂区。金属层和光刻胶层都可有效地阻挡离子的注入，所以采用光刻方法即可容易地定义出注入窗口(参见5.1.6节)，从而形成规则的浅结注入区域。另外，由于有些杂质本身就不适宜热扩散进入半导体，所以采用离子注入方法可将其“注入”到半导体内。

离子注入的另一个优点是能精确控制杂质浓度(或注入剂量)。通过精确控制离子束流的大小，就可以精确控制注入离子数量的多少。除此之外，还可使注入区域内各处的注入剂量更加均匀。这正是离子注入技术在Si集成电路生产中备受青睐、得到广泛应用的重要原因之一(参见第9章)。

当然，离子注入也会造成一些新的问题，其中之一就是离子注入过程中和晶格原子发生碰撞而造成晶格损伤。但是，这样的晶格损伤在经过高温**退火**处理后大部分都可消除。将Si晶体加热到约1000℃并无大碍，但是若将GaAs或其他某些化合物半导体加热到如此高的温度往往会导致化学分解。例如，高温下GaAs中的As会从衬底表面蒸发掉，使GaAs的晶格结构遭受破坏，因此退火前需要在GaAs晶片表面淀积一层Si_3N_4，以防止退火过程中As的蒸发。不管是对于Si还是对于GaAs等化合物半导体样品，都可采用RTP进行退火处理，这样可使样品的受热时间尽量短(典型值约为10 s)，避免杂质发生重新分布。最好是根据具体情况选择最佳的退火温度和退火时间，使热预算Dt的值达到最小。经过退火后，注入杂质的分布在式(5-1a)的基础上可能发生改变，应修正为

$$N(x)=\frac{\phi}{\sqrt{2\pi(\Delta R_p^2+2Dt)^{1/2}}}\exp\left[-\frac{1}{2}\frac{(x-R_p)^2}{\Delta R_p^2+2Dt}\right] \tag{5-1b}$$

式中Dt是高温退火过程中杂质的扩散系数D和退火时间t的乘积(即退火过程的热预算)。

5.1.5 化学气相淀积

在器件制造的各个环节，往往需要在晶片表面形成介质层、半导体层、金属层等，然后通过光刻、刻蚀，形成器件结构或芯片结构图形。前面已介绍了Si晶片的热氧化方法，在晶片表面形成了SiO_2层。除此之外，采用**低压化学气相淀积**(LPCVD)或**等离子体增强化学气相淀积**(PECVD)方法也可在晶圆表面形成SiO_2薄层。LPCVD的结构如图5-6所示，这是一个低压系统，工作压强一般约是100 mTorr左右[①]。它与热氧化工艺的主要不同之处是：热氧化工艺要消耗衬底Si材料，且温度要求很高，而CVD工艺不消耗衬底材料，且工艺温度低得多。在CVD生长SiO_2过程中，将含Si的气体(如SiH_4)和含O的气体(如O_2)导入反应室，二者发生反应，生成的SiO_2淀积到Si晶片的表面形成SiO_2薄层。对芯片制造来说，使用CVD淀积SiO_2薄层是非常有用的，因为器件芯片可能已含有复杂精细的结构而不能再承受高温，或者已形成的接触金属或互连金属也不能承受高温，在这种情况下，CVD低温淀积SiO_2的优势就突显出来了。

使用CVD方法不仅可以淀积SiO_2，还可以广泛用于淀积其他介质薄膜如Si_3N_4和多晶硅以及非晶硅薄膜等。从工作机理上说，第1章介绍的VPE和MOCVD都属于CVD的范畴，可看成是CVD的特例；采用VPE和MOCVD不仅可生长薄膜，而且生长的薄膜是单晶的。

---

① 1 Torr =1 mmHg =133 Pa——编者注。

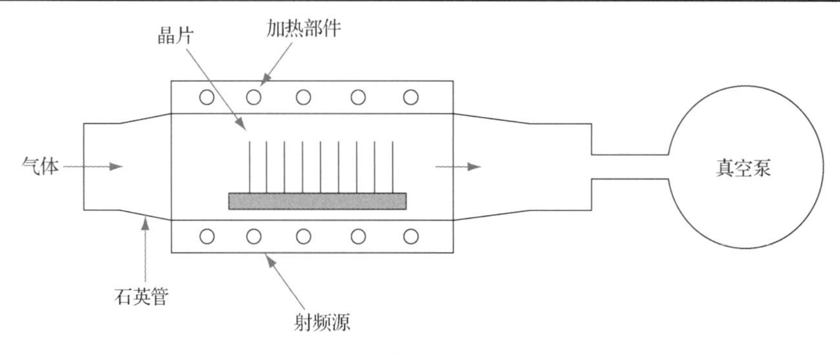

图 5-6　低压化学气相淀积系统（LPCVD）的主体结构

5.1.6　光刻

复杂芯片结构的图形是通过**光刻**技术（工艺）实现的。首先，要把图形制作在光刻**母版**上，如图 5-7（a）所示。母版本身的基底是透明的石英材料，其上覆盖有不透明的紫外吸收层（如氧化铁）。现代光刻母版一般是采用电子束曝光方法制作的，即通过电子束曝光方法把管芯图形制作在母版上。在紫外吸收层上涂敷电子束抗蚀剂，借由计算机专用软件把版图数据转换为图形数据，然后控制电子束曝光机对抗蚀剂薄层进行选择性曝光，从而形成相应图形。一块母版只含有一个芯片或管芯的图形，而不是含有整个晶片的图形（含有整个晶片图形的光刻版称为掩模板）。抗蚀剂是一种有机高分子材料，受到电子束照射或光照射后发生化学变化。将选择性曝光后的石英板放入特定的化学溶液中进行腐蚀处理，一部分抗蚀剂被去除，露出其下方的紫外吸收层。至于被去除的抗蚀剂是曝光的部分还是未曝光的部分，则取决于所用抗蚀剂的种类：若使用的是**正性抗蚀剂**，则曝光的部分会被腐蚀去除，而未曝光的部分则保留下来；若使用的是**负性抗蚀剂**，则未曝光的部分被去除，而曝光的部分被保留下来。显然，不管使用哪种抗蚀剂，经曝光、腐蚀后，总有与管芯结构图形相对应的抗蚀剂或被保留或被去除。然后，进行等离子体刻蚀，将露在表面的紫外吸收层（氧化铁）去除，这样便在母版上形成了管芯图形。也就是说，此时就把管芯图形制作到了母版上。这样的母版就可用于生产、研发的批量光刻（重复使用）。需要说明的是，一块母版往往只含有复杂芯片的某一图层的图形而不是全部图形，所以，要完成一块集成电路的图形光刻，往往需要用到十多块光刻母版。

光刻过程就是把母版上的图形转移到晶片上的预定位置，并形成相应图形的过程。光刻过程中使用**光致抗蚀剂**（通常称为**光刻胶**）。光刻胶也是一种对紫外线敏感的有机高分子材料，也有正性光刻胶和负性光刻胶之分（通常分别称为**正胶**和**负胶**），分别与制作母版所用的正性抗蚀剂和负性抗蚀剂的作用是一样的。在 Si 片表面涂覆一层光刻胶，放入甩胶机让 Si 片高速旋转（约 3000 r/m），形成厚度均匀的光刻胶涂层（约 0.5 μm）。因为正胶的分辨率远好于负胶，UV 曝光容易获得更精细的光刻线条（约 0.25 μm），所以目前更多地采用正胶。曝光时，让 UV 光源透过光刻母版照射到晶片上，在晶片表面得到与母版图形完全一致的光照图案（图案的缩放比例取决于光路的构造），使晶片上的光刻胶选择性地曝光。受到光照的光刻胶发生酸化，用 NaOH 溶液可将其去除；没有受到光照的光刻胶则不发生化学变化而得以保留（如果使用负胶则相反）。这样，经过曝光和腐蚀，就把母版上的图形转移到了 Si 片上。紧接着，将 Si 片放入烘箱，在约 125℃的温度下进行老化处理，使保留下来的光刻胶固化。固化的光刻胶可作为下一步离子注入的掩模，或者作为等离子体刻蚀的掩模。

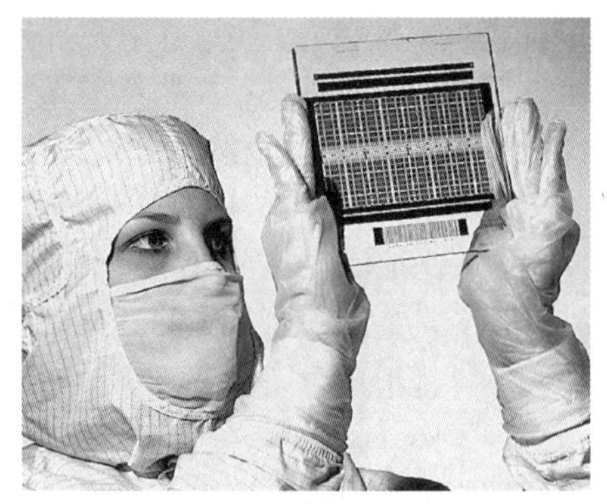

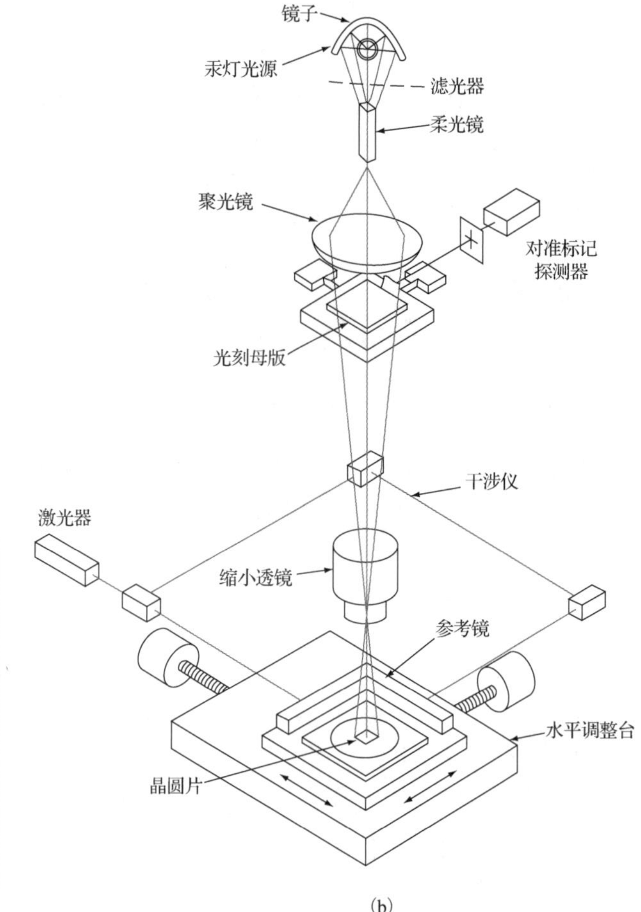

(a)　　(b)

图 5-7　(a) 16 MB DRAM 芯片光刻时使用的一块母版。在步进投射式曝光系统中，紫外光透过玻璃板，将版图图形投射到晶片的表面，对晶片表面的光致抗蚀剂(光刻胶)进行选择性曝光，即将母版图形转移到了晶片上(图片由 IBM 公司提供)；(b)步进重复光刻机的结构示意图

对整个晶片的曝光过程是在步进重复光刻机中进行的，如图 5-7(b)所示。也就是说，一次曝光只是对一个管芯的确定位置进行曝光，然后将晶片沿 x 或 y 方向精密准确地平移到下一个管芯位置重复进行同样的曝光操作，直到所有管芯都被曝光。为了使每次的曝光位置准确对准，母版中应设置某种特殊图案作为**对准标记**。在对每个管芯位置进行曝光时，都要重新聚焦和对准，这样做的优点是可避免晶片表面不平整导致的曝光过度(或不足)和图形虚化问题，对大直径晶片更是如此。现代 IC 制造业的发达得益于光刻技术的诸多进步，其中包括深紫外光源的产生技术、精确的光学投射技术、掩模图层的定位技术以及步进光刻技术等。

光刻技术和刻蚀技术对于 IC 制造极其重要，因为它们决定了 IC 的微型化程度和封装密度。在后续几章我们将会看到，器件尺寸越小，工作频率就越高，功耗也就越低。现代细微光刻技术之所以富有挑战性，就在于光刻图形的线宽已与所用光源的波长相当，在这种情况下，就不能简单地用几何光学理论来看待光刻系统，而应该充分重视光的波动性对光刻精度带来的影响，尤其要重视光的衍射效应对光刻精度的限制。**衍射限制最小线宽** $l_{\min}$ 与光刻所用波长λ之间的关系是

$$l_{\min} = 0.8\frac{\lambda}{NA} \tag{5-2a}$$

其中 NA 是所用聚焦透镜的数值孔径（约 0.5）。可见，要想得到更细的线宽，就应采用波长更短的光源或者数值孔径更大的聚焦透镜（价格当然也更为昂贵）。为此，人们采用 ArF 准分子激光光源（λ = 0.193 μm）取代紫外汞灯光源（λ = 0.365 μm）。一些新的光刻技术，如光学相移掩模、邻近效应校正，以及离轴（off-axis）照明等，基于傅里叶光学原理，可将最小线宽减小到接近甚至小于光源波长。现在人们感兴趣是极紫外光源（EUV），它利用等离子体产生波长更短的光（λ = 13 nm），有望用于下一代光刻技术中。X 射线光刻系统的波长更短，用于研究领域已有多年，但目前还不能用于 IC 芯片的批量制造。一个比较有应用前景的技术进展是使用带有目标图形的物理模板，采用压印的方法，将图形转移到抗蚀剂中。这种技术可避免衍射造成的线宽限制问题。

决定光刻精度的另一个关键参数是**景深**（DOF）

$$\mathrm{DOF} = \frac{\lambda}{2(NA)^2} \tag{5-2b}$$

它表示在焦平面附近多大范围内的物体可以清晰成像。从实际应用要求来看，景深应大一些为宜。但不巧的是，它与上述线宽的要求刚好相反。如果晶片的表面不是非常平整，则表面上“山峰”和“山谷”之间的“落差”有可能超过光学景深，导致部分区域的图形不能清晰曝光。这是人们不得不面对的一个现实挑战。

为此，半导体晶片必须经过**化学机械抛光**（CMP）处理使表面尽可能平整化。化学机械抛光，顾名思义，就是利用化学和机械两方面的作用，将细微的 SiO_2 粉末调和到 NaOH 溶液中，加上机械研磨作用，使晶片表面平整化的一种方法（参见 1.3.3 节）。

根据式（5-2a）还可以解释人们为什么对电子束曝光有那么大的兴趣。根据德布罗意（de Broglie）关系，一个微观粒子的德布罗意波长与其动量成反比

$$\lambda = \frac{h}{p} \tag{5-2c}$$

这意味着质量较大或能量较高的粒子的波长较短。电子束容易被产生、聚焦和反射，实际上已在扫描电子显微镜（SEM）系统中经过了很多年的实际应用。一个能量为 10 keV 的电子的德布罗意波长约为 0.1 Å；用这种能量的电子束作为曝光光源，得到的最小线宽取决于束斑的大小和光刻胶的性能。用电子束对光刻胶进行“直写”曝光得到 0.1 μm 的线宽是可能的；况且，用计算机控制的电子束曝光系统不需要掩模板，这对极高密度集成电路的制造非常有用。但是，在电路结构比较复杂的情况下，电子束直写曝光所用的时间是很可观的，因此通常只用电子束曝光系统来制作母版，然后再用这种母版进行批量光刻[参见图 5-7(a)]。正在考虑使用的另一种光刻方法是电子投射光刻（EPL），它使用掩模板而无须操控电子束，可在一定程度上解决产出效率问题。

5.1.7　腐蚀（刻蚀）

晶片经过曝光、显影后，在表面保留下来的光刻胶可作为选择性腐蚀或者刻蚀的掩模。也就是说，光刻环节完成后，在晶片表面上形成了光刻胶图形（打开了窗口，露出了介质层或半导体衬底表面），此时可用保留的光刻胶作为掩模，对窗口内的材料进行腐蚀、刻蚀等操作。在 Si 工艺技术的发展初期，采用的是化学方法对窗口材料进行湿法腐蚀。湿法腐蚀具有很好的**选择性**。例如，用稀释的 HF 酸可将窗口内的 SiO_2 层腐蚀掉，且不会腐蚀 Si。但湿法腐蚀一般是**各向同性**的，即对同一种材料，它不仅在纵向上腐蚀，而且也在横向上腐蚀，且两个

方向的腐蚀速率没有明显差异。这显然对小尺寸器件的制造是不利的。因此，湿法腐蚀逐渐被干法刻蚀所取代。现在常用的等离子体刻蚀技术是一种干法刻蚀技术，它既具有良好的选择性，又具有良好的**方向性**(即是**各向异性**的)。湿法腐蚀现在主要用于晶片的清洗环节。

等离子体刻蚀技术已在 IC 制造工艺中普遍应用，其中用得最多的是**反应离子刻蚀**(RIE)，其系统结构如图 5-8 所示。在典型的刻蚀过程中，是把刻蚀气体如氯氟化碳(CFC，氯氟烃)通入反应室，反应室的压强维持在 1 ~ 100 mTorr 范围，在阳极和阴极之间施加射频(RF)功率源，在反应室内形成等离子体。其中，质量较小的电子受到射频电压的加速，获得较高的动能(约 10 eV)，与刻蚀气体的分子或原子发生相碰后产生带电基团或离子。反应室的腔壁作为阳极是接地的，样品支架作为阴极。尽管反应室内大部分区域的等离子体是导电性好、等电势的，但在靠近电极的区域则是导电性能较差的**鞘区**。可以证明，如果阴极的面积比阳极的面积小得多，则在阴极附近的鞘区内会形成高达 100 ~ 1000 V 的直流压降。在如此高的电势差的作用下，正离子受到加速、获得很高的动能后，垂直射向样品的表面，对样品表面实施“轰击”，从而实现各向异性刻蚀。当然，离子轰击造成的各向异性刻蚀只反映了 RIE 刻蚀的物理作用方面，它不具有选择性。另一方面，RIE 还存在化学作用，即等离子体中的反应基团(离子团或分子团)也在同时对样品进行化学腐蚀，它具有好的选择性，但不是各向异性的。由此不难看出，RIE 综合了以上两方面的物理和化学作用，兼顾了各向异性和选择性两者的优点，已成为现代 IC 工艺的主流刻蚀技术。

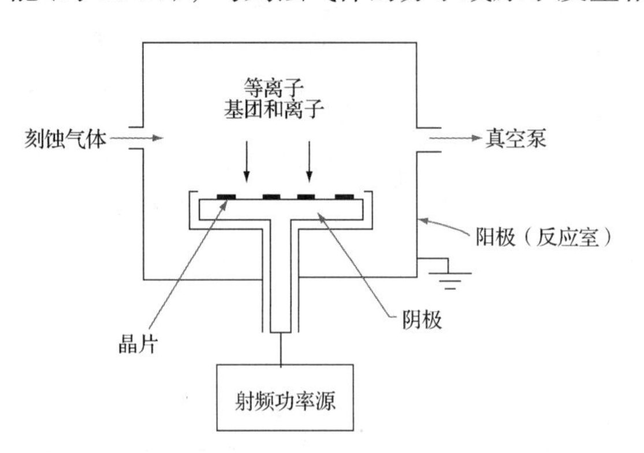

图 5-8 反应离子刻蚀系统的结构示意图。这只是一个简单的刻蚀系统，其中只有两个电极。可另外设置一个电极专为系统输入射频(RF)功率。常用的射频源是频率为 13.56 MHz 的工业用射频源，对无线电通信造成的干扰很小

5.1.8 金属化

经过前述各个工艺环节制得的芯片还需经过金属化互连并封装后才能使用。互连用的金属薄膜通常由物理淀积方法制备，比如在 GaAs 衬底上蒸发形成 Au 薄膜，或者在 Si 衬底上溅射形成 Al 膜都是物理淀积形成薄膜的实例。溅射所用的 Al 靶通常含有 1%的 Si 和 4%的 Cu，以改善金属-半导体接触的电学和冶金学性质(详见 9.3.1 节)。溅射在真空腔室中进行：在 Ar 等离子体中，Ar^+离子射到 Al 靶的表面，溅射出的 Al 原子沉积到附近 Si 片的表面，形成 Al 薄膜，如图 5-9 所示。沉积的 Al 膜经光刻或刻蚀后形成接触图形或互连图形，再在约 450℃条件下经约 30 分钟的烧结，使 Al 金属层和 Si 衬底形成良好的欧姆接触。

近年来，人们逐渐使用 Cu 取代 Al 作为互连金属用于 Si 集成电路。Cu 不能采用溅射方法淀积在芯片表面，而是采用电镀的方法。使用 Cu 做互连也面临一些新的问题，因为它在 Si 中不仅扩散很快，而且也在 Si 禁带中引入深陷阱能级。因此，在电镀前，要预先溅射淀积一层其他金属(如 Ti)作为阻挡层，以阻止 Cu 向 Si 中扩散。Ti 层还能为后续的 Cu 电镀起到种子层的作用。

金属化互连完成以后，需要再用 PECVD 淀积一层 Si_3N_4 作为保护层，然后把整个晶片划

片、切割成独立的芯片，最后焊接引线完成封装。现在市场上有非常精巧的引线压焊机，可把直径 1/1000 英寸的 Au 或 Al 引线焊接到芯片和封装的焊点上。引线压焊和封装一般归为后道工序，将在第 9 章对此有详细的介绍。

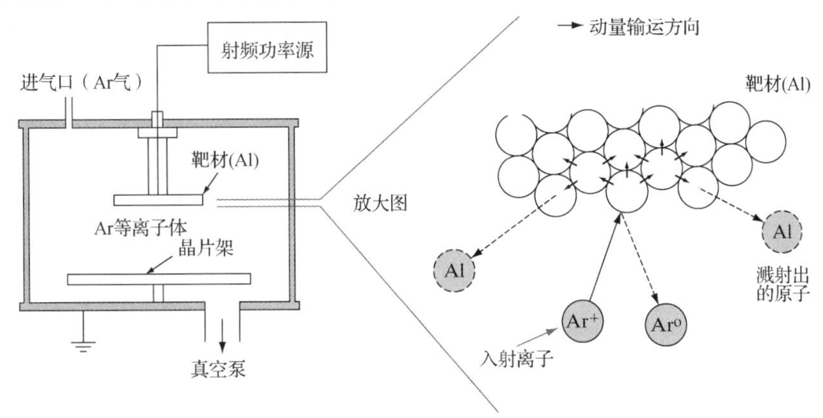

图 5-9　用 Ar^+离子溅射 Al 原子的装置原理图。能量为 1～3 keV 的 Ar^+将 Al 原子从靶中撞击出来、并沉积到附近的 Si 片上。反应室内的压强较低，使得 Al 原子的平均自由程大于靶到样品之间的距离

前面介绍了器件或芯片制造的主要工艺技术、方法或者步骤。图 5-10 给出了 p-n 结制造的主要工艺步骤(流程)。在后面的几章中，将陆续看到其他器件的制造工艺步骤。

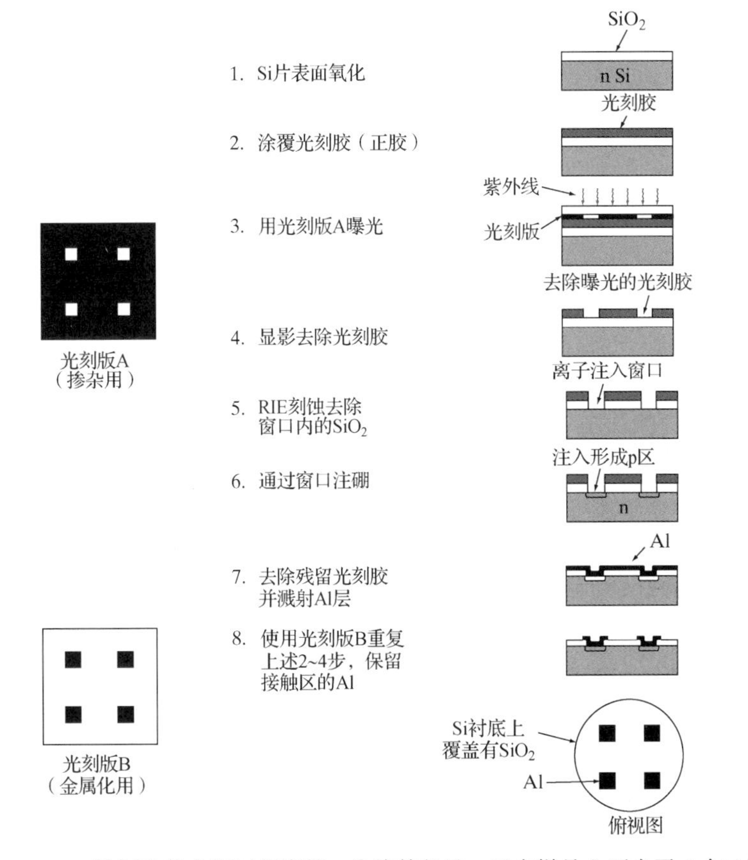

图 5-10　p-n 结制造的主要工艺步骤。为清楚起见，只在样品上画出了 4 个二极管图形，并把氧化层厚度、光刻胶厚度，以及 Al 层厚度做了示意性的放大

5.2 平衡态 p-n 结

本节将讨论 p-n 结的平衡态特性。从本节开始，我们将陆续对 p-n 结特性进行定性分析和解析描述。这两方面的工作是互相补充的：如果只注重解析描述，则 p-n 结的物理性质就显得含糊不清；如果只关注定性分析，则无法进行一些必要的计算。本节先对 p-n 结特性做定性分析，暂不考虑那些次要的、对 p-n 结电学性质没有重要影响的因素，在后面几节给出 p-n 结特性的解析描述，然后在 5.6 节再对影响 p-n 结特性的各种因素及其相关的物理效应进行讨论，并对 p-n 结的基本理论做出必要的修正。

采用**突变结**模型可使 p-n 结问题大为简化。所谓突变结模型，是指结的一侧是均匀掺杂的 p 型区，另一侧是均匀掺杂的 n 型区。外延生长形成的 p-n 结一般是突变结，但热扩散和离子注入形成的 p-n 结一般不是突变结，而是**缓变结**。缓变结中净杂质的浓度在较大的空间范围内变化。只要了解和掌握了突变结的基本理论和分析方法，可将其扩展应用到缓变结。在下面的讨论中，假设载流子是在截面积均匀的突变结中做一维流动。

下面将看到，由于结两侧区域内的杂质类型不同，两个区域之间存在电势差。该电势差的存在是一个自然、合理的结果，是由于载流子的扩散而引起电荷重新分布所导致的结果。p 区的空穴比 n 区的多，将越过结区向 n 区扩散；同时，n 区的电子比 p 区的多，也越过结向 p 区扩散。我们还将看到，载流子的扩散和漂移分别形成了 4 个电流分量。在平衡条件下，这 4 个电流分量之和为零，p-n 结中没有“净”电流。但是，在施加了偏压的情况下，有些电流分量相对于其他分量将发生显著变化，p-n 结中将有“净”电流通过。如果我们知道这 4 个电流分量各自的性质和相对大小,就可以对不加偏压和施加偏压两种情况下 p-n 结的性质有更深刻的理解。

5.2.1 接触电势

设想把两块独立的 p 型和 n 型半导体紧密接触在一起形成 p-n 结，如图 5-11 所示。尽管实际 p-n 结不是这样制造的，但通过这样的“思想实验”，我们可从中理解 p-n 结的平衡态性质。两块半导体接触之前，n 型半导体内有大量的电子和少量的空穴，p 型半导体内有大量的空穴和少量的电子。接触后，由于两侧半导体中同种载流子的浓度相差悬殊，所以多数载流子必然向对方区域扩散：p 区的空穴向 n 区扩散，n 区的电子向 p 区扩散。载流子的扩散导致结区附近的电荷分布发生改变，从而在该区域形成了电场，如图 5-11(b) 所示。显然，该电场反过来对载流子的扩散起着阻碍的作用。设想有两个容纳了不同气体分子的盒子，把它们连通后，两种分子将向对方区域扩散，最终两种分子必然在两个盒子中均匀地混合。但是对于 p-n 结来说，这种情形不可能发生，即载流子不可能在两个半导体区内均匀分布，这是因为受到了结区中电场$\mathscr{E}$作用的结果。空穴从 p 区扩散到 n 区，便在 p 区一侧留下了未被补偿的受主离子[①](N_a^-)；同样，电子从 n 区扩散到 p 区，便在 n 区一侧留下了未被补偿的施主离子(N_d^+)。这样，n 区一侧存在正的空间电荷，p 区一侧存在负的空间电荷，两种空间电荷的存在便在 p-n 结

---

① 对图 5-11(a)所示的两块半导体，一个电子对应着一个电离的施主，$n = N_d^+$，一个空穴对应着一个电离的受主，$p = N_a^-$。如果一个电子离开 n 区，便在 n 区留下一个施主离子；同样，如果一个空穴离开 p 区，便在 p 区留下一个受主离子，如图 5-11(b)所示。受主离子和施主离子的位置是固定的，不能像电子和空穴那样在电场中运动，因而不能形成电流。

的冶金结附近形成了空间电荷区，其中电场的方向由正电荷指向负电荷，即由 n 区指向 p 区。根据图 5-11 可容易地判断出电场$\mathscr{E}$的方向与扩散电流的方向相反(注意，电子扩散电流的方向与电子流动的方向相反)，因而电场$\mathscr{E}$引起的漂移电流的方向与载流子扩散电流的方向相反，如图 5-11(c)所示。

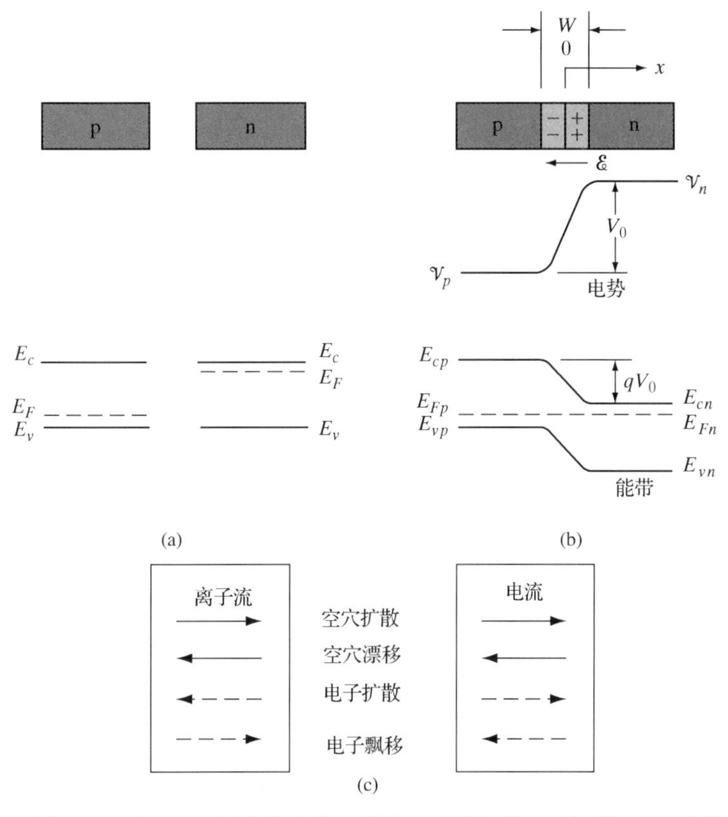

图 5-11 平衡态 p-n 结。(a)两块独立的 n 型和 p 型半导体；(b)两块半导体接触形成 p-n 结，在冶金结附近形成了空间电荷区和电场，形成接触电势，能带在空间电荷区内发生弯曲；(c)空间电荷区内载流子运动的方向和相应的电流方向

平衡条件下流过 p-n 结的总电流应为零，即电子电流和空穴电流之和为零。同时，对每一种载流子而言，扩散电流和漂移电流之和也为零，即扩散电流和漂移电流恰好抵消，即

$$J_p(\text{漂移}) + J_p(\text{扩散}) = 0 \tag{5-3a}$$

$$J_n(\text{漂移}) + J_n(\text{扩散}) = 0 \tag{5-3b}$$

电场$\mathscr{E}$存在于一个空间电荷区 W 内。平衡情况下，空间电荷区内的载流子浓度很小，可将其称为**耗尽区**。平衡态 p-n 结耗尽区两侧存在电势差，记为 V_0。我们来分析 V_0 的产生原因及其物理意义。图 5-11(a)画出了 p-n 结中的电势分布，显然电势在耗尽区内存在梯度。电势 $V(x)$ 和电场 $\mathscr{E}(x)$之间的关系是① $\mathscr{E}(x) = -\mathrm{d}\mathscr{V}(x)/\mathrm{d}x$。这里，我们认为耗尽区以外中性区内的电场为零，即中性区内的电势是常数，分别记为 $\mathscr{V}_n$ 和 $\mathscr{V}_p$，两个中性区的电势差是$(\mathscr{V}_n-\mathscr{V}_p) = V_0$。该电势差($V_0$)不是由外加偏压造成的，而是由掺杂类型不同或掺杂浓度不同的半导体接触、

① 我们用 $\mathscr{E}(x)$表示电场随空间位置的变化。从图 5-11(b)中电场看到，$\mathscr{E}(x)$的值为负，因为其方向指向$-x$ 方向。

达到平衡态时自然形成的，称为**接触电势**或**自建电势**。可以这样说，接触电势是保持 p-n 结处于平衡态所必需的。我们不能期望用电压表在 p-n 结两端测量出 V_0 的大小，因为测量时两个表头与半导体接触时也会产生接触电势，这两个接触电势恰好与 V_0 相抵。既然接触电势是表示平衡态的一个物理量，那么即使 p-n 结两区存在电势差 V_0，其中也不会有净电流(即平衡态 p-n 结的净电流为零)。

接触电势的存在使得 p-n 结的能带在空间电荷区内发生弯曲[参见图 5-11(b)]：p 区的能带比 n 区[①]的能带高 qV_0。应当说明的是，因为电子带负电，且 $\mathscr{V}_n$ 比 $\mathscr{V}_p$ 高，所以 n 区的能带比 p 区的能带低(低了 qV_0)。

在 3.5 节我们已经证明，平衡态系统的费米能级是一个常数，不随空间位置而变。所以，在画平衡态 p-n 结的能带图时，总要记住把 p 区和 n 区的费米能级对齐[参见图 5-11(b)]。

平衡态 p-n 结的扩散电流和漂移电流应相互抵消。利用这个性质，可将接触电势 V_0 与掺杂浓度或载流子浓度之间的关系表示出来。以空穴为例，平衡态的电流密度为零

$$J_p(x) = q\left[\mu_p p(x)\mathscr{E}(x) - D_p \frac{\mathrm{d}p(x)}{\mathrm{d}x}\right] = 0 \tag{5-4a}$$

或者可以写为

$$\frac{\mu_p}{D_p}\mathscr{E}(x) = \frac{1}{p(x)}\frac{\mathrm{d}p(x)}{\mathrm{d}x} \tag{5-4b}$$

这里，x 的正方向定义为由 p 区指向 n 区。把上式中的电场以电势负梯度的形式表示出来，即 $\mathscr{E}(x) = -\dfrac{\mathrm{d}\mathscr{V}(x)}{\mathrm{d}x}$，可进一步写为

$$-\frac{q}{kT}\frac{\mathrm{d}\mathscr{V}(x)}{\mathrm{d}x} = \frac{1}{p(x)}\frac{\mathrm{d}p(x)}{\mathrm{d}x} \tag{5-5}$$

其中已用到了爱因斯坦关系式(4-29)。利用结两侧的电势 $\mathscr{V}_n$ 和 $\mathscr{V}_p$、耗尽区边界的空穴浓度 p_p 和 p_n，并考虑到 p 和 $\mathscr{V}$ 只是位置的函数，且认为中性区的载流子浓度等于平衡浓度，将上式两边分别积分，有

$$-\frac{q}{kT}\int_{\mathscr{V}_p}^{\mathscr{V}_n}\mathrm{d}\mathscr{V} = \int_{p_p}^{p_n}\frac{1}{p}\,\mathrm{d}p$$

$$-\frac{q}{kT}(\mathscr{V}_n - \mathscr{V}_p) = \ln p_n - \ln p_p = \ln\frac{p_n}{p_p} \tag{5-6}$$

将 $V_0 = \mathscr{V}_n - \mathscr{V}_p$ 代入上式，则接触电势 V_0[参见图 5-11(b)]可用两区中空穴的平衡浓度(p_p，p_n)表示出来：

$$V_0 = \frac{kT}{q}\ln\frac{p_p}{p_n} \tag{5-7}$$

如果 n 区的施主杂质浓度是 N_d，p 区的受主杂质浓度是 N_a，则根据 $p_p = N_a$ 和 $p_n = n_i^2/N_d$，接触电势 V_0 可由两区的掺杂浓度(N_d，N_a)表示出来

$$V_0 = \frac{kT}{q}\ln\frac{N_a}{n_i^2/N_d} = \frac{kT}{q}\ln\frac{N_aN_d}{n_i^2} \tag{5-8}$$

---

① 图 5-11(b)的能带图是以电子的电势能画出的。因为 n 侧电势 $\mathscr{V}_n$ 比 p 侧电势 $\mathscr{V}_p$ 高了 V_0，所以 n 侧的电势能比 p 侧的电势能低了 qV_0。

将式(5-7)改变形式，亦可写为

$$\frac{p_p}{p_n}=\mathrm{e}^{qV_0/kT} \tag{5-9}$$

考虑到两区载流子平衡浓度满足的关系式 $p_n n_n = n_i^2$、$p_p n_p = n_i^2$，则

$$\boxed{\frac{p_p}{p_n}=\frac{n_n}{n_p}=\mathrm{e}^{qV_0/kT}} \tag{5-10}$$

这个关系式对分析 p-n 结的性质是非常有用的。

【例 5-1】 一个 Si p-n 突变结，p 区的杂质浓度为 $N_a = 10^{18}\ \mathrm{cm}^{-3}$，n 区的杂质浓度为 $N_d = 5\times10^{15}\ \mathrm{cm}^{-3}$。(a)通过计算，确定平衡条件下 p 区和 n 区费米能级的位置。(b)画出平衡态能带图，并由能带图确定接触电势 V_0 的大小。(c)由式(5-8)计算 V_0，并与(b)的结果进行比较。提示：温度为 300 K。

【解】 (a)根据式(3-25)，在平衡条件下，费米能级 E_F 相对于 n 区和 p 区本征费米能级(E_{in} 和 E_{ip})的位置分别为：

$$E_{ip}-E_F = kT\ln\frac{p_p}{n_i}=0.0259\times\ln\frac{10^{18}}{1.5\times10^{10}}=0.467\ \mathrm{eV}$$

$$E_F-E_{in} = kT\ln\frac{n_n}{n_i}=0.0259\times\ln\frac{5\times10^{15}}{1.5\times10^{10}}=0.329\ \mathrm{eV}$$

(b)将上述计算结果表示在能带图中，如下图所示。由图可知，$qV_0 = E_{ip}-E_{in} = 0.467+0.329 = 0.796\ \mathrm{eV}$，即接触电势 $V_0 = 0.796\ \mathrm{V}$。

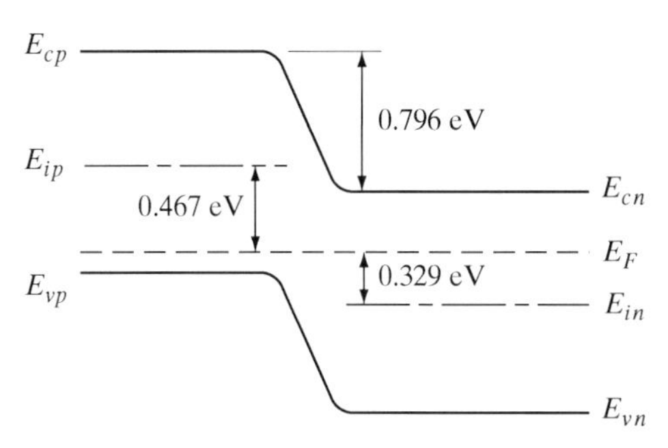

(c)根据式(5-8)计算自建电势：$V_0=\dfrac{kT}{q}\ln\dfrac{N_aN_d}{n_i^2}=0.0259\times\ln\dfrac{5\times10^{33}}{2.25\times10^{20}}=0.796\ \mathrm{V}$，可见该结果与(b)的结果完全相同。

5.2.2 平衡态费米能级

利用式(3-19)，将 p-n 结耗尽区外中性区内载流子浓度的平衡值 p_p 和 p_n 分别表示出来，代入式(5-9)，有

$$\frac{p_p}{p_n}=\mathrm{e}^{qV_0/kT}=\frac{N_v\mathrm{e}^{-(E_{Fp}-E_{vp})/kT}}{N_v\mathrm{e}^{-(E_{Fn}-E_{vn})/kT}} \tag{5-11a}$$

$$\mathrm{e}^{qV_0/kT}=\mathrm{e}^{(E_{Fn}-E_{Fp})/kT}\mathrm{e}^{(E_{vp}-E_{vn})/kT} \tag{5-11b}$$

既然在平衡条件下半导体内各处的费米能级是水平的，即 $E_{Fn}=E_{Fp}$，则

$$qV_0 = E_{vp} - E_{vn} \tag{5-12}$$

这里的下标 n 和 p 分别代表 n 区和 p 区。

从图 5-11(b)可以看出，平衡条件下 p-n 结两侧能带错开的距离等于接触电势 V_0 和电荷 q 的乘积，即 $E_{vp}-E_{vn}=qV_0$，这与式(5-12)的理论结果是一致的。式(5-12)是由 p-n 结平衡性质 $(E_{Fn}-E_{Fp}=0)$ 决定的结果。在后面将会看到，当在 p-n 结上施加偏压时，势垒或者降低或者升高(取决于 p-n 结是正偏还是反偏)；同时，结两侧区域内的费米能级也相互错开了，错开的距离(用 eV 为单位)在数值上等于外加偏压。

5.2.3　结的空间电荷

由于热运动，总有一些电子和空穴在不停穿过耗尽区从 p-n 结的一侧运动到另一侧，即总有一些电子从 n 区向 p 区扩散、同时也总有一些空穴从 p 区向 n 区扩散(应注意两种载流子的扩散和漂移的方向相反)。不难理解，在任一给定的时刻，空间电荷区内总存在着少量的载流子，它们是从中性区随机扩散进入到空间电荷区的。但空间电荷区内的载流子浓度毕竟很少，可以近似认为其中没有载流子，因而空间电荷全部是由那些电离的受主杂质和施主杂质离子构成的。这样的近似称为**耗尽层近似**。图 5-12(b)画出了耗尽区 W 内的空间电荷分布。由图看到，n 型一侧的空间电荷密度等于施主离子电荷密度(qN_d)、p 型一侧的空间电荷密度等于受主离子电荷密度($-qN_a$)。这实际上就是说，不但可以认为耗尽区 W 内不存在载流子，而且耗尽区 W 外的区域可看成是中性区。

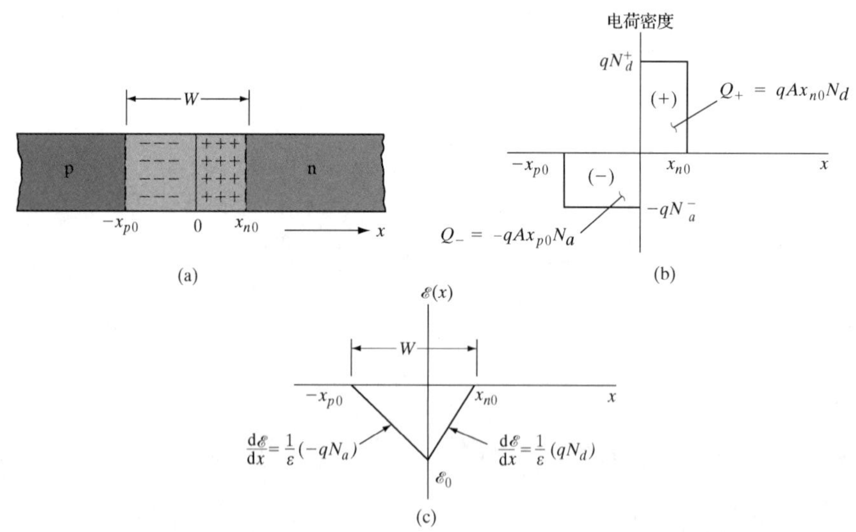

图 5-12　p-n 结空间电荷区内的电荷和电场分布($N_d > N_a$)。(a)空间电荷区(也叫耗尽区)，冶金结位于 $x=0$ 处；(b)耗尽区内的电荷密度(忽略其中的载流子)；(c)耗尽区内的电场分布，电场 $\mathscr{E}$ 的方向沿 x 轴的正方向

因 p-n 结两侧的掺杂浓度一般不同，且耗尽区内的正负电荷量必须相等[①]($Q_+ = |Q_-|$)，所以 p 区的耗尽层宽度和 n 区的耗尽层宽度一般是不同的。例如，若 p 区的杂质浓度 N_a 低于 n 区

① 电场线从正电荷出发，终止于负电荷。如果 Q_+和 Q_-不相等，则耗尽区将继续向 n 区或 p 区扩展，直到耗尽区内的正负电荷数量相等为止。

的杂质浓度 N_d，则 p 区的耗尽层宽度比 n 区的耗尽层宽度大，因为只有这样，才能保证耗尽区内的正负电荷数量相等。对于一个横截面积为 A 的 p-n 结来说，耗尽区内的空间电荷可表示为

$$qAx_{p0}N_a = qAx_{n0}N_d \tag{5-13}$$

其中，x_{p0} 和 x_{n0} 分别表示 p 区和 n 区内耗尽层的宽度。耗尽区的总宽度 W 是 x_{p0} 和 x_{n0} 之和，即 $W = x_{p0} + x_{n0}$。

对p-n结的空间电荷区求解**泊松方程**，可得到其中的电场分布。泊松方程把电场梯度与空间电荷密度联系在一起。对一维 p-n 结来说，泊松方程可写为

$$\frac{\mathrm{d}\mathscr{E}(x)}{\mathrm{d}x} = \frac{q}{\varepsilon}(p - n + N_d^{+} - N_a^{-}) \tag{5-14}$$

利用耗尽层近似，上式中的 p 和 n 可忽略，空间电荷密度成为已知量，问题得以简化。对正、负电荷区，分别有

$$\frac{\mathrm{d}\mathscr{E}(x)}{\mathrm{d}x} = \frac{q}{\varepsilon}N_d, \qquad 0 < x < x_{n0} \tag{5-15a}$$

$$\frac{\mathrm{d}\mathscr{E}(x)}{\mathrm{d}x} = -\frac{q}{\varepsilon}N_a \qquad -x_{p0} < x < 0 \tag{5-15b}$$

上式已假设杂质完全电离，$N_d^{+}=N_d$，$N_a^{-}=N_a$。可以看到，耗尽区中的电场 $\mathscr{E}$ 是随位置 x 的变化而变化的，其规律为：n 区一侧的 $\mathscr{E}$ 随 x 的增大而增大，斜率为正；p 区一侧的 $\mathscr{E}$ 随 x 的增大而减小，斜率为负。整个耗尽区内的电场 $\mathscr{E}(x)$ 均为负值[参见图 5-12(c)]。电场的这一分布特点可通过高斯定理来证明，但也可以这样更简便地加以说明：电场的方向由正空间电荷指向负空间电荷，在图 5-12 的坐标系中，电场沿 $-x$ 方向(即由 n 区指向 p 区)，所以耗尽区 W 内的电场为负；由于所有的电场线都要通过 $x = 0$ 处的冶金结面，所以冶金结处(即 $x = 0$ 处)的电场最大；又由于中性区内没有电势降落，所以中性区内的电场为零。

将式(5-15)积分可求出空间电荷区的最大电场 E_0，积分区间参考图 5-12(c)确定

$$\int_{\mathscr{E}_0}^{0}\mathrm{d}\mathscr{E} = \frac{q}{\varepsilon}N_d\int_0^{x_{n0}}\mathrm{d}x, \qquad 0< x <x_{n0} \tag{5-16a}$$

或者

$$\int_0^{\mathscr{E}_0}\mathrm{d}\mathscr{E} = -\frac{q}{\varepsilon}N_a\int_{-x_{p0}}^{0}\mathrm{d}x, \qquad -x_{p0}< x <0 \tag{5-16b}$$

于是，最大电场 $\mathscr{E}_0$ 为

$$\mathscr{E}_0 = -\frac{q}{\varepsilon}N_d x_{n0} = -\frac{q}{\varepsilon}N_a x_{p0} \tag{5-17}$$

因为任意一点 x 处的电场 $\mathscr{E}(x)$ 是该点电势梯度的负值，所以对电场 $\mathscr{E}(x)$ 进行积分可得到接触电势 V_0

$$\mathscr{E}(x) = -\frac{\mathrm{d}\mathscr{V}(x)}{\mathrm{d}x} \quad \text{或者} \quad -V_0 = \int_{-x_{p0}}^{x_{n0}}\mathscr{E}(x)\mathrm{d}x \tag{5-18}$$

即 $\mathscr{E}(x)$ 和 x 轴所围成的三角形区域的面积在数值上等于接触电势，因此接触电势 V_0 与耗尽区宽度 W 联系在一起，表示为

$$V_0 = -\frac{1}{2}\mathscr{E}_0 W = \frac{1}{2}\frac{q}{\varepsilon}N_d x_{n0}W \tag{5-19}$$

由于 $x_{n0}N_d = x_{p0}N_a$，$W = x_{n0} + x_{p0}$，进而有 $x_{n0} = WN_a/(N_a+N_d)$，于是

$$V_0 = \frac{1}{2}\frac{q}{\varepsilon}\frac{N_a N_d}{N_a + N_d}W^2 \tag{5-20}$$

反过来，耗尽区的宽度可表示为

$$\boxed{W = \left[\frac{2\varepsilon V_0}{q}\left(\frac{N_a + N_d}{N_a N_d}\right)\right]^{\frac{1}{2}} = \left[\frac{2\varepsilon V_0}{q}\left(\frac{1}{N_a} + \frac{1}{N_d}\right)\right]^{\frac{1}{2}}} \tag{5-21}$$

将 V_0 用掺杂浓度 (N_a,N_d) 表示出来［参见式（5-8）］，代入上式，有

$$W = \left[\frac{2\varepsilon kT}{q^2}\left(\ln\frac{N_a N_d}{n_i^2}\right)\left(\frac{1}{N_a} + \frac{1}{N_d}\right)\right]^{\frac{1}{2}} \tag{5-22}$$

利用 $x_{n0}N_d = x_{p0}N_a$ 和 $W = x_{n0} + x_{p0}$，可得到正、负电荷区的宽度分别是

$$x_{n0} = \frac{N_a W}{N_a + N_d} = \frac{W}{1 + N_d / N_a} = \left[\frac{2\varepsilon V_0}{q}\left(\frac{N_a}{N_d(N_a + N_d)}\right)\right]^{\frac{1}{2}} \tag{5-23a}$$

$$x_{p0} = \frac{N_d W}{N_a + N_d} = \frac{W}{1 + N_a / N_d} = \left[\frac{2\varepsilon V_0}{q}\left(\frac{N_d}{N_a(N_a + N_d)}\right)\right]^{\frac{1}{2}} \tag{5-23b}$$

上式指出这样一个规律，即耗尽区主要位于 p-n 结掺杂较轻的一侧。例如，若 $N_a \ll N_d$，则 x_{p0} 远比 x_{n0} 大，即耗尽区主要位于 p 型区中。这与前面所做的定性分析结果是一致的。

在前面的推导过程中，我们考虑的是 p-n 结的平衡态、结两侧的电势差等于接触电势 V_0 的情况。在这种情况下，耗尽区的宽度 W 与结两侧的电势差 V_0 的平方根成正比［参见式（5-21）］。在 5.3 节我们将讨论 p-n 结的非平衡性质时（p-n 结上有外加偏压），耗尽区宽度仍具有式（5-21）的类似形式，只是其中的 V_0 由 V_0-V 取代了（V 代表外加偏压，可正可负）。

【例 5-2】 假设例 5-1 描述的 p-n 结具有圆形截面，截面的直径为 10 μm，试求平衡条件下（温度取为 300 K）该 p-n 结的 x_{n0}、x_{p0}、Q_+，以及 $\mathscr{E}_0$，并参照图 5-12 画出空间电荷和电场的分布。

【解】 结面积 $A = 3.14\times(5\times10^{-4})^2 = 7.85\times10^{-7}\ \text{cm}^2$，在例 5-1 中已求得自建电势 $V_0 = 0.796\ \text{V}$。根据式（5-21），有

$$W = \left[\frac{2\varepsilon V_0}{q}\left(\frac{1}{N_a} + \frac{1}{N_d}\right)\right]^{\frac{1}{2}}$$

$$= \left[\frac{2\times11.8\times8.85\times10^{-14}\times0.796}{1.6\times10^{-19}}\times(10^{-18} + 2\times10^{-16})\right]^{\frac{1}{2}}$$

$$= 4.57\times10^{-5}\ \text{cm} = 0.457\ \mu\text{m}$$

根据式（5-23），有

$$x_{n0} = \frac{W}{1 + N_d / N_a} = \frac{0.457}{1 + 5\times10^{-3}} = 0.455\ \mu\text{m}$$

$$x_{p0} = \frac{W}{1 + N_a / N_d} = \frac{0.457}{1 + 200} = 2.27\times10^{-3}\ \mu\text{m}$$

空间电荷区内的施主杂质电荷为

$$Q_+ = -Q_- = qAx_{n0}N_d = (1.6\times10^{-19})\times(7.85\times10^{-7})\times(4.55\times10^{-5})\times(5\times10^{15}) = 2.85\times10^{-14}\text{C}$$

空间电荷区内的最大电场为

$$\mathscr{E}_0 = -\frac{qN_d x_{n0}}{\varepsilon_r \varepsilon_0} = -\frac{(1.6\times10^{-19})\times(5\times10^{15})\times(4.55\times10^{-5})}{11.8\times8.85\times10^{-14}} = -3.48\times10^4 \text{ V/cm}$$

耗尽区内的电荷密度分布和电场分布如下图所示。

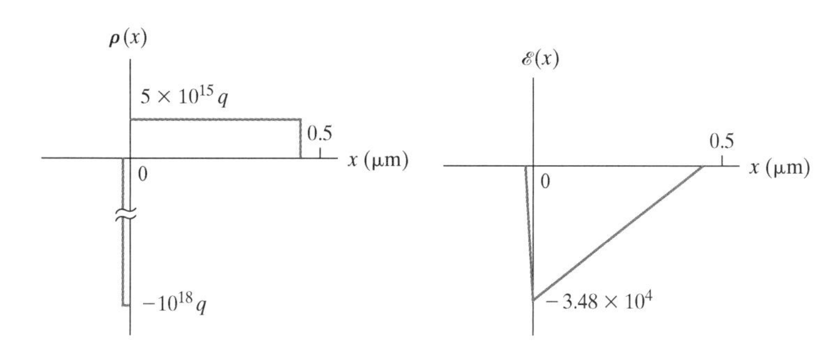

5.3　结的正偏和反偏；稳态特性

p-n 结具有整流作用，即当 p 区相对于 n 区施加正偏压时(称为**正偏**)，电流很容易由 p 区流向 n 区(称为**正向电流**)；当 p 区相对于 n 区施加负偏压时(称为**反偏**)，则流过 p-n 结的电流很小(称为**反向电流**)，很多情况下可被忽略。这种不对称的电流-电压关系使得 p-n 结具有整流作用。整流二极管就是 p-n 结整流作用的典型应用。但 p-n 结不仅仅限于整流二极管一种应用，它还可以用做变容二极管、光电池、发光二极管等。另外，由两个或多个 p-n 结还可构成晶体三极管、可控开关器件以及其他许多种的结型器件。

本节在前面对平衡态 p-n 结分析的基础上，定性分析其在施加偏压的非平衡情况下的性质，提出并解释一些新的概念，从而为后面的解析推导打下基础。

5.3.1　结电流的定性分析

可以近似认为外加偏压 V 完全降落在 p-n 结的空间电荷区内。当然，当电流流过 p-n 结时，空间电荷区外的中性区内也有一定的电压降，不过对于大多数 p-n 结器件来说，中性区的长度很短、且掺杂浓度较高(中等掺杂或重掺杂)，因而电阻很小，电压降也就很小，常常被忽略了。因此，在做定性分析时完全可以认为外加偏压全部降落在空间电荷区内，在做很多计算时也是如此。施加偏压时，若 p 区接电源的正极、n 区接电源的负极，则 p-n 结为**正向偏置**，偏压 V 取正值(可记为 V_f)；反之，p-n 结为**反向偏置**，偏压 V 取负值(可记为 V_r)。

因为外加偏压改变了 p-n 结的势垒高度和空间电荷区的电场，所以流过 p-n 结的各种电流分量也发生了变化，图 5-13 给出了这些变化的情况。由图看到，外加偏压也使 p-n 结的能带弯曲程度和空间电荷区的宽度相对于平衡态发生了明显变化。下面对这些变化做定性分析。

势垒。施加正偏压 V_f 后，p-n 结的势垒由平衡态的 V_0 降低到(V_0-V_f)，这是因为正偏压使 p 区的电势相对于 n 区的电势升高，且升高的幅度等于正偏压 V_f。当施加反偏压 V_r 后，p 区的电势相对于 n 区的电势降低，且降低的幅度等于反偏压 V_r 的绝对值，相应地势垒高度由 V_0 升高到(V_0+V_r)。

电场。势垒的高度等于空间电荷区两个边界处的电势之差。无论 p-n 结是正偏还是反偏，空间电荷区内的电场都可由势垒高度计算出来。在正偏情况下，外加偏压形成的电场与自建电场的方向相反，二者叠加的结果是削弱了空间电荷区的电场(使电场减小)；正偏压越高，电场越小。在反偏情况下，外加偏压形成的电场与自建电场的方向一致，叠加的结果是使电场增大；反偏压越高，电场越大。

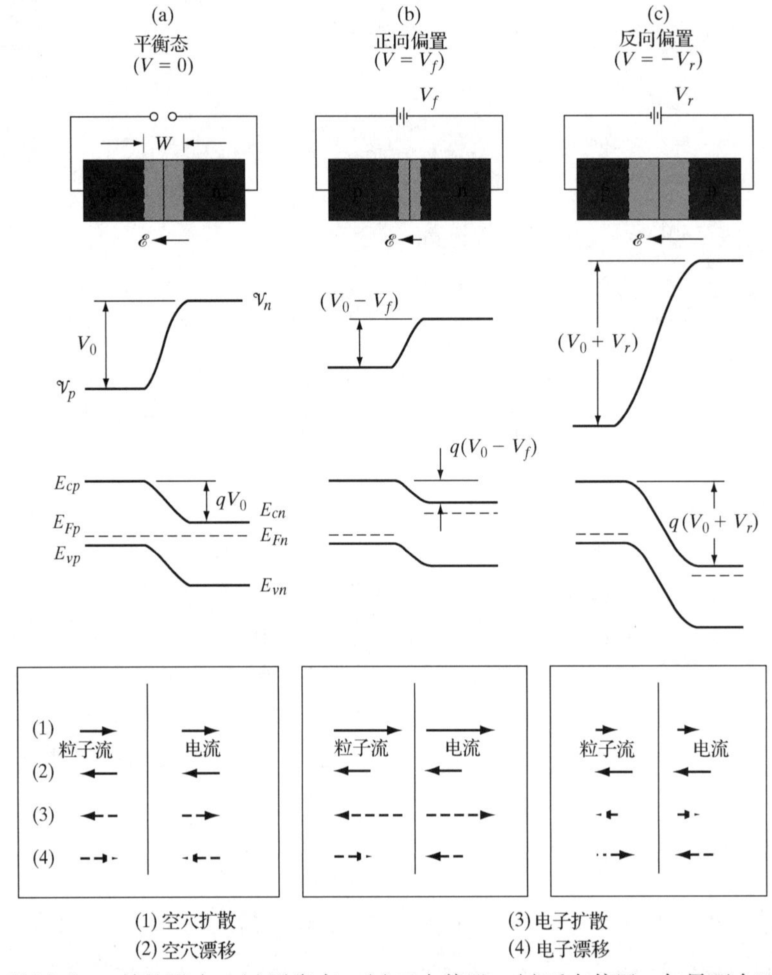

图 5-13 外加偏压对 p-n 结的影响。(a) 平衡态；(b) 正向偏置；(c) 反向偏置。如果两个区的掺杂浓度都是常数，那么空间电荷区内的电场就是随位置而线性变化的(参见图 5-12)；电势和能带边是对电场积分的结果，所以是随距离(指离开空间电荷区边界的距离)的平方而变的[参见式(5-18)]。因此，在空间电荷区内，能带边不是线性变化的，而是二次函数曲线(抛物线)形式的变化

空间电荷区宽度。伴随着空间电荷区电场的变化，空间电荷区的宽度 W 必须相应地变化，以变化的空间电荷数量来适应变化了的电场。由于正偏压使电场减小，维持电场 $\mathscr{E}$ 所需要的空间电荷数量必定减少，所以正偏时空间电荷区的宽度变窄。同样的道理，反偏时空间电荷区的宽度变宽。无论是正偏还是反偏，空间电荷区的宽度(W、x_{n0} 和 x_{p0})仍然可由式(5-21)和式(5-23)来计算①，不过应使用变化了的势垒(V_0-V)取代平衡态的势垒 V_0。

能带弯曲。能带的弯曲量表示为两区能带的高低之差，它是势垒高度的函数，因而是随着外加偏压的变化而变化的。显然，能带弯曲发生在空间电荷区内；正偏时能带的弯曲量是

---

① 在施加了偏压的情况下，用以表示空间电荷区边界的 x_{n0} 和 x_{p0} 中的下标“0”不是代表平衡态，而是代表新的一组坐标的原点($x_n = 0$ 和 $x_p = 0$)。由图 5-15 可看到关于这组坐标的定义。

$q(V_0-V_f)$，反偏时的弯曲量是 $q(V_0+V_r)$。因为在远离空间电荷区的中性区内的能带没有变化（即未受影响因而不发生弯曲，稍后对此有说明），所以能带的弯曲意味着两区的费米能级 E_{Fp} 和 E_{Fn} 不再像平衡态那样是一条水平线，而是互相错开了（参见 5.2.2 节）：正偏时错开的距离是 $(E_{Fn}-E_{Fp}) = qV_f$，反偏时错开的距离是 $(E_{Fp}-E_{Fn}) = qV_r$。这就是说，若用电子伏（eV）为单位表示能带错开的距离，则上述两区内费米能级相互错开的距离在数值上等于外加偏压。

扩散电流。由 n 区越过势垒扩散到 p 区的电子和由 p 区越过势垒扩散到 n 区的空穴都形成扩散电流[①]。即使在平衡态下，n 区导带中某些能量足够高的电子也可以越过势垒 V_0 从 n 区扩散到 p 区（参见图 3-16），p 区的空穴也同样。当 p-n 结正偏时，因为势垒高度由 V_0 降低到 (V_0-V_f)，所以有更多的电子能够越过势垒由 n 区向 p 区扩散，同时也有更多的空穴能够越过势垒由 p 区向 n 区扩散，因此，通过 p-n 结的电流可以很大。与此相反，当 p-n 结反偏时，因为势垒高度由 V_0 升高到 (V_0+V_r)，所以不管是 n 区的电子还是 p 区的空穴，都难以越过势垒向对方区域扩散，因此通过 p-n 结的电流很小，常常可被忽略。

漂移电流。与扩散电流相比，漂移电流对势垒的高度不太敏感。乍看之下，这似乎难以理解，因为按常规理解，漂移电流与电场成正比，而电场与外加偏压（势垒高度）密切相关，因而漂移电流似乎与势垒高度也有密切关系。但实际上，p-n 结中的漂移电流主要不是由电场大小决定的（即主要不是由载流子在空间电荷区的漂移速度决定的），而主要是由能够进入空间电荷区并参与漂移运动的载流子数量决定的。例如，p 区中的少子（电子）随机运动到空间电荷区边界时，将立即被电场扫过空间电荷区，即立即漂移通过空间电荷区；但该漂移电流很小，不是因为空间电荷区内的电场太小或漂移速度太慢，而是因为随机进入到空间电荷区并参与漂移的电子数量太少。n 区中的少子（空穴）随机运动到空间电荷区边界时，也是同样的情况。也就是说，正是因为参与漂移的“少子”数量太少，所以漂移电流才很小，与势垒的高度没有多大关系。作为一个很好的近似，可以认为少子的漂移电流与外加偏压无关。

p-n 结中，能够参与漂移的少子来源于两个方面：一个方面是来自于空间电荷区外一个扩散长度范围内热产生的少子；另一方面是来自于空间电荷区内热产生的载流子。在本节介绍的 p-n 结基本理论中，把第二个来源忽略了，即忽略了空间电荷区内的产生和复合。通常把热产生载流子形成的电流称为**产生电流**。在第 8 章将讨论光电二极管的工作原理时将会看到，p-n 结受到光照时，电子-空穴对（EHP）的产生率大为增强，这些光生载流子可显著地改变对 p-n 结的产生电流。

总电流。通过 p-n 结的总电流显然是两种载流子的扩散电流和漂移电流之和（共四种电流分量）。由图 5-13 看到，尽管两种载流子的运动方向相反，但扩散电流的方向都是由 p 区指向 n 区，漂移电流的方向都是由 n 区指向 p 区。在平衡情况下，每种载流子的扩散电流和漂移电流相互抵消，总电流为零。在反偏情况下，由于势垒升高，两种载流子的扩散电流均可忽略，结中只有很小的热产生电流，其方向由 n 区指向 p 区，其大小基本上与外加偏压无关。图 5-14 给出了 p-n 结典型

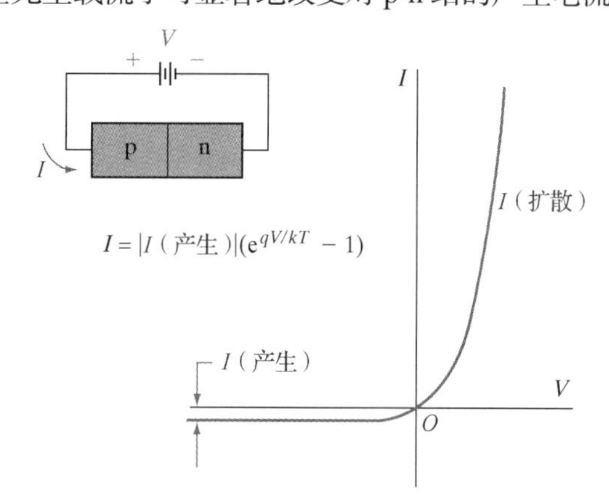

图 5-14　p-n 结的电流-电压特性曲线（I-V 特性曲线）

① 从 p-n 结的能带图可以看出，电子势垒和空穴势垒的形状相同，但符号相反。

的电流-电压(I-V)特性曲线。在偏压为零时($V = 0$)，即在平衡条件下，产生电流和扩散电流互相抵消，总电流为零[①]

$$I = I(\text{扩散}) - I(\text{产生}) = 0 \quad (V = 0\text{ 时}) \tag{5-24}$$

下一节我们将讨论 p-n 结在正偏情况下载流子的注入问题。可以看到，正偏压 V_f 使得载流子扩散越过势垒的几率按照 $\exp(qV_f/kT)$ 的指数形式增大，所以正偏时通过 p-n 结的扩散电流增大为平衡态扩散电流的 $\exp(qV_f/kT)$ 倍。与此相反，p-n 结反偏时，载流子依靠扩散越过势垒的几率按 $\exp(-qV_r/kT)$ 的规律减小(注意 V_r 本身为正值)，所以通过 p-n 结的扩散电流减小为平衡态的 $\exp(-qV_r/kT)$ 倍。既然平衡时的扩散电流等于产生电流，那么在施加偏置的情况下，扩散电流可表示为$|I(\text{产生})|\exp(qV/kT)$，这时通过 p-n 结的总电流 I 等于扩散电流减去$|I(\text{产生})|$。如果把产生电流的绝对值$|I(\text{产生})|$记为 I_0，则有

$$I = I_0[\exp(qV/kT) - 1] \tag{5-25}$$

式中，V 是外加偏压，其值可正可负：正偏时 $V = V_f$ 为正，反偏时 $V = -V_r$ 为负。当正偏压大于几个 kT/q 时，上式中的指数项远大于 1，此时通过 p-n 结的电流随着正偏压的增大而指数式地增大。当施加反偏压时，指数项趋于零，电流近似为$-I_0$(方向由 n 区指向 p 区)。这种反向产生电流也称为**反向饱和电流**。由图 5-14 看到，p-n 结 I-V 特性具有强烈的非线性特点，正偏时电流可以相对自由地流动，而反偏时几乎没有电流。

5.3.2 载流子的注入

根据前面的定性分析可知，在施加了偏压的情况下，空间电荷区边界处的载流子浓度必然随着外加偏压的变化而变化。以空穴浓度的变化为例，根据式(5-9)可知，在平衡条件下，空间电荷区两个边界处的浓度有如下关系：

$$\frac{p_p}{p_n} = e^{qV_0/kT} \tag{5-26}$$

而在施加了外加偏压的情况下(参见图 5-13)，上式则变成为

$$\frac{p(-x_{p0})}{p(x_{n0})} = e^{q(V_0 - V)/kT} \tag{5-27}$$

该式将外加偏压 $V_0 - V$ 与空间电荷区边界处的空穴浓度联系在一起。在小注入情况下，空间电荷区边界处多子浓度的变化可被忽略，即尽管在少子浓度变化的同时多子浓度也在等量地变化(以满足电中性要求)，但多子浓度的变化与其平衡浓度相比是可以忽略的。因此，可认为在空间电荷区边界 $x = -x_{p0}$ 处，空穴浓度 $p(-x_{p0})$ 仍然保持为平衡时的值 p_p，即 $p(-x_{p0}) = p_p$；而在另一个边界 $x = x_{n0}$ 处，空穴浓度变成了 $p(x_{n0})$。据此，用式(5-26)除以式(5-27)，有

$$\frac{p(x_{n0})}{p_n} = e^{qV/kT} \tag{5-28}$$

该式表明，在正偏情况下，空间电荷区边界处的少子浓度与其平衡浓度相比显著地增大了，且增大的规律是随着正偏压的增大而指数式增大的，我们把这种过程称为**少子注入**。而

① 此时总电流是产生电流和扩散电流之和，但它们的方向相反：I(扩散)的方向为正，I(产生)的方向为负。为了避免把符号混淆，我们在式(5-24)中写 I(产生)时已经考虑了符号。这样，$-I$(产生)就表示产生电流的方向与我们规定的电流的正方向相反。总之，产生电流和扩散电流相加时，两者要取不同的符号。

在反偏情况下，空间电荷区边界处的少子浓度将显著减小，且随着反偏压的增大而指数式地减小，我们把这种过程称为**少子抽出**。当反偏压较大时，空间电荷区边界处的过剩少子浓度实际上分别变成了$-p_n$ ($x = x_{n0}$处) 和$-n_p$ ($x = -x_{p0}$处)。图 5-15 给出了 p-n 结正偏时少子注入形成的稳态分布。对 n 区一侧的空间电荷区边界 ($x = x_{n0}$处) 来说，过剩少子浓度Δp_n等于$p(x_{n0})$减去p_n，利用式(5-28)，有

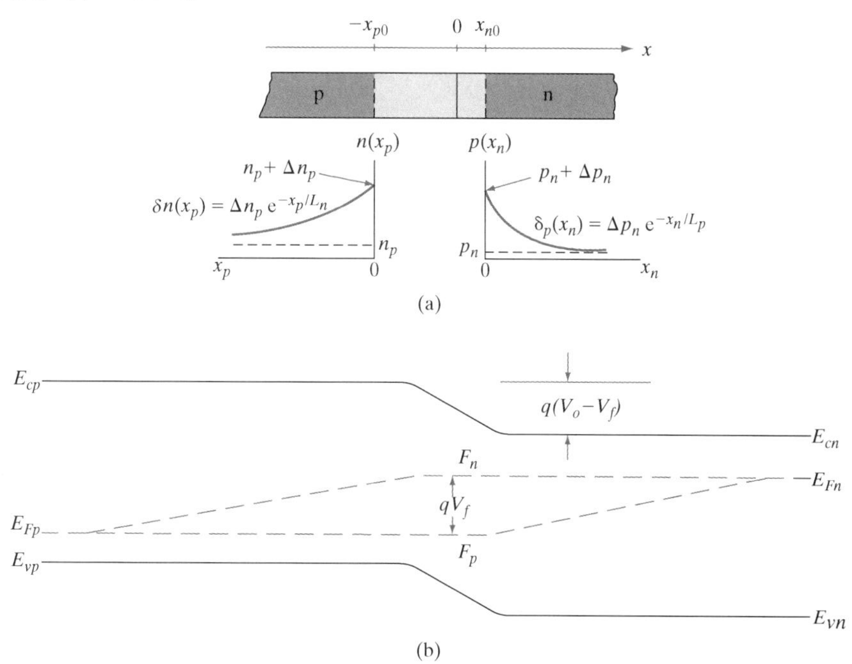

图 5-15　正向偏置的 p-n 结。(a) 空间电荷区之外的少子分布，同时也给出了坐标x_n和x_p的定义；(b) 载流子的准费米能级 (F_n和F_p) 随位置的变化情况

$$\boxed{\Delta p_n = p(x_{n0}) - p_n = p_n(e^{qV/kT} - 1)} \tag{5-29}$$

同样的道理，p 区一侧空间电荷区边界处 ($x = -x_{p0}$处) 过剩少子的浓度Δn_p为

$$\boxed{\Delta n_p = n(-x_{p0}) - n_p = n_p(e^{qV/kT} - 1)} \tag{5-30}$$

载流子通过 p-n 结注入到两侧的中性区内成为过剩少子。过剩少子在扩散的同时与那里的多子复合 (参见 4.4.4 节的讨论)，从而形成图 5-15 所示的衰减分布。例如，少子空穴注入到 n 区后，在向 n 区深处扩散的过程中，不断地与 n 区中的电子复合，从而形成一个衰减分布。该分布应该是空穴扩散方程式(4-34b)的解。如果 n 区的长度远大于空穴的扩散长度L_p，则分布形式应该是指数式减小的[参见式(4-36)]。同样地，少子电子注入到 p 区后形成的分布应是电子扩散方程式(4-34a)的解，它也是随着扩散距离的加长而指数式减小的。为了后面讨论问题方便，我们重新定义两个新的坐标：一个定义在 n 型中性区内、以空间电荷区边界$x = x_{n0}$处作为坐标原点，将延伸到 n 型中性区的距离记为x_n；另一个定义在 p 型中性区内、以空间电荷区边界$x = -x_{p0}$处作为坐标原点，将延伸到 p 型中性区的距离记为x_p。采用这两个坐标，可将注入的过剩少子的浓度分布表示为[参见式(4-34)]

$$\boxed{\delta n(x_p) = \Delta n_p e^{-x_p/L_n} = n_p(e^{qV/kT} - 1)e^{-x_p/L_n}} \tag{5-31a}$$

$$\boxed{\delta p(x_n) = \Delta p_n e^{-x_n/L_p} = p_n(e^{qV/kT} - 1)e^{-x_n/L_p}} \tag{5-31b}$$

由此便可得到 n 区和 p 区内任意一点的扩散电流。例如，由式(5-31b)可求出 n 区内 x_n 处空穴的扩散电流[参见式(4-40)]

$$I_p(x_n) = -qAD_p \frac{\mathrm{d}\delta p(x_n)}{\mathrm{d}x_n} = qA\frac{D_p}{L_p}\Delta p_n \mathrm{e}^{-x_n/L_p} = qA\frac{D_p}{L_p}\delta p(x_n) \tag{5-32}$$

式中，A 是 p-n 结的面积。上式表明：x_n 处空穴的扩散电流与该处过剩空穴的浓度成正比[①]；$x_n = 0$ 处的过剩空穴浓度最大，且该处空穴的扩散电流就是 p-n 结注入的空穴电流(忽略了空间电荷区内的产生和复合)。令式(5-32)中的 $x_n = 0$，便得到注入的空穴电流为

$$I_p(x_n = 0) = \frac{qAD_p}{L_p}\Delta p_n = \frac{qAD_p}{L_p} p_n(\mathrm{e}^{qV/kT} - 1) \tag{5-33}$$

经过类似的分析，同样可得到 p-n 结注入的电子电流为

$$I_n(x_p = 0) = -\frac{qAD_n}{L_n}\Delta n_p = -\frac{qAD_n}{L_n} n_p(\mathrm{e}^{qV/kT} - 1) \tag{5-34}$$

式中的负号表示电子电流 I_n 的方向沿着 x_p 的反方向，与空穴电流 I_p 的方向相同(注意坐标 x_p 和 x 的方向相反)，如图 5-16 所示。通过 p-n 结的总电流可以这样求得：忽略载流子在空间电荷区内的复合或产生(理想二极管近似)，并注意到注入到$-x_{p0}$处的电子电流来自于 x_{n0} 处且未在空间电荷区内复合，则通过 x_{n0} 处的总电流就等于 p-n 结的总电流，它应是 $I_p(x_n = 0)$ 和$-I_n(x_p = 0)$之和。同理，通过 x_{p0} 处的总电流也等于 p-n 结的总电流，也等于 $I_p(x_n = 0)$ 和$-I_n(x_p = 0)$之和。因此，通过 p-n 结的总电流可表示为

$$I = I_p(x_n = 0) - I_n(x_p = 0) = \frac{qAD_p}{L_p}\Delta p_n + \frac{qAD_n}{L_n}\Delta n_p \tag{5-35}$$

$$\boxed{I = qA\left(\frac{D_p}{L_p}p_n + \frac{D_n}{L_n}n_p\right)(\mathrm{e}^{qV/kT} - 1) = I_0(\mathrm{e}^{qV/kT} - 1)} \tag{5-36}$$

式(5-36)就是**理想二极管方程**，它与式(5-25)所给的定性分析结果相同，定量地反映了 p-n 结(或二极管)I-V 特性的基本规律。偏压 V 既可以代表正偏压也可以代表反偏压，比如，当反偏压为 V_r时，令 $V = -V_r$，可得通过二极管的电流是

$$I = qA\left(\frac{D_p}{L_p}p_n + \frac{D_n}{L_n}n_p\right)(\mathrm{e}^{-qV_r/kT} - 1) \tag{5-37a}$$

在 V_r 大于几个 kT/q 的情况下，右边括号内的指数项实际上已趋于零，此时上式给出的反向电流等于二极管的**反向饱和电流**，用 I_0 表示

$$I = -qA\left(\frac{D_p}{L_p}p_n + \frac{D_n}{L_n}n_p\right) = -I_0 \tag{5-37b}$$

从二极管方程式(5-36)可以看出，通过 p-n 结的电流主要以来自重掺杂一侧的载流子注入为主。比如，若 p 区为重掺杂、n 区为轻掺杂，则式(5-36)中的 n_p 可被忽略，此时通过 p-n 结

① 在加有偏压的情况下，p-n 结处于非平衡态，所以不能用平衡态费米能级来表示载流子浓度的空间变化情况，而应该采用准费米能级来表示。

的电流可以认为完全是由注入到 n 区的少子空穴电流 p_n 构成的；同时，二极管内存储的过剩少子电荷也主要是存储在 n 区的空穴电荷。由此不难想到，若要增大一个 p^+-n 结的电流，可以不用增大 p 区的掺杂浓度，而只要减小 n 区的掺杂浓度即可。“p^+-n”中的上标“+”表示 p 区相对于 n 区是重掺杂的。p^+-n 结或 n^+-p 结的空间电荷区主要是在轻掺杂的 n 区或 p 区内延伸［参见式(5-23)］，这种掺杂不对称的结构在多种器件中都经常用到。

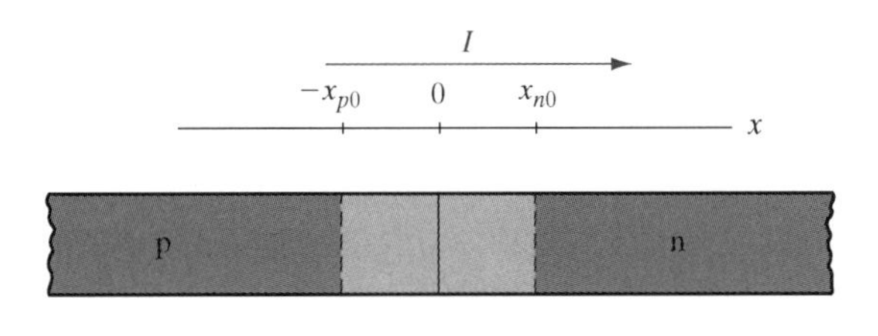

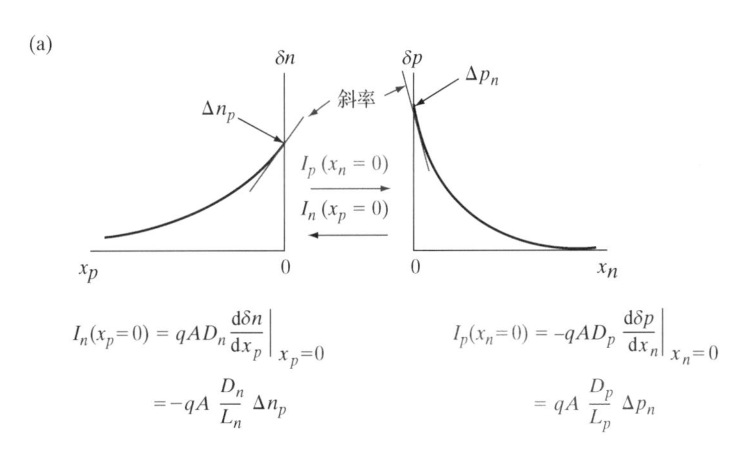

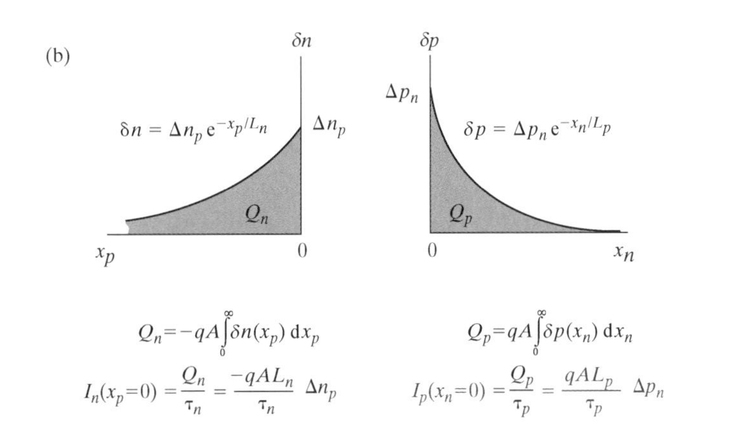

(c)

$$I = I_p(x_n=0) - I_n(x_p=0) = qA\left(\frac{D_p}{L_p}\Delta p_n + \frac{D_n}{L_n}\Delta n_p\right)$$

$$= qA\left(\frac{D_p p_n}{L_p} + \frac{D_n n_p}{L_n}\right)(e^{qV/kT} - 1)$$

图 5-16　根据过剩少子分布计算 p-n 结电流的两种方法。(a) 由空间电荷区边界处少子扩散电流进行计算；(b) 由存储的过剩少子电荷除以少子寿命进行计算；(c) 二极管方程

图 5-15(b)给出了正偏 p-n 结中载流子的准费米能级随位置的变化情况。由图看到，在空间电荷区内，电子和空穴的准费米能级 F_n 和 F_p 互相错开的间距等于 qV；外加偏压 V 越高，错开的间距越大，表示偏离平衡态 E_F 的程度越远(参见 4.3.3 节对准费米能级物理意义的阐述)。据此不难得到 p-n 结正偏时空间电荷区内两种载流子的浓度乘积是

$$pn = n_i^2 \mathrm{e}^{(F_n - F_p)/kT} = n_i^2 \mathrm{e}^{qV/kT} \tag{5-38}$$

它显然不等于平衡态的 n_i^2，而是 n_i^2 的 $\mathrm{e}^{qV/kT}$ 倍。

由图 5-15(b)看到，在空间电荷区之外的少子分布区内，少子准费米能级的变化比较明显，而多子准费米能级的变化不明显，基本上仍保持在原有 E_F 的位置不变。在空间电荷区内，尽管 F_n 和 F_p 都有变化，但在图示中反映不出来①。在空间电荷区之外，少子的准费米能级随着距离的增大而线性变化，最终与费米能级 E_F 重合。同样是在空间电荷区之外，少子的浓度随着距离的增大是指数式减小的。实际上，在经过几个扩散长度以后，在少子浓度减小到等于本征载流子浓度 n_i 的地方，少子的准费米能级才与本征费米能级 E_i 相交；再经过一段距离后，在少子浓度减小到等于其平衡浓度的地方，少子的准费米能级才与费米能级 E_F 重合。

另一种计算 p-n 结电流的方法是**电荷控制分析**，它是根据少子的存储电荷来计算电流的，如图 5-16(b)所示。在 I_F ($x_n = 0$)处注入到 n 区的少子空穴，一部分在扩散过程中与多子电子复合，另一部分则存储在分布区内。由过剩空穴的分布 $\Delta p(x_n)$ 可求出存储的过剩空穴电荷为

$$Q_p = qA\int_0^{\infty} \delta p(x_n)\mathrm{d}x_n = qA\Delta p_n \int_0^{\infty} \mathrm{e}^{-x_n/L_p}\mathrm{d}x_n = qAL_p\Delta p_n \tag{5-39}$$

设空穴的寿命为 τ_p，若注入过程停止则存储的过剩电荷 Q_p 在经过 τ_p 时间后将会因复合而消失，然而在稳态情况下，空穴过程维持了过剩空穴的分布。也就是说，在稳态情况下，Q_p 每经过 τ_p 的时间就会更新一次。因此，用 Q_p 除以 τ_p，所得结果就是 $x_n = 0$ 处注入的空穴电流

$$I_p(x_n = 0) = \frac{Q_p}{\tau_p} = qA\frac{L_p}{\tau_p}\Delta p_n = qA\frac{D_p}{L_p}\Delta p_n \tag{5-40}$$

其中使用了 $D_p/L_p = L_p/\tau_p$ 关系。

可见，上述结果与式(5-33)相同，不过式(5-33)是计算 $x_n = 0$ 处的空穴扩散电流得到的。同样使用电荷控制分析法，可得到存储在 p 型中性区的过剩电子电荷 Q_n，再除以电子寿命 τ_n，便可得到 $x_p = 0$ 处注入的电子电流 $I_n(x_p = 0)$。如前所述，少子在 $x_n = 0$ 和 $x_p = 0$ 处注入后，在扩散过程中与多子复合，因而少子扩散电流随着距离的加长而不断减小；在远离空间电荷区边界几个扩散长度的地方，扩散电流已经很小了。由于通过 p-n 结任意截面的总电流应该是相同的，少子扩散电流的减小必然意味着多子电流的增大。这就是说，在空间电荷区之外的中性区内少子的扩散电流逐渐被多子电流取代了(下面对此还有更详细的说明)。通过 p-n 结内任意一个截面的总电流都等于式(5-36)给出的电流。

总之，可通过两种方法计算通过 p-n 结的电流(参见图 5-16)：(1)由空间电荷区边界处少子浓度的梯度来计算；(2)由少子分布区内存储的过剩少子电荷来计算。不管采用哪种方法，通过 p-n 结的总电流都是将两种少子的相应电流相加得到的。之所以能够将它们相加作为通过 p-n 结的总电流，是因为我们忽略了载流子在空间电荷内的产生与复合的缘故。

---

① 这句话的意思是，空间电荷区内 F_n 和 F_p 的变化相对于空间电荷区之外 F_n 和 F_p 的变化太小了，以至于在图中不能表示出这种变化。——译者注

在中性区内，由于少子浓度比多子浓度小得多，所以少子的漂移电流可忽略。如果说少子对 p-n 结电流有贡献的话，那一定是少子的扩散电流(取决于少子浓度的空间梯度)。换句话说，即使少子浓度本身很小，但如果其空间梯度足够大，也会形成很大的电流(扩散电流)。

同样是在中性区内，多子电流的计算相对简单。因为通过各处的总电流 I 是相等的，所以只要知道了任意位置的少子电流后，从总电流 I 中减去该处的少子电流就能得到该处的多子电流(参见图 5-17)。例如，n 区中 x_n 处少子空穴的扩散电流 $I_p(x_n)$ 已由式(5-32)给出，从总电流 I 即式(5-36)中减去 $I_p(x_n)$ 就得到了 x_n 处的多子电子电流 $I_n(x_n)$。因为 $I_p(x_n)$ 随着 x_n 的增大而减小，所以 $I_n(x_n)$ 必然随着 x_n 的增大而增大，如图 5-17 所示。在离开空间电荷区很远的地方(n 区内)，总电流完全由多子电子承载，即该处的电子电流等于总电流。对于电子电流在 n 区中的这种空间变化，还可以这样理解：电子从电源负极流入 n 型区，它们承载的电流显然等于回路的总电流 I；当流经少子分布区时，一部分电子与过剩空穴复合(也可理解为：为该区补充因复合而失去的电子)；剩下的部分流到 x_{n0} 处，越过空间电荷区的势垒，注入到对面的 p 型区。总之，从电源流入 n 区的电子，一部分在少子分布区内与过剩空穴复合，另一部分注入到了 p 型区。

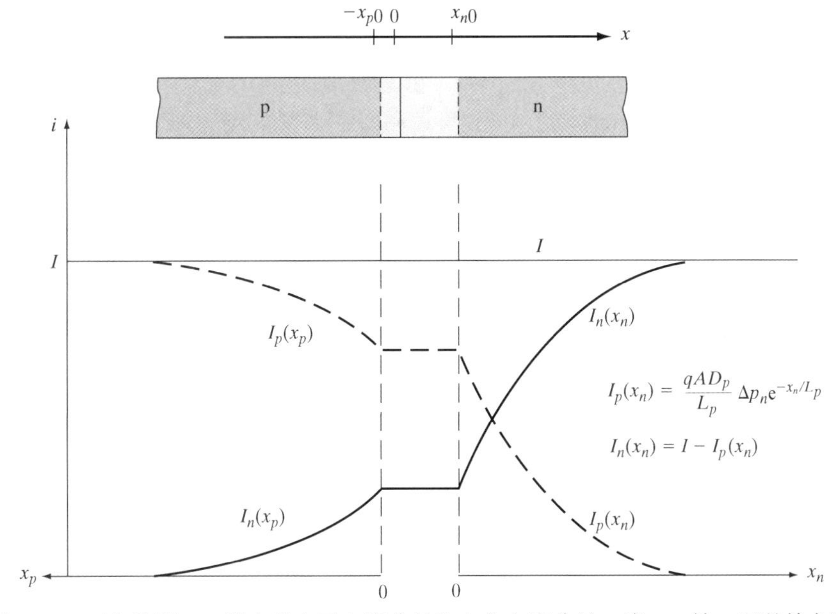

图 5-17　正向偏置 p-n 结中的电子电流分量和空穴电流分量。该 p-n 结 p 区的掺杂浓度比 n 区的掺杂浓度高，故注入到 n 区的空穴电流比注入到 p 区的电子电流大

至此，还有一个问题尚未回答，即在二极管(或 p-n 结)的不同区域，多子电流是扩散电流还是漂移电流？拟或是某些地方既有扩散电流成分又有漂移电流成分？在空间电荷区边界附近的区域，伴随少子浓度的变化，为保持空间电荷中性，多子浓度也发生等量的变化。多子浓度变化所需要的时间很短，由半导体的介电弛豫时间 $\tau_d=\rho\varepsilon$ 决定，其中 ρ 为电阻率，ε 为介电常数。在离开空间电荷区边界大约 3～5 个扩散长度之外的区域，少子浓度已减小到与本底少子浓度相等，多子浓度也减小到与本底多子的浓度相等，即少子浓度和多子浓度都不再随位置而变化，因而该区域内的电流只能是多子的漂移电流(该区域内少子的漂移电流完全可被忽略)。但是在靠近空间电荷区附近的区域，少子和多子的浓度都是随着位置而变化的，该区域内除了少子的扩散电流外，多子的电流也自远而近由纯粹的漂移电流逐渐转变为既有漂移电流又有扩散电流。对多子来说，除非是在很大注入条件下，其电流总是以漂移电流为主

的。在整个二极管结构中，通过任一截面的总电流是多子电流和少子电流之和，它在给定的温度和偏置条件下是一常数，不会随位置的不同而变化。

根据上面的分析，我们应能注意到这样一个事实，即中性区内的电场并不像前面假设的那样是零，否则，中性区内不可能有多子漂移电流的存在。换句话说，前面认为外加偏压完全降落在空间电荷区内的假设并不完全正确。但是，在大多数的分析和计算中，考虑到多子浓度很高、只需要很小的电场便可形成显著的漂移电流，所以仍然认为外加偏压全部降落在了空间电荷区内。这种近似在大多数情况下都是可以接受的。

【例 5-3】 试给出正向偏置的 p-n 结中 n 型中性区内电子电流的表达式。

【解】 根据式(5-36)，通过 p-n 结的总电流是

$$I = qA\left(\frac{D_p}{L_p}p_n + \frac{D_n}{L_n}n_p\right)(e^{qV/kT}-1)$$

又根据式(5-32)，n 型中性区内少子空穴的扩散电流是

$$I_p(x_n) = qA\frac{D_p}{L_p}p_n e^{-x_n/L_p}(e^{qV/kT}-1)$$

n 区内少子空穴的漂移电流可以忽略。以上两式相减，可得 n 型中性区内多子电子的电流是

$$I_n(x_n) = I - I_p(x_n) = qA\left[\frac{D_p}{L_p}(1-e^{-x_n/L_p})p_n + \frac{D_n}{L_n}n_p\right](e^{qV/kT}-1)$$

该电流既向 n 区提供因复合而失去的电子，又向 p 区提供注入电子。

5.3.3 反向偏置

前面对少子注入及其分布的讨论主要考虑的是正向偏置的情况。对反向偏置，令 $V=-V_r$，代入式(5-29)(见图 5-18)，便得到空间电荷区边界($x_n=0$)处的过剩空穴浓度

$$\Delta p_n = p_n(e^{-qV_r/kT}-1) \approx -p_n, \qquad V_r >> kT/q \tag{5-41}$$

同理，也可得到 $x_p=0$ 处过剩电子的浓度是$\Delta n_p \approx -n_p$($V_r >> kT/q$ 时)。

根据上式，当反偏压超过零点几伏时，空间电荷区边界处的过剩少子浓度等于少子平衡浓度的负值，因而该处的少子浓度为零，即 $n_p(x_p=0) = \Delta n_p + n_p = 0$，$p_n(x_n=0) = \Delta p_n + p_n = 0$。另外，反偏情况下过剩少子浓度的分布仍然由式(5-31)给出。在距离空间电荷区边界大约一个扩散长度的范围内，少子是基本耗尽的(参见图 5-18)，即空间电荷区边界处的少子浓度不但不增大反而减小，这与正偏的情况相反，是由于空间电荷区边界处的少子被电场扫向了结的另一侧所导致的。例如，x_{n0} 处的空穴被电场扫向了结的另一侧，在该处形成了浓度梯度，使空穴向着结的方向扩散；一旦扩散到了 x_{n0} 处，就会被电场 $\mathscr{E}$ 扫向另一侧，从而贡献到反向饱和电流之中。同理，扩散到 x_{p0} 处的电子也贡献到了反向饱和电流之中。稳态情况下，空间电荷区边界附近的少子浓度分布呈倒置的指数式分布，如图 5-18(a)所示。这里需要特别指出的是，既然反向饱和电流是由结电场对载流子的“扫荡”作用实现的，则其大小显然与单位时间内由中性区扩散到空间电荷区边界 x_{n0} 和 x_{p0} 的少子数量的多少有关。这些少子的来源是空间电荷区附近的热产生载流子。下面通过一个例子证明，反向饱和电流[参见式(5-38)]与空间电荷区外一个扩散长度范围内在单位时间内热产生的载流子数量成正比。

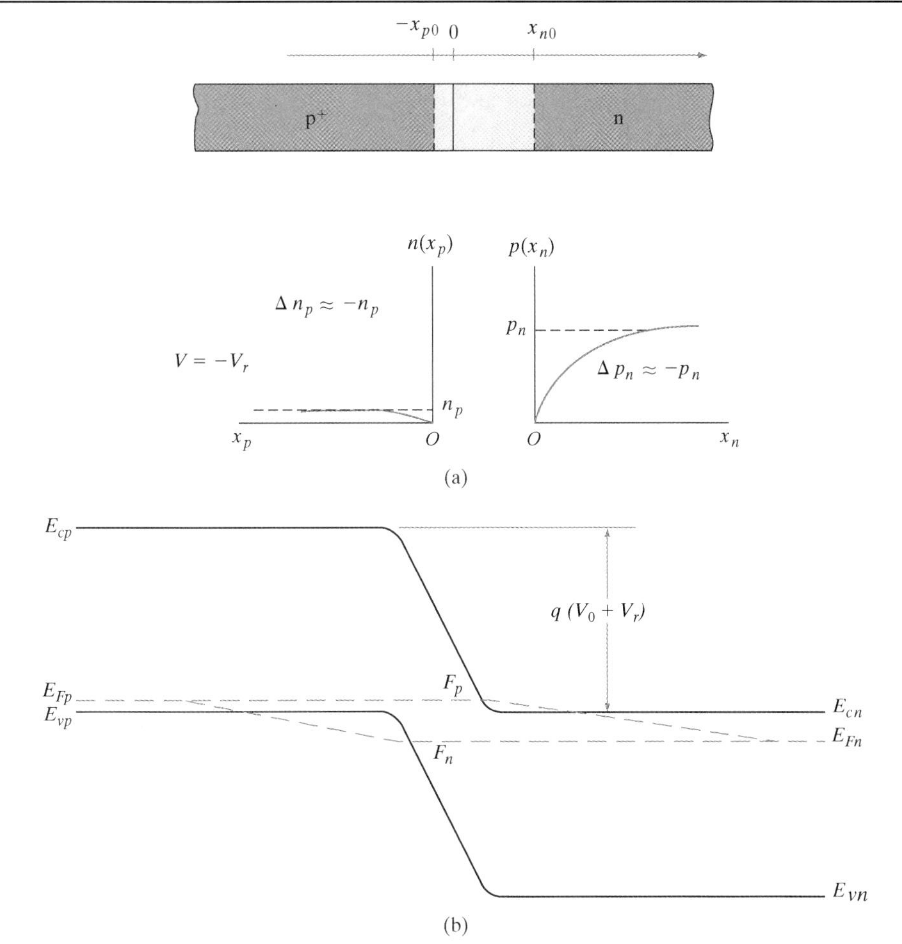

图 5-18　反向偏置的 p-n 结。(a) 少子的分布；(b) 准费米能级随位置的变化情况

p-n 结反偏时，准费米能级的位置与正偏时的情形相反[参见图 5-18(b)]：F_n 离 E_c 更近、F_p 离 E_v 更远。这反映了一个事实，即反偏时空间电荷区及其附近的载流子数量比平衡态时的少。不难得到，p-n 结反偏时空间电荷区内两种载流子的浓度的乘积是

$$pn = n_i^2 e^{(F_n - F_p)/kT} = n_i^2 e^{-qV_r/kT} \approx 0 \tag{5-42}$$

从图 5-18(b) 中我们注意到，少子的准费米能级进入到了能带的内部，比如，空穴的准费米能级 F_p 进入到了 n 区的导带内。尽管 F_p 与 E_c 相交，但并不意味着 F_p 和 E_c 有什么实质性的关联，因为它只是空穴浓度的一种度量，在使用时，是将 F_p 同 E_v 联系起来计算空穴浓度的(而不是同 E_c 联系起来)。由此可以理解，图 5-18(a) 的能带图只是用来表示 p-n 结反偏时空间电荷区及其附近载流子浓度很小的事实。

【例 5-4】 一个 Si p-n 突变结，横截面积为 $A = 10^{-4}\ \text{cm}^2$，其他参数如下所示(温度为 300 K)，求正偏压为 0.5 V 和反偏压为 −0.5 V 时通过 p-n 结的电流分别是多大？

p 区	n 区
$N_a = 10^{17}\ \text{cm}^{-3}$	$N_d = 10^{15}\ \text{cm}^{-3}$
$\tau_n = 0.1\ \mu\text{s}$	$\tau_p = 10\ \mu\text{s}$
$\mu_n = 700\ \text{cm}^2/(\text{V·s})$	$\mu_n = 1300\ \text{cm}^2/(\text{V·s})$

$$\mu_p = 200\ \text{cm}^2/(\text{V·s}) \qquad \mu_p = 450\ \text{cm}^2/(\text{V·s})$$

【解】 通过二极管的电流是

$$I = qA\left(\frac{D_p}{L_p}p_n + \frac{D_n}{L_n}n_p\right)(\text{e}^{qV/kT}-1) = I_0(\text{e}^{qV/kT}-1)$$

其中各量分别是

$$p_n = \frac{n_i^2}{n_n} = \frac{(1.5\times10^{10})^2}{10^{15}} = 2.25\times10^5\ \text{cm}^{-3}\ \text{(n 型一侧)}$$

$$n_p = \frac{n_i^2}{p_p} = \frac{(1.5\times10^{10})^2}{10^{17}} = 2.25\times10^3\ \text{cm}^{-3}\ \text{(p 型一侧)}$$

$$D_p = \frac{kT}{q}\mu_p = 0.0259\times450 = 11.66\ \text{cm}^2/\text{s}\ \text{(n 型一侧)}$$

$$D_n = \frac{kT}{q}\mu_n = 0.0259\times700 = 18.13\ \text{cm}^2/\text{s}\ \text{(p 型一侧)}$$

$$L_p = \sqrt{D_p\tau_p} = \sqrt{11.66\times10\times10^{-6}} = 1.08\times10^{-2}\ \text{cm}\ \text{(n 型一侧)}$$

$$L_n = \sqrt{D_n\tau_n} = \sqrt{18.13\times0.1\times10^{-6}} = 1.35\times10^{-3}\ \text{cm}\ \text{(p 型一侧)}$$

$$I_0 = qA\left(\frac{D_p}{L_p}p_n + \frac{D_n}{L_n}n_p\right)$$

$$= 1.6\times10^{-19}\times10^{-4}\times\left(\frac{11.66}{1.08\times10^{-2}}\times2.25\times10^5 + \frac{18.13}{1.35\times10^{-3}}\times2.25\times10^3\right) = 4.37\times10^{-15}\ \text{A}$$

当 $V = 0.5$ V(正偏)时，电流为

$$I = 4.37\times10^{-15}\times(\text{e}^{0.5/0.0259}-1) = 1.06\times10^{-6}\ \text{A}$$

当 $V = -0.5$ V(反偏)时，电流为

$$I = 4.37\times10^{-15}\times(\text{e}^{-0.5/0.0259}-1) = 4.37\times10^{-15}\ \text{A}$$

5.4 反向击穿

从前面的讨论可知道，反偏 p-n 结的电流很小，且基本与外加偏压无关。但这只是反偏压不是很大的情况；当反偏压增大到某个临界值以后，p-n 结将发生**反向击穿**，此时的反向电流将剧烈增大，如图 5-19 所示。击穿后，结电压几乎保持不变，或者只是略有增大，*I-V* 关系曲线是近乎陡直的(参见图 5-19)。

p-n 结的击穿并不意味着一定是损坏了。只要通过适当的外电路把击穿电流限制在合理的范围内，p-n 结仍然可以安全地工作。例如，图 5-19 中二极管的反向电流最大值被限制为 $(E-V_{br})/R$(V_{br} 表示该二极管的击穿电压)。针对不同的二极管，可选择阻值和额定功率不同的串联电阻 R，将其控制在安全工作范围内，否则二极管实际承受的功率有可能超过其额定功率，导致发热过高而损坏。但从另一方面来说，二极管的损坏不一定都是由反向击穿的电流

过大、发热过高而造成的；在正偏情况下，如果电流过大，同样能造成发热过高而损坏[①]。在 5.4.4 节我们将会看到，通过专门设计和制造的**击穿二极管**，就是能够在击穿区安全工作的一种二极管。

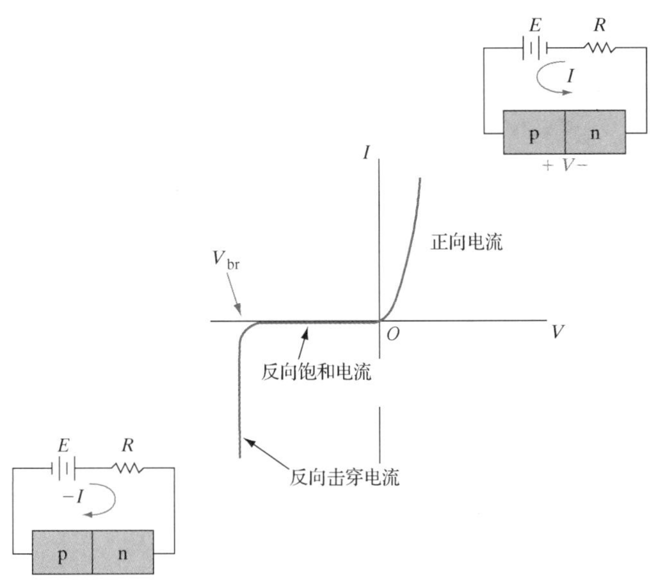

图 5-19　p-n 结的反向击穿

p-n 结的击穿分两种情况：第一种是在较低的反偏压下即可发生的**齐纳击穿**，击穿电压只有几伏；第二种是在较高的反偏压下才发生的**雪崩击穿**，击穿电压从几伏到高达几千伏。这两种击穿的发生机制是不同的，下面分别加以说明。

5.4.1　齐纳击穿

如果 p-n 结的两个区域都是重掺杂的，则即使是在较低的反偏压作用下，n 区的导带和 p 区的价带在能量上有一定程度的交叠，如图 5-20 所示，这意味着 n 区导带中的某些未被电子占据的空能态与 p 区价带中的某些被电子占据的能态具有相同的能量。同时，重掺杂 p-n 结的势垒区很窄，将导致电子从 p 区的价带向 n 区的导带发生隧穿（参见 2.4.4 节），形成从 n 区指向 p 区的隧道电流。这种现象称为**齐纳**（Zener）**击穿**（或**齐纳效应**）。

显然，隧穿发生的条件是势垒的宽度足够窄、势垒的高度有限。隧穿几率主要取决于势垒的宽度 $d(<W)$（参见图 5-20）。只要 p-n 结是突变结且两区的掺杂浓度都足够高，使空间电荷区的宽度 W 足够窄，则容易发生隧穿。如果 p-n 结不是突变结，或者某一区是轻掺杂的，则一般不容易发生隧穿。

一般地，当反偏压较小时（十分之几伏），即使 n 区的导带和 p 区的价带在能量上发生了一定程度的交叠，势垒的宽度 d 仍然较大，不会发生明显的隧穿。当反偏压增大时，空间电荷区边缘处的能带变化很陡，使势垒宽度 d 减小，便会发生明显的隧穿。诚然，反偏压增大时，空间电荷区宽度 W 也增大，但对重掺杂的 p-n 结来说，W 随反偏压的变化不甚明显，而势垒的宽度 d 却是随反偏压的增大而明显减小的。如果在几伏的反偏压下仍未发生齐纳击穿，则说明该 p-n 结的击穿属于雪崩击穿而不是齐纳击穿（雪崩击穿将在下面予以介绍）。

---

① 在电流相同的情况下，p-n 结反偏时的耗散功率比正偏时的大，因为反偏压 V 通常较高。

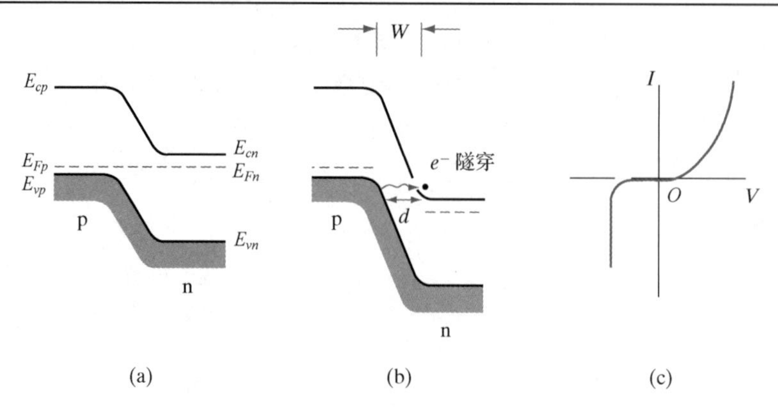

图 5-20　齐纳效应。(a)重掺杂 p-n 结的能带(平衡态)；(b)反向偏置时电子从 p 区隧穿到 n 区；(c)p-n 结的 I-V 特性

根据第 3 章描述的共价键模型(参见图 3-1)，齐纳效应可看成是空间电荷区内的原子发生了**场致电离**的结果。也就是说，在高于某一临界电场 W 的强电场作用下，组成共价键的电子脱离了共价键的约束，进而加速运动到 n 型一侧。场致电离的临界电场大致为 10^6 V/cm 量级。

5.4.2　雪崩击穿

对于轻掺杂的 p-n 结，隧道效应可以忽略，击穿发生的机制是**碰撞电离**，相应发生的击穿是**雪崩击穿**。载流子在晶格中运动时，从电场中获得很高的能量，与晶格原子碰撞导致原子电离，产生了电子–空穴对，如图 5-21(a)所示。进入到耗尽区的一次电子与电离出来的电子一起被扫向 n 区、空穴被扫向 p 区，如图 5-21(b)所示。电离出来的载流子仍然与晶格原子发生碰撞而产生了更多的电子–空穴对。所以，碰撞电离过程就像雪崩过程一样，源源不断地产生了大量的电子–空穴对，造成**载流子雪崩倍增**，最终导致雪崩击穿，如图 5-21(c)所示。

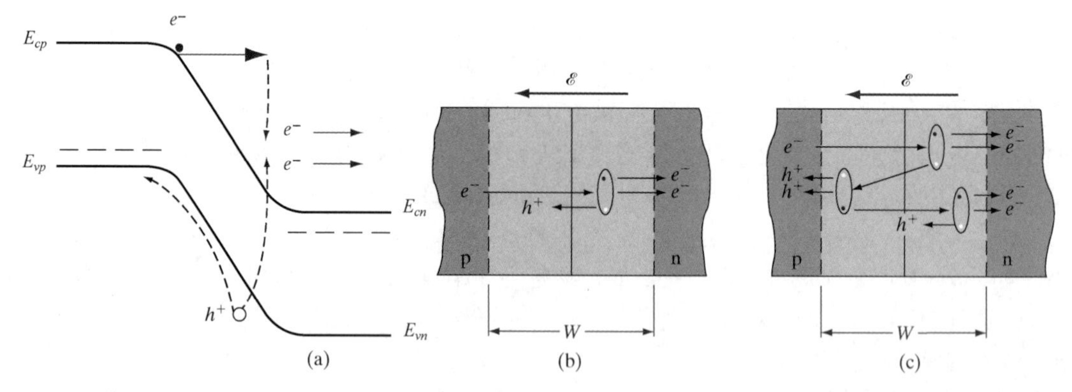

图 5-21　碰撞电离产生电子–空穴对的过程。(a)反偏 p-n 结耗尽区内一个电子(一次载流子)从电场中获得能量，与晶格原子发生碰撞，产生了一个电子–空穴对(二次载流子)，一次电子损失其大部分能量；(b)碰撞电离产生的电子被电场扫向 n 区，空穴被扫向 p 区；(c)一次、二次和三次碰撞电离的过程

现在我们进一步分析载流子的雪崩倍增过程。设两种载流子发生电离碰撞的几率(即**电离率**)都是 P，若开始时有 n_{in} 个一次电子进入到耗尽区并与晶格原子发生电离碰撞，则产生 Pn_{in} 个二次电子–空穴对。此时耗尽区内共有 $n_{in}(1+P)$ 个电子(即一次电子和二次电子的数量之和)。每个二次电子–空穴对在耗尽区内运动的距离都等于耗尽区的宽度 W。比如，设一个二次电子–

空穴对在耗尽区中心产生，则其中的电子将运动 $W/2$ 的距离到达 n 区，空穴也将运动 $W/2$ 的距离而到达 p 区。二次电子和空穴与晶格原子发生电离碰撞的几率与一次电离碰撞的几率相同，也是 P(后续级次的电离碰撞几率也一样)。这样，Pn_{in} 个二次电子-空穴对又能产生 P^2n_{in} 个三次电子-空穴对。以此类推，经过多次电离碰撞后，能够到达 n 区并贡献到反向电流之中的电子总数是

$$n_{out} = n_{in}(1 + P + P^2 + P^3 + \cdots) \tag{5-43}$$

这里的分析是粗略的，没有考虑载流子的复合，也未考虑电子和空穴电离碰撞几率(即电离率)之间的差异。在较为精确的分析中要考虑这些因素。作为简单估计，电子的倍增因子应当是

$$M_n = \frac{n_{out}}{n_{in}} = 1 + P + P^2 + P^3 + \cdots = \frac{1}{1-P} \tag{5-44a}$$

显然，当电离率 P 接近于 1 时，倍增因子将变成无限大，通过 p-n 结的反向电流也将增至无限大。但是在实际应用中，通过 p-n 结的电流总要受到外电路的限制，所以不会是无限大。

虽然电离率 P 和倍增因子 M 之间的关系比较简单，但电离率与其他参数之间的关系却很复杂[参见图 5-44(a)]。从物理机制上来说，电离率 P 应是随着电场的增大而增大的，所以与 p-n 结的反偏压 V 有关。人们根据实测数据总结得到了 M 和 V 之间的经验关系

$$M = \frac{1}{1-(V/V_{br})^n} \tag{5-44b}$$

式中，V_{br} 表示击穿电压，n 与材料的种类有关，其数值在 3 ~ 6 范围内变化。

一般来说，禁带宽度大的半导体材料，发生电离碰撞所需要的能量也高，发生击穿的临界反偏压随着禁带宽度 W 的增大而增大。另外，由于 p-n 结中电场的峰值随着掺杂浓度的升高而增大，所以击穿电压 V_{br} 随着掺杂浓度的升高而降低，如图 5-22 所示。

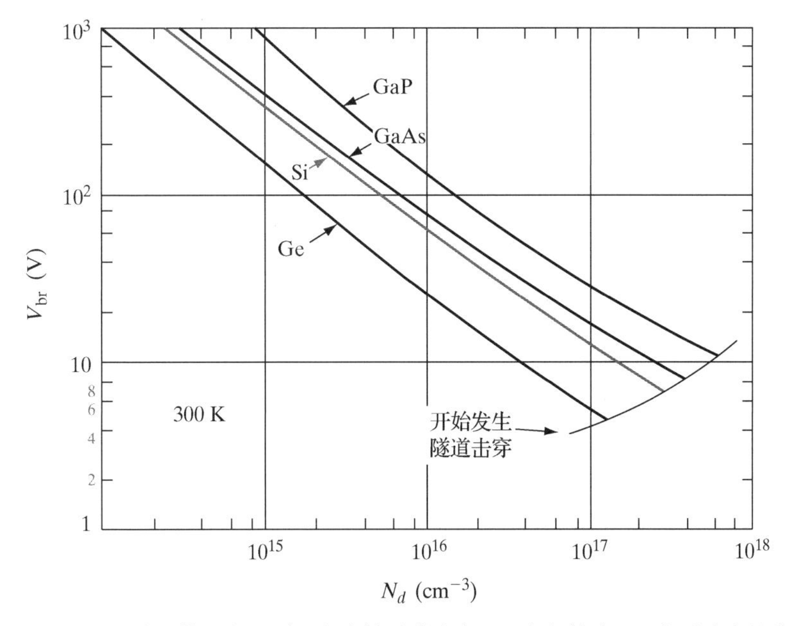

图 5-22　几种半导体材料的 p^+-n 突变结雪崩击穿电压与轻掺杂 n 区杂质浓度的关系
(引自 S.M.Sze and G. Gibbons, Applied Physics Letters, vol.8, p.111, 1966)

5.4.3 整流二极管

p-n 结的一个最显著特性是其单向导电性。这实际上是对理想 p-n 结二极管的一种很好的近似，如图 5-23(a)所示，即它在正偏时可看成是短路的、反偏时可看成是开路的。一个实际的二极管虽然并不完全是这样的，但总可以将其看成是由一个理想二极管和其他电路元件组成的某种等效电路。例如，实际二极管的正偏压只有在达到**开启电压**(E_0)时电流才开始显著增大(参见图 5-33)，因此可看成是由一个理想二极管和一个电池 E_0 串联而成的等效电路，如图 5-23(b)所示。该电路模型近似地认为二极管在低于 E_0 的正偏压下是不导通的。在 5.6.1 节将会看到，开启电压 E_0 与 p-n 结的接触电势 V_0 大致相等。在有些情况下，为了更准确地反映实际二极管的特性，就在图 5-23(b)所示等效电路的基础上再加入一个串联电阻 R，如图 5-23(c)所示，更好地反映出了正向电流随电压斜向上升而非陡直上升的特点。图 5-23 给出的几个电路模型称为**分段线性近似模型**。

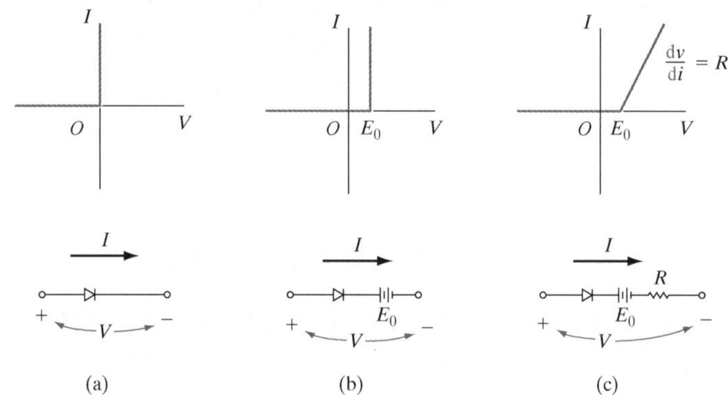

图 5-23 二极管分段线性近似模型。(a)理想二极管模型；(b)考虑了开启电压的等效电路模型；(c)考虑了开启电压和串联电阻的等效电路模型

将一个二极管与一个交流信号源串联起来，可以实现对交流信号的**整流**作用，即只允许交流信号的正半周的电流通过。正弦信号电压在一个周期内的平均值为零，但通过整流后，输出信号的平均值则为正值，即输出信号中含有直流成分。将输出信号进行滤波处理后，便可将直流成分提取出来。

利用二极管的单向导电性还可对交流信号进行**波形整形**，只让交流信号的某一部分通过，而不让其他部分通过，使输出信号相对于输入信号的波形发生改变。

整流二极管在设计和制造时应尽可能使其 I-V 特性接近于理想二极管特性，即反向电流足够小(甚至可以忽略)、正向通态电流基本与电压无关(要求通态电阻 R 足够小)。另外，还要求反向击穿电压 E_0 足够高、开启电压足够低。一个实际的二极管往往不能同时满足这些要求，所以在设计和制造时应根据应用要求对各性能指标进行折中处理。

整流二极管在材料选择方面需要考虑的一个重要因素是禁带宽度(参见 5.3 节)。我们已经知道，禁带宽度 E_g 较大时，本征载流子浓度 n_i 较小，因此选用禁带宽度较大的材料有利于减小反向饱和电流，也适合于在较高的温度下工作。但从另一方面来看，禁带宽度 E_g 较大时，接触电势 V_0 和开启电压 E_0 也较高，因此需要在较高的正偏压下才会有显著的电流。尽管如此，这一缺点与上述优点相比仍然显得微不足道。比如，虽然 Si 比 Ge 的禁带宽度大，但通常人们仍采用 Si 材料而不用 Ge 材料制造大功率整流二极管，原因就是 Si 二极管具有泄漏电流低、击穿电压高、制造过程简便等一系列优点。

p-n 结的掺杂浓度对击穿电压、接触电势、串联电阻都有影响。如果一侧为重掺杂，另一侧为轻掺杂(如 p^+-n 结)，那么形成的 p-n 结的许多性质都将主要取决于轻掺杂一侧的杂质浓度。由图 5-22 可以看出，要提高击穿电压 V_{br}，至少应使结的一侧是轻掺杂的(电阻率应很高)；但又由图 5-23(c)看到，当电阻率很高时，二极管的正向串联电阻 R 显著增大，容易导致发热失效问题(发热功率为 I^2R)。为减小串联电阻，应考虑增大轻掺杂侧的导电面积，并缩短其长度。因此说，整流二极管的结构参数是影响性能的重要因素。p-n 结的面积往往受到材料的均匀性和大面积处理工艺的复杂性的限制。若材料不均匀，内部存在疵点，则击穿将首先在有疵点的地方发生，导致击穿电压降低。若轻掺杂区的长度过短，则容易导致**穿通击穿**。所谓穿通击穿，是指随着反向偏压的增大，耗尽区扩展到了整个轻掺杂区而导致的一种击穿现象(参见习题 5.30)，不过一般来说穿通电压 V_{br} 比雪崩击穿电压低(参见图 5-22)。

高反压二极管的设计，应注意避免 p-n 结边缘处的过早击穿。将器件边缘做成**斜角**，或者在边缘处设置**电场限制环**，可防止边缘过早击穿，如图 5-24 所示。由图 5-24(b)看到，边缘斜角造型可使边缘处的电场低于主体部分的电场。与此类似，由图 5-24(c)看到，在 p^+-n 结周围设置 p 型电场限制环，由于 p 型环中的耗尽区宽度比 p^+区的大，也可使环区的电场(平均值)低于主结的电场。这就是边缘斜角和电场限制环能够避免过早击穿的原因。

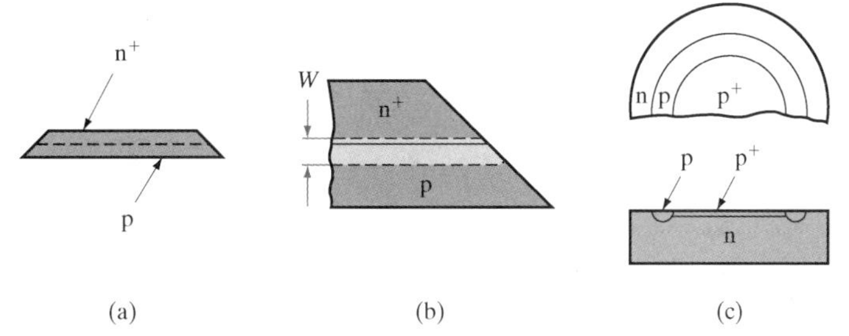

图 5-24　p-n 结的边缘斜角和电场限制环。(a)p-n 结的边缘斜角；(b)边缘斜角的局部放大视图，边缘处的空间电荷减少了；(c)在 p^+-n 结周围设置的 p 型电场限制环

在制造 p^+-n 结或 p-n^+结二极管时，需要在轻掺杂区的末端形成一个与该区掺杂类型相同的重掺杂区，即形成 p^+-n-n^+结构或 p^+-p-n^+结构[参见图 5-25(a)]，以便形成欧姆接触。击穿电压主要是由中间轻掺杂区的掺杂浓度和宽度决定的。如果轻掺杂区的宽度小于少子的扩散长度，那么正向工作时少子的注入将使该区的电导率大大提高，即引起所谓的**电导调制**。电导调制使轻掺杂区的串联电阻降低，利于大电流应用；但如果轻掺杂区的宽度过窄，则易导致穿通现象的发生[见图 5-25(c)]。

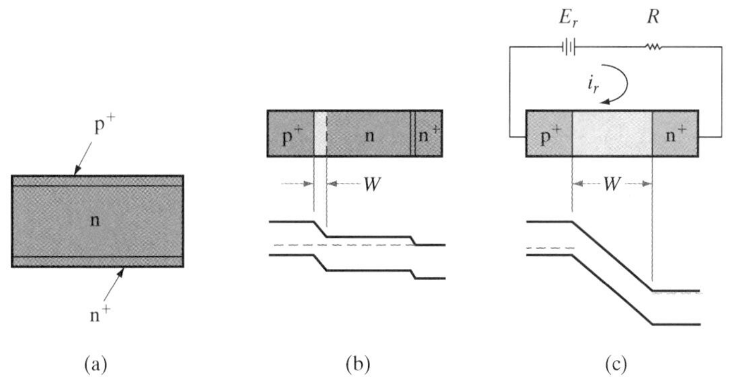

图 5-25　p^+-n-n^+二极管。(a)结构示意图；(b)零偏压下的耗尽区和能带图；(c)反向偏置引起穿通

整流二极管的封装形式对其工作稳定性和功率处理能力有重要的影响。对于小功率二极管，采用玻璃和塑料封装一般能满足应用要求。对大功率整流二极管，则必须采用有利于散热的形式进行封装。金属钼(Mo)和钨(W)的热膨胀性质与 Si 材料匹配较好，所以 Si 整流器通常是固定在钼或钨基座上，再通过导热性能良好的金属框架(如铜)与散热片紧固在一起，以便把热量尽快散发出去、降低结温。

5.4.4 击穿二极管

根据前面的分析可知，改变 p-n 结的掺杂浓度可以改变其击穿电压。对掺杂浓度很高的突变结，一般来说发生的是齐纳击穿；对大多数掺杂浓度较低的 p-n 结和缓变结，发生的往往是雪崩击穿。改变掺杂浓度可以使击穿电压在不足 1 V 至数百伏的范围内变化。如果设计得当，还可以使击穿后的电流近似陡直地变化，基本与电压无关，如图 5-26(a)所示，这就是**击穿二极管**应具有的击穿特性。应当说明的是，虽然击穿二极管的击穿机制通常是碰撞电离(雪崩击穿)，但由于历史的原因，在称谓上仍将其称为**齐纳二极管**。

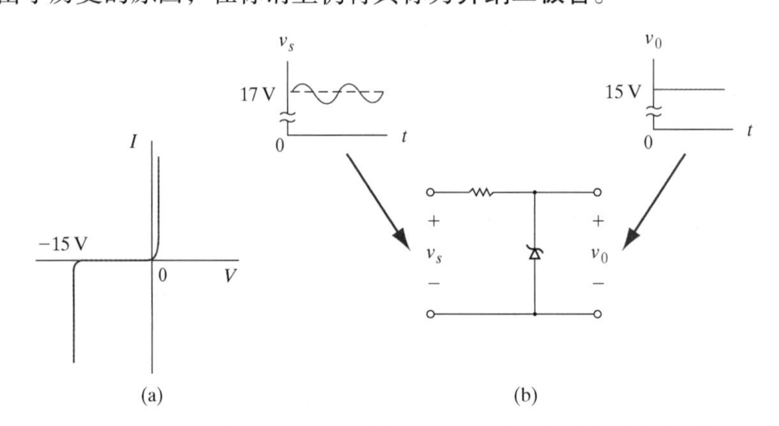

图 5-26 击穿二极管。(a) I-V 特性；(b) 在稳压电路中用做稳压管

击穿二极管常用于稳压电路中，输入电压变化，但输出电压不变。比如，图 5-26(b)所示电路中采用了击穿二极管作为稳压二极管，尽管输入电压(v_s)是波纹较大(约为 1 V)、直流分量为 17 V 的电压，但由于该二极管的击穿电压是 15 V，所以在输出端总能得到稳定为 15 V 的直流电压(v_0)。当然，击穿二极管也可用于更为复杂的稳压电路中。由于特定的二极管具有特定的击穿电压，所以其两端的电压还可作为电压基准。

5.5 瞬态特性和交流特性

前面讨论了 p-n 结的平衡态特性和稳态特性，对 p-n 结的性质有了基本的了解，但到目前为止，尚未讨论 p-n 结的瞬态特性和交流特性。很多器件在实际应用中都是用做信号开关或用来处理交流信号的，在使用过程中，结电压、电流以及载流子分布都随时间而变化；在对这些问题未做了解之前,我们还不能说对 p-n 结的性质有了全面的了解。要对这些问题给出精确、完整的描述是比较复杂的，因为它涉及的数学问题是比较复杂的。本节只对这些问题做定性的介绍和简单的理论分析。下面将针对几种典型的、特殊的瞬态过程，通过求解与时间有关的电流连续性方程，对上述问题做出简单说明。

5.5.1　存储电荷的瞬态变化

处于正向偏置状态的 p-n 结，如果外加偏压是随着时间变化的，则通过其中的电流也是随着时间变化的（参见图 5-15）；同时，中性区内存储的过剩少子电荷也是随时间变化的。存储电荷的变化需要一定的时间，因此滞后于电流的变化。这实际上就是 p-n 结的一种内在的电容效应（参见 5.5.4 节）。

为了求解存储电荷随时间变化的瞬态过程，必须应用与时间有关的电流连续性方程［参见式（4-31）］来求解任意位置 x、任意时刻 t 的两种载流子的电流。对于空穴，根据式（4-31a），则有

$$-\frac{\partial J_p(x,t)}{\partial x}=q\frac{\delta p(x,t)}{\tau_p}+q\frac{\partial p(x,t)}{\partial t} \tag{5-45}$$

将两边对 x 积分，可得到时刻 t 空穴的电流密度

$$J_p(0)-J_p(x)=q\int_0^x\left[\frac{\delta p(x,t)}{\tau_p}+\frac{\partial p(x,t)}{\partial t}\right]\mathrm{d}x \tag{5-46}$$

对 p^+-n 结来说，可近似认为 $x_n=0$ 处的空穴扩散电流就是结的总电流。设 n 区的长度很长，并考虑到 $x_n=\infty$ 处的空穴电流 J_p 为零，则 p^+-n 结的瞬态电流为

$$i(t)=i_p(x_n=0,t)=\frac{qA}{\tau_p}\int_0^\infty\delta p(x_n,t)\mathrm{d}x_n+qA\frac{\partial}{\partial t}\int_0^\infty\delta p(x_n,t)\mathrm{d}x_n$$

$$\boxed{i(t)=\frac{Q_p(t)}{\tau_p}+\frac{\mathrm{d}Q_p(t)}{\mathrm{d}t}} \tag{5-47}$$

这说明通过 p^+-n 结的总电流主要由两种因素决定：（1）$Q_p(t)/\tau_p$，它代表载流子复合引起的电流，表示存储的少子空穴电荷 Q_p 每隔 τ_p 的时间就要更新一次；（2）$\mathrm{d}Q_p(t)/\mathrm{d}t$，它表示存储电荷 Q_p 本身随时间变化相应形成的电流。稳态情况下，存储电荷不随时间变化，上式自然演化为式（5-40）表示的稳态电流。其实，考虑到注入的空穴电流必须为复合过程和少子存储过程提供电荷，我们完全可以不用求解连续性方程而直接写出式（5-47）。

下面我们求解 p^+-n 结中存储电荷随时间的变化关系。设 $t=0$ 时刻电流被突然关断（从 I 减小为 0），如图 5-27（a）所示，则刚关断时存储的空穴电荷仍然是 $I\tau_p$。经过一段时间后，由于复合作用，存储电荷才逐渐消失。应用拉普拉斯变换和 $i(t>0)=0$、$Q_p(t=0)=I\tau_p$ 的条件，由式（5-47）可得到

$$0=\frac{1}{\tau_p}Q_p(s)+sQ_p(s)-I\tau_p$$

$$Q_p(s)=\frac{I\tau_p}{s+1/\tau_p}$$

$$Q_p(t)=I\tau_p\mathrm{e}^{-t/\tau_p} \tag{5-48}$$

也就是说，n 区内存储的过剩空穴电荷从电流关断的时刻（$t=0$）开始，随着时间的加长而指数式地减少，时间常数等于空穴的寿命 $I\tau_p$。

从图 5-27 可见，即使电流被关断了，p-n 结的结电压却不是立即消失的，而是仍将持续一段时间、直到 Q_p 完全消失为止。在这段时间内，结电压 $v(t)$ 随着 Q_p 的减小而逐渐减小。把过剩空穴浓度 $\Delta p_n(t)$ 与结电压 $v(t)$ 联系起来，可知二者的关系是

$$\Delta p_n(t) = p_n(e^{qv(t)/kT} - 1) \tag{5-49}$$

只要知道了$\Delta p_n(t)$便容易得到 $v(t)$。但$\Delta p_n(t)$不容易从 $Q_p(t)$表达式中直接解出，原因是在关断过程中过剩空穴的分布并不像稳态那样具有指数衰减形式，并且，由于空穴注入电流与 $x_n = 0$ 处的空穴浓度梯度成正比[参见图 5-16(a)]，所以当电流变为零时，$x_n = 0$ 处的空穴浓度梯度必为零①，如图 5-27(c)所示。随着时间的加长，$\delta p(x_n, t)$和$\delta n(x_p, t)$逐渐减小。必须求解与时间有关的电流连续性方程才能得到$\delta p(x_n,t)$和$\delta n(x_p,t)$的精确表达式，这显然是很困难的。

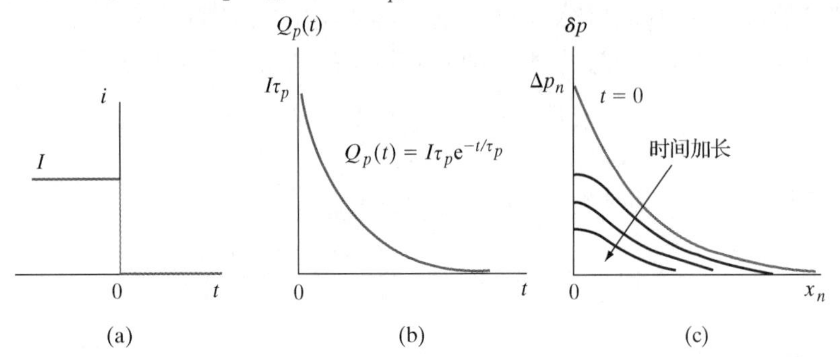

图 5-27 p^+-n 结二极管的关断瞬态特性。(a) $t = 0$ 时刻电流被关断；(b) n 区中存储的过剩空穴电荷随时间的加长而指数式衰减；(c) 过剩空穴浓度的分布及其随时间的变化

但如果近似认为关断过程中每一时刻过剩空穴的浓度分布都具有稳态那样的指数衰减形式，则问题就简单多了。这种近似称为**准稳态**近似。此时我们并不需要考虑 $x_n = 0$ 处空穴浓度梯度等于零的限制，即仍然认为该处空穴浓度的分布是整个指数分布的一部分，便可容易地得到结电压 $v(t)$的准稳态近似解。设 n 区内过剩空穴的浓度分布为

$$\delta p(x_n,t) = \Delta p_n(t) e^{-x_n/L_p} \tag{5-50}$$

则任意时刻 n 区内存储的过剩空穴电荷为

$$Q_p(t) = qA\int_0^{\infty} \Delta p_n(t) e^{-x_n/L_p} dx_n = qAL_p\Delta p_n(t) \tag{5-51}$$

根据式(5-49)将$\Delta p_n(t)$和 $v(t)$联系起来，并利用上式，有

$$\Delta p_n(t) = p_n(e^{qv(t)/kT} - 1) = \frac{Q_p(t)}{qAL_p} \tag{5-52}$$

于是，便得到了结电压随时间变化的准稳态近似解为(参见图 5-27)

$$v(t) = \frac{kT}{q}\ln\left(\frac{I\tau_p}{qAL_p p_n} e^{-t/\tau_p} + 1\right) \tag{5-53}$$

虽然这一结果不够精确，但却指出了 p-n 结关断过程的基本规律。它指出：在关断过程中，结电压与结电流的变化是不同步的。这一点对于开关二极管的应用来说是一个值得关注的问题。

与存储电荷有关的许多问题可以通过适当的设计加以解决。例如，以 p^+-n 结为例，如果把 n 区的长度设计得比空穴的扩散长度还要短，则 n 区将只能存储少量的空穴，有利于缩短关断时间。这种二极管称为**短基区二极管**(习题 5.40 给出了具体实例)。另外，如果在 p-n 结

① 在电流被关断的瞬间，虽然 n 区中的过剩空穴浓度在数量上尚未来得及变化，但空间电荷区边界处的空穴浓度梯度却是立即变为零的。同样地，p 区空间电荷区边界处过剩电子浓度的梯度也立即变为零。

材料中人为地引入某些复合中心，还可以使关断时间进一步缩短。例如，在 Si 中掺入杂质 Au，可显著增大载流子的复合率，从而明显地缩短二极管的关断时间。

5.5.2　反向恢复过程

开关二极管工作时需要在正向导通态和反向阻断态之间不断切换。开关过程中存储电荷的变化规律比前述关断过程更为复杂。并且，开关过程中的瞬态反向电流可以比稳态反向饱和电流大得多。

假设在 p^+-n 结二极管上施加一个方波驱动电压，如图 5-28(a)所示，该方波的幅值在$-E$和$+E$之间周期性地变化。当电压为$+E$时，二极管被正向偏置，流过二极管的稳态电流为I_f。如果电压 E 比 p^+-n 结的通态压降高得多，则其大部分降落在了外接的串联电阻 R 上，流过二极管的电流近似为 $i=I_f\approx E/R$。当信号电压突然从$+E$变化到$-E$时，电流必须从 $i=I_f\approx E/R$ 立即改变为 $i=I_r\approx -E/R$，显然该反向电流很大。反向电流之所以很大，是因为存储的电荷和 p-n 结电压不能随着驱动电压的变化而立即变化，即当电流反向时，结电压仍表现为某个小的正向压降，从回路方程可知此时的反向电流应近似等于$-E/R$。既然电流已发生反向，那么 $x_n=0$ 处的空穴浓度梯度也相应地由负值改变为正值。

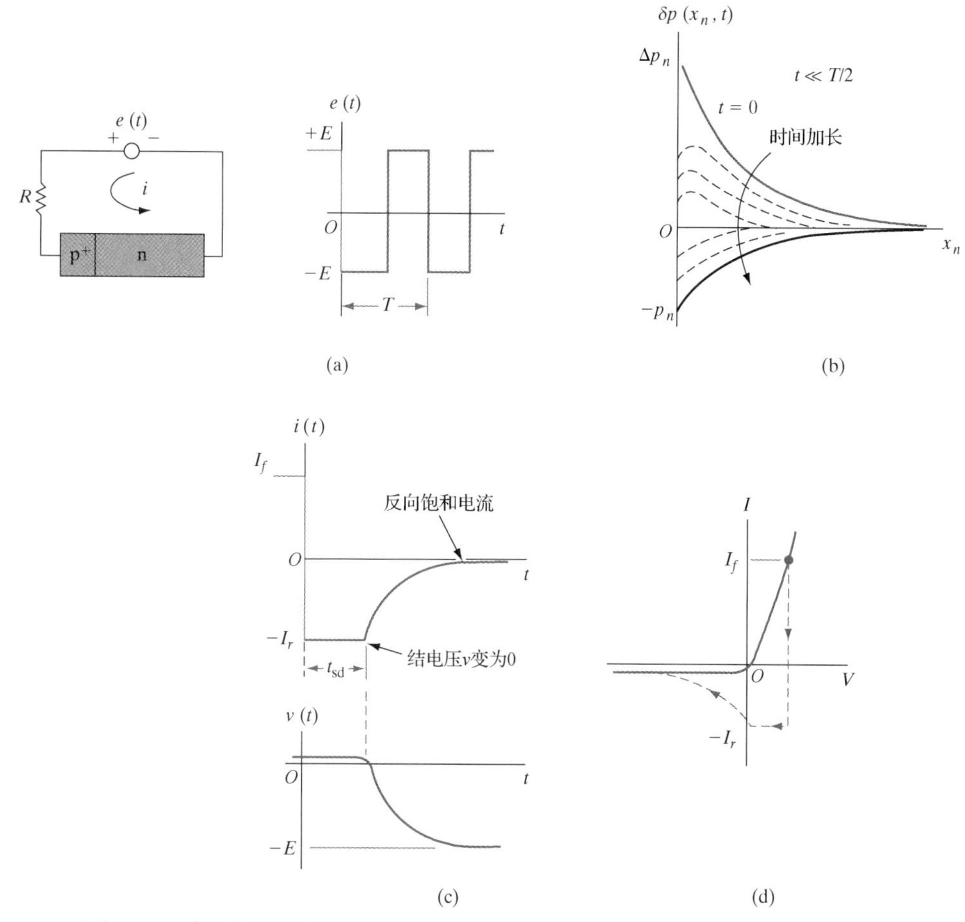

图 5-28　p^+-n 结二极管的存储延迟时间和反向恢复过程。(a)简单电路及输入方波；(b)n 区中的过剩空穴分布及其随时间的变化；(c)电流和结电压随时间的变化；(d)在 I-V 图上画出的瞬态电流和电压的变化情况

利用式(5-49)也可分析反向过程中结电压随时间的变化规律。只要Δp_n为正，结电压$v(t)$就为正，但数值较小(p-n 结的正向压降)；在Δp_n逐渐减小到零的过程中，反向电流基本上保持为$i \approx -E/R$不变；当Δp_n继续减小为负值($-p_n$)时，结电压才变为负值，如图 5-28(b)和图 5-28(c)所示。在此过程中，外加电压在串联电阻R和 p-n 结之间发生重新分配，即随着时间的加长，外加电压中的更多部分降落到了 p-n 结上，使反向电流越来越小，最终维持为 p-n 结的反向饱和电流。我们把外加电压开始反向到过剩空穴浓度减小到零所需要的时间(或者结电压减小到零所需要的时间)称为**存储延迟时间**，用t_{sd}表示。存储延迟时间是衡量二极管性能优劣的一个重要参数，它应当比实际要求的开关时间短才行(参见图 5-29)。决定t_{sd}大小的最重要的因素是载流子寿命。对p^+-n 结二极管而言，空穴的寿命τ_p决定了t_{sd}的大小。由于复合率决定了存储电荷消失过程的快慢，所以t_{sd}与τ_p成正比。经过专门分析和数学推导可知(参见图 5-28)

$$t_{sd} = \tau_p \left[\mathrm{erf}^{-1} \left(\frac{I_f}{I_f + I_r} \right) \right]^2 \tag{5-54}$$

其中误差函数 erf(x)是一个列表函数。上式是关于t_{sd}的一个精确解，其推导过程比较繁杂，这里不便给出。下面我们看一下用准稳态近似求解存储延迟时间的结果，以便进行比较。

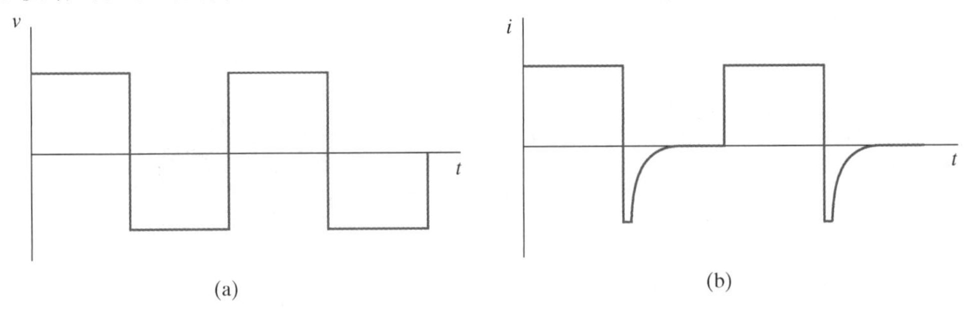

图 5-29　存储延迟时间对开关信号的影响。(a)电压变化情况；(b)电流变化情况

【例 5-5】 设p^+-n 结二极管处于正向偏置状态，结电流为I_f。从$t = 0$时刻开始二极管被反向偏置，结电流由I_f变为$-I_r$。试利用适当的初始条件和式(5-47)求解 n 区内存储的过剩空穴电荷随时间的变化关系$Q_p(t)$，并利用准稳态近似求存储延迟时间t_{sd}。

【解】 根据式(5-47)

$$i(t) = \frac{Q_p(t)}{\tau_p} + \frac{\mathrm{d}Q_p(t)}{\mathrm{d}t}$$

因为$t < 0$时$Q_p = I_f \tau_p$，利用拉普拉斯变换，可将存储的过剩空穴电荷$Q_p(t)$表示为

$$-\frac{I_r}{s} = \frac{Q_p(s)}{\tau_p} + sQ_p(s) - I_f \tau_p$$

$$Q_p(s) = \frac{I_f \tau_p}{s + 1/\tau_p} - \frac{I_r}{s(s + 1/\tau_p)}$$

$$Q_p(t) = I_f \tau_p \mathrm{e}^{-t/\tau_p} + I_r \tau_p (\mathrm{e}^{-t/\tau_p} - 1) = \tau_p [-I_r + (I_f + I_r)\mathrm{e}^{-t/\tau_p}]$$

利用准稳态近似式(5-52)，即$Q_p(t) = qAL_p \Delta p_n(t)$，得到

$$\Delta p_n(t) = \frac{\tau_p}{qAL_p} [-I_r + (I_f + I_r)\mathrm{e}^{-t/\tau_p}]$$

令 $t = t_{sd}$，$\Delta p_n(t_{sd}) = 0$，代入上式得到存储延迟时间为

$$t_{sd} = -\tau_p \ln\left(\frac{I_r}{I_f + I_r}\right) = \tau_p \ln\left(1 + \frac{I_f}{I_r}\right)$$

测量 t_{sd} 的原理图如图 5-28(a)和图 5.28(c)所示。如果已经测量得到了存储延迟时间 t_{sd}，代入式(5-54)便可得到空穴的寿命 τ_p，这实际上就是测量载流子寿命的一种常用方法。在某些情况下，用这种方法比用 4.3.2 节介绍的光电导法测量寿命更为方便。

前一节已指出，在材料中引入复合中心、或者缩短各区的长度可缩短二极管的关断时间，实际上利用这些措施也能够有效地缩短存储延迟时间。

5.5.3　开关二极管

在讨论整流二极管的特性时，主要关注的是如何减小反向饱和电流和正常工作时的功耗。对开关二极管来说，一个基本的要求就是必须能够在导通态和阻断态之间迅速转换，即必须关注它对开关信号的响应速度。前面已给出了关断过程和反向恢复过程的有关方程[参见式(5-47)和式(5-54)]。很明显，开关速度快的二极管，要么存储的过剩少子电荷少，要么载流子的寿命短，或者两者兼而有之。

既然在 p-n 结材料中引入复合中心可以缩短关断时间和反向恢复时间，也就同样可以提高二极管的开关速度。对 Si 二极管来说，通常是在其中掺入金(Au)作为复合中心。可以近似地认为载流子的寿命与复合中心的浓度成反比。比如，设掺 Au 之前 Si p^+-n 结二极管中少子空穴的寿命是 τ_p=1 μs，存储延迟时间是 t_{sd}= 0.1 μs；若在其中掺入浓度为 10^{14} cm^{-3} 的 Au，则空穴寿命和存储延迟时间分别减小到 τ_p= 0.1 μs 和 t_{sd}= 0.01 μs；若将 Au 的浓度提高到 10^{15} cm^{-3}，则两个参数进一步减小到 τ_p = 0.01 μs 和 t_{sd} = 0.001 μs =1 ns。但从另一方面来看，如果掺 Au 的浓度过高，则空间电荷区内通过复合中心产生的载流子将显著增多、反向电流将增大(参见 5.6.2 节)，所以 Au 的浓度也不宜过高。另外，当 Au 的浓度与轻掺杂区的杂质浓度接近时，将影响到轻掺杂区的载流子平衡浓度。

提高二极管开关速度的另一种方法是使轻掺杂区的长度小于少子的扩散长度，即采用短基区二极管结构(参见习题 5.40)。这样，存储在轻掺杂区的少子电荷很少，从而使关断时间大大缩短。通过习题 5.40 的实际练习便会发现它牵涉的器件物理问题很有趣，对第 7 章关于双极结型晶体管开关过程的分析和理解也很有帮助。

5.5.4　p-n 结电容

p-n 结的电容包括两部分，一部分与结区内的空间电荷有关，称为**结电容**或**耗尽层电容**(有的教科书称为**势垒电容**)；另一部分与中性区内存储的少子电荷有关(导致电压的变化滞后于电流的变化)，称为**电荷存储电容**或**扩散电容**。在设计含有 p-n 结的器件时，必须考虑 p-n 结的电容对器件特性可能产生的影响。在反向偏置情况下，p-n 结的耗尽层电容起主要作用；在正向偏置情况下，扩散电容起主要作用。p-n 结的电容在很多器件中有重要应用，通过电容的测量可了解许多 p-n 结结构方面的重要信息。

从空间电荷区中电荷的分布及其变化情况可容易地理解耗尽层电容的成因。由图 5-12 可以看到，n 区和 p 区中分别有等量的电离施主正电荷和电离受主负电荷。

这与一个平行板电容器的结构类似，但电容的计算不宜直接采用 $C = |Q/V|$，因为该式只

适用于电荷随电压线性变化的情况。在这里，空间电荷区中的电荷随电压的变化是非线性的，宜采用更一般的电容表达式来分析其电容

$$C = \left| \frac{\mathrm{d}Q}{\mathrm{d}V} \right| \tag{5-55}$$

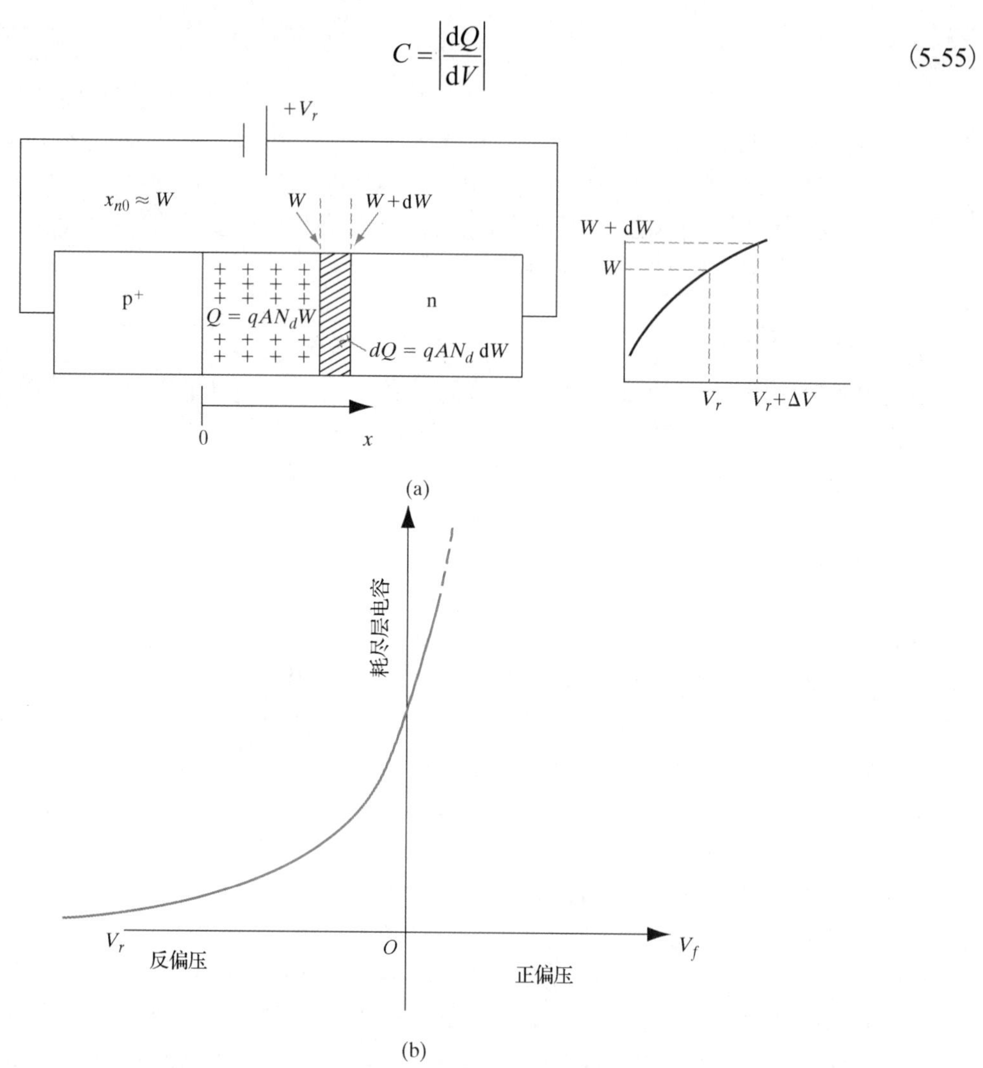

图 5-30 p-n 结的耗尽层电容。(a)反偏 p^+-n 结耗尽层随反向偏压的变化情况。与平行板电容器进行类比，空间电荷区是电介质，中性区是极板。主要向轻掺杂的 n 区中扩展；(b)耗尽层电容 C_j 随偏压 V 的变化关系[参见式(5-63)]。图中略去了重掺杂 p 区的耗尽层宽度 x_{p0}

如图 5-30(a)所示，从空间电荷区宽度 W 和电荷 Q 之间的关系可以明确 Q 和 V 的非线性变化关系。平衡情况下的空间电荷区宽度 W 已由式(5-21)给出

$$W = \left[\frac{2\varepsilon V_0}{q} \left(\frac{N_a + N_d}{N_a N_d} \right) \right]^{\frac{1}{2}} \quad (平衡情况) \tag{5-56}$$

在施加了偏压 V 的非平衡情况下，用(V_0-V)代替上式中的 V_0，W 变为

$$W = \left[\frac{2\varepsilon (V_0 - V)}{q} \left(\frac{N_a + N_d}{N_a N_d} \right) \right]^{\frac{1}{2}} \quad (非平衡情况) \tag{5-57}$$

偏压 V 在正偏时取正值、反偏时取负值。显然，空间电荷区的宽度在反偏时增大，在正偏时减小。无论是在正偏还是反偏，空间电荷区中的电荷 Q 都随着外加偏压的变化而变化。也就是说，p-n 结的耗尽层具有电容的性质。将空间电荷 Q 与空间电荷区宽度 x_{n0}、x_{p0} 联系起来(参见图 5-12)，有

$$|Q| = qAx_{n0}N_d = qAx_{p0}N_a \tag{5-58}$$

再根据式(5-23)将 W 与 x_{n0}、x_{p0} 联系起来，有

$$x_{n0} = \frac{N_a}{N_a + N_d}W \qquad x_{p0} = \frac{N_d}{N_a + N_d}W \tag{5-59}$$

将以上两式联立，便将电荷$|Q|$与外加偏压 V 联系起来

$$|Q| = qA\frac{N_a N_d}{N_a + N_d}W = A\left[2q\varepsilon(V_0 - V)\frac{N_a N_d}{N_a + N_d}\right]^{\frac{1}{2}} \tag{5-60}$$

这说明，电荷 Q 是偏压 V 的非线性函数。根据上式和式(5-55)可立即求出耗尽层电容 C_j：

$$C_j = \left|\frac{\mathrm{d}Q}{\mathrm{d}(V_0 - V)}\right| = \frac{A}{2}\left[\frac{2q\varepsilon}{V_0 - V}\frac{N_a N_d}{N_a + N_d}\right]^{\frac{1}{2}} \tag{5-61}$$

可见，耗尽层电容 C_j 与 $(V_0-V)^{-1/2}$ 成正比。这个特点有重要的实际意义，例如一个二极管可在调谐电路中作为变容二极管使用。在 5.5.5 节将对变容二极管做进一步的讨论。还有其他一些结型器件也是利用 p-n 结的电容性质工作的。

虽然 p-n 结空间电荷区中的电荷不像平行板电容器那样分布在两个极板上，而是分布在宽度为 W 的区域内，但如果将式(5-61)稍微改变一下形式，可写成如下形式：

$$C_j = \varepsilon A\left[\frac{q}{2\varepsilon(V_0 - V)}\frac{N_a N_d}{N_a + N_d}\right]^{\frac{1}{2}} = \frac{\varepsilon A}{W} \tag{5-62}$$

就可清楚地看到它与平行板电容的表达式是非常类似的，这里的空间电荷区宽度 W 相当于平行板电容两个极板之间的距离。

对于不对称掺杂的 p-n 结，空间电荷区主要向轻掺杂区扩展，这种情况下式(5-62)可简化，只需考虑轻掺杂区的杂质浓度就足够精确了。例如，对 p^+-n 结[参见图 5-30(a)]，$N_a >> N_d$，$x_{n0} \approx W$(x_{p0} 可忽略)，耗尽层电容 C_j 可简化为

$$\boxed{C_j = \frac{A}{2}\left[\frac{2q\varepsilon}{V_0 - V}N_d\right]^{\frac{1}{2}} \quad (\mathrm{p^+\text{-}n}\ 结)} \tag{5-63}$$

据此，只要测得耗尽层电容 C_j，就可以确定轻掺杂区的杂质浓度(如轻掺杂 n 区的杂质浓度 N_d)。这实际上是测量衬底掺杂浓度的一种常用方法。测量时，使反偏压 V_r(绝对值)远高于接触电势 V_0，以至于 V_0 可被忽略；测量出结的面积 A 和耗尽层电容 C_j，再由上式确定 n 区的杂质浓度 N_d。但应用该式时要注意，它只是对突变结才适用，对于缓变结，需做某些必要的修正才能使用(参见 5.6.4 节和习题 5.42)。

上面讨论的耗尽层电容 C_j 只在 p-n 结反偏的情况下是主要的。下面将要讨论的扩散电容 C_s 则在 p-n 结正偏情况下是主要的。最近的研究指出①，p-n 结在正偏情况下，其中随时间变化

---

① 请参阅 S.Laux and K.Hess, “Revisiting the Analytic Theory of p-n Junction Impedance: Improvements Guided by Computer Simulation Leading to a New Equipment Circuit”, *IEEE Trans. Elec. Dev.*, 46(2) (1999), 396.

的各种电流分量以及边界条件都对扩散电容产生影响。要确定扩散电容的大小，我们必须明确存储电荷是从何处被抽出或“再生”的、电压又降落在何处。对长基区二极管来说，因为其线度大于少子扩散长度，所以没有扩散电容。对短基区二极管来说，三分之二的存储电荷可得到“再生”；若将 p-n 结的 n 型中性区的长度记为 c，该区内存储的过剩空穴电荷记为 Q_p，与之相联系的扩散电容表示为

$$C_s = \frac{\mathrm{d}Q_p}{\mathrm{d}V} = \frac{1}{3}\frac{q^2}{kT}Acp_n\mathrm{e}^{qV/kT} \tag{5-64}$$

与 p 型中性区内存储的过剩电子电荷相联系的扩散电容也有类似的形式。短基区二极管的扩散电容如图 5-31 所示。从实际情况看，大多数 Si p-n 结二极管是短基区的，而使用直接禁带半导体制作的激光二极管是长基区的。

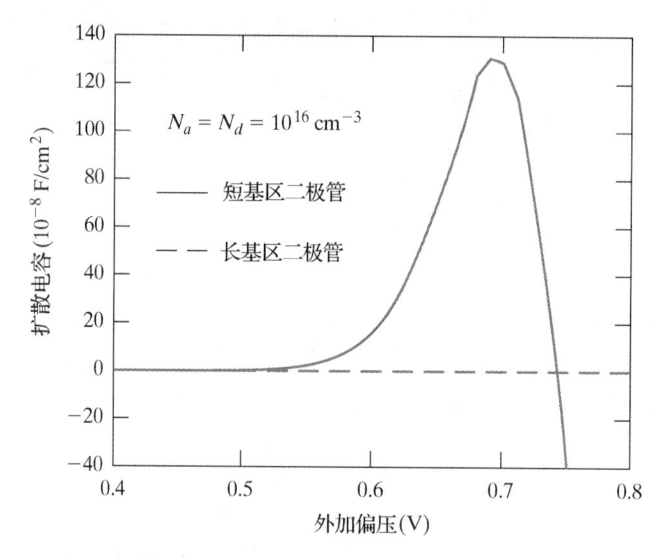

图 5-31　p-n 结的扩散电容，给出了长基区和短基区两种情况

经过类似的分析，我们还可以求出二极管的交流电导。例如，长基区二极管的交流电导可表示为

$$G_s = \frac{\mathrm{d}I}{\mathrm{d}V} = \frac{qAL_p p_n}{\tau_p}\frac{\mathrm{d}}{\mathrm{d}V}(\mathrm{e}^{qV/kT}) = \frac{q}{kT}I \tag{5-65}$$

【例 5-6】 对于例 5-4 中所给的二极管，求其反偏压为−4 V 时的耗尽层电容。

【解】 根据式(5-62)得到耗尽层电容为

$$C_j = A(\varepsilon_r\varepsilon_0)^{1/2}\left(\frac{q}{2(V_0-V)}\frac{N_dN_a}{N_d+N_a}\right)^{1/2}$$

$$=10^{-4}\times(11.8\times8.85\times10^{-14})^{1/2}\times\left(\frac{1.6\times10^{-19}}{2\times(0.695+4)}\frac{10^{15}\times10^{17}}{10^{15}+10^{17}}\right)^{1/2} = 4.198\times10^{-13}\ \mathrm{F}$$

5.5.5　变容二极管

所谓变容二极管，是利用反偏情况下耗尽层电容随外加偏压的变化而变化这样一种规律

工作的二极管，前面对此已做了分析和推导(参见 5.5.4 节)。在有些应用条件下，p-n 结上的反偏压是固定的，此时的 p-n 结可作为具有固定电容值的电容器来使用。但是在更多的应用条件下，施加在 p-n 结上的反偏压是随时间变化的，此时的 p-n 结可作为可变电容器使用，利用的就是其耗尽层电容随反偏压的变化而变化的性质。比如，变容二极管用于收音机调谐电路中，可以取代通常的平行板电容器，使调谐电路占用的空间大为减小，同时可靠性也大为提高。另外，变容二极管还可用于谐波发生电路、微波频率倍增电路以及有源滤波电路中。

如果 p-n 结是突变结，则其耗尽层电容 C_j 与反偏压 V_r 的平方根成反比[参见式(5-61)]。对于缓变结，经过分析可知，其耗尽层电容通常可表示为如下形式：

$$C_j \propto V_r^{-n}, \qquad V_r >> V_0 \tag{5-66}$$

其中的幂指数 n 与杂质浓度分布有关。可以证明，对线性缓变结，$n = 1/3$(参见习题 5.42)。比较式(5-63)和上式可见，突变结的 C_j 对 V_r 的灵敏度优于缓变结。基于这个原因，变容二极管通常是利用外延技术或离子注入技术制造的突变结，其优点是可调整和控制杂质的分布使式(5-66)中的 n 大于 1/2，形成所谓的**超突变结**。

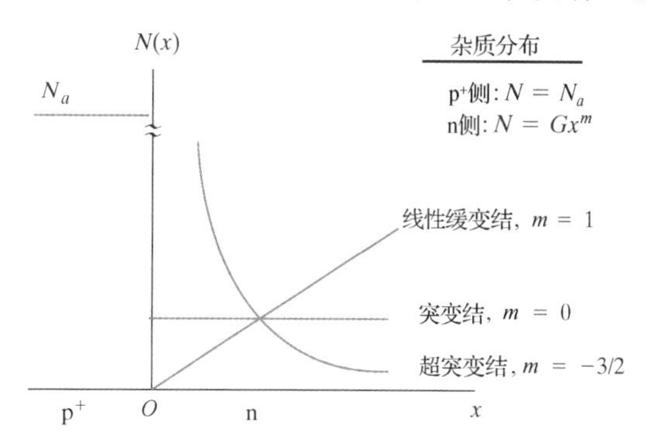

图 5-32　线性缓变结、突变结和超突变结(均为 p^+-n 结)

图 5-32 给出了关于 p^+-n 结的几种杂质分布(n 区中的施主杂质分布)。将这几种杂质分布统一表示为 $N_d(x) = Gx^m$ 的形式(G 是一常数)，则 m 的值对应于突变结、线性缓变结、超突变结分别是 0、1、−3/2。可以证明，对 p^+-n 结来说，式(5-66)中的 $n = 1/(m+2)$，因此对应于上述三种结构的 n 值分别是 1/2、1/3、2(参见习题 5.4.2)。特别是对于超突变结①，因其 $n = 2$，故其耗尽层电容 C_j 与反偏压 V_r 的关系是 $C_j \propto V_r^{-2}$；若将这种变容二极管与一个电感 L 组成振荡电路，则该电路的谐振频率 ω_r 将随反偏压 V_r 的变化而线性地变化，即

$$\omega_r = \frac{1}{\sqrt{LC}} \propto \frac{1}{\sqrt{V_r^{-n}}} \propto V_r, \quad n = 2 \tag{5-67}$$

从上面的分析可以看出，变容二极管的杂质分布不同，耗尽层电容 C_j 对外加偏压 V_r 的依赖关系也不同，因此可根据特定的应用要求来设计变容二极管。某些高频应用的变容二极管被设计成短基区二极管，利用正偏情况下的扩散电容进行工作。

5.6　对二极管简单理论的修正

到目前为止，我们对二极管所做的讨论和分析的重点是其基本工作原理，而忽略了一些次要因素的影响。这样有利于对 p-n 结的工作原理和基本性质(诸如载流子的注入机制等)有一个清晰的认识。然而，为了完整地了解 p-n 结的性质和特点，我们还需对 p-n 结在某些特殊条件下的器件物理效应进行必要的阐述。

---

① 对于超突变结，$m = -3/2$，单从 $N_d(x) = Gx^m$ 形式看，$x = 0$ 处的杂质浓度 $N_d(x)$ 将是无限大。这其实是不可能的。实际上，只有在距离 $x = 0$ 稍远的地方，杂质分布才满足 $N_d(x) = Gx^m$ 的形式。

我们以前面介绍的基本理论为基础，考虑一些对p-n结工作特性有重要影响的因素，进而对基本理论进行必要的修正，对重要的器件物理效应给出解释。对有些因素，只简单地给出分析的方法和相应的结果，对推导过程不做过多陈述。拟讨论的因素主要是以下几个：接触电势对载流子注入的影响、空间电荷区内载流子的产生和复合、欧姆接触和欧姆损耗以及缓变结等。

5.6.1　接触电势对载流子注入的影响

如果把不同材料制作的二极管的 I-V 特性加以比较则不难发现，半导体的禁带宽度对载流子的注入电流有重要影响，如图5-33所示。该图把不同材料(禁带宽度不同)二极管的低温特性显示在同一个 I-V 坐标上，从中可以看出这样的规律：正偏压较小时，电流很小；正偏压增大到某一值时，电流激剧增大。这是典型的指数式增大规律在线性坐标中的反映。

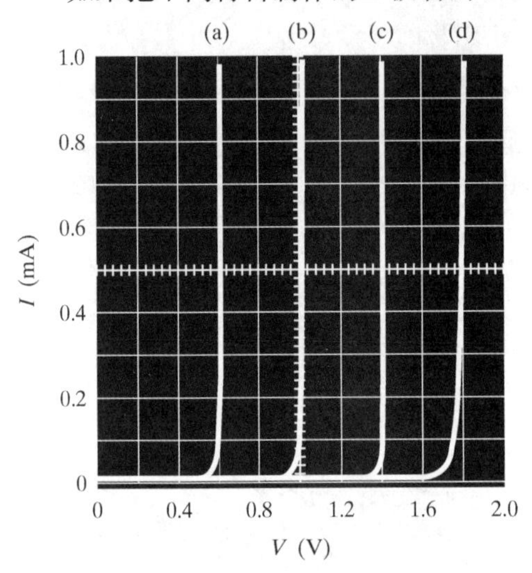

图5-33　几种半导体材料制作的重掺杂p-n结在低温(77 K)下的 I-V 特性，反映了接触电势对电特性的影响。(a) Ge：$E_g \approx$ 0.7 eV；(b) Si：$E_g \approx 1.1$ eV；(c) GaAs：$E_g \approx 1.4$ eV；(d) GaAsP：$E_g \approx 1.9$ eV

但我们关注的是更为重要的一点，即电流开始激剧增大时所对应的电压(用 V 作为单位)与材料的禁带宽度(用 eV 作为单位)相比只是在数值上略小了一点。对于这个问题，我们把二极管方程的形式稍加变化就容易理解了。设 $V>>kT/q$，把关于 p^+-n结的二极管方程[参见式(5-36)]中的 p_n 用费米能级表示出来

$$I = \frac{qAD_p}{L_p} p_n \mathrm{e}^{qV/kT} = \frac{qAD_p}{L_p} N_v \mathrm{e}^{[qV-(E_{Fn}-E_{vn})]/kT} \tag{5-68}$$

当正偏压 V 远小于 $(E_{Fn}-E_{vn})/q$ 时，电流显然是很小的。我们来考察一下 $(E_{Fn}-E_{vn})/q$ 这个量的特点。如图5-34(a)所示，因p区的 E_{Fp} 非常靠近 E_{vp}，故 $E_{Fp} \approx E_{vp}$，平衡态时 $(E_{Fn}-E_{vn})/q \approx (E_{vp}-E_{vn})/q = V_0$，即对 p^+-n结来说该量与其接触电势十分接近。在此基础上，如果n区的掺杂浓度也较高，则有 $E_{Fn} \approx E_{cn}$，故有 $V_0 \approx (E_{cn}-E_{vn})/q = E_g/q$，即接触电势约等于禁带宽度。这就说明了为什么当正偏压增大到接触电势附近、或者说与 E_g/q 相当时电流开始激剧增大的原因。根据上式，在低温下，本征载流子浓度 n_i 很小，若n区的掺杂浓度 N_d 不很小，则其中的少子浓度 $p_n = n_i^2/N_d$ 很小，因此在小偏压下电流很小。

从图5-34(b)还可以看出，施加在p-n上的正偏压不会超过接触电势 V_0。之所以在前面介绍的基本理论中对这个限制未加说明，是因为我们忽略了多子浓度的变化。所做的忽略只有在小注入情况下才是正确的，因为在小注入情况下，虽然p区的过剩少子的浓度 Δn_p 远高于该区中少子的平衡浓度 n_p ($\Delta n_p >> n_p$)，但与多子平衡浓度 p_p 相比仍是可以忽略的[参见式(5-28)]。但是，在大注入情况下，随着过剩少子浓度的增大，过剩多子的浓度也在增大，以至于过剩多子的浓度变得与多子的平衡浓度相当，甚至超过了平衡浓度。p区过剩多子的浓度 Δp_p (=Δn_p)变得与该区多子的平衡浓度 p_p 可比拟，对n区也有类似情况，即 Δn_n 变得与 n_n 可比拟。此时多子浓度的变化对二极管特性带来的影响显然已不再能被忽略。在这种情况下，应该在式(5-27)中计入过剩多子浓度(Δp_p 和 Δn_n)的影响，将其改写为

$$\frac{p(-x_{p0})}{p(x_{n0})}=\frac{p_p+\Delta p_p}{p_n+\Delta p_n}=\mathrm{e}^{q(V_0-V)/kT}=\frac{n_n+\Delta n_n}{n_p+\Delta n_p} \tag{5-69}$$

根据式(5-38)，在两个空间电荷区边界($x=x_{n0}$ 和 $x=-x_{p0}$)处都有

$$pn=p(-x_{p0})n(-x_{p0})=p(x_{n0})n(x_{n0})=n_i^2\mathrm{e}^{(F_n-F_p)/kT}=n_i^2\mathrm{e}^{qV/kT} \tag{5-70}$$

在空间电荷区边界 $x=-x_{p0}$ 处，有 $p=p_p+\Delta p_p$ 和 $n=n_p+\Delta n_p$，所以

$$(p_p+\Delta p_p)(n_p+\Delta n_p)=n_i^2\mathrm{e}^{qV/kT} \tag{5-71}$$

考虑到$\Delta p_p=\Delta n_p$，$n_p<<\Delta n_p$，且大注入情况下$\Delta p_p>p_p$，所以在 $x=-x_{p0}$ 处近似有

$$\Delta n_p=n_i\mathrm{e}^{qV/2kT} \tag{5-72}$$

显然，这个结果与前面给出的小注入情况的结果式(5-30)是不同的。利用这个修改了的结果，重复 5.3.2 节的推导过程，可得到大注入情况下通过 p-n 结的电流应遵循的规律为

$$I\propto \mathrm{e}^{qV/2kT} \tag{5-73}$$

将上式与式(5-36)(理想二极管方程)进行比较，可见 I-V 关系的指数部分发生了的变化，分别反映了大注入和小注入的特征。

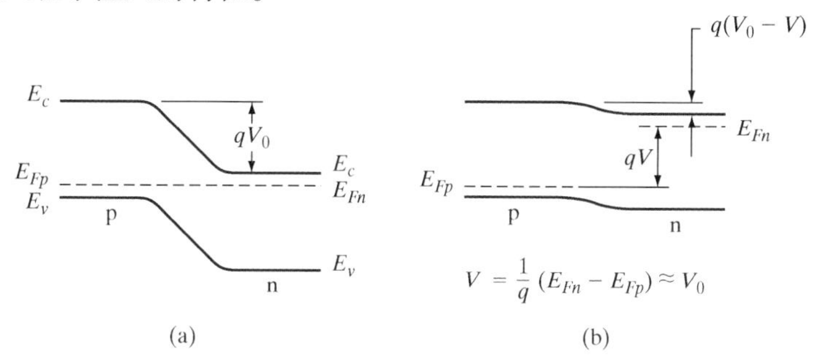

图 5-34　重掺杂 p-n 突变结的接触电势 V_0 在能带图中的表示。
(a) 平衡情况；(b) 正偏压接近于接触电势($V\approx V_0$)的情况

5.6.2　空间电荷区内载流子的产生和复合

前面对 p-n 结的分析中，只考虑了中性区内载流子的产生和复合，而忽略了空间电荷区内的产生和复合。按照此模型，正向电流可归结为过剩少子在中性区内的复合而形成，反向饱和电流则归结为中性区内热产生的载流子扩散进入空间电荷区而漂移形成。该模型在通常的工作条件下是合适的，但在某些工作条件下、特别是在强反偏和小注入条件下，则必须考虑空间电荷区内载流子的产生和复合，才能对 p-n 结特性有一个更完整的认识。

p-n 结正偏时，载流子从空间电荷区的一侧注入到另一侧，贡献到正向电流之中。因此可以说，空间电荷区内总是存在着一定数量的运动着的载流子(两种类型的载流子都有)。除非空间电荷区的宽度 W 与少子扩散长度 L_n 和 L_p 相比可忽略，否则载流子在空间电荷区内必定发生一定程度的复合。由于空间电荷区内载流子浓度的分布比较复杂，且复合率既与俘获率有关，又与空间位置有关，所以要计算出载流子在空间电荷区内的复合电流也是比较困难的。复合动力学的分析表明，空间电荷区内的复合电流与 n_i 成正比、与温度 T 和偏压 V 近似有 $\exp(qV/2kT)$ 的关系。式(5-36)已指出了中性区内的复合电流与 p_n 和 n_p 成正比(即与 n_i^2/N_d 和 n_i^2/N_a 成正比)、与温度 T 和偏压 V 呈 $\exp(qV/kT)$ 的关系。考虑到这些特点，并计入空间电荷区内载流子复合对电流的贡献，可将二极管方程式(5-36)修正为如下形式：

$$\boxed{I = I_0'(e^{qV/nkT} - 1)} \tag{5-74}$$

其中指数部分的 n 称为**理想因子**，它反映了实际二极管与理想二极管的偏离程度。n 的取值与材料的种类和温度都有关系，一般在 1～2 之间变化。

中性区内的复合电流与空间电荷区内的复合电流之比为

$$\frac{\text{载流子在中性区内的复合电流}}{\text{载流子在空间电荷区内的复合电流}} \propto \frac{n_i^2 e^{qV/kT}}{n_i e^{qV/2kT}} \propto n_i e^{qV/2kT} \tag{5-75}$$

对于禁带宽度较大的材料，在低温和低偏压下，上述比值较小。例如，小注入条件下，Si p-n 结的正向电流以空间电荷区的复合电流为主，而 Ge p-n 结(Ge 的禁带宽度比 Si 的小)的正向电流则以中性区的复合电流为主。不论是哪种情况，随着偏压的增大，注入的作用都越来越重要。偏压较低时，理想因子 n 接近于 2[参见式(5-74)]；偏压较高时，理想因子接近于 1。

上面针对正偏情况讨论了空间电荷区内的复合电流，并对二极管方程做了相应修正。现在再来讨论反偏情况下空间电荷区内的产生电流及其影响。在 5.3.3 节分析反向特性时认为反向饱和电流是耗尽区之外一个扩散长度范围的中性区内热产生的载流子扩散进入空间电荷区，并被电场扫向结的另一侧而形成的，如图 5-35 所示，但并未考虑空间电荷区内热产生载流子的影响。其实，空间电荷区内热产生的载流子同样对反向电流有贡献。如果空间电荷区的宽度 W 与载流子的扩散长度 L_n 和 L_p 相比很小，则该区内带间直接产生的载流子数目与中性区内的热产生的载流子数目相比很小；但如果禁带中存在复合中心，则通过复合中心热产生的载流子数目将大大增加。图 5-36 给出了通过复合中心的载流子产生和俘获过程。由于空间电荷区中载流子的数量很少，所以俘获率(R_n,R_p)与产生率(G_n,G_p)相比可忽略。通过复合中心能级 E_r 的载流子产生过程为：复合能级 E_r 交替地发射空穴和电子，即位于 E_r 上的一个电子受到热激发后进入导带，在 E_r 上留下一个空态；随后价带上的一个电子受到热激发进入 E_r，填充 E_r 上的一个空态(即空穴)，同时在价带留下一个空态。这种过程称为**复合中心发射**过程，该过程重复进行，不断地将电子和空穴发射到导带和价带之中，使载流子的数量增多。载流子一经产生，在复合之前就很快被电场扫出了空间电荷区。所以总体来说，反偏 p-n 结耗尽区内有载流子的净产生，这些载流子贡献到了反向电流之中。

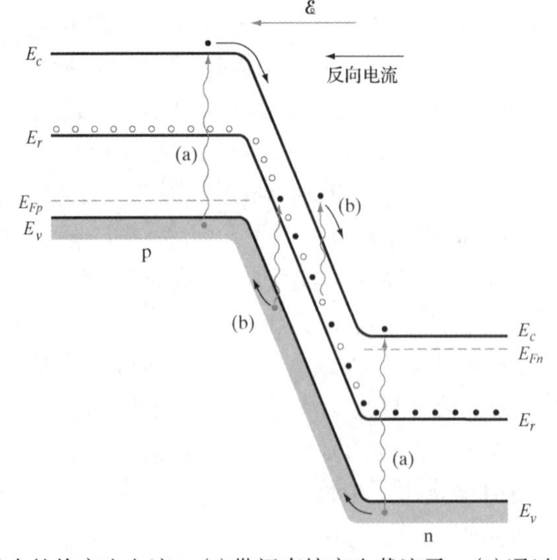

图 5-35 反偏 p-n 结中的热产生电流。(a)带间直接产生载流子；(b)通过复合中心产生载流子

R_n — 电子俘获率
R_p — 空穴俘获率
G_n —电子产生率
G_p — 空穴产生率

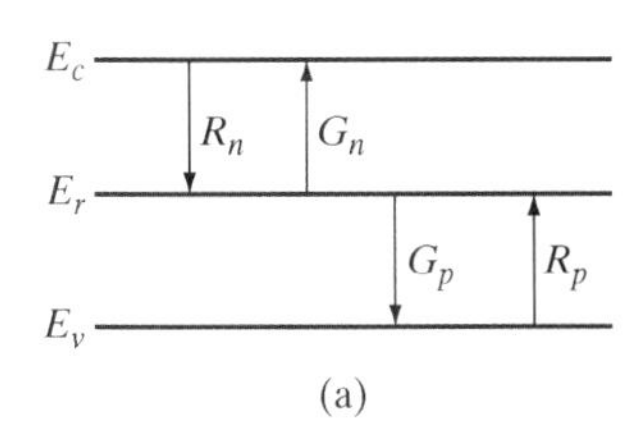

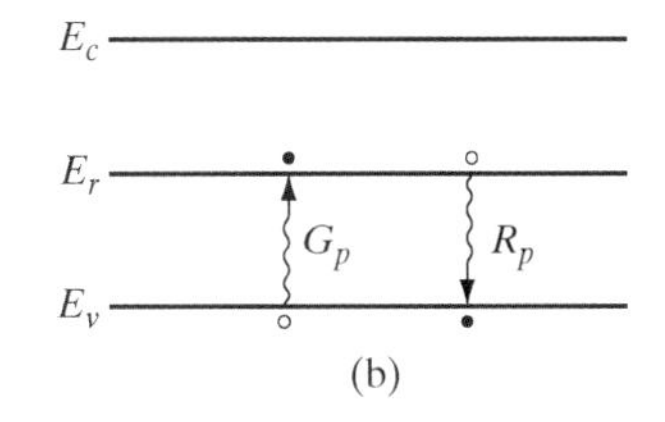

图 5-36　通过复合中心的载流子俘获和产生过程。(a) 电子和空穴的产生和俘获过程；(b) 重画的空穴的俘获和产生过程，其中：空穴产生——价带电子激发到 E_r 从而在价带中产生空穴，空穴俘获——E_r 上的电子去激发到 E_v 而在复合中心上出现空穴

当然，空间电荷区内载流子的热产生率与温度和复合中心的性质有关。位于禁带中央附近的复合中心对载流子的产生最为有效，因为通过这些复合中心产生载流子时，无论是对电子还是对空穴而言，所需的能量都大约是禁带宽度 W 的一半。若禁带中不存在复合中心，就不会有通过复合中心能级的热载流子产生。但一般来说，大多数半导体材料中都有微量杂质和晶格缺陷，因而禁带中都存在复合中心能级。对许多宽带隙半导体材料来说，中性区内的带间直接产生与空间电荷区内通过复合中心的产生相比是微不足道的(因为带间直接产生所需的能量较大)。比如，Si 的禁带宽度 W 比 Ge 的大，所以 Si p-n 结空间电荷区内的产生与 Ge 的相比更为重要一些。

我们已经知道，反偏 p-n 结中性区内热产生载流子所形成的反向饱和电流基本上与电压无关，但是空间电荷区内热产生载流子形成的反向电流却随着偏压 V_r 的增大而增大。其结果是，p-n 结的反向电流随空间电荷区宽度 W 的增大而近似线性地增大，或者说近似与反偏压的平方根成正比。

5.6.3　欧姆损耗

在推导二极管方程时，我们曾假设外加偏压全部降落在 p-n 结的空间电荷区内，而忽略了中性区和欧姆接触区的电压降。对大多数二极管来说，中性区和欧姆接触区的掺杂浓度都足够高、结面积也较大，这一假设是合理的。但并非所有的二极管都是这样的，有些二极管在工作时、特别是在大电流情况下，中性区内也存在较大的欧姆压降，使其 I-V 特性偏离了正常的 I-V 特性。这种情况下，我们就不再能忽略欧姆压降的影响了。

为计算二极管的欧姆压降，我们自然想到一个简单的模型，就是将一个实际的二极管看成是一个理想二极管与一个电阻的串联。但即使这样也很难准确地计算出欧姆压降，原因是欧姆压降与电流有关：电流变化时欧姆压降随之改变，而欧姆压降的改变必然引起结电压的改变，反过来又改变了电流。若将 n 区和 p 区的等效串联电阻记为 R_n 和 R_p、电流记为 I、外加偏压记为 V_a，则考虑了欧姆压降时实际的结电压为

$$V = V_a - I[R_n(I) + R_p(I)] \tag{5-76}$$

随着电流的增大，n 区和 p 区的电压降增大，结电压 V 相对于 V_a 减小，载流子注入减弱，

进而使电流的增长变缓。计算欧姆压降的复杂性还表现在另一方面，即中性区的电导率是随着注入程度而变的：在大注入情况下，中性区的电导调制效应可显著地减小其等效串联电阻 R_p 和 R_n。

在进行器件设计时，必须注意避免造成过大的欧姆压降。合理地选择掺杂浓度和几何结构、并在它们之间做必要的折中处理，可减小欧姆压降的影响，或者使这种不利影响只在特大电流情况下才出现，从而将其排除在器件的正常工作区之外。

图 5-37 是在半对数坐标上画出的二极管的 *I-V* 特性曲线。由图可见，理想二极管的正向 *I-V* 特性在半对数坐标上是一条直线，反映了电流随电压指数式变化的规律。但在前述各种实际因素的影响下，特性曲线明显偏离了理想曲线。不同因素的影响体现在不同的工作区：在小电流区，受空间电荷区内载流子复合的影响，理想因子为 $n = 2$；在中等电流区，对应着前面讨论的小注入情况，理想因子为 $n = 1$；在大电流区，受大注入效应的影响(即过剩多子浓度增大的影响)，理想因子又变为 $n = 2$；在更大电流区，受欧姆压降的影响，电流随偏压的增长幅度变得更小、特性曲线变缓。

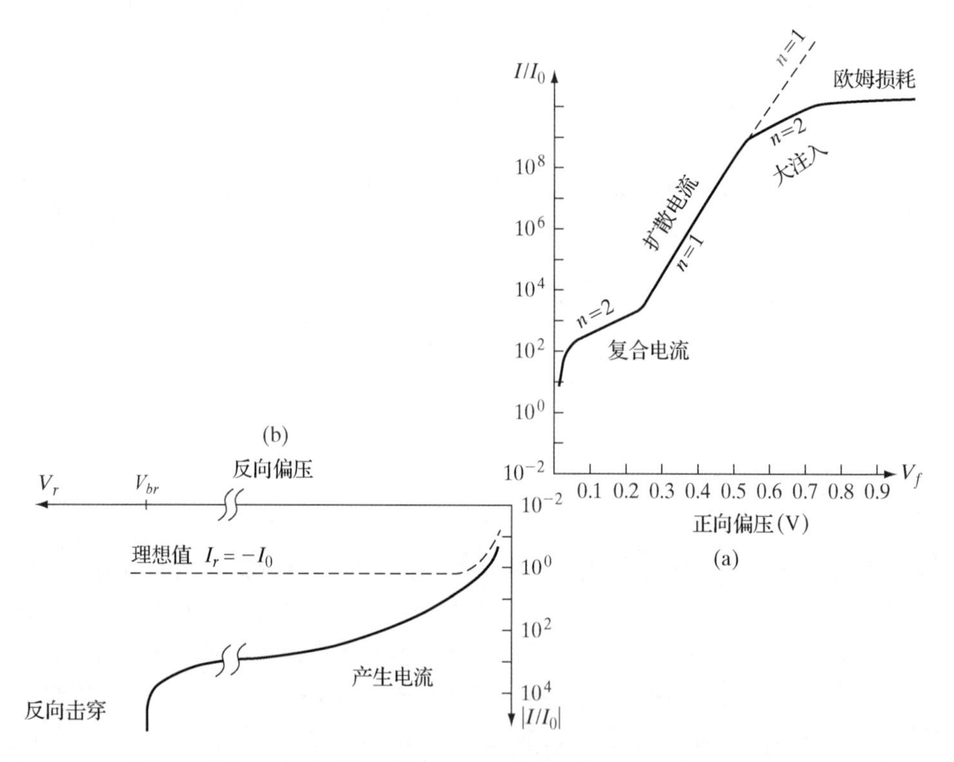

图 5-37 二极管 *I-V* 特性，在半对数坐标上画出，纵坐标是归一化电流(I/I_0，I_0是反向饱和电流)。(a)正向特性，其中虚线表示理想情况，实线包含四个工作区段，表示各种因素的影响；(b)反向特性，其中虚线表示理想情况，实线表示耗尽区内产生电流的影响

图 5-37 也表示出了各种因素对反向 *I-V* 特性的影响。理想二极管的反向饱和电流是常数，与偏压无关，如图中的虚线所示；实际的二极管由于受到空间电荷区内热产生载流子的影响，反向电流(或者称为**泄漏电流**)增大了，如图中的实线所示。在更高的反偏压下，二极管将发生雪崩击穿或齐纳击穿，导致反向电流激剧增大。

5.6.4　缓变结

前面对 p-n 结所做的突变结近似对外延形成的 p-n 结是适用的，而对扩散或离子注入形成的 p-n 结不太适合。但如果扩散结深很浅、冶金结面附近的杂质浓度变化很陡，如图 5-38(a) 所示，则突变结近似仍是可以适用的。如果杂质分布在较大范围内变化，则形成的是**缓变结**，如图 5-38(b) 所示。对于缓变结，我们必须对前面关于突变结的相关表达式加以修改才能使用(参见 5.5.5 节)。

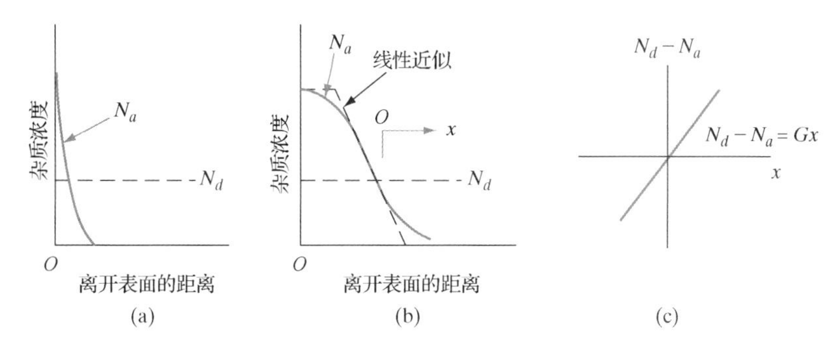

图 5-38　扩散形成的 p-n 结的杂质分布。(a) 结深较浅的 p-n 结，可近似看成是突变结；(b) 推进扩散后的 p-n 结，是缓变结；(c) 缓变结杂质分布的线性近似

我们针对杂质分布比较简单的情况来说明缓变结的特点。如图 5-38(c) 所示，可把缓变结中的净杂质浓度分布看成是一个空间位置 x 的线性函数：

$$N_d - N_a = Gx \tag{5-77}$$

其中 G 是表示杂质浓度分布梯度的一个常数。

将上式代入泊松方程式(5-14)，并应用于空间电荷区，有

$$\frac{\mathrm{d}\mathscr{E}}{\mathrm{d}x} = \frac{q}{\varepsilon}(p - n + N_d^{\ +} - N_a^{\ -}) \approx \frac{q}{\varepsilon}Gx \tag{5-78}$$

同以前一样，这里仍然假设空间电荷区内不存在载流子、且空间电荷区内所有杂质均已全部电离。上式反映了缓变结的一个特点，就是空间电荷区内的空间电荷密度是随着空间位置变化的。由此不难理解，缓变结空间电荷区内的电场变化情形与突变结的电场变化情形不同，是关于空间位置的一个抛物线形函数，如图 5-39 所示。另外，缓变结的接触电势和电容也与突变结的不同。关于缓变结的空间电场和结电容的具体表达式留待读者自行推导(参见习题 5.42)。

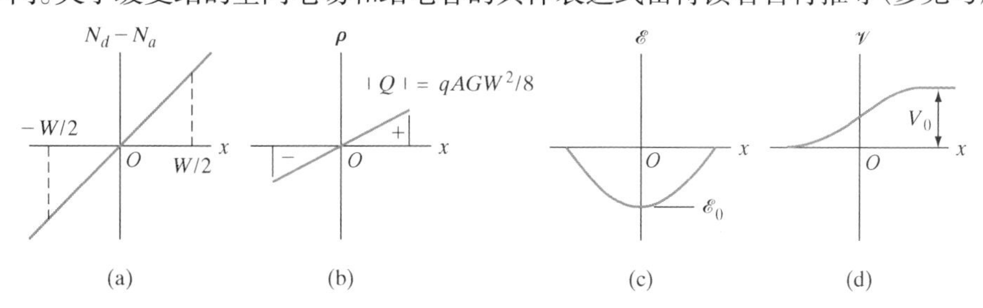

图 5-39　缓变结的特点。(a) 净杂质浓度分布；(b) 净空间电荷分布；(c) 电场分布；(d) 电势分布

如前所述，式(5-78)是在做了杂质分布线性近似和耗尽层近似的条件下给出的，因而仍是不够准确的。特别地，当杂质分布梯度 G 较小时，式中的载流子浓度项(n 和 p)不仅不能忽

略，而且还是很重要的。另外，杂质分布梯度 G 较小时，缓变结的空间电荷区边界也不像突变结那样比较明确，即空间电荷区和中性区之间没有明确的分界线，所谓的中性区实际上是一个准中性区，能否将其中的空间电荷忽略掉是存有疑问的。鉴于缓变结问题的复杂性，解析推导往往较为困难，通常需要借助计算机进行数值求解。

虽然缓变结和突变结有某些不同之处，但定性地讲，我们以前做出的关于载流子注入、载流子产生与复合，以及其他许多性质的分析结论对缓变结仍是适用的，不过在应用时要结合缓变结的特点做些必要的修正。

5.7 金属-半导体结

半导体 p-n 结的许多重要特性也可由金属–半导体结实现。金属–半导体结的制作工艺简单，特别适合于高频整流，也可用于非整流场合，如欧姆接触等，是很有吸引力的一种结构。本节我们要讨论的就是金属和半导体形成的整流接触和欧姆接触及其各自的电学性质。

5.7.1 肖特基势垒

在 2.2.1 节我们提到金属在真空中的功函数 $q\Phi_m$：它表示一个位于费米能级上的电子从金属表面运动到真空自由能级上所需的能量。例如，表面非常洁净的 Al 和 Au 的功函数分别是 4.3 eV 和 4.8 eV。当负电荷靠近金属表面时，金属表面便感应出正电荷(称为镜像电荷)，由于正负电荷间有静电吸引作用，故金属的功函数将有所减小，即电子向真空运动的势垒有所降低，这种现象被称为**肖特基效应**。虽然该效应本来是指金属中电子势垒的变化的，但人们也用它来描述金属–半导体接触势垒的变化。具有整流作用的金属–半导体接触称为肖特基势垒二极管。本节我们首先考虑理想接触的情形，分析金属–半导体接触的势垒，然后在 5.7.4 节再对某些影响势垒高度的因素加以讨论。

如图 5-40 所示，当金属和 n 型半导体接触时，由于它们的功函数 $q\Phi_m$ 和 $q\Phi_s$ 不同，两种材料之间将发生电荷转移，直到平衡态下两种材料的费米能级对齐为止。若 $\Phi_m > \Phi_s$，则未接触前半导体的费米能级 E_{Fs} 高于金属的费米能级 E_{Fm}(以真空能级为基准)。接触后，半导体中的一部分电子流入金属；达到平衡时，二者的费米能级对齐，具有统一的费米能级(E_F)，此时半导体的电势高于金属的电势，在 n 型半导体内形成了类似于 p-n 结的耗尽区(将其宽度记为 W)。流入金属的电子只分布于金属表面的一个极薄层内，耗尽区中的正电荷是那些位于 n 型半导体内的电离施主的正电荷。电离施主的正电荷与金属表面薄层内的负电荷在数量上相等。利用 p^+-n 结类似的计算方法，不难算出金属-半导体结的耗尽区宽度 W 和耗尽层电容 C_j。经过计算可知，金属-半导体结的耗尽层电容[①](也即势垒电容)为 $A\varepsilon_s/W$，其中 ε_s 是半导体的介电常数，A 是结的面积。

由图 5-40(b)可以看到，金属-半导体结的接触电势 V_0 等于金属和半导体的功函数之差($\Phi_m-\Phi_s$)。接触电势阻遏电子从半导体向金属的进一步流动；平衡时体系内不存在电子的净流动。电子从金属向半导体运动时遇到的势垒高度是 $\Phi_B = (\Phi_m-\chi)$，其中 $q\chi$ 是**电子亲和势**，定义为半导体导带底 E_c 和真空能级 E_{vac} 之间的能量差。在施加了正偏压或反偏压时，电子由半导体向金属运动时遇到的势垒将在 V_0 的基础上降低或升高。

---

① 虽然肖特基结与 p^+-n 结的性质类似，但 p^+-n 结正偏时发生载流子注入，而肖特基结却没有(参见图 5-40)。

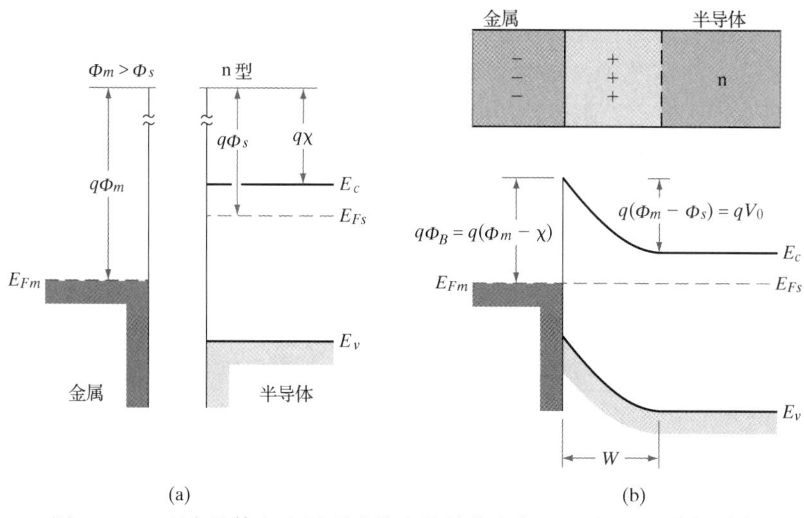

图 5-40　n 型半导体和金属形成的肖特基势垒($\Phi_m>\Phi_s$)。(a)接触前各自的能带；(b)接触后形成金属-半导体结的能带图(平衡态)

图 5-41 是金属和 p 型半导体接触的情况($\Phi_m<\Phi_s$)。因这里的$\Phi_m<\Phi_s$，故在半导体内形成了一个负电荷区，其中的负电荷是电离的受主杂质离子。平衡条件下，金属和半导体的费米能级也是对齐的，空穴从半导体向金属运动时遇到的势垒高度是 $V_0=(\Phi_s-\Phi_m)$。在施加正偏压或反偏压时，空穴运动的势垒在 V_0 的基础上降低或升高。

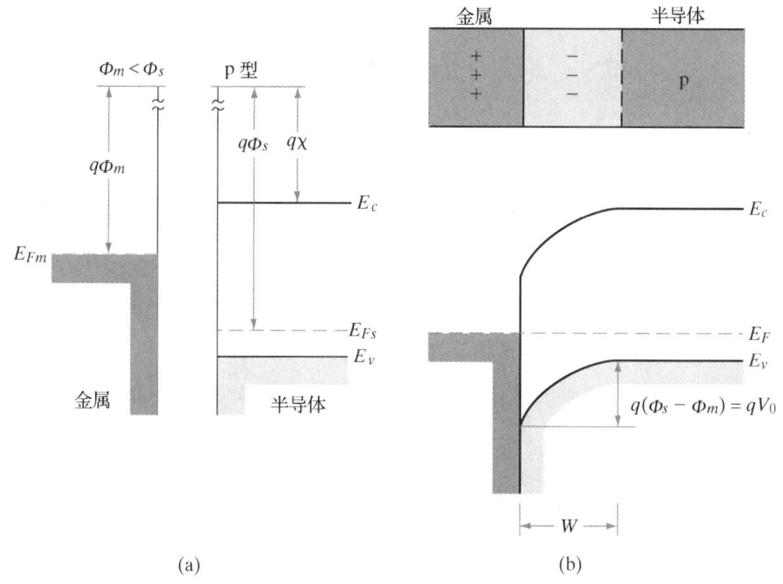

图 5-41　p 型半导体和金属接触形成的肖特基势垒($\Phi_m<\Phi_s$)。(a)接触前各自的能带；(b)接触后形成金属-半导体结的能带图(平衡态)

关于金属和半导体的接触，还有两种情况，即$\Phi_s>\Phi_m$的 n 型半导体-金属接触和$\Phi_s<\Phi_m$的 p 型半导体-金属接触。这两种接触是欧姆接触(非整流接触)，留待 5.7.3 节讨论。

5.7.2　整流接触

如果在金属和 n 型半导体形成的肖特基结上施加正偏压 V，如图 5-42(a)所示，则电子由半导体向金属运动时遇到的势垒将从 V_0 减小到(V_0-V)[如图 5-42(a)所示]。此时，半导体中的电子越过(V_0-V)的势垒向金属一侧扩散，形成正向电流，其方向由金属指向半导体。相反地，若施加反偏压 V_r，则几乎没有电子能够越过(V_0+V)的势垒由半导体向金属运动。另一方面，不管是在正偏还是反偏情况下，电子由金属向半导体运动遇到的势垒高度总是$\Phi_B = (\Phi_m-\chi)$，与偏压无关。因此，肖特基二极管的电流-电压特性与 p-n 结二极管的电流-电压特性类似，也具有单向导电性

$$I = I_0(e^{qV/kT} - 1) \tag{5-79}$$

图 5-42(c)给出了肖特基二极管的 *I-V* 关系曲线。应注意的是，肖特基结的反向饱和电流(上式中的 I_0)不能像 p-n 结那样简单地推导出来。肖特基结的反向饱和电流是电子由金属向半导体运动形成的，遇到的势垒高度是$\Phi_B=(\Phi_m-\chi)$(理想情况)，与偏压无关。因为金属中的电子越过该势垒到达半导体的几率可由玻尔兹曼因子 $\exp(-\Phi_B/kT)$表示，所以 I_0 可表示成这样的形式

$$I_0 \propto e^{-q\Phi_B/kT} \tag{5-80}$$

式(5-7a)是对金属和 n 型半导体的整流接触的分析结果，这些结果同样适用于金属和 p 型半导体的整流接触(参见图 5-41)，只是正偏时 p 型半导体的电势相对于金属的电势为正，正偏压使空穴由半导体向金属运动的势垒由 V_0 降低到(V_0-V)，从而使空穴由半导体流向金属、形成正向电流。反偏时，空穴运动遇到的势垒升高，反向电流也很小。

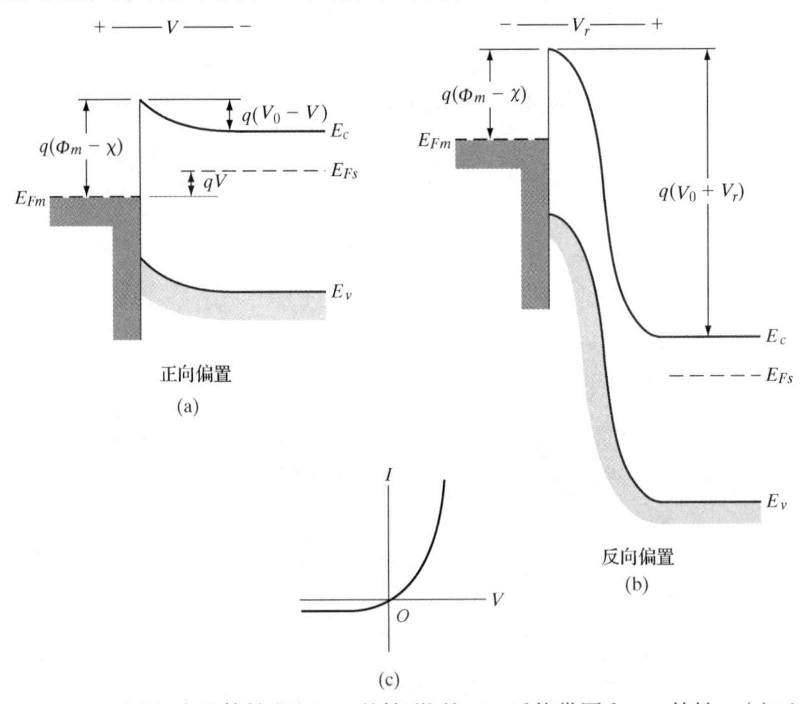

图 5-42 金属-半导体结(图 5-40 的情形)的正、反能带图和 *I-V* 特性。(a)正向偏置的能带图；(b)反向偏置的能带图；(c)典型的 *I-V* 特性曲线

由图 5-42 看到，金属和 n 型半导体($\Phi_m > \Phi_s$)、p 型半导体($\Phi_m < \Phi_s$)形成的肖特基接触都具有整流作用：正偏时有较大的正向电流，反偏时反向电流很小。我们注意到，上述两种接触中，正向电流都是半导体中的多数载流子向金属运动而形成的，不存在少子的注入和存储问题，这是肖特基二极管的一个重要优点。尽管大注入情况下也存在一定程度的少子注入，但肖特基二极管本质上是多子器件，因此高频特性和开关速度明显优于 p-n 结二极管。

在半导体技术的发展初期，人们把金属导线焊接到半导体的表面形成整流接触，但现代

方法是在洁净的半导体表面淀积金属薄层，然后通过光刻形成整流接触。肖特基二极管制造过程所需要的光刻步骤比 p-n 结的少，所以更适用于高密度集成电路之中。

5.7.3　欧姆接触

在许多应用场合，我们要求金属-半导体接触无论是在正偏还是反偏情况下都具有线性的 *I-V* 特性，即必须是**欧姆接触**。比如，分布在集成电路表面的 n 型区和 p 型区的金属化互连就必须是欧姆接触，它对外加信号不应有整流作用，电阻也应该很小。

欧姆接触中，半导体表面的感应电荷是多子电荷，如图 5-43 所示。在 $\Phi_m < \Phi_s$ 情况下，金属和 n 型半导体接触[参见图 5-43(a)]，在达到平衡的过程中电子由金属流向半导体，并聚集在半导体表面，使半导体的电势相对于金属降低［参见图 5-43(b)］。所形成的电子势垒在反偏时是降低的，即在很小的正、反偏压作用下均能形成很大的电流。在 $\Phi_m > \Phi_s$ 情况下，金属和 p 型半导体也能形成欧姆接触［参见图 5-43(d)］，在正、反偏压作用下均允许大电流通过。与整流接触不同，欧姆接触的半导体表面没有形成耗尽层，而形成的是多子的积累层。

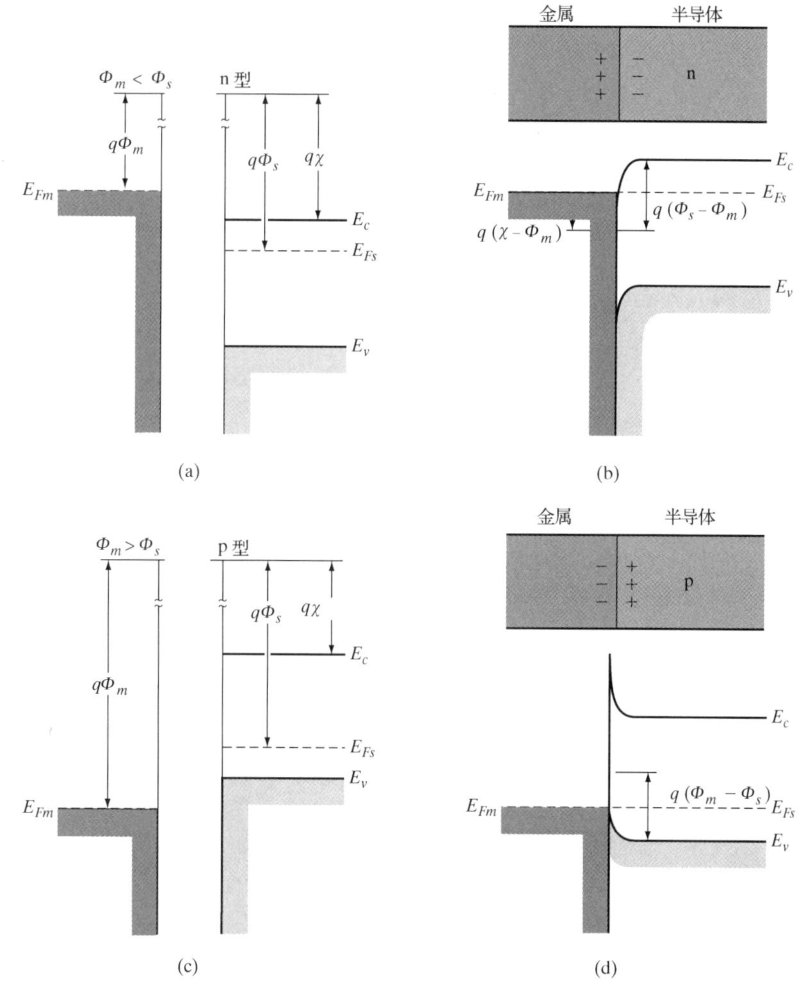

图 5-43　金属和半导体形成的欧姆接触。(a) $\Phi_m < \Phi_s$ 的金属和 n 型半导体各自的能带图；(b) 欧姆接触的平衡态能带图(n 型半导体)；(c) $\Phi_m > \Phi_s$ 的金属和 p 型半导体各自的能带图；(d) 欧姆接触的平衡态能带图(p 型半导体)

显然，欧姆接触中的半导体应该是重掺杂的。这样，即使半导体表面形成了耗尽层，其宽度也是很窄的，使载流子能够容易地依靠隧穿通过金属–半导体结。用含有少量杂质 Sb 的 Au 与 n 型半导体接触，半导体表面其实是一个 n^+区，可形成良好的欧姆接触。用 Al 和 p 型半导体接触,淀积 Al 后进行短暂的热处理,可使半导体表面变成 p^+区(Al 在 Si 中是受主杂质)，同样能形成良好的欧姆接触。

5.7.4 典型的肖特基势垒

前面讨论的金属–半导体接触都指的是理想情形，尚未考虑某些实际因素的影响。例如，金属和半导体是两种不同的材料，形成的金属–半导体结不同于 p-n 结(后者是在同一种半导体晶体中形成的)，结附近的半导体表面存在着不完整的共价键、形成**表面态**，从而在两种材料的界面处存在界面电荷。并且，金属和半导体之间从原子尺度上来说也不是截然分明的，通常存在着一个界面层，该界面层既不是半导体也不是金属。例如，在大气环境中 Si 经过腐蚀或解理后其表面通常存在厚度约为 10 ~ 20 Å 的氧化层，在其上淀积金属后该氧化层就作为界面层存在于金属和半导体之间。尽管电子能够依靠隧穿机制通过该界面层，但界面层的存在确实对电流输运造成了一定程度的不良影响。

由于有表面态、界面层及其他因素的影响，实际的肖特基结的势垒高度往往不等于根据功函数差计算出来的势垒高度，即很难达到理想接触的情形。因此，在设计肖特基势垒时，应当采用势垒高度的实际测量值作为依据。图 5-44 表示了化合物半导体的表面态引起的**费米能级钉扎效应**，即势垒高度不受金属种类及其功函数的影响。例如，n 型 GaAs 表面 E_c下方 0.7 ~ 0.9 eV 处存在的表面态将 E_F钉扎在 E_c下方约 0.8 eV 处[参见图 5-44(a)]，使势垒高度保持为 0.8 V、不随金属种类的不同而变化。又如，n 型 InAs 禁带中存在的表面态也将费米能级钉扎不变，但有意思的是表面处的 E_F被钉扎在 E_c的上方[参见图 5-44(b)]，这意味着任何金属与 n 型 InAs 形成的接触都是良好的欧姆接触。对于以 Si 为衬底的肖特基势垒，可用的金属种类很多，如 Au、Pt 等。在 n 型 Si 衬底上淀积 Pt 并经热处理后，在界面处可形成 Pt 的硅化物薄层，从而形成良好的肖特基势垒(势垒高度为 0.85 V)。

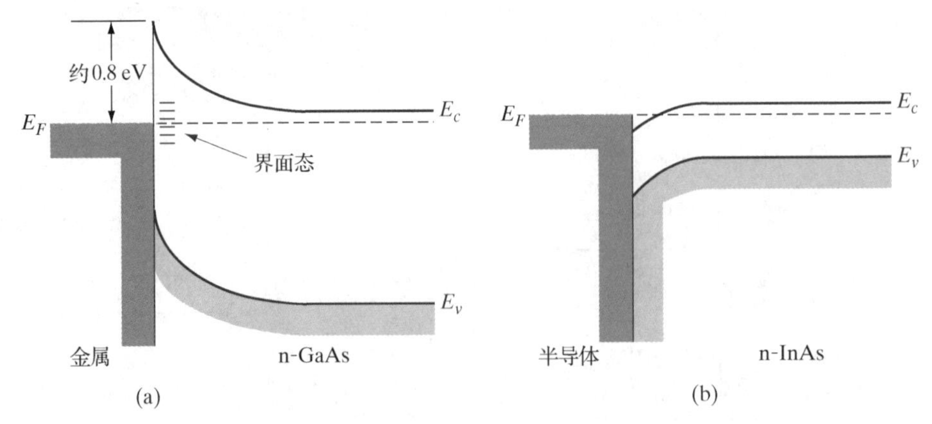

图 5-44 化合物半导体界面态引起的费米能级“钉扎”现象。(a)n 型 GaAs 的表面处费米能级E_F被钉扎在E_c下方约0.8 eV处(与金属种类无关)；(b)n 型 InAs 表面处的 E_F被钉扎在 E_c上方，形成良好的欧姆接触

经过详细的分析和推导，可将肖特基势垒的正向 I-V 关系写成如下形式：

$$I = ABT^2 e^{-q\Phi_B/kT} e^{qV/nkT} \tag{5-81}$$

式中，B 是一个由肖特基结参数决定的常数，n 类似于 p-n 结二极管的理想因子(但成因不同)，其值在 1～2 范围内变化。

5.8　异质结

到目前为止，我们了解了 p-n 结和金属-半导体结，其中 p-n 结的两个区是同一种半导体材料，我们把这种由同一种半导体材料形成的结称为**同质结**。除此之外，还有第三种结，即由禁带宽度不同但晶格匹配的两种半导体材料形成的结，我们把这样的结称为**异质结**。异质结的界面基本没有缺陷。有许多半导体材料可供制作异质结，这为新型器件的发展开辟了广阔的空间。异质结在许多器件中都有重要应用，包括异质结双极结型晶体管、场效应晶体管以及半导体激光器等(将在后面几章陆续介绍)。

由禁带宽度、功函数、电子亲和势等均不相同的两种半导体形成的异质结，在平衡条件下费米能级对齐时，出现了能带的不连续，称为**带阶**或**能带失调**，如图 5-45 所示。导带和价带的带阶分别是ΔE_c 和ΔE_v。理想情况下，ΔE_c 等于电子亲和势之差 $q(\chi_2-\chi_1)$(称为 Anderson 亲和势定则)，ΔE_v 则由ΔE_g 和ΔE_c 之差算出。但是，能带的带阶通常是由实验测量得到的。例如，通过实验测量发现，由宽带隙的 AlGaAs 和窄带隙的 GaAs 形成的异质结(参见图 3-6)，$\Delta\mathscr{E}_c$ 和$\Delta\mathscr{E}_v$ 分别约占禁带宽度之差ΔE_g^{Γ}的 2/3 和 1/3。异质结的自建电势(或者叫接触电势) V_0 由分属于两种材料空间电荷区的电势降落 V_{01} 和 V_{02} 相加得到，而 V_{01} 和 V_{02} 的大小可根据电通量的连续性条件$\varepsilon_1\mathscr{E}_1=\varepsilon_2\mathscr{E}_2$ 求解泊松方程得到。两种材料中的空间电荷区宽度仍由式(5-23)给出，但应注意两种材料的介电常数ε是不同的。由图 5-45 还能看到，在异质结中，电子由 n 区向 p 区运动遇到的势垒和空穴由 p 区向 n 区运动遇到的势垒高度是不同的，这与同质结的情形不同，在那里电子和空穴遇到的势垒高度是相同的。

不管是对同质结器件还是对异质结器件，在画能带图时，我们必须知道有关材料的参数如禁带宽度、电子亲和势、功函数等。禁带宽度和电子亲和势只与材料的种类有关、与掺杂浓度无关，而功函数既与材料种类有关，又与掺杂浓度有关。电子亲和势和功函数都以真空能级 E_{vac} 为参考。所谓真空能级，是将电子从半导体移到无穷远、不受力的作用时的参考能级。但是对于异质结来说，如果两种材料的电子亲和势都以 E_{vac} 为参考基准，则容易给人造成一种错觉，似乎电子亲和势是随着位置的变化而变化的。由于同一种材料的电子亲和势是常数、不可能随着位置的变化而变化，同时又考虑到不同材料的电子亲和势是不同的，所以我们应采用局域真空能级 E_{vac}(loc)作为亲和势的参考基准，如图 5-45(b)所示。E_{vac}(loc)不同于 E_{vac}，它随着导带边 E_c 的变化而平行地变化，而 E_{vac} 是不变的。

为了准确地画出异质结的能带图，我们不但要知道ΔE_c 和ΔE_v 的值，还要知道能带的弯曲情况，这就需要根据杂质浓度和空间电荷的分布由泊松方程求解出电势的分布。求解过程一般很复杂，往往要借助计算机进行数值求解。但是，在没有精确求解的情况下，只要知道了带阶ΔE_c 和ΔE_v 的实际测量值，我们也能粗略地画出异质结的能带图。根据ΔE_c 和ΔE_v 的实测值画平衡态异质结能带图的步骤简述如下。

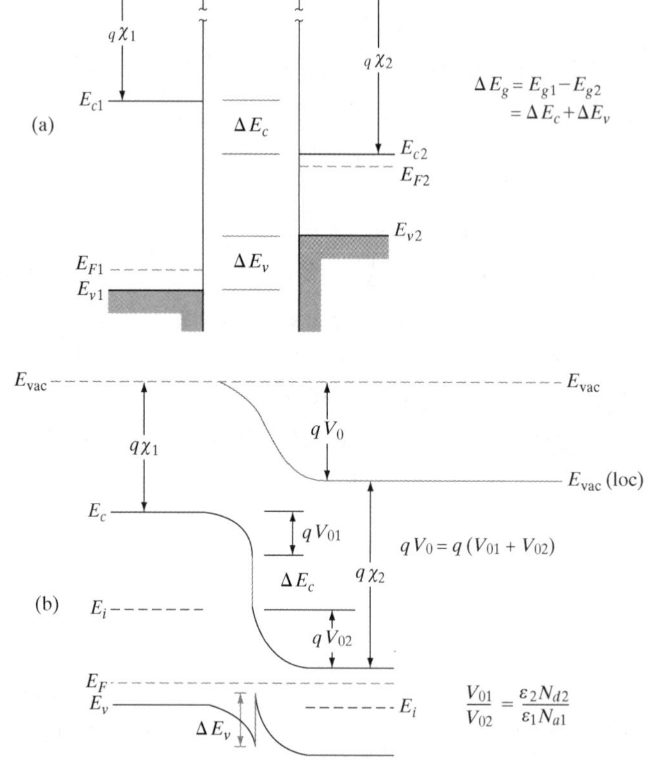

图 5-45　禁带较宽的 p 型半导体和禁带较窄的 n 型半导体形成的理想异质结。(a)接触前各自的能带图；(b)形成异质结后的平衡态能带图

1. 画出两种半导体各自的能带，使费米能级对齐；在两区之间留出一定的空隙，以便画空间电荷区。

E_v

2. 在两区之间的空隙中，在靠近掺杂浓度较高的一侧选择一点作为冶金结的位置($x = 0$)；在冶金结处画出ΔE_c和ΔE_v，注意应使ΔE_c和ΔE_v之和等于ΔE_g。

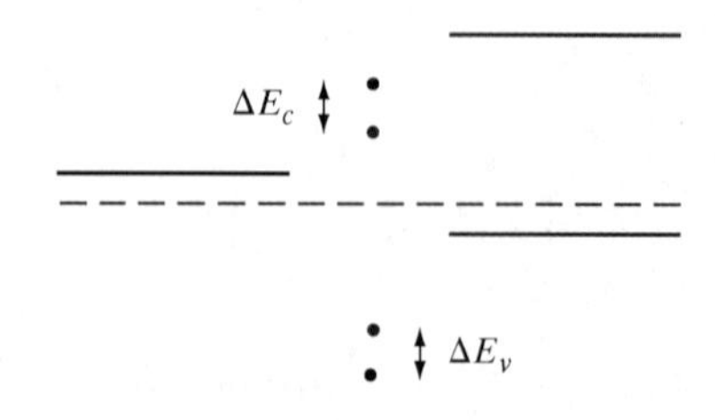

3. 把冶金结两边的导带、价带分别连接起来；连接过程中保持同种材料的禁带宽度不变。

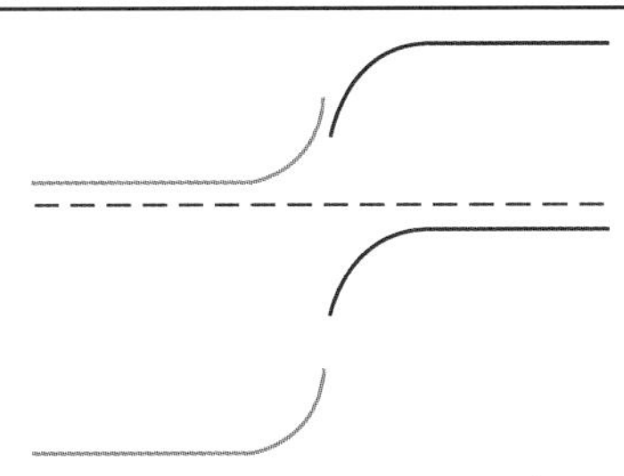

上述第 2 步和第 3 步很重要。要想画得准确，必须求解泊松方程，且必须使用ΔE_c和ΔE_v的实际测量值。

【例 5-7】 在 GaAs/AlGaAs 异质结中，两种材料的禁带宽度之差ΔE_g^{Γ}的 2/3 落在导带之中，另 1/3 落在价带之中。当 Al 的组分为 $x = 0.3$ 时 $Al_xGa_{1-x}As$ 是直接禁带半导体(参见图 3-6)，禁带宽度为 $E_g = 1.85$ eV。试画出以下两个异质结的平衡态能带图：(a) n-GaAs 和 N^+-$Al_{0.3}Ga_{0.7}As$ 形成的异质结[①]；(b) p^+-GaAs 和 N^+-$Al_{0.3}Ga_{0.7}As$ 形成的异质结。

【解】 因$\Delta E_g^{\Gamma} = E_g(\text{AlGaAs}) - E_g(\text{GaAs}) = 1.85\text{-}1.43 = 0.42$ eV，故导带带阶和价带带阶分别是$\Delta E_c = (2/3)\Delta E_g^{\Gamma} = 0.28$ eV 和$\Delta E_v = (1/3)\Delta E_g^{\Gamma} = 0.14$ eV。可以先画出一条水平线作为费米能级E_F，再在远离结的地方画出两种异质材料的能带。根据掺杂浓度大致确定冶金结的位置($x = 0$)。在冶金结处标出带阶ΔE_c和ΔE_v，然后将结两侧的导带和价带分别相互连接，连接过程保持 GaAs 和 AlGaAs 各自的禁带宽度不随位置而变。分别得到两个异质结的平衡态能带图，如下图所示。

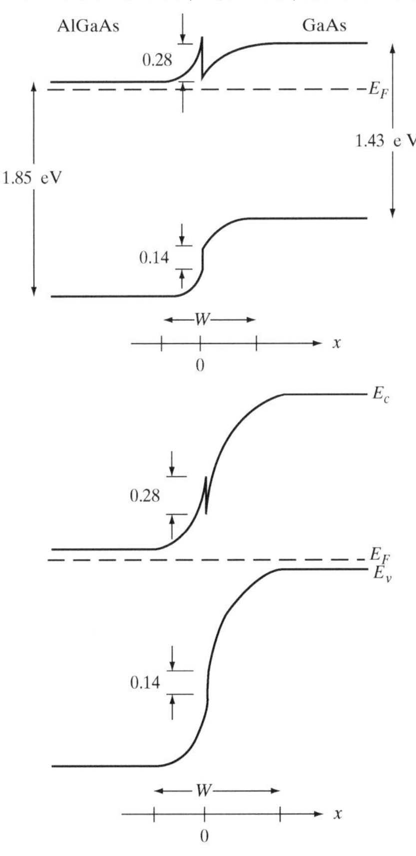

① 在表示异质结的构成时，常用大写字母 N 或 P 来表示宽带隙一侧的掺杂类型。

异质结的一个重要例子是轻掺杂的 n-GaAs 和重掺杂的 N^+-AlGaAs 形成的异质结，如图 5-46 所示。该异质结导带的带阶使电子从 N^+-AlGaAs 运动到 GaAs 一侧后立即被那里的势阱俘获，结果是电子在 GaAs 势阱中聚集，将那里的费米能级 E_F 抬高，以使其高于 E_c。电子被限制在一个非常窄的 GaAs 势阱中。利用异质结的这一特点制作器件、使电子在与异质结面平行的平面内运动，便形成了二维电子气(2-DEG)。二维电子气中电子的迁移率非常高，因为二维电子气所处的 GaAs 势阱层是轻掺杂的，电子在其中运动时几乎不受杂质散射的影响(只受晶格散射的影响)；在低温下晶格散射的影响减弱，电子迁移率会更高。如果结区附近 GaAs 导带的弯曲程度很大，则形成的势阱将非常窄，以使其中形成了分立的能级如 E_1 和 E_2 等(参见图 5-46)。

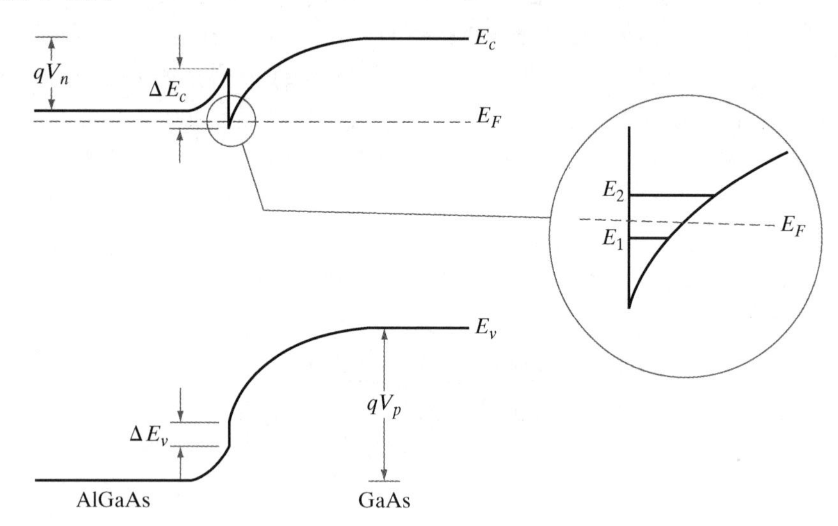

图 5-46 轻掺杂的 n-GaAs 和重掺杂的 N^+-AlGaAs 形成的异质结：在 GaAs 导带中形成了电子势阱。如果势阱层足够薄(参见 2.4.3 节)，则其中会形成分立的能级(如 E_1 和 E_2)

由图 5-46 还能看出异质结区别于普通 p-n 结的另一个特点，就是同质 p-n 结中电子势垒和空穴势垒相同(都等于 qV_0)，而异质结中的电子势垒和空穴势垒不同。比如，图 5-46 中所示异质结的电子势垒 qV_n 小于空穴的势垒 qV_p。利用异质结的这个特点可容易地改变电子和空穴的相对注入，在 7.9 节将讨论异质结双极结型晶体管，对此读者将有进一步的认识。

小结

5.1 二极管和其他多种半导体器件都是经过多步微电子工艺制作完成的，这些工艺步骤包括氧化、掺杂(离子注入或者扩散)、绝缘介质层和金属层的淀积、光刻以及刻蚀等。

5.2 将 p 型和 n 型半导体接触在一起形成 p-n 结时，p 区的空穴向 n 区扩散，n 区的电子向 p 区扩散，直到费米能级达到水平，p-n 结处于热平衡状态。平衡时，p 型侧和 n 型侧之间形成了势垒，势垒的高度反映了耗尽区内的电势降落。平衡其实是扩散和漂移的动态平衡：仍有电子从 n 区扩散到 p 区、空穴从 p 区扩散到 n 区(只是由于势垒的存在，扩散到另一侧的数量大大减少了)，扩散流与相反方向的漂移流相互抵消，从而达到动态平衡。所谓“相反方向的漂移流”，是指扩散到耗尽区边界的少子被电场扫向另一侧而形成的载流子流。

5.3 对耗尽区求解泊松方程可确定电势分布和电场分布。均匀掺杂的突变结，其耗尽区内的电场随着位置线性变化，冶金结处的电场最大。耗尽区主要位于轻掺杂的一侧。在冶金结两边的耗尽区中，电荷的数量相等但符号相反。

5.4　肖克利(Shockley)理想二极管模型忽略了耗尽区内载流子的产生与复合。在正向偏置情况下，势垒高度降低，使得一侧的多子更容易扩散通过势垒注入到另一侧(成为少子)。

5.5　相反方向的少子漂移电流不受势垒(或电场)的影响，因为少子漂移电流的大小取决于能够扩散到耗尽区边界的少子数量，而不取决于漂移速度(即受制于参与漂移的少子数量而不是漂移速度)。在远离耗尽区的区域，电流完全由多子的漂移携载。多子电流通过 p-n 结注入到另一侧而成为少子扩散电流。

5.6　理想二极管在反向偏置的情况下，反向电流是由结两侧热产生的载流子扩散到耗尽区边界并被电场扫向另一侧形成的；它与外加偏压没有关系，因此称为反向饱和电流；其方向由 n 区指向 p 区。正偏和反偏情况下的不对称电流-电压关系使二极管具有整流作用。

5.7　对于重掺杂的 p-n 结(耗尽区较窄)，当反偏压较高时，因载流子的量子隧穿效应而发生齐纳(Zener)击穿。对于轻掺杂的 p-n 结(耗尽区较宽)，因耗尽区内载流子的碰撞电离而发生倍增，进而导致雪崩击穿。短基区 p-n 结还容易发生穿通击穿。

5.8　在二极管两端施加交流偏压(或者偏压快速变化)可使二极管在开通和关断两种状态之间快速切换。要解析二极管的瞬态特性，需利用适当的初始条件和边界条件以及拉普拉斯变换，通过求解时间相关的连续性方程而得到。

5.9　半导体器件的小信号电容反映了存储电荷随外加偏压变化的事实。二极管的电容包括两部分：一部分是耗尽层电容，它反映耗尽区内电离的杂质电荷随偏压的变化(主要在反向偏压下)；另一部分是扩散电容，它反映存储的过剩载流子电荷随偏压的变化(主要在正向偏压下)。

5.10　肖克利(Shockley)理想二极管模型忽略了耗尽区内载流子的产生与复合，而实际二极管往往偏离这种理想模型。在正偏情况下，耗尽区内载流子的产生-复合使二极管理想因子 n 从 1 增大到 2；在反偏情况下，反向电流也不再是常数，而是近似与反偏压的二次方根成正比。

5.11　p-n 结在较高的正向偏压作用下发生大注入效应，此时注入的少子浓度和本底多子浓度相当，使理想因子变为 $n = 2$。在大电流情况下，中性区的串联电阻也使 p-n 结特性偏离理想情形。

5.12　缓变 p-n 结两个区域的掺杂浓度都不是常数，其基本性质与突变 p-n 结相似，但是难以进行解析分析。缓变结的 C-V 特性与突变结的 C-V 特性不同。

5.13　将金属和半导体接触形成金属-半导体结，将费米能级对齐后，如果在半导体一侧形成了耗尽区，则是肖特基(Schottky)结；如果在半导体一侧没有形成耗尽区，则是欧姆接触。

5.14　由异质半导体形成的结是异质结。以真空能级为参照，根据导带底的位置(取决于电子亲和势)和禁带宽度可确定带阶，根据费米能级的位置(取决于功函数)可确定载流子输运的方向。电子从费米能级较高的地方向较低的地方运动，而空穴的运动则相反。

习题

5.1　在 1100℃温度下在 Si(100)面湿氧氧化生长 900 nm 的氧化层(参见附录 F)。问：最先生长的 200 nm SiO_2 层用了多长时间？再生长的 300 nm 又用了多长时间？最后生长的 400 nm 用了多长时间？在氧化层中开一个 1 mm × 1 mm 的正方形窗口，然后将样品在 1150℃下继续进行湿氧氧化，使窗口外的 SiO_2 层厚度增加到 2000 nm，试计算窗口边缘处台阶的高度，并画出此时样品的剖面图，在图中标出各层的厚度和宽度。

5.2　在杂质扩散过程中，如果样品表面的杂质浓度 N_0 保持恒定不变(此即恒定源扩散)，则得到的杂质分布是余误差分布

$$N(x,t) = N_0 \text{erfc}\left(\frac{x}{2\sqrt{Dt}}\right)$$

其中，D 是杂质的扩散系数，t 是扩散时间，erfc (x) 是余误差函数。如果在样品表面预先淀积一定数量的杂质，并在随后的扩散过程中不再补充额外的杂质(此即限定源扩散)，则得到的杂质分布是高斯分布

$$N(x,t) = \frac{N_s}{\sqrt{\pi Dt}} e^{-(x/2\sqrt{Dt})^2}$$

其中，N_s 是扩散前在样品表面预淀积的杂质的面密度。将这一分布与式(4-44)的载流子扩散分布比较，发现两者的指数部分差了一个因子 2，这是为什么？

图 P5-2 给出了以上两种扩散方法得到的杂质分布，其中 $u = x/2\sqrt{Dt}$ 。设 Si 衬底的杂质浓度为 $N_d = 5\times10^{16}\ \text{cm}^{-3}$，在 1000℃下扩硼 30 分钟，硼在该温度下的扩散系数为 $D = 3\times10^{-14}\ \text{cm}^2/\text{s}$。(a)若采用恒定源扩散，表面杂质浓度恒定为 $N_0 = 5\times10^{20}\ \text{cm}^{-3}$，试计算并画出扩散完成后的杂质浓度分布 $N_a(x)$，并确定 p-n 结的位置。(b)若采用限定源扩散，扩散前预淀积的杂质面密度为 $N_s = 5\times10^{13}\ \text{cm}^{-2}$，试计算并画出扩散完成后的杂质浓度分布 $N_a(x)$，并确定 p-n 结的位置。提示：使用半对数坐标，将 x 的值取为 $2\sqrt{Dt}$ 的倍数，使其从 0 变化到 0.5 μm，相应的纵坐标变化大约为 5 个数量级。

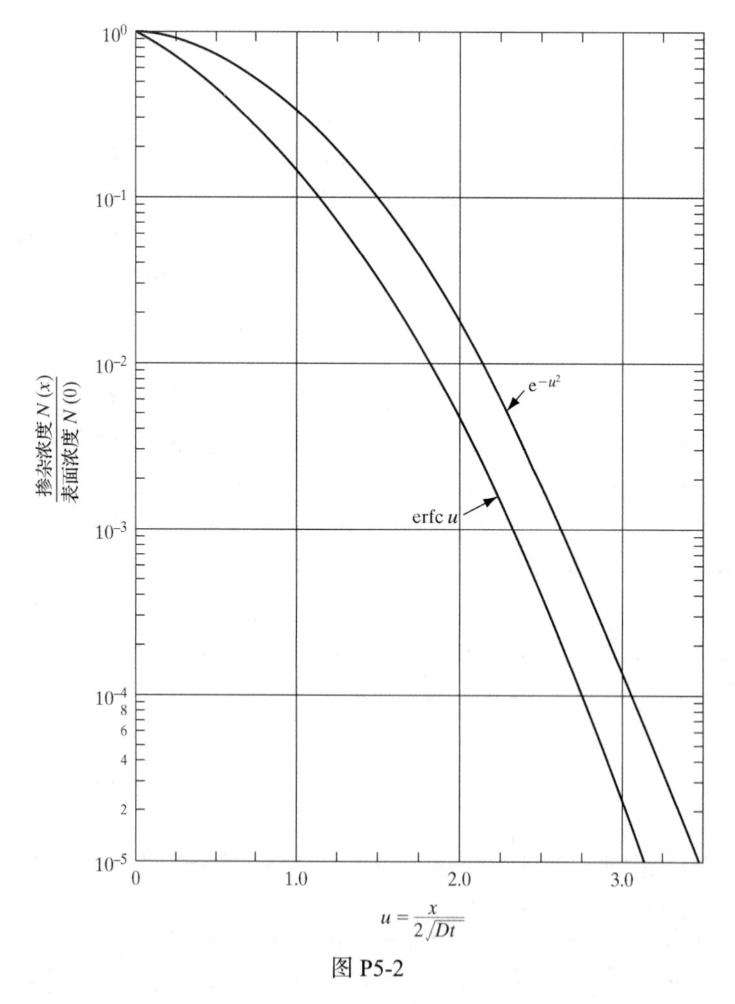

图 P5-2

5.3 p 型 Si 衬底的掺杂浓度 N_a 是 $2\times10^{16}\ \text{cm}^{-3}$，采用恒定源扩散方法，在 1000℃下扩散磷(P)杂质，如果要求结深为 1 μm，则需要扩散多长时间？相关公式和数据可由习题 5.2 和附录 G、附录 H 找到。

5.4　在 Si 样品中注入砷(As)杂质，Si 片表面有一层 0.1 μm 厚的 SiO_2 层。若注入面积为 200 cm^2，注入时间为 20 s。要想使注入杂质 As 的浓度峰值位于 Si-SiO_2 的界面处，应该怎样选择注入参数(包括能量、剂量和束流强度)？设 As 原子在 Si 和 SiO_2 层中的射程相同。

5.5　在 Si 样品中注入磷(P)杂质，注入能量是 200 keV，注入剂量是 2.1×10^{14} cm^{-2}，计算并画出杂质 P 的浓度分布(采用图 5-4 那样的半对数坐标)。

5.6　如果要形成如图 P5-6 所示的图形，光刻所用镜头的数值孔径和光源的波长分别应为多大？图中衬底是 Si，阴影部分是 SiO_2。

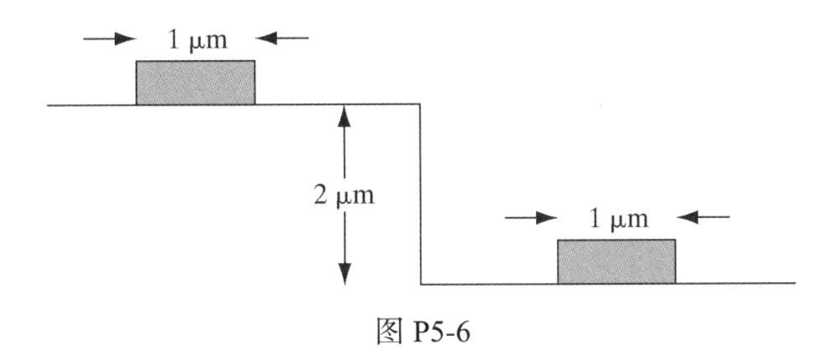

图 P5-6

5.7　一个 p^+-n 结的 n 型区的掺杂浓度是 $N_d = 10^{16}$ cm^{-3}，取 $n_i = 10^{10}$ cm^{-3}，$\varepsilon_r = 12$，计算反偏压为 100 V 时的耗尽区宽度。耗尽区中心点处的电场是多大？

5.8　一种半导体的禁带宽度是 0.8 eV，本征载流子浓度是 10^{12} cm^{-3}。用这种材料制作的 p-n 结，p 区的掺杂浓度是 10^{17} cm^{-3}，n 区的掺杂浓度是 10^{18} cm^{-3}。画出平衡态能带图，计算电势分布和费米能级的位置。如果一个 p 区的导带电子不受散射地运动到 n 区，计算其到达 n 区的波矢。电子的有效质量取为 $0.2m_0$。

5.9　一个 Si p-n 突变结，p 区的掺杂浓度 N_a 是 10^{17} cm^{-3}，n 区的掺杂浓度 N_d 是 5×10^{17} cm^{-3}，横截面积是 10^{-4} cm^2。画出平衡态能带图，计算费米能级、自建电势和耗尽区宽度。P 型侧的耗尽层中总共有多少受主杂质离子？

5.10　一种半导体的禁带宽度是 2 eV，本征载流子浓度是 10^9 cm^{-3}，相对介电常数 ε_r 是 15。用这种材料制作的 p-n 结，p 区的掺杂浓度是 10^{16} cm^{-3}，n 区是轻掺杂的。画出反偏压为 2 eV 时的能带图，计算远离结区处准费米能级与能带边的差值，计算 n 区耗尽层中的电荷面密度。如果一个 p 区的导带电子不受散射地运动到 n 区，计算其到达 n 区的波矢和速度。电子的有效质量取为 $0.4m_0$。

5.11　一种半导体在 100℃的禁带宽度是 2 eV、本征载流子浓度是 10^{11} cm^{-3}，相对介电常数是 10。用这种材料制作的 p-n 结，n 区的掺杂浓度是 p 区掺杂浓度的 4 倍，横截面积是 0.5 cm^2。如果自建电势是 0.65 V，p 区的掺杂浓度是多大？在反偏压为 2 V 时耗尽层电容是多大？画出能带图。

5.12　(a) 对于 Si p-n 突变结，计算下述各种掺杂情况的自建电势 V_0(温度取为 300 K)：$N_a = 10^{14}$ cm^{-3} 和 10^{19} cm^{-3}，$N_d = 10^{14}$ cm^{-3}、10^{15} cm^{-3}、10^{16} cm^{-3}、10^{17} cm^{-3}、10^{18} cm^{-3} 和 10^{19} cm^{-3}，并画出 V_0-N_d 曲线。(b) 使用 (a) 中相同的数据，计算各种掺杂情况下结中的最大电场 E_0，并画出 E_0-N_d 曲线。

5.13　p^+-n 结 n 区中空穴的扩散电流由式(5-32)给出。那么，同样是在 n 区中，在 x_n 点，电子的扩散电流和漂移电流分别是多大？

5.14　一个 Si p-n 突变结，两区的掺杂浓度分别是 $N_d = 10^{16}$ cm^{-3} 和 $N_a = 10^{17}$ cm^{-3}。在 300 K 下，(a) 计算费米能级，画出平衡态能带图，并由能带图确定自建电势 V_0。(b) 将 (a) 中的 V_0 与根据式(5-8)直接计算得到的 V_0 进行比较。

5.15　一个 n 型 Si 样品的衬底掺杂浓度为 $N_d = 10^{16}$ cm^{-3}，在样品中注入硼(B)杂质，形成 p-n 突变结，结面积是 $A = 2\times10^{-3}$ cm^2，p 型区的受主杂质浓度是 $N_a = 4\times10^{18}$ cm^{-3}，计算 300 K 下该 p-n 结的 V_0、x_{n0}、x_{p0}、Q_+以及 E_0。仿照图 5-12，画出电场和电荷密度分布。

5.16　一个 p^+-n 结 n 区的施主杂质浓度是 $N_d = 10^{16}$ cm^{-3}，本征载流子浓度是 $n_i = 10^{10}$ cm^{-3}，相对介电常数是

$\varepsilon_r = 12$,电子和空穴的扩散系数分别是 $D_n = 50\ \text{cm}^2/\text{s}$ 和 $D_p = 20\ \text{cm}^2/\text{s}$,两区少子的寿命分别是 $\tau_n = 100$ ns 和 $\tau_p = 50$ ns。如果施加 0.6 V 的正偏压,计算 n 区一侧空间电荷区之外 2 μm 处空穴的扩散电流密度。如果把 p^+区的掺杂浓度加倍,空穴的扩散电流将如何变化?

5.17 一个 Si p^+-n结n区的施主浓度是 $N_d = 5\times10^{16}\ \text{cm}^{-3}$,横截面积是 $A = 10^{-3}\ \text{cm}^2$,少子空穴的寿命是 $\tau_p = 1$ μs,空穴的扩散系数是 $D_p = 10\ \text{cm}^2/\text{s}$。计算在 0.5 V 正偏压作用下通过该 p^+-n 结的电流。温度取为 300 K。

5.18 (a)试解释 p-n 结反偏时为什么其扩散电容不重要?(b)假如一个 GaAs p-n 结两区的掺杂浓度相等,那么在正偏情况下,是否某种载流子(电子或空穴)的电流起支配作用?

5.19 (a)一个 Si p^+-n 结 n 区的施主杂质浓度 N_d 是 $10^{15}\ \text{cm}^{-3}$,横截面积是 $10^{-2}\ \text{cm}^2$,计算其在 10 V 反偏压下的结电容。(b)一个 Si p^+-n 结 n 区的施主杂质浓度 N_d 是 $10^{15}\ \text{cm}^{-3}$,计算其雪崩击穿时的耗尽层宽度。

5.20 根据式(5-17)和式(5-23)证明:p-n 结中的最大电场由轻掺杂一侧的掺杂浓度决定。

5.21 一个 Si n^+-p 单边突变结,在温度为 300 K 时,某些参数列出如下:

p 区	n 区
$N_a = 10^{17}\ \text{cm}^{-3}$	N_d非常高
$\tau_n = 0.1$ μs	$\tau_p = 10$ μs
$\mu_n = 700\ \text{cm}^2/(\text{V·s})$	$\mu_n = 100\ \text{cm}^2/(\text{V·s})$
$\mu_p = 200\ \text{cm}^2/(\text{V·s})$	$\mu_p = 450\ \text{cm}^2/(\text{V·s})$
$A = 10^{-4}\ \text{cm}^2$	$A = 10^{-4}\ \text{cm}^2$

根据上述参数,计算反偏压为 100 V 时,结中的最大电场和耗尽层电容(注意:这是一个单边突变结)。假如在某一定的正偏压作用下,通过结中的电流是 20 mA,计算 p 区中存储的过剩电子电荷(注意:这里蕴含着很多额外的重要信息)。

5.22 对于一个 p-n 结,电子注入效率定义为 $x_p = 0$ 处的电流比值 I_n/I ①。(a)设 p-n 结的 I-V 特性遵循理想二极管方程,试用扩散常数、扩散长度、平衡少子浓度等参数将 I_n/I 表示出来。(b)证明 I_n/I 可以写成 $[1+(L_n^p p_p \mu_p^n)/(L_p^n n_n \mu_n^p)]^{-1}$(其中上标 n 和 p 分别表示 n 区和 p 区),并据此说明怎样才能提高电子的注入效率。

5.23 一个 p-n 突变结,两个区的杂质浓度相等($N_d = N_a$),且两个区的长度都比各自的少子扩散长度大好几倍,试给出 p 型中性区中空穴电流 I_p 的表达式。

5.24 一个 Si p-n 结的横截面积为 $A = 0.001\ \text{cm}^2$,两区的掺杂浓度分别为 $N_a = 10^{15}\ \text{cm}^{-3}$ 和 $N_d = 10^{20}\ \text{cm}^{-3}$,试计算:(a)接触电势 V_0。(b)平衡条件下的耗尽区宽度 W。(c)设电流以扩散电流为主,$\mu_n = 1500\ \text{cm}^2/(\text{V·s})$,$\mu_p = 450\ \text{cm}^2/(\text{V·s})$,$\tau_n = \tau_p = 2.5$ ms,试求正偏压为 0.7 V 时的电流。该电流主要是由电子还是由空穴形成的?为什么?要想把电子电流加倍,应该怎样做?

5.25 一个 Si n^+-p 结的横截面积是 $A = 5\ \mu\text{m}\times5\ \mu\text{m}$,两区的掺杂浓度分别为 $N_a = 10^{16}\ \text{cm}^{-3}$ 和 $N_d = 10^{20}\ \text{cm}^{-3}$,电子和空穴的迁移率分别为$\mu_n = 100\ \text{cm}^2/(\text{V·s})$和$\mu_p = 250\ \text{cm}^2/(\text{V·s})$,反向饱和电流密度为 $I_0 = 1\ \text{nA/cm}^2$,计算反偏压为 2 V 时的结电容和正偏压为 0.5 V 时 p 型中性区内的电场。提示:求中性区内的电场时,考虑在离开空间电荷区很远的地方。

5.26 一个 p^+-n 结,如果将其 n 区的掺杂浓度 N_d 翻倍,则下列各量将如何变化?只回答增大或减小即可。(a)结电容,(b)自建电势,(c)击穿电压,(d)欧姆损耗。

5.27 一个 Si 样品,左半边 p 区的掺杂浓度是 $2\times10^{16}\ \text{cm}^{-3}$;右半边也是 p 型区,掺杂浓度是 $10^{18}\ \text{cm}^{-3}$。这是所谓的高低结而不是常见的 p-n 结。已知 600 K 时本征载流子浓度是 $10^{16}\ \text{cm}^{-3}$,试画出平衡态能带图,

---

① 请参看图 5-15 的坐标系——译者注。

在其中标明 E_c、E_v、E_i 的相对位置（只针对离开结面很远的地方）。注意两点：(1) 左半边的杂质浓度与本征载流子浓度具有相同的数量级（二者可比拟），(2) 不必考虑结面附近的详细情况。

5.28　一个 Si p-n 结的横截面积是 10^{-4} cm^2，两区的掺杂浓度相等，$N_a = N_d = 10^{17}$ cm^{-3}，已知 $\tau_n = \tau_p = 1$ μs，利用图 5-23 所给的迁移率数据，通过计算并仿照图 5-17 画出电子和空穴电流（I_n 和 I_p）随位置的变化情况。提示：忽略载流子在空间电荷区内的复合。

5.29　一个 Si p$^+$-n 结，在反偏压为 10 V 时结电容是 10 pF。如果将 n 区的掺杂浓度提高一倍、反偏压提高至 80 V，结电容将变为多大？

5.30　一个 Si p$^+$-n 突变结 n 区的施主杂质浓度 N_d 为 10^{15} cm^{-3}，为保证其首先发生雪崩击穿而不穿通，n 区的最小长度应为多大？

5.31　一个 Si n$^+$-p 结的横截面积是 0.001 cm^2，p 区的掺杂浓度 N_a 为 10^{15} cm^{-3}，试求反偏压分别为 1 V、5 V 和 10 V 时的结电容，并画出 $1/C^2$-V_R 曲线。针对 $N_a = 10^{17}$ cm^{-3} 做同样的计算并画图。证明由 $1/C^2$-V_R 曲线的斜率可确定 N_a 的大小。提示：因为 n$^+$区的掺杂浓度未给出，所以计算时需做适当的近似。

5.32　我们在 5.2.3 节提出耗尽层近似的概念，即认为空间电荷区内没有载流子，且空间电荷区之外是中性区。实际上，空间电荷区和中性区不是截然分开、突然变化的，而是存在一个过渡区，该过渡区的长度大约为几个德拜长度，其中的空间电荷和载流子浓度都是随位置而变的。以 n 区一侧为例，德拜长度定义为 $L_D = \left[\dfrac{\varepsilon_s kT}{q^2 N_d}\right]^{1/2}$。试分别计算 $N_a = 10^{18}$ cm^{-3}，$N_d = 10^{14}$ cm^{-3}、10^{16} cm^{-3}、10^{18} cm^{-3} 所对应的德拜长度（n 区一侧）和耗尽区宽度（p-n 结），并将德拜长度和耗尽区宽度 W 进行比较。

5.33　一个对称的 Si p-n 结，$N_a = N_d = 10^{17}$ cm^{-3}，结区内的最大电场是 $E_0 = 5\times10^5$ V/ cm，求该 p-n 结的击穿电压。

5.34　一个长基区 p$^+$-n 结的正向电流 I 在 $t = 0$ 时刻突然增大至 3 倍（$3I$），(a) 在电流变化的瞬间，$x_n = 0$ 处的空穴浓度梯度如何变化？(b) 假如电流变化前后的外加偏压总是远高于 kT/q，那么最终的结电压（$t = \infty$）和最初的结电压（$t = 1$）之间有什么关系？

5.35　一个长基区 p$^+$-n 结的正向电流在 $t = 0$ 时刻从 I_{F1} 突然变化到 I_{F2}，求 n 区中存储的过剩空穴电荷 Q_p 随时间 t 的变化关系。

5.36　一个 p$^+$-n 结在 $t = 0$ 时刻突然从零偏转变为正偏，相应地电流从 $I = 0$ 变化到 $I \neq 0$。(a) 给出从 n 区中存储的过剩空穴电荷 Q_p 随时间 t 的变化关系。(b) 如果近似认为 n 区中的过剩空穴浓度总是保持为指数式衰减分布，给出空间电荷区边界处的过剩空穴浓度 $\Delta p_n(t)$ 和结电压 $v(t)$ 随时间 t 的变化关系。

5.37　设想把图 5-23(c) 中的二极管用于一个简单的半波整流电路中，其中的负载电阻是 1 kΩ（与二极管串联）。已知二极管的开启电压为 $E_0 = 0.4$ V，等效电阻 R 为 $dv/di = 400\ \Omega$，输入的正弦信号电压为 $v(t) = 2\sin\omega t$ (V)，画出负载电阻两端的输出电压的波形（两个周期即可）。

5.38　二极管的理想因子 n 反映了载流子复合对 I-V 特性的影响。一个 Si p-n 结二极管，横截面积是 $A = 100$ μm^2，两区的掺杂浓度是 $N_a = N_d = 10^{19}$ cm^{-3}，少子寿命是 $\tau_n = \tau_p = 1$ μs。根据式(5-74)，分别计算并画出理想因子 $n = 1.0$、1.2、1.4、1.6、1.8、2.0 的 I-V 特性曲线。

5.39　一个正偏的 p$^+$-n 结二极管，n 区的长度 l 很短，假设其中过剩空穴浓度的分布是线性的，$\delta p_n(x)$ 从 $x_n = 0$ 处的 Δp_n 线性变化到 $x_n = l$ 处（欧姆接触处）的 0，求 n 区中存储的过剩空穴电荷 Q_p 和通过二极管的电流 I。

5.40　一个短基区 p$^+$-n 结二极管，n 区的长度小于空穴的扩散长度（$l<L_p$）。由于 n 区很短，式(4-35) 给出的边界条件 $\delta p(x_n = \infty) = 0$ 不再适用，而应该用 $\delta p(x_n = l) = 0$ 取而代之。

(a) 求解扩散方程，证明 n 区中少子空穴的分布是 $\delta p(x_n) = \dfrac{e^{(l-x_n)/L_p} - e^{(x_n-l)/L_p}}{e^{l/L_p} - e^{-l/L_p}}\Delta p_n$。

(b)证明通过二极管的电流是 $I=\left(\dfrac{qAD_p p_n}{L_p}\text{ctnh}\dfrac{l}{L_p}\right)(\mathrm{e}^{qV/kT}-1)$。

5.41 根据习题 5.40 的条件和结果：

(a)给出 n 区中复合电流的表达式。

(b)证明欧姆接触处的复合电流是 $I(\text{欧姆接触})=\left(\dfrac{qAD_p p_n}{L_p}\text{csch}\dfrac{l}{L_p}\right)(\mathrm{e}^{qV/kT}-1)$。

5.42 一个 p^+-n 结的 n 区是缓变掺杂的，掺杂浓度表示为 $N_d(x)=Gx^m$，这种结的耗尽区基本上是从 $x=0$ 处(结面处)延伸到 n 区中的 $x=x_{n0}$ 处，即耗尽区宽度 $W\approx x_{n0}$。注意到 $m<0$ 时 $N_d(x)$ 在 $x=0$ 处存在奇异性，但这里可以忽略这种情况。

(a)利用高斯定理，证明耗尽区内的最大电场为 $\mathscr{E}_0=-qGW^{(m+1)}/[\varepsilon(m+1)]$。

(b)给出电场 $\mathscr{E}(x)$ 的表达式，并据此证明 $V_0-V=qGW^{(m+2)}/[\varepsilon(m+2)]$。

(c)将耗尽区内的电离施主杂质电荷 Q 用 (V_0-V) 表示出来。

(d)利用(c)的结果，证明结电容为 $C_j=A\left[\dfrac{qG\varepsilon^{(m+1)}}{(m+2)(V_0-V)}\right]^{1/(m+2)}$。

5.43 一个 p 型 Si 样品，受主杂质浓度为 10^{18} cm^{-3}，在其表面淀积一层金属形成金属-半导体接触。金属的功函数是 4.6 eV，Si 的电子亲和势是 4.0 eV。画出平衡态能带图，在其中标明 E_F、E_c、E_v、E_{vac}。基于画出的能带图回答：这个金属-半导体接触是肖特基接触还是欧姆接触？为什么？金属的功函数需要改变多少才能转变成另一种接触？

5.44 以 n 型 GaAs 作为衬底，并利用 InAs 材料，设计一个金属-半导体欧姆接触。提示：参见图 5-44，需要制作一个 InGaAs 过渡层。

5.45 一个 p 型 Si 样品，受主杂质浓度为 10^{17} cm^{-3}，在其表面淀积一层金属形成肖特基势垒。金属的功函数是 4.3 eV，Si 的电子亲和势是 4.0 eV。(a)画出平衡态能带图，在其中标明 qV_0 的值。(b)分别画出正偏压为 0.3 V 和反偏压为 2.0 V 的能带图。

5.46 现要在一个 n 型半导体样品的一面制作肖特基二极管，在另一面制作欧姆接触，已知半导体的电子亲和势为 5 eV，禁带宽度是 1.5 eV，费米势是 0.25 eV，拟选用的两种金属的功函数应分别为多大才合适(给出可选范围)？画出该器件结构的能带图。

5.47 一个半导体异质结，所用两种材料 A 和 B 的相关参数如下：

物理量	E_g	χ	$N_{a,d}$	$W_{n,p}$	$L_{n,p}$	n_i	$\tau_{n,p}$
单位	eV	eV	cm^{-3}	μm	μm	cm^{-3}	μs
材料 A	2	4	$N_a=10^{20}$	0.5	10	10^8	10
材料 B	1	5	$N_d=10^{16}$	0.1	100	10^{10}	1

画出平衡态能带图，在其中标出 E_F、E_c、E_v 相对于 E_{vac} 的位置。若在某一正偏压作用下，少子浓度增大了 10^6 倍，计算此时的电流密度。提示：这里需要了解很多额外的信息，并做适当近似。需注意这是一个 p^+-n 结，两区的长度都远小于各自少子的扩散长度；同时，在器件两端的欧姆接触处，少子浓度都是 0。

5.48 一个 p-n 结，n 区的施主杂质浓度是 10^{17} cm^{-3}，p 区的受主杂质浓度是前者的两倍。已知本征载流子浓度是 10^{11} cm^{-3}，禁带宽度是 2 eV，相对介电常数 ε_r 是 15。画出平衡态能带图，在其中标出 E_c、E_v 相对于 E_F 的位置和两区的耗尽层宽度。如果将上述结构中的 n 区换成另一种材料，禁带宽度是 1 eV，电子亲和势是 4 eV，但 p 区材料保持不变(其他参数也不变)，从而形成一个异质结，假设导带带阶和价带带结相同，试再画出平衡态能带图，在其中标出 E_c、E_v 相对于 E_F 的位置和两区的耗尽层宽度。

参考读物

有关 p-n 结二级管工作机理的动画演示，请参考：https://nanohub.org/resources/animations。

Campbell, S. A. *The Science and Engineering of Microelectronic Fabrication,* 2nd ed. NY: Oxford, 2001.

Chang, L. L., and L. Esaki. *Semiconductor Quantum Heterostructures.* Physics Today 45 (October 1992): 36–43.

Muller, R. S., and T. I. Kamins. *Device Electronics for Integrated Circuits.* New York: Wiley, 1986.

Neamen, D. A. *Semiconductor Physics and Devices: Basic Principles.* Homewood, IL: Irwin, 1992.

Pierret, R. F. *Semiconductor Device Fundamentals.* Reading, MA: Addison-Wesley, 1996.

Plummer, J. D., M. D. Deal, and P. B. Griffin. *Silicon VLSI Technology.* Upper Saddle River, NJ: Prentice Hall, 2000.

Shockley, W. *The Theory of p-n Junctions in Semiconductors and p-n Junction Transistors.* Bell Syst. Tech. J. 28 (1949), 435.

Wolf, S., and R. N. Tauber. *Silicon Processing for the VLSI Era*, 2nd ed. Sunset Beach, CA: Lattice Press, 2000.

Wolfe, C. M., G. E. Stillman, and N. Holonyak, Jr. *Physical Properties of Semiconductors.* Englewood Cliffs, NJ: Prentice Hall, 1989.

自测题

问题 1

考虑一个理想 p-n 结二极管，两个区均很长且都是均匀掺杂的，处于正向偏置状态。请在下图中画出总电流 I_{total}、电子总电流 $I_{n,total}$、空穴总电流 $I_{p,total}$ 在整个器件中随位置的变化情况。为便于作图，图中已给出了 n 侧耗尽区边界处相应电流的大小。提示：欧姆接触处的过剩载流子浓度总是被钉扎为 0。

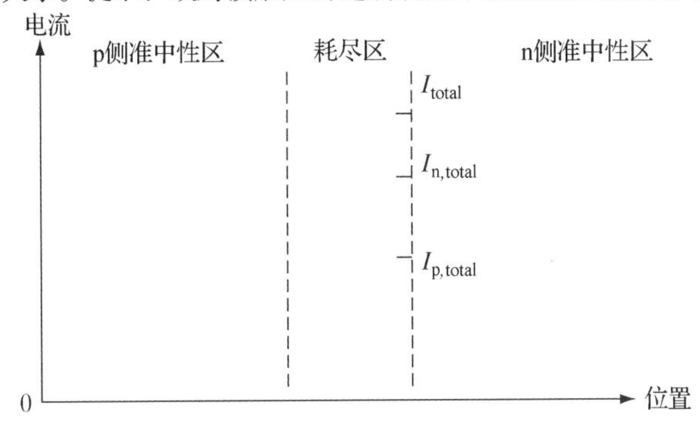

问题 2

(a) 考虑这样两个 p-n 结二极管：(1) 一个是长基区二极管，其 n 端的欧姆接触位于 $x_{contact,1} >> L_p$ 处，(2) 一个是短基区二极管，其 n 端的欧姆接触位于 $x_{contact,2} < L_p$ 处。假设两个二极管在 n 侧耗尽区边界处的过剩空穴浓度都是Δp，请在下图中画出两个二极管中过剩空穴浓度的分布$\delta p(x)$。

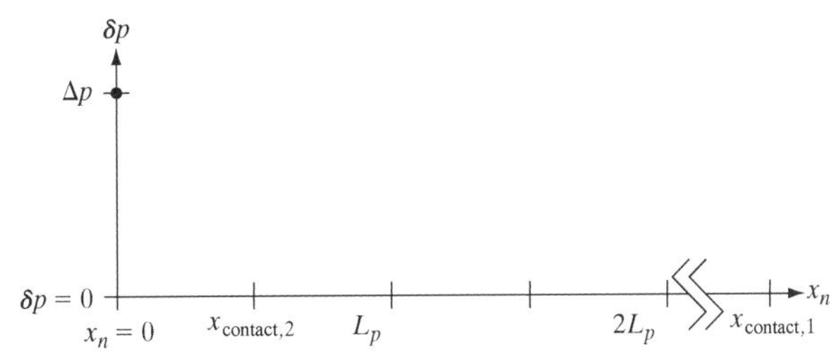

(b) 根据对问题(a)的回答，在下图中画出两个二极管中空穴(扩散)电流随位置的变化情况。为便于作图，图中已给出长基区二极管在 $x_n = 0$ 处的空穴扩散电流 $I_{p,1}$。

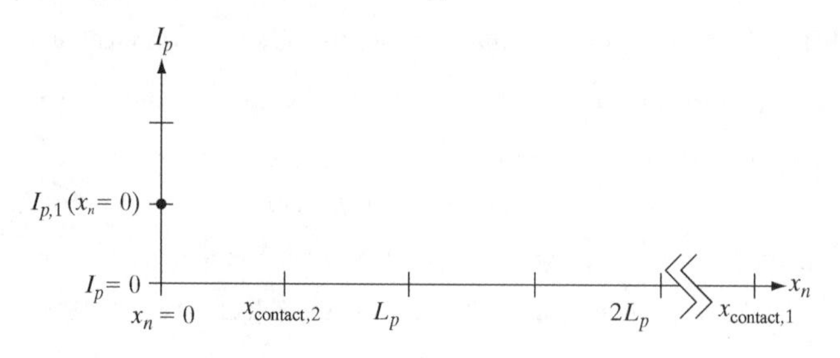

问题 3

两个 Si 基 p-n 结二极管，一个是长基区，另一个是短基区(参见问题 2 对短基区二极管的定义)，其他参数完全一样。在相同的正偏压下，哪个二极管的电流大?

问题 4

如果一个 p-n 结二极管在平衡态时的耗尽层电容为 $C_{d,o}$，该 p-n 结的接触电势为 0.5 V，那么需要施加多大的反向偏压才能够将耗尽层电容降低到 $0.5C_{d,o}$?

问题 5

(a) 二极管的耗尽层电容和扩散电容有什么区别? 哪个在正偏情况下占主导地位? 哪个在反偏情况下占主导地位? 为什么?

(b) 对于半导体器件(如二极管)来说，为什么定义小信号电容和电导是有意义的? 它们是如何定义的?

问题 6

在晶格常数为 4 Å、禁带宽度为 1 eV 的厚衬底上生长晶格常数为 6 Å、禁带宽度为 2 eV 的薄外延层，从而形成一个异质结，衬底和外延层在无应变的条件下都有立方晶格结构。假如带阶的 60%位于导带中，请画出该异质结的能带图，并定性地画出该结构中晶体结构的二维视图。

问题 7

(a) 根据下图给出的金属和轻掺杂半导体各自独立存在时的相关参数，画出二者接触后的平衡态能带图，要求：(1) 在金属-半导体接触界面处，将导带和价带的带阶分别用 $q\Phi_m$、$q\Phi_s$、$q\chi$、E_g 等参数表示出来；(2) 将能带的弯曲量也用 $q\Phi_m$、$q\Phi_s$、$q\chi$、E_g 等参数表示出来；(3) 定性地表示出耗尽层或者反型层(如果有的话)。提示：假定接触界面处不存在陷阱电荷。

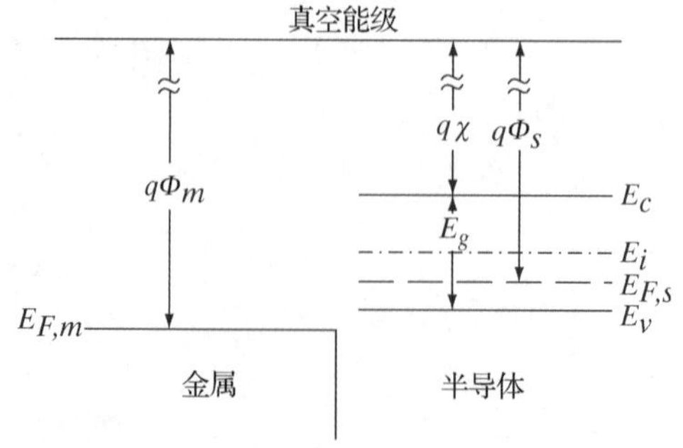

(b) (a)中形成的金属-半导体接触是肖特基接触还是欧姆接触? 为什么?

第6章　场效应晶体管

本章教学目的

1. 学会推导 JFET、MESFET、HEMT 等器件的 *I-V* 特性。
2. 熟练掌握 MOS 结构的 *C-V* 特性、阈值电压、栅泄漏特性。
3. 熟练掌握 MOSFET 的能带图、线性区和饱和区的 *I-V* 特性。
4. 熟悉了解有效迁移率、体效应、亚阈值区等概念或性质。
5. 熟悉了解 DIBL、GIDL、长沟效应、短沟效应等二级效应。

1948 年由 Bardeen、Brattain 和 Shockley 于贝尔实验室发明的双极型晶体管是现代半导体电子学的先导。此后，晶体管与场效应晶体管对现代生活的方方面面产生了巨大的影响。本章主要介绍**场效应晶体管**(FET)的基本工作原理，并简单介绍制造工艺和典型应用。

场效应晶体管可分为几种形式。第一种是**结型场效应晶体管**(JFET)，它通过栅极电压控制耗尽层宽度的变化来控制电流。第二种与第一种类似，但采用了金属-半导体结(肖特基势垒)代替 p-n 结，称为**金属-半导体场效应晶体管**(MESFET)，具有与 JFET 类似的电学特性。第三种是**金属-绝缘体-半导体场效应晶体管**(MISFET)，其中在栅极和沟道之间有氧化物绝缘层；由于氧化物绝缘层通常是二氧化硅(SiO_2)，所以这种器件通常是指**金属-氧化物-半导体场效应晶体管**(MOSFET)。

在第 5 章我们已了解到 p-n 结的性质，其中包括正偏时少数载流子的注入和反偏时耗尽层宽度的变化。这两个性质分别在**双极结型晶体管**(BJT，将在第 7 章介绍)和结型场效应晶体管(JFET)中用到。例如，BJT 就是利用 p-n 结的注入作用工作的，而 JFET 则利用了耗尽层宽度随偏压变化的性质。BJT 依靠少子的注入、运动和收集实现开关、放大等作用，由于电子和空穴均参与导电，故称为双极结型晶体管。场效应晶体管(FET)是依靠多子工作的，故称为单极型晶体管。两种晶体管均是三端器件，其中都有一个控制极，用以控制流过另外两个电极的电流。两种器件的不同之处在于 FET 是电压控制器件而 BJT 是电流控制器件。

不妨简单回顾一下 BJT 和 FET 的发展历史。早在 1930 年 Lilienfeld 就提出了场效应晶体管的概念，但由于当时缺乏对表面缺陷或表面态的深入研究和理解，Lilienfeld 本人并没有使 FET 成为能够实际工作的器件。有趣的是，后来 Bardeen 和 Brattain 在对 FET 的实验研究中意外地发明了双极型晶体管(Ge 点接触晶体管)。这一重要突破很快被 Shockley 加以拓展而提出了 BJT 理论(将在第 7 章讨论)。到很久以后的 1960 年，当时人们已经能够在 Si 衬底上生长氧化层并对表面态有了较为全面的认识，Kahng 和 Atalla 研制成功了 MOSFET，MOSFET 才得以诞生并实际应用。尽管在半导体器件的早期发展过程中 BJT 一直占据着主导地位，但后来逐渐被 MOSFET 所取代。MOSFET 之所以能得以广泛应用，根本原因是由 FET 的特点所决定的：不管是何种类型的 FET，它们的输入阻抗都很高，因为控制电压要么降落在反偏的 p-n 结或肖特基结中，要么降落在绝缘层中，且能在导通态和非导通态之间实现切换，适合于用做开关器件，这在数字电路中十分有用。另外，还有很重要的一点，就是 MOSFET 非常适合于大规模单片集成(将在第 9 章介绍)。例如，我们所用的半导体存储器和微处理器芯片中就往往集成了几百万甚至几千万只 MOS 电容或 MOS 晶体管。

6.1 场效应晶体管的工作原理

本节主要介绍场效应晶体管的基本性质及其放大和开关作用。这里讨论的所有晶体管都是三端器件，改变其中一端的电流或电压，就可以改变流过另外两端之间的电流，这是晶体管的基本性质。正是利用这一性质，晶体管才可以实现对电信号的开关和放大。要全面理解双极型晶体管和场效应晶体管的特性，就需要首先理解它们的开关和放大作用。

6.1.1 晶体管的负载线

让我们先来分析图 6-1 所示的由“双端器件”组成的简单电路。通过实验测量可得到器件的 *I-V* 特性曲线。该电路的电压回路方程[①]可写为

$$E = i_D R + v_D \tag{6-1}$$

其中有两个变量(未知数)：流过器件的电流 i_D 和器件两端的电压 v_D。如果将实际器件的 i_D-v_D 特性表示为函数形式，如 $i_D = f(v_D)$，则画出的曲线可能如图 6-1(b)中的粗实线所示。若同时把回路方程式(6-1)也画成曲线，则是图中细实线所示的一条直线，称为**负载线**。负载线的两个端点分别是($i_D = 0$，$v_D = E$)和($i_D = E/R$，$v_D = 0$)。由图看到，负载线和特性曲线交于一点，该交点对应的电流和电压分别是 $i_D = I_D$ 和 $v_D = V_D$，对应着器件的稳态电流和电压。

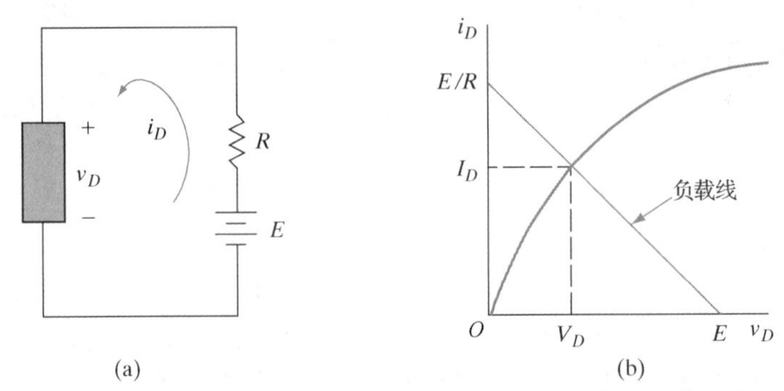

图 6-1 双端非线性器件。(a)偏置电路；(b)*I-V* 特性和负载线

现在为器件增加一个控制极，如图 6-2(a)所示，假如控制极电压 v_G 增大时，通过器件的电流增大，如图 6-2(b)所示，那么控制极电压 v_G 不同，对应的 i_D-v_D 特性曲线也就不同。也就是说，以 v_G 作为参数，可得到一簇 i_D-v_D 曲线。如果我们仍然把方程式(6-1)绘于图中，则负载线与曲线簇的交点就不止一个而是多个，不同的交点代表器件在不同 v_G 控制下的稳定状态(I_D，V_D)。器件的工作状态受到了 v_G 的控制。比如，当 V_G= 0.5 V 时，器件两端的直流电压和通过负载的直流电流分别是 V_D= 5 V 和 I_D= 10 mA。不管 v_G 是多大，通过负载的电流 I_D 和器件两端的电压 V_D 总是在负载线上变化的。

6.1.2 放大和开关作用

根据图 6-2，如果在控制电压上再叠加一交流电压，那么 v_G 的微小变化将引起电流 i_D 的很大变化。例如，v_G 围绕其直流分量变化 0.25 V，从负载线上看到 v_D 将变化 2 V，同时 i_D 也

① 通常采用 i_D 表示总电流，i_d 表示其中的交流分量，I_D 表示直流分量。其他量的表示方法类似。

发生了较大变化。由此可推算出交流电压的放大倍数为 2/0.25 = 8。若不同 v_G 对应的 I-V 曲线间隔相同，那么信号通过该器件后被线性地放大了。这种电压控制的放大作用是场效应晶体管的典型工作方式。对双极型晶体管而言，放大作用是由电流控制的，且放大的也是电流。

晶体管在电路中的另一个重要作用是开关作用。由图 6-2 看到，如果使 v_G 在适当的范围内变化，则可以控制电流使其在最底部的 $i_D = 0$ 点和最顶部的 $i_D \approx E/R$ 点之间切换，类似于一个开关。晶体管的开关作用在数字电路中是非常重要和非常有用的。

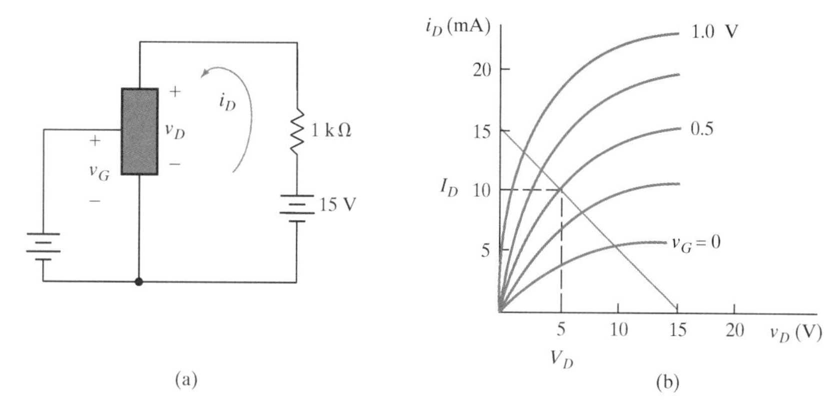

图 6-2　三端非线性器件。(a) 偏置电路；(b) I-V 特性和负载线。图中虚线的交点表示 $V_G = 0.5$ V 时通过负载的电流 I_D 和器件两端的电压 V_D（均指直流分量）

6.2　结型场效应晶体管

结型场效应晶体管（JFET）通过栅偏压控制耗尽层的宽度从而控制导电沟道的有效截面积。如图 6-3 所示，两个 p^+ 区之间有一个 n 型区，器件的电流 I_D 通过这个 n 型区流通，此即 JFET 的导电沟道。若在 p^+ 区和 n 区之间施加反偏压，耗尽区将主要向沟道区扩展，沟道的有效截面减小。由于沟道材料的电阻率是确定的（由其掺杂浓度决定），所以沟道电阻将随着有效截面的减小而增大。从这个意义上说，耗尽区的宽度变化对 JFET 来说相当于两扇门，控制着导电沟道的开启和关闭。

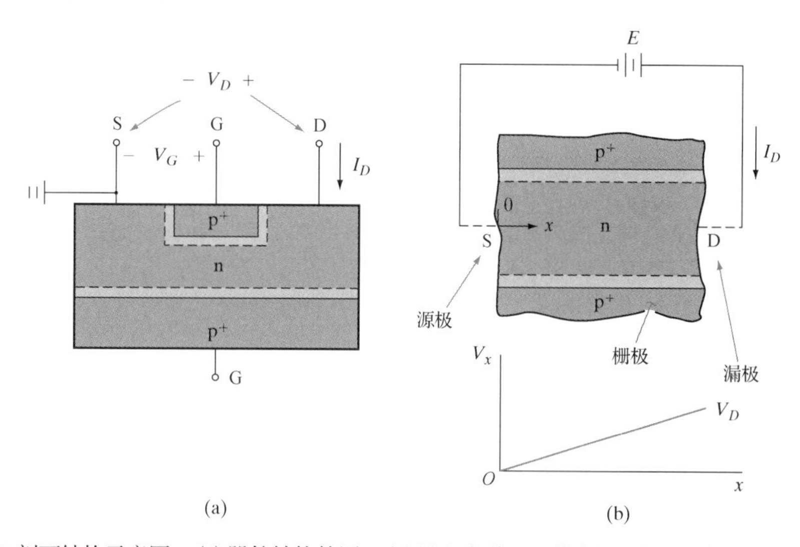

图 6-3　JFET 剖面结构示意图。(a) 器件结构简图；(b) 导电沟道区和其中的电势分布（$V_G = 0$ V，小电流 I_D）

在图 6-3 所示的 JFET 结构中，电子的流向是从左向右，因此电流的方向是从右向左。电子离开的那一端称为**源极**，电子流向的那一端称为**漏极**，p^+区称为**栅极**。栅极就是 JFET 的控制极。如果沟道区是 p 型的，则栅区应为 n^+区，空穴将从漏极流向源极(与电流同向)。栅偏压 V_G施加在栅极 G 和源极 S 之间。两个栅区实际上是连在一起的且都是重掺杂的，所以整个栅区可看成是等势体。沟道区的掺杂浓度较低，其中电势的分布如图 6-3(b)所示，是随位置变化的。显然，源端 D 和漏端 S 的电势差(即漏-源偏压)大于源端和沟道内任意一点之间的电势差。沟道可看成是一个分布电阻。在小电流情况下，沟道内电势的分布沿 x 方向近似线性地变化，从漏端的 V_D 线性降低到源端的 0(参见图 6-3)。

6.2.1 夹断和饱和

为讨论 JFET 的夹断和饱和特性，我们先将问题稍加简化，暂不考虑源极、漏极的欧姆压降和沟道两端附近区域内的压降，认为漏端的电势等于漏极偏压；另外，由于源区和漏区的面积一般很大，所以接触电阻也可忽略不计。这样所做的近似不会对讨论的问题产生多大影响。若把栅和源短路，使 $V_G = 0$ V(参见图 6-4)，则 V_D 很小时整个栅区的电势和 $x = 0$ 处的电势相同。在小电流情况下，耗尽区的宽度也近似等于平衡态耗尽区的宽度，如图 6-4(a)所示。当 V_D 增大引起电流增大时，漏端电势高于源端电势，且栅-沟结处于反偏状态；反偏压从漏端的 V_D 降低到源端的 0。由此可以判断 $V_G = 0$ V 时沟道耗尽区的形状如图 6-4(b)所示，即漏端附近的耗尽区深入到了沟道之中，沟道的有效面积减小。

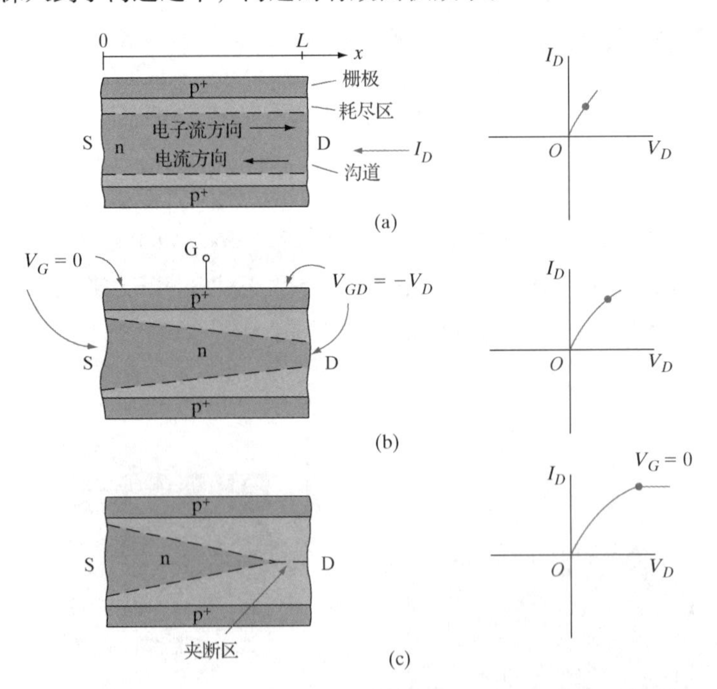

图 6-4 JFET 沟道的耗尽区和 I-V 特性($V_G = 0$ V，V_D 较小的情形)。(a)线性工作区；(b)接近于夹断的情形；(c)夹断后的情形

电流 I_D 较小时，I-V 曲线近似为直线；I_D 较大时，由于沟道电阻的影响，I-V 曲线开始偏离直线关系。当 V_D 和 I_D 继续增大时，漏端附近的耗尽区扩展到沟道中心线附近，使沟道电阻进一步增大。当 V_D 增大到一定程度时，耗尽区在沟道中心线上相遇，此时沟道被**夹断**了，如

图 6-4(c)所示。沟道夹断后，电流 I_D 不再随 V_D 的增大而显著增大，而是基本保持在夹断时的水平，也就是说电流**饱和**①了。一旦电子进入夹断区，就立即被其中的电场扫向漏极。沟道夹断后，沟道的微分电阻 dV_D/dI_D 变得很高。通常为便于分析和计算，认为沟道夹断后通过器件的电流不再随漏极偏压 V_D 的变化而变化。

6.2.2　栅的控制作用

前面分析了 $V_G = 0$ V 情况下 V_D 的改变引起沟道电阻变化的情况。实际上，栅极作为控制极，它能够比漏极更有效地控制沟道电阻的变化。若在栅极上施加负偏压，即 $V_G < 0$，那么即使漏极偏压很小，沟道也很容易被夹断。负栅偏压使耗尽区的宽度增大，从而使沟道的宽度减小；在较小的漏极偏压下，沟道漏端将首先被夹断。栅压越负，将沟道夹断所需的漏极偏压就越小；同时，饱和电流也比 $V_G = 0$ V 时的饱和电流减小了，如图 6-5(b)所示。显然，在不同的栅偏压下，可得到一簇 I-V 曲线。

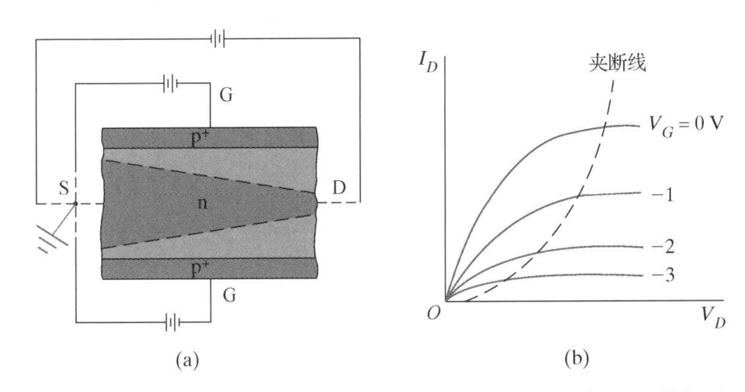

图 6-5　n 型沟道 JFET 中负栅偏压的控制作用。(a)负栅偏压使耗尽层宽度增大；(b)不同栅偏压($V_G < 0$)作用下的 I-V 特性曲线

夹断后的漏电流 I_D 即**饱和电流**的大小取决于栅偏压 V_G 的大小。若在栅极上施加交流信号，则漏电流的变化就反映了 JFET 对交流信号的放大作用。由于栅偏压 V_G 总是作用在反偏的栅-沟结上，所以 JFET 的输入阻抗很高。

我们可以参照图 6-6 来计算夹断电压。在沟道两侧的 p^+栅区掺杂对称的情况下，两个 p^+栅区对沟道的作用相同。设沟道的冶金半宽度为 a、中性沟道的半宽度为 $h(x)$。为简单起见，认为耗尽区的宽度从源到漏是线性变化的。将栅-漏间的反偏压记为$-V_{GD}$，则漏端($x = L$ 处)的耗尽区宽度为[参见式(5-57)]

$$W(x=L)=\sqrt{\frac{2\varepsilon(-V_{GD})}{qN_d}},\qquad V_{GD}<0 \tag{6-2}$$

其中 V_{GD} 本身是负的，N_d 是沟道区的掺杂浓度。上式已假定了接触电势 V_0 与栅-漏偏压 V_{GD} 相比是可以忽略的，且只考虑耗尽区向沟道区的扩展。对于接触电势 V_0 不能忽略的情况，留待读者自己思考(参见习题 6.1)。显然，当沟道漏端($x = L$ 处)被夹断时，应当有

$$h(x=L)=a-W(x=L)=0 \tag{6-3}$$

① “饱和”一词是器件工程师常讲的词语，其内涵也比其他任何词语更加丰富。不妨回忆一下已经学过的载流子速度“饱和”，反向“饱和”电流，JFET 电流“饱和”等内容，体会该词的含义。

即夹断时 $W(x=L)=a$，此时的$-V_{GD}$称为**夹断电压**，记为 V_P

$$\sqrt{\frac{2\varepsilon V_P}{qN_d}}=a,\qquad V_P=\frac{qa^2N_d}{2\varepsilon} \tag{6-4}$$

夹断时 V_P 与 V_G 和 V_D 的关系为

$$V_P=-V_{GD(\text{夹断})}=-V_{G(\text{夹断})}+V_{D(\text{夹断})} \tag{6-5}$$

注意，其中的栅压 V_G 是负的($V_G\leqslant 0$)。如果 V_G 是正的，则意味着空穴将由栅区向沟道区注入，此时器件将失去场效应作用，所以对 n 沟道 JFET 来说，器件正常工作时的栅偏压为负。从上式可以看到，栅偏压 V_G 和漏偏压 V_D 对夹断都有作用；栅偏压 V_G 越负，夹断所需要的漏偏压 V_D 就越小，这与图 6-5(b)所示的规律是完全一致的。

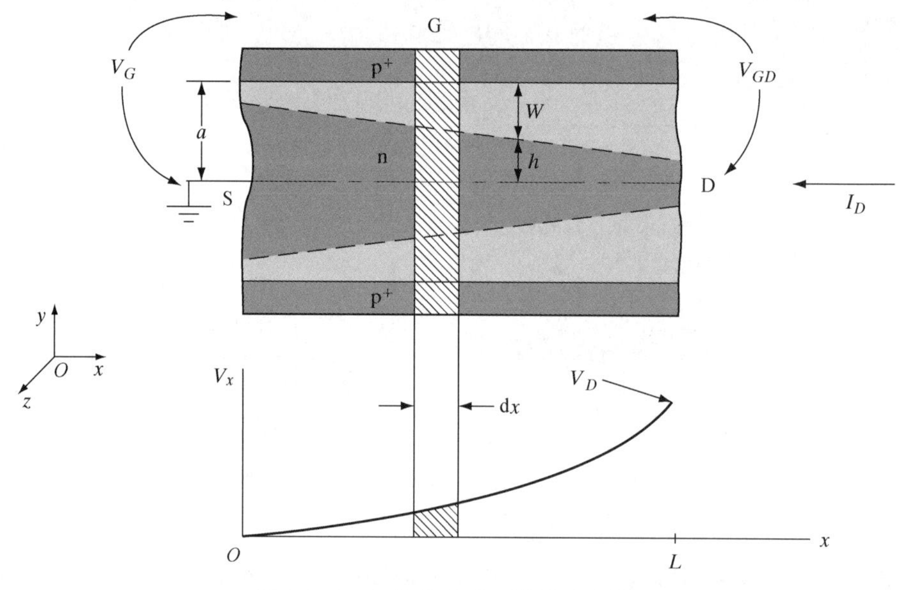

图 6-6 JFET 沟道尺寸和体积元的定义

6.2.3 电流-电压特性

下面我们进一步分析 JFET 沟道夹断前、夹断时以及夹断后的 *I-V* 特性。

在图 6-6 所定义的坐标系中，把源端的沟道中心作为坐标原点 $x=0$，沿 x 方向的沟道长度记为 L，沿 z 方向的沟道宽度记为 Z，沟道的电阻率记为ρ(只对中性沟道区有意义)。在中性沟道中取一小体积元 $2Zh(x)\mathrm{d}x$，则该体积元的电阻可表示为$\rho\mathrm{d}x/[2Zh(x)]$[参见方程式(3-44)]。由于通过沟道各个截面的电流是一样的，根据欧姆定律，可将流过任一截面的电流 I_D 表示为该处单位体积导电沟道的电导 $2Zh(x)/\rho\mathrm{d}x$ 与该处单位沟道长度内的压降 $\mathrm{d}V_x$ 的乘积，即

$$I_D=\frac{2Zh(x)}{\rho}\frac{\mathrm{d}V_x}{\mathrm{d}x} \tag{6-6}$$

其中 $2h(x)$ 表示在 x 处的中性沟道宽度。

x 处中性沟道的半宽度 $h(x)$ 由该处栅-沟结上的反偏压$-V_{Gx}$决定

$$h(x)=a-W(x)=a-\sqrt{\frac{2\varepsilon(-V_{Gx})}{qN_d}}=a\left[1-\sqrt{\frac{V_x-V_G}{V_P}}\right] \tag{6-7}$$

其中用到了 $V_{Gx}=V_G-V_x$、$V_P=qa^2N_d/2\varepsilon$ 以及 $W(x)$ 的表达式[参见式(6-2)]。这种处理方法称为**缓变沟道近似**(GCA)。只要 $h(x)$ 的变化不是很剧烈，缓变沟道近似就是适用的。

注意到 V_{Gx} 为负，将式(6-7)代入式(6-6)，有

$$\frac{2Za}{\rho}\left[1-\sqrt{\frac{V_x-V_G}{V_P}}\right]\mathrm{d}V_x=I_D\mathrm{d}x \tag{6-8}$$

将上式左右两边分别对 V_x 和 x 进行积分、整理后得到

$$\boxed{I_D=G_0V_P\left[\frac{V_D}{V_P}+\frac{2}{3}\left(-\frac{V_G}{V_P}\right)^{3/2}-\frac{2}{3}\left(\frac{V_D-V_G}{V_P}\right)^{3/2}\right]} \tag{6-9}$$

其中，V_G 为负，$G_0\equiv 2aZ/\rho L$ 表示 $V_G=0$ V 且 I_D 较小(或 V_D 较小)情况下的沟道跨导，此时的 $W(x)$ 可被忽略。上式只对沟道夹断前的状态成立。设夹断后的漏极电流保持为夹断时的值不变，则饱和电流可表示为

$$I_{D(饱和)}=G_0V_P\left[\frac{V_D}{V_P}+\frac{2}{3}\left(-\frac{V_G}{V_P}\right)^{3/2}-\frac{2}{3}\right]=G_0V_P\left[\frac{V_G}{V_P}+\frac{2}{3}\left(-\frac{V_G}{V_P}\right)^{3/2}+\frac{1}{3}\right] \tag{6-10}$$

其中已用到了夹断时 V_G、V_D、V_P 之间的关系式(6-5)，即

$$\frac{V_D}{V_P}=1+\frac{V_G}{V_P}$$

由式(6-10)得到的 I-V 特性曲线与图 6-5(b)的定性分析结果是完全一致的。当 $V_G=0$ V 时，漏极饱和电流 $I_{D(饱和)}$ 最大；当 V_G 为负时，饱和电流减小。

根据式(6-10)可将 JFET 饱和后的**跨导** $g_{m(饱和)}$ 表示为

$$g_{m(饱和)}=\frac{\partial I_{D(饱和)}}{\partial V_G}=G_0\left[1-\left(-\frac{V_G}{V_P}\right)^{1/2}\right] \tag{6-11}$$

跨导的单位是 A/V，国际单位是 S(西门子)。很多情况下，用单位宽度 Z 沟道的跨导 $g_{m(饱和)}/Z$ 表示 JFET 工作在饱和区的跨导。

实验上发现，JFET 的饱和电流与栅偏压的关系近似满足平方律关系

$$I_{D(饱和)}\approx I_{DSS}\left(1+\frac{V_G}{V_P}\right)^2 \tag{6-12}$$

其中的 V_G 对 n 沟道 JFET 而言仍具有负值，I_{DSS} 是 $V_G=0$ V 时的饱和电流。

在上面对式(6-9)至式(6-11)的推导过程中实际上把沟道的电阻率看成是常数，这等同于将电子的迁移率看成常数。在 3.4.4 节提到，在强电场作用下，迁移率表现出对电场的强烈依赖关系，电子漂移速度趋于饱和。如果场效应晶体管的沟道较短，则较小的漏极偏压足以在沟道内形成强电场，此时的电子迁移率不能当成常数处理，且电子通过沟道时的漂移速度近似等于饱和速度。另一方面，较大的漏极偏压会引起有效沟道长度缩短，如图 6-4(c)所示的情况。实验发现，对短沟道 JFET(沟道长度 $L<1$ μm)，即使沟道已经夹断，漏极电流 I_D 仍将随着漏极偏压的增大而持续增大。对此问题，从理论上可以这样理解：式(6-10)中 G_0 的分母中包含沟道长度 L，L 减小必然使 $I_{D(饱和)}$ 增大。有鉴于此，短沟道 JFET 与前面讨论的一般情形有所不同，特别是在漏极偏压较高、电流较大的情况下，JFET 的特性将明显偏离前面的结果。所以，对短沟道 JFET 来说，夹断后电流为常数的假设是不适用的。

6.3 金属-半导体场效应晶体管

如果用金属-半导体肖特基结取代 JFET 中的 p-n 结，则相应形成的场效应晶体管称为金属-半导体场效应晶体管(MESFET)。在金属-半导体结上施加反偏压也能使沟道耗尽，所以 MESFET 具有类似于 JFET 的电学特性。金属-半导体结在制造工艺上比 p-n 结更容易精确实现，所以 MESFET 在高速数字电路和微波电路中应用很广；特别是 III ~ V 族化合物半导体(如 GaAs、GaP 等)MESFET，因其载流子迁移率和漂移速度都很高，所以工作速度比 Si MESFET 快得多。本节将分析讨论 GaAs MESFET 的工作原理及其特性。

6.3.1 GaAs 金属-半导体场效应晶体管

图 6-7 是 GaAs MESFET 的结构示意图，衬底可以是不掺杂的 GaAs，也可以是掺杂的 GaAs。掺杂 GaAs 衬底所用的杂质通常为铬(Cr)，因为它能在 GaAs 的禁带中央附近引入一个产生-复合中心能级。不管衬底掺杂还是不掺杂，其中的费米能级总位于禁带中央附近，因而电阻率很高(可高达 $10^8\ \Omega\cdot\text{cm}$)，称为半绝缘 GaAs 衬底。在半绝缘的 GaAs 衬底上外延生长一层轻掺杂的 n 型 GaAs 作为 MESFET 的沟道区[①]。源极、漏极的接触材料通常为 Au-Ge 合金，肖特基栅的接触材料通常为 Al。在肖特基栅上施加反偏压，沟道耗尽区向衬底方向延伸，相应的电流-电压特性与 JFET 的类似。

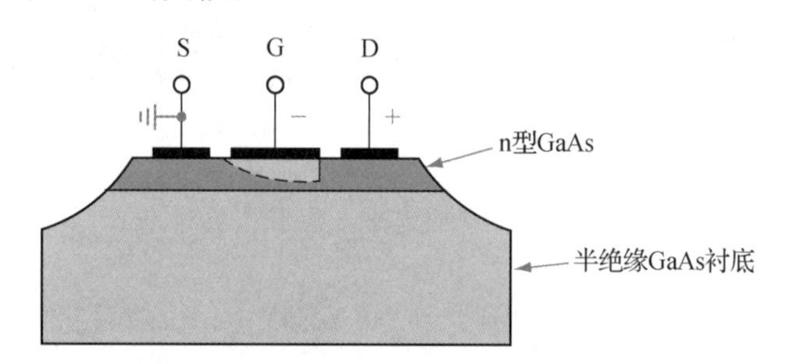

图 6-7 GaAs MESFET 的结构示意图。沟道区为 n 型 GaAs，衬底为半绝缘的 GaAs。肖特基栅所用材料通常为 Al 或 Ti、W、Au 的合金，源区和漏区的欧姆接触材料通常为 Au 和 Ge 的合金。器件边缘处的腐蚀槽起隔离作用

MESFET 使用 GaAs 衬底而不用 Si 衬底，是因为它有其独特的优点。比如，GaAs 中电子的迁移率很高(参见附录 C)，利于高速工作。又如，GaAs 的禁带宽度大，可在更高的温度下工作。MESFET 的制造过程简单，不需要扩散工艺，因而器件可以做小(栅长 L 可小于 50 nm)，载流子渡越时间和结电容相应减小(参见图 6-7)。

MESFET 的沟道区可采用离子注入方法形成，这样可以省去沟道区的外延生长和制作隔离区等工艺步骤。在半绝缘 GaAs 衬底的表面附近注入 Si 或 VI 族 Se 等施主杂质，然后进行退火处理消除离子注入造成的晶格损伤。不管沟道区是通过外延还是离子注入形成的，源区和漏区的杂质分布一般总能借助离子注入得到进一步的改善(参见图 6-7)。由于采用离子注入工艺的 MESFET 制造过程简单，且器件之间可由半绝缘的衬底材料自然隔开，所以这种 MESFET 在 GaAs 集成电路中普遍采用。

---

① 通常情况下，在轻掺杂层和衬底之间还有一层外延生长的高阻 GaAs 层，作为轻掺杂层和衬底之间的缓冲层(参见图 6-7)。

6.3.2　高电子迁移率晶体管

因为 MESFET 使用 III ~ V 族化合物半导体，所以通过“能带工程”可获得性能更好的异质结器件。为获得高的跨导，沟道的电导率必须很高。虽然增大沟道的掺杂浓度可提高电导率，但同时会带来其他的不利影响，如杂质散射作用加剧而导致载流子迁移率减小等(参见图 3-23)。那么，有没有更好的方法能克服这样的矛盾呢？其实，利用异质结形成的势阱或二维电子气作为导电沟道便是一种更好的方法。如图 6-8 所示，在两层宽带隙的 AlGaAs(掺杂)层之间布置一层窄带隙的 GaAs(不掺杂)薄层，形成**调制掺杂**的异质结构，则异质结的势垒使中间的 GaAs 薄层成为一个势阱。电子一旦由 AlGaAs 层进入到 GaAs 势阱层中，便会陷入其中并大量积累，因而势阱中电子的浓度很高。而且，由于势阱层未掺杂，电子在其中运动时不受杂质散射的影响，所以迁移率也很高。以这样的势阱层作为 MESFET 的导电沟道(沟道方向垂直于图 6-8 的平面)，电子在其中运动时迁移率就很高；如果在低温下工作(晶格散射的影响减弱)，迁移率还会更高。由于这种 MESFET 具有调制掺杂和迁移率高的特点，有时也将其称为**调制掺杂场效应晶体管**(MODFET)，或**高电子迁移率晶体管**(HEMT)。

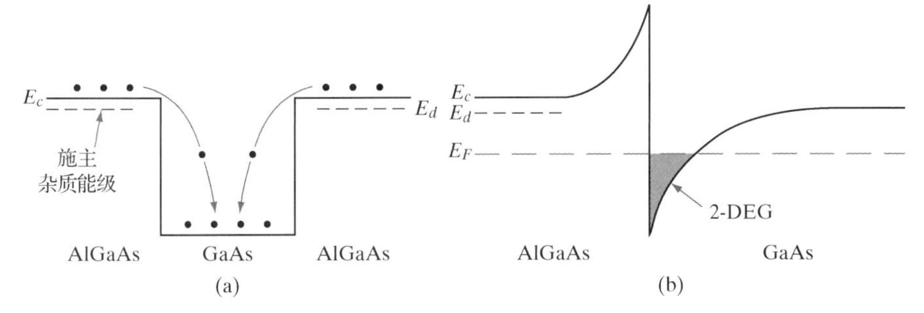

图 6-8　(a)调制掺杂形成的势阱(只画出了导带)：电子从 n 型 AlGaAs 进入到 GaAs 势阱中，由于势阱层没有掺杂，所以电子在其中运动时迁移率很高；(b)AlGaAs/GaAs 异质结附近的电子分布，形成了二维电子气(2-DEG)

根据 5.8 节关于异质结的讨论可知，异质结界面附近的能带存在带阶；正是由于带阶的存在，才形成了势阱[参见图 6-8(a)]。可以看出，并非一定要两个异质结才能形成势阱，实际上一个单异质结也能形成势阱。为了获得更好的效果，避免电子在界面附近受到 AlGaAs 层内杂质散射的影响，通常在离开界面约 100 Å 远处才开始对 AlGaAs 进行掺杂(掺入施主杂质)，这样便能保证势阱中的电子浓度很高，并同时获得很高的电子迁移率。

电子一旦从 n 型 AlGaAs 层扩散进入 GaAs 势阱，将受到 AlGaAs/GaAs 异质结势垒的阻挡作用，不能再返回到 AlGaAs 层，因此电子被局限在近似三角形的势阱中[参见图 6-8(b)]，形成**二维电子气**(2-DEG)，其中电子的面密度可高达 10^{12} cm^{-2} 量级。高电子密度的屏蔽作用使杂质散射作用大大削弱，所以电子的迁移率与 GaAs 的体迁移率接近。HEMT 在低温下，势阱层中电子的迁移率更高，如 77 K 时约为 2.5×10^5 $cm^2/(V\cdot s)$，在 4 K 时更可高达 2×10^6 $cm^2/(V\cdot s)$。

HEMT 的优点在于，在靠近栅附近小于 100 Å 的薄层内 2-DEG 的电子面密度高达约 10^{12} cm^{-2}，同时杂质散射大大削弱。在正常工作条件下，AlGaAs 层是完全耗尽的，电子局限在异质结中，所以其电学行为与 MOSFET 类似。与 Si MOSFET 相比，HEMT 的电子迁移率更高，电子漂移速度更快，AlGaAs/GaAs 界面比 Si/SiO_2 界面更光滑，因此截止频率更高。

尽管这里是以 AlGaAs/GaAs 异质结为例说明 HEMT 的工作原理和特点，但实际上使用其他材料如 InGaAsP/InP 也可形成 HEMT。人们发现，当 $Al_xGa_{1-x}As$ 材料的 Al 组分 $x > 0.2$ 时，深能级陷阱(称为 DX 中心)俘获电子的现象更加明显，导致 HEMT 性能劣化，这是人们不愿意采用 AlGaAs 材料系转而寻求其他材料的原因。比如，在 GaAs 势阱层上先生长一层非常薄的 InGaAs 作为赝晶层，然后在其上再生长 Al 组分很低的 AlGaAs 层，形成所谓赝晶 HEMT。虽然 InGaAs 赝晶层与 GaAs 势阱层之间有稍许晶格失配，但通过调整其上 AlGaAs 势垒层的 Al 组分，既可获得适当的带阶又可避免 DX 中心的影响。

由以上分析看到，HEMT 或 MODFET 的导电沟道实际上是势阱中的二维电子气，所以有时也把它们称为**二维电子气场效应晶体管**(2-DEG FET)。有时，为了强调 HEMT 沟道区未掺杂、而沟道以外的区域经过掺杂的特点，所以也将其称为**分区掺杂场效应晶体管**(SEDFET)。

6.3.3 短沟效应

在 JFET 或 MESFET 沟道较短(<1 μm)的情况下，受短沟效应的影响，6.2.3 节介绍的 JFET 和 MESFET 的基本理论需要做适当的修正。在过去较长一段时期内，短沟效应一直被看成是器件工作不正常的表现，但是现在有些场效应器件正是要利用短沟效应工作的，以满足某些特殊应用需要。例如，短沟器件沟道内的电场很高，载流子以饱和速度通过沟道，因而器件的工作速度比较高。

关于载流子的漂移速度，通常采用分段近似来描述，即认为电场小于某一临界电场时，载流子的漂移速度近似与电场成正比，迁移率是常数；而当电场高于临界电场 $\mathscr{E}_c$ 时，载流子漂移速度 v_s 是常数(速度饱和)，如图 6-9(a)所示。对于 Si，漂移速度与电场的关系用下式表示较为合适：

$$v_d = \frac{\mu\mathscr{E}}{1+\mu\mathscr{E}/v_s} \tag{6-13}$$

式中，μ 表示低场迁移率，v_s 是电子饱和速度。若假设电子以饱和速度通过 MESFET 的沟道，则漏极电流 I_D 应修改为

$$I_D = qnv_sA = qN_dv_sZh \tag{6-14}$$

式中，h 是随栅偏压 V_G 缓慢变化的函数。这种情况下的电流饱和是由速度饱和引起的，而不是由沟道夹断引起的；器件饱和区的跨导 g_m 也不是式(6-11)的形式，而是与 V_G 基本无关。图 6-9(b)是短沟 JFET 的 I-V 特性曲线，它显然与长沟 JFET 的 I-V 曲线不同[参见图 6-5(b)]，特点是饱和区 I_D-V_D 曲线的间距基本相同，说明饱和区的跨导基本上是常数。

大多数场效应器件工作在迁移率为常数和漂移速度为常数这两种情况之间。对具体的器件进行分析时，应根据沟道内电场分布的特点，将其划分为迁移率为常数和漂移速度为常数的区域，采用不同的近似来进行分析[参见式(6-13)]。

在 6.2.3 节还提到短沟效应的另一个表现，就是沟道夹断以后，沟道的有效长度随漏偏压的升高而缩短。对长沟器件来说，沟道耗尽区的长度 L 毕竟只占整个沟道长度的一小部分，所以这种短沟效应不明显。但对短沟器件来说，V_D 较大时有效沟道长度缩短明显，表现为饱和区 I_D-V_D 特性曲线仍有一定的斜率，类似于 7.7.2 节介绍的 BJT 的基区变窄效应。

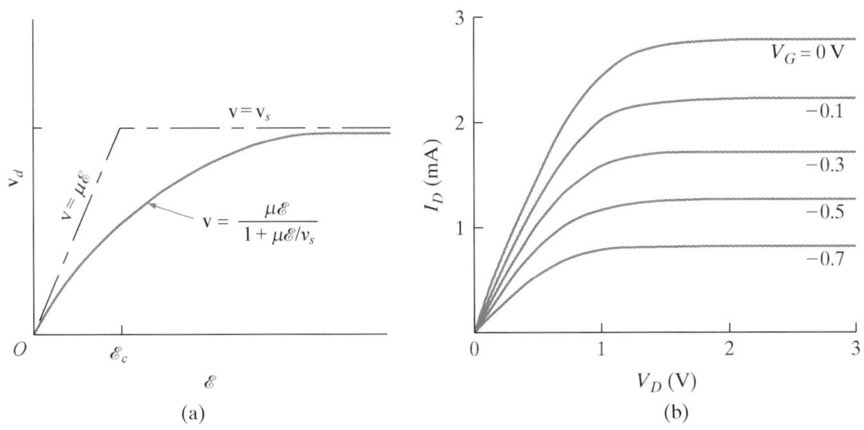

图 6-9　强电场作用下的载流子漂移速度饱和效应。(a)指载流子漂移速度随电场强度的变化关系；(b)载流子速度饱和导致 JFET 的电流饱和，电流饱和后相邻曲线的间距基本相等

6.4　金属-绝缘体-半导体场效应晶体管

金属-绝缘体-半导体场效应晶体管(MISFET)是在数字集成电路中应用最广的器件之一。这种器件的栅极和导电沟道之间由绝缘层隔开，依靠栅上施加的偏压控制源-漏极电流，因此有时也将这种器件称为**绝缘栅场效应晶体管**(IGFET)。这种器件的衬底材料通常是 Si，绝缘介质材料是 SiO_2，栅极可以采用金属也可以采用多晶硅(更多地采用多晶硅)。所以，最常用的 MISFET 实际上是 MOSFET。

6.4.1　MOSFET 的基本工作原理

图 6-10(a)给出了增强型 n-MOSFET 的结构示意图及其 *I-V* 特性。n^+源区和 n^+漏区采用扩散或离子注入方法形成，栅氧化层是在轻掺杂的 p 型衬底上生长而成的。显然，如果器件内不存在导电的 n 型沟道，源-漏间就不会有电流通过。从平衡态能带图[参见图 6-10(a)]可以看出，费米能级是平坦的，且源、漏区和沟道形成 p-n 结处存在势垒，与两个背靠背的 p-n 结势垒形状是一样的。

当在栅极上施加相对于衬底的正偏压时(这里，衬底和源极是连接在一起的)，栅极上出现正电荷，相应地在衬底表面感应出负电荷。当栅偏压增大时，衬底表面附近出现耗尽层并进而形成含有可动电荷(电子)的薄层，该薄层就是 MOSFET 的导电沟道，源-漏间的电流就是通过这个沟道流动的。由特性曲线[参见图 6-10(b)]可以看到，在漏偏压较小时，栅偏压的变化可以明显改变沟道的电导。由于 p 型衬底表面感应形成了电子薄层，变得不那么“p 型”了，所以沟道区的价带相对于源区的价带下移，结果是电子的势垒降低。当栅偏压超过某一定值(即后面介绍的阈值电压 V_T)时，电子势垒明显降低，源-漏间电流明显增大。从这个意义上说，可以把 MOSFET 的工作机理看成是栅控势垒的作用。因此，高质量、低泄漏的源(漏)-沟 p-n 结是保证 MOSFET 泄漏电流小的关键。在给定的栅偏压 V_G 下，当漏偏压 V_D 高到某一值时，电流饱和；随着漏偏压的进一步增大，电流基本上保持为饱和值不变。

感应形成导电沟道所需要的最小栅偏压称为**阈值电压**，以 V_T 表示。反过来说，只有当栅偏压高于阈值电压时，才能形成导电沟道。图 6-11 给出了 n-MOSFET 从沟道形成到沟道夹断的过程。p-MOSFET 的工作原理与 n-MOSFET 的工作原理是一样的，不同之处是 p-MOSFET

采用n型衬底，栅偏压为负，形成的沟道是一p型层。无论是n-MOSFET还是p-MOSFET，偏置条件都不是绝对的。例如，上述n-MOSFET在零栅偏压下没有形成导电沟道(“常关”型)，需要在正栅偏压的作用下才能形成，即是以“增强”模式工作的。但同样是n-MOSFET，有些器件在零栅偏压下已经形成了导电沟道(“常开”型)，需要施加负栅偏压将沟道关闭，即这些器件是以“耗尽”模式工作的。在应用实践中，增强型MOSFET比耗尽型MOSFET更为常见。

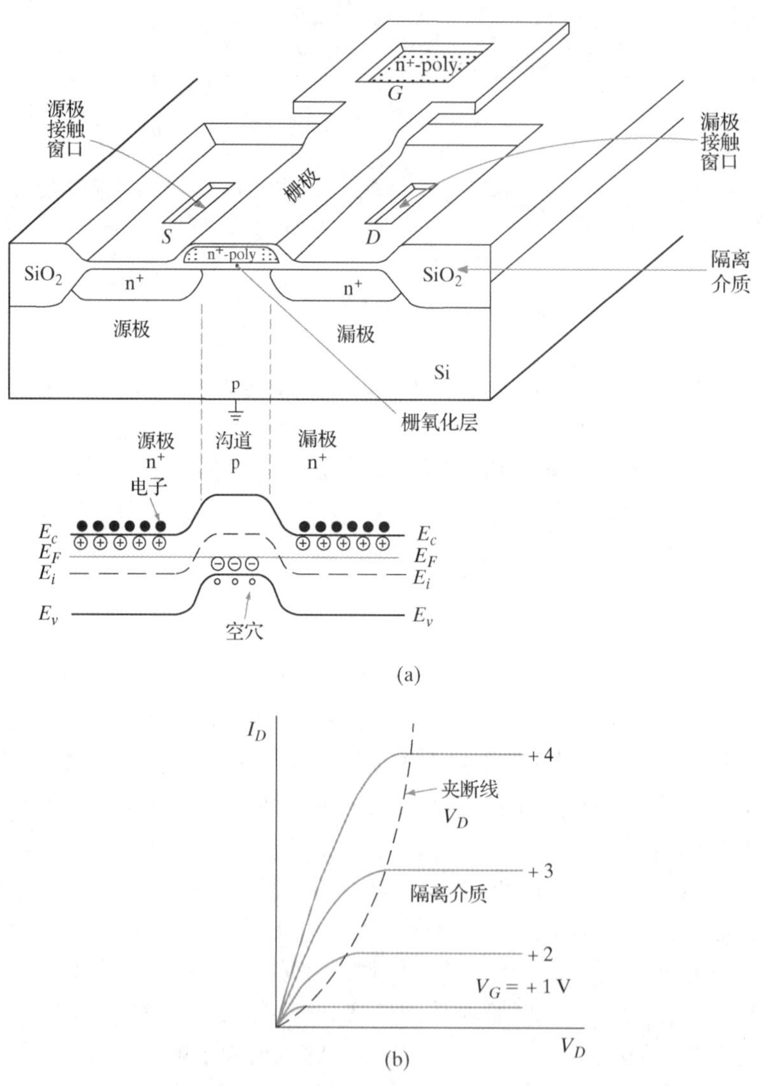

图 6-10 增强型n-MOSFET的结构和I-V特性。(a)器件结构和平衡态能带图；(b)器件的输出特性(I_D-V_D特性)

从另一个角度，也可以把MOSFET看成是栅控电阻。当栅偏压高于阈值电压时，感应形成的导电沟道将源区和漏区连接在一起，其作用就像是一个电阻一样。栅压越高，沟道中的电子就越多，沟道电阻也就越小。在电流较小范围内，器件中的电流(漏-源电流)是随漏偏压的增大而近似线性增大的，器件工作在线性区[参见图6-10(b)]。电流较大时，沟道内的电压降也增大，电势从源端的0增大到漏端的V_D，栅-沟之间的偏压也由源端的V_G减小到漏端的

(V_G-V_D)。当一定的漏偏压使$(V_G-V_D)=V_T$时，沟道漏端被夹断，此时的漏偏压记为 $V_{D(饱和)}$。随着 V_D 的进一步增大($V_D>V_{(饱和)}$)，夹断点逐渐向源区方向移动，如图 6-11(c)所示[与图 6-10(b)进行比较]。电子一旦进入到夹断区，其中的强电场将使它们的漂移速度饱和，从而使电流也饱和，器件工作在饱和区。在饱和区，电流随漏偏压的变化关系将受到沟道长度调制效应和漏致势垒降低效应的影响，留待 6.5.10 节详细讨论。

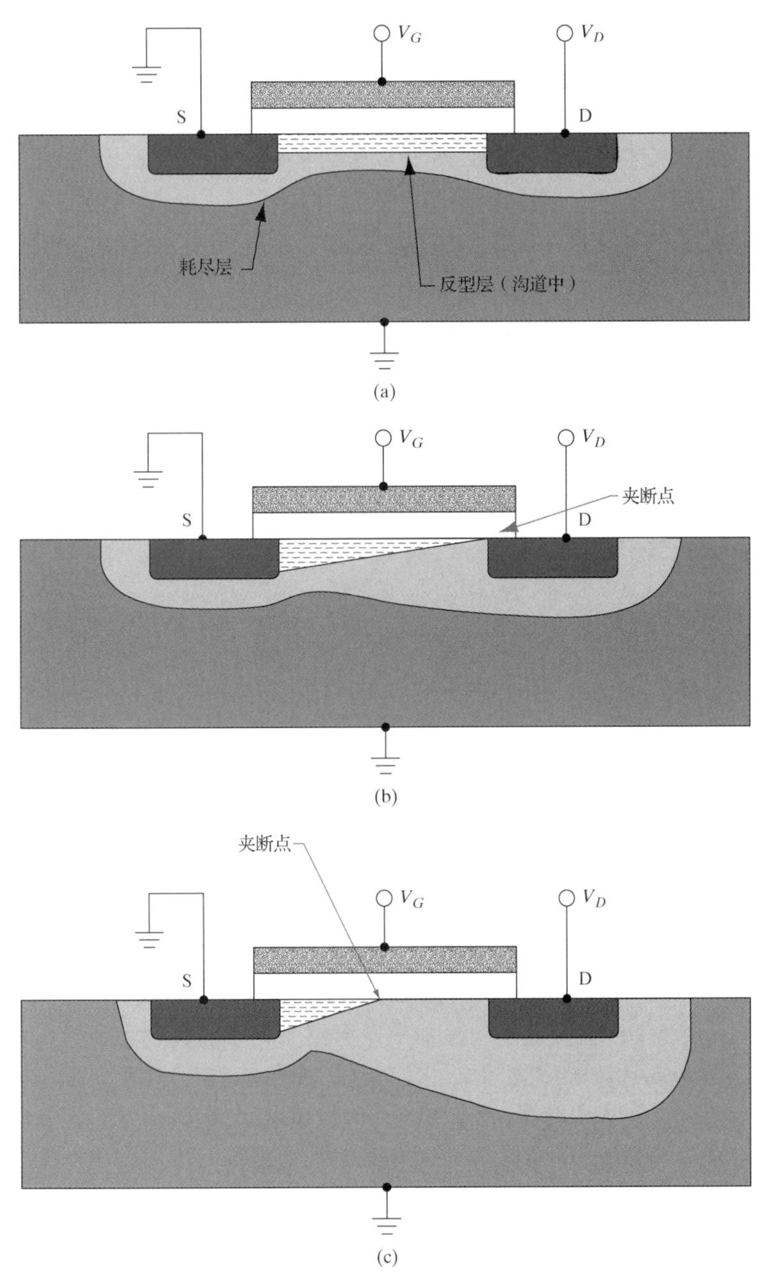

图 6-11　不同偏置条件下 n-MOSFET 的反型层和耗尽层。(a) $V_G>V_T$且 $V_D<(V_G-V_T)$时工作在线性区；(b) $V_G>V_T$且 $V_D=(V_G-V_T)$时沟道恰好夹断、电流饱和；(c) $V_G>V_T$且 $V_D>(V_G-V_T)$时工作在饱和区

MOSFET 在数字集成电路中用做逻辑器件，依靠工作状态(导通和关断)的变化实现逻辑

状态的转换。由于栅极与源极和漏极之间是由 SiO_2 隔绝的，所以 MOSFET 的直流输入阻抗非常高。另外，由于 n-MOSFET 的导电沟道内有大量的电子、p-MOSFET 的导电沟道内有大量的空穴，并且在相同电场下电子的迁移率比空穴的迁移率高，所以 n-MOSFET 比 p-MOSFET 的工作速度快，因而也更为常用。

这里简单介绍一下 n-MOSFET 的制造过程。更详细的制造流程和工艺步骤，将在 9.3.1 节介绍。首先在 p 型 Si 衬底上干法热氧化生长一层厚度约为几 Å 的 SiO_2 薄层作为栅氧化层，然后淀积一层高 k 介质如 HfO_2 作为栅和沟道之间的绝缘介质层，再在介质层上淀积并刻蚀形成金属栅极(参见 5.1.7 节)。随后，采用自对准工艺，以栅极作为注入掩模，通过离子注入形成 n^+源区和 n^+漏区。自对准注入工艺的好处是可以保证最终形成的源、漏区和栅区既有一定程度的交叠，但又不使交叠的部分过多，对改善器件的性能有重要作用(参见 6.5.8 节)。离子注入后，进行退火处理，以消除晶格损伤、激活杂质(参见 5.1.4 节)。最后，根据电路互连要求，经过 LPCVD 淀积场氧化层、RIE 形成接触窗口、淀积互连金属层、光刻、刻蚀等过程，完成各个器件之间的互连。

由图 6-10(a)看到，MOSFET 的四周都由厚的 SiO_2 层包围着，该氧化层称为场氧化层，所在的区域称为**隔离区**或**场氧区**，它们的作用是把相邻的晶体管进行电学隔离，以避免相互之间的串扰。隔离区也可通过浅槽隔离法(STI)形成(参见 9.3.1 节)，即先 RIE 在衬底上刻蚀出浅槽，然后 LPCVD 生长 SiO_2 层将浅槽覆盖(同时将表面钝化)，可获得更好的隔离效果。至于为什么厚的场氧化层能起到电学隔离的作用，将在 6.5.5 节做详细介绍。

6.4.2 理想 MOS 结构的性质

即使是一个简单的 MOS 结构，其中存在的各种表面效应也是非常复杂的。对各种表面效应的细致分析超出了本书的范围。本节首先了解理想 MOS 结构的基本性质，从下一节开始再了解真实 MOS 结构的性质。

图 6-12(a)是理想 MOS 结构的能带图①，其中定义了一些重要的参数。在 2.2.1 节曾经定义了金属的功函数 Φ_m，$q\Phi_m$ 等于真空能级和金属费米能级之差。但对 MOS 器件做分析时，采用修正的功函数会更方便。所谓修正的功函数，定义为氧化物的导带底与金属或半导体的费米能级之差，分别表示为图中的 $q\Phi_m$ 和 $q\Phi_s$。理想 MOS 结构是对真实 MOS 结构的高度抽象，认为金属和半导体的功函数相同(即 $\Phi_m = \Phi_s$)且不存在表面电荷。图中还定义了另一个参数 $q\phi_F$，它是半导体衬底深处的本征费米能级 E_i 与费米能级 E_{Fs} 之差，$q\phi_F = (E_i - E_{Fs})$，反映半导体衬底的“p 型程度”或“n 型程度”。ϕ_F 称为**费米势**[参见式(3-25)]。

图 6-12(a)所示的 MOS 结构本质上是一个电容器，其中的金属和半导体可看成是电容器的两个极板。如果在金属和半导体之间施加负偏压，如图 6-12(b)所示，则金属电极上将带负电荷，半导体表面附近将感应出等量的正电荷，因这里的衬底是 p 型的，所以此时半导体的表面(也就是在 Si-SiO_2 界面处)将出现空穴的积累。

金属栅上的负偏压使金属的电势相对于半导体降低，故此时金属中电子的能量高于半导体中电子的能量②；同时，金属的费米能级 E_{Fm} 相比于平衡态提高了 $|qV|$(V 是外加栅偏压)。

---

① 在这里所画的 MOS 结构的能带图中，使用了曲折线画氧化物的能带，表示氧化物的禁带宽度远大于半导体的禁带宽度。

② 不妨回忆一下电势和能带(电子势能)的物理意义以及它们之间的区别。电势是针对正电荷画出的，而能带是针对负电荷(电子)画出的。

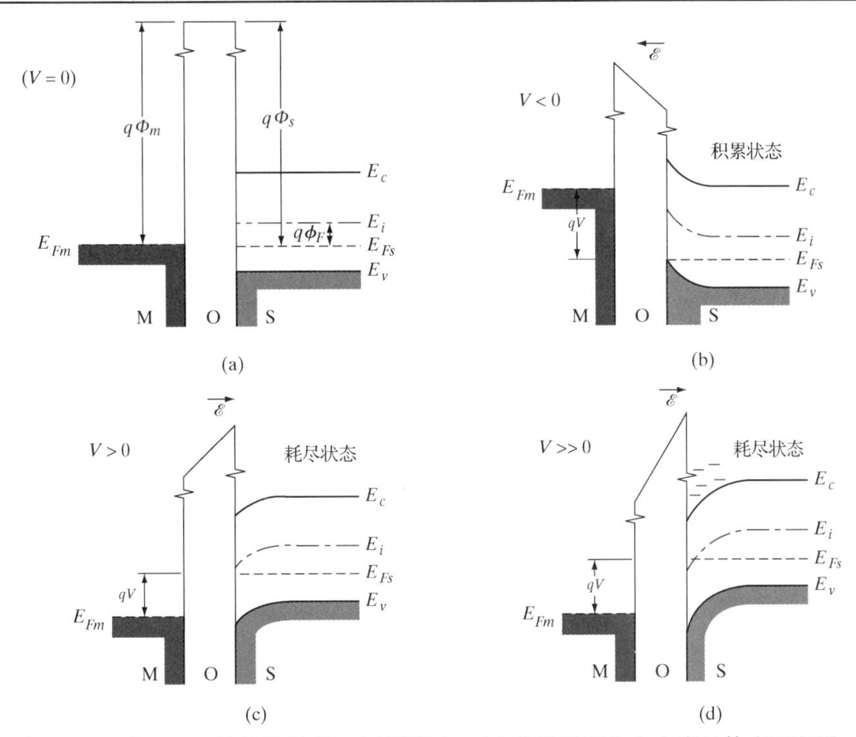

图 6-12　理想 MOS 结构的能带。(a) 平衡态；(b) 负偏压下空穴在半导体表面积累；(c) 正偏压下半导体表面的空穴耗尽；(d) 更高的正偏压下半导体表面反型

由于 Φ_s 和 Φ_m 并不随外加偏压而变，所以 E_{Fm} 的抬高（相对于 E_{Fs}）必然使氧化层的能带发生扭曲（倾斜），意味着氧化层中产生了电场。根据 4.4.2 节的分析，电场强度 E 与能带梯度 $\mathrm{d}E_i/\mathrm{d}x$（$=\mathrm{d}E_c/\mathrm{d}x = \mathrm{d}E_v/\mathrm{d}x$）之间有如下关系：

$$\mathscr{E}(x) = \frac{1}{q}\frac{\mathrm{d}E_i}{\mathrm{d}x} \qquad \text{［见式(4-26)］}$$

另一方面，空穴在半导体表面的积累使得表面附近的能带也发生弯曲，由

$$p = n_i \mathrm{e}^{(E_i - E_F)/kT} \qquad \text{［见式(3-25)］}$$

可知，空穴积累得越多，能带的弯曲程度（$E_i - E_F$）就越大。

因 MOS 结构中没有电流流过，所以半导体内各处的费米能级 E_{Fs} 是平直的，没有梯度。既然空穴的积累使表面处的（E_i–E_{Fs}）增大、而 E_{Fs} 不变，那么表面处的能带（E_i、E_c、E_v）必定向上弯曲，如图 6-12(b) 所示。这样，表面处的费米能级 E_{Fs} 与其他地方相比更靠近价带 E_v，蕴涵的物理意义是该处的空穴浓度比其他地方的高。

图 6-12(c) 表示栅上施加正偏压的情况。由图可见，此时金属栅的电势相对于半导体的电势提高了 V；相应地，E_{Fm} 与平衡态时相比降低了 qV，其结果也是使表面处的能带发生弯曲，但弯曲的方向与施加负偏压时弯曲的方向相反，是向下弯曲的。之所以向下弯曲，是因为正栅偏压使栅体上带了正电荷，同时这些正电荷又在半导体的表面附近感应出了等量的负电荷，所以能带向下弯曲。这些负电荷是电离的受主杂质电荷，意味着表面附近的空穴被耗尽，形成了耗尽层。这里的耗尽层与 p-n 结的耗尽层一样，其中有电场和电势降落。能带弯曲所形成的梯度和耗尽层中的电场之间的关系由式(4-26)给出。

如果继续增大栅偏压,能带将进一步向下弯曲,以至于使表面处的 E_i 低于 E_{Fs},如图 6-12(d)所示。这种情况是很重要的，因为 E_i 低于 E_{Fs} 意味着半导体表面由原来的 p 型转变成了 n 型，即 $E_i<E_{Fs}$ 的表面区发生了**反型**而成了**反型层**。应特别注意的是，反型层的出现不是由掺杂造成的，而是由栅偏压的感应作用造成的。显然，只有在栅偏压增大到阈值电压以后，反型层才开始形成。反型层位于半导体表面靠近 Si-SiO_2 界面处；虽然该层很薄(一般小于 100 Å)，但其中电子的浓度(或面密度)却可以很高，对 MOS 器件的工作是至关重要的。

我们定义半导体内任意一点 x 处的电势能相对于平衡态 E_i 的位置为 $q\phi$，则 $q\phi$ 的大小反映了 x 处的能带相对于体内深处($x=\infty$)能带的弯曲程度，如图 6-13 所示。在半导体的表面处，能带的弯曲程度最大，记为 $q\phi_s$，ϕ_s 称为半导体**表面势**,实际上也就是半导体内的电势降落。若 $\phi_s=0$，则说明能带未发生弯曲[参见图 6-12(a)]，因此就把 $\phi_s=0$ 的条件称为**平带条件**。若 $\phi_s<0$，则说明半导体表面有空穴的积累[参见图 6-12(b)]；若 $\phi_s>0$，则说明表面的空穴被耗尽[参见图 6-12(c)]。若 $\phi_s>\phi_F$，即表面处 E_i 低于 E_F，则说明半导体表面发生了反型[参见图 6-12(d)]。根据以上分析和 ϕ 及 ϕ_F 的定义可知，只要是 $\phi>\phi_F$ 的区域，均发生了反型。

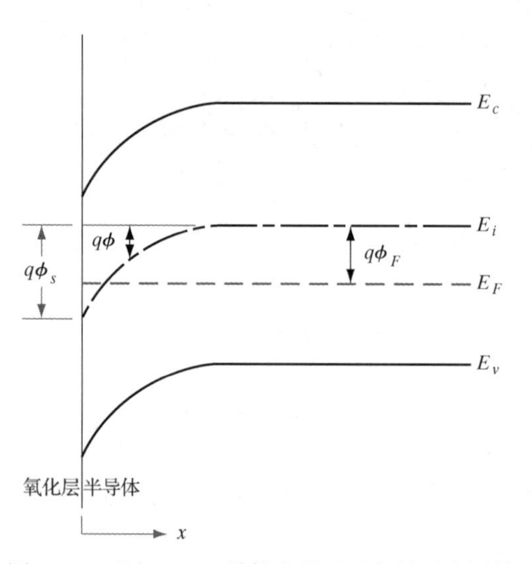

图 6-13 理想 MOS 结构在强反型条件下半导体表面处能带的弯曲状况：表面刚好强反型时，表面势 ϕ_s 等于费米势 ϕ_F 的两倍

但是，是否发生了反型就真正形成了导电沟道呢？为此，我们需要设定一个判据来判定反型的程度。最好的判据是**强反型条件**，它是指半导体表面反型的“n 型程度”与衬底的“p 型程度”恰好相同的条件。结合能带图，可以很容易地把强反型条件表述为：表面处($x=0$)的 E_i 低于 E_F 的距离与远离表面处($x=\infty$)的 E_i 高于 E_F 的距离相等，如图 6-13 所示，表示出来就是

$$\phi_{s(\text{反型})}=2\phi_F=2\frac{kT}{q}\ln\frac{N_a}{n_i} \tag{6-15}$$

任意一点处的载流子浓度与该处的电势 $\phi(x)$ 有关。因平衡态电子浓度可表示为

$$n_0=n_i e^{(E_F-E_i)/kT}=n_i e^{-q\phi_F/kT} \tag{6-16}$$

所以任一点处的电子浓度可由 n_0 和 ϕ 表示出来为

$$n=n_i e^{-q(\phi_F-\phi)/kT}=n_0 e^{q\phi/kT} \tag{6-17}$$

同理，任一点处的空穴浓度可由 p_0 和 ϕ 表示出来为

$$p_0=n_i e^{q\phi_F/kT} \tag{6-18a}$$

$$p=p_0 e^{-q\phi/kT} \tag{6-18b}$$

将泊松方程(6-19)和空间电荷密度表达式(6-20)与载流子浓度表达式(6-17)、式(6-18b)联立起来，就可以解出电势分布 $\phi(x)$ 和电场分布 $E(x)$，进而求出单位表面积下的总电荷 Q_s。

$$\frac{\partial^2\phi}{\partial x^2}=-\frac{\rho(x)}{\varepsilon_s} \tag{6-19}$$

$$\rho(x) = q(N_d^+ - N_a^- + p - n) \tag{6-20}$$

将式(6-16)、式(6-17)和式(6-18b)三式代入式(6-19)和式(6-20)，有

$$\frac{\partial^2\phi}{\partial x^2} = \frac{\partial}{\partial x}\left(\frac{\partial\phi}{\partial x}\right) = -\frac{q}{\varepsilon_s}\left[p_0\left(\mathrm{e}^{-\frac{q\phi}{kT}} - 1\right) - n_0\left(\mathrm{e}^{\frac{q\phi}{kT}} - 1\right)\right] \tag{6-21}$$

注意$-\partial\phi/\partial x$ 表示 x 处的电场 $\mathscr{E}$。将上式从半导体的体内向表面积分

$$\int_0^{\frac{\partial\phi}{\partial x}}\left(\frac{\partial\phi}{\partial x}\right)\mathrm{d}\left(\frac{\partial\phi}{\partial x}\right) = -\frac{q}{\varepsilon_s}\int_0^{\phi}\left[p_0\left(\mathrm{e}^{-\frac{q\phi}{kT}} - 1\right) - n_0\left(\mathrm{e}^{\frac{q\phi}{kT}} - 1\right)\right]\mathrm{d}\phi \tag{6-22}$$

得到

$$\mathscr{E}^2 = \frac{2kTp_0}{\varepsilon_s}\left[\left(\mathrm{e}^{-\frac{q\phi}{kT}} + \frac{q\phi}{kT} - 1\right) + \frac{n_0}{p_0}\left(\mathrm{e}^{\frac{q\phi}{kT}} - \frac{q\phi}{kT} - 1\right)\right] \tag{6-23}$$

因此，半导体表面的电场为

$$\mathscr{E}_s = \frac{\sqrt{2}kT}{qL_D}\left[\left(\mathrm{e}^{-\frac{q\phi_s}{kT}} + \frac{q\phi_s}{kT} - 1\right) + \frac{n_0}{p_0}\left(\mathrm{e}^{\frac{q\phi_s}{kT}} - \frac{q\phi_s}{kT} - 1\right)\right]^{\frac{1}{2}} \tag{6-24}$$

其中 L_D 是**德拜屏蔽长度**(也称为**德拜长度**)

$$L_D = \sqrt{\frac{\varepsilon_s kT}{q^2 p_0}} \tag{6-25}$$

德拜长度对于半导体是一个重要的概念，它给我们提供了这样一个尺度，利用它来衡量在多大的空间范围内空间电荷的作用被屏蔽掉了。比如说，在 n 型半导体内放置一个带正电的球形电荷，则部分电子会聚集在其周围。如果从距离该正电荷几个德拜长度的远处看去，该正电荷连同其周围聚集的电子像是一个中性的整体。就是说，在与德拜长度相当的空间范围内，正电荷的作用被聚集在其周围的电子屏蔽掉了。显然，德拜长度随着掺杂浓度(或多子浓度)的提高而减小。比如，如果 n 型半导体的电子浓度很高，则正电荷的作用在很小的范围内就可被屏蔽掉。德拜长度 L_D 可作为判断屏蔽距离的一个尺度，由式(6-25)给出。将式(6-25)中的 p_0 用 n_0 代替便得到 n 型半导体的德拜长度。

根据高斯定理，半导体表面单位面积下的电荷量 Q_s(即电荷的面密度，包括电离杂质的电荷与可动载流子的电荷)与表面电场 $\mathscr{E}_s$ 之间有如下关系：

$$Q_s = -\varepsilon_s\mathscr{E}_s \tag{6-26}$$

将式(6-24)代入上式，便将电荷密度 Q_s 与表面势 ϕ_s 联系起来。用图表示出 Q_s-ϕ_s 关系，可得到如图 6-14 所示的曲线。可见，表面势 ϕ_s 为零时(满足平带条件)，Q_s 也为零，表示表面处电离杂质电荷与可动载流子电荷之和为零(即表面没有净电荷)；表面势 ϕ_s 为负时，多子空穴在表面积累，式(6-24)中的第一项 $\exp(-q\phi_s/kT)$ 起主要作用，Q_s 随 ϕ_s 指数式地变化。由于能带弯曲量随深度而变，电荷的分布是不均匀的，此时的电荷密度实际上是式(6-18)对深度取平均得到的，故 Q_s 表达式的指数部分出现了一个因子 2。空穴的积累层很薄，典型值约为 20 nm，考虑到该薄层中积累的空穴电荷对电势的指数式依赖关系[参见式(6-18b)]，可知该薄层内能带的弯曲必定很小，可以认为被“钉扎”为零。

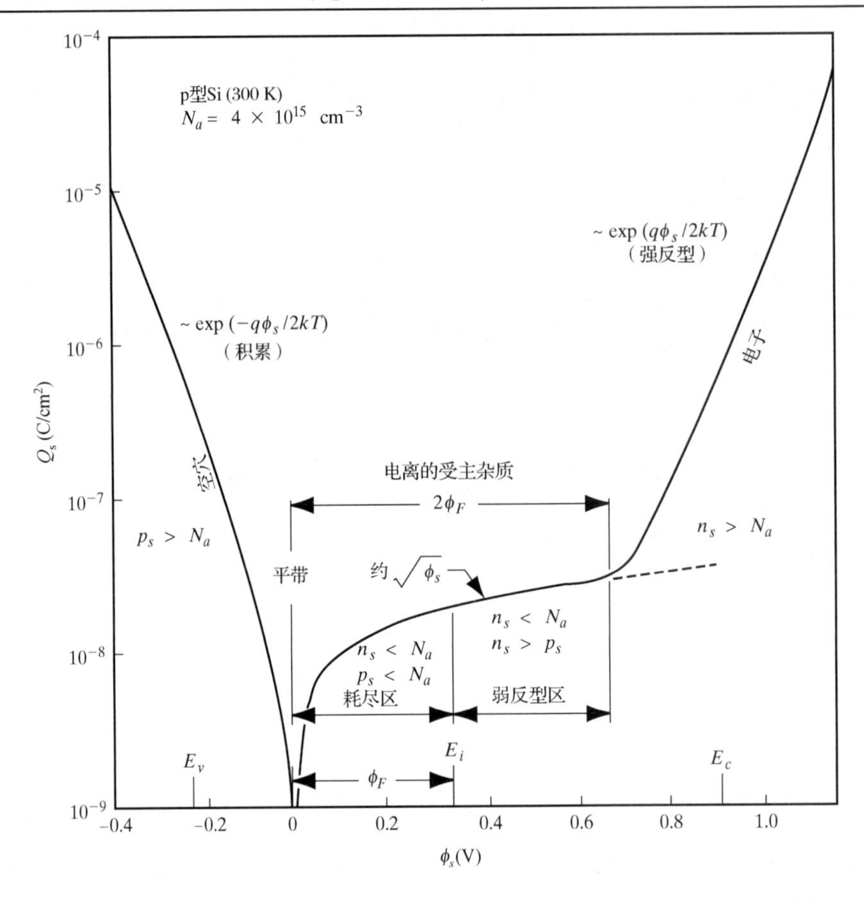

图 6-14 理想 MOS 结构中半导体的空间电荷面密度 Q_s 与表面势 ϕ_s 的关系。这里的衬底是 p 型 Si，掺杂浓度为 $N_a = 4\times10^{15}$ cm^{-3}。n_s 和 p_s 分别表示表面处的电子和空穴浓度，ϕ_F(费米势)表示本征费米能级 E_i 和费米能级 E_F 之差[引自 Garrett and Brattain, Phys. Rev., 99, 376 (1955)]

表面势 ϕ_s 为正但仍比较小时，式(6-24)中的第二项 $q\phi_s/kT$ 起主要作用。尽管式(6-24)中还有一个较大的指数项 $\exp(q\phi_s/kT)$，但此时它与 n_0/p_0 相乘后仍是很小的，可以忽略，因此 Q_s 近似地随 $\phi_s^{1/2}$ 的增大而增大。此时的 MOS 结构衬底中出现了耗尽层，p 型半导体表面附近的空穴被耗尽，耗尽层的厚度一般为几百 nm。当表面势 ϕ_s 增大到某一定值时(由半导体掺杂浓度决定)，半导体表面发生反型、继而达到强反型状态，此时 $\phi_s = 2\phi_F$，$\exp(q\phi_s/kT)$ 与 n_0 的乘积等于衬底中的多子浓度 p_0(即 $n_0\exp(q\phi_s/kT) = p_0$)。此后，随着表面势 ϕ_s 的进一步增大，指数项 $\exp(q\phi_s/kT)$ 起主要作用，反型层中的电子浓度 $n_0\exp(q\phi_s/kT)$ 随表面势 ϕ_s 的增大而指数式增大。但是，由于反型层很薄(典型厚度为 5 nm 左右)，表面势 ϕ_s 实际上被“钉扎”在 $2\phi_F$，几乎不再随外加偏压的增大而增大。

应当指出，积累层或反型层都非常薄(特别是反型层更薄)，它们实质上就是势阱。载流子实际上就是被限制在势阱中运动的。势阱的形状近似为三角形，其中的能态分布与 2.4.3 节介绍的势阱情形类似，具有量子化的分立能级。但是，载流子在平行于 SiO_2-Si 界面的方向上仍是能够自由运动的。因此可以说，积累层或反型层中的载流子本质上也是二维电子气或二维空穴气，附录 D 对此做了相关描述。

图 6-15 示意地画出了 MOS 结构中电荷、电场以及电势的分布。图中使用了第 5 章介绍

的耗尽层近似，认为 $0<x<W$ 的区域是耗尽区、$x>W$ 的区域是中性区。显然，金属栅上的电荷密度 Q_m(正电荷)等于反型层和耗尽层的电荷密度之和 Q_s(负电荷)。耗尽层的电荷密度为 $-qN_aW$。如果把反型层的电荷密度记为 Q_n，则

$$Q_m = -Q_s = qN_aW - Q_n \tag{6-27}$$

由于反型层的厚度一般小于 100 Å(=10 nm)，所以图 6-15 中未画出其中的电场和电势分布(但其厚度被故意夸大了)。从整个 MOS 结构的电势分布可以看到,外加偏压 V 的一部分(V_i)降落在了氧化层内，其余的部分(ϕ_s)则降落在了半导体内，即

$$V = V_i + \phi_s \tag{6-28}$$

半导体内的电势主要降落在耗尽层内，反型层内的电势降落可忽略。将氧化层中的电压降 V_i 与电荷密度 Q_s 和氧化层电容 C_i 联系起来，有

$$V_i = -\frac{Q_s d}{\varepsilon_i} = -\frac{Q_s}{C_i} \tag{6-29}$$

其中ε_i是氧化层的介电常数，C_i是单位面积氧化层的电容(下同)。

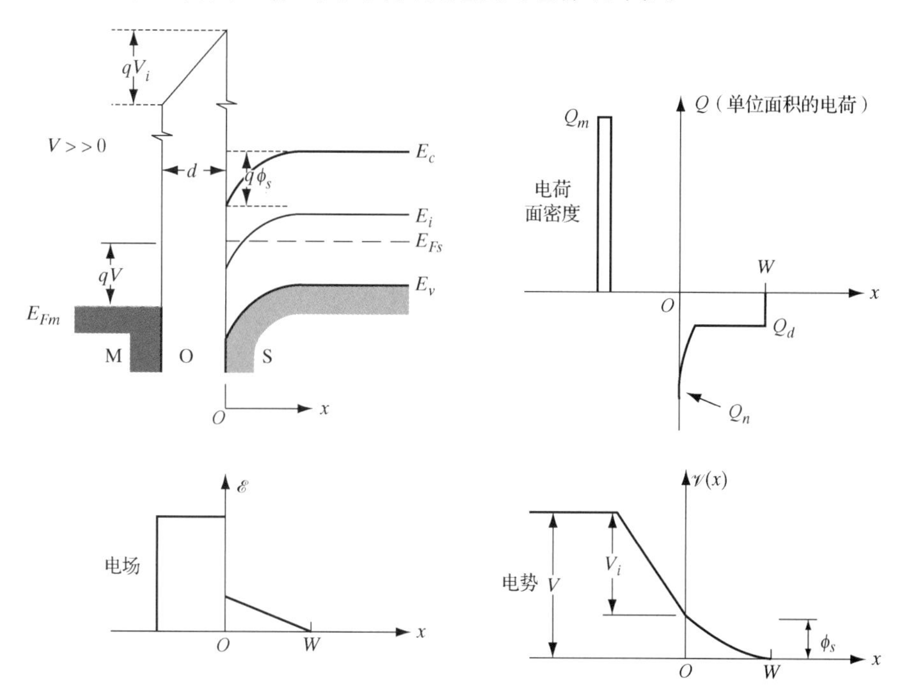

图 6-15　理想 MOS 结构在反型条件下半导体表面附近的电荷密度、电场、电势的分布(示意图)。根据麦克斯韦边界条件，在不存在界面电荷的条件下，电位移矢量 $\boldsymbol{D}$(电场 $\mathscr{E}$ 和介电常数ε的乘积)在界面两侧是连续的

采用耗尽层近似可得到耗尽层宽度 W 与表面势ϕ_s的关系(参见习题 6.7)，所得结果与第 5 章关于 n^+-p 结的耗尽层宽度一样

$$W = \left[\frac{2\varepsilon_s\phi_s}{qN_a}\right]^{1/2} \tag{6-30}$$

耗尽层宽度 W 随栅偏压的增大而增大，但在达到强反型状态后，W 基本保持不变(反型程度却继续加强)。因此，根据式(6-15)，可求出强反型后耗尽层的最大宽度 W_m

$$W_m = \left[\frac{2\varepsilon_s\phi_{s(反型)}}{qN_a}\right]^{1/2} = 2\left[\frac{\varepsilon_s kT\ln(N_a/n_i)}{q^2N_a}\right]^{1/2} \tag{6-31}$$

强反型条件下，耗尽层的电荷密度为①

$$Q_d = -qN_aW_m = -2\sqrt{q\varepsilon_s N_a\phi_F} \tag{6-32}$$

阈值电压 V_T 对应着强反型条件。当栅偏压增大到 V_T 时，半导体表面 ϕ_s 附近既有反型层又有耗尽层。因此，由式(6-15)、式(6-28)和式(6-29)可知理想 MOS 结构的阈值电压为

$$V_T = -\frac{Q_d}{C_i} + 2\phi_F \text{（理想 MOS 结构）} \tag{6-33}$$

这里假设了半导体表面的电荷密度 Q_s 主要是耗尽层的电荷密度 Q_d。注意，上式给出的阈值电压只对理想 MOS 结构适用，下一节我们讨论实际因素的影响时将对其做必要的修正。

图 6-16 是 MOS 结构的电容-电压特性（C-V 特性）示意图。由图可见，MOS 结构的电容是随着半导体表面状态的变化（积累、耗尽、反型）而变化的。

不管表面处于何种状态，电容总可以由下面的一般形式表示[参见式(5-55)]：

$$C_s = \frac{dQ}{dV} = \frac{dQ_s}{d\phi_s} \tag{6-34}$$

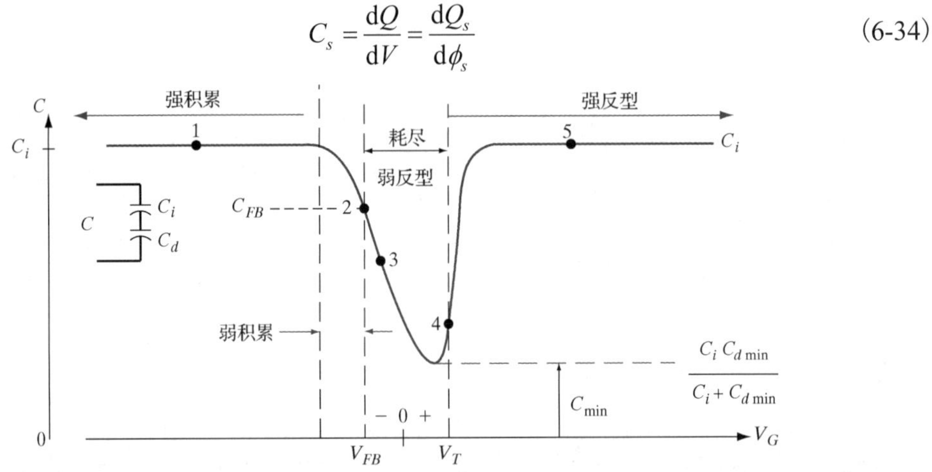

图 6-16 n 沟道 MOS 结构的电容-电压特性（C-V 特性）。$V_G > V_T$ 区域的实线是低频 C-V 曲线，虚线是高频 C-V 曲线。V_{FB} 是平带电压（参见 6.4.3 节），C_d 代表半导体电容 C_s

MOS 结构的电容由氧化层电容 C_i 和半导体电容 C_s 两部分串联组成。这两部分电容随电压变化的规律是不同的，其中氧化层电容 C_i 与电压无关，而半导体电容 C_s 与电压有关，因此，MOS 结构的电容总体上是与电压有关的。半导体电容 C_s 可由 Q_s-ϕ_s 曲线的斜率得到（参见图6-14）。负栅偏压下，空穴在 p 型半导体表面积累，Q_s-ϕ_s 曲线很陡、斜率很大，说明半导体电容 C_s 很大，此时整个 MOS 结构的电容 C 主要由氧化层电容 C_i 决定，可近似认为 $C \approx C_i = \varepsilon_i/d$，如图 6-16 的"1"点所示。当栅偏压不太负时，半导体表面形成了耗尽层，半导体电容 C_s 由耗尽层电容 C_d 决定，$C_s = C_d$，而

$$C_d = \frac{\varepsilon_s}{W} \tag{6-35}$$

其中，ε_s 是半导体的介电常数，W 是耗尽层的宽度[参见式(6-30)]。此时整个 MOS 结构的电

① 对于 p 沟道 MOS 结构（衬底为 n 型），ϕ_F 为负，耗尽层电荷密度表示为 $Q_d = qN_dW_m = 2\sqrt{q\varepsilon_s N_d|\phi_F|}$。

容是 C_d 和 C_i 的串联

$$C = \frac{C_i C_d}{C_i + C_d} \tag{6-36}$$

如图 6-16 的“3”点所示。

随后，栅偏压增大到平带电压处，如图 6-16 的“2”点所示，耗尽层宽度也继续增大；半导体表面开始呈弱反型，如图 6-16 的“3”点所示；栅偏压达到或超过阈值电压 V_T时，半导体表面呈强反型状态，如图 6-16 的“4”点所示。在表面耗尽状态下，半导体电容 C_s(指小信号电容)仍由式(6-34)决定。因耗尽层电荷 Q_d 随表面势按 $\phi_s^{1/2}$ 的规律变化，所以耗尽层电容 C_d 随表面势按 $1/\phi_s^{1/2}$ 的规律变化，与 p-n 结耗尽层电容的变化规律一样[参见式(5-63)]。

半导体表面形成反型层后，MOS 结构的电容随着电压信号频率的不同而表现出不同的变化趋势，即对高频信号和低频信号表现出的电容不同。所谓高频(通常约为 1 MHz)和低频(通常为 1 ~ 100 Hz)，都是相对于反型层中载流子的产生-复合时间而言的。如果电压变化很快(高频)，以至于反型层中的电荷来不及变化，则半导体电容很小，因而整个 MOS 结构的电容也很小，如图 6-16 中的虚线所示的 $C_{\min}$。

如果电压变化很慢(低频)，就有足够的时间在体内产生少子、且允许这些少子漂移通过耗尽层达到反型层，或者反型层中的少子漂移通过耗尽层到达衬底与多子复合。由于强反型条件下反型层的电荷密度是随表面势指数式增大的(参见图 6-14)，所以强反型条件下 MOS 结构的低频电容很大，基本等于氧化层电容 C_i，如图 6-16 中的“5”点所示。

那么，在积累状态下，MOS 电容会不会也随测试信号频率的不同而变化呢[参见图 6-12(a)]？其实，在积累状态下，MOS 结构的高频电容和低频电容是相同的，即不随信号频率而变。究其原因，是因为积累层中存在的是多子，而多子对外加信号的响应速度非常快。反型层中的少子对外加信号的响应速度主要取决于产生-复合时间，而积累层中的多子对外加信号的响应速度则主要取决于介电弛豫时间。例如，对 Si 而言，少子的产生-复合时间大约为几百微秒量级，而介电弛豫时间 τ_D($\tau_D=\rho\varepsilon$，ρ 是电阻率)只有 10^{-13}s 量级，比产生-复合时间短得多。这就是积累状态下 MOS 电容不随频率改变的原因。这里顺便指出，虽然 MOS 结构在反型状态下高频电容很小，但并不说明 MOSFET 的高频电容也很小。实际上，MOSFET 在反型状态下的高频电容很大(等于 C_i)，这是因为 MOSFET 沟道中的载流子是来自源区的多子且能在源-漏之间快速流动，不需要从体内产生。

6.4.3　真实表面的影响

一个实际的 MOS 结构通常是金属栅-高 k 介质或 SiO_2 层–Si 衬底构成的，这与前面介绍的理想情形有诸多不同之处，这些差异会严重影响 MOS 结构的阈值电压 V_T 和其他性质。首先，金属栅和半导体衬底之间存在功函数差，其次，在 Si-SiO_2 或 Si–高 k 介质界面处以及氧化层内部，不可避免地存在着各种电荷。下面对这些实际因素及其影响加以分析，并对前面讨论的结果做适当的修正。

功函数差。因为半导体的功函数 Φ_s 随掺杂浓度的变化而变化，所以多晶硅栅和衬底的功函数不同。图 6-17 给出了 n^+多晶硅栅和 Si 衬底的功函数差 Φ_{ms} = (Φ_m–Φ_s)随衬底掺杂浓度的变化情况。可以看出，不管衬底是 n 型的还是 p 型的，功函数差 Φ_{ms} 总是负的；并且，多晶硅和 p 型衬底之间的功函数差更大。

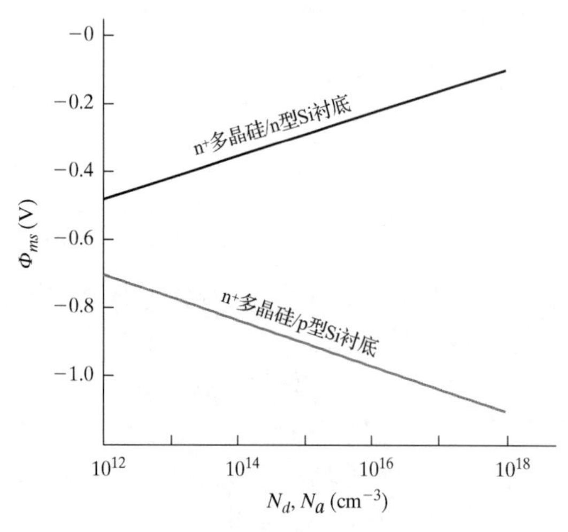

图 6-17 n^+多晶硅栅和衬底之间的功函数差随衬底掺杂浓度的变化情况

由于功函数差的存在，在氧化层中形成了电场，即使处于平衡态，氧化层的能带 E_F 也会发生扭曲，如图 6-18(a)所示。因此，在平衡态下，多晶硅表面和半导体表面分别有正、负电荷存在，使 Si-SiO_2 界面处的能带向下弯曲。由此不难想到，如果功函数差较大，则即使在不加偏压的情况下，半导体表面也可能发生反型。要使能带不发生弯曲，就必须在多晶硅栅上施加相对于衬底的负偏压，其大小显然应该与功函数差相等，即 $V_{FB} = \Phi_{ms}$。这个偏压称为**平带电压**，用 V_{FB} 表示[参见图 6-18(b)]。

表面电荷及其影响。在 MOSFET 的制造过程中，不可避免地会在氧化层中和 Si-SiO_2 界面引入某些电荷，如图 6-19 所示。例如，在栅氧化层生长或者在后续工艺过程中，总会受到碱金属离子(如 Na^+离子)的玷污。这些离子在电场的作用下，在 SiO_2 层中是可运动的，故被称为可动离子电荷(面密度记为 Q_m)。可动离子电荷带正电，在半导体表面处感应出负电荷，对 MOS 器件的影响依赖于其数量的多少和距离界面的远近(参见习题 6.14)；越靠近 Si-SiO_2 界面，影响就越大。尤其是在较高的温度下，它们在电场中的可动性增强，可能从某一位置移动到另一位置，从而造成 MOSFET 阈值电压 V_T 与偏置历史有关的现象，这显然是不能接受的。因此，在 MOSFET 制造过程中应设法尽量避免可动离子玷污。氧化层中除了有可动离子电荷外，还有因 SiO_2 层缺陷而引入的氧化物陷阱电荷(其面密度记为 Q_{ot})。

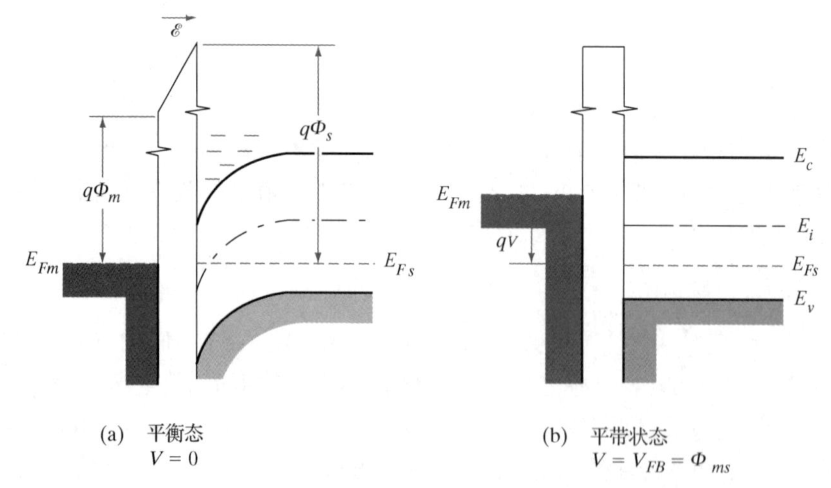

图 6-18 功函数差小于零($\Phi_{ms} < 0$)对 MOS 结构的能带产生的影响。(a)平衡态下，半导体表面附近的能带向下弯曲，表面附近出现负电荷层；(b)施加负偏压才能达到平带条件

另一方面，Si-SiO_2 界面处也存在界面态引起的界面陷阱电荷(面密度记为 Q_{it})，它是由于半导体的晶格在界面处突然中断造成的。另外，在紧靠界面的 SiO_2 一侧有一个 SiO_x 过渡层，其中还存在氧化物固定电荷(面密度记为 Q_f)。SiO_x 过渡层是这样形成的：氧化总是在界面处

发生的，当氧化过程终止时界面处必然会留下一定量的尚未完全氧化的硅离子，未氧化的部分就形成了 SiO_x 过渡层。氧化物固定电荷的数量与氧化速率、后续热处理、晶向等因素有关；{100}面的 Q_{it} 和 Q_f 一般为 $10^{10}(q/cm^2)$ 量级，{111}面的比此还要高一个量级。这就是为什么通常采用{100}Si 片而不采用{111}Si 片制作 MOS 器件的原因。Q_{it} 和 Q_f 都是正的。

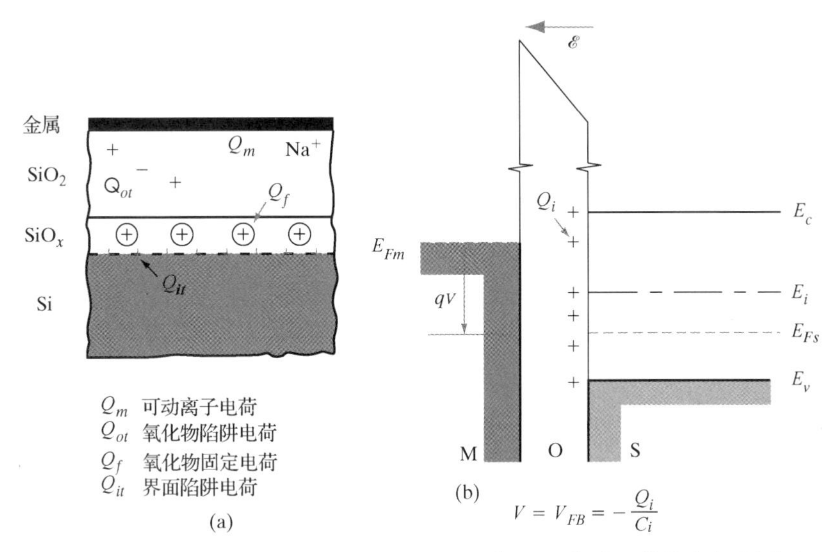

图 6-19　MOS 结构中氧化层及界面附近的电荷。(a)各种电荷的定义(均指电荷面密度)；(b)将各种电荷等效为 Q_i，称为有效界面电荷(具有正值)

为简便起见，我们把上述 SiO_2 层中和 Si-SiO_2 界面处的各种电荷的共同作用综合在一起称为**有效界面电荷**，用 Q_i 表示(单位是 C/cm^2)。显然，Q_i 是正的，它在半导体表面感应出等量的负电荷。因此，平带电压 V_{FB} 还必须进一步修正为

$$V_{FB} = \Phi_{ms} - \frac{Q_i}{C_i} \tag{6-37}$$

由上述分析可知，功函数差和有效界面电荷都使半导体表面的能带向下弯曲，这就解释了为什么必须施加负栅偏压才能满足平带条件的原因[参见图 9-16(b)]。

6.4.4　阈值电压

考虑了功函数差和界面电荷的影响后，对式(6-33)表示的理想 MOS 结构的阈值电压应修改为

$$\boxed{V_T = \Phi_{ms} - \frac{Q_i}{C_i} - \frac{Q_d}{C_i} + 2\phi_F} \tag{6-38}$$

随着栅偏压的增大(绝对值)，MOS 结构首先达到平带条件(Φ_{ms} 和 Q_i/C_i 项起作用)，然后出现耗尽层(Q_d/C_i 项开始起作用)，最后出现反型层($2\phi_F$ 项起到相应的作用)。上式把影响阈值电压的要素都包括了，应用时应注意式中各量的符号随衬底类型的不同而不尽相同。图 6-20 将各量的符号做了总结，并给出了阈值电压随衬底掺杂浓度变化的实例①。功函数差 Φ_{ms} 总是负的(参见图 6-17)，界面电荷 Q_i 总是正的，耗尽层电荷 Q_d 对 n 型衬底是正的、对 p 型衬底

① nMOS 结构的衬底为 p 型，pMOS 结构的衬底为 n 型。

是负的，ϕ_F对 n 型衬底是负的、对 p 型衬底是正的。由图 6-20(b)看到，式(6-38)中的四项对 pMOS 结构阈值电压的贡献都是负的，因此 pMOS 器件的阈值电压总是负的。对 nMOS 结构来说，式(6-38)中各项的相对大小随衬底掺杂浓度而变，总的结果是掺杂浓度较小时 V_T是负的、掺杂浓度较大时 V_T是正的。

式(6-38)中除 Q_i/C_i 以外，其他三项都与衬底掺杂浓度有关。比较而言，Φ_{ms} 和ϕ_F随掺杂浓度的变化较小，而 Q_d/C_i 随掺杂浓度的变化较大。

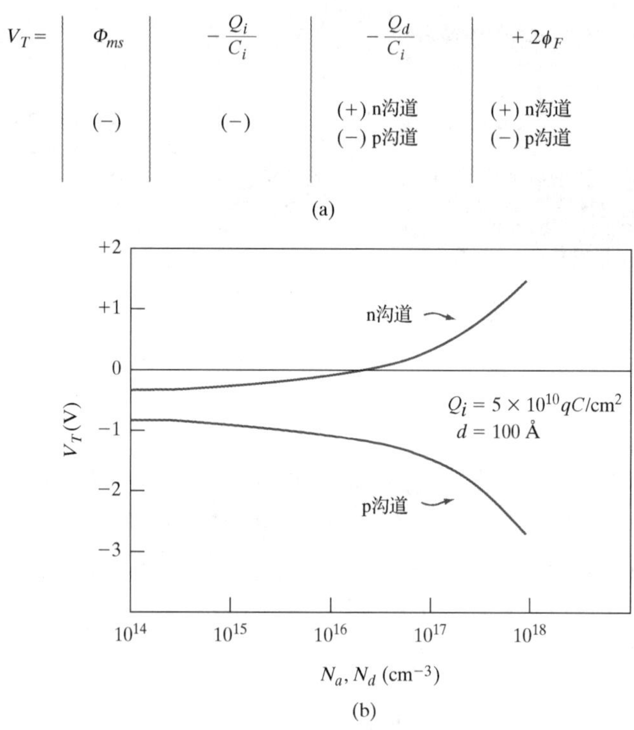

图 6-20 衬底类型及掺杂浓度对 MOS 阈值电压的影响。(a)衬底类型不同，阈值电压表达式中各项的符号也不同；(b)阈值电压 V_T 对衬底掺杂浓度的依赖关系(实例)

那么，阈值电压为正或为负又意味着什么呢？对 pMOS 器件，负的阈值电压意味着必须施加足够的负栅偏压才能达到强反型状态，从而形成反型沟道。对 nMOS 器件来说，正的阈值电压意味着只有施加正栅偏压才能形成反型沟道，负的阈值电压则表示零栅压下已经形成了反型沟道(Φ_{ms} 和 Q_i 共同作用的结果)，必须施加负栅偏压才能将沟道关闭，器件是以耗尽模式工作的。在 6.5.5 节将对阈值电压的控制方法进行介绍。

6.4.5 电容–电压(*C-V*)特性分析

本节简要介绍如何根据 MOS 结构的 *C-V* 特性测试数据来确定 MOS 结构的主要参数，如氧化层厚度、衬底掺杂浓度、阈值电压 V_T等。*C-V* 特性曲线的形状与衬底的类型有关。对 p 型衬底，MOS 结构的高频电容在负栅压下较大、在正栅压下较小，低频电容在栅偏压由负到正变化过程中先是缓慢减小、然后剧烈增大，如图 6-21(a)所示。对 n 型衬底，*C-V* 特性曲线的走势与 p 型衬底 *C-V* 曲线的镜像相同。

由图看到，积累状态下的高频电容和强反型状态下的低频电容都等于氧化层电容 $C_i=\varepsilon_i/d$，因此只要测出 C_i便可确定出氧化层的厚度 d。另外，MOS 结构的最小电容 $C_{\min}$ 等于氧化层电

容 $C_i = \varepsilon_i/d$ 和最小耗尽层电容 $C_{d\min} = \varepsilon_s/W_m$ 的串联值[参见图 6-16 和式(6-36)]，因此从原理上讲，只要测得 $C_{\min}$ 便可计算出衬底的掺杂浓度 N_a。但实际计算时遇到的将是一个由 W_m-N_a 关系决定的超越方程[参见式(6-31)]，必须进行数值求解才能得到 N_a。为此，我们可利用迭代求解法给出 N_a-$C_{d\min}$ 关系的近似表达式

$$N_a = 10^{[30.388+1.683\log C_{d\min} - 0.03177(\log C_{d\min})^2]} \tag{6-39}$$

式中 $C_{d\min}$ 的单位是 F/cm^2。

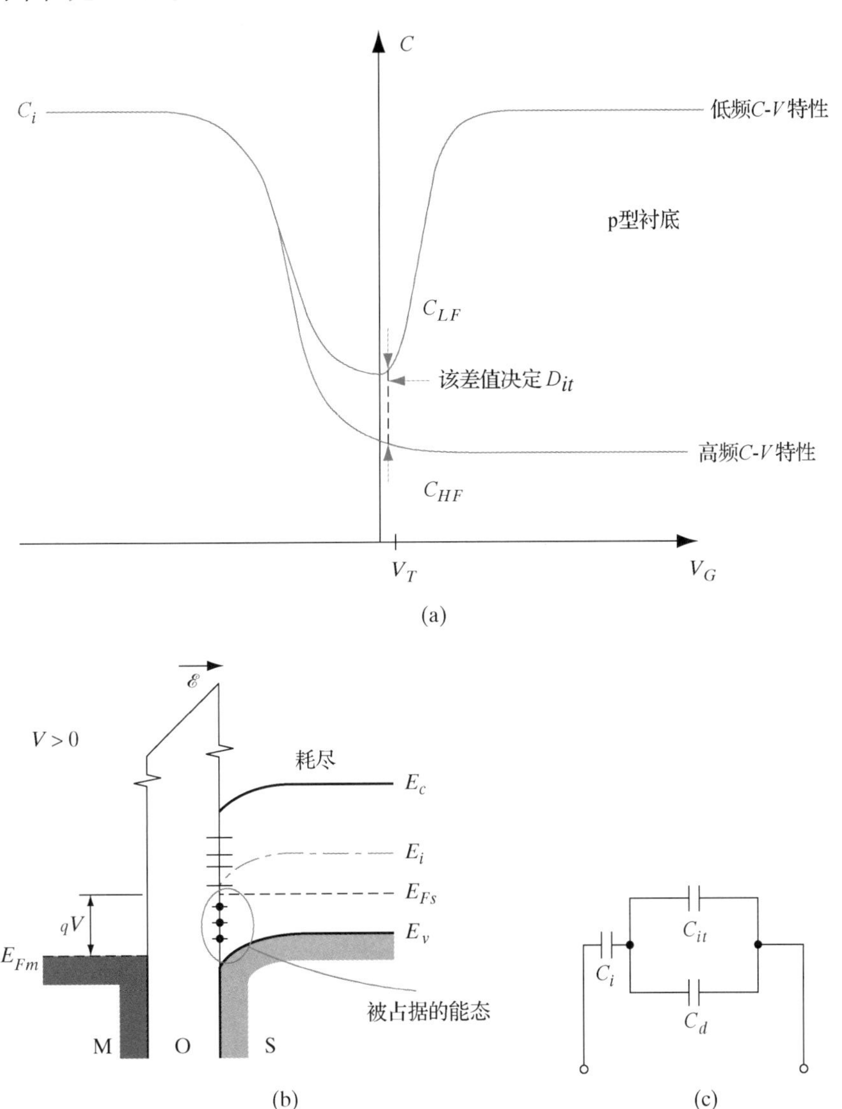

图 6-21　快界面态密度的确定。(a) 高频和低频 C-V 曲线的差别反映了快界面态的影响；(b) 快界面态在禁带中引入的能级；(c) MOS 结构的等效电路，其中包含氧化层电容 C_i、耗尽层电容 C_d 和快界面态电容 C_{it}

得到衬底掺杂浓度 N_a 后，还可进一步求出平带电容 C_{FB}。C_{FB} 是由德拜长度电容 C_{Debye} 和氧化层电容 C_i 串联得到的，其中德拜长度电容为

$$C_{\text{Debye}} = \frac{\epsilon_s}{L_D} \tag{6-40}$$

德拜长度 L_D 已由式(6-25)给出，它也与衬底掺杂浓度有关。根据平带电容 C_{FB} 即可确定平带电压 V_{FB}。当 C_i、N_a、V_{FB} 都被确定以后，式(6-38)右边的各量全部已知，于是便可求出阈值电压 V_T。进行具体的计算以后可以发现，V_T 在 C-V 曲线上对应的电容不是 MOS 结构的最小电容 $C_{\min}$，而是比 $C_{\min}$ 稍大一些，如图 6-16 中的“4”点所示。这是因为 V_T 对应的电容实际上等于 C_i 和 $2C_{d\min}$ 的串联值而不是 C_i 和 $C_{d\min}$ 的串联值：当栅偏压在 V_T 附近变化时，半导体表面经历了从耗尽到反型的过程，转变过程中耗尽层电荷和反型层电荷都在发生变化，且变化的数量相等，所以在 $V = V_T$ 附近半导体电容 C_s 应等于 $2C_{d\min}$ 而不是 $C_{d\min}$。

从 C-V 曲线也可确定快界面态密度 D_{it} 和氧化层中的可动离子电荷密度 Q_m[参见图 6-21(b)、图 6-21(c)和图 6-22)]。所谓**快界面态**，是指这样一些界面态，它们的荷电状态对偏压变化的响应速度相对较快。这些界面态相对于能带边的位置是固定的，因此当偏压变化时，界面态可以高于费米能级、也可以低于费米能级。根据费米–狄拉克分布函数的意义可知，界面态高于费米能级时俘获空穴(释放电子)、低于费米能级时俘获电子(释放空穴)。因此，快界面态上的电荷变化对电容有贡献。快界面态电容 C_{it} 与耗尽层电容 C_d 是并联关系，与氧化层电容 C_i 是串联关系，如图 6-21(c)所示。快界面态电荷对低频信号(1 ~ 1000 Hz)有响应，但对高频信号(约 1 MHz)无响应，所以对低频电容有贡献，对高频电容无贡献。可以证明，快界面态密度 D_{it} 可由低频电容 C_{LF} 和高频电容 C_{HF}[参见图 6-21(a)中的 C_{LF} 和 C_{HF}]表示出来

$$D_{it} = \frac{1}{q}\left(\frac{C_i C_{LF}}{C_i - C_{LF}} - \frac{C_i C_{HF}}{C_i - C_{HF}}\right)(\text{cm}^{-2}\text{eV}^{-1}) \tag{6-41}$$

氧化层中的可动离子电荷(Q_m)在电场作用下可以运动，且靠近界面的那些电荷对平带电压和阈值电压的影响比远离界面的那些电荷的影响大。根据这些特点，可通过**偏压–温度应力测试**(简称 **BTS 测试**)来确定 Q_m。图 6-22(a)是测量原理图。首先，将 MOS 器件加热到 200 ~ 300℃，施加正偏压、在氧化层产生大约 1 MV/cm 的电场，将可动离子电荷“驱赶”到 Si-SiO_2 界面处，使它们对平带电压和阈值电压的影响达到最大，随后将温度降低到室温进行 C-V 测量，得到平带电压 V_{FB}^+。然后，再次将 MOS 器件加热到 200 ~ 300℃，施加负偏压将可动离子电荷“吸引”到栅电极处，此时它们对半导体表面的能带弯曲几乎没有影响(但会在栅电极上感应出等量异号电荷)，将温度降低到室温再次进行 C-V 测量，得到平带电压 V_{FB}^-。从两次测量得到的平带电压之差可以算出可动离子电荷密度 Q_m

$$Q_m = C_i(V_{FB}^- - V_{FB}^+) \tag{6-42}$$

【例 6-1】 *一个 n^+ 多晶硅 SiO_2-Si n-MOSFET 的衬底掺杂浓度为 $N_a = 5\times10^{15}$ cm^{-3}，氧化层厚度为 $d = 100$ Å，有效界面电荷密度为 $Q_i = 4\times10^{10}q$ (C/cm^2)。求该器件的 W_m、C_i、$C_{\min}$、V_{FB} 和 V_T。*

【解】

$$\phi_F = \frac{kT}{q}\ln\frac{N_a}{n_i} = 0.0259\times\ln\frac{5\times10^{15}}{1.5\times10^{10}} = 0.329\ \text{eV}$$

$$W_m = 2\left(\frac{\varepsilon_s\phi_F}{qN_a}\right)^{1/2} = 2\times\left(\frac{11.8\times8.85\times10^{-14}\times0.329}{1.6\times10^{-19}\times5\times10^{15}}\right)^{1/2} = 4.15\times10^{-5}\ \text{cm} = 0.415\ \mu\text{m}$$

$$Q_i = 4\times10^{10}\times1.6\times10^{-19} = 6.4\times10^{-9}\ \text{C/cm}^2$$

$$Q_d = -qN_aW_m = -1.6\times10^{-19}\times5\times10^{15}\times4.15\times10^{-5} = -3.32\times10^{-8}\ \text{C/cm}^2$$

$$C_i = \frac{\varepsilon_i}{d} = \frac{3.9 \times 8.85 \times 10^{-14}}{0.1 \times 10^{-5}} = 3.45 \times 10^{-7}\ \text{F/cm}^2$$

$$C_d = \frac{\varepsilon_s}{W_m} = \frac{11.8 \times 8.85 \times 10^{-14}}{4.15 \times 10^{-5}} = 2.5 \times 10^{-8}\ \text{F/cm}^2$$

$$C_{\min} = \frac{C_i C_d}{C_i + C_d} = \frac{3.45 \times 10^{-7} \times 2.5 \times 10^{-8}}{3.45 \times 10^{-7} + 2.5 \times 10^{-8}} = 2.33 \times 10^{-8}\ \text{F/cm}^2$$

从图 6-17 查得 $\Phi_{ms} = -0.95$ V，于是得到

$$V_{FB} = \Phi_{ms} - \frac{Q_i}{C_i} = -0.95 - \frac{6.4 \times 10^{-9}}{3.45 \times 10^{-7}} = -0.969\ \text{V}$$

$$V_T = V_{FB} - \frac{Q_d}{C_i} + 2\phi_F = -0.969 + \frac{3.32 \times 10^{-8}}{3.45 \times 10^{-7}} + 2 \times 0329 = -0.215\ \text{V}$$

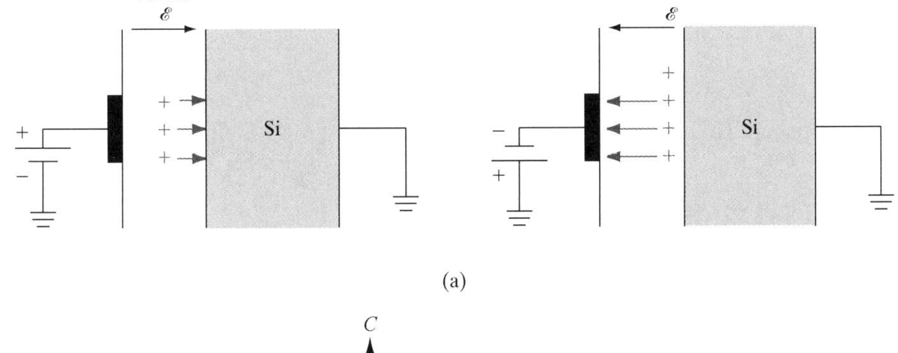

(a)

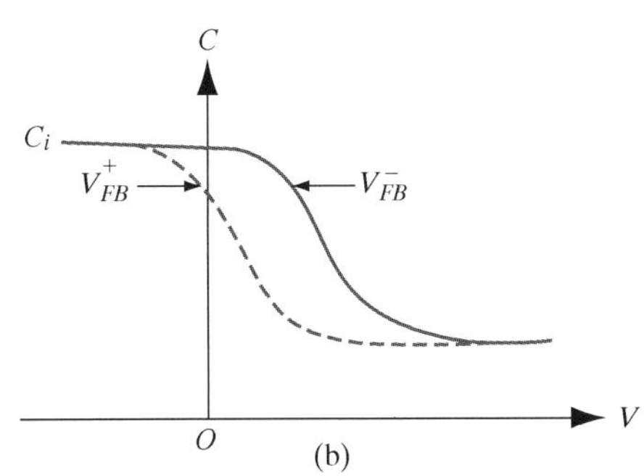

(b)

图 6-22　MOS 氧化层中可动离子电荷密度的的确定。(a) 正、负偏压作用下可动离子的运动；(b) 偏压–温度应力测试得到的 C-V 曲线（虚线和实线分别对应于正偏压和负偏压）

6.4.6　瞬态电容测量（C-t 测量）

在 C-V 测试过程中，如果偏压变化很快，使 MOS 结构在积累状态和反型状态之间快速变化，则在某些瞬间半导体的耗尽区宽度将大于理论预期的最大值 W_m，这种现象称为**深度耗尽**。深度耗尽发生时，因 W 增大，MOS 电容将小于理论预期的最小值 $C_{\min}$，但在经过一个少子寿命的时间后，因衬底中热产生的少子进入到反型层，会使 W 又趋于同理论值一致，同时 MOS 电容也恢复为理论最小值 $C_{\min}$。因此，通过瞬态测量，可获得如图 6-23 所示的电容–时间关系曲线（C-t 曲线），从而可以确定少子寿命。这种测量少子寿命的技术称为 Zerbst 技术。

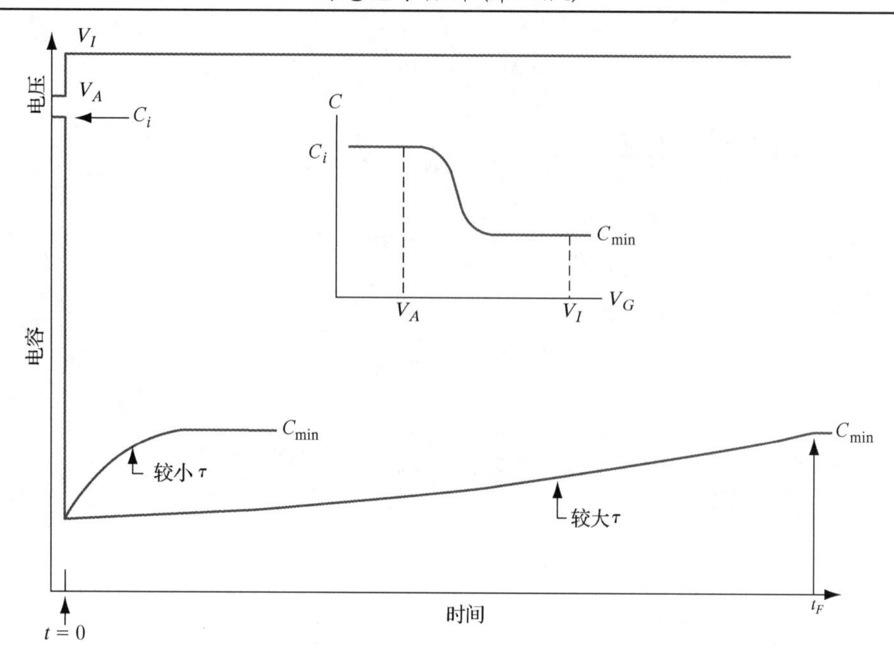

图 6-23 Zerbst C-t 测试：偏压从 V_A 阶跃变化到 V_I，相应地 MOS 从积累状态转变为反型状态

6.4.7 氧化层的电流-电压(*I*-*V*)特性

理想 MOS 结构中的氧化层是不导电的，但实际情况并非如此：氧化层中存在泄漏电流，且泄漏电流随外加偏压或氧化层电场的变化而变化，如图 6-24 所示。从经典观点来看，电子要"飞过"氧化层而形成泄漏电流，需要克服高度大约为 3.1 eV 的势垒 ΔE_c，这几乎是不可能的。但从量子力学的观点来看，只要势垒足够薄，Si 导带电子就可隧穿通过三角形势垒进入 SiO_2 导带，如图 6-24(a)所示。这种隧穿称为 **Fowler-Nordheim 隧穿**(简称 **F-N 隧穿**)。F-N 隧穿电流 I_{FN} 与氧化层电场 $\mathscr{E}_{ox}$ 有关，如图 6-24(b)所示。要具体求解 I_{FN}，需要根据薛定谔方程求解电子的波函数。F-N 隧穿电流可表示为氧化层电场的函数

$$I_{FN} \propto \mathscr{E}_{ox}^2 \exp\left(-\frac{B}{\mathscr{E}_{ox}}\right) \tag{6-43}$$

式中，B 是与电子有效质量和势垒高度有关的常数。

现代 MOS 器件的栅氧化层厚度越来越薄，因而势垒的宽度也越来越窄。在这种情况下，Si 导带电子可以不通过 SiO_2 的导带而直接隧穿通过氧化层。这种**直接隧穿**与 F-N 隧穿的物理本质是相同的，只是某些细节方面稍有不同。比如，F-N 隧穿的势垒为三角形，而直接隧穿的势垒为梯形[参见图 6-24(a)]。隧穿使得 MOS 器件的栅泄漏电流增大，从而降低了输入阻抗，已成为现代 MOS 器件面临和需要解决的一个重要问题。

未来的 MOSFET 器件必须要增大栅电容 C_i 才能维持较大的电流(将在 6.5 节讨论)。为达此目的，可以选用介电常数较大的绝缘介质材料取代 SiO_2 而未必减小介质层的厚度 d。不减小介质层厚度的好处是：隧道势垒较宽，介质层中的电场较低，因而栅上的隧穿泄漏电流较小[参见式(6-43)]。一般把介电常数较大的绝缘介质称为高 k 介质(因为有时用符号 k 代表介电常数)，典型的如 HfO_2。

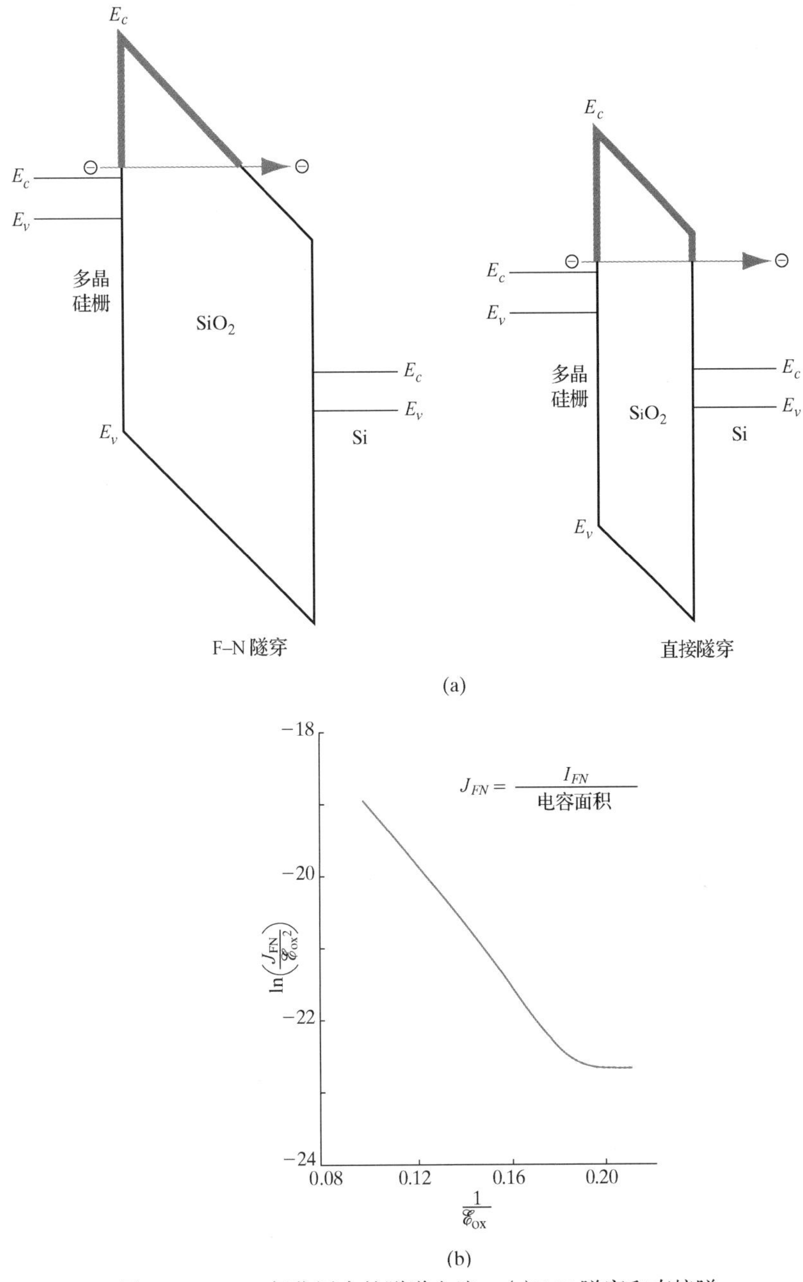

图 6-24　MOS 氧化层中的隧道电流。(a) F-N 隧穿和直接隧穿；(b) F-N 隧道电流 I_{FN} 与氧化层中电场 $\mathscr{E}_{ox}$ 的关系

由于电子在 SiO_2 层中的迁移率比在 Si 中的迁移率小得多，所以隧穿进入 SiO_2 层的电子需要经过较长时间才能通过氧化层，这会导致氧化层击穿，称为**时间相关的介质击穿**(TDDB)。TDDB 的发生机制和过程通常认为是这样的：当电子从电势低的一侧(栅区)隧穿进入氧化层并从电场中获得足够能量变成热电子后，便在氧化层中引起电离碰撞而产生电子-空穴对。产生的电子向低电势的衬底方向运动，空穴向高电势的栅极方向运动。由于氧化层中电子和空穴的迁移率都很小，特别是空穴的迁移率更小[约为 0.01 $cm^2/(V\cdot s)$]，所以有些空穴在很短的距离内就被氧化层内的陷阱俘获而成为氧化物陷阱电荷，电子则在稍远一点的地方被俘获也

成为氧化物陷阱电荷，其结果是增大了栅极附近和 $Si-SiO_2$ 界面附近氧化层中的电场，相应地能带的斜率也发生变化。相比之下，栅极附近氧化层中的电场更大，因而能带也变得更陡，如图 6-25 所示。这实际上是使电子隧穿的势垒变得更窄了。于是，有更多的电子隧穿进入氧化层，并进一步加剧了电离碰撞，形成更多的氧化物陷阱电荷，从而使栅极附近的氧化层电场进一步增大。可见，电子隧穿过程是一个具有“正反馈”作用的过程(逃逸过程)，它最终使栅极附近的氧化层电场超过了氧化层的临界击穿电场，导致氧化层击穿。

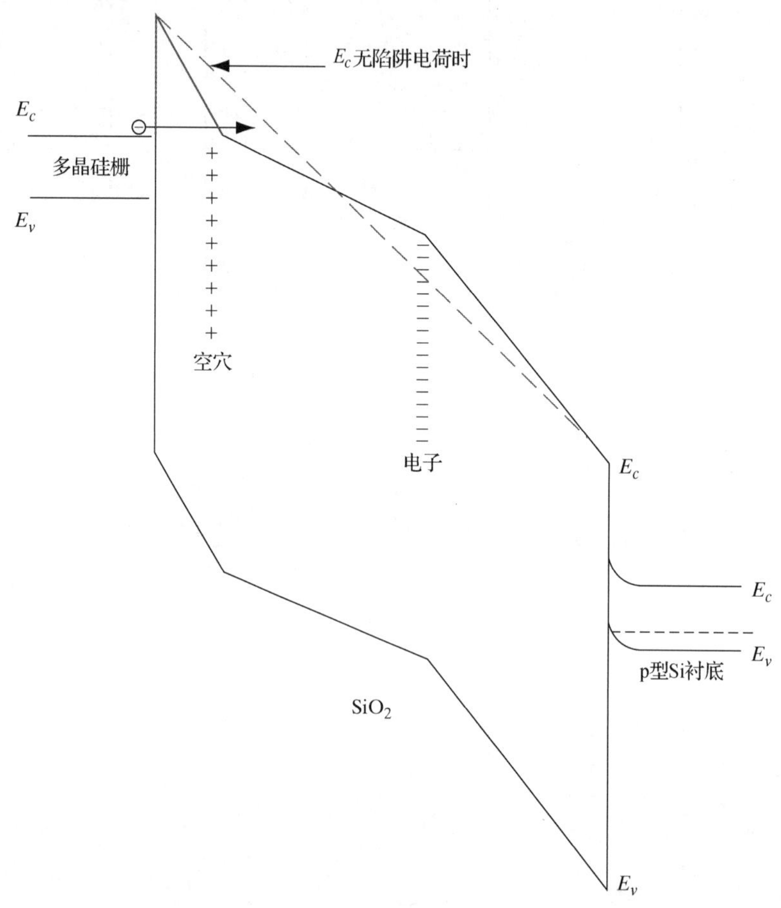

图 6-25 MOS 氧化层的 TDDB 击穿：氧化层中的陷阱电子和陷阱空穴使氧化层的电场增强，能带梯度增大，从而使隧穿势垒的宽度变窄

如果使用高 k 材料做栅介质，就还会有其他一些劣化情况发生，比如现代 p-MOSFET 器件中常发生的负偏温度不稳定性(NBTI)现象。究其原因，是施加的负栅偏压将 p-MOSFET 打开时，同时也会使栅-介质界面层中的 Si-H 键断裂，导致更多的空穴成为界面陷阱电荷。n-MOSFET 也存在类似情况，即正偏温度不稳定性(PBTI)现象。不过，与 p-MOSFET 的 NBTI 劣化程度相比，n-MOSFET 的 PBTI 导致的后果并不那么严重。

6.5 MOS 场效应晶体管

本节将要介绍的是 MOSFET 的工作原理，包括沟道电导、电流-电压特性、栅偏压的作用等(参见图 6-10)。与讨论 JFET 的方法一样，首先分析 MOSFET 电流 I_D饱和之前的 I_D-V_D特性，然后讨论饱和之后的特性，最后对其他问题如迁移率模型、短沟效应、阈值电压 V_G控制等加以介绍。

6.5.1　输出特性

MOSFET 的栅偏压 V_G可表示为

$$V_G = V_{FB} - \frac{Q_s}{C_i} + \phi_s \tag{6-44}$$

其中，Q_s代表半导体中的电荷密度，它是反型层电荷密度 Q_n和耗尽层电荷密度 Q_d之和，即 Q_s=(Q_d+Q_n)。将其代入上式并化简，可将反型层电荷密度 Q_n表示出来为

$$Q_n = -C_i\left[V_G - \left(V_{FB} + \phi_s - \frac{Q_d}{C_i}\right)\right] \tag{6-45}$$

当施加漏极偏压 V_D后，沟道内各点的电势相应提高，如图 6-26 所示。若以 V_x表示沟道内 x 处的电势，则表面势$\phi_s(x)$可写为 V_x和 $2\phi_F$之和，即$\phi_s(x)$ = (V_x+$2\phi_F$)，代入上式，有

$$Q_n = -C_i\left[V_G - V_{FB} - 2\phi_F - V_x - \frac{1}{C_i}\sqrt{2q\varepsilon_s N_a(2\phi_F + V_x)}\right] \tag{6-46}$$

如果认为 $Q_n >> Q_d(x)$，即忽略耗尽层电荷的作用，上式可简写为

$$Q_n(x) = -C_i(V_G - V_T - V_x) \tag{6-47}$$

这就是 x 处的反型层电荷密度的近似表达式(参见图 6-26)。在沟道内任取一微元 dx，其电导可表示为 $\bar{\mu}_n Q_n(x)Z/\mathrm{d}x$，$Z$ 是沟道宽度，$\bar{\mu}_n$ 是表面电子迁移率(电子在半导体表面的迁移率与在体内的不同)。MOSFET 的电流 I_D是由反型层中的可动载流子电荷形成的，所以

$$I_D\mathrm{d}x = \bar{\mu}_n Z|Q_n(x)|\mathrm{d}V_x \tag{6-48}$$

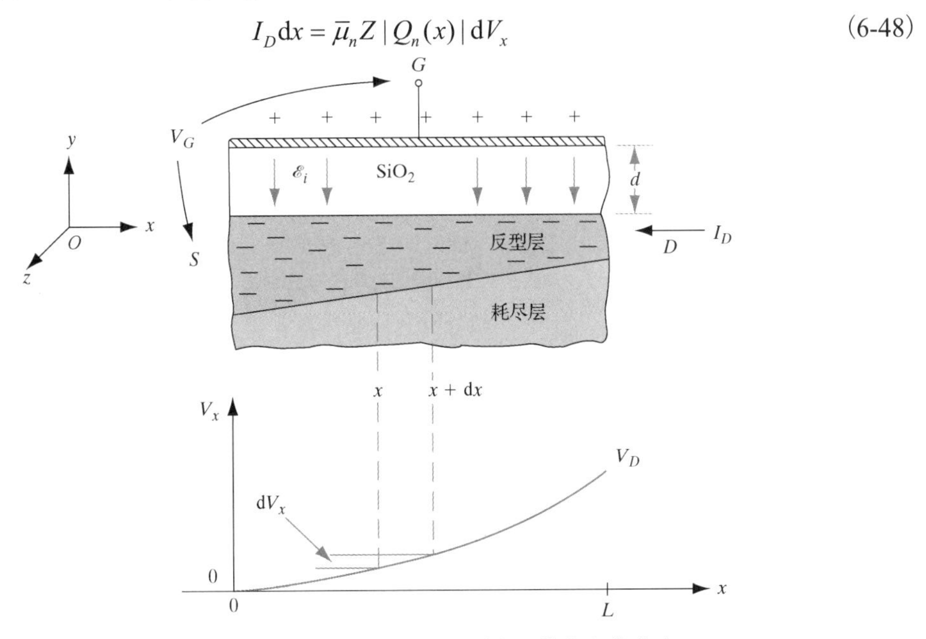

图 6-26　MOSFET 在沟道夹断前，沟道中的横向电势分布

注意源-漏之间通过任意沟道截面的电流都相同(都为 I_D)。将上式从源到漏积分，可得到

$$\int_0^L I_D \mathrm{d}x = \bar{\mu}_n Z C_i \int_0^{V_D} (V_G - V_T - V_x)\,\mathrm{d}V_x$$

$$I_D = \frac{\bar{\mu}_n Z C_i}{L}\left[(V_G - V_T)V_D - \frac{1}{2}V_D^2\right] \tag{6-49}$$

将其中的 $\bar{\mu}_n ZC_i / L$ 记为 k_N，其大小决定了 MOSFET 线性工作区的沟道电导和饱和区的跨导[参见式(6-51)和式(6-54)]。

式(6-49)并未计入耗尽层电荷的作用，所以只是对小电流情况的一种近似。实际上，当施加了漏极偏压 V_D 时，沟道内各处的耗尽层宽度的变化是比较大的，因而耗尽层电荷的变化也是比较大的，如图 6-26(b)所示。尽管如此，通常人们仍然采用式(6-49)做近似分析和计算。为得到 I_D 的更准确表达式，必须考虑耗尽层电荷的作用：将式(6-46)代入式(6-48)并积分，有

$$I_D = \frac{\bar{\mu}_n Z C_i}{L}\left\{\left(V_G - V_{FB} - 2\phi_F - \frac{1}{2}V_D\right)V_D - \frac{2}{3}\frac{\sqrt{2\varepsilon_s q N_a}}{C_i}[(V_D + 2\phi_F)^{3/2} - (2\phi_F)^{3/2}]\right\} \tag{6-50}$$

式(6-49)和式(6-50)就是 n-MOSFET I–V 特性的表达式，前提条件是 $V_G>V_T$。当 $V_D<(V_G-V_T)$ 时，器件工作在线性区，此时沟道类似于一个可变电阻。在 $V_D<<(V_G-V_T)$ 的情况下，沟道电阻随栅偏压的变化而近似线性地变化，此时沟道电导可表示为

$$g = \frac{\partial I_D}{\partial V_D} \approx \frac{\bar{\mu}_n Z C_i}{L}(V_G - V_T) \tag{6-51}$$

当 V_D 增大时，沟道漏端氧化层中的电压降(V_i)减小，该处的反型层电荷(Q_n)减小。当 V_D 增大到

$$V_{D(\text{饱和})} \approx V_G - V_T \tag{6-52}$$

时，沟道漏端被夹断、电流 I_D 饱和。当 V_D 超过 $V_{D(\text{饱和})}$ 时，器件工作在饱和区，电流 I_D 基本上保持为饱和时的值 $I_{D(\text{饱和})}$ 不变。饱和电流 $I_{D(\text{饱和})}$ 可由式(6-52)代入式(6-49)直接得到

$$I_{D(\text{饱和})} \approx \frac{1}{2}\frac{\bar{\mu}_n Z C_i}{L}(V_G - V_T)^2 = \frac{1}{2}\frac{\bar{\mu}_n Z C_i}{L}V_{D(\text{饱和})}^2 \tag{6-53}$$

将饱和电流 $I_{D(\text{饱和})}$ 对栅偏压 V_G 求偏导，可得饱和区的跨导为

$$g_{m(\text{饱和})} = \frac{\partial I_{D(\text{饱和})}}{\partial V_G} \approx \frac{\bar{\mu}_n Z C_i}{L}(V_G - V_T) \tag{6-54}$$

上面的推导是针对增强型 n-MOSFET 进行的。对增强型的 p-MOSFET，将上面各式中的 V_D、V_G 和 V_T 都取负值即可(电流的方向是从源至漏)。图 6-27 给出了 n-MOSFET 和 p-MOSFET 的输出特性曲线。可见，输出特性曲线是以栅偏压 V_G 为参数、把电流 I_D 看成漏偏压 V_D 的函数而得到的一簇曲线。

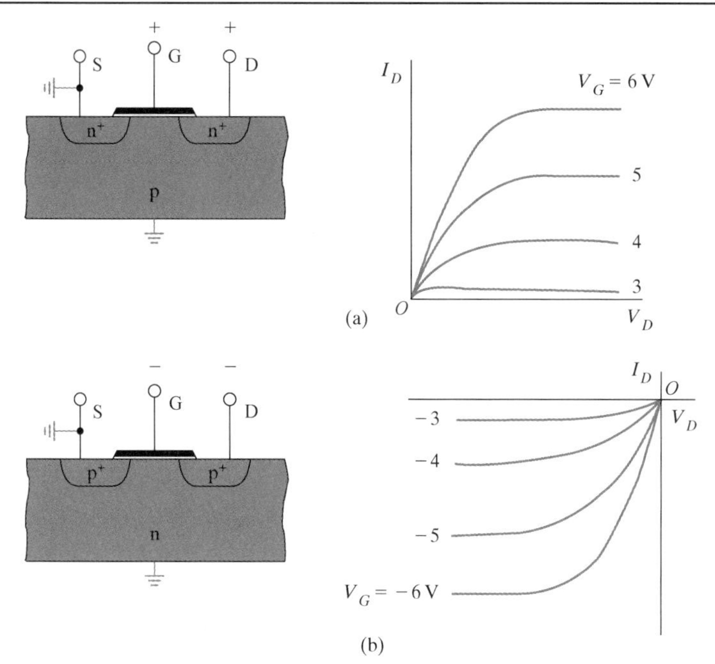

图 6-27　增强型 MOSFET 的电流-电压特性(输出特性)。(a) n-MOSFET，V_D、V_G、V_T 和 I_D 都为正；(b) p-MOSFET，V_D、V_G、V_T 和 I_D 都为负

6.5.2　转移特性

与输出特性曲线不同，MOSFET 的转移特性曲线是把 V_D 作为参数、将电流 I_D 看成栅偏压 V_G 的函数而得到的特性曲线，如图 6-28 所示。可见，在栅偏压较小的线性区，正如式(6-49)预期的那样，I_D-V_G 具有线性关系，是直线。栅偏压较大时，特性曲线偏离线性关系。直线在 V_G 轴上的截距称为线性区阈值电压，记为 $V_{T(线性)}$。将直线的斜率除以 V_D 可得到线性区 k_N 的值 $k_{N(线性)}$。将式(6-49)对 V_G 求导可得到线性区的跨导 $g_{m(线性)}$。图 6-28(b)给出了 $g_{m(线性)}$ 随 V_G 的变化关系。由图可见，当 $V_G < V_{T(线性)}$ 时，$g_{m(线性)}$ 近似为零，因为此时 I_D 几乎不随 V_G 的变化而变化；当 $V_G > V_{T(线性)}$ 时，$g_{m(线性)}$ 增大到某个最大值后又随 V_G 的增大而减小。跨导减小的原因可归结为两点：一是氧化层中纵向电场的增大导致载流子的有效迁移率减小，二是受到源区和漏区串联电阻的影响。这两个因素将分别在 6.5.3 节和 6.5.8 节予以讨论。

饱和区的转移特性与线性区的转移特性有所不同，这是因为饱和电流 $I_{D(饱和)}$ 对栅偏压 V_G 有平方律依赖关系[参见式(6-53)]。图 6-29 画出了饱和电流 $I_{D(饱和)}$ 的平方根随栅偏压 V_G 的变化曲线，图中虚线的斜率近似代表了 $\sqrt{I_{D(饱和)}}-V_G$ 曲线的斜率。显然，由该斜率可确定出饱和区 k_N 的值 $k_{N(饱和)}$。虚线在 V_G 轴上的截距称为饱和区阈值电压，记为 $V_{T(饱和)}$。在 6.5.10 节将会看到，短沟 MOSFET 由于受到漏致势垒降低效应(DIBL)的影响，$V_{T(饱和)}$ 可能低于 $V_{T(线性)}$，而长沟 MOSFET 的 $V_{T(饱和)}$ 和 $V_{T(线性)}$ 大小基本相同。类似地，短沟 MOSFET 的 $k_{N(饱和)}$ 也可能不同于线性区的 $k_{N(线性)}$，长沟 MOSFET 的 $k_{N(饱和)}$ 和 $k_{N(线性)}$ 基本相同。

【例 6-2】 一个 Si n-MOSFET，d = 10 nm，L = 1 μm，Z = 25 μm，V_T = 0.6 V，$\bar{\mu}_n$ = 200 cm^2/(V·s)，求(V_G = 5 V、V_D = 0.1 V)和(V_G = 3 V、V_D = 5 V)时电流 I_D 分别是多大？如果 V_D = 7 V，会发生什么情况？

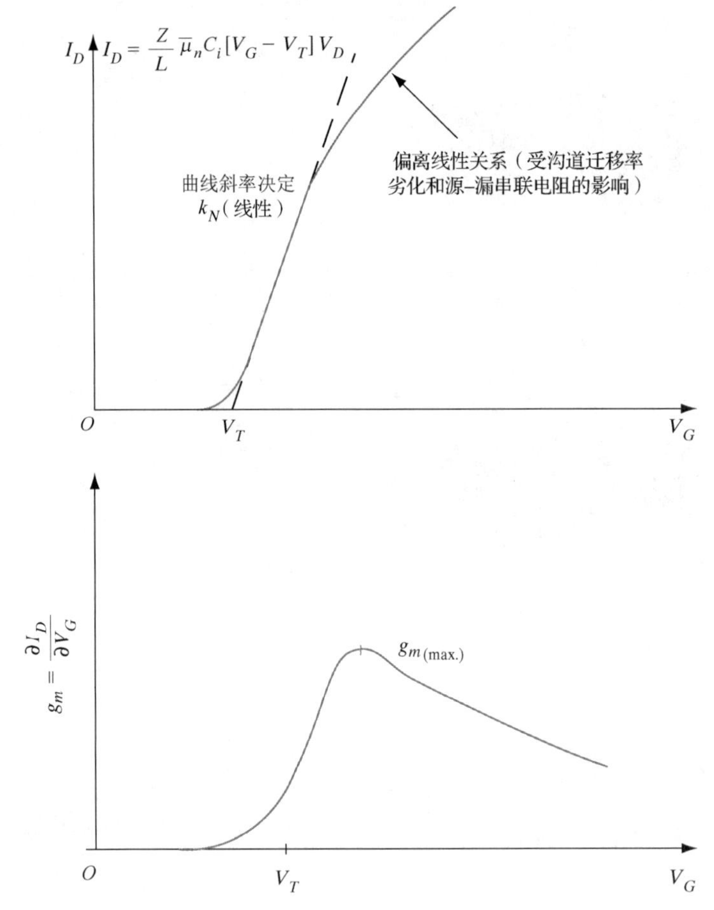

图 6-28 MOSFET 线性工作区的转移特性。(a)电流随栅偏压的变化规律(转移特性曲线);(b)跨导随栅偏压的变化规律

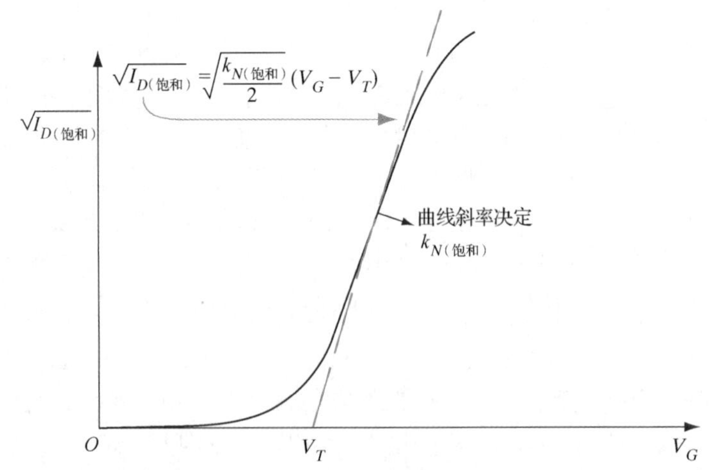

图 6-29 MOSFET 饱和工作区的转移特性(以电流的平方根作为纵坐标)

【解】 单位面积的氧化层电容为

$$C_i = \frac{\varepsilon_i}{d} = \frac{3.9\times 8.85\times 10^{-14}}{10^{-6}} = 3.45\times 10^{-7}\ \text{F/cm}^2$$

当 $V_G = 5$ V、$V_D = 0.1$ V 和 $V_r = 0.6$ V 时，因为 $V_D < (V_G - V_T)$，器件工作在线性区[参见式(6-49)]，所以电流为

$$I_D = \frac{\bar{\mu}_n Z C_i}{L}\left[(V_G - V_T)V_D - \frac{1}{2}V_D^2\right]$$
$$= \frac{200\times 25\times 3.45\times 10^{-7}}{1}\left[(5-0.6)\times 0.1 - \frac{1}{2}\times 0.1^2\right] = 7.51\times 10^{-4}\ \text{A}$$

当 $V_G = 3$ V、$V_D = 5$ V 时，因为 $V_D > (V_G - V_T)$，器件工作在饱和区[参见式(6-53)]，所以电流为

$$I_D = \frac{1}{2}\frac{\bar{\mu}_n Z C_i}{L}(V_G - V_T)^2$$
$$= \frac{200\times 25\times 3.45\times 10^{-7}}{2}\times(3-0.6)^2 = 4.97\times 10^{-3}\ \text{A}$$

当 $V_D = 7$ V 时，器件的工作状态取决于栅偏压 V_G 的大小。如果 $(V_G - V_T) < V_D$，即当 $V_G < (V_D + V_T) = 7 + 0.6 = 7.6$ V 时，器件工作在饱和区；如果 $(V_G - V_T) > V_D$，即当 $V_G > (V_D + V_T) = 7.6$ V 时，器件工作在线性区。这只是单纯从理论上分析得出的结果。实际的 Si MOS 器件，如果栅偏压过高，也可能导致氧化层击穿(参见 6.4.7 节)或漏极泄漏电流增大(参见 6.5.12 节)，所以栅偏压一般就是几伏，不会太高。

6.5.3　迁移率模型

由于 MOSFET 的反型沟道位于半导体的表面，所以载流子在沟道中运动时必定受到不平整表面的散射作用和固定氧化物电荷的库仑作用。半导体的表面没有完整的周期性晶格，在微观上是很粗糙的，载流子在反型层中运动时不像在体内那样受到周期性势场的作用，而是受到不平整表面的散射作用(参见 3.4.1 节)。受此影响，载流子在表面的迁移率比体内的迁移率小。随着栅偏压的增大，反型层中的载流子更靠近 $Si\text{-}SiO_2$ 界面，受到的表面散射作用更强烈，因而迁移率将变得更小。

如果将沟道中载流子的有效迁移率作为反型层有效纵向电场的函数画成曲线，便能得到表面迁移率的“普适”劣化曲线，如图 6-30 所示。之所以称为“普适”，是因为它与 MOSFET 的工艺参数和结构参数(如氧化层厚度、衬底掺杂浓度等)没有关系。图 6-30 给出的是 n-MOSFET 的表面迁移率劣化曲线(实测结果)。但现在的问题是：什么是有效纵向电场？又怎样确定其大小呢？如图 6-31 所示，纵向为 y 方向，从表面开始沿 y 方向看去，依次是反型层、耗尽层和衬底。反型层和耗尽层中都有空间电荷，且两层中都存在电场。电场既有横向分量(沿 x 方向)、也有纵向分

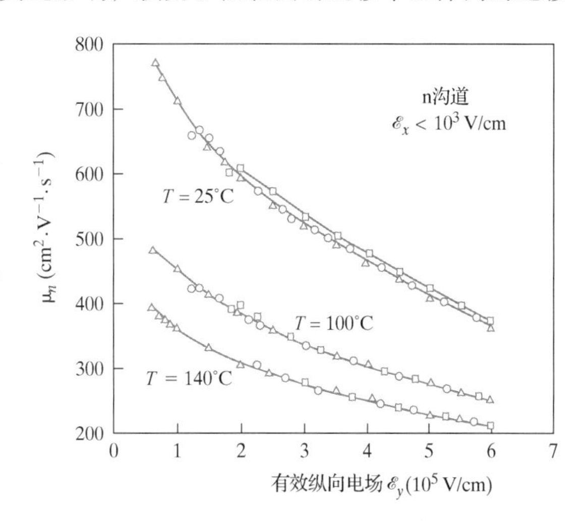

图 6-30　不同温度下，MOSFET 沟道反型层中电子的迁移率与有效纵向电场的关系。三角形、圆圈和方块分别代表不同氧化层厚度和衬底掺杂浓度(引自 Sabnis 和 Clemens 在 IEEE IEDM 1979 上发表的论文)

量(沿 y 方向)。所谓有效纵向电场，是指反型层一半厚度处纵向电场的平均值。为了确定有效纵向电场的大小，我们可做一个闭合的高斯面，将反型层的一半和耗尽区的全部包围其中，如图 6-31 中的虚线所示。根据高斯定理，有效纵向电场可表示为

$$\mathscr{E}_{\text{eff}} = \frac{1}{\varepsilon_s}\left(Q_d + \frac{1}{2}Q_n\right) \tag{6-55a}$$

它实际上假定反型层一半厚度处每一点的纵向电场都是一样的(都等于 $\mathscr{E}_{\text{eff}}$)，相当于取了平均。该式对电子反型层应用很好，但由于目前尚不明确的原因，对空穴反型层必须修正为

$$\mathscr{E}_{\text{eff}} = \frac{1}{\varepsilon_s}\left(Q_d + \frac{1}{3}Q_p\right) \tag{6-55b}$$

才能与实际相符①。

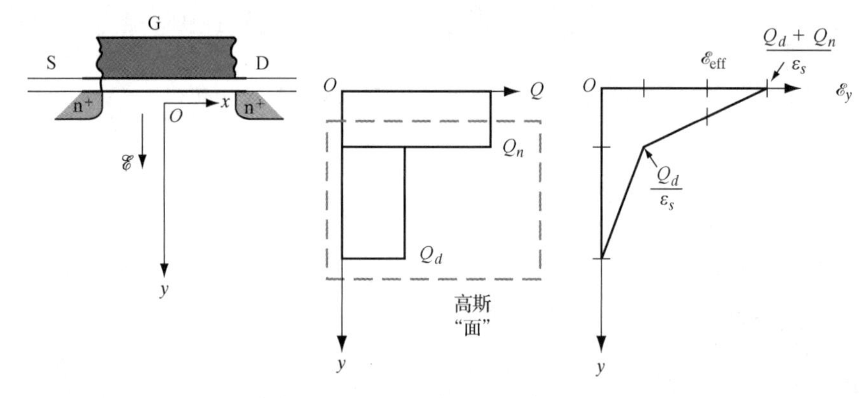

图 6-31 根据电荷分布和纵向电场确定 MOSFET 沟道区的有效纵向电场 $\mathscr{E}_{\text{eff}}$。虚线框表示所选取的高斯面

为了能够简洁地反映出迁移率劣化的影响，通常是在 MOSFET 的 I-V 关系中增加一个反映迁移率劣化的项$\theta(V_G-V_T)$，改写为如下形式：

$$I_D = \frac{\overline{\mu}_n Z C_i}{L[1+\theta(V_G - V_T)]}\left[(V_G - V_T)V_D - \frac{1}{2}V_D^2\right] \tag{6-56}$$

其中，θ 称为**迁移率劣化参数**。上式表明，当栅偏压较高时，电流随栅偏压增大的幅度变缓，转移特性曲线的斜率变小，这与实际情况更加吻合。

沟道中载流子的迁移率除了与栅偏压和有效纵向电场有关外，还与漏偏压和沟道横向电场有密切关系。图 3-24 已指出了载流子漂移速度对电场的依赖关系。当电场低于某一值 $\mathscr{E}_{(饱和)}$时，迁移率是常数，漂移速度与电场有线性关系；当电场高于 $\mathscr{E}_{(饱和)}$时，迁移率不再是常数，漂移速度饱和(饱和速度记为 v_s)，即

$$\text{v} = \mu\mathscr{E} \qquad (\mathscr{E} < \mathscr{E}_{(饱和)}) \tag{6-57}$$

$$\text{v} = \text{v}_s \qquad (\mathscr{E} > \mathscr{E}_{(饱和)}) \tag{6-58}$$

MOSFET 中的最大横向电场出现在沟道漏端的夹断区中。如果将夹断区的长度记为ΔL，并近似认为夹断区内的电势降落为$(V_D-V_{D(饱和)})$，则最大横向电场可近似表示为

$$\mathscr{E}_{\max} = \frac{V_D - V_{D(饱和)}}{\Delta L} \tag{6-59}$$

① 原书中的"Q_n"已经用"Q_p"取代——译者注。

对沟道漏端附近区域二维泊松方程的数值求解结果显示，夹断区的长度ΔL近似等于$\sqrt{3dx_j}$，其中 d 是氧化层的厚度，x_j是源、漏区的结深，因子“3”表示 Si 的介电常数近似等于 SiO_2 介电常数的 3 倍。

6.5.4　短沟道 MOSFET 的 I-V 特性

上一节讨论了长沟道 MOSFET 中载流子迁移率随有效纵向电场的增大而减小、夹断区中横向电场增大导致载流子速度饱和等问题。对短沟器件来说，由于沟道更短，在较小的漏偏压下，夹断区已扩展到沟道的大部分区域，因此短沟器件中的载流子是以饱和速度通过沟道的大部分区域的(沿沟道横向)(参见图 3-24)。在这种情况下，通过器件的电流相应地达到饱和，$I_{D(饱和)}$等于沟道宽度 Z、沟道中的可动载流子电荷密度 $C_i(V_G–V_T)$，以及载流子饱和速度 v_s的乘积，即

$$I_{D(饱和)} \approx ZC_i(V_G - V_T)\mathrm{v}_s \tag{6-60}$$

可见，短沟道 MOSFET 的饱和电流不像式(6-53)已指出的那样与$(V_G–V_T)$的平方成正比，而是与$(V_G–V_T)$成正比。图 6-32 给出了实测的短沟 MOSFET 的 I-V 特性。与图 6-27 相比，我们注意到，这里各 I-V 曲线的间距相等，说明饱和区的跨导是常数。现代集成电路所用的 MOSFET 大多是短沟器件，因此应该用式(6-60)而不是式(6-53)来分析器件特性。

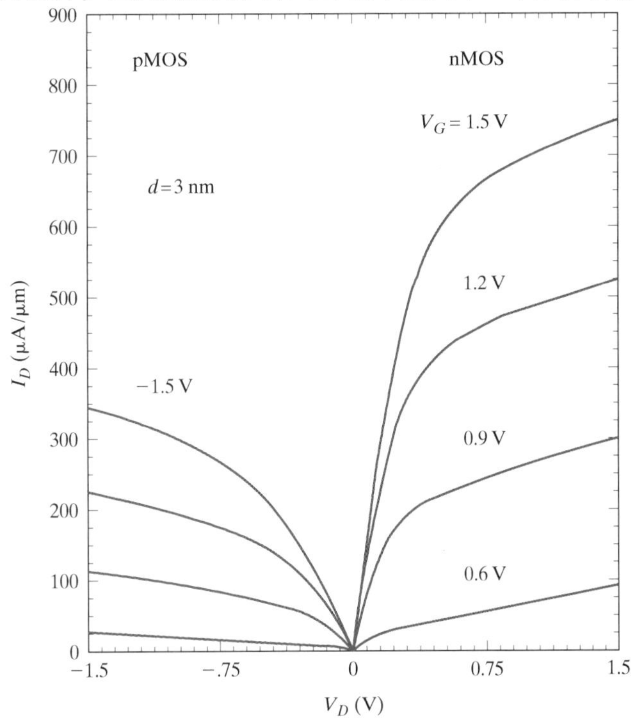

图 6-32　沟道长度为 0.1 μm 的 n-MOSFET 和 p-MOSFET 的 I-V 特性(实验结果)。饱和区 I-V 曲线的间距基本相等，说明电流 I_D 对栅偏压 V_G 有线性依赖关系。饱和区的电流随漏偏压 V_D 的升高而略有升高。同样条件下，p-MOSFET 的电流比 n-MOSFET 的电流小，这是因为空穴迁移率比电子迁移率小造成的

现代纳米 MOSFET 的沟道长度已缩小很多，以至于载流子几乎可以不受碰撞地通过沟道区(即几乎不受散射作用)，器件是基于**弹道输运**或**准弹道输运**机理工作的，形象地理解为载流子就像导弹那样不受阻挡地通过了沟道区。在这种情况下，器件的饱和电流不是由载流子

的速度饱和限制的[参见式(6-60)；速度饱和是由于光学声子散射造成的]，而是取决于源区在单位时间内能为沟道提供多少载流子，即所谓的“源区注入限制”的问题。此时的饱和电流为

$$I_{D(\text{饱和})} \approx \frac{1-r}{1+r} ZC_i(V_G - V_T)\text{v}_{\text{inj}} \tag{6-61}$$

其中 r 是源区附近沟道顶部电子波函数的反射系数，如图 6-33 所示。v_{inj} 是源区载流子的有效注入速度，它与源区载流子的随机热运动速度有关；如果沟道中载流子的浓度较高，那么 v_{inj} 接近于费米速度 v_F。Natori 和 Lundstrom 的分析表明，反射系数 r 与沟道中载流子的低场迁移率有关；迁移率越高，平均自由程越大，反射系数就越低，因而饱和电流也就越大。这种输运模型实际上是把纳米器件中的电子看成是在波导中传播的波，称为 Landauer-Buttiker 模型。对于纳米器件来说，散射的影响往往可以被忽略，迁移率的概念也就值得怀疑了，而 Landauer-Buttiker 模型从电子波函数的投射率的角度看待载流子的输运问题，为分析和处理弹道输运问题提供了一种有效的、全新的方法。

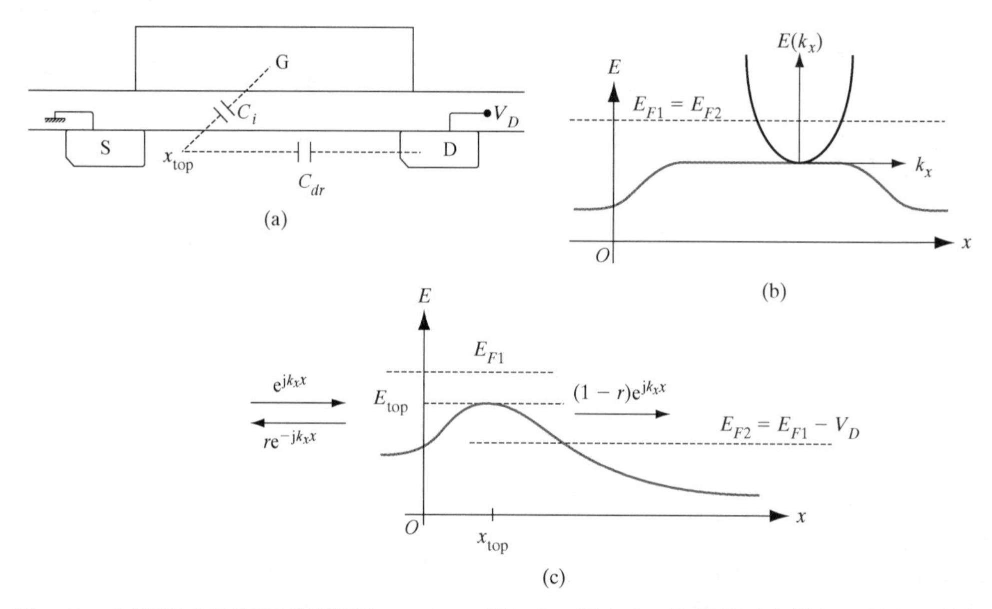

图 6-33 (a)源注入限制准弹道输运 MOSFET，栅电容和漏电容对源端附近沟道(x_{top}处)的电势都有控制作用；(b)平衡条件下沟道内的电势分布，同时也画出了某处的抛物线形 E-k 关系；(c)在施加了偏压 V_D 的情况下沟道内的电势分布，电子波函数可透射通过势垒的顶部

6.5.5 阈值电压的控制

既然阈值电压决定了 MOSFET 的开通和关断，那么在器件的设计和制造阶段，就应根据实际需要对阈值电压 V_T 进行设计和工艺调整。比如，若器件拟在驱动电压为 3 V 的电路中使用，那么 4 V 的阈值电压显然是不可接受的。在有些应用条件下，不但要求阈值电压较小，而且还要求阈值电压必须与外电路精确匹配。

阈值电压表达式(6-38)中的各项都在某种程度上可被调整。选择合适的栅极材料，可以调整功函数差 Φ_{ms}；改变衬底的掺杂浓度可以调整费米势 ϕ_F 和耗尽层电荷密度 Q_d；采用(100) Si 和适当的氧化方法可以减小界面电荷密度 Q_i；改变绝缘介质层的厚度和介质材料的种类可以改变绝缘层电容 C_i。下面分别对以上几点加以具体说明。

栅极材料的选择。功函数差 Φ_{ms} 对阈值电压 V_T 有较大的影响。20 世纪 60 年代 MOSFET 刚产生时，采用金属 Al 作为栅电极。后来因为 Al 的熔点低、不能承受离子注入退火过程的高温，更多地采用了 LPCVD 重掺杂的 n^+ 型多晶硅作为栅电极，其费米能级与 Si 导带底的位置基本相同。实践发现，n^+ 多晶硅栅对 n-MOSFET 比较有利，对 p-MOSFET 却带来一些问题(将在 9.3.1 节介绍)，所以在有些情况 p-MOSFET 的栅电极采用 p^+ 多晶硅。目前正在尝试采用某些难熔金属取代多晶硅作为栅电极，其中较有希望的是金属钨(W)，它的费米能级大致位于 Si 禁带的正中央。

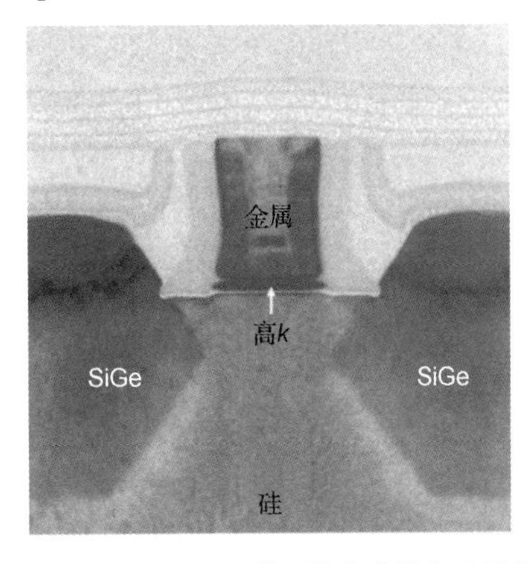

图 6-34　MOSFET 截面的高分辨率透射电子显微镜(TEM)照片。这是一个 45 nm p-MOSFET，清晰可见金属栅和 Si 沟道之间的高 k 栅介质薄层(照片由 Intel 公司提供)

绝缘层电容(C_i)的控制。我们总是希望 MOS 器件的阈值电压低、驱动电流大。由 $C_i = \varepsilon_i/d$ 知道，较薄的绝缘层利于增大绝缘层电容 C_i[参见式(6-38)]；又由图 6-20 可知，增大 C_i 可使 p 沟道器件的阈值电压不太负、n 沟道器件的阈值电压也不太正，即阈值电压都不太高。因此，现代 MOS 器件的氧化层一般很薄，约在 10 ~ 100 Å(1 ~ 10 nm)范围。图 6-34 是一幅栅氧化层的透射电子显微(TEM)照片，其中的高 k 介质层清晰可见。从图中也可清晰看到各区的分界线。

在对 MOSFET 有源区阈值电压 V_T 要求越低越好的同时，对隔离区寄生器件的阈值电压则要求越高越好，以避免在器件之间形成沟道、影响各器件正常工作。如图 6-35 所示，隔离(STI)氧化层(或场氧化层)的厚度应足够厚，以保证寄生器件有尽量高的阈值电压。由图可见，场氧化层的厚度约为 0.5 μm，比栅氧化层的厚度(约 10 nm)厚得多。

离子注入对阈值电压的调整作用。调整阈值电压的最有效方法是对沟道区进行离子注入(参见 5.1.4 节)，因为它可以精确地控制注入杂质的数量，从而精确地控制阈值电压 V_T。图 6-35 是一个通过氧化层向 p 型沟道区注入硼杂质的实例。在这个例子中，硼杂质浓度的峰值被准确地定位在半导体表面处。由于注入的硼离子带负电，在一定程度上屏蔽了耗尽层正电荷 Q_d 的作用，所以可使 p-MOSFET 的阈值电压变得不太“负”。若在 n-MOSFET 的沟道区注入硼杂质，则相当于增大了衬底掺杂浓度，可使阈值电压 V_T 由负值变为正值，从而可使器件在增强模式下工作。

如果注入能量很高，或者直接从 Si 表面注入而不经由氧化层注入，那么杂质将被注入到较深的地方，杂质浓度峰值不在 Si 衬底的表面处，杂质的分布也不能简单地看成是高斯分布(参见 5.1.4 节)。由于此时耗尽层电荷 Q_d 的分布较为复杂[参见式(6-38)]，对阈值电压 V_T 带来的影响也较为复杂，所以需要通过实验来确定阈值电压偏移量与杂质注入剂量的关系。

浅结离子注入使用的能量一般比较低，约为 50 ~ 100 keV，注入剂量也不太大。典型情况下，对单个晶片进行离子注入的过程只需 10 s 左右即可完成，这与大规模生产的要求是相适应的。

【例 6-3】 一个 p-MOSFET，氧化层厚度为 10 nm，需要在其沟道区注入硼(B)杂质将阈值电压从–1.1 V 调整到–0.5 V。假设注入的杂质仅分布在硅表面附近的一个薄层内，求注入剂量 F_B 应为多大(单位：离子数/cm^2)？假如注入束流是 10 μA，注入面积是 650 cm^2，那么需要多长时间才能完成注入？如果杂质的分布不能看成是一个薄层，而是分布在一个比较大的深度范围内，阈值电压 V_T 应如何计算？

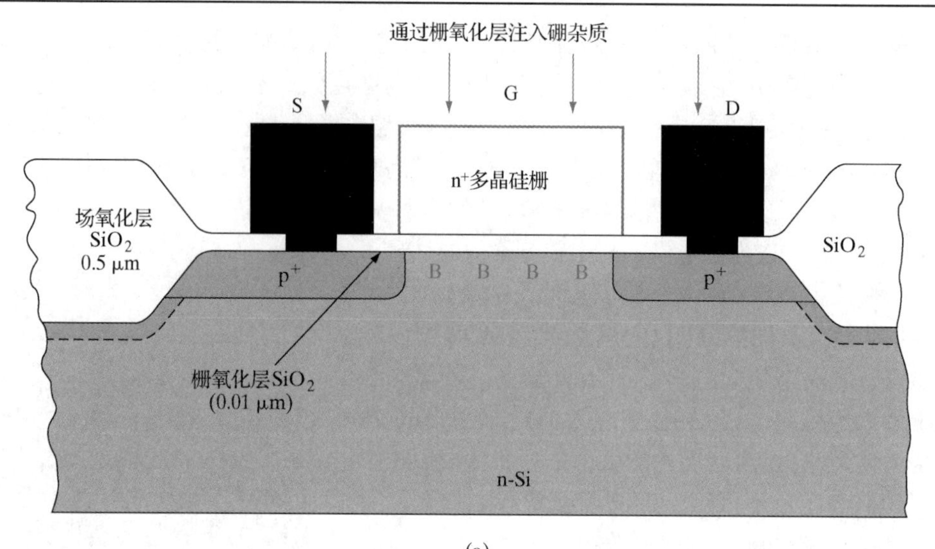

(a)

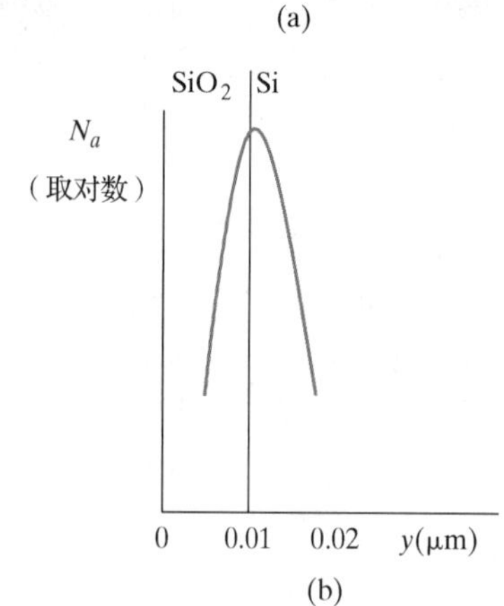

(b)

图 6-35 (a)通过栅氧化层向沟道区注入硼杂质，用以调整 p-MOSFET 的阈值电压；(b)注入形成的杂质分布，杂质浓度的峰值被控制在半导体表面处

【解】 该器件单位面积的氧化层电容为

$$C_i = \frac{\varepsilon_i}{d} = \frac{3.9 \times 8.85 \times 10^{-14}}{10^{-6}} = 3.45 \times 10^{-7}\ \text{F/cm}^2$$

如果注入的硼杂质仅分布在沟道表面附近的一个薄层内，那么相应增加的电荷(电离的受主杂质负电荷)可看成是增加的一薄层氧化物固定电荷，这等同于式(6-38)中的有效界面电荷 Q_i 减少了 qF_B(注意 Q_i 本身是正电荷)。由此不难理解，离子注入前后的阈值电压之间有 $V_T' = V_T + qF_B/C_i$ 的关系，因此注入剂量 F_B 应为

$$F_B = (V_T' - V_T)C_i / q = (-0.5 + 1.1) \times 3.45 \times 10^{-7} / 1.6 \times 10^{-19} = 1.3 \times 10^{12}\ \text{cm}^{-2}$$

以 $I = 10\ \mu\text{A}$ 的束流对面积为 $S = 650\ \text{cm}^2$ 的区域进行注入，需要的注入时间为

$$t = qF_B S / I = 1.6 \times 10^{-19} \times 1.3 \times 10^{12} \times 650 / 10^{-5} = 13.5\ \text{s}$$

如果注入的杂质分布在一个比较大的深度范围内，则不能将其看成是氧化物固定电荷，而应看成是衬底掺杂浓度的一部分。计算阈值电压时，要针对两种情况采用不同的方法。一种情况是注入的杂质在最大耗尽层宽度 W_m 范围内近似均匀分布，这相当于增大了衬底的掺杂

浓度，其影响是式(6-38)中的耗尽层电荷从 Q_d 变化到 Q_d'（注意 Q_d 本身是负电荷），相应的阈值电压的改变量可表示为 $DV_T = V_T' - V_T = qF_B / C_i$。另一种情况是注入的杂质在最大耗尽层宽度 W_m 范围内分布不均匀，这相当于对衬底做了不均匀掺杂，此时不能简单地计算出阈值电压或者其改变量，而应借助数值求解方法，对耗尽区求解泊松方程，得到衬底中的电压降(即表面势 ϕ_s)，进而得到 Q_d 的改变量，然后根据 Q_d 的改变量才能确定阈值电压的变化。

若对 p-MOSFET 的沟道进行大剂量 B^+ 注入，则可使其阈值电压 V_T 由负值"过零"而变为正值，相应地使 p 沟道器件由增强型变成为耗尽型，如图 6-36 所示。这就是说，通过离子注入可改变 MOS 器件的工作模式。这为集成电路的设计带来了很大的灵活性。例如，可将耗尽型器件和增强型器件集成在同一块芯片上，用其中的耗尽型器件取代电阻作为增强型器件的负载。

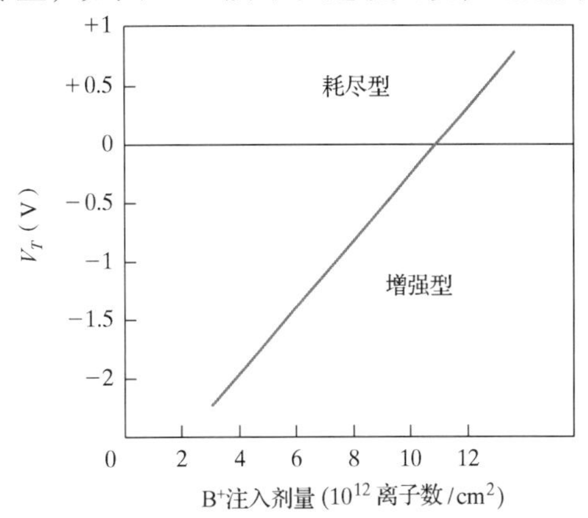

图 6-36　p-MOSFET 的阈值电压随沟道区注硼剂量的变化：只要注入的硼的剂量足够大，器件就会由增强型（$V_T < 0$）转变为耗尽型（$V_T > 0$）

离子注入不但可用于改变 MOSFET 的阈值电压，还可用于隔离区(或场氧区)的"**沟道切断注入**"，以切断隔离区的寄生沟道(参见图 6-34)。例如，对 n 沟道器件，注入受主杂质(如 B)可切断寄生沟道。我们应注意到，注入受主杂质可使 n 沟道器件(衬底为 p 型)的阈值电压升高、使 p 沟道器件(衬底为 n 型)的阈值电压降低。

6.5.6　衬底偏置效应(体效应)

在前面的分析和推导过程中总是认为源极(S)和衬底(B)是短路的(参见图 6-27)[参见式(6-49)]，二者均接地。实际上，源极和衬底之间可以施加反偏压 V_B，如图 6-37 所示，使源-沟道结的势垒升高[参见图 6-10(b)]。在这种情况下，需要施加更高的栅偏压才能在半导体表面形成反型层，即器件的阈值电压升高了。我们把衬底偏置导致阈值电压改变的效应称为**衬底偏置效应**或**体效应**。在存在体效应的情况下，需要对式(6-38)给出的阈值电压进行适当修正。为给出新的阈值电压，应在式(6-38)的 $2\phi_F$ 项上增加 $-V_B$ 项。

同时考虑到源极是接地的，且阈值电压是相对于源极而言的(而不是相对于衬底而言的)，应在式(6-38)中增加 V_B 项。这样，衬底反偏压的"净"的效果是使耗尽层宽度加宽，耗尽层电荷面密度增大(绝对值)。于是，阈值电压修正为

$$\boxed{V_T' = \Phi_{ms} - \frac{Q_i}{C_i} - \frac{Q_d'}{C_i} + (2\phi_F - V_B) + V_B} \tag{6-62a}$$

其中 Q_d' 是变化了的耗尽层电荷面密度

$$Q_d' = -\sqrt{2q\varepsilon_s N_a (2\phi_F - V_B)} \tag{6-62b}$$

由此引起的阈值电压改变量为

$$\Delta V_T = \frac{\sqrt{2q\varepsilon_s N_a}}{C_i}\left[\sqrt{2\phi_F - V_B} - \sqrt{2\phi_F}\right] \tag{6-63a}$$

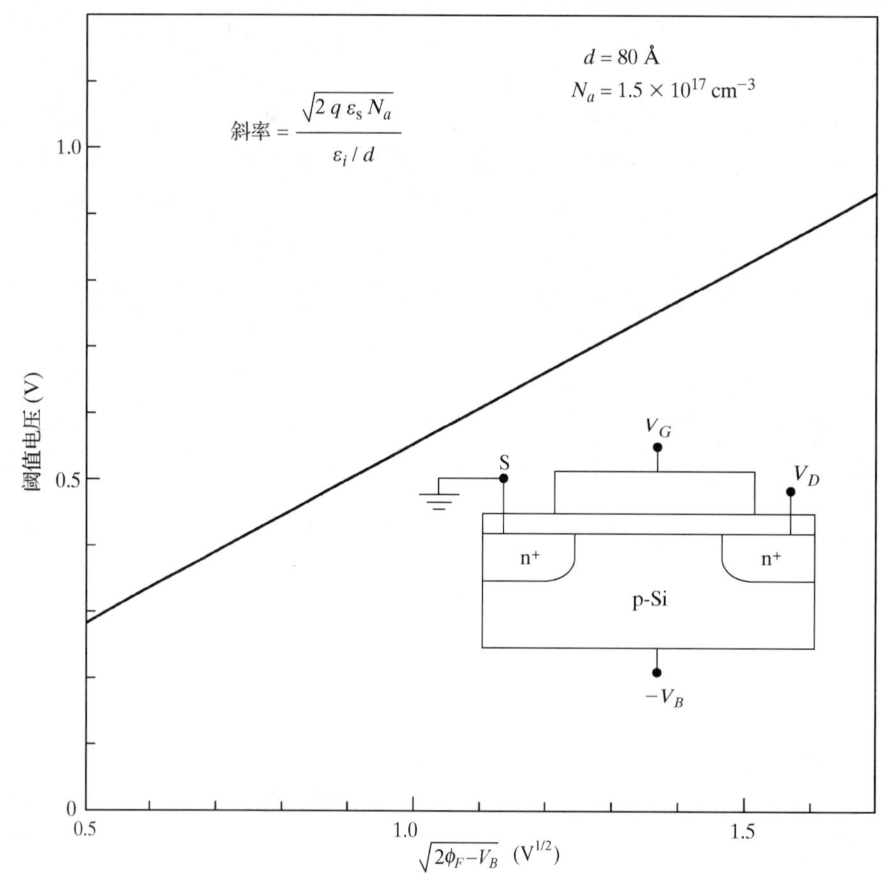

图 6-37 阈值电压 V_T 对衬底偏置电压 V_B 的依赖关系。对 n 沟道器件，V_B 为负；对 p 沟道器件，V_B 为正。V_B 的正负是相对于源极(电势参考点)而言的

如果 V_B(绝对值)远大于 $2\phi_F$($2\phi_F$ 的典型值约为 0.6 V)，则ΔV_T主要由 V_B 决定：

$$\Delta V_T \approx \frac{\sqrt{2q\varepsilon_s N_a(-V_B)}}{C_i} \quad \text{(n-MOSFET)} \tag{6-63b}$$

对 n 沟道器件，以上各式中的 V_B 本身具有负值。衬底偏压 V_B 越高，引起阈值电压的变化ΔV_T就越大；特别是当衬底杂质浓度 N_a 更高时，ΔV_T 更大，因为ΔV_T与$(N_a)^{1/2}$成正比。对 p 沟道器件，V_B 本身具有正值，在 $V_B >> 2\phi_F$ 的情况下，衬底偏置引起的阈值电压改变量为

$$\Delta V_T \approx -\frac{\sqrt{2q\varepsilon_s N_d V_B}}{C_i} \quad \text{(p-MOSFET)} \tag{6-64}$$

可见，对 p 沟道器件，随着衬底偏压的增大，阈值电压会变得更“负”。

由以上讨论可见，不管沟道类型(或衬底类型)如何，衬底偏置的结果都是使阈值电压 V_T 的绝对值增大。若器件原来的阈值电压为 0 V 附近，则可利用衬底偏置效应将其调整到更大、更合适的值，这对 nMOS 器件的阈值电压调整尤其有利(参见图 6-20)。但是，对 MOS 集成电路来说，把其中每个器件都进行衬底偏置是不太现实的，可能会带来一些新的问题。所以，在进行集成电路设计时，必须认真考虑和处理体效应引起的阈值电压 V_T 漂移问题。

6.5.7　亚阈值区特性

根据式(6-53)可知，当栅偏压 V_G 减小到阈值电压 V_T 附近时，电流将很快减小为零，但这仅仅是理论预期的结果；从实验结果来看，当栅偏压小于阈值电压时，器件中仍有一定的电流存在。这是因为当栅偏压低于阈值电压但高于平带电压时(即 $V_{FB} < V_G < V_T$)，半导体的表面势 ϕ_s 介于 0 和 $2\phi_F$ 之间(即 $0 < \phi_s < 2\phi_F$)，半导体表面实际上处于弱反型状态，因而源-漏之间仍有电流(扩散电流)。我们把 MOS 器件的这个工作区域($V_{FB} < V_G < V_T$)称为**亚阈值区**，把该区域的器件特性称为**亚阈值区特性**。亚阈值区 I-V 特性可表示为

$$I_D = \mu(C_d + C_{it})\frac{Z}{L}\left(\frac{kT}{q}\right)^2\left(1 - \mathrm{e}^{-\frac{qV_D}{kT}}\right)\mathrm{e}^{\frac{q(V_G - V_T)}{c_r kT}} \tag{6-65}$$

式中 $c_r = 1 + \dfrac{C_d + C_{it}}{C_i}$。上式表明，亚阈值区电流对栅偏压有指数式依赖关系。漏偏压 V_D 对亚阈值区的电流影响很小，当 V_D 大于几个 kT/q 后就几乎没有影响了。亚阈值区的 I_D-V_G 关系在半对数坐标中表现为直线，如图 6-38(a)所示。这是一个实测的结果，证明了 I_D-V_G 关系是指数关系。根据上式，直线斜率的倒数可表示为

$$S = \frac{\mathrm{d}V_G}{\mathrm{d}(\log I_D)} = (\ln 10)\frac{\mathrm{d}V_G}{\mathrm{d}(\ln I_D)} = 2.3\frac{kT}{q}\left(1 + \frac{C_d + C_{it}}{C_i}\right) \tag{6-66}$$

其中，ln10(=2.3)是为了把以 10 为底的对数转变为自然对数而引入的。S 是直线斜率的倒数，称为**亚阈值区斜率**。对当前先进水平的 MOSFET 来说，S 的典型值为 70 mV/decade(室温下)，即在亚阈值范围内栅偏压每升高 70 mV 可引起电流增大一个量级，反之亦然。S 的大小反映了亚阈值区内栅偏压 V_G 对电流 I_D 的控制效能：S 越小，说明栅控效能越高、器件越适合于作为开关器件使用。从图 6-38(b)和式(6-66)可以更清楚地理解这一点：耗尽层电容 C_d 与快界面态电容 C_{it} 并联后再与氧化层电容 C_i 串联，比值$(C_d+C_{it})/C_i$ 的大小反映了栅偏压在半导体层和氧化层中的分配比例，而这个比例的大小实际上就是 V_G 对 I_D 控制能力的反映。由此可见，要提高栅控效能，就应减小氧化层厚度 d 以增大氧化层电容 C_i。这是自然的，因为栅越靠近沟道(d 小)，其控制作用必然会越明显。从另一方面看，如果衬底的掺杂浓度 N_a 较高(耗尽层电容 C_d 较大)，或者快界面态密度 D_{it} 较高(快界面态电容 C_{it} 较大)，或者 N_a 和 D_{it} 都较高，则会使 S 增大、栅控效能降低。

由图 6-38(a)还可以看到，在栅偏压更小的区间，通过器件的电流由亚阈值区电流演变为源、漏 p-n 结的泄漏电流。泄漏电流的大小决定了器件的关态电流和待机功耗的大小。在现代互补 MOS 电路(即 CMOS 电路)中，既有 n-MOSFET，又有 p-MOSFET，其泄漏电流和待机功耗必须控制在尽可能低的水平，因此高质量、低泄漏的源、漏结至关重要。我们注意到，MOSFET 的阈值电压不能太低，否则在 $V_G = 0$ V 时器件仍不能完全关断。阈值电压的统计涨落(不可避免的)会导致泄漏电流增大。另一方面，阈值电压也不能太高，否则器件的驱动电流会很小(驱动电流的大小取决于电源电压与阈值电压之差)。为兼顾以上两方面的要求，传统上集成电路中 MOSFET 的阈值电压被控制在约 0.7 V 左右。现代集成电路和器件正在朝着低压、低功耗、便携式的方向发展，在速度和功耗方面面临着新的问题和挑战。

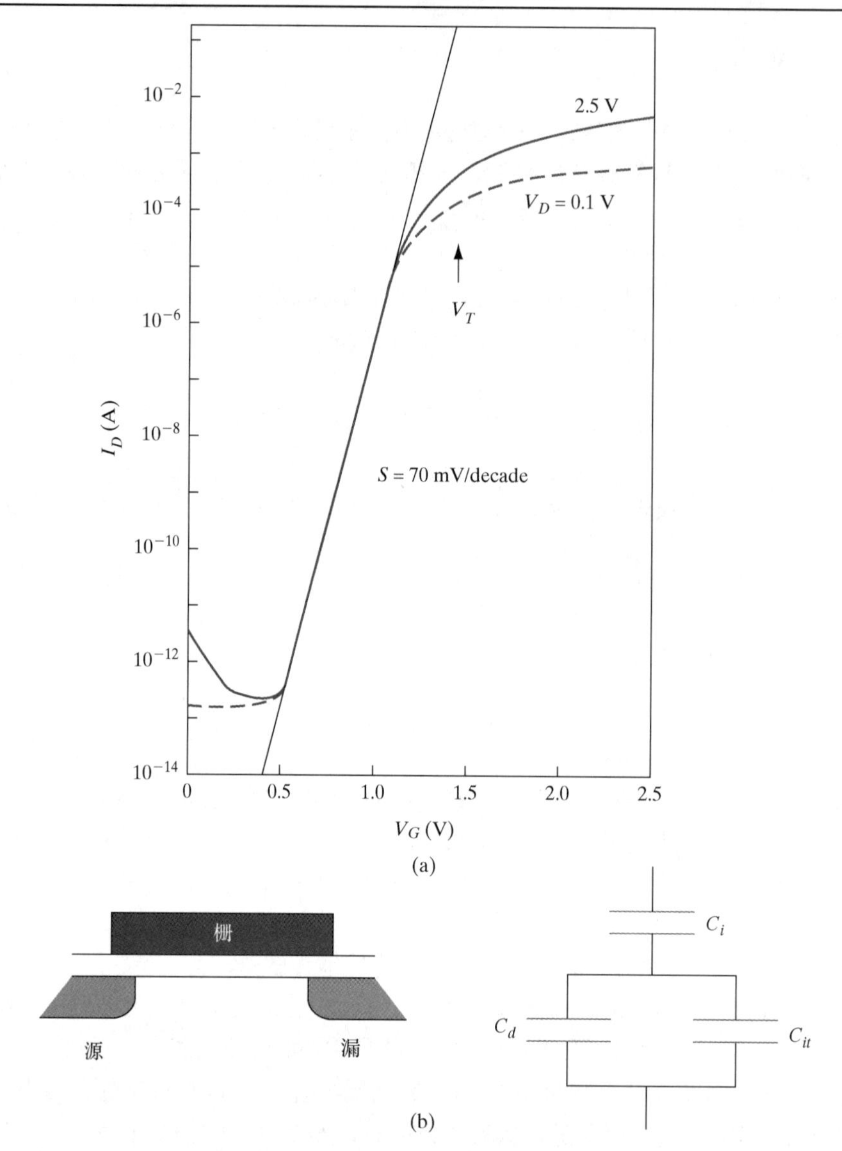

图 6-38 MOSFET 的亚阈值区特性。(a)在半对数坐标上画出的 I_D-V_G 曲线；(b)各部分电容之间的连接关系(等效电路)，它们的相对大小决定了亚阈值区斜率的大小

6.5.8 MOSFET 的等效电路

MOSFET 的等效电路不仅应反映本征 MOSFET 区域的作用，还应能反映出各种寄生元件以及它们的影响。图 6-39 是 MOSFET 等效电路的示意图。其中 C_{OS} 和 C_{OD} 是交叠电容，它们是由于源、漏区与栅区的边缘部分交叠而形成的；它们的形成在源、漏极和栅极之间建立了反馈通道。在保证没有形成反型层的情况下($V_G = 0$)进行高频 C-V 测量，测得的电容主要是交叠电容(C_{OD} 和 C_{OS})而不是栅氧化层电容(C_i)。为减小 C_{OS} 和 C_{OD}，可采用自对准工艺尽量减小源、漏区和栅区的交叠程度。但尽管如此，仍不可能完全消除交叠电容，因为注入的杂质在后续的高温退火工艺中仍会发生一定程度的横向扩散，造成源、漏区和栅区的边缘部分交叠。显然，交叠的结果是沟道长度减小了，如图 6-40 所示。若用 ΔL_R 表示沟道长度的减小量，

则有效沟道长度(用 L_{eff} 表示)变成为

$$L_{eff} = L - \Delta L_R \tag{6-67}$$

除了有效沟道长度因交叠而减小以外，有效沟道宽度 Z_{eff} 也减小了：$Z_{eff} = (Z-\Delta Z)$，ΔZ 表示沟道宽度的减小量。沟道宽度的减小是由于 LOCOS 场氧区(隔离区)占用了器件周围的一部分区域而造成的(参见 9.3.1 节的介绍)。

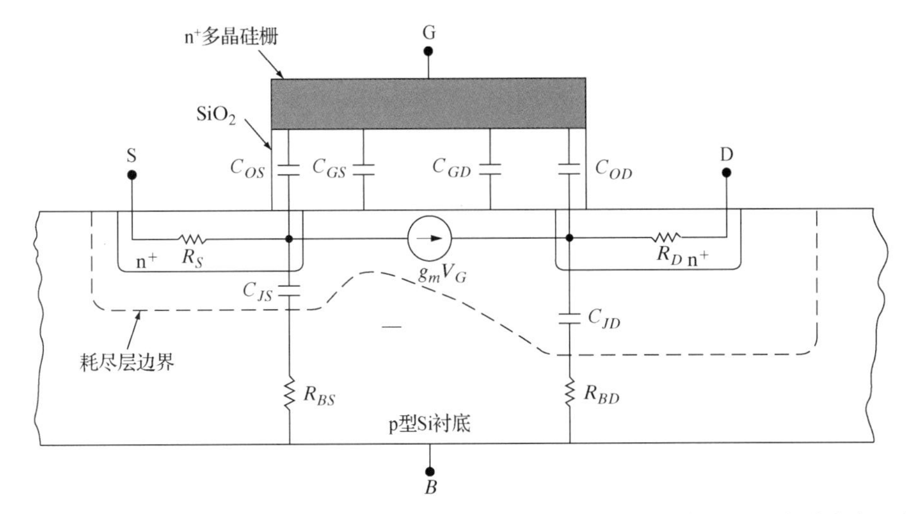

图 6-39　MOSFET 的等效电路，包括了各部分的电容和电阻。栅电容 C_i 是两部分分布电容之和：一部分是由栅到沟道源端的电容 C_{GS}，另一部分是由栅到沟道漏端的电容 C_{GD}。栅-源和栅-漏的交叠电容分别是 C_{OS} 和 C_{OD}。C_{OD} 也被称为米勒(Miller)交叠电容。源-沟结和漏-沟结的耗尽层电容分别是 C_{JS} 和 C_{JD}。源区和漏区的串联电阻分别是 R_S 和 R_D。另外，还有体电阻 R_{BS} 和 R_{BD}。漏极电流可看成是受栅压控制的恒流源

图 6-39 所示等效电路中的另一个重要参数是源-漏之间的串联电阻 $R_{SD} = (R_S+R_D)$。串联电阻的存在使漏偏压 V_D 的一部分被“浪费”在了串联电阻上(欧姆压降)，使本征 MOSFET 获得的偏压降低，结果是 I_D 随 V_G 的增长幅度变缓、导致跨导减小。

由 MOSFET 线性区的沟道电阻 V_D/I_D 可确定源-漏串联电阻 R_{SD} 和沟道长度减小量ΔL_R。电阻 V_D/I_D 包括了本征沟道阻抗 R_{Ch} 和源-漏串联电阻 R_{SD} 两部分。式(6-51)可改写成

$$\frac{V_D}{I_D} = R_{Ch} + R_{SD} = \frac{L - \Delta L_R}{Z - \Delta Z}\frac{1}{\overline{\mu}_n C_i (V_G - V_T)} + R_{SD} \tag{6-68}$$

据此，可通过下述方法得到 R_{SD} 和ΔL_R。对具有相同沟道宽度和不同沟道长度的 MOSFET，在不同的衬底偏压 V_B 下，测量线性区的 I-V 特性，得到如图 6-40 所示 V_D/I_D-L 关系曲线。由于衬底偏压 V_B 改变了阈值电压 V_T，所以不同 V_B 对应的 V_D/I_D-L 曲线的斜率不同。各条线交于一点，该点对应的纵坐标和横坐标分别就是源-漏串联电阻 R_{SD} 沟道长度减小量ΔL_R。

6.5.9　按比例缩小和热电子效应

众所周知，将器件的尺寸缩小会带来很多好处，例如，在封装密度、工作速度和功耗等方面均有很大改善。按比例缩小的概念最早是由 IBM 的 Dennard 提出的，其基本思想是：如果器件的横向尺寸(如沟道长度和宽度)按一定比例缩小到原来的 1/K，则器件的纵向尺寸(如结深和氧化层厚度)也应按同一比例缩小，这样才能保证器件正常工作。表 6-1 中列出了各种

参数的缩小因子。耗尽层宽度的缩小是通过提高衬底掺杂浓度实现的。尺寸缩小后，如果继续保持原来的电源电压不变，则器件内部的电场必然增大，所以电源电压也应降低到一个合适的水平。但是，降低电源电压和缩小器件尺寸往往不能同步进行，因为电源电压还受到很多其他因素的制约，这样就使得尺寸缩小后器件内部的横向电场和纵向电场都比原来增大了，由此产生了很多问题，如热电子效应和短沟效应等问题(参见图 6-41)。

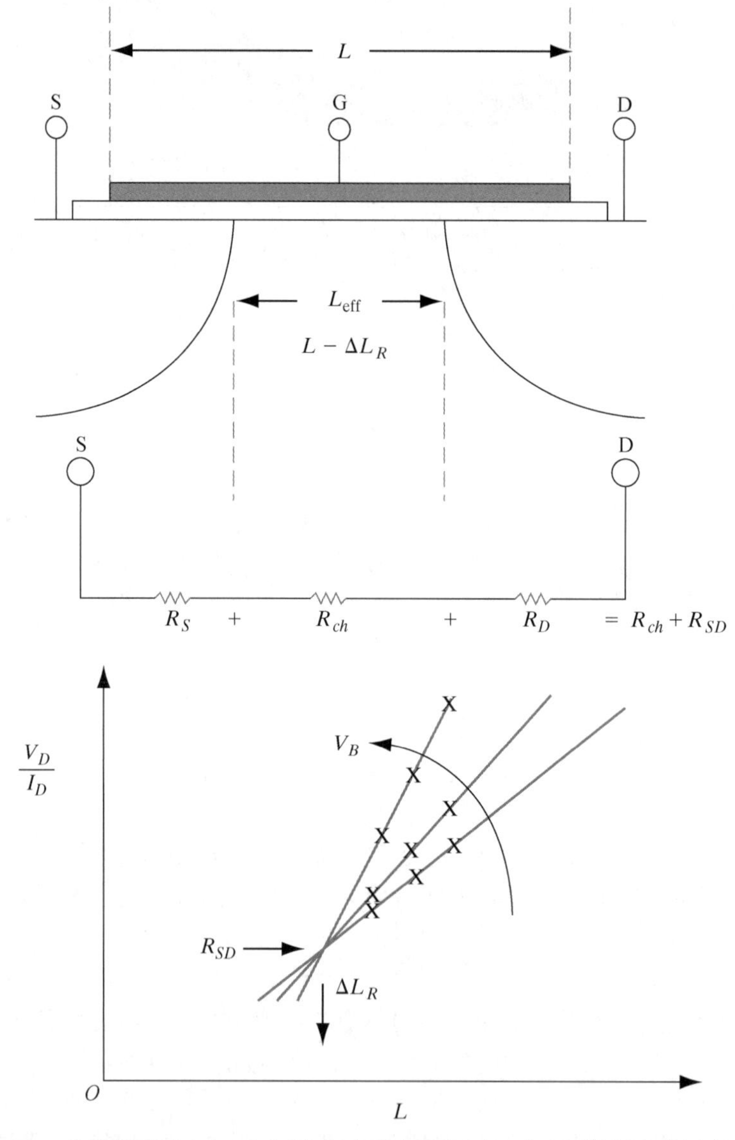

图 6-40 MOSFET 沟道长度减小(ΔL_R)和源-漏串联电阻(R_{SD})：在不同的衬底偏压(V_B)下，将沟道电阻 V_D/I_D(线性区)作为沟道长度 L 的函数画出；根据各条线的交点位置可确定ΔL_R 和 R_{SD}

如图 6-41 所示，电子从源向漏运动的过程中，受到夹断区电场的加速而成为热电子。位于导带底的电子只有势能而没有动能，但热电子的能量比导带底的能量高。有一部分电子的能量足够高，以至于可以越过 $Si\text{-}SiO_2$ 界面高达 3.1 eV 的势垒，通过氧化层到达栅极，形成栅泄漏电流，导致器件的输入阻抗降低(参见图 6-25)。更重要的是，有些热电子会停留在氧化层中而成为固定氧化物电荷，导致平带电压 V_T 和阈值电压升高[参见式(6-37)]。并且，热电子还可能破坏 $Si\text{-}SiO_2$ 界面附近的 Si-H 键而造成更多的快界面态，导致器件的跨导和亚阈值区斜率劣化。图 6-42 给出了热电子效应引起 MOSFET 特性劣化的情形。由图可见，受热电子效应的影响，MOSFET 的阈值电压明显升高了、跨导明显减小了。为减小热电子效应的影响，一个简便的方法是对 n-MOSFET 采用轻掺杂的源区和漏区(称为 LDD 技术，参见 9.3.1 节)以降低电场。

表 6-1　MOSFET 的结构尺寸按比例缩小和电参数相应变化的规律

	缩小(或放大)因子
横向尺寸(L, Z)	$1/K$
纵向尺寸(d, x_j)	$1/K$
杂质浓度	K
电流，电压	$1/K$
电流密度	K
电容(单位面积)	K
跨导	1
电路延迟时间	$1/K$
功率耗散	$1/K^2$
功率密度	1
功耗-延迟积	$1/K^3$

LDD 技术对抑制 n-MOSFET 的热电子效应是重要的，但对 p-MOSFET 则不重要，原因是空穴的迁移率低、热空穴的数量少，况且 $Si\text{-}SiO_2$ 界面处的空穴势垒高达 5 eV，比电子势垒 3.1 eV 高得多，所以热空穴效应不明显。因此，p-MOSFET 一般不使用 LDD 技术(参见图 6-25)。

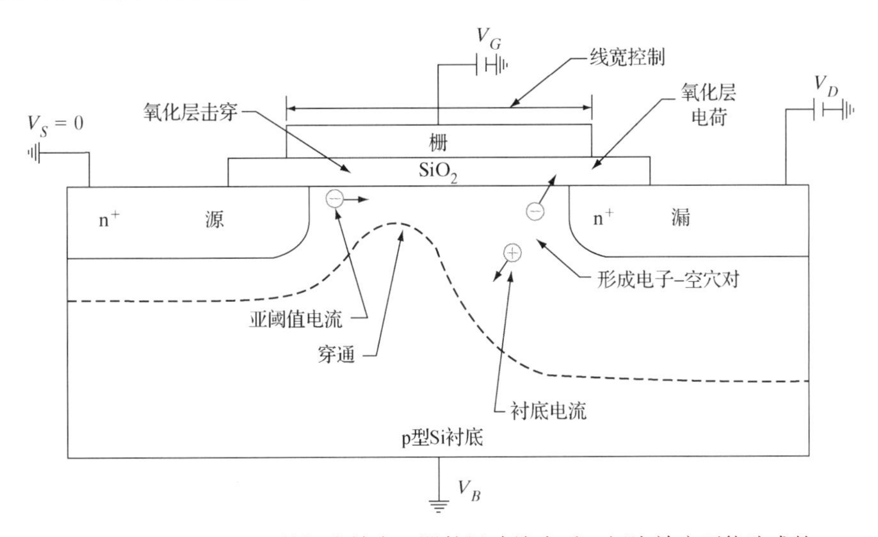

图 6-41　MOSFET 的短沟效应。器件尺寸缩小后，短沟效应可能造成的问题有夹断区热载流子产生、源-漏穿通击穿以及氧化层击穿等

热电子效应的一个表现是衬底电流的变化，如图 6-43 所示。热电子在沟道中运动时受到电场的加速，发生电离碰撞而产生电子-空穴对(参见图 6-41)。其中的电子达到漏极，使漏极电流增大、输出阻抗降低。电离碰撞产生的空穴被衬底收集成为衬底电流。衬底电流的增大会使 CMOS 电路的噪声增大、并导致闩锁现象的发生(参见 9.3.1 节)。反过来说，通过检测衬底电流的变化可判断器件内是否存在热电子。图 6-43 给出了衬底电流 I_B 随栅偏压 V_G 的变化规律：I_B 先随 V_G 增大而增大，达到某个峰值后又随 V_G 的升高而减小。这个规律可以这样来解释：V_G 的升高使 I_D 增大，为夹断区提供了更多的载流子，再经电离碰撞又产生了更多的载流子，导致 I_B 增大。但在更高的 V_G 下(V_D 保持不变)，MOSFET 由饱和区转而进入线性区，夹断区内的电场减小，相应的碰撞电离率减小，因此衬底电流 I_B 也减小。对 MOSFET 所做的“最坏情况”分析通常就是在 I_B 峰值的条件下进行的。

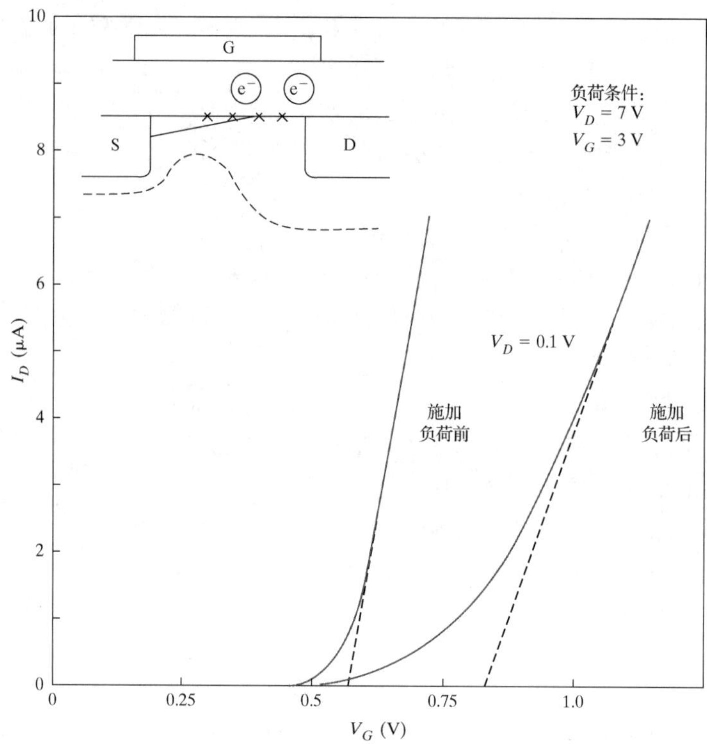

图 6-42　MOSFET 热电子效应导致的特性劣化：阈值电压 V_T升高，跨导减小。热电子注入到氧化层中增大了氧化物固定电荷密度，也使 Si-SiO_2界面的快界面态密度增大(图中用“×”表示)

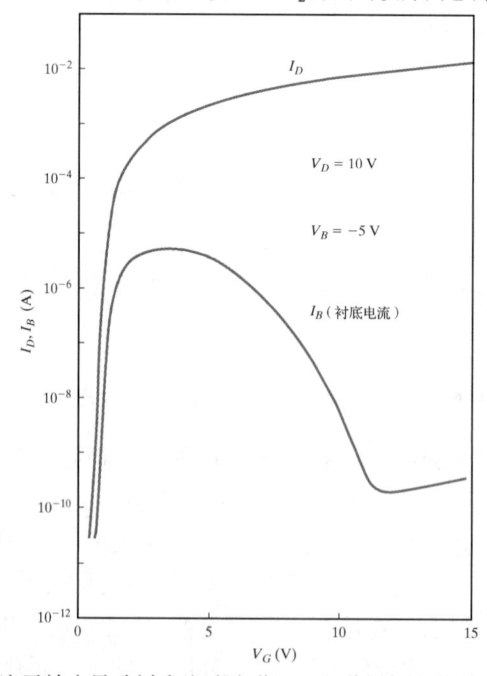

图 6-43　MOSFET 热载流子效应导致衬底电流变化。n 沟道器件内载流子在夹断区发生电离碰撞从而产生大量电子-空穴对，其中的空穴被衬底收集成为衬底电流。衬底电流首先随栅压 V_G 的增大而升高(因为漏极电流也随栅偏压的升高而增大，为电离碰撞提供了大量的一次电子)，但在到达某个峰值后开始下降(因为在较高的栅偏压下，夹断区内的横向电场减小了,因而电离碰撞减弱了)[引自 Kamata et. al., Jpn. J. Appl. Phys., 15(1976), 1127]

6.5.10　漏致势垒降低效应

在器件未能正确地按比例缩小，或者源、漏结的结深太深，或者衬底掺杂浓度太低等情况下，源区和漏区之间可能发生较为明显的电学相互作用，表现为**漏致势垒降低**(DIBL)，即漏偏压较大时，漏结的耗尽层扩展到源区附近，导致源结的势垒降低。图 6-44 画出了长沟器件和短沟器件沟道内的电子势能分布。对长沟道 MOSFET 来说，即使漏偏压较大，漏结的耗尽层也不至于扩展到源区附近，所以不会使源结的势垒降低。但是，对短沟道 MOSFET 来说，当漏偏压较大时，漏结的耗尽层容易扩展到源区附近使源结的势垒降低，因而容易发生 DIBL 效应。由图 6-33(a)的等效电路可以看出，栅电容 C_i 和漏电容 C_{dr} 都对沟道电势有控制作用。简单地理解，DIBL 效应的发生是因为漏结的耗尽层扩展到了源区附近，并与源结的耗尽层连接在了一起，导致两个结发生穿通击穿而造成的。但必须清楚，只有当源结的势垒降低到自建电势以下才是发生 DIBL 效应的根本原因。由此不难想到，如果某个 MOSFET 在衬底接地情况下发生了 DIBL 现象,则可对衬底相对于源极施加反偏压提高源结的势垒,从而抑制 DIBL 现象的发生。一旦源结的势垒高度因 DIBL 效应而降低了，泄漏电流将明显增大，栅极也会失去控制作用导致器件无法关断。

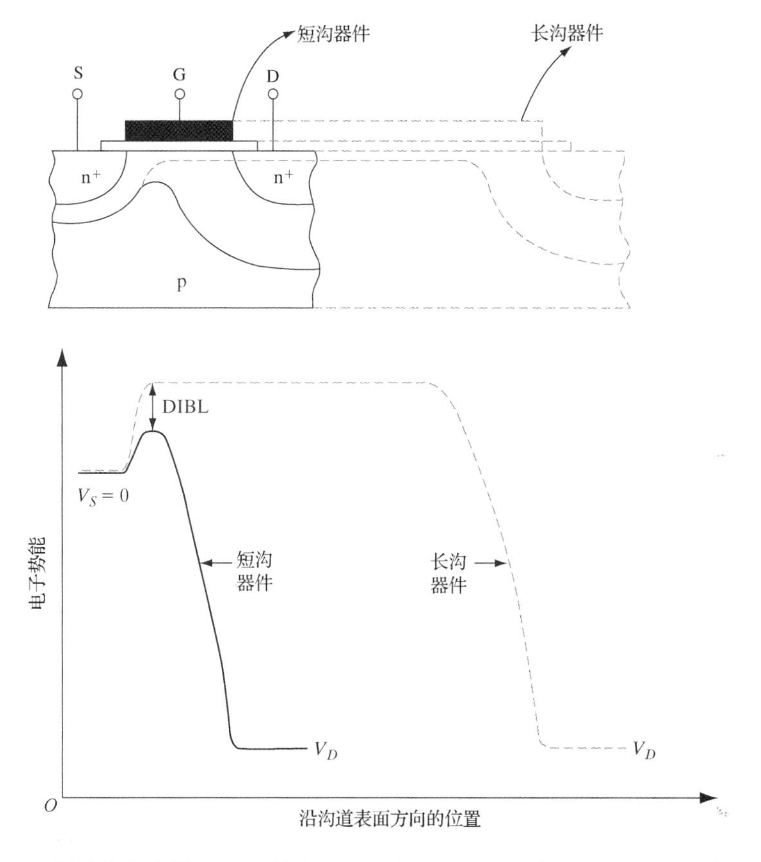

图 6-44　MOSFET 漏致势垒降低(DIBL)效应。对短沟 MOSFET 和长沟 MOSFET 的截面图和电势分布做了比较。短沟器件的漏-沟结耗尽层更容易扩展到源区，从而导致源-沟结的势垒降低

那么如何才能避免 DIBL 现象及其造成的不利影响呢？首先，在制造时应保证源-沟道结和漏-沟道结都足够浅，以削弱耗尽层的横向扩展。其次，可对沟道区进行**反穿通注入**，提高

沟道区的掺杂浓度，以保证漏-源间不易发生穿通。不过，反穿通注入是对整个沟道区进行的，会引起器件的阈值电压 V_T 升高，所以通常只对源结和漏结的附近区域进行局部注入(即所谓的“halo”或“pocket”注入)，以减小源区和漏区的耗尽层宽度。

在短沟道 MOSFET 中，DIBL 效应还与沟道长度调制效应联系在一起。由于电流 I_D 与沟道长度 L 成反比[参见式(6-53)]，在夹断区长度ΔL 不很大的情况下，我们有

$$I_D \propto \frac{1}{L-\Delta L} = \frac{1}{L}\left(1+\frac{\Delta L}{L}\right) \tag{6-69}$$

若假定沟道长度的相对变化$\Delta L/L$ 与漏极偏压 V_D 成正比：

$$\frac{\Delta L}{L} = \lambda V_D \tag{6-70}$$

其中λ是**沟道长度调制参数**，则短沟道 MOSFET 的饱和电流可表示为

$$I_D = \frac{Z}{2L}\overline{\mu}_n C_i (V_G - V_T)^2 (1+\lambda V_D) \tag{6-71}$$

这说明饱和区的 I-V 特性曲线仍有一定的斜率(参见图 6-32)，意味着输出阻抗降低了。

6.5.11 短沟效应和窄沟效应

如果把 MOS 器件的阈值电压随沟道长度的变化关系图示出来，就会发现阈值电压 V_T 随沟道长度 L 的缩短而降低，我们把这种效应称为**短沟效应**(SCE)。短沟效应通常被认为是由源-栅间或漏-栅间的**电荷共享**造成的，如图 6-45 所示①。

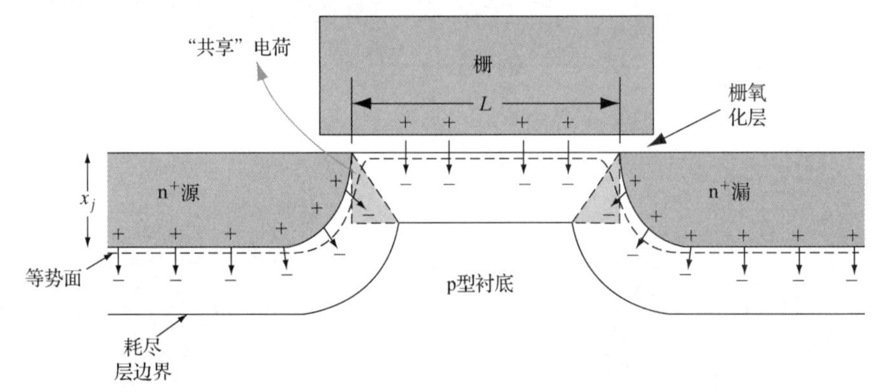

图 6-45 MOSFET 的短沟效应：源-沟之间和漏-沟之间存在共享电荷

由阈值电压的表达式(6-38)看到，其中一项 Q_d 是半导体内的耗尽层电荷密度，我们由此着手分析短沟效应。在图 6-45 中由斜线划定的三角形区域是沟道耗尽区的一部分，该区域中的电荷就是共享电荷。所谓“共享”，是指这部分电荷不仅吸收来自于栅电荷的电场线，而且也吸收来自于源区和漏区一部分电荷的电场线。也就是说，这部分电荷被栅、源、漏共享了。因此，对阈值电压有贡献的耗尽层电荷并不是矩形区域内的所有耗尽层电荷，而是除了阴影区域之外的梯形区域内的电荷，Q_d 显然是减小了。因此，阈值电压降低。对长沟道器件来说，共享电荷只占整个耗尽层电荷的很小一部分，其影响可以忽略不计；但对短沟道器件来说，共享电荷所占的比例较大，对阈值电压 V_T 的影响比较明显，如图 6-46 所示。在沟道更短的情况下，共享电荷占了整个耗尽层电荷的很大一部分，导致阈值电压很难调整。

① 可参阅：L. Yau, “A simple theory to predict the threshold voltage of short-channel IGFETs ,” Solid-State Electronics, 17 (1974): 1059.

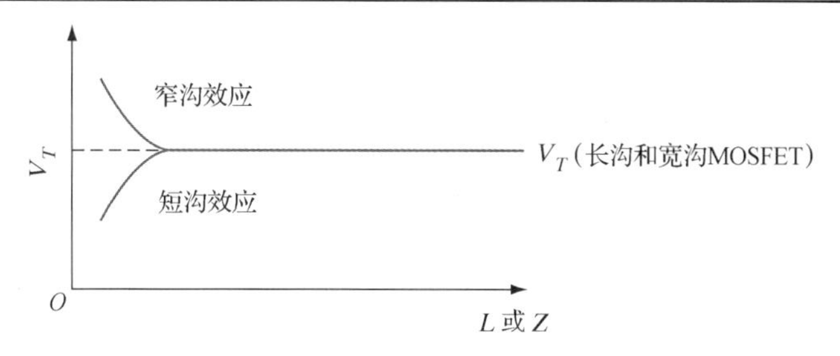

图 6-46　MOSFET 的阈值电压随沟道长度和沟道宽度的变化规律

近年来人们还注意到了 n-MOSFET 中的另外一种效应，即随着沟道长度 L 的缩短，阈值电压 V_T不但不降低反而升高，然后随着沟道长度的进一步缩短才表现出正常的短沟道效应。人们把阈值电压随沟道长度的缩短而升高的现象称为**逆向短沟道效应**(RSCE)。研究发现，RSCE 是由于源、漏区离子注入过程中造成的点缺陷与衬底中硼原子的相互作用，使硼原子在源、漏区附近聚集造成的，相当于增大了耗尽层电荷密度，从而导致阈值电压 V_T升高。

MOSFET 中还存在另一种效应，即**窄沟道效应**，它是指阈值电压 V_T随沟道宽度 Z 的减小而升高的一种效应，如图 6-46 所示。窄沟效应可以这样理解：如图 6-47 所示，LOCOS 隔离区下方耗尽层边缘处有一部分“额外的”电荷，它们吸收来自于栅电荷的电场线，效果上是使属于栅的耗尽层电荷增多了。这显然与短道沟效应不同，在那里耗尽层电荷因被源、漏区“共享”而减少了，而窄沟效应中属于栅的耗尽层电荷增多了。因此，窄沟道效应使 MOSFET 的阈值电压升高。窄沟道效应对宽沟道器件并不重要，但对沟道宽度小于 1 μm 的器件却很重要。

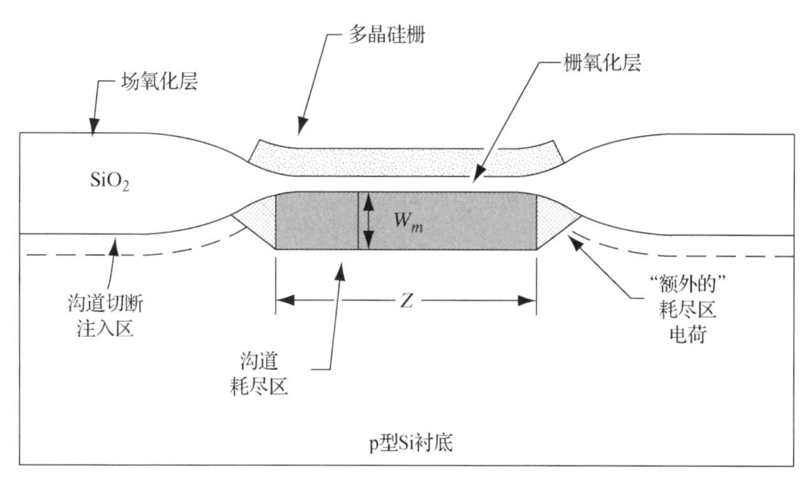

图 6-47　MOSFET 的窄沟效应。在场氧区下方或 LOCOS 隔离区的半导体表面处有“额外的”耗尽区电荷

6.5.12　栅诱导泄漏电流

由图 6-38 给出的亚阈值区特性可以看到，随着栅偏压 V_T的降低(低于阈值电压)，亚阈值区电流减小，直至减小到源、漏结泄漏电流的水平(关态泄漏电流)。当继续改变栅偏压 V_G使其由正变负(变成负偏压)时，却发现关态电流反而升高了。如果将 V_G保持在 0 V 附近不变而提高漏偏压 V_D，也会发现同样的现象(如图中 V_D= 2.5 V 的实线所示)。我们把这种增大的关态泄漏电流称为**栅诱导泄漏电流**(GIDL)。GIDL 可归因于漏区表面耗尽层内的量子隧穿，可借助图 6-48 加以理解。由于栅区和漏区有一定程度的交叠且漏区的掺杂浓度很高，当栅-漏之

间的偏压之差增大时，漏区表面耗尽层的厚度变化不大，但电场却显著增大。如果沿纵向画出此区域的能带图，便会看到能带发生了剧烈弯曲(参见图 6-48)，特别是耗尽层内的能带弯曲量甚至超过了 Si 的禁带宽度。于是，该区域内的价带电子便会直接隧穿而进入导带、产生大量的电子-空穴对，其中的电子进入漏区，使漏极泄漏电流增大。这就是栅诱导泄漏电流(GIDL)。特别值得注意的是，造成 GIDL 的量子隧穿并不是在栅-漏之间发生的，而完全是在半导体内发生的(参见 6.4.7 节)。漏区掺杂浓度约为 $10^{18}\ \text{cm}^{-3}$ 量级时 GIDL 较为明显；如果掺杂浓度很低，则势垒宽度较宽，GIDL 不明显；如果掺杂浓度很高，则大部分偏压降落在了氧化层内，漏区表面耗尽层内的电压降很小，能带弯曲不超过禁带宽度，GIDL 也不明显。GIDL 是现代 MOSFET 关态泄漏电流的重要根源之一。

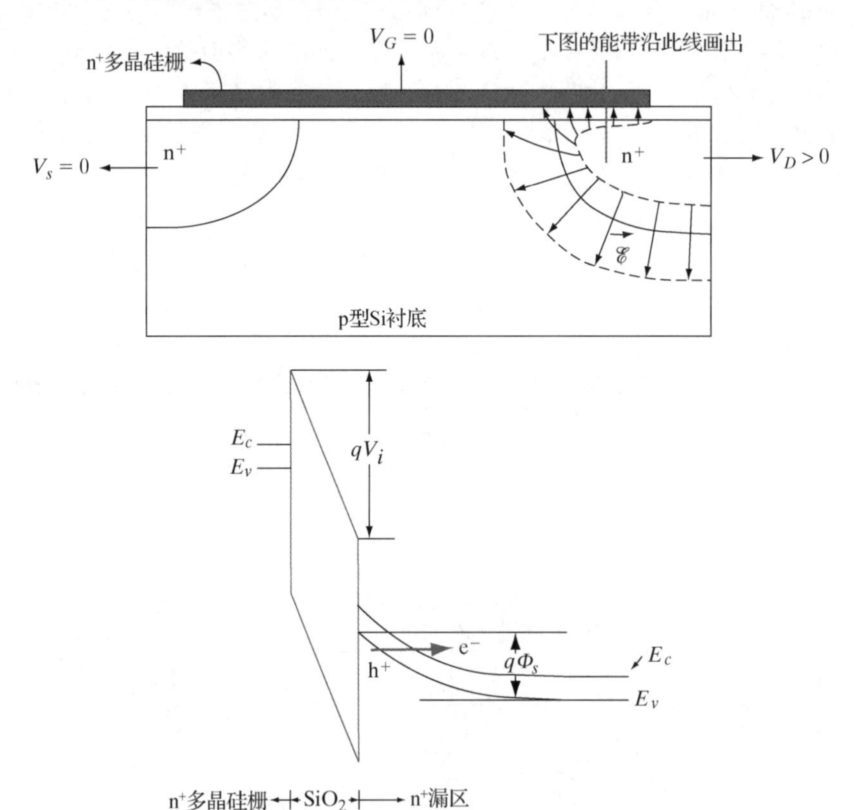

图 6-48 MOSFET 的栅诱导泄漏电流(GIDL)效应。栅-漏交叠区域的漏区表面耗尽层很薄且其中的电场很大，能带剧烈弯曲导致电子发生带间隧穿，从而导致漏区的泄漏电流增大

6.6 先进 MOSFET 结构

6.6.1 金属栅-高 k 介质 MOS 结构

如前所述，在 MOSFET 中使用高质量的 SiO_2 作为绝缘介质、重掺杂的多晶硅作为栅电极，这一直是几十年来的主流做法。但是，随着 SiO_2 介质层厚度的减小，伴随而来的是栅泄漏电流(隧道电流)增大的问题。为此，近年来人们逐渐转向采用高 k 材料 HfO_2 取代 SiO_2 作为栅介质，这样可在不减小栅电容的情况下把介质层做得厚一些。但从另一方面来看，介电常数较

大的材料其禁带宽度一般较窄，这意味着高 k 介质与 Si 之间的能带偏移量比 SiO_2 与 Si 之间的能带偏移量更小，因此尽管隧穿势垒的宽度可以宽一些，但势垒的高度却降低了。还有一个棘手的问题是，高 k 介质 Si 的界面质量比 SiO_2-Si 的界面质量要差一些，这会导致沟道载流子的迁移率更加劣化。因此，一般总是在高 k 介质与 Si 表面之间生长一层 SiO_2 薄层作为界面过渡层，以获得较高的有效迁移率。

生长高 k 介质的常规技术是原子层淀积(ALD)技术。ALD 技术是 CVD 技术的一种，采用两种前驱体交替生长的方式形成厚度可控的薄层。以生长 HfO_2 介质层为例，在一个生长周期内，在特定的衬底温度、气压等条件下，先在含 Hf 的前驱体气氛中，在 Si 表面生长一层含 Hf 的前驱体单层；然后将含 Hf 的前驱体气体排空，继而通入含氧的前驱体气体(如 H_2O)；含氧的前驱体与前已生长的含 Hf 的前驱体发生反应生成 HfO_2 单层。接着，进入下一个生长周期：把含氧的前驱体气体排空，继而通入含 Hf 的前驱体气体，再生长一层含 Hf 的前驱体单层……，如此重复多个周期，就可得到期望厚度的 HfO_2 介质层。从这种生长技术的特点来看，它能够对介质层的厚度进行“数字化”控制，即介质层的厚度取决于生长周期数而不依赖于生长时间(常规 CVD 生长介质层的厚度依赖于生长时间)。这种技术已成为超薄介质层生长的一种非常重要的技术。

除了采用高 k 介质取代 SiO_2 介质之外，人们也在转向采用难熔金属取代多晶硅作为栅极。由式(6-38)看到，选择合适的金属(功函数适当)作为栅极材料，可以调控 MOSFET 的平带电压和阈值电压 V_T，此即所谓的“功函数工程”。这里让人感到有趣的是，事情经过一段时期的发展，往往又会回到原点：最初的 MOSFET 就是用金属 Al 作为栅极，后来被难熔多晶硅取代并持续了很长一段时间。用多晶硅作为栅极，其优点是允许使用自对准工艺对源区和漏区进行离子注入，也允许进行高温退火，这是其被广泛使用的主要原因。现在，人们又返回头来，要采用难熔金属作为栅极。

MOSFET 制造过程的某些工艺环节，如源区和漏区离子注入后的退火环节，需要在高温下进行，但高 k 介质一般无法承受如此高温。为把高 k 介质集成到器件中，人们采用**后栅工艺**(Gate-last Process)：即先制作一个**伪栅**，在伪栅的保护下，对源区和漏区进行离子注入并退火，然后将伪栅刻蚀去除，再淀积高 k 介质层，最后才制作金属栅极。

除了制作优良的金属栅极之外，对于 MOS 器件的其他构成部分，如源结和漏结的尺寸及掺杂、沟道杂质分布的控制、接触电极材料的选择以及接触性能的控制等，也需要仔细设计才行，将在 9.3.1 节做更详细的介绍。

6.6.2　高迁移率沟道材料和应变硅材料

6.3.2 节介绍的高电子迁移率晶体管(HEMT)，其沟道材料采用 III ~ V 族化合物半导体，其中的载流子迁移率较高，这有利于器件的高频、大电流应用。但是，因为 HEMT 的控制栅是肖特基栅，泄漏电流比 MOS 栅的大，所以器件的输入阻抗较低。另外，在 III ~ V 族衬底上也无法像在 Si 衬底上那样能生长出高质量的 SiO_2 层。借鉴 Si MOSFET 高 k 介质的生长方法，可在 III ~ V 族衬底如 InGaAs 上生长高 k 介质，这样制作的 n-MOSFET 的性能比 Si MOSFET 的性能还要好。不巧的是，大多数在 III ~ V 族半导体中空穴的迁移率都很低，不适宜用做 p-MOSFET 的衬底，不过，使用半导体 Ge 作为 p-MOSFET 的衬底倒是一个不错的选择，因为 Ge 中空穴的迁移率大约是 Si 中空穴迁移率的 4 倍。

然而，深入分析一下就会发现，采用高迁移率沟道材料并不总是划算的。不妨这样粗略地分析一下：MOSFET 的输出电流大致正比于沟道中载流子的浓度和漂移速度的乘积，不论是高迁移率材料还是硅材料，载流子的漂移速度(或迁移率)与电导率有效质量成反比［参见式(3-36)］；但不巧的是，在反型层这样的二维系统中，载流子的浓度与态密度有效质量成正比［参见附录 D 的式(D-10b)］。如此一来，电流中的两个与有效质量有关的因子就在一定程度上互相抵消了，这被称为高迁移率材料的**态密度瓶颈**。另外，高迁移率材料的最高杂质浓度也不像 Si 中那样高，因此源-漏之间的电阻比 Si 器件的高。再者，我们已经发现，许多有效质量较小的半导体其禁带宽度也较窄(简单的理解就是，有效质量越小，意味着能带曲率越大；能带曲率越大，则意味着能带本身就越宽，禁带宽度也就越窄)，相应的 MOSFET 的关态泄漏电流比较大，这对小功率逻辑电路来说是个不可小觑的问题。尽管存在以上不尽如人意的问题，但在某些条件下，高迁移率沟道 MOSFET 的确比 Si MOSFET 的性能要好。

还有一种方法可提高沟道载流子的迁移率，那就是在沟道中引入力学应变。如果在 Si 晶体的某个方向引入单轴张应力，或者在两个方向上引入双轴张应力，都会改变晶胞的立方对称性，从而解除导带能谷的六重简并度［参见图 3-10(a)所示[100]方向的 X 能谷］。对于体硅来说,对电流输运有贡献的电子来自两个有效质量(m_l)较大的能谷和四个有效质量(m_t)较小的能谷(参见例 3-6)。而对于(100)面生长的双轴应变硅薄层而言，如图 6-49 所示，导带的六重简并能谷变成了能量较低的两重简并能谷(垂直于应变层平面)和能量较高的四重简并能谷(平行于应变层平面)。显然，导带电子更容易占据能量较低的两重简并能谷，而这两个能谷中的电子在参与应变层面内输运时的有效质量是 $m_t(=0.19m_0)$，它显然比体硅的有效质量 $m^*(=0.26m_0)$ 还要小，这说明应变硅层的引入使电子的迁移率增大了。另外，由于导带能谷六重简并度的解除，谷间散射几率减小，电子的平均自由程增大，因而迁移率变得更大［参见式(3-40a)］。与此类似，如果使用压应变硅薄层作为导电沟道，则使空穴的迁移率增大。

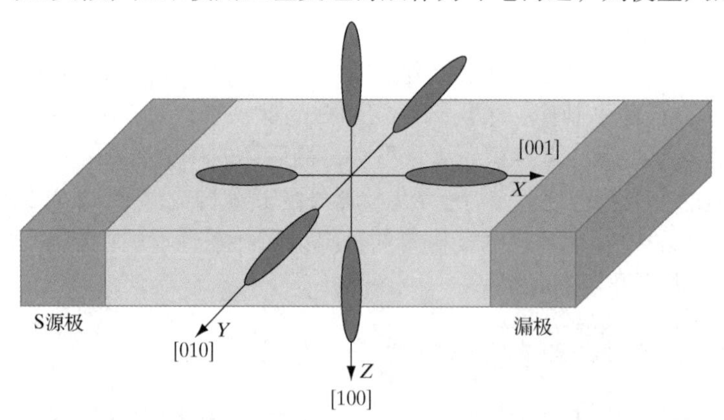

图 6-49　基于(100)Si 衬底的 MOSFET 在各方向上的椭球形等能面。反型层在竖直方向上对载流子的约束效应使 Z 方向的两个能谷降低；双轴张应力使这两个能谷变得更低。导带能谷六重简并度的解除也减弱了谷间散射几率。电子在输运方向上(从源到漏)的有效质量减小，加之散射几率减小，导致迁移率增大

上述机理可用于应变 Si 沟道 MOSFET 中，以提高电流输运能力(尽管反型层对载流子的约束效应会带来额外的复杂性)。引入双轴张应力的一般做法是：在 Si 衬底上生长晶格常数较大的、应力释放的 SiGe 层，再在 SiGe 层上外延生长 Si 而形成应变硅层(参见图 1-14)。引入单轴张应力的做法是在 Si MOSFET 上选择性生长氮化硅(Si_3N_4)薄层。至于压应变的引入，

一般是在源-漏区刻蚀形成沟槽，然后用晶格常数较大的 SiGe 将这些浅槽填充，从而形成压应变沟道。

6.6.3 SOI MOSFET 和 FinFET

上一节提到，以 Si 为衬底的短沟 MOSFET 如果源漏发生穿通则会导致泄漏电流增大的问题。除此之外，还有一个重要的事实是，MOSFET 中的电流其实是被限制在厚度约为 10 nm 的反型层中流动的；其余的 Si 衬底只是对器件起了一个机械支撑的作用，不具有什么电学功能。注意到这些缺点后，人们发展了一种新的 MOSFET 结构，即 SOI MOSFET 结构(SOI 是 Silicon on Insulator 的首字母缩写)，如图 6-50(a)所示。在这种结构中，最下面的衬底是 Si，衬底上面是一层厚度约为 100 nm 的 SiO_2 隐埋层(BOX 层)，隐埋层的上方又是一层厚度约为 10 ~ 100 nm 的 Si 单晶层；MOSFET 就是制作在最上面的 Si 单晶层中。

因为在 Si 衬底上很容易生长 SiO_2 薄层，用它来对其上方的薄层 Si 及其中的器件进行电学隔离自然是顺理成章的事。一般来说，在 SiO_2 上生长的 Si 是多晶硅，器件可以制作在这层多晶硅薄膜中；但考虑到粗糙界面以及多晶硅中过多的缺陷对器件特性的不利影响，人们还是尝试各种方法在 SiO_2 上生长出单晶硅薄层。例如，一种 SOI 基片的制备方法是这样的：在 Si 晶片表面下方注入大剂量的氧原子，并在一定条件下使其与 Si 原子发生反应生成 SiO_2，原始表面附近大约 0.1 μm 厚的 Si 单晶层得以保留；CMOS 器件或电路就可以做在这层单晶硅中。这种 SOI 技术称为注氧隔离技术(简称 SIMOX 技术)。如果希望 SIMOX 基片上的 Si 单晶层更厚一些，可以以其本身已有的 Si 单晶层作为籽晶进行外延生长，容易得到更厚的 Si 单晶层。另外一种制备 SOI 基片的方法是，将两个已经表面氧化的 Si 片面对面地贴在一起，放入高温炉中进行退火，使两个 Si 片键合在一起；然后对其中一片进行化学腐蚀，将其大部分腐蚀掉，只留下大约 1 μm 厚的一层作为 SOI 的单晶层。这种技术称为键合-腐蚀 SOI 技术(简称 BE-SOI 技术)。在这种技术中，要将厚度大约为 600 μm 的 Si 片腐蚀到只剩下 1 μm 左右的薄层是很有挑战性的，因为难以把握腐蚀过程何时停止。不过办法还是有的：在键合前事先对其中的一片进行大剂量 p^+型注入，注入的深度大约就是要保留的厚度(约 1 μm)；在键合完毕、进行腐蚀时，注入的 p^+层就作为腐蚀终止层使腐蚀过程停止了，因为重掺杂 p^+层的腐蚀速率远小于轻掺杂硅的腐蚀速率。还有一种制备 SOI 基片的方法，称为智能剥离法(Smart Cut)，它是相对于 BE-SOI 的升级技术：键合前对其中一个氧化片注入大剂量的氢(H)原子，注入深度约 1 μm；在随后的高温退火过程中，H 原子结合成 H_2 分子，会在注入层面附近形成大量的、很小的 H_2 气泡，Si 片会很自然地沿着这个面解理、脱落开来，而留下的厚度约 1 μm 的薄层与另一片键合在一起形成了 SOI 基片。显然，这种方法不牵扯 Si 片的腐蚀问题，并且解理的晶面也非常平整，解理后 Si 片仍可继续使用。

与 SOI 类似的另一种结构是 SOS 结构(SOS 是 Silicon on Sapphire 的首字母缩写)，它是在蓝宝石(Al_2O_3)单晶衬底上通过 CVD 方法外延生长 Si 单晶薄层而形成的。通常是在 CVD 系统中，使硅烷发生热解反应继而淀积形成外延层，外延层的典型厚度是 1 μm。有时也把这种结构称为 SOI-SOS 结构。

因为 SOI 基片中的 Si 单晶层很薄，使用常规光刻方法就可将这一层划分成一个个独立的小岛用于制作 MOSFET，这样制作得到的相邻 MOSFET 之间具有良好的电学隔离，工艺也比常规 MOSFET 工艺简单一些。对各个小岛进行 p^+型和 n^+型注入形成源区或漏区。由于 Si 层很薄，源区和漏区通常会穿透整个 Si 层而直达下方氧化层的边界。可见，器件的电容主要是源区的侧壁、漏区的侧壁与沟道区之间的电容，显然是大大地减小了。同时，由于互连线是制作在不导电的氧化层上(而不是在 Si 衬底上)，互连电容也减小了；器件之间也不会像体硅 MOSFET 那样存在可能的寄生沟道。SOI MOSFET 电容的减小显著地改善了器件或电路的高频特性；同时，结构的变化也显著降低了器件或电路的功耗。

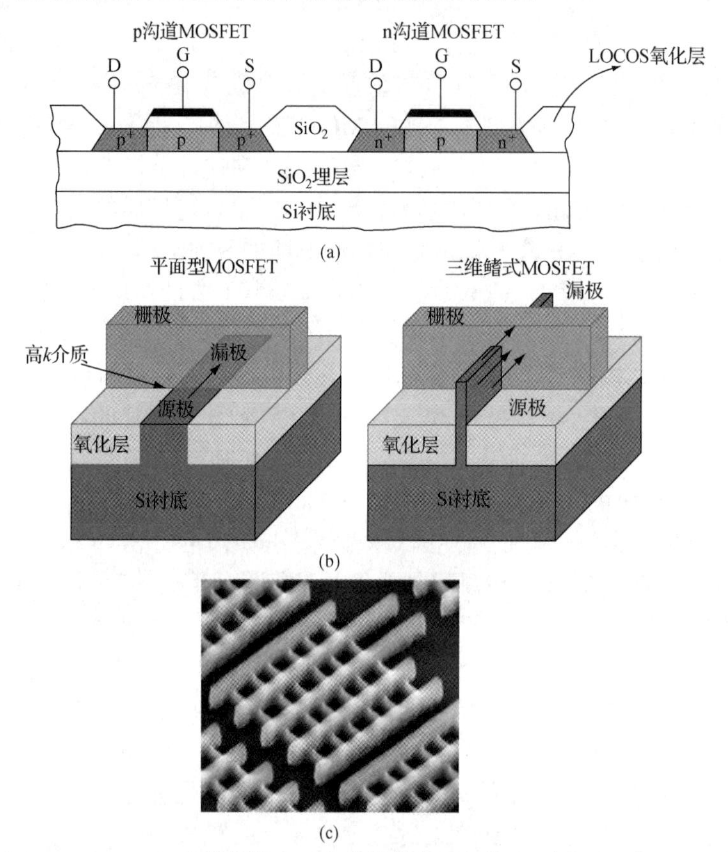

图 6-50 (a) SOI MOSFET。p 沟道器件和 n 沟道器件分别制作在不同的 Si 岛中，互连后做 CMOS 应用；(b) 鳍式 MOSFET (FinFET) 和平面型 MOSFET 的比较；(c) 基于 22 nm 工艺的多鳍三栅 FinFET 的 SEM 照片，它由多个 FinFET 并联以增大有效沟道宽度(由 Intel 公司提供)

SOI MOSFET 的饱和特性相对于体硅 MOSFET 也有较大改善。这是因为 SOI MOSFET 的沟道层更薄，栅偏压导致的耗尽层最远只能到达 BOX 层边界，所以栅压控制能力相对于漏压控制更加高效，关态泄漏电流更低；况且，沟道长度易于控制，DIBL 效应可相应减弱。如果 SOI 中的单晶 Si 层极薄(比如约 10 nm)，那么 MOS 器件的沟道区在正常偏压下是全耗尽的，即使沟道区域没有掺杂也可以避免穿通击穿。通过选择或调整功函数差，还可以灵活地控制器件的阈值电压。不掺杂沟道中的载流子由于不受杂质散射的作用，迁移率比较高，器件阈值电压的波动也会比较小。对常规的体硅 MOSFET 来说，当尺寸缩小后，沟道区的杂质总量(等于杂质浓度和沟道体积的乘积)就很小了；从统计学的观点来看，此时器件的阈值电压很容易受到“杂质数量涨落”的影响而变得不稳定，但 SOI MOSFET 就不存在这个问题。

前面已提到，SOI MOSFET 相比于体 Si MOSFET，栅极对沟道电势的控制作用增强了。在此基础上，如果把栅极做成多个条形状的结构，那么其控制作用还能进一步提高。一个好的做法是：把 SOI 的 Si 层刻蚀出许多具有一定高度和宽度的“鳍”(Fin)(鳍的高度记为 h，宽度记为 w)；在这些鳍上淀积高 k 介质，在介质上制作栅极；用栅极作为自对准掩模，对鳍(包括侧壁)进行离子注入，形成源区和漏区。这样制作的晶体管称为**鳍式场效应晶体管**(FinFET)，如图 6-50(b)所示。可见，FinFET 的栅极位于鳍的顶部和两个侧壁，因而栅极对沟道电势的控制作用显然比 SOI MOSFET 的顶栅结构有效得多；同时，FinFET 的沟道区是栅极(或栅介质)所包围的鳍的顶部和侧壁区域，沟道的有效宽度是$(2h + w)$乘以鳍的数目。对这种 FinFET 稍加变化可形成多栅场效应晶体管(MuGFET)或三栅场效应晶体管(Tri-gate FET)。

在 SOI MOSFET 中，从电源到接地点之间不存在寄生的 p-n-p-n 晶闸管结构(参见第 9 章的相关介绍)，所以器件中不存在体硅 MOSFET 常见的闩锁效应。由于消除了 p-n 结到衬底的泄漏电流，所以器件或电路的待机功耗低；由于不直接使用体硅衬底，所以抗α 射线辐照的能力强(α 射线来源于宇宙辐射和放射性杂质)，这对高速电路应用非常有益。尽管其制造成本较为昂贵，但与上述优点和优异的性能相比，仍是十分合算的。

小结

6.1　具有功率增益的三端有源器件对电信号的开关、放大非常有用。场效应晶体管是电压控制型器件，其输入阻抗高；而双极晶体管是电流控制型器件，其输入阻抗低。交流信号的功率增益来自于直流电源。器件的输出阻抗应尽量高，输出电流与输入电压(电流)之间最好具有线性关系。

6.2　诸如 JFET、MESFET 以及 HEMT 等场效应器件采用 p-n 结或肖特基结作为栅极，利用反向偏置的栅结调控中性沟道的导电面积，从而调控源极和漏极之间的电流。

6.3　MOSFET 利用 MOS 电容作为栅极，因而输入阻抗很高。通过栅极的控制作用，可以有效地调控源极 S 和漏极 D 之间的势垒高度，同时有效地改变沟道的电导。

6.4　增强型 n-MOSFET 具有 p 型导电沟道。在平带条件下，沟道表面附近的能带不发生弯曲。如果栅偏压比平带电压 V_{FB} 更负，则会引起大量的空穴在沟道表面积累，空穴的面密度随栅偏压指数式增大，同时表面附近的能带发生弯曲。

6.5　对 n-MOSFET 施加正向栅偏压，当其高于平带电压(V_{FB})但低于阈值电压(V_T)时，沟道表面区域的空穴受到排斥而形成了一个耗尽区；当栅偏压高于阈值电压(V_T)时，大量的少子电子被吸引到沟道表面处形成反型层，反型层在源极和漏极之间建立了导电沟道。p-MOSFET 的偏压极性和反型层类型与 n-MOSFET 的相反。

6.6　增大 MOSFET(或 MOS 结构)沟道区的掺杂浓度和栅氧化层厚度(获得低的氧化层电容 C_i)都可以提高阈值电压 V_T。阈值电压也与金属栅的功函数、氧化层电荷密度以及衬底偏置电压 V_{FB} 有关。

6.7　MOS 结构的总电容是氧化层电容 C_i(与偏压无关)与半导体电容 C_S(与偏压有关)的串联。在沟道表面发生强反型的条件下，反型层电荷面密度约等于 $C_i(V_G-V_T)$。

6.8　长沟道 MOSFET 的漏极电流 I_D 开始时随着漏–源偏压 V_D 的升高而线性增大，当 V_D 增大到使沟道漏端的反型层被夹断时，电流 I_D 达到饱和(不再随 V_D 的升高而增大)。

6.9　长沟道 MOSFET 的漏极电流 I_D 与栅偏压 V_G 的平方成正比，而短沟道 MOSFET 由于载流子速度饱和，I_D 与 V_G 具有近似线性关系。

6.10　短沟道 MOSFET 由于受到各种短沟效应的影响，其饱和电流($I_{D(饱和)}$)随漏–源偏压的升高而略有增大，导致输出阻抗变小。短沟效应包括漏致势垒降低(DIBL)和电荷共享，导致阈值电压 V_T 随着有效沟道长度 L 的减小而降低。

6.11 当 MOSFET 的栅偏压低于阈值电压 V_T时，器件工作在亚阈值区(器件中仍有少许电流)。亚阈值区特性和亚阈值区斜率可用来判断 MOSFET 是否适合作为开关器件使用。

6.12 当 MOSFET 的栅偏压高于阈值电压 V_T时，表面反型层中的载流子受到表面粗糙度散射更为明显，导致有效迁移率下降。栅偏压 V_G越高，有效迁移率下降越严重。

6.13 随着 MOSFET 特征尺寸的持续缩小，栅极中可能存在隧道泄漏电流而导致输入阻抗降低。如果使用高 k 介质作为栅介质，则可在较大程度上降低隧道泄漏电流。小尺寸 MOSFET 还容易受到热电子效应的影响(热空穴效应的影响较弱)；如果降低工作电压，或者采用轻掺杂漏区(LDD)结构，则可有效减弱这些不良影响。LDD 结构可能导致源–漏之间的串联电阻增大，不过采用自对准硅化物工艺(SALICIDE 工艺，参见第 9 章)可将这种影响降至最小。

习题

6.1 假设图 6-6 给出的 Si JFET p^+栅区的掺杂浓度为 10^{18} cm^{-3}，沟道掺杂浓度为 10^{16} cm^{-3}，沟道的半宽度为 $a = 1$ μm，试计算并比较 V_P 和 V_0 的大小。在计入 V_0 的情况下，多大的 V_{GD} 能将沟道夹断？当 $V_G = -3$ V 时，施加多高的 V_D 才能使电流饱和?

6.2 对于习题 6.1 中的 JFET，设 $Z/L = 10$，$\mu_n = 1000$ cm^2/(V·s)，分别计算 $V_G = 0$、-2 V、-4 V、-6 V 时的饱和电流 $I_{D(饱和)}$，并画出 $I_{D(饱和)}-V_{D(饱和)}$曲线。

6.3 对于习题 6.2 中的 JFET，画出相应 V_G 下线性区的 I_D-V_D 特性曲线。

6.4 一个 Si JFET，$a = 1000$ Å，$N_d = 7\times10^{17}$ cm^{-3}，$Z = 100$ μm，$L = 5$ μm。根据式(6-9)和式(6-10)，计算并画出该 JFET 在 $T = 300$ K，$V_D = 0 \sim 5$ V，$V_G = 0$ V、-1 V、-2 V、-3 V、-4 V、-5 V 时的 I_D-V_D 和 I_D-V_G 特性曲线。

6.5 对于习题 6.4 中的 JFET，利用下面给出的 v_d-$\mathscr{E}$关系(v_d是漂移速度，$\mathscr{E}$是电场)，计算栅长分别为 $L = 0.25$ μm、0.5 μm、1.0 μm、2.0 μm、5.0 μm，$V_G = 0$ V 时的 I_D 并画出 I_D-V_D 特性曲线，据此讨论短沟器件的优点。v_d-$\mathscr{E}$关系是 $\mu(\mathscr{E}) = \dfrac{\mathrm{v}_d}{\mathscr{E}} = \dfrac{\mu_0}{1+(\mu_0\mathscr{E}/\mathrm{v}_s)}$，其中$\mu_0$是低场迁移率，$\mathrm{v}_s$是饱和速度(对于 Si，$\mathrm{v}_s = 10^7$ cm/s)，电场可近似取为 $\mathscr{E} = V_D/L$，并认为载流子速度饱和时电流不再增大(即饱和了)。

6.6 在漏极偏压 V_D 较低时 JFET 的电流 I_D 基本上是随 V_D 线性变化的。

(a)针对 $V_D/(-V_G)<1$ 的情况，采用二项式定理写出式(6-9)的近似式。

(b)证明线性区的沟道电导 I_D/V_D 与式(6-11)给出的跨导 $g_{m(饱和)}$相同。

(c)说明多大的栅偏压 V_G 可使器件关断(即使沟道电导变为零)。

6.7 证明：图 6-15 中器件的耗尽区宽度可由式(6-30)表示。提示：参考 5.2.3 节的做法，认为耗尽区内的载流子完全耗尽。

6.8 一个 MOS 结构，n 型衬底的$\varepsilon_r = 10$，$n_i = 10^{13}$ cm^{-3}，高 k 栅介质的$\varepsilon_r = 25$，画出其低频和高频 C–V 特性曲线并进行相互比较。在图中标出积累状态、耗尽状态、反型状态各自对应的工作区间，并标出平带电压和阈值电压。如果积累状态和反型状态的高频电容分别是 250 nF/cm^2 和 50 nF/cm^2，计算介质层的厚度和反型状态下的耗尽层宽度。

6.9 一个 MOS 结构，p 型衬底的掺杂浓度是 10^{17} cm^{-3}，高 k 栅介质的$\varepsilon_r = 25$，画出其低频和高频 C-V 特性曲线并进行相互比较。在图中标出积累状态、耗尽状态、反型状态各自对应的工作区间。如果积累状态下的高频电容是 2 μF/cm^2，计算介质层的厚度和最小高频电容。

6.10 一个理想 MOS 结构，栅氧化层厚度是 $d = 10$ nm，p 型 Si 衬底的掺杂浓度是 $N_a = 10^{16}$ cm^{-3}，计算其最大耗尽层宽度 W_m 和最小电容 $C_{\min}$。以这个理想结构为基础，采用 n^+多晶硅作为栅极，并假定氧化物

固定电荷是 $5\times10^{10}q$(C/cm^2)，再次计算 W_m 和 $C_{\min}$。

6.11　一个 MOS 结构，采用金属 Al 做栅极，n 型 Si 衬底的掺杂浓度是 $N_d=5\times10^{17}\ \text{cm}^{-3}$，栅氧化层厚度是 $d=100\text{Å}$，金属-半导体的功函数差是 $\Phi_{ms}=-0.15$ V，有效界面电荷密度是 $Q_i=5\times10^{10}q$(C/cm^2)。求 W_m、V_{FB} 和 V_T。画出该结构的 C-V 特性曲线并在其中标出相关重要参数。

6.12　一个 Si n-MOSFET，$d=200$ Å，$\bar{\mu}_n=1000\ \text{cm}^2/(\text{V}\cdot\text{s})$，$Z=100$ μm，$L=5$ μm，$Q_i=5\times10^{11}q$(C/cm^2)。利用式(6-50)计算在 T=300K，$V_D=0\sim5$ V，$V_G=0$ V、1 V、2 V、3 V、4 V、5 V 时的漏极电流 I_D，并画出 I_D-V_D 和 I_D-V_G 特性曲线。对于不同的衬底掺杂浓度 $N_a=10^{14}\ \text{cm}^{-3}$、$10^{15}\ \text{cm}^{-3}$、$10^{16}\ \text{cm}^{-3}$、$10^{17}\ \text{cm}^{-3}$，进行同样的计算。

6.13　一个 Si p-MOSFET，采用 n$^+$多晶硅做栅极，$d=50$ Å，$N_d=10^{18}\ \text{cm}^{-3}$，$Q_i=2\times10^{10}q$(C/cm^2)，求阈值电压 V_T。这是一个增强型还是耗尽型器件？若要将其阈值电压 V_T 调整到 0 V，需要在沟道区注入多大剂量的 B 杂质？

6.14　(a)设 MOS 结构金属栅下方 x' 处的氧化层中的电荷面密度为 Q_{ox}(是正值)，问：需要施加多高的栅偏压才能将半导体表面感应的负电荷减小为零(即求平带电压 V_{FB})？(b)设氧化层中的电荷密度分布为 $\rho(x')$ (x'从氧化层的表面算起)，氧化层的厚度为 d，证明 $V_{FB}=-\dfrac{1}{C_i}\displaystyle\int_0^d \dfrac{x'}{d}\rho(x')\text{d}x'$。

6.15　假如 MOS 结构的衬底是 n 型半导体，请重新画出图 6-12、图 6-13 和图 6-15。

6.16　一个 MOS 结构，采用高 k 材料 HfO_2 作为绝缘介质，相对介电常数是 25，厚度是 100 Å，固定氧化物电荷面密度是 $5\times10^{10}q$(C/cm^2)；衬底是 p 型半导体，电子亲和势是 4 eV，禁带宽度是 1.5 eV，相对介电常数是 10，本征载流子浓度是 $10^{12}\ \text{cm}^{-3}$，掺杂浓度 N_A 是 $10^{18}\ \text{cm}^{-3}$；金属栅的功函数是 5 eV。计算其阈值电压 V_T。当 $V_G=V_T$时，半导体表面处和衬底深处电子和空穴的浓度分别各是多大？画出 $V_G=V_T$ 时的能带图，在其中标出上面提到的有关参数。画出该结构的 C-V 特性曲线；如果将氧化层的厚度加倍，C-V 特性将如何变化？如果将衬底掺杂浓度加倍，C-V 特性又将如何变化？

6.17　图 P6-17 是一个 MOS 电容的高频 C-V 曲线(用强积累状态的电容归一化了)。设栅材料和衬底材料的功函数差为 $\Phi_{ms}=-0.35$ V，求氧化层厚度和衬底掺杂浓度。

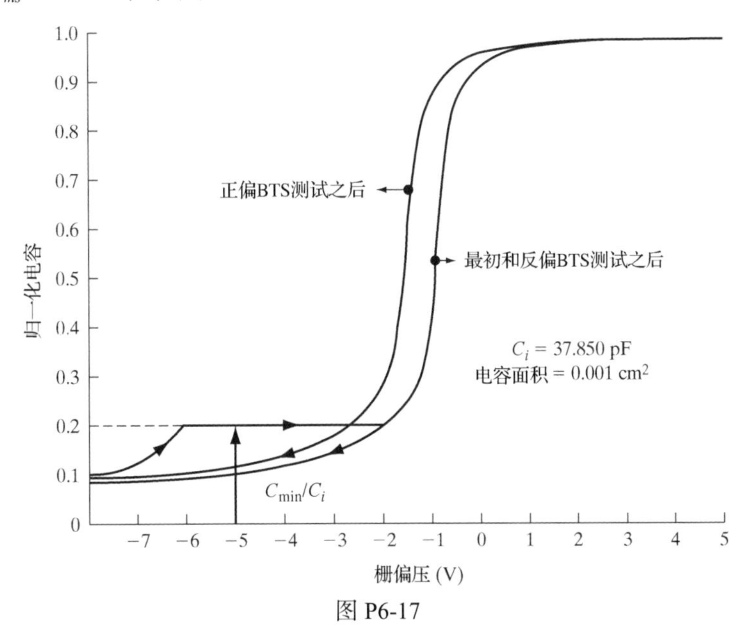

图 P6-17

6.18　对于习题 6.17 的 MOS 结构，求最初的平带电压(未做任何 BTS 测试之前)。

6.19 对于习题 6.17 的 MOS 结构，求固定氧化物电荷密度 Q_i 和可动离子电荷密度。

6.20 一个 Si n 沟道增强型 MOSFET，$L = 2$ μm，$Z = 5$ μm，$d = 10$ nm，$\varepsilon_{ox} = 25$，$N_d = 10^{18}$ cm^{-3}，$V_T = 0.5$ V，求平带电压 V_{FB}。$V_G = 3$ V 时，沟道反型层中共有多少电荷？画出该条件下沿沟道中心线(竖直方向)的能带图，标出能带边与衬底深处费米能级之间以及与界面处费米能级之间的距离。假设有效迁移率 $\mu_n = 1000$ cm^2/(V·s)，$\mu_p = 200$ cm^2/(V·s)，求 $V_G = 0.1$ V 时的 I_D。然后，用电荷控制法再次求该条件下的 I_D，即求出 $V_G = 0.1$ V 时的反型层电荷，除以载流子在沟道中的渡越时间，从而得到 I_D。

6.21 一个 n 沟道增强型 MOSFET，采用高 k 材料 HfO_2 作为绝缘介质，介质厚度是 50 nm，相对介电常数 ε_r 是 25；p 型衬底的掺杂浓度是 10^{18} cm^{-3}，本征载流子浓度是 10^{11} cm^{-3}，相对介电常数是 15，电子的有效迁移率是 250 cm^2/(V·s)；该器件的沟道长度是 2 μm，宽度(z 方向)是 50 μm，平带电压是 0.5 V。求 $V_G = 3$ V、$V_D = 0.05$ V 时的电流 I_D。在相同的栅偏压下，饱和电流 $I_{D(饱和)}$是多大？

6.22 一个 n-MOSFET，$C_i = 2$ μF/cm^2，$V_T = 0.6$ V。已知电场小于 10^5 V/cm 时沟道电子的有效迁移率是μ_n = 550 cm^2/(V·s)；电场大于 10^5 V/cm 时电子速度饱和，饱和速度为 $v_s = 0.7\times10^7$ cm/s。求沟道长度 $L = 20$ μm，$V_G = V_D = 2$ V 时 I_D/Z 是多大？若沟道长度 $L = 0.05$ μm，在相同的偏压条件下，I_D/Z 又是多大？提示：Z 表示沟道在 z 方向的宽度；解题时还需要做某些合理的假设。

6.23 一个 p 沟道增强型 MOSFET，采用高 k 材料 HfO_2 作为绝缘介质，介质厚度是 50 nm，相对介电常数 ε_r 是 25；电子的有效迁移率是 150 cm^2/(V·s)；该器件的沟道长度是 2 μm，宽度(z 方向)是 50 μm，平带电压是–0.6 V。求 $V_G = 3$ V、$V_D = -0.05$ V 时的电流 I_D。在相同的栅偏压下，饱和电流是多大？示意地画出 $V_G = V_D = -3$ V 时器件的截面图和沟道中的电势分布。

6.24 一个长沟道 n-MOSFET 的阈值电压是 $V_T = 1$ V，求：(a)饱和电流为 $I_{D(饱和)} = 0.1$ mA 所对应的栅偏压 V_G，(b)栅偏压 $V_G = 5$ V 所对应的饱和点 $V_{D(饱和)}$，(c)小信号输出电导 g，(d)漏偏压为 $V_D = 10$ V 时的跨导 $g_{m(饱和)}$，(e)画出 $V_D = 1$ V、5 V、10 V 时器件的截面图，示意地标出反型层和耗尽层，(f) V_G-$V_T = 3$ V、$V_D = 4$ V 时的电流 I_D。

6.25 一个 Si n-MOSFET，$\Phi_{ms} = -1.5$ eV，$d = 100$ Å，$Q_f = 5\times10^{10}q$ (C/cm^2)，$N_A = 10^{18}$ cm^{-3}，如果在衬底和源极之间施加偏压 $V_B = -2.5$ V，求此时的阈值电压 V_T。当 $V_G = V_T$时，衬底表面处和衬底深处的电子和空穴浓度分别各是多大？将求得的结果在能带图中表示出来(提示：Q_f表示固定氧化物电荷面密度，在这里可近似认为 $Q_f = Q_i$)。

6.26 一个 Si n-MOSFET，采用 n$^+$多晶硅作为栅电极，氧化层厚度 $d = 100$ Å，氧化物固定电荷 $Q_f = 5\times10^{10}q$ (C/cm^2)，衬底掺杂浓度 $N_a = 10^{18}$ cm^{-3}，求该器件的阈值电压 V_T(提示：近似认为 $Q_f = Q_i$)。

6.27 一个 Si MOSFET，$L = 2$ μm，$Z = 50$ μm，$d = 100$ Å，$V_T = 1$ V，假设沟道电子的有效迁移率是 $\bar{\mu}_n$ = 200 cm^2/(V·s)，求 $V_G = 5$ V、$V_D = 0.1$ V 时和 $V_G = 3$ V、$V_D = 5$ V 时的电流 I_D。

6.28 图 P6-28 是一 MOSFET 的 I_D-V_D 特性曲线。设沟道电子的有效迁移率 $\bar{\mu}_n = 500$ cm^2/(V·s)，平带电压 V_{FB} = 0 V，求：(a)线性工作区的 $V_{T(线性)}$和 $k_{N(线性)}$，(b)饱和工作区的 $V_{T(饱和)}$和 $k_{N(饱和)}$。

6.29 对于习题 6.28 给出的 MOSFET，根据其特性曲线求氧化层厚度和衬底掺杂浓度。

6.30 假如把 Si n-MOSFET 反型层中的电子看成是局限在无限深方形势阱中的二维电子气，势阱的宽度为 100 Å，电子的有效质量为 $0.2m_0$，并假设势阱中的费米能级位于第二子带和第三子带的中间位置，试求温度为 77 K 时反型层中的电子电荷面密度。

6.31 一个 n-MOSFET 的氧化层厚度为 400 Å，现要采用离子注入方法将其阈值电压降低 2 V，并且要使注入杂质的浓度峰值恰好位于 Si-SiO_2 界面处。已知离子源是单电荷杂质离子，注入能量为 50 keV，注入面积为 200 cm^2。如果注入过程要求在 20 s 内完成，求离子束流和注入剂量分别应为多大(提示：近似认为注入离子在 Si 和 SiO_2 中的射程相同)？

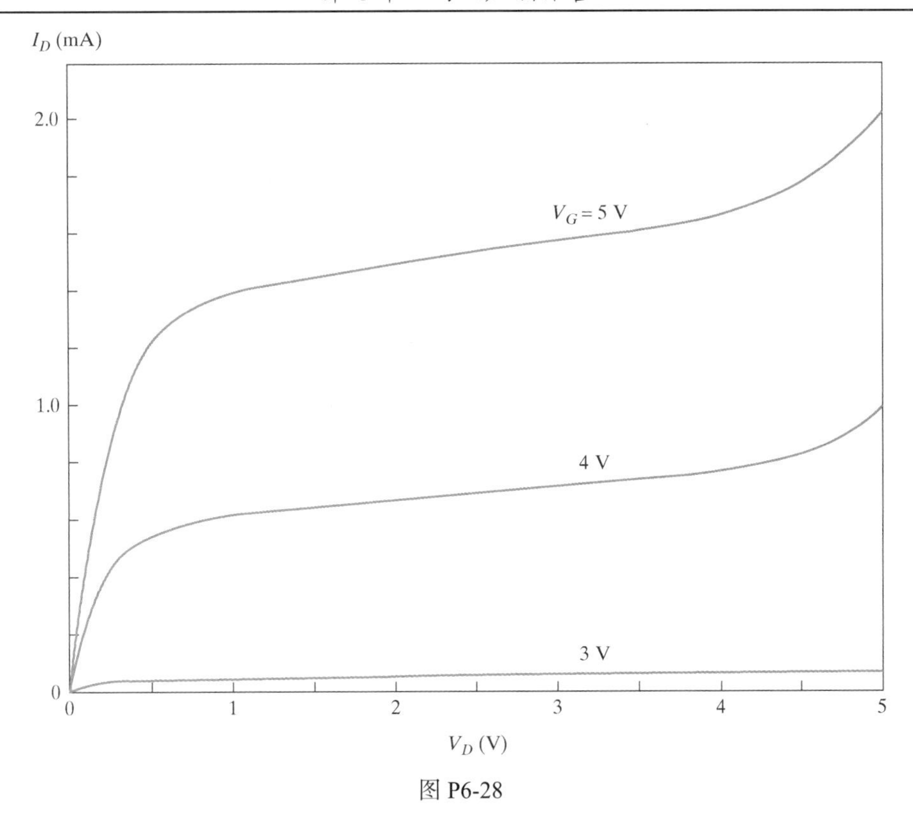

图 P6-28

6.32　一个 p-MOSFET，已知 $\bar{\mu}_p = 200\ \text{cm}^2/(\text{V·s})$（有效迁移率），$Z = 10L$，$d = 10\ \mu\text{m}$，$V_T = -1.1$ V。设饱和区的电流保持为 $I_{D(饱和)}$ 不变，选择几个合适的栅偏压，计算并画出该器件的 I_D–V_D 曲线簇。

6.33　高频 MOSFET 的特征频率（截止频率）为 $f_c = g_m/(2\pi C_G LZ)$，其中栅电容 C_G 在正常工作的偏压范围内一般等于氧化层电容 C_i。试用材料参数和结构参数将 f_c 表示出来，然后根据所得表达式计算习题 6.32 中 MOSFET 的特征频率 f_c（设沟道长度 L 是 1 μm）。

6.34　一个短沟 MOSFET，当 $V_D > V_{D(饱和)}$ 时沟道长度缩短了 ΔL（ΔL 是夹断区的长度），此时漏极电流 I'_D 随漏-源偏压的增大而继续增大（即 $I'_D > I_{D(饱和)}$），如图 6-32 所示。设夹断区长度由式(6-30)给出，夹断区内的电势降落是 $(V_D - V_{D(饱和)})$，证明饱和区的电导可表示为 $g'_D = \dfrac{\partial I'_D}{\partial V_D} = I_{D(饱和)} \dfrac{\partial}{\partial V_D}\left(\dfrac{L}{L - \Delta L}\right)$，并用 V_D 将 g'_D 表示出来。

6.35　由图 6-44 可知，短沟道 MOSFET 的漏-源之间容易发生穿通。设某个 n 沟道 Si MOSFET 的源区和漏区的掺杂浓度均为 $10^{20}\ \text{cm}^{-3}$，衬底的掺杂浓度为 $10^{16}\ \text{cm}^{-3}$，沟道长度为 1 μm，试求在多高的漏偏压下沟道发生穿通？

参考读物

有关 MOS 器件工作机理的动画演示，请参考：https://nano hub.org/resources/animations。

有关 MOS 器件在集成电路中应用的资料，请参考：http://public.itrs.net/。

Hu, C. “Modern Semiconductor Devices for Integrated Circuits,” available free online.

Kahng, D. “A Historical Perspective on the Development of MOS Transistors and Related Devices.” *IEEE Trans. Elec. Dev.*, ED-23 (1976): 655.

Muller, R. S., and T. I. Kamins. *Device Electronics for Integrated Circuits*. New York: Wiley, 1986.

Neamen, D. A. *Semiconductor Physics and Devices: Basic Principles*. Homewood. IL: Irwin, 2003.

Pierret, R. F. *Field Effect Devices*. Reading, MA: Addison-Wesley, 1990.

Sah, C. T. "Characteristics of the Metal–Oxide Semiconductor Transistors." *IEEE Trans. Elec. Dev.*, ED-11 (1964): 324.

Sah, C. T. "Evolution of the MOS Transistor–From Conception to VLSI.," *Proceedings of the IEEE* 76 (October 1988): 1280–1326.

Schroder, D. K. *Modular Series on Solid State Devices: Advanced MOS Devices*. Reading, MA: Addison-Wesley, 1987.

Shockley, W., and G. Pearson. "Modulation of Conductance of Thin Films of Semiconductors by Surface Charges." *Phys. Rev.* 74 (1948): 232.

Sze, S. M. *Physics of Semiconductor Devices*. New York: Wiley, 1981.

Taur, Y., and T.H. Ning. *Fundamentals of Modern VLSI Devices*. Cambridge: Cambridge Unversity Press, 1998.

Tsividis, Y. *Operation and Modeling of the MOS Transistor*. Boston: McGraw-Hill College, 1998.

自测题

问题 1

(a)有源器件和无源器件的主要区别是什么?

(b)如果一个器件具有功率增益，那么输出端交流信号的增益来自何处?

(c)电流控制型和电压控制型三端有源器件的区别是什么?人们更乐意采用哪种器件?

问题 2

根据图中给出的 n-MOSFET 的低频 C-V 特性曲线，回答下列问题。注：MOSFET 具有金属栅。

(a)在图中标出下列各区间(或者相关的点)的大致位置。(1)弱反型，(2)平带，(3)强反型，(4)积累，(5)阈值，(6)耗尽。

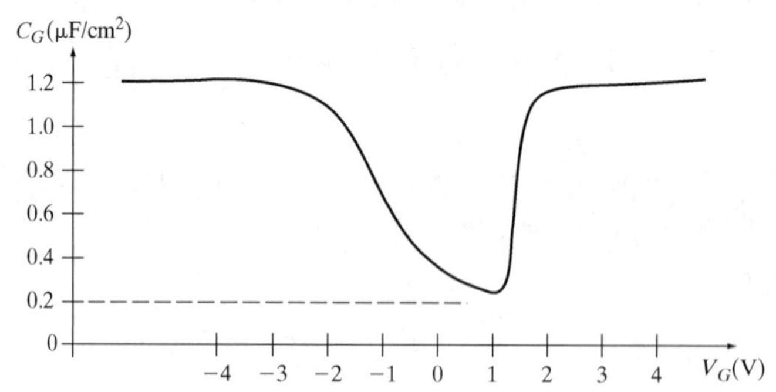

(b)单位面积的氧化层电容是多大(单位用μF/cm^{2}表示)?

(c)在图中补充给出该 MOSFET 的高频特性曲线(源极和漏极均接地)。

问题 3

下图给出了 MOS 结构在各种状态下的能带图。请从下列描述状态的关键词中选出合适的答案填在标记为“答案”的空白处。每个关键词只能选择一次。这些关键词是：积累、弱反型、耗尽、强反型、平带、阈值。

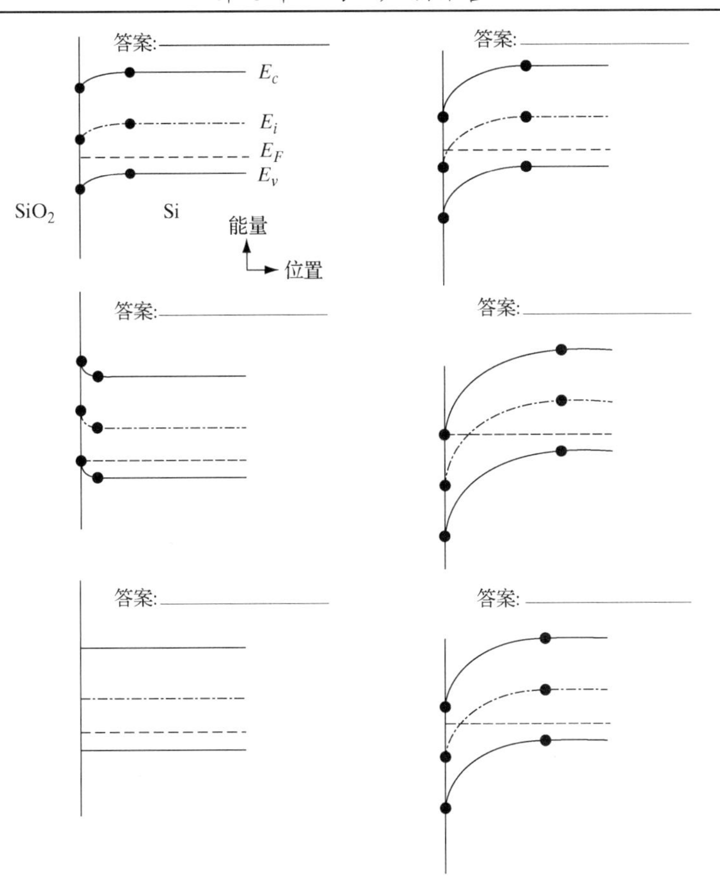

问题 4

根据下图给出的 MOSFET 的 I-V 特性曲线，回答下列问题。

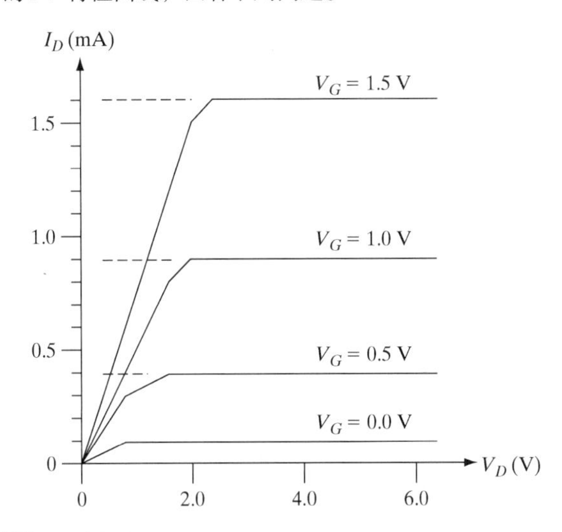

(a) 这是一个 n-MOSFET 还是 p-MOSFET？

(b) 这是一个长沟道 MOSFET 还是短沟道 MOSFET？

(c) 该 MOSFET 的阈值电压 V_T 是多高？

(d) 这是一个耗尽型 MOSFET 还是增强型 MOSFET？

问题 5

采取下列措施，MOSFET 的亚阈值区斜率是减小了还是增大了？

(a)增大或减小氧化层的厚度。

(b)提高或降低衬底掺杂浓度。

针对上述每个措施，分别指出一个限制因素(或效应)，用以说明该因素对该措施在减小亚阈值区摆幅方面的限制作用。

问题 6

提高器件的工作温度，对下列特性参数将会造成什么影响(增大、减小还是不变)？

(a)p-n 结二极管的反向饱和电流。

(b)MOSFET 的亚阈值区泄漏电流。

问题 7

假如 n-MOSFET 中不存在界面陷阱电荷，那么减小氧化层厚度(或者增大氧化层电容)对下列特性参数会造成什么影响(增大、减小还是不变)？

(a)平带电压 V_{FB}。

(b)阈值电压 V_T。

(c)亚阈值区斜率。

问题 8

根据下图给出的 MOSFET 的 *I-V* 特性曲线，回答下列问题。

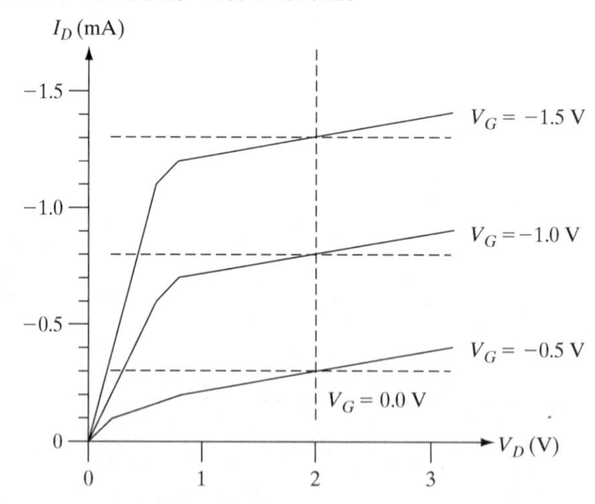

(a)当 $V_D = -1.0$ V 时，器件的跨导 g_m 是多大(单位 S 表示)？

(b)当 $V_D = -1.0$ V 时，器件的阈值电压 V_T 是多高？

(c)这是一个长沟道 MOSFET 还是短沟道 MOSFET？

(d)这是一个 n-MOSFET 还是 p-MOSFET？

(e)这是一个耗尽型 MOSFET 还是增强型 MOSFET？

问题 9

一位电子与计算机工程专业的学生，在一次工艺课上向其他同学展示了他自己制作的 n-MOSFET 的特性测试结果，如下图所示。这些结果是在温度为 300 K 时测试得到的。

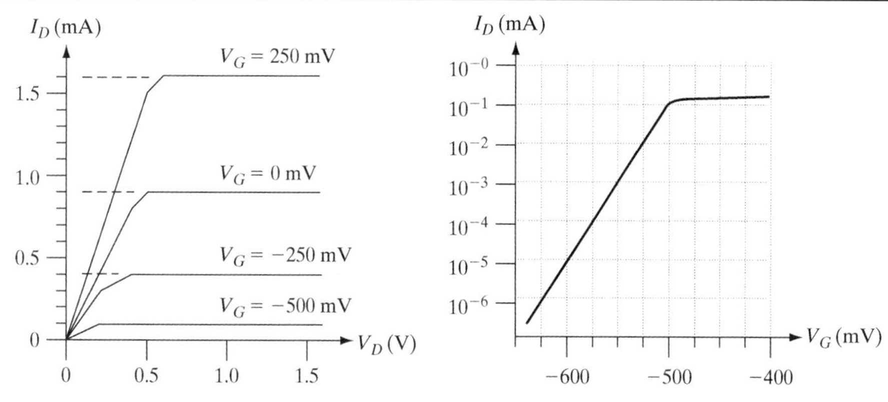

(a) 如果这些结果是可信的，那么这个 MOSFET 是常开型（以耗尽模式工作）的还是常关型（以增强模式工作）的？

(b) 同样假设这些结果是可信的，那么这个 MOSFET 是一个长沟道器件还是一个短沟道器件？

(c) 再一次假设这些结果是可信的，那么这个 MOSFET 的亚阈值斜率（摆幅）S 是多大？

(d) 令人遗憾的是，这个学生后来被其所在的大学开除了，原因是他伪造了这些所谓的测试数据。他不仅没有获得学历证明，还背负了数目不小的学费贷款债务。那么，图示的结果中究竟是哪些明显不符实际的地方引起了人们的怀疑呢（除了曲线不太平滑之外）？

第 7 章　双极结型晶体管

本章教学目的

1. 掌握 BJT 的工作原理和基区输运因子、发射结注入效率、电流增益等概念。
2. 掌握 BJT 的截止、饱和、放大等工作状态以及 Ebers-Moll 模型和等效电路。
3. 掌握 BJT 的 Gummel-Poon 电荷控制分析模型并用于分析各种二级器件物理效应。
4. 了解 HBT 的材料、结构和工作原理。

本章我们讨论**双极结型晶体管**(BJT)的基本工作原理和有关的物理效应。先对BJT 的电流输运特点做定性分析、建立起对 BJT 的基本认识，然后定量分析器件内的各电流分量、给出端电流的表达式。本章的主要目的是对 BJT 端电流的成因、BJT 工作状态的控制、影响器件正常工作的常见物理效应等有一个深刻的理解。除此之外，我们还要对放大应用和开关应用两者的特点和要求进行比较分析。

本章的大多数原理性示意图均采用 p-n-p 结构，因为这种结构中空穴流动的方向和电流的方向相同，便于说明问题，也便于理解。只要对 p-n-p 晶体管的工作原理有了正确的理解，对相关表达式稍加变化便可应用于 n-p-n 晶体管。

7.1　BJT 的基本工作原理

本节定性地分析 BJT 的基本工作原理，更多的问题留待以后各节详细讨论。主要是定义并解释几个有关 BJT 的专门术语以说明载流子在 BJT 中的输运过程，在此基础上进一步说明基极电流对发射极电流和集电极电流的控制作用和控制机制。

根据第 5 章的相关内容可知，p-n 结的反向饱和电流与载流子的产生率有关，是由空间电荷区内及空间电荷区外一个扩散长度范围的中性区内热产生的载流子形成的(参见图 7-1)。反向饱和电流的大小基本与 p-n 结的反偏压无关。也就是说，p-n 结的反向饱和电流取决于单位时间内热产生的电子-空穴对(EHP)的数量，而不取决于热产生载流子以多快的速度被扫过 p-n 结。若采用某种方法增大 EHP 的产生率、使单位时间内在空间电荷区内及其之外一个扩散长度范围内产生更多的 EHP，则可以增大 p-n 结的反向电流。图 7-1(b)是一个 p-n 结受到光激发($h\nu>E_g$)(参见 4.3 节)，产生电子-空穴对，使反向电流增大的情形。稳态情况下，光产生的 EHP 形成的反向电流与反向偏压无关。如果忽略**暗电流**(不受光照作用时的电流)，则 p-n 结的反向电流与光产生率成正比。

不仅光激发可以增大 p-n 结的反向电流，通过电学方法向 p-n 结中注入少数载流子也可以增大 p-n 结的反向电流。这就是说改变少数载流子的注入速率便可改变 p-n 结反向电流的大小。如图 7-1(c)所示，假设某种外部机构向反偏 p-n 结的 n 区中注入空穴，则同样可以使 p-n 结的反向电流增大，这与光激发的效果是一样的。这种工作机制的优点是，通过其中的电流取决于外部注入空穴的速率，而与 p-n 结本身的反偏压无关；即使在负载电阻 R_L 变化很大的情况下，只要外部注入速率不变，通过 p-n 结的电流就基本不变。从这个意义上说，这种装置可看成是一个可控(受到外部控制)的恒流源。

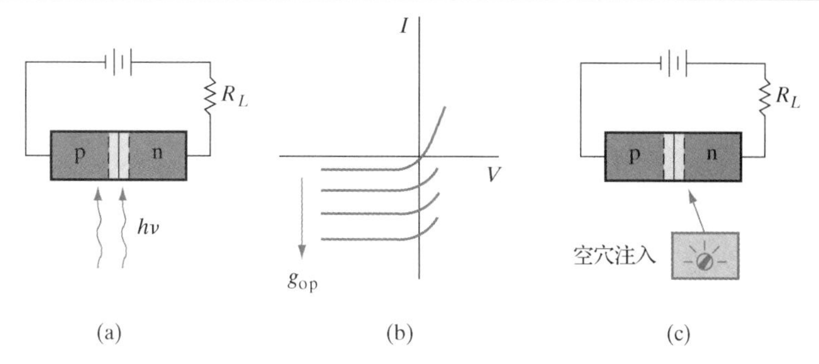

图 7-1　反偏 p-n 结电流的外部控制。(a) 光激发；(b) 光生电流与光产生率成正比；(c) 少子注入(假想图)

实际上，上面所述的外部注入机构可以由一个正偏的 p^+-n 结来取代。我们已经知道，正偏 p^+-n 结中的电流主要是 p^+区中的空穴注入到 n 区并扩散形成的(参见 5.3.2 节的讨论)。由此不难想到，如果把一个正偏 p^+-n 结的 n 区同时作为一个反偏 p-n 结的 n 区，即用一个正偏的 p^+-n 结代替图 7-1(c)中的空穴注入机构，形成图 7-2 所示的 p^+-n-p 结构，则正偏 p^+-n 结注入的空穴就贡献到了反偏 p-n 结的反向电流之中。当然，被两个结共用的 n 区的宽度应足够窄(应与空穴的扩散长度相当或更小)，这样才能保证注入的空穴在 n 区内不至于发生显著的复合，否则空穴就不能扩散到达反偏 p-n 结的空间电荷区边界，因而对反向电流也就没有贡献了。

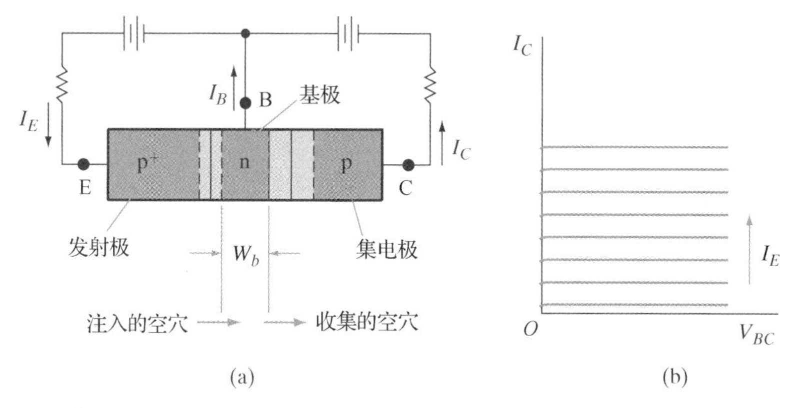

图 7-2　p-n-p 晶体管。(a) 发射结正偏、集电结反偏；(b) 反偏集电结的电流 I_C 与发射结电流 I_E 的关系

上面所述的由两个 p-n 结构成的 p-n-p 结构就是 p-n-p **双极结型晶体管**(BJT)，我们把其中具有注入作用正偏的 p-n 结称为**发射结**，把具有收集作用反偏的 p-n 结称为**集电结**，把提供注入载流子的区域(p^+区)称为**发射区**，把载流子注入的区域(n 区)称为**基区**，把收集载流子的区域(p 区)称为**集电区**。在图 7-2 给出的偏置电路中，基极被发射结偏置回路和集电结偏置回路共用，因此我们把这种偏置接法称为**共基极**接法(参见 7.3 节)。

为了得到性能良好的 p-n-p 晶体管，我们希望所有被发射结注入的空穴都能被集电结收集。为此，晶体管的结构需满足两个基本要求。一方面，中性基区的宽度 W_b 要小、空穴的寿命 τ_p 要长。所谓中性基区的宽度，是指两个 p-n 结空间电荷区之间的中性区域的宽度(以图 7-2 为例)。这实际上就是要求中性基区的宽度 W_b 小于空穴的扩散长度 L_p(即 $W_b \ll L_p$)，L_p 由空穴的扩散系数 D_p 和寿命 τ_p 决定，$L_p = (D_p\tau_p)^{1/2}$。满足了这个要求，从统计意义上讲，就保证了发射结注入的空穴能扩散到集电结而不至于在基区内发生显著复合。另一方面，通过发射结的电流 I_E 应几乎全部是注入的空穴电流，从另一个角度理解就是由基区向发射区注入的电子电流应很小，可被忽略。只要发射结采用 p^+-n 结，即基区的掺杂浓度比发射区的掺杂浓度低得多，这个要求是能够满足的。

对 p-n-p 晶体管来说，流入发射区的电流是 I_E，从集电区流出的电流是 I_C，由发射结注入的空穴通过基区流向集电区，如图 7-3 所示。对一个设计良好的 p-n-p 晶体管，发射极电流 I_E 几乎全部由空穴电流构成，集电极电流 I_C 几乎等于发射极电流 I_E，基极电流 I_B 是很小的。尽管 I_B 很小，但它不会为零。下面我们从基极电流的形成机制来说明 $I_B \neq 0$ 的原因(参见图 7-3)。

(1) 即使 $W_b \ll L_p$，仍有一小部分空穴在基区内与电子发生了复合，因复合而失去的电子必须由基极电流 I_B 来补充。

(2) 即使发射区掺杂浓度比基区掺杂浓度高得多，仍有少量的电子从基区注入到了发射区(因为发射结是正偏的)，这些注入的电子也必须由基极电流 I_B 来补充。

(3) 反偏集电结耗尽区附近热产生的电子被电场扫向基区，形成一股电流贡献到集电极电流 I_C 中。这股电流虽然很小，但是向基区提供了电子。由于这股电流向基区提供电子，所以效果上是使基极电流 I_B 减小的。

从以上分析和图7-3不难看出，基极电流主要由基区内的复合电流和向发射区的注入电流构成。通过适当的设计，这两股电流都可以很小，因而 I_B 很小。一个设计得当的晶体管，比值 I_B/I_E 应很小，典型值为 0.01 左右。

上面分析的是 p-n-p 晶体管。对于 n-p-n 晶体管，发射极和集电极的电流主要是电子电流，基极电流是空穴电流。I_E、I_C、I_B 的方向与 p-n-p 晶体管的相反。实际上，将 p-n-p 晶体管中电子和空穴的作用互换，便可用于分析 n-p-n 晶体管的工作原理。

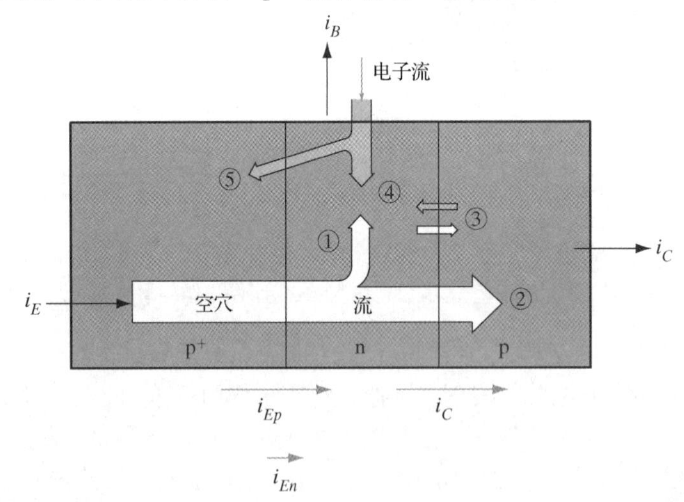

图 7-3 p-n-p 晶体管中的电子流和空穴流。①少部分空穴在基区内与电子复合；②大部分空穴扩散通过基区进入集电区；③集电结空间电荷区内热产生的载流子形成集电结反向饱和电流；④基极提供的电子的一部分在基区内与空穴复合；⑤基极提供的电子的少部分由基区注入到发射区

7.2 BJT 的放大作用

本节分析 BJT 的放大作用。因为发射极电流和集电极电流受到很小的基极电流的控制，所以我们说 BJT 对基极输入信号具有放大作用。这里对放大作用的分析只适用于低频小信号。三个电极上的电流 i_C、i_E 和 i_B 分别等于各自的直流分量和低频小信号分量之和。在分析 BJT

的放大作用时，为简便起见，暂不考虑空间电荷区的产生-复合等二级效应。于是，集电极电流 i_C 应与发射极的空穴电流分量 i_{Ep} 成正比

$$i_C = Bi_{Ep} \tag{7-1}$$

比例因子 B 称为**基区输运因子**，表示到达集电区的空穴数量与注入到基区的空穴数量之比，其大小与空穴在基区内的复合有关。发射极电流 i_E 由两种电流分量构成，即空穴电流分量 i_{Ep} 和电子电流分量 i_{En}。定义**发射结注入效率**γ为注入空穴电流 i_{Ep} 与发射极电流 i_E 之比(参见图 7-3)，即

$$\boxed{\gamma = \frac{i_{Ep}}{i_E} = \frac{i_{Ep}}{i_{Ep} + i_{En}}} \tag{7-2}$$

一个设计良好的晶体管，基区输运因子 B 和发射极注入效率γ都接近于 1($\gamma \approx 1$)，即发射极电流几乎全部由注入的空穴电流构成，且注入到基区的空穴几乎全部能够到达集电极($B \approx 1$)。将发射极电流 i_E 与集电极电流 i_C 的比值表示为

$$\frac{i_C}{i_E} = \frac{Bi_{Ep}}{i_{Ep} + i_{En}} = B\gamma \equiv \alpha \tag{7-3}$$

从而将乘积 $B\gamma$ 定义成为另外一个参数α，称为**电流传输系数**(或者**共基极电流增益**)，它表示从发射极到集电极的电流放大倍数。根据上式，电流传输系数 α 应小于 1，说明从发射极到集电极的电流没有得到真正的放大。但是，如果分析一下集电极电流 i_C 与基极电流 i_B 之比，就会发现有很大不同。

p-n-p 晶体管的基极电流是电子电流，包括了两部分电子的运动：一部分电子通过发射结(i_{En})注入到发射区，另一部分在基区内与空穴复合。这两股电流之和等于基极电流 i_B。根据基区输运因子 B 的定义，它等于未在基区内发生复合并到达集电区的空穴数占注入到基区的空穴总数的比例，由此推断，在基区内与电子发生复合的空穴数占注入空穴总数的比例应是(1–B)。因此，基极电流 i_B 可表示为

$$i_B = i_{En} + (1 - B)i_{Ep} \tag{7-4}$$

这里已忽略了集电结的反向饱和电流和两个结的空间电荷区内的产生-复合电流。由上式和式(7-1)可得到集电极电流 i_C 和基极电流 i_B 之比为

$$\frac{i_C}{i_B} = \frac{Bi_{Ep}}{i_{En} + (1 - B)i_{Ep}} = \frac{B[i_{Ep} / (i_{En} + i_{Ep})]}{1 - B[i_{Ep} / (i_{En} + i_{Ep})]} \tag{7-5}$$

$$\boxed{\frac{i_C}{i_B} = \frac{B\gamma}{1 - B\gamma} = \frac{\alpha}{1 - \alpha} \equiv \beta} \tag{7-6}$$

参数β 称为**基极-集电极电流放大因子**[①](或者**共发射极电流增益**)。根据上式，考虑到α 近似为 1，可知β 的值可以很大，这说明集电极电流 i_C 相对于基极电流 i_B 来说是放大了！

这里我们分析基极电流 i_B 对集电极电流 i_C 的控制作用。可从电中性要求出发来说明这个问题。仍然假设发射结注入效率约等于 1($\gamma \approx 1$)，并忽略集电结的反向饱和电流。由图 7-4 看到，空穴注入到基区成为过剩少子；为保持基区的电中性，基区内必然会同时出现等量的过剩电子。但关键问题是，电子和空穴在基区内停留的时间并不相同。由于基区的宽度一般比少子扩散长度还要短(即 $W_b \ll L_p$)，所以空穴扩散通过基区的时间(即空穴在基区的**渡越时间**τ_t)

① 经常也将α 称为**共基极电流增益**，β 称为**共发射极电流增益**。

比空穴的寿命τ_p短得多[①]。另一方面，对电子来说，它在基区需要等待τ_p的时间才能与一个空穴发生复合(平均而言)。因复合而失去的电子由基极电流 i_B 补充、失去的空穴由注入空穴电流 i_{Ep} 补充。在电子等待复合的τ_p时间内，已经有很多个空穴通过基区到达了集电区、并贡献到集电极电流 i_C 之中。由此不难理解，在任一时间段内，通过基区的空穴数与在基区复合掉的电子数之比应当是τ_p/τ_t。因此，集电极电流 i_C(空穴电流)与基极电流 i_B(电子电流)之比也应该近似为τ_p/τ_t，即

$$\frac{i_C}{i_B}=\beta=\frac{\tau_p}{\tau_t} \tag{7-7}$$

此式就是在假设发射结注入效率$\gamma \approx 1$，且忽略集电结反向饱和电流情况下得到的共发射极电流增益的一种近似表达式。

如果提供给基区的电子数量受到限制，即基极电流 i_B 减小，则由发射极向基区注入的空穴数量也就受到限制，即发射极电流 i_E 相应减小。可以反过来这样理解：如果在基极电流 i_B 减小的情况下，空穴仍以原有的规模继续向基区注入，则大量的空穴就会源源不断地在基区内积累，这样积累的结果必然是使发射结的正偏压不断减小(注意空穴是正电荷)，最终使空穴的注入过程终止。实际上，只要发射结一直保持为正向偏置，则空穴的注入过程就不可能终止。基于这样的分析，我们可以说，只要基极电流 i_B 发生了改变，则发射极电流 i_E(和集电极电流 i_C)就会相应地改变。这就是 BJT 中基极电流的控制作用。

图 7-4 给出了 BJT 的**共发射极**接法，其特点是发射结的偏置回路和集电结的偏置回路共用了发射极。与共基极接法一样，这种接法中的发射结也处于正偏状态、集电结也处于反偏状态。由于正偏的发射结上的电压降很小，所以发射极–集电极之间的电压几乎全部降落在了反偏的集电结上。根据图中所给的数据，忽略发射结上的正偏压 v_{BE}，可估计出基极电流 I_B 约为 5 V/50 kΩ = 0.1 mA，共发射极电流增益为$\beta=\tau_p/\tau_t=100$，因而集电极电流为$I_C=\beta I_B=10$ mA。应当注意的是，只要集电结保持为反偏状态，集电极电流 i_C 的大小就只由β 和 i_B 决定，与集电极回路的负载电阻和电源电压无关。在图 7-4(a)所给的例子中，10 V 的电源电压中约有 5 V 降落在了 500 Ω的负载电阻上(因为 I_CR = 5 V)，另外 5 V 则降落在了反偏的集电结上。

由图 7-4 看到，如果在基极电流的直流分量 I_B 上再叠加一个交流分量 i_b，则集电极电流中便会相应地得到一个放大了的交流分量 i_c，如图 7-4(b)所示。i_c 的大小等于 i_b 与共发射极电流增益β 的乘积，即 $i_c=\beta i_b$。也就是说，由基极输入的交流小信号被晶体管放大后提供给了负载。这是晶体管放大作用的具体体现。

前面的分析针对的是简单的、理想的情况，尽管没有考虑一系列二级效应的影响，但对理解 BJT 的基本工作原理却是十分重要的。以上所做的分析和得到的结论是我们进一步分析和讨论 BJT 特性的基础。

【例 7-1】 (a)分析基区内存储电荷的更新过程和速度，证明方程式(7-7)是成立的。假设$\tau_n=\tau_p$。

(b)试求图 7-4 中 BJT 在稳态情况下中性基区内存储的过剩空穴电荷 $Q_p=Q_n$。

【解】 (a)稳态情况下，基区内存储着一定量的过剩空穴和过剩电子。过剩电子电荷 Q_n 每隔τ_p ($=\tau_n$)的时间更新一次，所以基极电流 $i_B=Q_n/\tau_p$。设空穴在基区的渡越时间为τ_t，则过

---

① 注意不要把空穴的寿命τ_p和渡越时间τ_t相混淆。

剩空穴电荷 Q_p 每隔 τ_t 的时间被集电结收集一次，所以集电极电流 $i_C = Q_p/\tau_t$。考虑到 $Q_p = Q_n$，于是有

$$\frac{i_C}{i_B} = \frac{Q_p/\tau_t}{Q_n/\tau_p} = \frac{\tau_p}{\tau_t}$$

(b) 尽管基区内存在过剩空穴和过剩电子，但仍保持为电中性，即 $Q_p = Q_n$。

$$Q_n = Q_p = i_C\tau_t = i_B\tau_p = 10^{-9}\text{C}$$

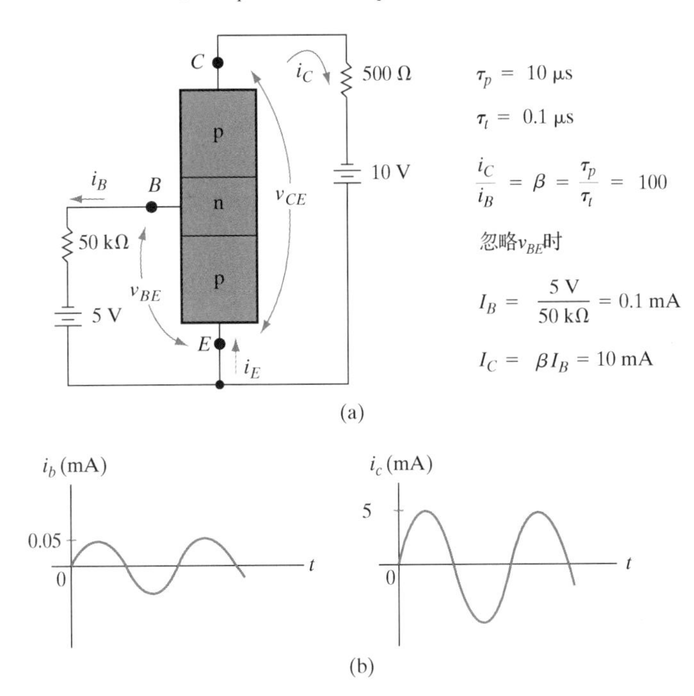

图 7-4　BJT 共发射极放大电路实例。(a) 偏置电路；(b) 在基极直流电流分量 I_B 上叠加交流分量 i_b，在集电极得到放大的交流分量 i_c

7.3　BJT 的制造工艺简介

世界上第一个晶体管是 1947 年由 Bardeen 和 Brattain 发明的**点接触晶体管**。当时他们把两条细金属丝压接到一个锗(Ge)块上作为“发射极”和“集电极”，锗块则作为“基区”。正是这个简单的发明导致了 BJT 的巨大发展。后来的 BJT 采用了两个互相靠近的 p-n 结分别作为发射结和集电结。BJT 中的 p-n 结可由扩散方法形成，也可以采用更为先进的离子注入方法形成。离子注入方法在现代器件制造工艺中通常用于掺杂或形成 p-n 结(参见 5.1.4 节)。

这里只简要介绍一下双多晶硅自对准工艺的 n-p-n BJT 的制造过程和步骤，图 7-5 给出了主要工艺流程。现代 IC 中常用的 BJT 就是通过这种工艺制造出来的。n-p-n 结构的 BJT 比 p-n-p 结构的更常用，这是为了利用电子迁移率比空穴迁移率高的优点，利于提高器件的工作速度。首先，在 p 型 Si 衬底表面生长一层薄氧化层，经光刻和腐蚀把某些部分的氧化层去除形成杂质注入窗口，留下的氧化层和光刻胶作为离子注入的掩模，通过窗口在衬底中注入扩散系数很小的杂质如 As 或 Sb 等形成 n^+型隐埋集电区，如图 7-5(a) 所示。n^+型隐埋集电区有利于减小集电区的串联电阻。接着，把剩余的光刻胶和氧化层去除，在表面外延生长一层轻掺杂的

n 型外延层。这个轻掺杂的 n 型层保证 BJT 的集电结具有较高的击穿电压。在 n^+隐埋区上方外延 n 型层后，n^+区边界处的衬底表面将形成台阶状的分界线[参见图 7-5(c)]；借助这条分界线,可将 LOCOS 隔离掩模板与隐埋集电区边界对准[参见图 7-5(a)]。分界线未在图中画出。

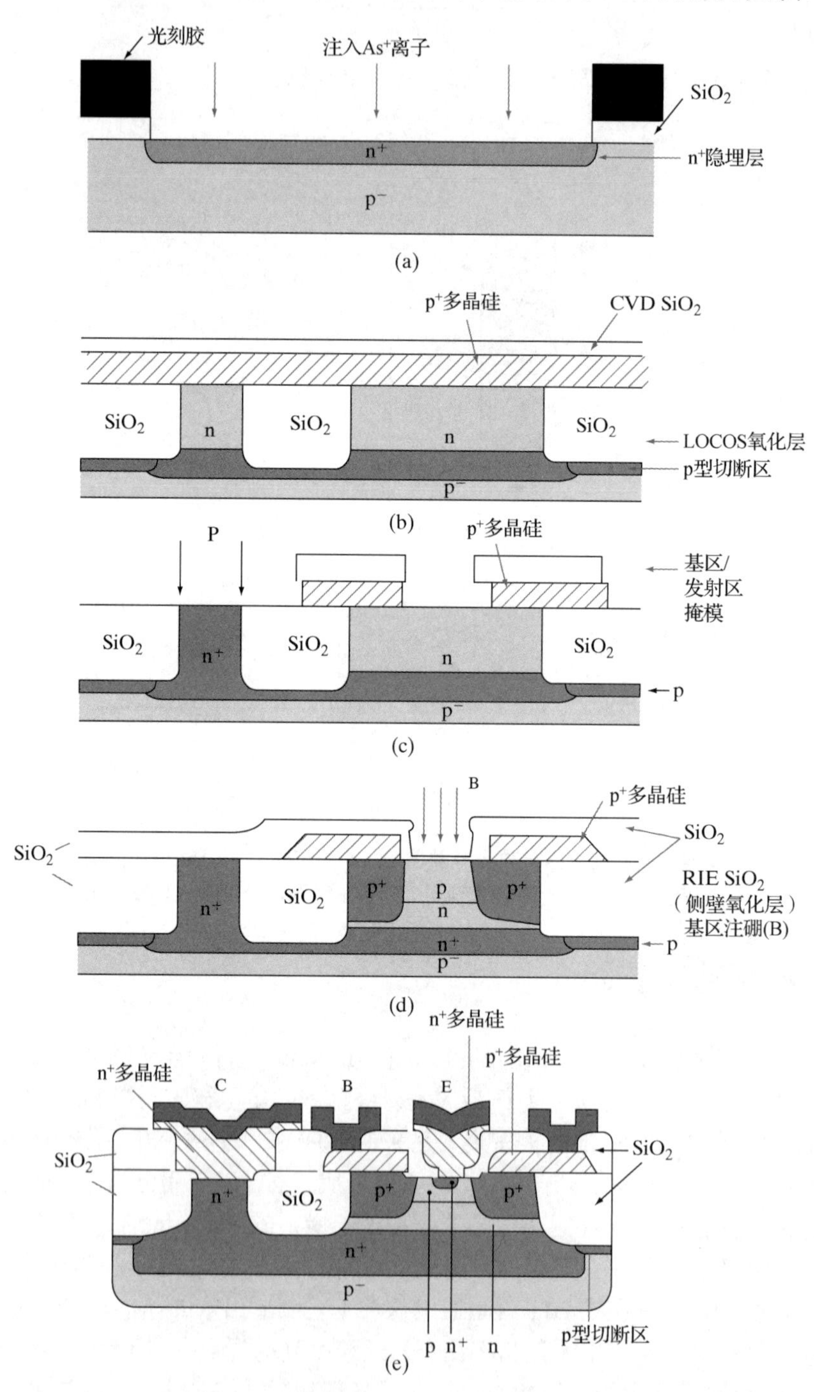

图 7-5 n-p-n BJT 的双多晶硅自对准工艺流程。(a) n^+隐埋层(隐埋集电区)的形成；(b) n 型外延(集电区)和 LOCOS 氧化隔离；(c) 打开基区/发射区窗口并对集电极接触区进行 p^+型注入；(d) 自对准离子注入形成 p 型基区；(e) 自对准工艺形成 n^+发射极和集电极接触

IC 中包含有大量的 BJT，为了减小 BJT 之间的串扰，在注硼形成沟道切断区后，需要生长 LOCOS 场氧化层对相邻的 BJT 进行电学隔离(参见 6.4.1 节)，如图 7-5(b)所示。对高密度双极电路来说，更合适的隔离方法是浅槽隔离法(参见 9.3.1 节)，它使用氮化硅层作为掩模，用RIE对衬底Si进行各向异性刻蚀形成深度为1 μm左右的浅槽，对槽的内壁氧化后用LPCVD在槽内填入氧化硅作为隔离介质。

用 LPCVD 淀积多晶硅，再在其上用 LPCVD 淀积一层 SiO_2。多晶硅需要重掺杂(p^+型)，可以在淀积过程中进行掺杂，也可以随后利用离子注入进行掺杂。用基区-发射区掩模板和 RIE 刻蚀形成窗口，如图 7-5(c)所示。在高温下使多晶硅中的硼杂质向 n 外延层中扩散，形成重掺杂的 p^+ "非本征"基区、以减小基区电阻。用 LPCVD 淀积 SiO_2 将先前打开的基区窗口覆盖，并通过氧化层对基区注硼，形成轻掺杂的 p 型"本征"基区，如图 7-5(d)所示。最后，用 LPCVD 淀积 SiO_2 将基区窗口进一步覆盖，然后用 RIE 将 Si 衬底表面的氧化层全部去除，淀积 n^+多晶硅形成发射极和集电极的接触区，如图 7-5(e)所示(由于两次淀积了多晶硅，故该工艺也被称为**双多晶硅工艺**)。p^+非本征基区和 n^+隐埋集电区之间的垂直距离决定了基区的宽度，它对高速、高增益的 BJT 来说应当很小。

最后，用 CVD 淀积 SiO_2 并刻蚀出基极、发射极、集电极的接触窗口，溅射互连金属(如 Al)完成器件间的互连，经划片、压焊、封装后投入使用。

7.4　少数载流子分布和器件的端电流

本节我们求解基区内过剩少子浓度的分布，然后根据少子浓度梯度求出发射极电流和集电极电流(I_E，I_C)，再由端电流之间的关系得到基极电流 I_B。为了简化分析，先做以下几点假设(仍以 p-n-p BJT 为例)：

1. 空穴在基区的漂移可以忽略，即认为空穴完全是以扩散的方式通过基区的。
2. 发射结注入效率$\gamma = 1$，即忽略发射结的电子注入电流。
3. 集电结的反向饱和电流也可以忽略。
4. 发射结、集电结具有相同的横截面积，认为载流子是在一维的结构中运动的。
5. 所有的电流和电压都是指其稳态值。

后面的几节将讨论注入效率不为 1、载流子在基区内的漂移、各区的横截面积不同等情况，还将分析结电容、载流子在基区的渡越时间等因素对 BJT 工作带来的影响。

7.4.1　基区内扩散方程的求解

由发射结注入的空穴是以扩散的方式通过基区的。根据上面所做的假设，发射结注入的空穴电流为 $I_{Ep} = I_E$，到达集电区的空穴电流为 I_C。如果能求出过剩空穴在基区内的分布，就自然得到了过剩空穴的浓度梯度，进而可求出各部分的电流。以图 7-6(a)给出的简化结构作为分析模型，设基区的宽度为 W_b，各部分的横截面积均为 A。在平衡条件下，费米能级是水平的，能带图表示的是两个背靠背的 p-n 结；但在发射结正偏、集电结反偏的情况下(**正向有源模式**)，费米能级分开为准费米能级，如图 7-6(b)所示，发射结的势垒降低，集电结的势垒升高。根据式(5-29)，可将基区内靠近发射结边界 Δp_E 和靠近集电结边界 Δp_C 的过剩空穴浓度表示为

$$\Delta p_E = p_n(e^{qV_{EB}/kT} - 1) \tag{7-8a}$$

$$\Delta p_C = p_n(\mathrm{e}^{qV_{CB}/kT} - 1) \tag{7-8b}$$

若发射结的正偏压 V_{EB} 足够高($V_{EB} >> kT/q$)、集电结的反偏压也足够高($V_{CB} << 0$，$|V_{CB}| >> kT/q$)，则以上两式分别变为

$$\Delta p_E \approx p_n \mathrm{e}^{qV_{EB}/kT} \tag{7-9a}$$

$$\Delta p_C \approx -p_n \tag{7-9b}$$

利用稳态扩散方程式(4-34b)，可将基区内的空穴扩散方程写为

$$\frac{\mathrm{d}^2 \delta p(x_n)}{\mathrm{d}x_n^2} = \frac{\delta p(x_n)}{L_p^2} \tag{7-10}$$

该方程的解应有这样的形式

$$\delta p(x_n) = C_1 \mathrm{e}^{x_n/L_p} + C_2 \mathrm{e}^{-x_n/L_p} \tag{7-11}$$

其中，L_p 是空穴的扩散长度。我们现在求解的是空穴在很窄的基区内($W_b << L_p$)的分布问题，而不是在很宽的区域内的分布问题，因此不能略去上式中的任何一个系数(C_1 和 C_2)。对 $W_b << L_p$ 的基区，大多数空穴都能扩散通过基区而到达集电结(即 $x_n = W_b$ 处)；这与窄基区二极管的情形很相似。在基区的两个边界处($x_n = 0$ 和 $x_n = W_b$)，过剩空穴浓度的边界条件为

$$\delta p(x_n = 0) = C_1 + C_2 = \Delta p_E \tag{7-12a}$$

$$\delta p(x_n = W_b) = C_1 \mathrm{e}^{W_b/L_p} + C_2 \mathrm{e}^{-W_b/L_p} = \Delta p_C \tag{7-12b}$$

将式(7-11)和式(7-12)两式联立，可确定出两个系数(C_1 和 C_2)分别为

$$C_1 = \frac{\Delta p_C - \Delta p_E \mathrm{e}^{-W_b/L_p}}{\mathrm{e}^{W_b/L_p} - \mathrm{e}^{-W_b/L_p}} \tag{7-13a}$$

$$C_2 = \frac{\Delta p_E \mathrm{e}^{W_b/L_p} - \Delta p_C}{\mathrm{e}^{W_b/L_p} - \mathrm{e}^{-W_b/L_p}} \tag{7-13b}$$

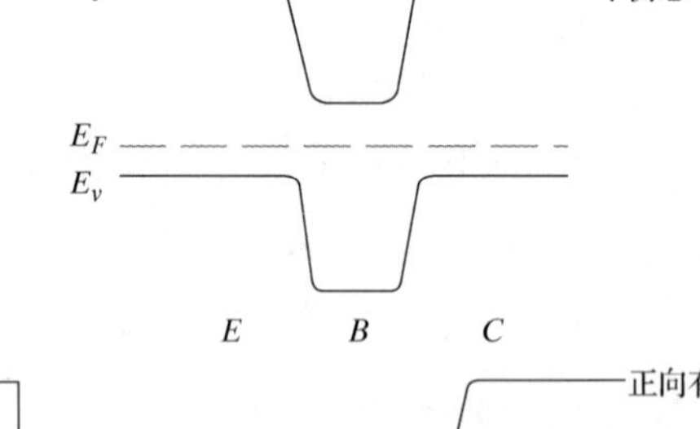

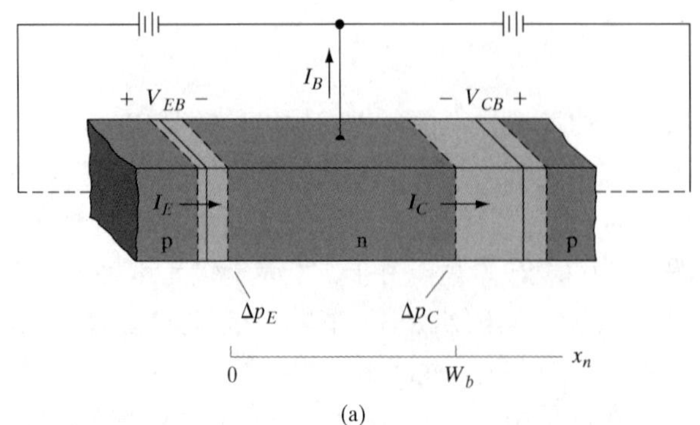

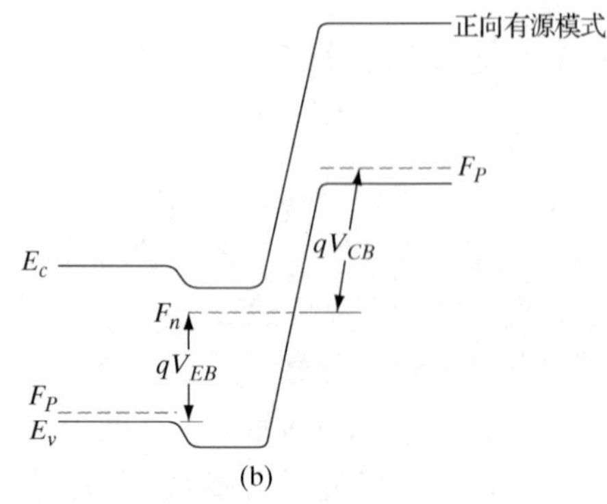

图 7-6 (a) p-n-p 晶体管结构示意图；(b) 平衡态和正向有源模式的能带图，两种载流子准费米能级的间距等于外加偏压乘以 q(电子电荷)

至此便得到了过剩空穴在基区的分布。如果集电结的反偏压很高且 $x_n = 0$ 处的过剩空穴浓度Δp_E远大于基区内空穴的平衡浓度 p_n，则基区内过剩空穴的分布近似为

$$\delta p(x_n) = \frac{e^{W_b/L_p} e^{-x_n/L_p} - e^{-W_b/L_p} e^{x_n/L_p}}{e^{W_b/L_p} - e^{-W_b/L_p}} \Delta p_E \qquad (\Delta p_C \approx 0) \tag{7-14}$$

图 7-7(a)表示了上式中各项的变化情况，同时也给出了 $W_b/L_p = 0.5$ 对应的基区过剩空穴分布。可以看出，过剩空穴 $\delta p(x_n)$ 在基区的分布近似为一条直线。但在后面将会看到，基区内过剩空穴的实际分布不是严格的直线(对直线分布有一定程度的偏离)，反映了空穴在基区内与电子复合的事实。

图 7-7(b)也给出了 BJT 在正向有源模式下发射区和集电区内少子电子的分布情况。以发射区为例，其中的过剩电子分布呈指数式衰减分布，这是因为发射区的掺杂浓度很高，电子在其中的扩散长度很短；少子的扩散长度与发射区的宽度进行比较，可认为发射区是无限长的。但是，如果不满足这个条件，就应把发射结当做“短区”二极管看待。后面将会看到，对于多晶硅发射区，其中的少子分布更为复杂；少子电流 i_{En} 和发射结注入效率γ的准确表达式依赖于对这种结构的细致分析。

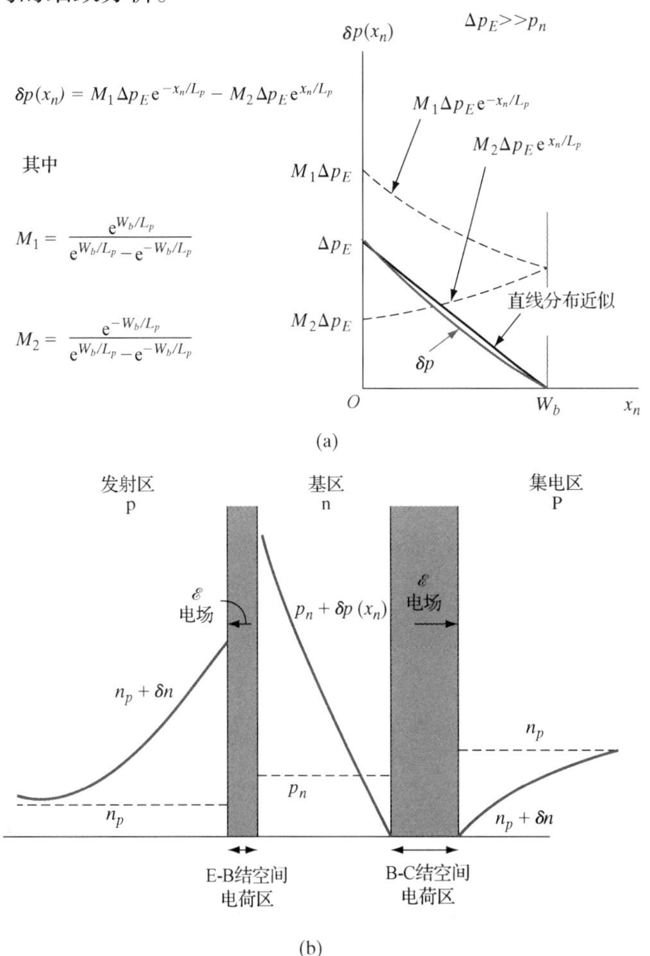

图 7-7　(a)式(7-14)中各项的图示，基区少子空穴的分布近似为直线(这里 $W_b/L_p = 0.5$)；(b)发射区和集电区内少子电子的分布

7.4.2 端电流分析

得到基区内的过剩空穴浓度分布后，由其梯度可确定空穴的扩散电流。根据式(4-22b)，有

$$I_p(x_n) = -qAD_p \frac{\mathrm{d}\delta p(x_n)}{\mathrm{d}x_n} \tag{7-15}$$

下面以上式为基础求 BJT 的端电流，即发射极、集电极、基极的电流(I_E、I_C、I_B)。发射极电流 I_E 中的空穴扩散电流分量 I_{Ep} 等于 $x_n = 0$ 处的空穴扩散电流

$$I_{Ep} = I_p(x_n = 0) = qA\frac{D_p}{L_p}(C_2 - C_1) \tag{7-16}$$

在忽略了集电结反向饱和电流的情况下，集电极电流 I_C 完全由扩散到集电结的空穴形成，因而集电极电流 I_C 可表示为(即 $x_n = W_b$ 处的空穴扩散电流)

$$I_C = I_p(x_n = W_b) = qA\frac{D_p}{L_p}(C_2\mathrm{e}^{-W_b/L_p} - C_1\mathrm{e}^{W_b/L_p}) \tag{7-17}$$

将系数 C_1 和 C_2[参见式(7-13)]代入式(7-16)，得到

$$I_{Ep} = qA\frac{D_p}{L_p}\left[\frac{\Delta p_E(\mathrm{e}^{W_b/L_p} + \mathrm{e}^{-W_b/L_p}) - 2\Delta p_C}{\mathrm{e}^{W_b/L_p} - \mathrm{e}^{-W_b/L_p}}\right]$$

将 C_1 和 C_2 代入式(7-17)可得到 I_C。将 I_{Ep} 和 I_C 写为更简洁的形式，有

$$\boxed{I_{Ep} = qA\frac{D_p}{L_p}\left(\Delta p_E \mathrm{ctnh}\frac{W_b}{L_p} - \Delta p_C \mathrm{csch}\frac{W_b}{L_p}\right)} \tag{7-18a}$$

$$\boxed{I_C = qA\frac{D_p}{L_p}\left(\Delta p_E \mathrm{csch}\frac{W_b}{L_p} - \Delta p_C \mathrm{ctnh}\frac{W_b}{L_p}\right)} \tag{7-18b}$$

上面所做的$\gamma \approx 1$ 的假设实际上就是假定 $I_E \approx I_{Ep}$，即上式中的 I_{Ep} 代表$\gamma \approx 1$ 近似下的发射极电流 I_E。得到 I_E 和 I_C 后，考虑到稳态情况下流入器件的电流(即发射极电流 I_E)应与流出器件的电流(即集电极电流 I_C 和基极电流 I_B 之和)相等，可得到基极电流 I_B

$$I_B = I_E - I_C = qA\frac{D_p}{L_p}\left[(\Delta p_E + \Delta p_C)\left(\mathrm{ctnh}\frac{W_b}{L_p} - \mathrm{csch}\frac{W_b}{L_p}\right)\right]$$

写为更简洁的形式，有

$$\boxed{I_B = qA\frac{D_p}{L_p}\left[(\Delta p_E + \Delta p_C)\tanh\frac{W_b}{2L_p}\right]} \tag{7-19}$$

式(7-18)和式(7-19)给出了 BJT 的三个端电流的表达式，反映了器件的端电流对材料参数和结构参数的依赖关系，其中的过剩空穴浓度又通过式(7-8)与发射结和集电结的偏置电压联系在一起，这就为分析各种偏置条件下器件的行为奠定了理论基础。应当说明，式(7-18)和式(7-19)不仅仅对 BJT 的正常放大状态适用，它们对其他偏置状态也是适用的。比如，作为

开关器件应用的 BJT，当集电结处于反偏状态时，集电结空间电荷区边界的过剩空穴浓度Δp_C具有负值($\Delta p_C = -p_n$)；而当集电结处于正偏状态时，Δp_C则具有正值。这些变化情况其实都已经包含在以上几式中了。也就是说，式(7-18)和式(7-19)可用来分析 BJT 在各种偏置条件下的电学特性。

【例 7-2】 (a)假如将晶体管按照下图所示方式进行连接，并假设发射结注入效率近似为 1($\gamma \approx 1$)，试求发射极电流 I_E。

(b)试求这种连接方式下的基极电流 I_B 和集电极电流 I_C。

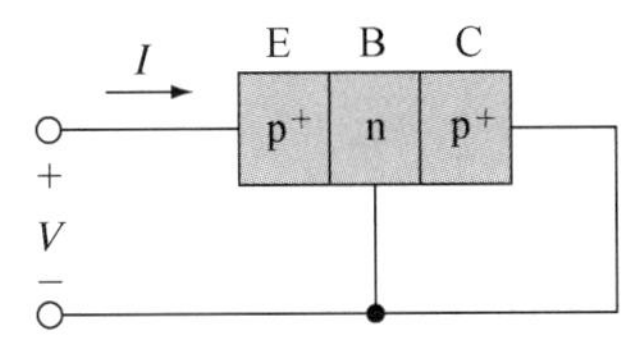

【解】

(a)因 $V_{CB} = 0$，故根据式(7-8b)可知$\Delta p_C = 0$，代入式(7-18a)，有

$$I_E = I = \frac{qAD_p}{L_p}\Delta p_E \operatorname{ctnh}\frac{W_b}{L_p}$$

(b)同理，根据式(7-18b)和式(7-19)，可知集电极电流 I_C 和基极电流 I_B 分别是

$$I_C = \frac{qAD_p}{L_p}\Delta p_E \operatorname{csch}\frac{W_b}{L_p}$$

$$I_B = \frac{qAD_p}{L_p}\Delta p_E \tanh\frac{W_b}{2L_p}$$

我们注意到，上述 I_E 表达式与“短基区”二极管的电流表达式相同(参见习题 5.40 和习题 5.41)。

7.4.3　端电流的近似表达式

为了使端电流表达式的物理意义更加明确，这里不妨针对正常工作状态(放大状态)做一简化分析。BJT 正常工作时发射结正偏、集电结反偏，根据式(7-9)可知$\Delta p_C = -p_n$，其中 p_n 是基区内空穴的平衡浓度。若 p_n 很小[参见图 7-8(a)]，则端电流表达式中的Δp_C项可以忽略，因此端电流可简化为如下形式(其实就是例 7-2 的结果)：

$$I_E \approx \frac{qAD_p}{L_p}\Delta p_E \operatorname{ctnh}\frac{W_b}{L_p} \tag{7-20a}$$

$$I_C \approx \frac{qAD_p}{L_p}\Delta p_E \operatorname{csch}\frac{W_b}{L_p} \tag{7-20b}$$

$$I_B \approx \frac{qAD_p}{L_p}\Delta p_E \tanh\frac{W_b}{2L_p} \tag{7-20c}$$

以上几式中都包含双曲函数，为方便起见，表7-1列出了它们的级数展开式。经过计算可知，当 W_b/L_p 较小时，以上几式中的双曲函数只需保留到 W_b/L_p 的一次项就足够精确了，其他高次项可略去。例如，tanh(y)保留到 y 的一次项近似等于 y，所以基极电流可近似为

表 7-1　双曲函数的级数展开式

$\mathrm{sech}(y)=1-\frac{y^2}{2}+\frac{5y^4}{24}-\cdots$
$\mathrm{ctnh}(y)=\frac{1}{y}+\frac{y}{3}-\frac{y^3}{45}+\cdots$
$\mathrm{csch}(y)=\frac{1}{y}-\frac{y}{6}+\frac{7y^3}{360}-\cdots$
$\tanh(y)=y-\frac{y^3}{3}+\cdots$

$$I_B \approx \frac{qAD_p}{L_p}\Delta p_E \frac{W_b}{2L_p} = \frac{qAW_b\Delta p_E}{2\tau_p} \tag{7-21}$$

同理，也可得到发射极电流 I_E 和集电极电流 I_C 的近似表达式。其实，将 I_E 和 I_C 的近似表达式直接相减，也就得到了与上式相同的结果

$$\begin{aligned} I_B = I_E - I_C &\approx \frac{qAD_p}{L_p}\Delta p_E\left[\left(\frac{1}{W_b/L_p}+\frac{W_b/L_p}{3}\right)-\left(\frac{1}{W_b/L_p}-\frac{W_b/L_p}{6}\right)\right] \\ &\approx \frac{qAW_bD_p\Delta p_E}{2L_p^2} = \frac{qAW_b\Delta p_E}{2\tau_p} \end{aligned} \tag{7-22}$$

与前面的假设相一致，上式只考虑了电子在基区内的复合，而没有考虑在发射结空间电荷区中的复合。同时，也没有考虑电子向发射区的注入(这一问题在下一节考虑)。

在基极电流主要是复合电流的情况下，根据电荷控制模型也能求出基极电流 I_B。设过剩空穴的浓度分布近似为图 7-8(b)所示的直线，采用直线近似，得到基区内存储的过剩空穴电荷为

$$Q_p \approx \frac{1}{2}qA\Delta p_E W_b \tag{7-23}$$

过剩空穴与电子发生复合，因此而失去的电子由基极电流 I_B 提供。根据前面对基极电流成因的分析(参见 7.2 节)，把基极电流与过剩电荷和空穴寿命 τ_p 联系起来，可立即将基极电流表示出来

$$I_B \approx \frac{Q_p}{\tau_p} = \frac{qAW_b\Delta p_E}{2\tau_p} \tag{7-24}$$

这个结果与前面的结果式(7-21)和式(7-22)是完全相同的。

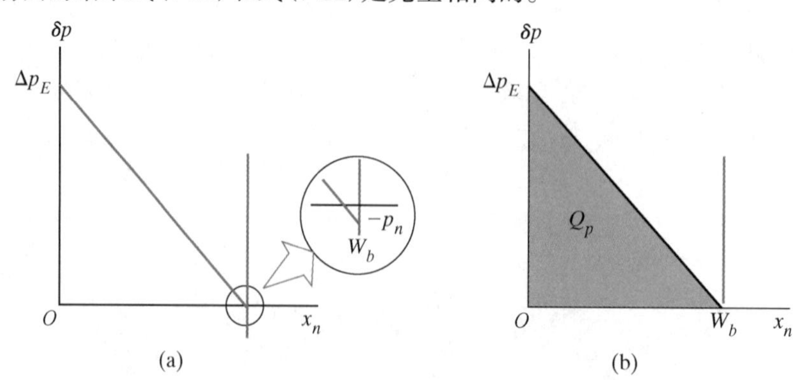

图 7-8　基区内过剩空穴分布的直线近似。(a)发射结正偏、集电结反偏时过剩空穴的分布；(b) $V_{CB}=0$ 或 p_n 可忽略时的过剩空穴分布

既然我们忽略了集电结的反向饱和电流并假定发射结注入效率近似为 1($\gamma=1$)，那么 I_E

和 I_C 的差(即基极电流 I_B)就只由空穴在基区的复合速率来决定。由式(7-24)可见，减小基区的宽度 W_b，或者采用轻掺杂的基区以增大τ_p，或者二者兼而有之，都可减小 I_B。增大τ_p的另一个好处是可以同时增大发射结的注入效率γ。

空穴浓度分布的直线近似对计算 BJT 的基极电流已足够准确。但从另一方面来看，如果空穴浓度的分布真是一条严格的直线，由于其斜率(包括基区两个边界处的斜率)是处处一样的，就会得出 $I_E = I_C$、$I_B = 0$ 的结论，这与前面的讨论相矛盾。实际上，空穴的分布不会是严格的直线(参见图 7-7)，且 $x_n = 0$ 处的斜率比 $x_n = W_b$ 处的斜率略大，表示 I_E 比 I_C 略大，因而 $I_B = I_E - I_C \neq 0$。我们之所以用电荷控制模型计算基极电流，原因是图 7-8 直线下方的面积与图 7-7 曲线下方的面积差别很小。

7.4.4　电流传输系数

前面的推导是在$\gamma \approx 1$ 的近似条件下得到的，即认为发射极电流完全是由于空穴注入形成的，没有考虑电子注入。实际上，只要发射结正偏，除了空穴由发射区向基区注入以外，电子也会由基区向发射区注入，只不过电子的注入比空穴的注入小很多；但不管多小，电子的注入毕竟影响到了发射结注入效率，在有些情况下是不能忽略的。可以证明，对 p-n-p 晶体管，同时考虑空穴注入和电子注入时(参见例 7-3)，发射结注入效率应该是

$$\gamma = \left[1 + \frac{L_p^n n_n \mu_n^p}{L_n^p p_p \mu_p^n} \tanh \frac{W_b}{L_p^n}\right]^{-1} \approx \left[1 + \frac{W_b n_n \mu_n^p}{L_n^p p_p \mu_p^n}\right]^{-1} \tag{7-25}$$

式中各量下标的意义如前，上标则代表该量所针对的区域。例如：L_p^n 表示 n 型基区中空穴的扩散长度，μ_p^n 表示 n 型基区中空穴的迁移率。将式(7-20a)作为 I_{Ep}，式(7-20b)作为 I_C，则基区输运因子可表示为

$$B = \frac{I_C}{I_{Ep}} = \frac{\operatorname{csch}(W_b / L_p)}{\operatorname{ctnh}(W_b / L_p)} = \operatorname{sech}\frac{W_b}{L_p} \tag{7-26}$$

将式(7-26)的基区输运因子 B 和式(7-25)的发射极注入效率γ相乘[参见式(7-3)]，便可得到 p-n-p 晶体管的电流传输系数α，进而再根据α 和式(7-6)可算出共发射极电流增益β。

【例 7-3】 式(7-20a)是在假定$\gamma = 1$ 的情况下得到的发射极电流 I_E。现考虑发射结注入效率小于 1($\gamma < 1$)的情况，假设发射区的宽度大于少子的扩散长度，且 $V_{EB} >> kT/q$，试推导给出γ的表达式[即推导式(7-25)]。

【解】 在$\gamma < 1$ 的情况下，式(7-20a)实际上是发射结注入的空穴电流 I_{Ep}，当 $V_{EB} >> kT/q$ 时，

$$I_{Ep} = \frac{qAD_p^n}{L_p^n}\Delta p_E \operatorname{ctnh}\frac{W_b}{L_p^n} = \frac{qAD_p^n}{L_p^n} p_n \operatorname{ctnh}\frac{W_b}{L_p^n} e^{qV_{EB}/kT}$$

在同样的条件下，发射结注入的电子电流 I_{En} 是

$$I_{En} = \frac{qAD_n^p}{L_n^p} n_p e^{qV_{EB}/kT} \qquad (V_{EB} \gg kT / q)$$

所以，发射极电流是

$$I_E = I_{Ep} + I_{En} = qA\left(\frac{D_p^n}{L_p^n} p_n \operatorname{ctnh}\frac{W_b}{L_p^n} + \frac{D_n^p}{L_n^p} n_p\right) e^{qV_{EB}/kT}$$

于是，发射结注入效率可表示为

$$\gamma = \frac{I_{Ep}}{I_E} = \left[1 + \frac{I_{En}}{I_{Ep}}\right]^{-1} = \left[1 + \frac{\dfrac{D_n^p}{L_n^p} n_p}{\dfrac{D_p^n}{L_p^n} p_n} \tanh\frac{W_b}{L_p^n}\right]^{-1}$$

利用 $\dfrac{n_p}{p_n} = \dfrac{n_n}{p_p}$，$\dfrac{D_n^p}{D_p^n} = \dfrac{\mu_n^p}{\mu_p^n}$，$\dfrac{D}{\mu} = \dfrac{kT}{q}$，将上式整理得到

$$\gamma = \left[1 + \frac{L_p^n n_n \mu_n^p}{L_n^p p_p \mu_p^n} \tanh\frac{W_b}{L_p^n}\right]^{-1}$$

上面的推导是在假设发射区宽度很宽的条件下做出的。如果发射区的宽度远小于少子扩散长度，即当 $W_e << L_p^n$ 时，以上各式中的 L_p^n 应以 W_e 取而代之。

7.5 BJT 的偏置状态和工作模式

前面我们认为 BJT 器件内部各区的横截面积相同，并在此假设下得到了端电流的表达式，分别由式(7-18)和式(7-19)给出。如果将发射结和集电结对调，即把发射结当成集电结并反向偏置、把集电结当成发射结并正向偏置，则得到的端电流表达式与前面的相同。也就是说，如果器件各区的横截面积相同、发射区和集电区的掺杂浓度也相同，则把发射结和集电结对调使用前后的器件特性是对称的。但是，实际 BJT 各区的横截面积是不同的，两区的掺杂浓度也不同，因而发射结和集电结的饱和电流也不同；若将发射结和集电结对调使用，器件的特性将发生较大变化，不再具有理论预期的对称性。我们把两个结对调前后仍具有对称电学特性的晶体管称为**对称性晶体管**，相应地把对调前后没有对称电学特性的晶体管称为**非对称性晶体管**。

另一方面，我们在前面只分析了 BJT 在发射结正偏、集电结反偏情况下的特性。这种工作模式是 BJT 做放大应用时的工作模式，我们将其称为正向工作模式，简称**正向模式**。但是，在开关电路中，BJT 是作为开关器件使用的，其发射结和集电结都既可以被反向偏置，也可以被正向偏置，出现了较为复杂的情况。前面对这种复杂情况没有论及。本节将针对 BJT 的各种可能的偏置状态，分析相应工作模式的特点。分析过程中将 BJT 看成是两个具有耦合作用的二极管，然后推导各种偏置条件下端电流的普适表达式，即 Ebers-Moll 方程。可以看到，Ebers-Moll 方程中的四个参数都是可被测量的，这四个参数能够把器件的结构、材料、掺杂等因素对端电流的影响同时反映出来。

7.5.1 BJT 的耦合二极管模型

先来分析集电结和发射结都正偏的情况，如图 7-9(a)所示。此时两个 p-n 结都向基区注入空穴，Δp_E 和 Δp_C 都是正的(显然，Δp_C 不能像前面那样被忽略)，空穴在基区的分布与前面给出的分布不同，但是可以将其看成是两个结单独向基区注入形成的分布的线性叠加，即

图 7-9(b)和图 7-9(c)两个分布的叠加，得到图 7-9(a)所示的分布。图 7-9(b)所示的分布表示发射结单独向基区注入空穴形成的分布，把此时的发射极电流和集电极电流分别记为 I_{EN} 和 I_{CN}(正向模式电流分量)。图 7-9(c)所示的分布表示集电结单独向基区注入空穴形成的分布。为了区别于正向模式，我们把集电结正偏的工作模式称为**反向模式**，相应地把反向模式的发射极电流和集电极电流[①]分别记为 I_{EI} 和 I_{CI}(反向模式的电流分量)。显然，反向模式的电流分量应该为负，因为反向模式下的空穴流动的方向与原来定义的 I_E 和 I_C 的方向相反。

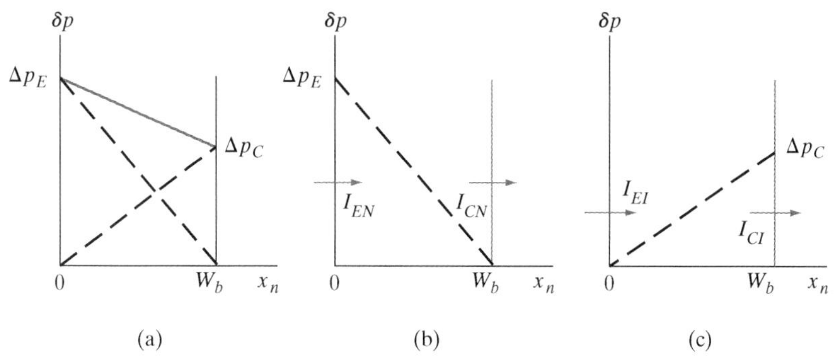

图 7-9　BJT 正向模式和反向模式下基区内的空穴分布。(a)发射结和集电结均正偏时的空穴分布；(b)正向模式的空穴分布；(c)反向模式的空穴分布

对于对称性晶体管，无论是正向模式电流分量还是反向模式电流分量都可由式(7-18)表示出来。令 $a \equiv qA(D_p/L_p)\,\mathrm{ctnh}(W_b/L_p)$，$b \equiv qA(D_p/L_p)\,\mathrm{csch}(W_b/L_p)$，则分别有

$$I_{EN} = a\Delta p_E, \qquad I_{CN} = b\Delta p_E \qquad (\Delta p_C = 0) \tag{7-27a}$$

$$I_{EI} = -b\Delta p_C, \qquad I_{CI} = -a\Delta p_C \qquad (\Delta p_E = 0) \tag{7-27b}$$

将四个电流分量两两相加，就得到了任意偏置条件下的发射极电流和集电极电流

$$I_E = I_{EN} + I_{EI} = a\Delta p_E - b\Delta p_C = A(\mathrm{e}^{qV_{EB}/kT} - 1) - B(\mathrm{e}^{qV_{CB}/kT} - 1) \tag{7-28a}$$

$$I_C = I_{CN} + I_{CI} = b\Delta p_E - a\Delta p_C = B(\mathrm{e}^{qV_{EB}/kT} - 1) - A(\mathrm{e}^{qV_{CB}/kT} - 1) \tag{7-28b}$$

其中 $A \equiv ap_n$，$B \equiv bp_n$。

对于非对称性晶体管，端电流由下述方法求出。正向模式的发射极电流 I_{EN} 和反向模式的集电极电流 I_{CI} 分别为

$$I_{EN} = I_{ES}(\mathrm{e}^{qV_{EB}/kT} - 1) \qquad (\Delta p_C = 0) \tag{7-29}$$

$$I_{CI} = -I_{CS}(\mathrm{e}^{qV_{CB}/kT} - 1) \qquad (\Delta p_E = 0) \tag{7-30}$$

I_{ES} 和 I_{CS} 分别表示发射结和集电结的反向饱和电流。上面几式后面括号内的 $\Delta p_C = 0$ 和 $\Delta p_E = 0$ 分别表示集电极短路(即 $V_{CB} = 0$)和发射极短路(即 $V_{EB} = 0$)时基区两个边界处的过剩空穴浓度。式(7-30)中的负号表示 I_{CI} 的方向与已经定义了的 I_C 的方向相反。正向模式的集电极电流和反向模式的发射极电流可分别表示为

$$I_{CN} = \alpha_N I_{EN} = \alpha_N I_{ES}(\mathrm{e}^{qV_{EB}/kT} - 1) \tag{7-31a}$$

$$I_{EI} = \alpha_I I_{CI} = -\alpha_I I_{CS}(\mathrm{e}^{qV_{CB}/kT} - 1) \tag{7-31b}$$

① 这里的发射极和集电极是针对器件的物理结构而言的，不是针对它们所起的作用（注入和收集）而言的。

α_N 和 α_I 分别表示两种模式的收集电流与注入电流之比(注意：反向模式的注入电流是 I_{CI}，收集电流是 I_{EI})。至此，将式(7-29)、式(7-30)以及式(7-31)的四个电流分量相加，就得到了非对称性晶体管在任意偏置条件下的端电流

$$I_E = I_{EN} + I_{EI} = I_{ES}(e^{qV_{EB}/kT} - 1) - \alpha_I I_{CS}(e^{qV_{CB}/kT} - 1) \tag{7-32a}$$

$$I_C = I_{CN} + I_{CI} = \alpha_N I_{ES}(e^{qV_{EB}/kT} - 1) - I_{CS}(e^{qV_{CB}/kT} - 1) \tag{7-32b}$$

上式是由 J. J. Ebers 和 J. L. Moll 最早推导出来的，所以称为 **Ebers-Moll 方程**[①]。在形式上，式(7-32)和式(7-28)是类似的，但前者针对的是非对称性晶体管，后者针对的是对称性晶体管。也就是说，Ebers-Moll 方程中的四个参数 I_{ES}、I_{CS}、α_N 和 α_I 能够反映出两个 p-n 结的不对称性。可以证明，无论是对称性晶体管还是非对称性晶体管，都有

$$\alpha_N I_{ES} = \alpha_I I_{CS} \tag{7-33}$$

有意思的是，Ebers-Moll 方程中的端电流 I_E 和 I_C 是由四个电流项构成的，其中两个(I_{EN} 和 I_{CI})与二极管电流的形式类似，另外两个(I_{CN} 和 I_{EI})与前两个有关，其实就是由前两个决定的，这反映了 BJT 中两个结的耦合作用。把这种耦合关系画成等效电路图，如图 7-10 所示，称为 BJT 的**耦合二极管模型**，图中已根据式(7-8)将 Ebers-Moll 方程写成了如下形式：

$$I_E = I_{ES}\frac{\Delta p_E}{p_n} - \alpha_I I_{CS}\frac{\Delta p_C}{p_n} = \frac{I_{ES}}{p_n}(\Delta p_E - \alpha_N \Delta p_C) \tag{7-34a}$$

$$I_C = \alpha_N I_{ES}\frac{\Delta p_E}{p_n} - I_{CS}\frac{\Delta p_C}{p_n} = \frac{I_{CS}}{p_n}(\alpha_I \Delta p_E - \Delta p_C) \tag{7-34b}$$

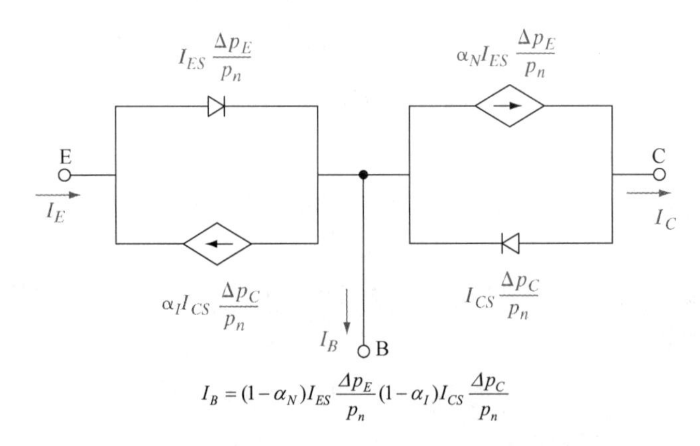

图 7-10 根据 Ebers-Moll 方程画出的 BJT 的等效电路图

通过 Ebers-Moll 方程也可把端电流之间的关系以及端电流和饱和电流之间的关系表示出来，这是非常有用的。将式(7-32a)两边同乘以 α_N，再与式(7-32b)相减，得到

$$I_C = \alpha_N I_E - (1 - \alpha_N \alpha_I) I_{CS}(e^{qV_{CB}/kT} - 1) \tag{7-35}$$

类似地，可得到

$$I_E = \alpha_I I_C + (1 - \alpha_N \alpha_I) I_{ES}(e^{qV_{EB}/kT} - 1) \tag{7-36}$$

① 请参阅 J. J. Ebers, J. L. Moll, Large-Signal Behavior of Junction Transistors, Proceedings of the IRE, 42, pp.1761-72 (December 1954). 在本书和后来的许多资料中，都是把流入器件的电流规定为正，流出器件的电流规定为负；本书也采用这种规则。这就是有些表达式中负号（“–”号）的来由。

如果用 I_{CO} 表示发射极开路($I_E = 0$)时的集电结饱和电流、I_{EO} 表示集电极开路($I_C = 0$)时的发射结饱和电流，则有 $I_{CO} = (1-\alpha_N\alpha_I)I_{CS}$，$I_{EO} = (1-\alpha_N\alpha_I)I_{ES}$，代入以上两式得到

$$I_E = \alpha_I I_C + I_{EO}(e^{qV_{EB}/kT} - 1) \tag{7-37a}$$

$$I_C = \alpha_N I_E - I_{CO}(e^{qV_{CB}/kT} - 1) \tag{7-37b}$$

相应的等效电路由图 7-11(a)给出。该图把发射结和集电结都等效为一个二极管和一个电流源的并联，其中两个电流源的电流都与对方二极管的端电流成正比。在正向模式下，等效电路简化为图 7-11(b)所示的电路，集电极电流 I_C 表示为 I_{CO} 和 $\alpha_N I_E$ 之和；反映在输出特性曲线上，则表现为通过集电结的电流 I_C 随着发射极电流 I_E 的变化而成比例地变化[参见图 7-11(c)]。

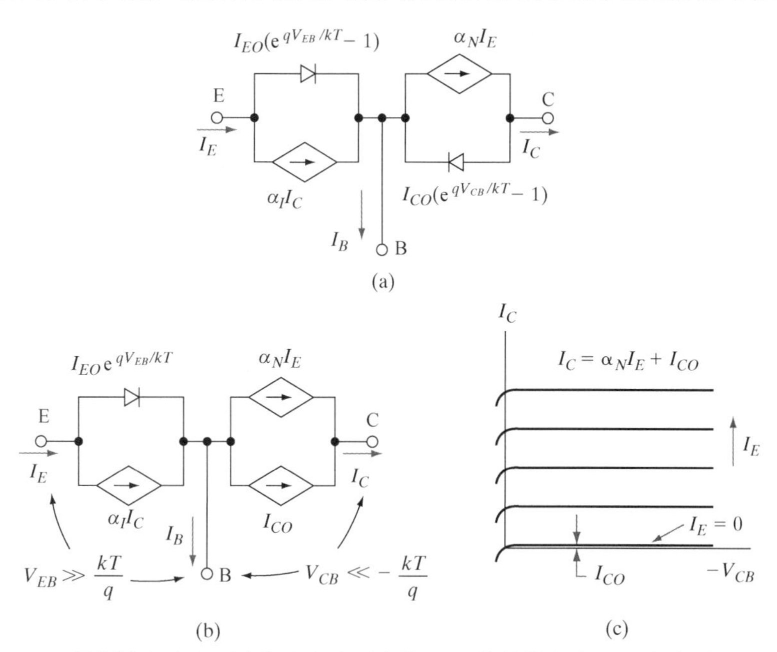

图 7-11　根据端电流和开路饱和电流画出的 BJT 的等效电路。(a)根据式(7-37)画出的等效电路；(b)正向模式的等效电路；(c)正向模式下的集电极电流

【例 7-4】 一个对称的 p^+-n-p^+晶体管的各项参数如下(各区的截面积均为 $A = 10^{-4}$ cm^2，温度 $T = 300$ K)：

	发射区	基区
$A = 10^{-4}$ cm^2	$N_a = 10^{17}$ cm^{-3}	$N_d = 10^{15}$ cm^{-3}
W_b=1 μm	$\tau_n = 0.1$ μs	$\tau_p = 10$ μs
	$\mu_n = 700$ cm^2/(V·s)	$\mu_n = 1300$ cm^2/(V·s)
	$\mu_p = 200$ cm^2/(V·s)	$\mu_p = 450$ cm^2/(V·s)
	$W_e >> L_n$	$W_b = 0.2$ μm

(a)求两个结的反向饱和电流 $I_{ES} = I_{CS}$。(b)求 $V_{EB} = 0.3$ V、$V_{CB} = -40$ V 时的基极电流 I_B(假设$\gamma = 1$)。(c)求基区输运因子 B、发射结注入效率γ、共发射极电流增益β。

【解】 (a)根据已知条件，对于基区，有

$$p_n^B = \frac{n_i^2}{n_n^B} = \frac{(1.5\times10^{10})^2}{10^{15}} = 2.25\times10^5 \text{ cm}^{-3}$$

$$D_p^B = \frac{q\mu_p^B}{kT} = \frac{450}{0.0259} = 11.66\ \text{cm}^2/\text{s}$$

$$L_p^B = (D_p^B \tau_p^B)^{1/2} = (11.66\times10^{-5})^{1/2} = 1.08\times10^{-2}\ \text{cm}$$

$$\frac{W_b}{L_p^B} = \frac{10^{-4}}{1.08\times10^{-2}} = 9.26\times10^{-3}$$

两个结的反向饱和电流是相等的

$$I_{ES} = I_{CS} = \frac{qAD_p^B}{L_p^B} p_n^B \text{ctnh}\left(\frac{W_b}{L_p^B}\right)$$

$$= \frac{1.6\times10^{-19}\times10^{-4}\times11.66\times2.25\times10^5}{1.08\times10^{-2}}\text{ctnh}(9.26\times10^{-3}) = 4.2\times10^{-13}\ \text{A} = 0.42\ \text{pA}$$

(b) 在所加偏压条件下，有

$$\Delta p_E = p_n^B(\text{e}^{qV_{EB}/kT}-1) \approx p_n^B e^{qV_{EB}/kT} = 2.25\times10^5\times\text{e}^{0.3/0.0259} = 2.4\times10^{10}\ \text{cm}^{-3}$$

$$\Delta p_C = p_n^B(\text{e}^{qV_{CB}/kT}-1) \simeq 0$$

近似认为$\gamma=1$时，基极电流为

$$I_B = \frac{Q_b}{\tau_p^B} = \frac{qAW_b\Delta p_E}{2\tau_p^B} = \frac{1.6\times10^{-19}\times10^{-4}\times10^{-4}\times2.4\times10^{10}}{2\times10\times10^{-6}} = 1.9\times10^{-12}\ \text{A} = 1.9\ \text{pA}$$

(c) 对于发射区，有

$$D_n^E = \frac{q\mu_n^E}{kT} = \frac{700}{0.0259} = 18.13\ \text{cm}^2/\text{s}$$

$$L_n^E = (D_n^E\tau_n^E)^{1/2} = (18.13\times10^{-7})^{1/2} = 1.35\times10^{-3}\ \text{cm}$$

因此

$$\gamma = \left[1+\frac{L_p^B n_n^B \mu_n^E}{L_n^E p_p^E \mu_p^B}\tanh\frac{W_b}{L_p^B}\right]^{-1} = \left[1+\frac{1.08\times10^{-2}\times10^{15}\times700}{1.35\times10^{-3}\times10^{17}\times450}\times\tanh\frac{10^{-4}}{1.08\times10^{-2}}\right]^{-1} = 0.99885$$

$$B = \text{sech}\left(\frac{W_b}{L_p^B}\right) = \text{sech}\left(\frac{10^{-4}}{1.08\times10^{-2}}\right) = 0.99996$$

$$\alpha = B\gamma = 0.99885\times0.99996 = 0.9988$$

$$\beta = \frac{\alpha}{1-\alpha} = \frac{0.9988}{1-0.9988} = 832$$

7.5.2 电荷控制分析

电荷控制分析对器件的交流特性分析特别有用。这种分析方法利用载流子的渡越时间和存储电荷表示器件的端电流。根据 7.5.1 节的讨论，空穴在基区的任意分布都可分解为某种正向模式分布和某种反向模式分布的叠加(参见图 7-9)。如果把正向模式的存储电荷记为 Q_N，把反向模式的存储电荷记为 Q_I，那么正向模式的集电极电流 I_{CN} 可表示为 Q_N 除以正向模式的渡越时间 τ_{tN}，发射极电流 I_{EN} 可表示为两部分之和：一部分是向集电结输送空穴的电流，即集电极电流 Q_N/τ_{tN}，另一部分是空穴在基区的复合电流 Q_N/τ_{pN}，于是有

$$I_{CN}=\frac{Q_N}{\tau_{tN}},\qquad I_{EN}=\frac{Q_N}{\tau_{tN}}+\frac{Q_N}{\tau_{pN}} \tag{7-38a}$$

注意下标 N 代表正向模式。同样的道理，我们可以得到反向模式的发射极电流和集电极电流

$$I_{EI}=-\frac{Q_I}{\tau_{tI}},\qquad I_{CI}=-\frac{Q_I}{\tau_{tI}}-\frac{Q_I}{\tau_{pI}} \tag{7-38b}$$

下标 I 代表反向模式。将以上两式与式(7-32)合并，可得到任意偏置条件下的端电流

$$I_E=Q_N\left(\frac{1}{\tau_{tN}}+\frac{1}{\tau_{pN}}\right)-\frac{Q_I}{\tau_{tI}} \tag{7-39a}$$

$$I_C=\frac{Q_N}{\tau_{tN}}-Q_I\left(\frac{1}{\tau_{tI}}+\frac{1}{\tau_{pI}}\right) \tag{7-39b}$$

不难证明该式与 Ebers-Moll 方程[参见式(7-34)]是一致的，其中各参数之间有如下对应关系：

$$\alpha_N=\frac{\tau_{pN}}{\tau_{tN}+\tau_{pN}},\qquad \alpha_I=\frac{\tau_{pI}}{\tau_{tI}+\tau_{pI}}$$
$$I_{ES}=q_N\left(\frac{1}{\tau_{tN}}+\frac{1}{\tau_{pN}}\right),\qquad I_{CS}=q_I\left(\frac{1}{\tau_{tI}}+\frac{1}{\tau_{pI}}\right)^{①} \tag{7-40}$$
$$Q_N=q_N\frac{\Delta p_E}{p_n},\qquad Q_I=q_I\frac{\Delta p_C}{p_n}$$

相应于正向模式的基极电流 I_{BN} 和电流放大因子 β_N 可表示为[参见式(7-7)]

$$I_{BN}=\frac{Q_N}{\tau_{pN}},\qquad \beta_N=\frac{I_{CN}}{I_{BN}}=\frac{\tau_{pN}}{\tau_{tN}} \tag{7-41}$$

式中，β_N 也可写成 $\alpha_N/(1-\alpha_N)$。类似地，反向模式的基极电流可表示为 $I_{BI}=Q_I/\tau_{pI}$。于是，总的基极电流 I_B 为

$$I_B=I_{BN}+I_{BI}=\frac{Q_N}{\tau_{pN}}+\frac{Q_I}{\tau_{pI}} \tag{7-42}$$

如果存储电荷是随着时间变化的，还需依照 5.5.1 节介绍的方法，在各个端电流上分别加上因存储电荷变化而引起的电流项。于是，我们把与时间有关的端电流表示出来就是

$$i_E=Q_N\left(\frac{1}{\tau_{tN}}+\frac{1}{\tau_{pN}}\right)-\frac{Q_I}{\tau_{tI}}+\frac{\mathrm{d}Q_N}{\mathrm{d}t} \tag{7-43a}$$

$$i_C=\frac{Q_N}{\tau_{tN}}-Q_I\left(\frac{1}{\tau_{tI}}+\frac{1}{\tau_{pI}}\right)-\frac{\mathrm{d}Q_I}{\mathrm{d}t} \tag{7-43b}$$

$$i_B=\frac{Q_N}{\tau_{pN}}+\frac{Q_I}{\tau_{pI}}+\frac{\mathrm{d}Q_N}{\mathrm{d}t}+\frac{\mathrm{d}Q_I}{\mathrm{d}t} \tag{7-43c}$$

在 7.8 节讨论 BJT 的高频特性时，我们将会用到这些表达式。

① q_N 和 q_I 均与基区内的少子电荷有关，读者可自行推导。——译者注

7.6 BJT 的开关特性

BJT 作为开关器件应用时，我们希望它能像理想开关那样，开通时短路，关断时开路。但实际的晶体管不可能像理想开关那样工作。利用图 7-12(a)所示的电路来分析 BJT 的开关特性。图 7-12(b)画出了该电路的负载线和晶体管的 *I-V* 特性曲线。如果基极电流适中，使集电极电流位于图中 C 点和 S 点之间，则此时发射结正偏，集电结反偏。根据学过的知识可知，此时 BJT 工作在正向有源模式的**放大区**。但如果基极电流 i_B 为零或者变为负值，集电极电流将沿负载线进入 C 点以下的区域，此时器件工作于**截止区**，流过负载的电流 i_C 很小以至于被忽略，表示晶体管处于截止状态，相当于一个被断开的开关。另一方面，如果基极电流为正且足够大，则集电极电流将沿负载线进入 S 点以上的区域，此时器件工作于**饱和区**，流过负载的电流 i_C 很大，发射极和集电极之间的电压降很小，表示晶体管处于饱和状态，相当于一个被短路的开关。在后面的分析中将看到，晶体管工作在截止区时，发射结和集电结都被反向偏置；工作在饱和区时，发射结和集电结都被正向偏置。另外，BJT 作为开关应用时，由于基极电流从正到负交替地变化，晶体管随之在饱和状态和截止状态之间转换，这就涉及转换速度问题。本节在分析截止区和饱和区特性的基础上，还要简单介绍影响开关速度的主要因素。

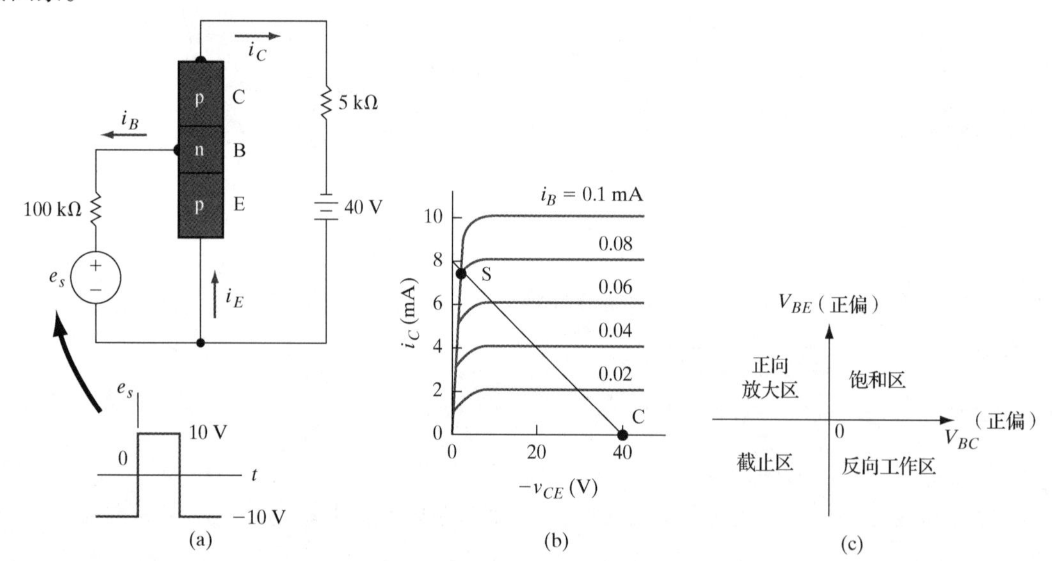

图 7-12 晶体管共发射极开关电路。(a)共发射极偏置电路；(b)集电极电流和负载线；(c)晶体管的各个工作区

图 7-12(c)给出了 BJT 的各个工作模式(或工作区)及其相应的偏置状态。如果发射结正偏、集电结反偏，BJT 工作在正向有源模式；如果发射结反偏、集电结正偏，BJT 工作在反向有源模式。如果两个结都被反向偏置，则工作在截止区(阻抗很大)；如果两个结都被正向偏置，则工作在饱和区(阻抗很小)。

7.6.1 截止

如果发射结和集电结均被反向偏置，则器件工作在截止区(此时基极电流 i_B 具有负值)，基区两个边界处的过剩空穴浓度为

$$\frac{\Delta p_E}{p_n} \approx \frac{\Delta p_C}{p_n} \approx -1 \tag{7-44}$$

整个基区内过剩空穴的浓度都近似为常数$(-p_n)$，如图 7-13(a)所示，因此整个基区内空穴的稳态浓度近似为 $p(x_n) = 0$。实际情况与此稍有差异，即在基区的两个边界处，空穴的浓度仍有些小梯度，因为两个结中毕竟仍有反向饱和电流(尽管很小，但必须由浓度梯度维持)。此时的基极电流可利用电荷控制模型直接得到为 $i_B = -qAp_nW_b/\tau_p$。也可以把式(7-44)代入到式(7-19)，求得的基极电流是一样的。基极电流为负，表明两个结的反向饱和电流都是由基极电流 i_B 提供的，其方向与定义的基极电流的正方向相反。将式(7-44)代入 Ebers-Moll 方程式(7-34)，可得到截止状态 BJT 的端电流

$$i_E = -I_{ES} + \alpha_I I_{CS} = -(1-\alpha_N)I_{ES} \tag{7-45a}$$

$$i_C = -\alpha_N I_{ES} + I_{CS} = (1-\alpha_I)I_{CS} \tag{7-45b}$$

$$i_B = i_E - i_C = -(1-\alpha_N)I_{ES} - (1-\alpha_I)I_{CS} \tag{7-45c}$$

由于 I_{ES} 和 I_{CS} 很小、α_N 和 α_I 接近于 1，所以晶体管截止时的端电流是很小的，说明工作在截止区的晶体管与一个被断开的开关类似。这就是 BJT 截止时的特征。

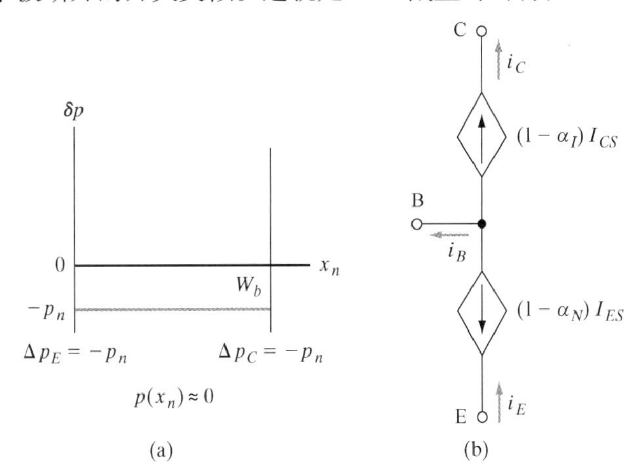

图 7-13　工作在截止区的 p-n-p 晶体管。(a)基区内过剩空穴的分布(发射结和集电结均反偏)；(b)根据式(7-45)画出的等效电路

7.6.2　饱和

在发射结和集电结都被正偏的情况下，BJT 工作在饱和区。图 7-14 给出了集电结偏压为零$(V_{CB}=0)$和大于零$(V_{CB}>0)$两种情况下基区内过剩少子空穴的分布。图 7-14(a)表示 $V_{CB}=0$，晶体管刚好进入饱和区时的过剩空穴分布，此时$\Delta p_C = 0$。图 7-14(b)表示 $V_{CB} > 0$，晶体管进入深度饱和区时的过剩空穴分布，此时$\Delta p_C > 0$。参照图 7-12 不难看出，当电源电压和负载电阻确定后，负载线就确定了。增大基极电流 i_B，可使晶体管进入饱和区。在饱和区，集电结不再呈反偏状态，其上的电压降近似为零$(V_{CB} \approx 0)$；发射极和集电极之间的电压降$-v_{CE}$很小，只有零点几伏；电源电压几乎全部降落在负载电阻上。例如，对于图 7-12 所给的电路，可求出 BJT 饱和时的集电极电流约为 40 V/5 kΩ = 8 mA。若进一步增大基极电流，则晶体管进入深度饱和区，但集电极电流基本不变。这时的晶体管与一个导通的开关类似。

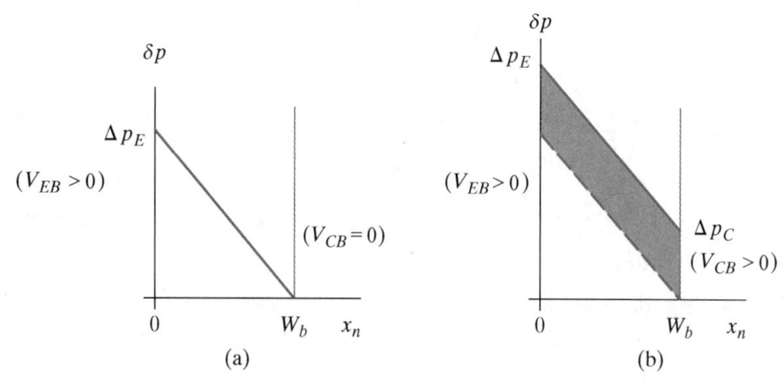

图 7-14 工作在饱和区的 p-n-p 晶体管基区内过剩空穴的分布。(a)刚进入饱和区的情形；(b)过饱和的情形

从第 5 章的相关知识可以理解，基区内存储的电荷越多，晶体管的关断时间(从饱和转变为截止所需要的时间)就越长。虽然饱和的程度不显著影响集电极电流 i_C，但却明显地影响关断时间，因为饱和的程度越深，基区内存储的过剩空穴电荷就越多，因而关断时间就延长(参见图 7-15)。关断时间可根据式(7-43)估计，但在实际问题的估算中还需做更细致的考虑。一般来说，采用第 5 章对 p-n 结瞬态行为的分析方法，可使晶体管的瞬态问题分析大为简化。

7.6.3 开关周期

在 5.5 节为了计算方便，在对二极管的开关过程进行分析时采用了准稳态近似。这里我们仍可采用这种近似来分析晶体管的开关过程。图 7-15 给出了晶体管的一个开关周期的示意图。晶体管起初处于截止状态，施加开关信号 e_s 使基极电流 I_B 突然增大[参见图 7-15(a)]，基区内的过剩空穴分布随着时间发生相应变化[参见图 7-15(b)]。基极信号在 $t = 0$ 时刻开始作用，在时刻 t_s 驱动晶体管进入饱和区，在时刻 t_2 进入深度饱和区。在 $t = 0$ 时刻到 $t = t_s$ 时刻这段时间内，随着存储电荷(Q_b)的增加，集电极电流 i_C 基本上随时间指数式地增大。但从 t_s 时刻开始，集电极电流 I_C 不再增大，继续保持为 $t = t_s$ 时刻的值，约等于 E_{CC}/R_L，其中 E_{CC} 是集电极回路的电源电压，R_L 是负载电阻。当基极电流突然反向、变为负值后，原来存储在基区的过剩空穴电荷不会立即消失，晶体管需要经过一段时间后才能进入截止区。只要基区内剩余的过剩空穴电荷仍然大于刚进入饱和区时的存储电荷(即大于 $t = t_s$ 时刻的存储电荷 Q_s)，集电极电流将保持为 $I_C \approx E_{CC}/R_L$ 不变。这就是说，从基极电流开始反向到集电极电流开始减小，需经过一个**存储延迟时间**(记为 t_{sd})。当剩余的存储电荷小于 Q_s 时，集电极电流 i_C 才开始随着时间指数式地减小。一旦存储电荷全部消失，基极电流将不再能维持在$-I_B$ 的水平，也将逐渐减小到零[参见图 7-15(c)]。

7.6.4 开关晶体管的主要参数

上面已经提到了开关晶体管的两个重要参数 t_s 和 t_{sd}。除此之外，另一个重要的开关参数是从截止状态转变为饱和状态过程中发射结电容的充电时间 t_d，即**充电延迟时间**，如图 7-16 所示。经过 t_d 时间后，发射结被充电转变为正偏，集电结才会有电流。另外，开关晶体管的性能参数还有：**上升时间** t_r，是指集电极电流从饱和值的 10%上升到饱和值的 90%所需要的时间；**下降时间** t_f，是指集电极电流 i_C 从饱和值的 90%下降到饱和值的 10%所需要的时间。

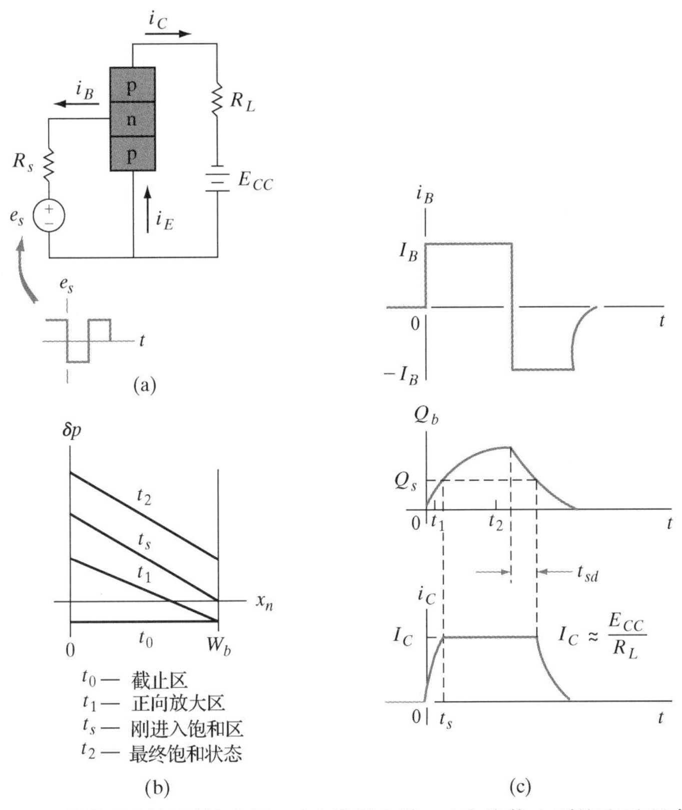

图 7-15　BJT 的共发射极开关应用。(a) 偏置电路；(b) 从截止到饱和过程中基区内过剩空穴的变化；(c) 一个开关周期中基极电流、存储电荷、集电极电流的变化

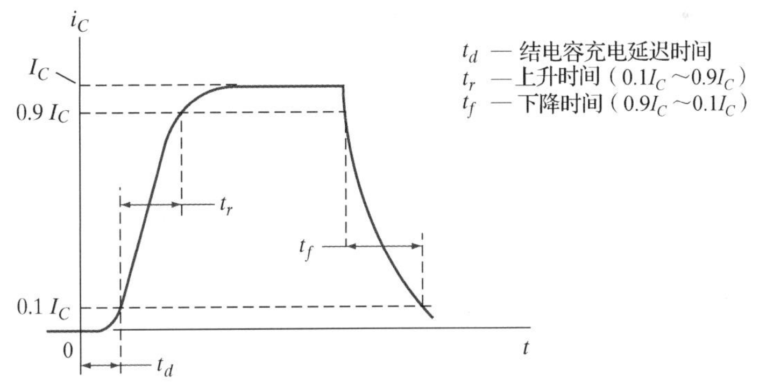

图 7-16　集电极电流在开关过程中的变化：给出了结电容充电延迟时间 t_d、上升时间 t_r、下降时间 t_f 的定义

7.7　某些重要的物理效应

前面关于 BJT 的基本理论包含了诸多近似或假设，与实际工作状态有一定程度的偏离。本节我们具体分析那些影响晶体管特性的重要因素或相关物理效应，对前述基本理论做出必要的修正。由于这里的分析和修正仍然是以基本理论为基础进行的，所以相关物理效应称为二级效应。虽然如此，并不说明这些效应不重要；相反，在某些特定条件下，它们对器件的工作有着决定性的影响。

本节所要分析的因素或效应主要有：不均匀掺杂基区(特别是缓变基区)中载流子的漂移，集电结强反偏导致的空间电荷区展宽和雪崩倍增，大注入效应，发射结和集电结面积不等，基区串联电阻，发射结的不均匀注入等。通过对这些因素或效应的分析，对晶体管作用原理的理解会更加全面和深刻。

7.7.1 载流子在基区的漂移

如果晶体管的基区是通过离子注入方法形成的，则掺杂浓度一般呈不均匀的梯度式分布。图 7-17(a)给出了一个典型的、由离子注入形成的不均匀掺杂基区的情形。发射结一般很浅，故其中的杂质浓度分布很陡峭，但是对于基区而言，其中净杂质的浓度 $N(x_n) = N_d(x_n) - N_a(x_n)$ 沿发射结-集电结方向变化很大，具有高度的不均匀性，净杂质浓度的分布近似于高斯分布的某一段(参见 5.1.4 节)。这里为了方便起见，我们姑且以一个指数式衰减分布为例[如图 7-17(b)所示]分析不均匀掺杂基区对载流子运动带来的影响。

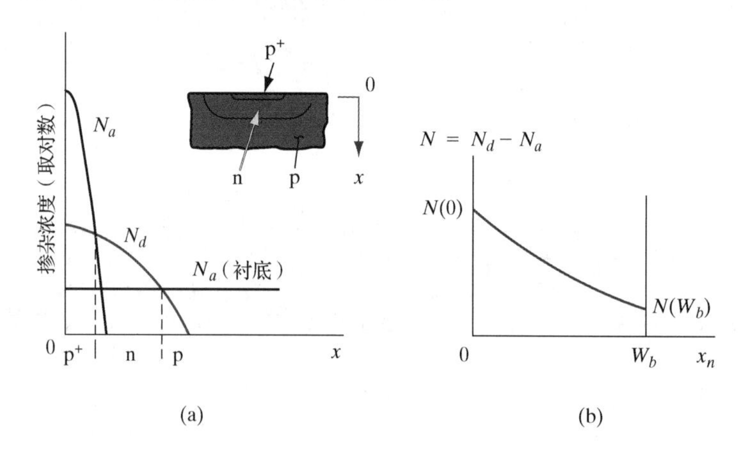

图7-17 p-n-p 晶体管的缓变掺杂基区。(a)典型的掺杂浓度分布(半对数坐标)；(b)基区内的净杂质浓度分布，近似为指数衰减分布(线性坐标)

不均匀的杂质分布在基区内建立了一个自建电场，该电场使空穴在基区内扩散的同时也参与漂移。若基区的净杂质浓度 $N(x_n)$ 足够大(>> n_i)，则基区内电子的平衡浓度近似为 $n(x_n) \approx N(x_n)$。平衡条件下，电子的漂移电流和扩散电流互相抵消，有

$$I_n(x_n) = qA\mu_n N(x_n)\mathscr{E}(x_n) + qAD_n \frac{\mathrm{d}N(x_n)}{\mathrm{d}x_n} = 0 \tag{7-46}$$

因而基区内的自建电场为

$$\mathscr{E}(x_n) = -\frac{D_n}{\mu_n}\frac{1}{N(x_n)}\frac{\mathrm{d}N(x_n)}{\mathrm{d}x_n} = -\frac{kT}{q}\frac{1}{N(x_n)}\frac{\mathrm{d}N(x_n)}{\mathrm{d}x_n} \tag{7-47}$$

这说明，若基区的净杂质浓度 $N(x_n)$ 沿发射结-集电结的方向减小，则自建电场的方向沿发射结指向集电结。该电场的客观效果是使空穴在基区的扩散得到加强。

若基区内的净杂质浓度分布是指数式变化的，则形成的自建电场 $\mathscr{E}(x_n)$ 将是一个常数(与位置无关)。设基区的净杂质浓度为

$$N(x_n) = N(0)\mathrm{e}^{-ax_n/W_b}, \quad a \equiv \ln\frac{N(0)}{N(W_b)} \tag{7-48}$$

将其对 x_n 求导并代入式(7-47)，得到的自建电场是一常数

$$\mathscr{E}(x_n) = \frac{kT}{q}\frac{a}{W_b} \tag{7-49}$$

相对于均匀掺杂基区而言，不均匀掺杂基区(也称为缓变基区)内形成的自建电场对空穴的运动有加强作用，使空穴在基区的渡越时间缩短，有利于提高 BJT 的工作速度(将在 7.8.2 节介绍 BJT 的渡越时间效应)。另外，对多元材料(如 $Si_{1-x}Ge_x$ 或 $In_xGa_{1-x}As$)形成的异质结双极晶体管(HBT)，在基区内逐渐改变材料的组分(相应地改变了禁带宽度 E_g)，也能形成自建电场(异质结的性质将在 7.9 节介绍)。

7.7.2　基区变窄效应(Early 效应)

到目前为止，我们实际上一直认为基区的有效宽度 W_b 与集电结的反偏压无关。这一假设并不总是正确的。例如，对于图 7-18(a)所示的 p^+-n-p^+晶体管，由于基区的掺杂浓度比集电区的掺杂浓度还要低，当集电结的反偏压增大时，耗尽层主要向基区扩展，致使基区的有效宽度变窄。这种现象称为**基区变窄效应**或**基区宽度调制效应**。这种效应最早由 J. M. Early 给出了物理解释，所以也称为 **Early 效应**。该效应反映在集电极电流上，表现为集电极电流随着集电结偏压的升高而增大，如图 7-18(b)所示。共发射极输出特性曲线不再像简单理论预期的那样是水平线，而具有一定的斜率。这是因为基区宽度 W_b 减小导致共发射极电流增益β 增大，从而使集电极电流 I_C 增大的缘故。可以看到，各条特性曲线的斜率不同，近似与集电极电流 I_C 呈线性关系。若将各条特性曲线外推(反向延长)，则交于电压轴上的一点[参见图 7-18(b)]，该点对应的电压 V_A 称为 **Early 电压**。

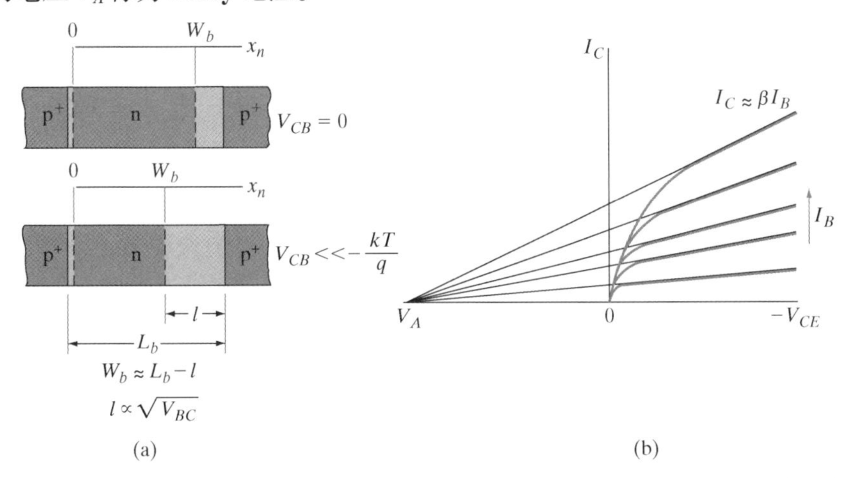

图 7-18　p^+-n-p^+晶体管的基区变窄效应。(a)集电结反偏压增大时基区的有效宽度减小；(b)共发射极应用时的输出特性曲线，集电极电流随集电结偏压的增大而增大，各曲线外推后交于电压轴上一点，该交点对应于 Early 电压 V_A

p^+-n-p^+晶体管集电结的耗尽区几乎全部位于 n 型基区内，利用式(5-23b)可估计出耗尽区的宽度 l(参见图 7-18)。用(V_0–V_{CB})代替式(5-23b)中的 V_0，考虑反偏压较大($|V_{CB}|>>V_0$)时 V_0 可以略去，可得到基区内耗尽层宽度近似为

$$l = \sqrt{\frac{2\epsilon(-V_{CB})}{qN_d}} \tag{7-50}$$

如果集电结的反偏压足够高，以至于集电结的耗尽区扩展到了整个基区，则会导致**穿通**。穿通现象是一种击穿现象。一旦发生了穿通，发射区的空穴将被耗尽区的电场直接扫向集电区，晶体管的作用将不复存在。所以，在器件设计和应用时应尽量避免穿通的发生。不难理解，缓变基区晶体管不容易发生穿通。

7.7.3 雪崩击穿

对大多数晶体管来说，在基区穿通之前集电结首先发生雪崩击穿(参见 5.4.2 节)。图 7-19 给出了 BJT 在共基极和共发射极应用时的击穿情形。可以看到，共基极应用时击穿电压与 I_E 的关系不大，雪崩击穿发生在$-V_{CB} = BV_{CBO}$处，此时 I_C 急剧增大[参见图 7-19(a)]。共发射极应用时，击穿电压与基极电流 I_B 有很大关系，说明雪崩倍增在很宽的偏压范围内都可发生[参见图 7-19(b)]。通常用 BV_{CBO} 和 BV_{CEO} 分别表示两种应用情况下发射极“开路”($I_E = 0$)和基极“开路”($I_B = 0$)时的击穿电压。显然，共发射极应用时的击穿电压 BV_{CEO} 比共基极应用时的击穿电压 BV_{CBO} 低得多。下面我们对此加以分析。不管是哪一种应用情况，击穿的原因都可归结为集电结耗尽区内发生的载流子雪崩倍增，因此击穿时的电流 I_C 都可表示为进入到集电结耗尽区的电流($\alpha_N I_E + I_{CO}$)[参见式(7-37b)]与雪崩倍增因子 M 的乘积

$$I_C = (\alpha_N I_E + I_{CO})M = (\alpha_N I_E + I_{CO})\frac{1}{1-(V_{BC}/BV_{CBO})^n} \tag{7-51}$$

其中第二步使用了雪崩倍增因子 M 的经验表达式，即式(5-44)。

根据上式可知，共基极应用时，在发射极开路($I_E = 0$)的情况下[对应于图 7-19(a)最下面的一条线]，击穿时集电极电流为 $I_C = MI_{CO}$；共发射极应用时，在基极开路($I_B = 0$，$I_C = I_E$)的情况下[对应于图 7-19(b)最下面的一条线]，击穿时集电极电流为

$$I_C = \frac{MI_{CO}}{1-M\alpha_N} \tag{7-52}$$

由此可见，BJT 在共基极应用时，只有当雪崩倍增因子 M 很大(趋于无穷大)时才会发生雪崩击穿(因为 I_{CO} 很小)，但在共发射极应用时，发生击穿的条件是 $M\alpha_N$ 趋近于 1，实际上只要 M 略大于 1 就会导致击穿(因为 α_N 本身已接近于 1)。这就解释了 BV_{CEO} 比 BV_{CBO} 低得多的原因。

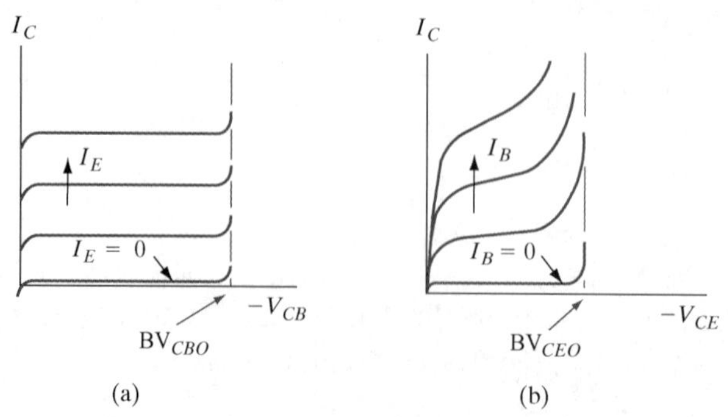

图 7-19 晶体管的雪崩击穿。(a)共基极应用时；(b)共发射极应用时

我们再来分析雪崩倍增效应在共发射极应用中的重要性。载流子在集电结耗尽区中发生雪崩倍增产生了大量的电子-空穴对，其中的空穴被集电结的电场扫向集电区，而电子则被扫

向基区。基区内电子的增多导致发射结注入更多的空穴以保持基区的电中性。也就是说，集电结耗尽区内的载流子雪崩倍增导致了更多的空穴从发射区注入到基区，而基区空穴的增多反过来又会进一步加剧集电结的载流子雪崩倍增，这是一个自我加强的过程。正因为如此，BJT 在做共发射极应用时，只要雪崩倍增因子 M 略大于 1 就会引发这样一个自我加强的过程，从而导致雪崩击穿。

7.7.4　小注入和大注入；热效应

在以前各节对晶体管的分析中，没有考虑载流子注入水平对电流传输系数α和共发射极电流增益β可能带来的影响。而实际情况是：在很小注入和大注入条件下，α和β相对于前面讨论的小注入情况会发生很大的变化。在很小注入条件下，发射结空间电荷区内的载流子复合（参见 5.6.2 节）将显著地减小发射结注入效率γ，从而导致α 和β 减小。这种现象反映在晶体管的 I-V 特性上，表现为小电流区特性曲线的间距比中等电流区特性曲线的间距小。

随着注入的加强，晶体管进入中等电流区，α和β 相应增大。在大注入条件下，晶体管进入大电流区，α和β 又减小，这主要是因为基区内多数载流子增多造成的，即发生大注入时，基区内的过剩空穴增多，为保持电中性，基区内必然会出现等量的过剩电子；并且，过剩电子的浓度可以远大于基区的本底电子浓度（即发生了电导调制现象）。既然基区内的多子电子浓度增大，那么由基区注入到发射区的电子电流也增大，这必然使发射结注入效率 γ 降低，进而导致α和β减小。

晶体管工作在大注入（或大电流）条件下，集电结的功耗和结温成为需要关注的现实问题。集电结的功耗等于集电极电流 I_C 和集电结压降 V_{BC} 的乘积。进入到集电结耗尽区内的载流子在电场的加速作用下动能增大，在运动过程中受到晶格散射作用又把获得的能量交给了晶格，实质上就是把电能转化为热能传递给了晶格，使得集电结的温度升高。显然，I_C 越大或 V_{BC} 越高，集电结的功耗就越大，结的温度就上升得越快。所以，在器件使用过程中，应保证功耗 $I_C V_{BC}$ 不超过额定功率。为了降低结温，通常还必须把晶体管固定在导热性能良好的散热座上以及时散热。

BJT 在工作过程中温度的升高会引起器件性能的一系列变化。我们知道，载流子寿命和扩散系数都是温度的函数。对于 Si、Ge 晶体管，温度升高使通过复合中心的热激发占据主导地位，延长了载流子的寿命。从这个角度来看，温度升高可使β 增大[参见式(7-7)]。但从另一角度来看，在晶格散射对载流子迁移率起决定作用时，迁移率对温度的依赖关系近似呈$\mu \propto T^{-3/2}$ 关系（参见图 3-22）；随着温度 T 的升高，迁移率减小，载流子的扩散系数也相应减小（爱因斯坦关系），使载流子在基区的渡越时间加长，从而使β 减小。可见，以上两种作用的效果相反，但总的效果是使β 随温度的升高而增大。应当说明，β 增大并不总是有利的。比如，若器件设计不当，温度升高时β 增大而导致 I_C 增大，器件的功耗随之增大，这反过来又会使结温进一步升高。这是一种典型的**热逃逸**过程，可能导致器件因过热而损坏，实际应用中应注意避免。

7.7.5　基区串联电阻：发射极电流集边效应

晶体管的结构对其性能也会产生重要影响。图 7-20（a）给出了一个由离子注入掺杂形成的晶体管结构，其发射结面积和集电结面积的差别较大。这一结构上的差别对晶体管特性造成的影响可由 Ebers-Moll 方程中的四个参数（如α_N、α_I 等）描述。但是，还有一些结构效应需要特别关注，其中之一是基区电阻。基区电阻包括两部分：一部分是从有源区边界到基极接触 B

之间的接触电阻 r_b，另一部分是有源区本身的扩展电阻 r_b'。在发射极的两边都设置基极接触，如图 7-20(c)所示，可减小接触电阻 r_b。如果基极接触所在处 n 型区的截面积较大，则 r_b 可忽略。另一方面，因为基区一般很窄，如图 7-20(d)所示，所以扩展电阻 r_b' 一般很大，基极电流在其中会形成较大压降，使发射结的偏置电压变得不均匀。比如，在最接近基极接触 B 的发射结表面处正偏压最大，而其他位置如 D、A 等处的正偏压则较小，如图 7-20(e)所示。若假设由 A 到 B 的电流处处相同(实际上是不同的)，则 A 处发射结的正偏压近似估计为

$$V_{EA} = V_{EB} - I_B(R_{AD} + R_{DB}) \tag{7-53}$$

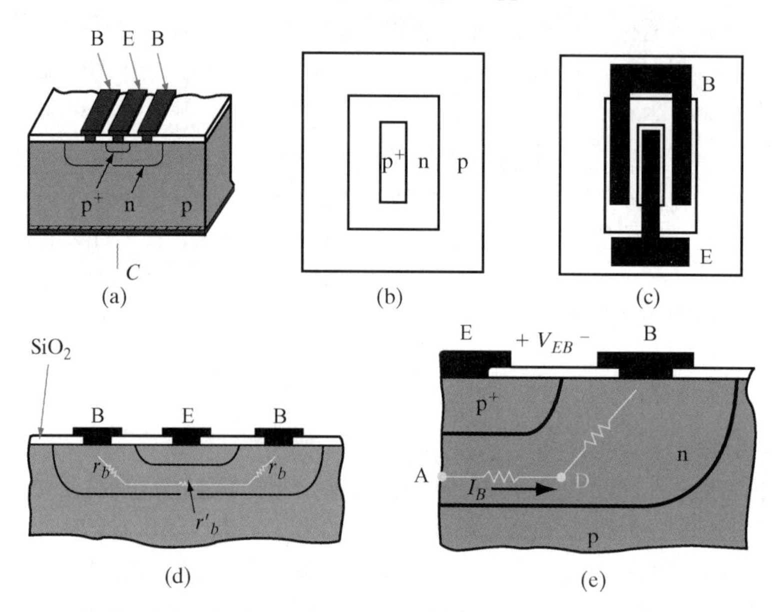

图 7-20 BJT 的基区电阻。(a)离子注入形成的晶体管(剖面图)；(b)发射区和基区的俯视图；(c)发射极接触和基极接触的俯视图；(d)基区电阻；(e)基区有源区的分布式电阻

同样的道理，D 处发射结的正偏压近似估计为

$$V_{ED} = V_{EB} - I_B R_{DB} \tag{7-54}$$

显然，V_{ED} 比 V_{EA} 大，说明发射结结面各处的偏压是不同的，因而结面各处的注入电流也是不同的。既然 B 处的正偏压最大，那么 B 处的注入电流也最大，也就是说，发射极电流主要集中在发射区的边缘处，这就是**发射极电流集边效应**。为抑制该效应，通常采用如图 7-21(b)和图 7-21(c)所示的多个梳齿状分布的窄条作为发射区和基区(以及它们的电极接触区)，这样可在不增大发射区面积的情况下有效地增大发射结的周长，将发射极电流分散到相对很长的发射结边缘部位，从而有效地减小发射结边缘部位的电流密度。功率晶体管的发射区和基区通常采用这种梳齿状结构，以避免大电流集边效应造成特性劣化。

7.7.6 BJT 的 Gummel-Poon 模型

如果 BJT 的尺寸很小，或者某些二级效应不能忽略，那么 Ebers-Moll 模型就不能够准确地描述其特性。为此，需要为 BJT 建立一种更合适的模型，这就是本节将要介绍的 **Gummel-Poon 模型**。Gummel-Poon 模型是一种电荷控制分析模型，更多地从器件物理角度而不是从等效电路角度描述晶体管的特性。但这里介绍的只是该模型的简化形式。

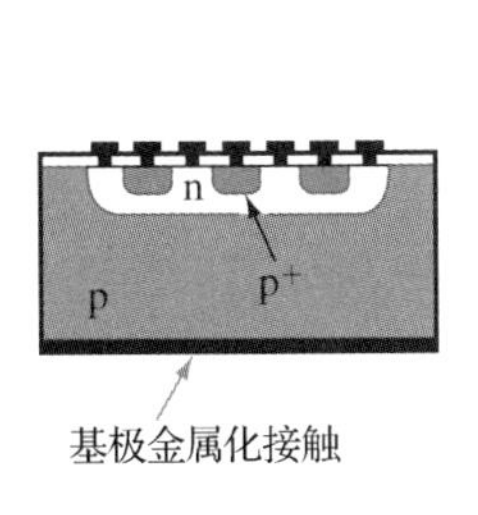

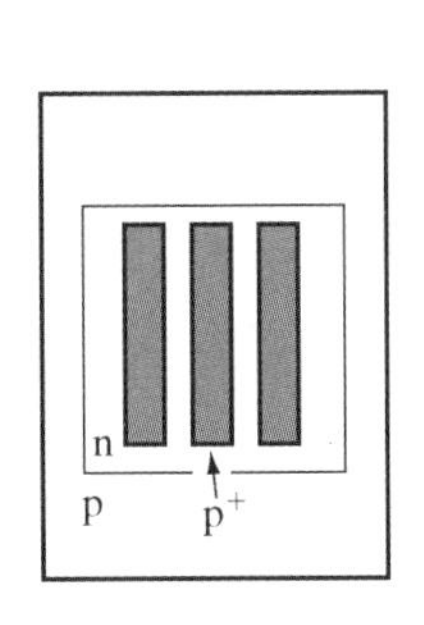

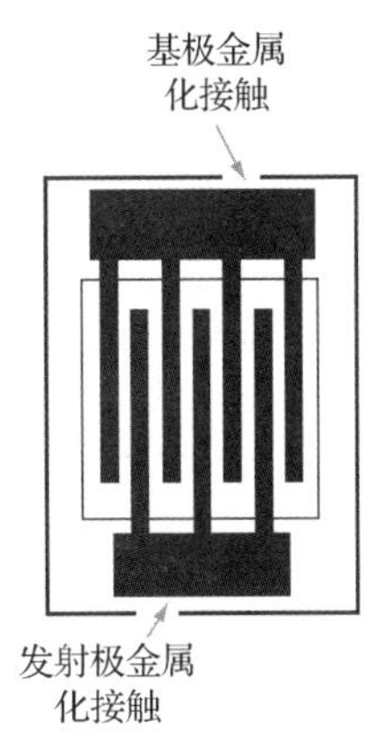

(a)　(b)　(c)

图 7-21　功率晶体管中为减弱发射极电流集边效应而采用的梳齿状发射区和基区结构。(a)晶体管剖面图；(b)离子注入区的俯视图；(c)金属化接触的俯视图，金属互连线的一部分与基区和发射区直接接触，其余的部分被氧化层隔离

7.7.1 节提到，晶体管基区的不均匀掺杂在基区内形成了自建电场，该电场使少子空穴在基区内扩散的同时也参与了漂移运动。因此，基区内空穴的电流应包括扩散和漂移两种成分

$$I_{Ep}(x_n) = qA\mu_p p(x_n)\mathscr{E} - qAD_p \frac{\mathrm{d}p(x_n)}{\mathrm{d}x_n} \tag{7-55}$$

假设 $n(x_n) = N_d(x_n)$，并将式(7-47)表示的自建电场 $\mathscr{E}(x_n)$ 代入上式，有

$$I_{Ep}(x_n) = qA\mu_p p\left(-\frac{kT}{q}\frac{1}{n}\frac{\mathrm{d}n}{\mathrm{d}x_n}\right) - qAD_p\frac{\mathrm{d}p}{\mathrm{d}x_n} = -\frac{qAD_p}{n}\left(p\frac{\mathrm{d}n}{\mathrm{d}x_n} + n\frac{\mathrm{d}p}{\mathrm{d}x_n}\right) \tag{7-56}$$

其中已使用了爱因斯坦关系。上式后面括号内的两项可表示为乘积 pn 对 x_n 的微分，于是

$$I_{Ep} = -\frac{qAD_p}{n}\frac{\mathrm{d}(pn)}{\mathrm{d}x_n} \tag{7-57a}$$

$$-\frac{I_{Ep}n}{qAD_p} = \frac{\mathrm{d}(pn)}{\mathrm{d}x_n} \tag{7-57b}$$

考虑到空穴电流 I_{Ep} 在整个基区内近似为常数，将式(7-57b)对整个基区进行积分，有

$$-I_{Ep}\int_0^{W_b}\frac{n\mathrm{d}x_n}{qAD_p} = \int_0^{W_b}\frac{\mathrm{d}(pn)}{\mathrm{d}x_n}\mathrm{d}x_n = p(W_b)n(W_b) - p(0)n(0) \tag{7-58}$$

根据 5.2.2 节和 5.3.2 节的讨论，当在 p-n 结上施加偏压 V 时，乘积 pn 由平衡态的

$$pn = n_i^2 \tag{7-59a}$$

变为非平衡态的

$$pn = n_i^2\mathrm{e}^{\frac{F_n - F_p}{kT}} = n_i^2\mathrm{e}^{\frac{qV}{kT}} \tag{7-59b}$$

其中两种载流子的准费米能级之差是 $(F_n - F_p) = qV$。将其应用于式(7-58)，得到

$$p(W_b)n(W_b) = n_i^2\mathrm{e}^{\frac{qV_{CB}}{kT}} \tag{7-60a}$$

$$p(0)n(0) = n_i^2\mathrm{e}^{\frac{qV_{EB}}{kT}} \tag{7-60b}$$

$$I_{Ep} = -\frac{qAD_p n_i^2 \left(\mathrm{e}^{\frac{qV_{CB}}{kT}} - \mathrm{e}^{\frac{qV_{EB}}{kT}} \right)}{\int_0^{W_b} n \mathrm{d}x_n} \tag{7-61}$$

在上面的推导过程中假设了扩散系数 D_p 是常数。上式分母中的积分表示基区内单位面积下的多数载流子总量，称为**基区 Gummel 数**，记为 Q_B。在正向工作模式下，发射结正偏($V_{EB}>0$)、集电结反偏($V_{CB}<0$)，式(7-61)可近似为

$$I_{Ep} = \frac{qAD_p n_i^2 \mathrm{e}^{\frac{qV_{EB}}{kT}}}{Q_B} \tag{7-62a}$$

经过类似的推导，我们也可以把注入到发射区的电子电流表示为

$$I_{En} = \frac{qAD_n n_i^2 \mathrm{e}^{\frac{qV_{EB}}{kT}}}{Q_E} \tag{7-62b}$$

其中 Q_E 是发射区内单位面积下的多数载流子总量，称为**发射区 Gummel 数**。Gummel-Poon 模型的重要之处在于它将器件的端电流通过两个 Gummel 数表示出来了，因此能够反映出不均匀掺杂对端电流产生的影响。既然式(7-62)已将 I_{Ep} 和 I_{En} 通过 Q_B 和 Q_E 表示出来，我们当然也可以把发射结注入效率γ用 Q_B 和 Q_E 表示出来，从而使γ的表达式更具一般性。

将 Gummel-Poon 模型稍加修改可用于分析 Early 效应和大注入效应。Early 效应中基区边界的位置随偏压发生变化(参见 7.7.2 节)，基区 Gummel 数 Q_B 应写为更准确的形式

$$Q_B = \int_{0(V_{EB})}^{W_b(V_{CB})} n(x_n) \mathrm{d}x_n \tag{7-63}$$

考虑大注入效应时(参见 5.6.1 节和 7.7.4 节)，基区内多子浓度大于本底杂质浓度，因而

$$\int_0^{W_b} n(x_n) \mathrm{d}x_n > \int_0^{W_b} N_d(x_n) \mathrm{d}x_n \tag{7-64}$$

即大注入条件下式(7-61)的分母增大，使 I_{Ep} 随 V_{EB} 的增长幅度变缓。根据 5.6.1 节关于二极管大注入情况的讨论可知，集电极电流 I_C 和发射极空穴电流 I_{Ep} 随 V_{EB} 的增长规律为

$$I_C \propto I_{Ep} \propto \mathrm{e}^{\frac{qV_{EB}}{2kT}} \tag{7-65a}$$

另一方面，由于发射区的掺杂浓度一般比基区的掺杂浓度高得多，所以在发射区内一般不会发生大注入效应，基极电流按下述规律随 V_{EB} 变化

$$I_B \propto I_{En} \propto \mathrm{e}^{\frac{qV_{EB}}{kT}} \tag{7-65b}$$

因而在较高的 V_{EB} 条件下(大注入条件下)，共发射极电流增益β的变化规律是

$$\beta = \frac{I_C}{I_B} \propto \frac{\mathrm{e}^{\frac{qV_{EB}}{2kT}}}{\mathrm{e}^{\frac{qV_{EB}}{kT}}} \propto \mathrm{e}^{-\frac{qV_{EB}}{2kT}} \propto I_C^{-1}$$

这说明大注入(或大电流)条件下β减小了。

Gummel-Poon 模型还能反映小电流情况下空间电荷区内载流子产生-复合作用的影响。正像 5.6.2 节已指出的那样，p-n 结空间电荷区内载流子的产生-复合对二极管特性的影响反映在理想因子 n 上，因此，由基区向发射区注入的电子电流的变化规律可表示为

$$I_B \propto I_{En} \propto e^{\frac{qV_{EB}}{nkT}} \tag{7-66a}$$

另一方面，由发射区注入到基区的电流通常较大，一般不受产生-复合的影响，所以发射区向基区注入的电流 I_{Ep} 的变化规律为

$$I_{Ep} \propto e^{\frac{qV_{EB}}{kT}} \tag{7-66b}$$

因此，小电流情况下（V_{EB} 较小、或 I_C 较小）的共发射极电流放大因子 β 的变化规律表示为

$$\beta = \frac{I_C}{I_B} \propto \frac{e^{\frac{qV_{EB}}{kT}}}{e^{\frac{qV_{EB}}{nkT}}} \propto e^{\frac{qV_{EB}}{kT}\left(1-\frac{1}{n}\right)} \propto I_C^{\left(1-\frac{1}{n}\right)} \tag{7-67}$$

将 I_C 和 I_B 随 V_{EB} 的变化关系在半对数坐标中画出，称为 **Gummel 图**，如图 7-22(a)所示。同时，将 β 作为 I_C 的函数画在图 7-22(b)中。由图可以看出 β 在不同电流区的变化规律。在小电流区，发射结空间电荷区内的载流子产生-复合作用导致注入效率 γ 降低，从而使 β 减小[参见式(7-67)]；在大电流区，基区内过剩多子增加导致注入效率 γ 降低，同样也使 β 减小。可以证明：如果忽略 Early 效应和大电流区 β 降低的因素，Gummel-Poon 模型就简化为 Ebers-Moll 模型。

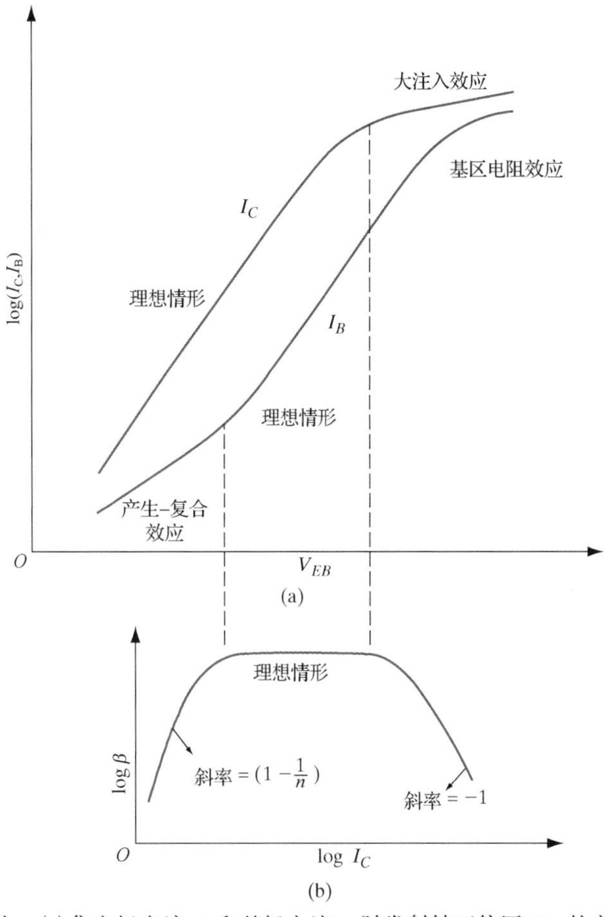

图 7-22　BJT 的 I-V 特性。(a)集电极电流 I_C 和基极电流 I_B 随发射结正偏压 V_{EB} 的变化情况，I_C 和 I_B 都取对数；(b)共发射极电流增益 β(直流情况，$\beta = I_C/I_B$)随集电极电流 I_C 的变化情况。在中等电流区，理想因子 $n = 1$，I_C 和 I_B 随 V_{EB} 指数式变化，β 为常数；在小电流区，载流子产生-复合作用使 I_B 增大、β 减小；在大电流区，大注入效应使 I_C 的增长比 I_B 更缓，理想因子变为 $n = 2$，β 减小(随 I_C^{-1} 变化)

7.7.7 基区变宽效应(Kirk 效应)

7.7.4 节已指出了在大注入或大电流情况下导致 BJT β 下降的一个原因，即基区发生大注入使多数载流子增多引起发射结注入效率γ降低而导致β下降。实际上，还有一个原因也导致大电流情况下β降低，即 **Kirk 效应**。结合图 7-23 以 p-n-p BJT 为例来说明 Kirk 效应。由图 7-23(a)和图 7-23(b)看到，基区空间电荷区中存在电离的施主杂质正电荷，集电区空间电荷区中存在电离的受主杂质负电荷。当大电流携带的大量空穴通过空间电荷区时，必然会改变电荷分布：空穴作为正电荷，为空间电荷区提供了额外的正电荷，效果上是增大了基区一侧的正电荷，减少了集电区一侧的负电荷，如图 7-23(c)所示。因此，基区一侧的电离施主正电荷必须减少，集电区一侧的电离受主负电荷必须增加，才能保持集电结的反偏压 V_{CB} 不变。既然如此，基区空间电荷区的宽度必然变窄，集电区空间电荷区的宽度则变宽，因而中性基区的宽度变宽，由图 7-23(b)所示的 W_b 增大图 7-23(c)所示的 W_b'。这就是 Kirk 效应。显然，Kirk 效应使载流子在基区的渡越时间加长，因而导致β下降。

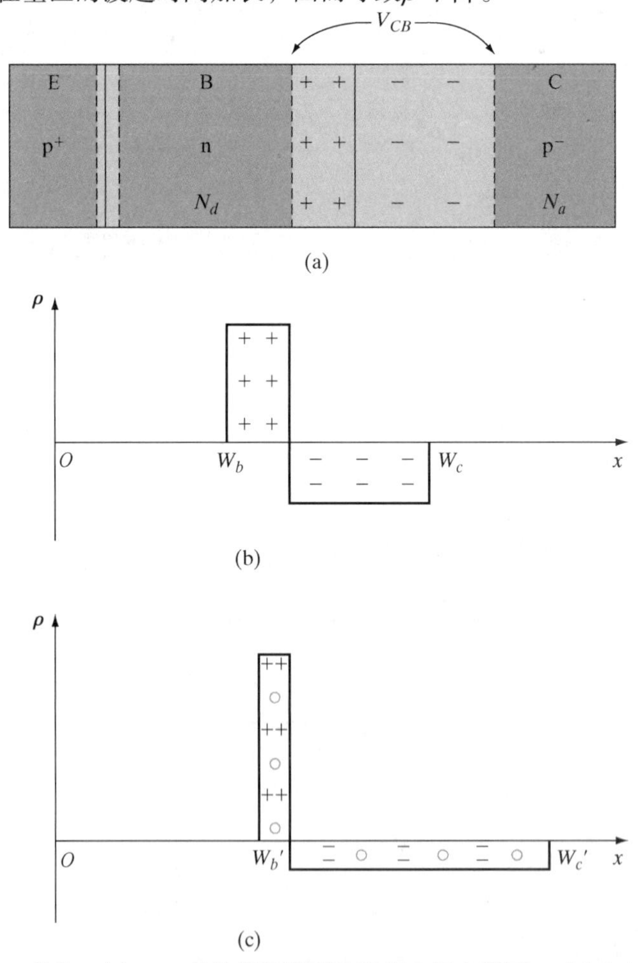

图 7-23 BJT 的 Kirk 效应。(a)p-n-p 晶体管的截面图(包括空间电荷区)；(b)小电流情况下，反偏集电结的空间电荷区中的电荷分布；(c)大电流情况下，反偏集电结空间电荷区中的电荷分布。注入的空穴使基区一侧的空间电荷数量增多，使集电区一侧的空间电荷数量减少，导致基区变宽

考虑到 Kirk 效应的影响，集电结空间电荷区中既有固定的杂质电荷，又有可动的载流子

电荷，因此泊松方程应写为

$$\frac{\mathrm{d}\mathscr{E}}{\mathrm{d}x}=\frac{1}{\varepsilon}\left[q(N_d^+-N_a^-)+\frac{I_C}{A\mathrm{v}_d}\right] \tag{7-68}$$

其中，v_d 是载流子的漂移速度，$I_C/(A\mathrm{v}_d)$ 表示空间电荷区中的可动载流子（空穴）电荷密度。

集电结的反偏压 V_{CB} 可表示为空间电荷区电场 $\mathscr{E}$ 的积分

$$V_{CB}=-\int_{W_b}^{W_c}\mathscr{E}\mathrm{d}x \tag{7-69}$$

可见，在 V_{CB} 不变的情况下增大 I_C，式(7-68)中的可动载流子电荷项 $I_C/(A\mathrm{v}_d)$ 对电荷分布的影响就越来越明显。这相当于增大了基区一侧的掺杂浓度，同时降低了集电区一侧的掺杂浓度。

虽然上面关于 Kirk 效应的分析只是针对 p-n-p 晶体管进行的，但类似的分析同样适用于 n-p-n 晶体管，只不过所涉及的电荷都要反号。对具有 n^+ 隐埋集电区的 n-p-n 晶体管（参见图 7-5）的详细分析表明，在大电流情况下，受 Kirk 效应的影响，基区甚至可以扩展到整个轻掺杂的集电区，一直到达重掺杂的隐埋集电区的边界。

7.8　BJT 的频率限制因素

本节将讨论 BJT 的高频特性和限制 BJT 工作频率的主要因素。这些频率限制因素包括：结电容的大小、结电容的充电时间、基区渡越时间等。这里不打算对 BJT 的高频特性做详细的讨论，只对那些与频率特性有关的重要物理效应进行分析。

7.8.1　结电容和充电时间

对 BJT 工作频率影响最明显的因素是发射结电容 C_{je} 和集电结电容 C_{jc}（5.5.4 节曾详细介绍了结电容），我们应该把 C_{je} 和 C_{jc} 包括在 BJT 的等效电路中。另外，我们还(a)应该把基区接触电阻 r_b（参见 7.7.5 节）和集电区串联电阻[①] r_c 也包括在等效电路中，如图 7-24 所示。显然，当 BJT 在交流电路中应用时，r_b 和 C_{je} 组合、r_c 和 C_{jc} 组合决定的 RC 时间常数都会造成信号延迟。

BJT 在交流电路中应用时，在直流工作点上施加交流信号。直流分量用 V_{BE}、V_{CE}、I_C、I_B、I_E 表示，交流分量用 v_{be}、v_{ce}、i_c、i_b、i_e 表示，总的电学量（直流分量和交流分量之和）用带有大写下标的小写符号表示，如 v_{EB}、i_C 等。

在发射结的直流偏压上叠加一个交流信号 v_{eb}，可以证明

$$\Delta p_E(t)\approx\Delta p_{E(\mathrm{d-c})}\left(1+\frac{qv_{eb}}{kT}\right) \tag{7-70}$$

即过剩空穴浓度将随时间变化，基区内存储的过剩少子电荷也随时间变化，利用式(7-43)可求出交流情况下的端电流。设器件以正向模式工作，且基区内的过剩空穴分布仍近似为直线（参见图 7-8），则由上式和式(7-23)可知基区内存储的过剩空穴电荷为

$$Q_N(t)=\frac{1}{2}qAW_b\Delta p_E(t)=\frac{1}{2}qAW_b\Delta p_{E(\mathrm{d-c})}\left(1+\frac{qv_{eb}}{kT}\right) \tag{7-71}$$

---

① 电阻 r_b 和 r_c 分别与“外部”端电压 v_{be}' 和端电流 i_c' 发生联系。有些教材把器件本征部分的端电流和端电压加上撇号［如式(7-74)中的 i_b 和 v_{eb}］，与这里的表示习惯恰好相反。只要注意区别清楚加撇号和不加撇号的物理意义即可。

括号外面的部分是直流情况下的存储电荷，它应等于$I_B\tau_p$，代入上式，有

$$Q_N(t)=I_B\tau_p\left(1+\frac{qv_{eb}}{kT}\right) \tag{7-72}$$

利用式(7-43c)将基极电流表示为

$$i_B(t)=\frac{Q_N(t)}{\tau_p}+\frac{\mathrm{d}Q_N(t)}{\mathrm{d}t} \tag{7-73a}$$

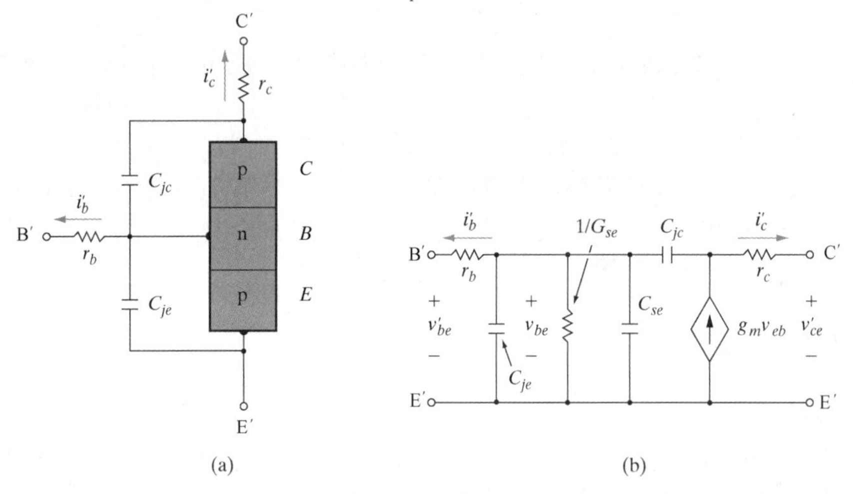

图 7-24 BJT 的交流工作模型。(a)在模型中计入了基区和集电区的电阻(r_b和r_c)以及发射结和集电结的电容(C_{je}和C_{jc})；(b)由式(7-74)和式(7-75)综合而成的“混合π型”交流等效电路

在 BJT 中，发射结显然是一个“短基区”p-n 结，参见 5.5.4 节关于电容的分析可知，短基区 p-n 结的存储电荷在瞬态过程中只有 2/3 是“可再生”的，因此将式(7-72)的Q_N乘以 2/3 代入式(7-73a)，得到基极电流为

$$i_B(t)=I_B+\frac{q}{kT}I_Bv_{eb}+\frac{2}{3}\frac{q}{kT}I_B\tau_p\frac{\mathrm{d}v_{eb}}{\mathrm{d}t} \tag{7-73b}$$

基极电流的交流分量表示为

$$i_b(t)=G_{se}v_{eb}+C_{se}\frac{\mathrm{d}v_{eb}(t)}{\mathrm{d}t} \tag{7-74}$$

其中，$G_{se}\equiv\frac{q}{kT}I_B$，$C_{se}\equiv\frac{2}{3}\frac{q}{kT}I_B\tau_p=\frac{2}{3}G_{se}\tau_p$，分别表示发射结的交流电导和扩散电容。同理，利用式(7-43b)，可得到集电极电流为

$$i_C(t)=\frac{Q_N(t)}{\tau_t}=\beta I_B+\frac{q}{kT}\beta I_Bv_{eb} \tag{7-75}$$

其中，$\frac{q}{kT}\beta I_Bv_{eb}$是交流电流分量，记为$i_c=g_mv_{eb}$，而$g_m\equiv\frac{q}{kT}\beta I_B=\frac{3}{2}\frac{C_{se}}{\tau_t}$表示在稳态$I_C=\beta I_B$附近的交流跨导。将式(7-74)和式(7-75)综合起来，画出 BJT 的交流等效电路，如图 7-24(b)所示，称为 BJT 的“混合π型”电路模型。由图可见，v_{be}和v'_{be}分别施加在r_b以内和以外的“本征”和“非本征”区上，这是因为发射极-基极偏压v'_{be}的一部分降落到了基区接触电阻r_b上，使发射结的真正偏压v_{be}不等于发射极-基极偏压v'_{be}，实际上反映了基区接触电阻r_b的影响。

v_{ce}不等于v'_{be}也是同样的道理，反映的是集电区串联电阻r_c的影响(图中未标v_{ce})。

由 BJT 的交流等效电路[参见图 7-24(b)]不难看出，限制 BJT 工作频率的最重要因素是发射结和集电结电容的充电延迟时间以及基区电荷的存储延迟时间。另外，限制频率的因素还有基区渡越时间、集电结耗尽区的渡越时间以及集电区电荷的存储延迟时间。如果把这些延迟时间总括起来用τ_d表示，则 BJT 的工作频率上限即**截止频率**可表示为$f_T \equiv (2\pi\tau_d)^{-1}$。可以证明，在截止频率下，BJT 的交流电流增益$\beta(a\text{–}c) \equiv h_{fe} = \partial i_{c'}/\partial i_{b'}$下降为 1。

7.8.2　渡越时间效应

BJT 工作频率的最终限制因素通常是载流子在基区的渡越时间τ_t。如果近似认为$\gamma \approx 1$，则$\beta \approx \tau_p/\tau_t$(以 p-n-p 晶体管为例)，利用式(7-20)，可估计出载流子在基区的渡越时间τ_t

$$\beta \approx \frac{\mathrm{csch}(W_b/L_p)}{\tanh(W_b/2L_p)} = \frac{2L_p^2}{W_b^2} = \frac{2D_p\tau_p}{W_b^2} = \frac{\tau_p}{\tau_t}$$

$$\tau_t = \frac{W_b^2}{2D_p} \tag{7-76}$$

也可以这样估计渡越时间τ_t: 空穴在基区内运动时，虽然就单个空穴来说其运动速度是随机的(参见 4.4.1 节)，但就大量空穴而言，它们形成的电流等效于所有空穴都以某一平均速度运动所形成的电流。若将平均速度记为$\langle v(x_n)\rangle$，则空穴的扩散电流可表示为

$$i_p(x_n) = qAp(x_n)\langle v(x_n)\rangle \tag{7-77}$$

因此，空穴在基区的渡越时间可表示为

$$\tau_t = \int_0^{W_b} \frac{\mathrm{d}x_n}{\langle \mathrm{v}(x_n)\rangle} = \int_0^{W_b} \frac{qAp(x_n)}{i_p(x_n)}\mathrm{d}x_n \tag{7-78}$$

采用空穴分布的直线近似[参见图 7-8(b)]，并考虑到空穴的扩散电流i_p在整个基区内基本不变，$i_p = qAD_p\Delta p_E/W_b$，则根据上式得到渡越时间为

$$\tau_t = \frac{qA\Delta p_E W_b/2}{qAD_p\Delta p_E/W_b} = \frac{W_b^2}{2D_p} \tag{7-79}$$

可见，用平均速度$\langle v(x_n)\rangle$概念得到的渡越时间与式(7-77)是相同的。虽然用平均速度来描述扩散运动有些勉强，但却能反映出载流子需要一定的时间才能渡越基区的事实。

典型 BJT 的基区宽度是$W_b = 0.1\ \mu\text{m}$，扩散系数的典型值是$D_p = 10\ \text{cm}^2/\text{s}$，根据式(7-79)，空穴在基区的渡越时间大约为$\tau_t = 0.5\times10^{-11}\text{s}$。假设 BJT 的截止频率$f_T$由渡越时间$\tau_t$决定，即认为$f_T = (2\pi\tau_t)^{-1}$，那么晶体管可在高达 30 GHz 的频率下工作。实际上这一估计是过于乐观了，因为它没有计入其他延迟时间的影响。为减小渡越时间、提高器件的工作频率，可采用不均匀掺杂基区，利用其中的自建电场加速载流子的运动。

7.8.3　Webster 效应

式(7-79)适用于小注入情况。在大注入情况下，受 Webster 效应的影响，渡越时间τ_t可进一步缩短，甚至可以缩短到小注入情况的一半左右。究其原因，是因为大注入情况下基区内少子浓度和多子浓度都很高(电中性要求)，既然少子浓度是沿发射结-集电结方向减小的，那么多子的浓度也是沿发射结-集电结方向减小的(参见图 7-8)，因此多子也具有了沿发射结-集

电结方向扩散的趋势。多数载流子的扩散将会破坏扩散-漂移之间的平衡，而这一平衡是维持基区载流子准平衡分布所要求的。因此，基区内会形成一个自建电场，该电场使多数载流子的漂移电流与其扩散电流互相抵消①。特别地，该自建电场对基区内少数载流子的运动有加速作用，使少数载流子在基区的渡越时间 τ_t 缩短[参见式(7-79)]。这就是 Webster 效应。

比较一下 Webster 效应和基区不均匀掺杂效应，可见二者对基区载流子输运的作用效果是类似的，但区别在于 Webster 效应中的自建电场是由多子浓度分布的不均匀性造成的，而不均匀掺杂效应中的自建电场是由基区掺杂浓度的不均匀性造成的（参见 7.7.1 节）。

7.8.4 高频晶体管

设计和制造高频晶体管的一个普遍原则是器件的物理尺寸一定要小，基区的宽度要窄，以利于减小基区渡越时间；发射结和集电结的面积要小，以利于减小结电容。但是，这些提高工作频率方面的要求与器件的功率要求存在矛盾，所以在设计晶体管时必须根据特定的使用要求来确定基区宽度和结面积。从实际的制造技术来看，某些提高功率处理能力的技术措施对提高工作频率也是有利的。例如，采用图 7-21 所示的梳齿状发射区-基区结构既不增大发射区的面积，又增大了发射区的边长（减弱了发射极电流集边效应），这样就同时兼顾了频率和功率的双重要求。

高频晶体管设计时需要考虑的另一些参数是各区的有效电阻。发射区、基区和集电区的电阻对多个 RC 时间常数都有重要影响，应当将这些时间常数降到最小。首先，应保证发射极接触区和基极接触区的接触电阻要小；其次，应保证各区本身的电阻要小。例如，采用 p^+扩散层作为 n-p-n 晶体管的基极接触区[参见图 7-5(e)]，可以有效减小基区接触电阻 r_b。又如，可将异质结晶体管的基区做成重掺杂区，这样可在不减小注入效率的前提下大幅减小基区电阻（参见 7.9 节对异质结晶体管的介绍）。

Si 基晶体管通常采用 n-p-n 结构，因为 Si 中电子的迁移率比空穴的高，采用 n-p-n 结构利于提高器件的工作速度。现代的 n-p-n 晶体管通常采用重掺杂的 n^+层作为隐埋集电区，再在其上外延生长 n 型层作为集电区，既降低了集电极接触电阻，又保证了集电结有较高的击穿电压（参见 7.3 节和图 7-5）。从高频应用的要求来看，轻掺杂集电区的厚度应尽可能地薄，以保证集电结在反偏状态下耗尽层最多只能扩展到 n^+型隐埋层的表面处，从而使载流子在集电结耗尽区中的渡越时间尽可能短。

在 7.3 节曾提到，通常在晶体管的 n^+单晶硅发射区上面还要淀积一层 n^+多晶硅层形成多晶硅发射区结构，如图 7-25 所示。可以这样理解设置多晶硅发射区的原因：如果将欧姆接触直接制作在单晶硅发射区上（注意这层单晶硅很薄），那么其中的过剩少子的浓度梯度势必很大（因为过剩少子必须在欧姆接触处减小为零），这会导致基区向发射区注入的空穴电流（I_{Ep}）增大，从而使注入效率降低。如果增设一层多晶硅层，就可以使发射区内过剩少子的分布变缓（梯度减小），从而改善注入效率 γ。图 7-25 给出了多晶硅发射区相对于只有单晶硅发射区的少子分布情况。由图看到，多晶硅发射区中少子浓度的梯度整体上变小了，这显然对提高发射结注入效率有利。

除了以上晶体管本身的各种参数可能对高频特性造成不同程度的影响外，封装形式和封

---

① 只在一定程度上互相抵消——译者注。

装材料可能会引入寄生电阻、电容或者寄生电感等，对高频应用带来一定的不利影响。由于不同的制造商采用的封装形式、封装材料以及封装技术不尽相同，这里不便对封装问题进行深入讨论。

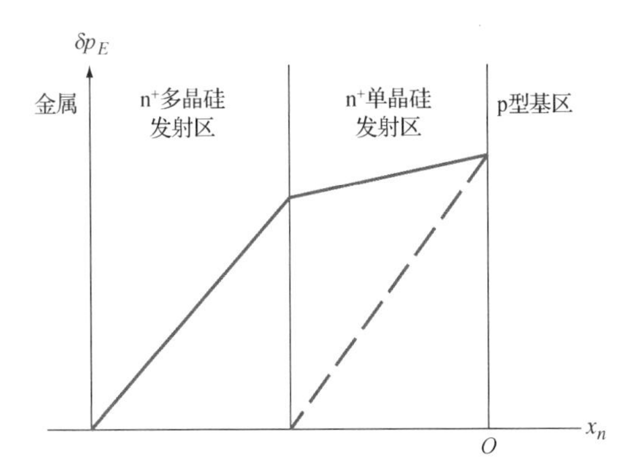

图 7-25 n-p-n 晶体管发射区中的过剩空穴浓度分布：给出了有多晶硅发射区和没有多晶硅发射区两种情况，其中用虚线表示的是没有多晶硅发射区的空穴浓度分布（欧姆接触直接制作在单晶硅发射区上）

7.9 异质结双极型晶体管

在 7.4.4 节我们已经知道，当 p-n-p BJT 的发射结正偏时，在空穴由发射区向基区注入（I_{Ep}）的同时，也有一部分电子由基区注入到发射区（I_{En}）。这股电子注入电流尽管很小，但毕竟限制了发射结的注入效率。正因为如此，BJT 通常采用轻掺杂的基区和重掺杂的发射区，以提高发射结注入效率 γ 并由此获得较大的电流增益 α 和 β [参见式（7-25）]。但是，轻掺杂基区的电阻较大，对器件的高频应用不利（参见 7.7.5 节和 7.8 节）。另外，重掺杂发射区的禁带宽度变窄，也使发射结注入效率降低。为了减小或消除这些不利影响，我们自然会想到采用重掺杂的基区和轻掺杂的发射区来制造晶体管，但根据以往的知识可知，这恰好与 BJT 赖以提高注入效率的基本条件截然相反。为此，我们需要寻找一种新的机制，利用它来突破 BJT 对各区掺杂浓度的限制并同时获得满意的发射结注入效率。下面将要介绍的**异质结晶体管**（HBT）利用异质结的性质实现了这个“苛刻的”要求。这种晶体管利用异质结取代传统 BJT 中的 p-n 结，它的基区可以是重掺杂的，发射区可以是轻掺杂的，并且也具有近似等于 1 的发射结注入效率和很高的工作速度，因此应用非常广泛。为了把异质结双极型晶体管与传统的双极型晶体管区别开来，我们把传统的由同一种半导体材料制成的双极型晶体管（即 BJT）称为**同质结晶体管**。

图 7-26（a）和图 7-26（b）分别给出了同质结 n-p-n 晶体管（BJT）和异质结 n-p-n 晶体管（HBT）在正向模式下的能带图，以便对比分析二者的差异。我们看到，由于同质结晶体管的发射区和基区采用的是同一种半导体材料，所以发射结两侧的电子和空穴向另一侧注入时遇到的势垒高度（qV_n 和 qV_p）相同。但是，在异质结晶体管中，发射区和基区采用了不同的材料（或者材料的组分不同），发射区的禁带宽度比基区的大，所以发射区两侧的电子和空穴通过异质结注入时，电子的势垒高度 qV_n 比空穴的势垒高度 qV_p 低，因此电子更容易越过势垒由发射区向基区注入，而空穴越过势垒由基区向发射区注入的几率则小得多。由于载流子注入水平与势垒的高度呈指数关系，即使 qV_n 和 qV_p 的差别很小，也能造成两种载流子注入水平的很大不同。

也就是说，异质结晶体管的发射结利用电子和空穴的势垒高度差控制两种载流子的相对注入水平，因而能够获得高的注入效率。若忽略两种载流子迁移率的差别和其他因素的影响，则通过发射结注入的电子电流和空穴电流之比可以近似表示为

$$\frac{I_n}{I_p} \propto \frac{N_d^E}{N_a^B} \mathrm{e}^{\frac{\Delta E_g}{kT}} \tag{7-80}$$

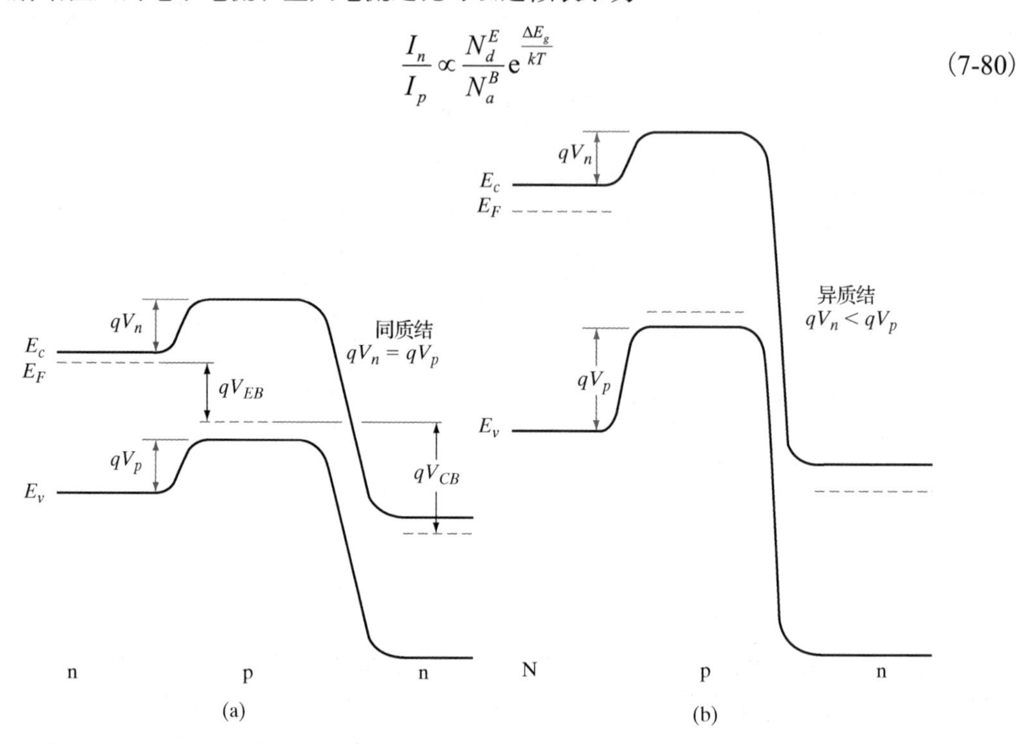

图 7-26 BJT 和 HBT 载流子注入势垒的比较。(a) BJT；(b) HBT。BJT 发射结中电子势垒 qV_n 和空穴势垒 qV_p 是相同的，而 HBT 发射结中(发射区的禁带宽度较大)电子势垒 qV_n 小于空穴势垒 qV_p，使得电子更容易从发射区注入到基区

根据式(7-2)可知，发射结注入效率 γ 取决于两股电流之比，即 I_n/I_p。对同质结晶体管来说，发射结注入效率只取决于上式右边的前一部分，即两区的掺杂浓度之比 N_d^E/N_a^B，该比值越大越好。但是对于异质结晶体管来说，比值 N_d^E/N_a^B 的大小并不重要，更为重要的是发射区和基区的禁带宽度之差ΔE_g，因为它出现在指数项 $\mathrm{e}^{\Delta E_g/kT}$ 中，ΔE_g 的微小变化足以引起 I_n/I_p 的巨大变化，因此发射结注入效率更高。综合以上对比分析不难看出，异质结晶体管可以不受 $N_d^E >> N_a^B$ 条件的限制，这为选择最合适的掺杂浓度、获得低的基区电阻和小的结电容提供了更多的灵活性。特别是，可采用重掺杂的基区，以减小基区电阻；同时，可采用轻掺杂的发射区，以减小结电容。

一般情况下，异质结(参见图 7-26)界面处的导带和价带中分别存在尖峰和豁口(参见图 5-46)；特别是导带尖峰，它对发射区的电子来说是势垒，对电子注入不利。为了避免过高的导带尖峰，可在异质结的形成过程中逐渐改变界面附近材料的组分，使界面附近的导带趋于平缓，如图 7-27 所示。但导带尖峰的存在并不总是不利的，例如，某些特殊用途的 HBT 正是依靠导带尖峰实现热电子注入的。

用于 HBT 的常见半导体材料体系有 AlGaAs/GaAs 和 InGaAsP/InP。在 AlGaAs/GaAs 体系中，$Al_xGa_{1-x}As$ 在较大的组分范围内变化都与 GaAs 衬底具有良好的晶格匹配。近年来，InGaAsP/InP 材料(包括 $In_{0.53}Ga_{0.47}As$-InP)逐渐成为 HBT 的常用材料。除了 III ~ V 族半导体以

外，元素半导体 Si/SiGe 也可用于 HBT。在 Si/SiGe HBT 中，用带隙较宽的 Si 作为发射区，带隙较窄的 $Si_{1-x}Ge_x$ 作为基区，两区的禁带宽度之差ΔE_g 主要落在价带带阶中，这样，稍微增大基区中 Ge 的组分便能较大幅度地提高发射结注入效率。

如图 7-27 所示，在 Si/SiGe HBT 的基区中，如果沿发射结-集电结方向逐渐增大 Ge 的组分，使禁带宽度 E_g 沿该方向逐渐减小，就可在基区内形成自建电场，且该电场对电子在基区的运动起到增强作用。采用这种缓变基区使得器件的制造更为容易，因为无须担心 p-n 结和异质结之间的失配问题。这是异质结晶体管的一个显著优点。

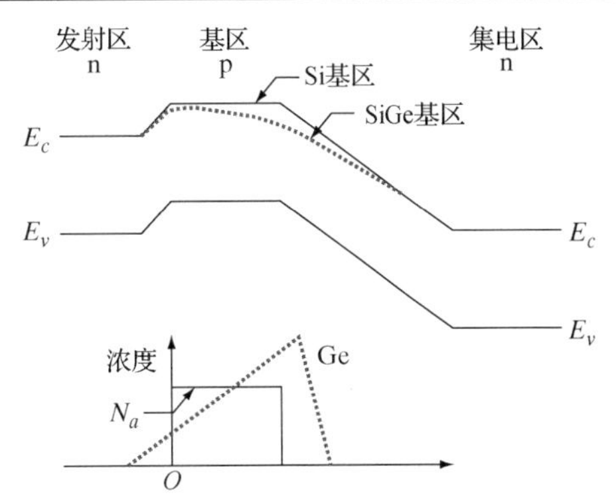

图 7-27　Si 基 SiGe 缓变掺杂基区晶体管(n-p-n)。缓变基区的自建电场增强了电子在基区的输运

小结

7.1　BJT 的结构中包含两个背靠背的 p-n 结，即发射结(E-B 结)和集电结(C-B 结)，基区的宽度很窄，一般远小于少子的扩散长度。在正常放大工作模式下，载流子通过正偏的发射结从发射区注入到基区，扩散通过基区到达集电结边界，再被反偏的集电结收集成为集电极电流。

7.2　利用适当的边界条件，对基区求解电流连续性方程，可得到 BJT 的端电流。从发射区注入到基区的那一部分电流在发射极电流中所占的比例是发射结注入效率。只要保证发射区的掺杂浓度远高于基区的掺杂浓度，发射结注入效率即可接近于 1。另外一个增大发射结注入效率的做法是采用宽带隙半导体作为发射区材料，如异质结双极型晶体管(HBT)就是如此。

7.3　在 BJT 的基区电流中，能够扩散到达集电结的那部分电流在发射结注入电流中所占的比例称为基区输运因子。只要保证基区的宽度小于少子在基区的扩散长度，基区输运因子即可接近于 1。发射结注入效率与基区输运因子的乘积是电流传输系数(或者称为共基极电流增益)。根据电流传输系数可确定 BJT 的共发射极电流增益。有源器件如 BJT 等具有功率增益。

7.4　BJT 的 Ebers-Moll 模型方程或等效电路模型把 BJT 看成是两个背靠背的相互耦合的二极管再与一个受控电流源进行并联。两个二极管可以正偏或者反偏以使 BJT 用做开关器件：如果它们都正偏，则 BJT 工作于低阻抗状态(饱和状态)；如果它们都反偏，则 BJT 工作于高阻抗状态(截止状态)。

7.5　电荷控制分析方法可用于分析 BJT 的端电流。将基区过剩少子浓度进行积分得到基区内存储的过剩少子电荷(简称存储电荷)。将存储电荷除以少子在基区的渡越时间，可得到集电极电流 I_C；将存储电荷除以少子寿命，可得到基极电流 I_B(假设发射结注入效率为 1)。

7.6　BJT 的 Gummel-Poon 模型是一种电荷控制分析模型。分别将基区和发射区的杂质浓度进行积分，可得到两区的 Gummel 数。利用 Gummel 数可分析 BJT 的端电流。相比于 Ebers-Moll 模型，Gummel-Poon 模型更为准确，同时可以处理一些二级效应。

7.7　BJT 的二级效应包括基区变窄效应 I_C (Early 效应)、基区变宽效应(Kirk 效应)、发射极电流集边效应 I_E、基区串联电阻效应，以及集电结击穿等。

习题

7.1　利用习题 5.2 给出的公式，计算并画出下列双扩散 BJT 晶体管的杂质浓度分布 $N_a(x)$ 和 $N_d(x)$。原始 Si

片是 n 型的，$N_d = 10^{16}\ \text{cm}^{-3}$；在其表面预淀积硼(B)杂质的总量是 $N_s = 5\times10^{13}\ \text{cm}^{-2}$，然后在 1100°C 条件下恒温扩散 1 小时(1100°C 时 B 在 Si 中的扩散系数 $D = 3\times10^{-13}\ \text{cm}^2/\text{s}$)；随后在 1000°C 进行磷(P)扩散 15 min(1000°C 时 P 在 Si 中的扩散系数 $D = 3\times10^{-14}\ \text{cm}^2/\text{s}$)，P 扩散过程中 Si 片表面浓度保持为 $N_0 = 5\times10^{20}\ \text{cm}^{-3}$ 不变。可以近似地认为 P 扩散过程中没有显著改变已有 B 杂质的分布(因为 P 扩散温度较低、时间较短)。根据画出的 $N_a(x)$ 和 $N_d(x)$ 分布图，确定该 BJT 的基区的宽度 W_b。提示：使用半对数坐标画图，横坐标的单位最好取为 $2\sqrt{Dt}$ 的整数倍。

7.2 对于图 7-4 所给的 BJT 电路和各项数据，画出该 BJT 的理想输出特性曲线(i_C–v_{CE} 曲线)，要求 i_B 从 0 增大到 0.2 mA，间隔增量设为 0.02 mA；$-v_{CE}$ 的范围设为 0 ~ 10 V。计算并画出负载线，由图确定 $I_B = 0.1$ mA 时 $-V_{CE}$ 的值。

7.3 一个 p-n-p 晶体管的 $W_b/L_p = 0.5$，试根据式(7-14)计算并画出基区内过剩空穴的浓度分布 $\Delta p(x_n)$，纵轴以 $\Delta p/\Delta p_E$ 为单位，横轴以 W_b/L_p 为单位。提示：一个设计良好的晶体管，一般 $W_b/L_p << 0.5$；但即使 $W_b/L_p = 0.5$，基区内的少子分布 $\Delta p(x_n)$ 也已非常接近于直线分布了。

7.4 画图说明 n-p-n 晶体管在正向有源状态、饱和状态、截止状态时耗尽区宽度的变化情况，在其中标明偏压的极性和发射区、基区、集电区的相对掺杂浓度。如果一个 n-p-n BJT 的发射结注入效率是 0.5，基区输运因子是 1，请大致估算：当基区宽度增大 1 倍时(其他条件不变)，发射结注入效率和基区输运因子分别变化多少倍？当发射区的掺杂浓度提高到 5 倍(其他条件不变)，它们又怎样变化？

7.5 一个 n-p-n 晶体管，发射区、基区、集电区的掺杂浓度分别是 $10^{19}\ \text{cm}^{-3}$、$5\times10^{18}\ \text{cm}^{-3}$、$10^{17}\ \text{cm}^{-3}$，中性基区的宽度是 100 nm，发射区的宽度是 200 nm。已知发射区内电子和空穴的迁移率分别是 $500\ \text{cm}^2\,\text{V}^{-1}\cdot\text{s}^{-1}$ 和 $100\ \text{cm}^2\,\text{V}^{-1}\cdot\text{s}^{-1}$，基区内迁移率分别是 $800\ \text{cm}^2\,\text{V}^{-1}\cdot\text{s}^{-1}$ 和 $250\ \text{cm}^2\,\text{V}^{-1}\cdot\text{s}^{-1}$，半导体相对介电常数 ε_r 是 15，少子寿命是 0.1 μs(各处都一样)，400 K 时本征载流子浓度 n_i 是 $10^{12}\ \text{cm}^{-3}$。忽略基区内的载流子复合，求温度为 300 K、发射结偏压为 1 V 情况下的发射极电流、发射结注入效率、基区输运因子，并画出能带图。

7.6 针对 n^+-p-n BJT，仿照图 7-3 画出各电流成分、运动方向以及电流方向，画出平衡态能带图和正向有源状态的能带图。

7.7 假设一个 p-n-p 晶体管的发射区掺杂浓度是基区掺杂浓度的 10 倍，发射区中少子的迁移率是基区中少子迁移率的 1/2，基区的宽度是少子扩散长度的 1/10，两区中少子的寿命相同，求该晶体管的共基极电流增益 α 和共发射极电流增益 β。

7.8 (a)如果把一个 BJT 的基区掺杂浓度提高到 10 倍，把基区宽度减小到 1/2，其他条件不变，那么集电极电流将会变化多少倍？(b)一个 BJT，发射区掺杂浓度是基区掺杂浓度的 100 倍，发射区宽度是基区宽度的 0.1 倍，假设发射区和基区的宽度 L_n 都远小于各自少子的扩散长度，求发射结注入效率和基区输运因子。(c)假设发射区和基区的少子扩散长度相等，且发射区和基区的宽度 L_p 都远大于少子的扩散长度，求发射结注入效率和基区输运因子。

7.9 将一个对称性的 p^+-n-p^+ BJT 按下列不同方式连接成二极管使用，如图 P7-9 所示，假设 $V >> kT/q$，画出各种连接方式下基区内过剩空穴的浓度分布 $\Delta p(x_n)$。哪一种连接方式更适合用做二极管？为什么？

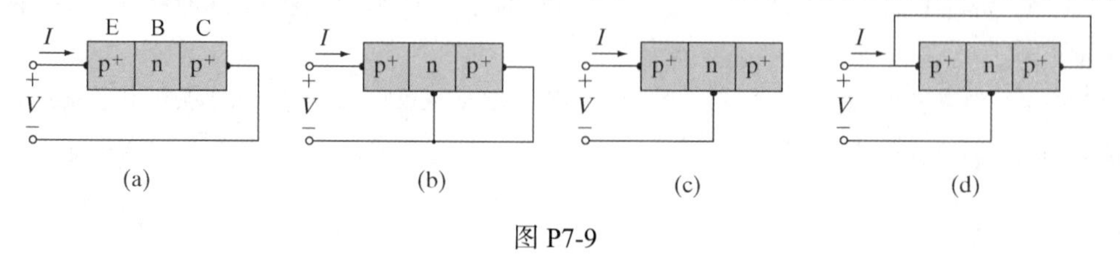

图 P7-9

7.10 使用电荷控制模型推导式(7-19)[提示：将式(7-11)对基区积分并用到式(7-13)]。再利用电荷控制分析模型，针对基区中过剩少子的直线分布近似情形[参见图 7-8(b)]，求基区输运因子[提示：用式(7-79)表示的渡越时间]，并将结果与式(7-26)进行比较。

7.11　(a)针对图 P7-9 的(b)种连接方式，推导给出电流 I 的表达式，并将结果与窄基区二极管的电流进行比较(参见习题 5.40)。(b)针对这种连接方式，求基极电流和集电极电流。

7.12　一个 p-n-p 晶体管，各区掺杂浓度的相对大小是 $N_E > N_B > N_C$，画出表示该晶体管在正向有源模式下各主要电流成分及方向。如果 $I_{Ep} = 10$ mA，$I_{En} = 100$ μA，$I_{Cp} = 9.8$ mA，$I_{Cn} = 1$ μA，求晶体管的 B、γ、α、β 和 I_{CBO}。如果基区存储的过剩少子电荷是 4.9×10^{-11}C，求少子在基区的渡越时间和寿命。

7.13　一个 p-n-p 晶体管，发射区、基区、集电区的掺杂浓度分别是 10^{20} cm^{-3}、10^{18} cm^{-3}、10^{17} cm^{-3}，基区宽度是 0.5 μm，求集电结反偏压 V_{CB} 为 50 V 时，集电结中的最大电场、单位面积的结电容以及中性基区的宽度(不考虑发射结的耗尽区宽度)。相对于不加偏压的情形，基区宽度变窄了多少？如果发射结的正偏压是 0.6 V，电子和空穴的迁移率分别是 500 cm^{2}V^{-1}·s^{-1} 和 200 cm^{2}V^{-1}·s^{-1}，器件的横截面积是 0.1 μm^2，发射极电流是多大？

7.14　(a)根据式(7-32)证明：式(7-37)中的两个参数 I_{EO} 和 I_{CO} 分别是在集电结和发射结开路情况下发射结和集电结的反向饱和电流。(b)试分别推导给出：发射结正偏且集电结开路情况下的Δp_C 和集电结正偏且发射结开路情况下的Δp_E。(c)试推导给出并画图表示(b)中所述两种情形下基区内的过剩空穴浓度分布$\Delta p(x_n)$。

7.15　(a)证明式(7-40)的定义是正确的。式中的 q_N 代表什么？(b)根据式(7-40)的定义，证明式(7-39)和式(7-34)两式是等价的。

7.16　试简要回答：(a)为什么过剩少子(以空穴为例)在 BJT 基区的渡越时间τ_t 可以小于其寿命τ_p？(b)为什么当 BJT 处于过饱和状态时其开通过程会比较快？

7.17　参照例 5-7 设计一个 n-p-n 异质结双极型晶体管(HBT)，要求发射结的注入效率 r 尽可能大，基区电阻尽可能小。

7.18　BJT 的共发射极电流增益 β 强烈依赖于基区宽度 W_b 和基区-发射区掺杂浓度之比 $N_B/N_C(=n_n/p_p)$。对于一个 p-n-p BJT，假设 $L_p{}^n = L_n{}^p$，$\mu_n{}^p = \mu_p{}^n$，计算并画图表示其β 随 W_b 和 N_B/N_C 的变化情况：(a) $n_n = p_p$，$W_b/L_p{}^n = 0.01 \sim 1$；(b) $W_b = L_p{}^n$，$n_n/p_p = 0.01 \sim 1$。

7.19　(a)对于图 7-4 中的 BJT，在图中给定的直流偏压下，基区内存储的过剩空穴电荷是多少？(b)对于图 7-5 所示的 BJT，为什么当其工作在正向模式和反向模式时基区输运因子 B 不相同？

7.20　一个 Si p-n-p BJT 的各项参数为：$\tau_n = \tau_p = 0.1$ μs，$D_n = D_p = 10$ cm^2/s，$N_E = 10^{19}$ cm^{-3}，$N_C = 10^{16}$ cm^{-3}，$N_B = 10^{16}$ cm^{-3}，$W_E = 3$ μm(发射区宽度)，$W = 1.5$ μm(两个冶金结之间的宽度)，$A = 10^{-5}$ cm^2(横截面积)，求 $V_{CB} = 0$ V、$V_{EB} = 0.2$ V 和 0.6 V 时中性基区的宽度 W_b(温度取 300 K)。

7.21　针对习题 7.20 中的 BJT，求 $V_{EB} = 0.2$ V 和 0.6 V 时基区输运因子 B 和发射结注入效率γ。

7.22　针对习题 7.20 中的 BJT，求所给偏置条件下的α、β、I_E、I_C 和 I_B。求 $V_{EB} = 0.2$ V 和 0.6 V 条件下的基区 Gummel 数。

7.23　一个 Si p-n-p BJT 的各项参数如下(各区的截面积均为 $A = 10^{-4}$ cm^2，温度 $T = 300$ K)：

发射区	基区	集电区
$N_a = 5\times10^{18}$ cm^{-3}	$N_d = 10^{16}$ cm^{-3}	$N_a = 10^{15}$ cm^{-3}
$\tau_n = 1$ μs	$\tau_p = 25$ μs	$\tau_n = 2$ μs
$\mu_n = 150$ cm^2/(V·s)	$\mu_n = 1500$ cm^2/(V·s)	$\mu_n = 1500$ cm^2/(V·s)
$\mu_p = 100$ cm^2/(V·s)	$\mu_p = 400$ cm^2/(V·s)	$\mu_p = 450$ cm^2/(V·s)
	$W_b = 0.2$ μm	

使用电荷控制模型求该晶体管的基区输运因子B、发射结注入效率γ和共发射极电流增益β，并对结果进行讨论。

7.24 针对习题7.23所给的晶体管，求$V_{CB}=0$ V和$V_{EB}=0.7$ V时基区内存储的过剩空穴电荷。如果该晶体管的延迟时间主要由基区渡越时间决定，试求截止频率f_T。

7.25 一个n-p-n晶体管，电子在基区的渡越时间为100 ps，集电结耗尽区的宽度为1 μm，发射结的充电时间为30 ps，集电结电容为0.1 pF，集电区电阻为10 Ω，求该晶体管的截止频率f_T。

7.26 一个n-p-n晶体管，发射区和基区掺杂浓度分别是10^{18} cm^{-3}和10^{16} cm^{-3}，求：发射结偏压为多大时发生大注入？提示：发生大注入时，注入到基区边界的少子浓度等于基区的多子浓度(或掺杂浓度)。

参考读物

有关BJT工作机理的动画演示及相关资料，请参考：https://nanohub.org/resources/animations。

Bardeen, J., and W. H. Brattain. "*The Transistor, a Semiconductor Triode.*" *Phys. Rev.* 74 (1948), 230.

Hu, C. "Modern Semiconductor Devices for Integrated Circuits." Freely available online.

Muller, R. S., and T. I. Kamins. *Device Electronics for Integrated Circuits*. New York: Wiley, 1986.

Neamen, D. A. *Semiconductor Physics and Devices: Basic Principles*. Homewood, IL: Irwin, 2003.

Neudeck, G. W. *Modular Series on Solid State Devices: Vol. III. The Bipolar Junction Transistor*. Reading, MA: Addison-Wesley, 1983.

Shockley, W. "The Path to the Conception of the Junction Transistor." *IEEE Trans. Elec. Dev.* ED-23 (1976), 597.

Sze, S. M. *Physics of Semiconductor Devices*. New York: Wiley, 1981.

Taur, Y., and T. H. Ning. *Fundamentals of Modern VLSI Devices*. Cambridge: Cambridge University Press, 1998.

自测题

问题 1

根据下图给出的BJT电路和*I-V*特性曲线，回答下列问题。为了简便起见，对*I-V*特性曲线做了简化，认为发射结正偏时的电压降是1 V且保持不变。

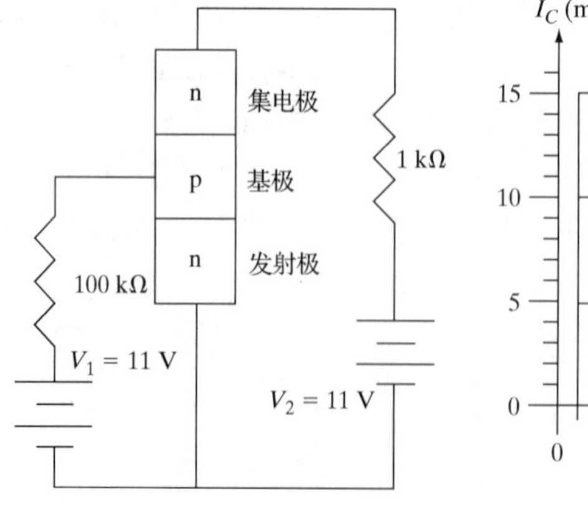

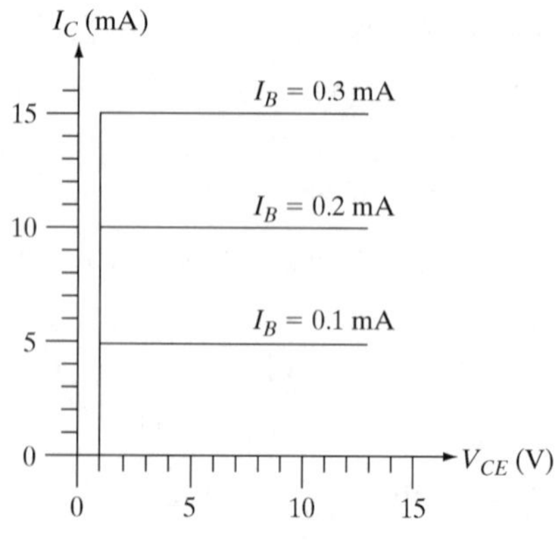

(a)共发射极电流增益β是多大？

(b)在*I-V*特性图中画出负载线。

(c)集电极和发射极之间的电压降是多少(0.5 V以内)？

(d) 如果电压 V_1 可以改变，那么 V_1 多高时可以使 BJT 刚好进入饱和状态？

(e) 根据你对问题(b)的回答，当基极电流给定为 0.1 mA 时，集电极和发射极之间的电压降是多少(0.5 V 以内)？

(f) 能够使 BJT 进入饱和状态的最小基极电流 I_B 是多少(假设 V_1 是可变的)？

问题 2

下图是一个 n-p-n BJT 的平衡态能带图，请在图中定性地画出费米能级。

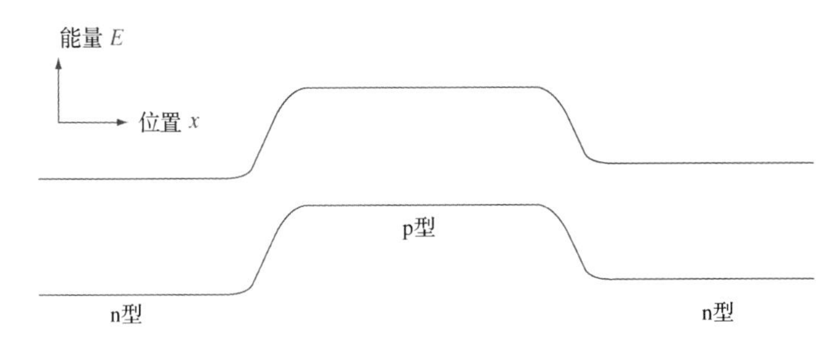

问题 3

在保持其他条件不变的情况下，增大 BJT 的基区宽度，会导致下列特性参数如何变化(增大、减小还是不变)？

(a) 发射结注入效率 γ 。

(b) 基区输运因子 B。

(c) 共发射极电流增益 β。

(d) Early 电压 V_A(绝对值)。

问题 4

画出一维 n-p-n BJT 的剖面图，在图中标明主要电流成分及其方向。如果增大基区的掺杂浓度，定性地说明各种电流成分将如何变化。

问题 5

在保持其他条件不变的情况下，如果降低 BJT 基区的掺杂浓度，会导致下列特性参数如何变化(增大、减小还是不变)？

(a) 发射结注入效率 γ 。

(b) 基极输运因子 B。

(c) Early 电压 V_A(绝对值)。

第8章　光电子器件

本章教学目的

1. 学习掌握太阳能电池的材料、结构、工作原理及*I-V*特性。
2. 学习掌握光探测器的材料、结构及工作原理。
3. 学习掌握发光器件(发光二极管和激光器)的材料、结构及工作原理。

到目前为止，我们已讨论了几类重要的电子器件。本章介绍另一类重要的电子器件，即光电子器件。这类器件涉及光子和半导体的相互作用问题，它们在现代宽带通信和光纤数据传输系统中具有重要的应用。本章介绍的主要内容包括：用于探测光信号或进行光电转换的器件，如光电二极管和太阳能电池；发光器件，如用做非相干光源的发光二极管和用做相干光源的半导体激光器。

8.1　光电二极管

在4.3.4节我们已知道，半导体样品受到光照时，其电导率会发生变化，且变化的幅度与光产生率成正比。在现代电子系统中，不仅涉及对电信号的控制和处理，而且也涉及对光信号的转换和处理。如果把半导体p-n结作为光探测器使用，则它对光信号和高能粒子辐射具有很高的响应灵敏度和响应速度，这种器件就是**光电二极管**。光电二极管能对光信号做出响应，将光信号转换成电信号，在现代光电技术中应用很广。本节将分析半导体p-n结受到光激发而产生电子-空穴对的物理过程，并对某些典型的**光电二极管**和**太阳能电池**的结构和工作原理做一介绍。

8.1.1　p-n结对光照的响应

在第5章提到，反偏p-n结耗尽区中热产生的电子和空穴在电场的作用下分别向结两侧的n区和p区运动，贡献到p-n结的反向电流之中；另外，在距离耗尽区边界一个扩散长度范围内热产生的载流子扩散到耗尽区边界时也会被扫向对方区域、贡献到反向电流之中。我们现在分析这样一个问题：当p-n结受到光照时，通过其中的电流将发生怎样的变化？显然，如果光子的能量大于半导体的禁带宽度，即$h\nu > E_g$，那么光激发产生的电子-空穴对(EHP)必定对p-n结的电流有额外的贡献。如图8-1所示，设结面积为A，光产生率为g_{op}，电子和空穴的扩散长度分别为L_n和L_p，p-n结的耗尽区宽度为W，则单位时间内在耗尽区外一个空穴扩散长度L_p范围内的n区中光产生的空穴数目为AL_pg_{op}，在耗尽区外一个电子扩散长度L_n范围内的p区中光产生的电子数目为AL_ng_{op}，同时，在宽度为W的耗尽区内光产生的电子-空穴对数目为AWg_{op}。这些光产生的载流子都贡献到p-n结的光电流I_{op}中，即

$$\boxed{I_{\mathrm{op}} = qAg_{\mathrm{op}}(L_n + L_p + W)} \tag{8-1}$$

如果把式(5-37b)表示的热产生电流记为I_{th}，则光产生电流I_{op}与热产生电流I_{th}之和就是

p-n 结受到光照时总的反向电流(对反偏 p-n 结而言)。推而广之，不管 p-n 结是正偏的还是反偏的，在受到光照的情况下，式(5-36)表示的二极管方程可修改为

$$I = I_{\text{th}}(e^{qV/kT} - 1) - I_{\text{op}}$$

$$I = qA\left(\frac{L_p}{\tau_p}p_n + \frac{L_n}{\tau_n}n_p\right)(e^{qV/kT} - 1) - qAg_{\text{op}}(L_n + L_p + W) \tag{8-2}$$

如图 8-1(c)所示，光照的影响反映在 p-n 结的 *I-V* 特性曲线上，表现为 *I-V* 曲线向下平移，且移动的幅度与光产生率 g_{op} 成正比。

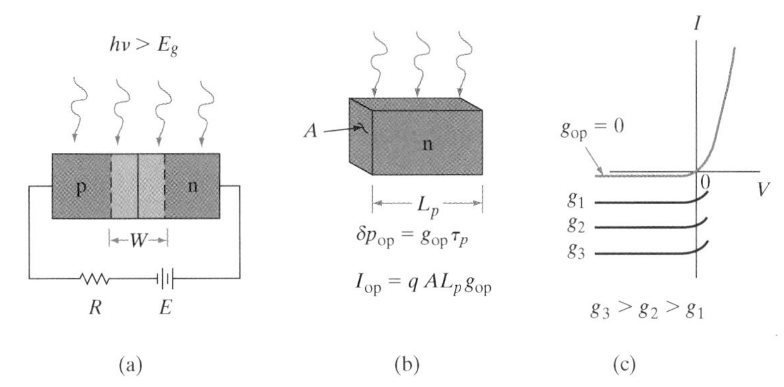

图 8-1　光照对反偏 p-n 结的影响。(a)光被半导体吸收；(b)n 区一个扩散长度范围内的光生 EHP 形成光电流 I_{op}；(c)受到光照时 p-n 结的 *I-V* 特性

若将 p-n 结短路($V = 0$)，则式(8-2)右边的第一部分变为零，此时通过 p-n 结的电流只是第二部分的光电流，称为**短路电流**，用 I_{sc} 表示；*I-V* 曲线不通过原点，而是与纵轴的某个 $I = -I_{\text{sc}}$(小于 0)的点相交[参见图 8-1(c)]。另一方面，若将电路开路($I = 0$)，p-n 结的结电压不为零，*I-V* 曲线与横轴的交点(在图中未画出)所对应的电压称为**开路电压**，用 V_{oc} 表示。由式(8-2)很容易求出开路电压为

$$V_{\text{oc}} = \frac{kT}{q}\ln\left(\frac{I_{\text{op}}}{I_{\text{th}}} + 1\right) = \frac{kT}{q}\ln\left[\frac{L_p + L_n + W}{(L_p/\tau_p)p_n + (L_n/\tau_n)n_p}g_{\text{op}} + 1\right] \tag{8-3a}$$

对于对称性的 p-n 结，$p_n = n_p$，$\tau_n = \tau_p$，$p_n/\tau_n = g_{\text{th}}$，若忽略耗尽区内的产生电流，则有

$$V_{\text{oc}} \approx \frac{kT}{q}\ln\frac{g_{\text{op}}}{g_{\text{th}}} \qquad (g_{\text{op}} >> g_{\text{th}}) \tag{8-3b}$$

$g_{\text{th}} = p_n/\tau_n$ 代表热平衡条件下的产生-复合率。受到光照时，少子浓度增大，寿命 τ_n 缩短，因而 p_n/τ_n 增大(只要 N_d 和 T 确定，p_n 就是确定的)，由上式可知 V_{oc} 不可能随 g_{op} 的增大而无限增大。实际上 V_{oc} 的最大值不可能超过 p-n 结的接触电势 V_0，因为 V_0 是能够出现在 p-n 结上的最大正偏压(参见图 8-2)。也就是说，p-n 结受到光照时结上出现了正向压降，我们把这种效应称为 p-n 结的**光生伏特效应**。

结合图 8-3 光电二极管的 *I-V* 特性，我们分析一下 p-n 结受到光照情况下与外界的能量交换关系。如果光电二极管工作在 *I-V* 特性的第一象限或第三象限，如图 8-3(a)或图 8-3(b)所示，二极管的电流和结电压都为正或都为负，表示外电路给二极管提供能量。如果工作在第四象限，二极管中的电流为负，但结电压为正，如图 8-3(c)所示，表示二极管向外电路提供能量，就像是一个电源一样。

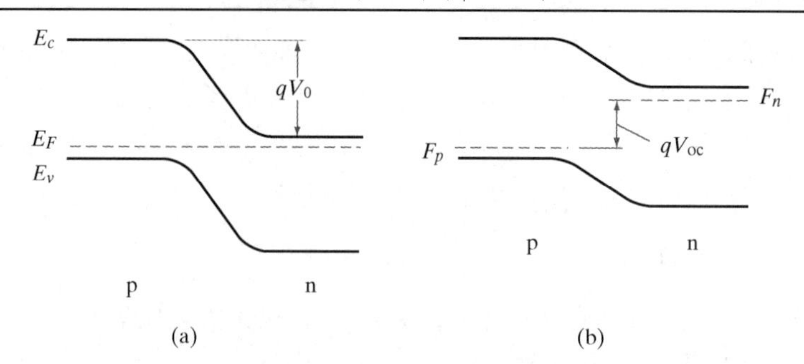

图 8-2 p-n 结的光生伏特效应。(a) p-n 结的平衡态能带图；(b) 受到光照时的能带图(开路时)：结上出现了电压 V_{oc}

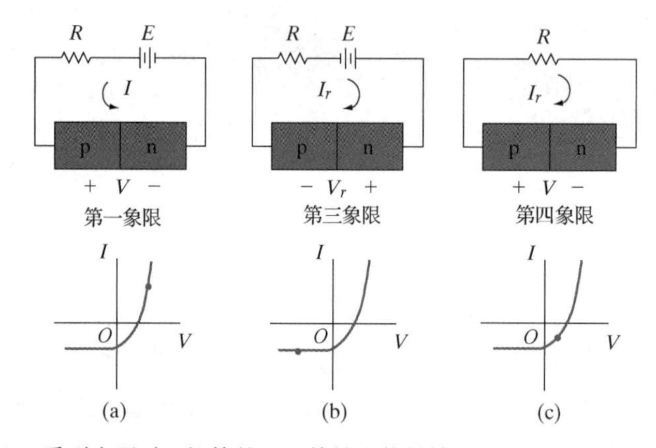

图 8-3 受到光照时二极管的 I-V 特性和能量输运。(a) 和 (b) 分别表示二极管工作在第一和第三象限时，外部电路向二极管提供能量；(c) 表示二极管工作在第四象限时，二极管向外部电路提供能量

由以上分析可知，如果希望二极管作为太阳能电池使用(向外部提供能量)，则必须工作在 I-V 特性的第四象限区；若希望作为光探测器使用，则通常要将二极管反偏，使其工作在第三象限区。下面分别对太阳能电池和光探测器做进一步介绍。

【例 8-1】 长基区 p^+-n 结受到均匀光照，光生载流子产生率为 g_{op}，稳态情况下 n 区内空穴扩散方程可写为

$$D_p \frac{d^2 \delta p}{dx^2} = \frac{\delta p}{\tau_p} - g_{op}$$

计算空穴扩散电流 $I_p(x_n)$ 和 $I_p(x_n = 0)$，并将结果与式(8-2)进行比较。

【解】 利用 $L_p^2 = D_p \tau_p$，可将 n 区内空穴扩散方程改写为

$$\frac{d^2 \delta p}{dx_n^2} = \frac{\delta p}{L_p^2} - \frac{g_{op}}{D_p}$$

其通解形式是

$$\delta p(x_n) = B e^{-x_n/L_p} + \frac{g_{op} L_p^2}{D_p}$$

利用边界条件：$x_n = 0$，$\delta p(0) = \Delta p_n = p_n(e^{qV/kT} - 1)$，确定上式中的常数

$$B = \Delta p_n - \frac{g_{\text{op}} L_p^2}{D_p} = p_n(\mathrm{e}^{qV/kT} - 1) - \frac{g_{\text{op}} L_p^2}{D_p}$$

因此，n 区内空穴的浓度分布可表示为

$$\delta p(x_n) = \left(p_n(\mathrm{e}^{qV/kT} - 1) - \frac{g_{\text{op}} L_p^2}{D_p} \right) \mathrm{e}^{-x_n/L_p} + \frac{g_{\text{op}} L_p^2}{D_p} = \left[p_n(\mathrm{e}^{qV/kT} - 1) - g_{\text{op}} \tau_p \right] \mathrm{e}^{-x_n/L_p} + g_{\text{op}} \tau_p$$

其中第二步再一次用到了 $L_p{}^2 = D_p \tau_p$（使表达式更简捷）。

根据空穴浓度分布，得到浓度梯度

$$\frac{\mathrm{d}\delta p(x_n)}{\mathrm{d}x_n} = -\frac{p_n(\mathrm{e}^{qV/kT} - 1) - g_{\text{op}} \tau_p}{L_p} \mathrm{e}^{-x_n/L_p}$$

因此，n 区内空穴的扩散电流可表示为

$$I_p(x_n) = -qAD_p \frac{\mathrm{d}\delta p(x_n)}{\mathrm{d}x_n} = \frac{qAD_p}{L_p} \left[p_n(\mathrm{e}^{qV/kT} - 1) - g_{\text{op}} \tau_p \right] \mathrm{e}^{-x_n/L_p}$$

$$I_p(x_n = 0) = \frac{qAD_p}{L_p} p_n(\mathrm{e}^{qV/kT} - 1) - qAL_p g_{\text{op}}$$

8.1.2 太阳能电池

利用二极管受到光照时 I-V 特性第四象限区的特点，可以将太阳光能转换成为电能。单从图 8-3(c)来看，似乎二极管受到光照时向外部提供电能的能力是不受限制的（只要 I_{op} 足够大），实际上二极管的结电压最大不可能超过 p-n 结的接触电势 V_0，V_0 比半导体禁带宽度决定的 E_g/q 略小一些，即开路电压 V_{oc} 不会超过 E_g/q。例如，对于 Si p-n 结来说，开路电压 V_{oc} 一般略小于 1 V。另外，光产生电流 I_{op} 也受到光照面积或结面积的限制。例如，一个面积为 1 cm^2 的 Si p-n 结，光产生电流 I_{op} 的典型值为 10 ~ 100 mA。但是，如果同时把大量的 p-n 结二极管作为光电池使用，则可以输出相当可观的功率。实际上，地球卫星和空间飞行器就是用大量的二极管构成阵列作为太阳能电池为仪器设备提供电能的。太阳能电池阵列可布置在卫星的表面，也可以做成太阳能帆板，如图 8-4(a)所示。这比使用专门配置的干电池组要优越和经济得多，因为太阳能电池的寿命比干电池的寿命要长得多。图 8-4(b)显示的是位于意大利的一座太阳能发电站的概貌。

(a)

(b)

图 8-4 (a)国际空间站所用的太阳能电池帆板，翼展长度达到 74 m，每个翼上有 32 800 个电池单元，共可提供 62 kW 的电能（照片由 NASA 提供）；(b)位于意大利的某座地面太阳能发电站，可提供 72 MW 的电能（照片由 MEMC/Sun Edison 提供）

为了最大限度地利用光能，在设计太阳能电池时，应尽量使 p-n 结位于器件的表面，以增大受光面积，如图 8-5(a)所示。其中的平面结可通过杂质扩散或离子注入方法形成，在结的表面涂覆某些合适的材料，以减小光反射并降低表面复合率。设计时还要考虑其他因素做一些必要的折中处理。比如，结深 d 应小于扩散长度 L_p，以保证表面区域产生的空穴能扩散到达耗尽区边界而不发生复合。类似地，对 p 区的厚度也有同样的要求，以保证该区内的光生电子在复合前也能扩散到达耗尽区边界，这实际上意味着载流子扩散长度(L_n、L_p)、n 区和 p 区的厚度，以及光的平均穿透深度 $1/\alpha$［参见式(4-2)］应满足某种合适的匹配关系。又如，对 n 区和 p 区进行重掺杂可获得高的接触电势 V_0(因而获得较高的光生伏特)，但另一方面却会缩短载流子寿命，使扩散长度变短，可能使光生载流子在未到达耗尽区边界之前就复合掉了。另外，各区的串联电阻应足够小，以减小器件本身的欧姆损耗。几欧姆的串联电阻也会导致输出功率的显著下降(参见习题 8.7)。p 区的面积一般较大，相应的串联电阻可忽略。但如果把 n 区的欧姆接触设置在器件的边缘处，则电流在 n 区中需要通过很长的路径才能到达电极，相应的串联电阻就很大了。为此，可把 n 区接触做成许多个条状的接触条，分散布置在 n 区的表面，如图 8-5(b)所示。这样做的好处是，既减小了串联电阻，又没有明显地减小受光面积。

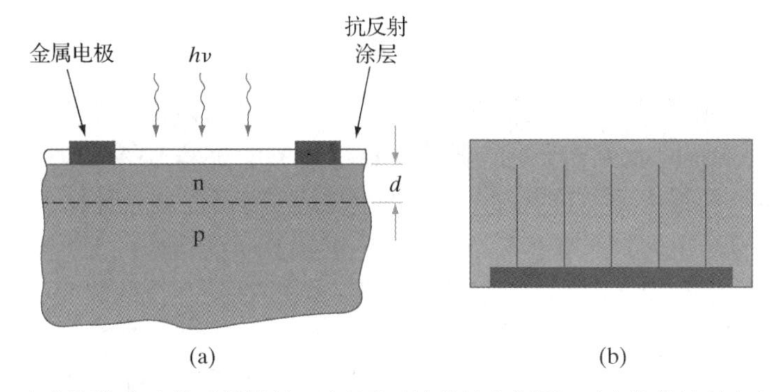

图 8-5 一个太阳能电池单元的结构。(a)平面结的放大视图；(b)条状接触电极的俯视图

为了方便起见，我们将电流 I_r 当成正值，把太阳能电池的工作特性曲线画出来，如图 8-6 所示。在给定的光照强度下，开路电压 V_{oc} 和短路电流 I_{sc} 只由光电池的材料参数和结构参数决定。显然，曲线上必定有这样一点，该点的电流和电压的乘积 VI_r 最大，将这个最大值记为 V_mI_m，它就是电池能够向外输送的最大功率，对应着图中阴影区的面积。由图看到，最大输出功率 V_mI_m 总是比开路电压和短路电流的乘积($V_{oc}I_{sc}$)小，可以形象地把比值$(V_mI_m)/(V_{oc}I_{sc})$称为**填充因子**(用 F.F 表示)，它是代表太阳能电池性能的一个特征参数。

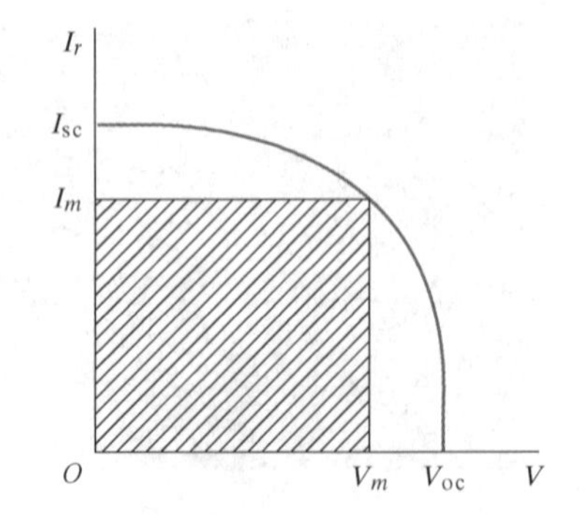

图 8-6 太阳能电池单元的 I-V 特性(第四象限区)，阴影部分代表最大功率方块

太阳能电池的应用不仅仅局限于地球卫星和空间飞行器，在许多利用光能的地面设施中也有十分重要的应用。当然，由于受到大气层吸收的影响，地面附近的光强比外空的光强弱得多。目前全球每年的能源消耗量约为 15 TW，并以每年 1%～2%的速度增长；其中，约 80%的能源来自于化石燃料(包括石油、天

然气和煤），这些能源将在几千年后用尽。另外，CO_2 排放和全球变暖也促使人们探索新的绿色能源。例如，目前全球太阳能发电的装机容量约 100 GW。尽管某些地区的地表光照功率可达 1 kW/m^2 左右，换算后相当于全球 600 TW 的潜在可利用太阳能源，但实际上并不是所有这些太阳能都可转换为电能，因为太阳光谱中很大一部分波段的光子能量小于太阳能电池材料的禁带宽度，因而不能被吸收转换成电能；能量较高的光子虽能被吸收，但其所产生的电子-空穴对绝大多数在电池表面层内就复合掉了。一个设计、制作精良的 Si 单晶太阳能电池的光电转换效率大约是 25%，所提供的电能一般约为 250 W/m^2，缺点是材料成本和制造成本较高。非晶 Si 薄膜太阳能电池的成本较低，但转换效率也低，约为 10%，因为非晶有源层中存在大量微观缺陷。

地面太阳能电池系统的成本控制和可扩展性是非常重要的。目前化石燃料的成本已能控制到 3 美分/kWh 时，但非晶 Si 太阳能电池的成本是其 10 倍，且投资回收期大约需要 4 年。扩展性方面，若按 10%的效率估算，需要将美国国土面积的 3%设置为太阳能发电站，才能满足美国的能源需求。当然，如果那样的话，将会带来其他的环境问题。一种提高输出功率的方法是利用镜面把大面积的太阳光聚焦在电池上，增大入射光的有效强度。Si 基太阳能电池在高强度的光照情况下工作时温度会升高，导致转换效率下降，而 GaAs 及其相关化合物材料的太阳能电池可在 100°C 甚至更高的温度下仍有较高的转换效率。采用聚焦方式的太阳能电池系统，在输出相同功率的条件下，所需要的电池单元数量更少，因此系统的成本主要集中在电池的制造和性能提升方面。例如，人们着力研发的 GaAs-AlGaAs 异质结太阳能电池效率更高，亦可在更高温度下工作。这种聚焦式系统，所占用的面积不是电池本身的面积，而是聚焦部件占用的面积。

【例 8-2】 一块 Si 太阳能电池的短路电流是 100 mA，开路电压是 0.8 V，填充因子是 0.7，试求其最大输出功率。

【解】 $I_{sc} = 100$ mA，$V_{oc} = 0.8$ V，F.F. = 0.7，根据 F.F. = $I_m V_m / (I_{sc} V_{oc})$，得到

$$P_{max} = I_m V_m = (\text{F.F.}) I_{sc} V_{oc} = 0.7 \times 100 \times 0.8 = 56 \text{ mV}$$

8.1.3　光探测器

观察光电二极管 I-V 特性的第三象限[参见图 8-3(b)]，便会发现其特点是电流与偏压基本无关，且电流与光产生率成正比。利用这个特点，光电二极管可以作为光探测器使用，用以探测光的强度，或者把随时间变化的光信号转换为电信号。这就是光探测器的基本工作原理。

作为光探测器应用的光电二极管，一个重要的性能参数是它对快速变化的光信号的响应速度。比如，如果光电二极管受到脉宽为 1 ns 的光脉冲照射，那么光生少子应当在远小于 1 ns 的时间内扩散到耗尽区边界并被扫向另一侧形成信号电流。因此，缩短少子的扩散时间对提高响应速度是十分有利的。为达此目的，应尽量使耗尽区的宽度 W 足够大，使入射光主要被耗尽区吸收而不是中性 n 区和 p 区吸收，这样光生载流子一经产生，就立即被耗尽区电场扫向 n 区或 p 区，探测器的响应速度会很快。我们把这种主要依靠耗尽区中光生载流子工作的光探测器称为**耗尽层光探测器**。显然，这种光探测器的某一区必须是轻掺杂的，以使耗尽区达到必要的宽度。同时，较宽的耗尽区也有利于减小结电容[参见式(5-62)]，从而减小 RC 时间常数。但是，耗尽区也不宜过宽，否则光生载流子在耗尽区中的漂移时间会加长，导致带宽降低。

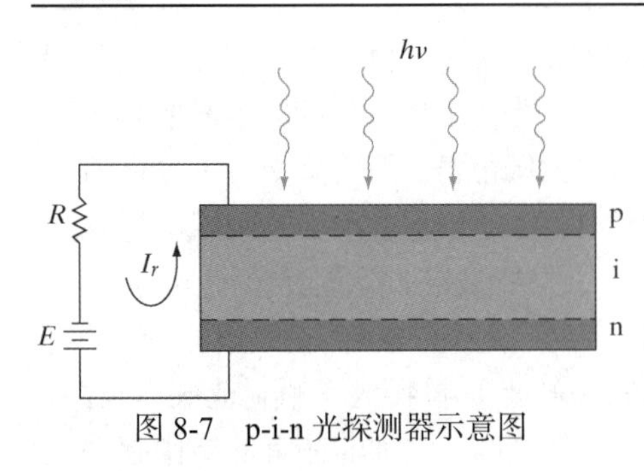

图 8-7 p-i-n 光探测器示意图

对耗尽区宽度的选择还应在灵敏度和响应速度之间做折中处理。图 8-7 给出了 **p-i-n 光探测器**的基本结构，它为耗尽区宽度的设计提供了更多的选择余地。图中的“i”区代表本征区，但不一定是严格意义上的本征半导体，只要电阻率足够高就可以了。它通常是在 n 型衬底上高阻外延形成的。图中的 p 型区可由离子注入方法形成。在反偏情况下，外加偏压几乎全部降落在“i”区内。如果“i”区内的光生载流子寿命比漂移时间长，则绝大多数载流子都能到达 n 区和 p 区，形成探测器的输出信号电流。光探测器的一个重要的特征参数是外量子效率η_Q，它定义为每个到达探测器的光子所产生的光生载流子对数(统计平均值)。如果把光电流记为 I_{op}，把入射光功率记为 P_{op}，则η_Q可以表示为

$$\eta_Q = (J_{op} / q) / (P_{op} / h\nu) \tag{8-4}$$

对于没有电流增益的光探测器，其最大外量子效率η_Q是 1。如果要探测强度微弱的光信号，应使用**雪崩式光探测器**(APD)。这种探测器工作在二极管的雪崩倍增区，对光生载流子有倍增作用，从而在微弱的光信号作用下也能输出显著的电流。显然，这种探测器(APD)具有电流增益，外量子效率η_Q可大于 100%，因此在光纤通信系统中被广泛用做探测器(参见 8.2.2 节)。

以上介绍的几种光探测器都是对 $h\nu \approx E_g$ 的光子敏感的探测器，称为**本征探测器**。如果光子的能量 $h\nu < E_g$，则不能被探测器吸收；另一方面，如果 $h\nu >> E_g$，则光主要在表面薄层被吸收，且光生载流子很快就在表面层内复合掉了。因此，有必要选择合适的材料，使探测器只对某一波段的光敏感。例如，用于探测长波的探测器，载流子的光激发和复合都是通过禁带中的杂质能级进行的，这种探测器称为**非本征探测器**，但其灵敏度比本征探测器低得多。

也可以利用晶格匹配的化合物半导体的多层膜结构作为光探测器，如图 8-8 所示。这种探测器分别利用宽带隙和窄带隙的化合物半导体材料作为窗口层和吸收层，工作时入射光通过窗口层再到达吸收层，大大减小了光生载流子的表面复合。由图 1-13 看到，在 InP 衬底上生长 InGaAs 层，当 In 的摩尔分数为 $x = 0.53$ 时生长的 $In_{0.53}Ga_{0.47}As$ 层与 InP 衬底的晶格匹配良好，此时 InGaAs 的禁带宽度为 0.75 eV，刚好对应于光纤通信用的波长 1.55 μm(参见 8.2.2 节)。如果选用 InGaAs 作为光探测器的吸收层材料，就可选用宽带隙的 $In_{0.52}Al_{0.48}As$ 作为窗口层材料($In_{0.52}Al_{0.48}As$ 和 InP 的晶格匹配也很好)。APD 中常用窄带隙材料(如 InGaAs)作为吸收层、用宽带隙材料(如 InAlAs)作为倍增层，吸收层中的光生载流子到达倍增层后发生雪崩倍增。这种 APD 把吸收层和倍增层分开，可以有效地减小器件的泄漏电流(因为反偏的窄带隙吸收层半导体结的泄漏电流普遍较大)。图 8-8(a)所示的 APD 结构中，还有一层掺杂的 InAlAs 层，称为电荷层，其作用是优化(降低)吸收层和倍增层之间的电场；相应地，就把这种结构的 APD 称为 SACM APD。有时，需要控制 SACM APD 吸收层和倍增层之间材料组分的变化，使其呈缓慢梯度变化，以避免在吸收层与倍增层的界面处形成带阶，从而避免带阶对光生载流子的俘获效应。图 8-8(b)给出了 SACM APD 的光电流 I_p 和暗电流 I_d 随外加偏压变化的一个实例。显然，I_p 和 I_d 之差($\Delta I = I_p - I_d$)越大越好。考虑到ΔI 也是偏压的函数，SACM APD 的**增益**可定义为任意偏压(较高)下的ΔI 与参考偏压(较低)下的ΔI 之比。

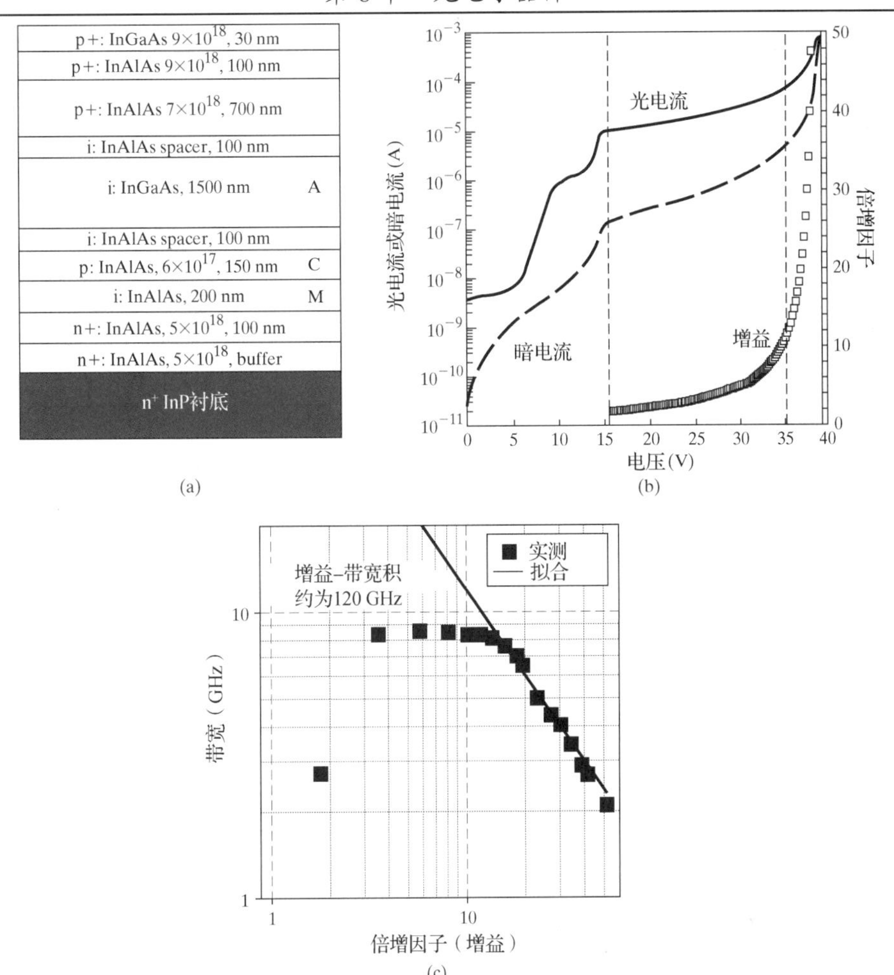

图 8-8　多层异质结光探测器的结构与特性。(a)波长为 1.55 μm 左右的光通过 APD 中禁带较宽的 InP 和 InAlAs 层后被窄带隙的 InGaAs 层吸收，光生电子被扫向 InAlAs 结并发生雪崩倍增，i 层表示轻掺杂层；(b)光电流、暗电流以及增益随偏压的增大而增大(因为雪崩倍增的程度加剧)；(c)典型的 SACM APD 的增益-带宽特性(引自 After X. Zheng, J. Hsu, J. Hurst, X. Li, S. Wang, X. Sun, A. Holmes, J. Campbell, A. Huntington, and L. Coldren, IEEE J. Quant. Elec., 40(8), pp. 1068– 1073, Aug. 2004)

8.1.4　光探测器的增益、带宽和信噪比

用于光纤通信系统的光探测器，有两个重要的特性参数是灵敏度和响应时间，前者与增益有关，后者与带宽有关。图 8-8(c)给出了典型的 SACM APD 的增益-带宽之积与倍增因子 M 的关系曲线，它预示着增益-带宽之积受限于光生载流子在器件中的渡越时间。实际上不巧的是，如果在设计器件时保证了较大的增益，带宽往往就会减小，反之亦然。正因为如此，通常就把**增益-带宽积**作为光探测器的一个特征参数。在 p-i-n 光探测器中，因为被吸收的一个光子在最大程度上只能产生一个电子-空穴对，所以不存在增益机制，即增益为 1，其增益-带宽积仅由带宽(或响应时间)决定，而响应时间由耗尽层的宽度决定。

光探测器的另一个重要特性参数是**信噪比**，它表示光探测器输出的可用信号强度与本底噪声强度之比。光电导器件的噪声主要来源于载流子的随机热运动所导致的暗电流的随机涨落，这种噪声称为**约翰逊(Johnson)噪声**。约翰逊噪声随着温度的升高和半导体暗电导的增大而增大。因此，在给定的温度下，增大暗电阻可以减小噪声。另一种噪声是低频下载流子被缺陷态俘获或释放引起的噪声，称为 $1/f$ 噪声或闪烁噪声。

p-i-n 光探测器的暗电流远小于光电导器件的暗电流，暗电阻远高于光电导器件的暗电阻，噪声主要来源于载流子的随机热产生和复合，称为**散粒噪声**，其本质来源是电子和空穴电荷的量子化[①]。p-i-n 器件比光电导器件和各种 APD 的噪声都要低得多，下面对此做深入分析。

雪崩光探测器(APD)的优点是借助雪崩倍增机制而具有较高的增益，但缺点是雪崩倍增过程中的随机涨落导致的噪声较大(相对于 p-i-n 光探测器)。如果只让一种载流子参与 APD 的碰撞电离过程，那么其噪声就会大大降低，因为两种载流子参与碰撞电离过程引起的随机涨落必然更大。在 Si 中，电子通过碰撞电离而产生电子-空穴对的能力远高于空穴，所以 Si APD 的增益很高，同时噪声相对较小。然而不巧的是，Si APD 不适合用于光纤通信，因为它对光纤的低损耗和低色散波长($\lambda = 1.55\ \mu m$ 和 $1.3\ \mu m$)是透明的。对这两个通信波长，选用 $In_{0.53}Ga_{0.47}As$ 材料比较适合；但由于其中电子和空穴的电离率相差不大(对大多数化合物半导体都是如此)，所以信噪比和频率响应比 Si APD 稍差一些。

光探测器的各种噪声来源共同决定信噪比。有人定义了一个参数-噪声等效功率(NEP)来反映信噪比与探测器性能的关系，其物理意义是：光探测器为获得与噪声相同的输出有效值而应该能够探测到的最小的信号功率。基于这个参数，可将光探测器的探测灵敏度表示为 $D = 1/\text{NEP}$。

因为噪声等效功率与光探测器的面积和带宽有关，所以将单位面积、单位带宽(1 Hz)的探测灵敏度称为比灵敏度，用 D^*表示。显然，在满足带宽要求的条件下，比灵敏度越大的光探测器性能越好，因此实际使用中应选择 D^*值尽可能大的光探测器。

另有一种方法可同时获得高的灵敏度和大的带宽，就是图 8-9 所示的那样采用波导结构。与图 8-7 所示的 p-i-n 结构和图 8-8 所示的 APD 不同，在这种结构中，入射光的方向垂直于电流输运的方向，这样就可以把吸收层做得很长(在平面上)，因而可获得很高的灵敏度；同时，光生载流子运动的距离很短(在垂直于入射光的方向上)，因而渡越时间很短，从而获得很大的带宽。

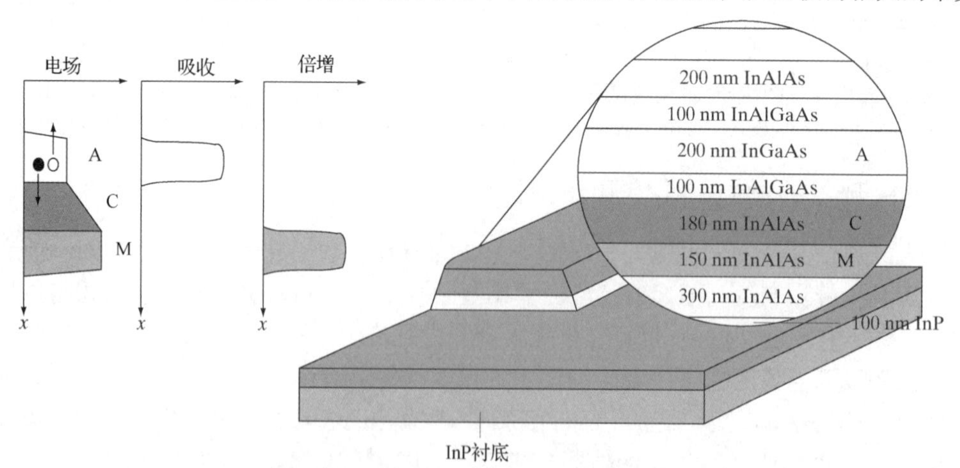

图 8-9　波导型光探测器示意图。光子在窄带隙的 InGaAs 层(A 区)中被强烈吸收，光生载流子在宽带隙的 InAlAs 层(M 区)中发生雪崩倍增。电荷层(C 区)中的空间电荷优化了吸收层 A 和倍增层 M 之间的电场分布

① 量子化指一份一份的基本电荷单位——译者注。

8.2　发光二极管

从 5.6.2 节我们知道，二极管正偏时，注入的载流子在耗尽区以及耗尽区之外的中性区内发生复合而形成电流。在间接禁带半导体(如 Si、Ge)内，载流子因复合而释放的能量以热能的形式传递给晶格；在直接禁带半导体内，载流子复合所放出的能量可以以光子的形式发射出来。因此，利用直接禁带半导体材料的发光性质可制成**发光二极管**(LED)。LED 是一种**注入式电致发光**器件(参见 4.2.2 节)，已广泛用于数字显示领域，当然还有其他许多重要应用如交通灯、车灯、照明等。还有一种重要的发光器件，即**半导体激光器**，它利用正偏 p-n 结中载流子的受激辐射复合机理而发光。在 8.4 节将会看到，半导体激光器发出的光是相干光，其单色性和方向性比 LED 要好得多(参见 8.2.2 节)。

LED 所发的光的频率 ν(或颜色)取决于半导体的禁带宽度 E_g，二者之间满足普朗克关系 $h\nu = E_g$，也可简捷地表示为 $E_g = hc/\lambda = 1.24/\lambda$(注意：$E_g$ 用 eV 为单位，λ 用μm 为单位)。可定义一个参数，即外量子效率 η_{ext}，来表示 LED 的发光性能；它定义为 LED 的输出光功率与输入电功率之比

$$\eta_{ext} = \text{内辐射效率} \times \text{抽运效率} \tag{8-5}$$

内辐射效率与发光材料的质量、成分以及器件结构有关。发光材料中的缺陷会加剧非辐射复合，从而导致辐射发光效率下降。但即使辐射效率很高，所发的光也不能全部被抽运出来。一般来说，LED 发光的分布角比激光器的大，这会导致一种情形：如果 LED 内部发射的光子相对于平坦表面以大于全反射临界角的角度到达表面，则在表面处会发生全反射而重新回到器件内部，最终在半导体内部被吸收而未被发射(抽运)出来。因此，LED 封装一般都带有一个穹形(或球形)的顶盖，它起到一个透镜的作用，以使更多的光子被抽运出来。

8.2.1　发光材料

在图 4-4 中我们已看到了各种常见的二元化合物半导体的禁带宽度 E_g 及其对应的光波波长 λ，它们分布在从紫外(GaN，3.4 eV)到红外(InSb，0.18 eV)的一个很宽的范围内。此外，某些三元或四元化合物半导体还具有更优秀的性质，即改变材料的组分，相应的 E_g 和 λ 可连续变化(参见图 1-13 和图 3-6)。图 8-10 给出了一个典型的例子，即 $GaAs_{1-x}P_x$ 的禁带宽度随组分的变化关系：随着 P 的组分 x 从 0 增大到 1，禁带宽度相应地从 1.43 eV 增大到 2.26 eV，对应的光波波长在红外线和绿光之间；当 P 的组分 x 在 0 ~ 0.45 之间变化时，$GaAs_{1-x}P_x$ 是直接禁带半导体，禁带宽度几乎是随着 x 的增大而线性增大的。显示屏常用的红色 LED 就是用 $GaAs_{0.6}P_{0.4}$ 制作的($x \approx 0.4$)，导带的最低能谷是 Γ 能谷(位于 $k = 0$ 处)，载流子在 Γ 能谷和价带之间发生辐射复合，放出光子的能量约为 1.9 eV(红光)。

当 $x > 0.45$ 时，$GaAs_{1-x}P_x$ 转变为间接禁带半导体，导带的最低能谷是 X 能谷($k \neq 0$)。一般来说，间接禁带半导体内不大可能发生辐射复合(因为 X 能谷附近电子的动量与价带空穴的动量不同，参见图 3-5)。但是，这也不是绝对的；如果在 $GaAs_{1-x}P_x$(或者 GaP)中掺入一定量的 N，即使 $x > 0.45$，也能用于制作 LED，所发的光位于黄光和绿光之间。之所以通过掺 N 便可发生辐射复合，是因为一个杂质 N 原子可以紧密束缚一个电子，该电子受到限制，其位置的不确定范围 Δx 很小，由海森伯不确定性原理可知其动量的不确定范围 Δp_x 必然很大[参见式(2-18)]，这就使得辐射复合成为可能。从这个例子我们也看到了不确定性原理的实用价值。

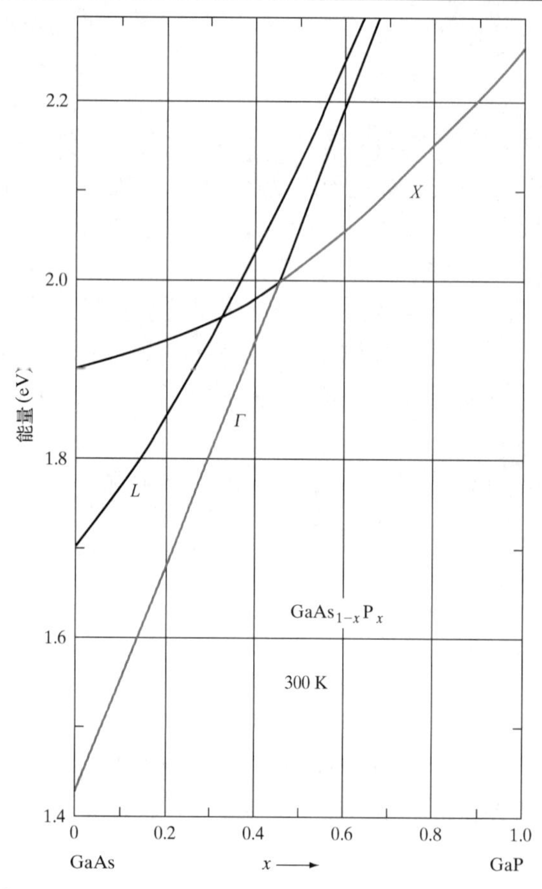

图 8-10 $GaAs_{1-x}P_x$的能带和禁带宽度随 P 组分 x 的变化情况

在 LED 和激光器的诸多应用场合，并不要求它们发出的光一定是可见光。例如，GaAs、InP 以及它们的三元化合物可发出红外线，特别适合于光纤通信和红外遥控(如电视遥控)等应用。利用发光器件和光探测器协同工作,可以实现光信号的远距离传送和光电信号的转换。使用时，将待传送的模拟信号或数字信号去驱动发光器件,改变发光器件的电流,就使其发光强度按照信号的规律相应地变化,从而将待传送的信息调制到了光信号中;光信号通过光纤系统传送到接收端后,使用光探测器再将光信号转换为电信号，从而提取到信息。还有另一种应用方式是把待读信息导入到光源和探测器之间，例如，读取 CD 和 DVD 盘片上的信息时,所使用的激光器和光探测器组成的**光电对**就是典型的例子。由于光源和探测器之间唯一的联系是光信号,所以实现了输入和输出之间的完全电学隔离。把激光器和光探测器固定、封装在同一个陶瓷基座上形成**光电隔离器**,很好地实现了电学隔离情况下的信息传递与转换。

无论是发射红线还是可见光，III ~ V 族半导体 LED 和激光器都是非常有用的。除了图 3-6 给出的 AlGaAs 和图 8-10 给出的 GaAsP 之外，还有发射红光、黄光、橙光的 InAlGaP 和发射蓝光、绿光的 AlGaInN 等。一段时间以来，人们对蓝绿光器件非常着迷，这是有原因的。由图 8-11 可知，基于 GaAsP 材料、采用“等电子杂质”(如 N)掺杂技术的红色、绿色以及黄绿色 LED 已存在多年，发光效率也已比较可观(约 10 流明/瓦)。到了 20 世纪 90 年代中期，基于 InAlGaP 材料，发展了红色-橙色-黄色 LED，发光效率提高了(约 30 流明/瓦)。近来，基于 InAlGaN 宽带隙化合物半导体的 LED 也被研发出来，由于在全组分变化范围内这种材料都是直接禁带半导体，所以相应的 LED 可发出蓝色和绿色的光。人们不断探索、推出新的发光材料和 LED 器件，其主要目的就是要不断创造出更加高效的红、绿、蓝三基色光源，把发光不同的 LED 组合在一起，或者与适当的荧光材料搭配使用，就能得到高亮度的白色 LED 光源(约 500 流明)，且发光效率可达到普通白炽灯的两倍左右。一般只需把少数几只高亮度的 LED 组合起来，就能满足普通广谱照明的亮度需要(约 1000 流明)，且寿命比普通白炽灯要长得多(LED 的寿命为 5000 ~ 100 000 小时，而白炽灯约为 2000 小时)，能量转换效率也高得多。近年来，LED 的成本下降明显，变得更具有竞争力。可以预期，LED 的持续使用，对降低全球能源消耗的效果会进一步显现。红、绿、蓝 LED 大量用于室外显示屏、电视图像显示、汽车尾灯、信号灯等，红、黄、绿 LED 大量用于交通信号灯，不仅可靠耐用，而且节能。

蓝色发光器件是多年来人们一直梦寐以求的。宽带隙的半导体才能发射蓝光，而宽带隙晶体材料一般需要在苛刻的高温条件下生长，并且在普通衬底上难以生长。从禁带宽度角度看，GaN 是一种非常好的可用材料，其禁带宽度位于紫外谱区，但采用 MOCVD 或其他方法生长 GaN 时要求衬底材料必须能够承受高温。常用的耐高温衬底材料蓝宝石，其熔点在 2000℃以上，但若用做 GaN 的外延衬底，会在界面处存在严重的晶格失配，在整个外延层中引入大量的螺旋线型失配位错，导致非辐射复合增强而降低发光效率(非辐射复合过程中，载流子将跃迁能量差以热量的形式释放而不发射光子)。这些问题持续多年却未能很好地解决，所以多年来 GaN 的发光效率一直很低。然而，正像所谓“世事难料”一样，对于看似无法解决的问题，自然界总会给人们提供一种解决之道。具体到这里来说，就是在 GaN 生长过程中加入少量的 In，非辐射复合大为减弱。究其原因，In 原子在 GaN 中不能完全均匀混合[①]，形成富 In 团簇，富 In 团簇的禁带宽度比其周围 InGaN 的禁带宽度略小，形成了势阱，当载流子在 InGaN 中运动时，会陷落到富 In 团簇的势阱中，并在其中发生辐射复合而发光。由此自然想到，如果富 In 团簇的数量大大超过了螺旋线位错的数量，将会有更多的载流子通过辐射复合而发光。这一发现对于蓝紫色宽带隙发光材料的研究进程带来了根本性的改变。至此，既可以利用红、绿、蓝三基色发光材料的组合制作出白光 LED 器件，也可以在蓝色或紫色发光材料的表面涂覆荧光材料通过二次激发发光而产生白光(荧光材料在退激发过程中一般可发出各种波长的可见光)。最近几年来，白光 LED 的发光效率已相当高，高亮度白光 LED 的应用已随处可见。

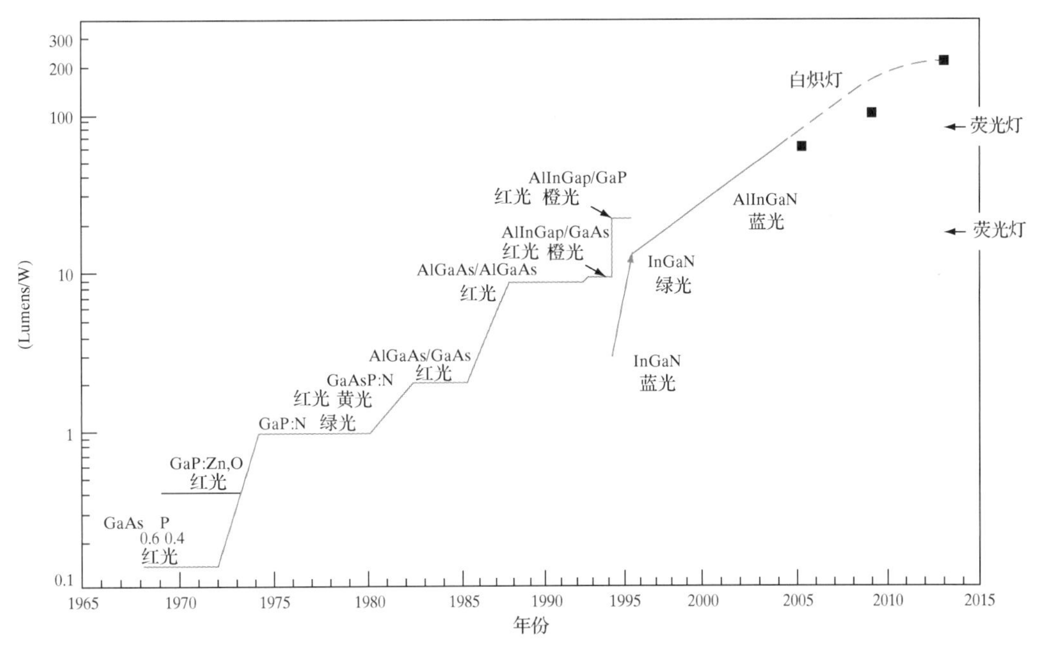

图 8-11　LED 发光强度随年代的增长情况(引自 Solid State Electronics, Sixth Edition, by Ben G. Streetman and Sanjay Kumar Banerjee. © 2006 Pearson Education, Inc., Upper Saddle River, NJ. All Rights Reserved)

LED 器件面临的一个问题是其发射光子的相当一部分没有真正从器件内发射出来，这是因为半导体的折射率大于其周围介质（空气）的折射率，大于临界角的光线在表面处发生了全反射。为此，通常需将半导体表面纹理化，形成大量的微型透镜结构，从而使光得以发射出来。LED 器件也面临散热的问题，近年来围绕散热问题做了大量工作，已取得良好结果。

① 意思是不易混合——译者注。

经过材料生长工程师、器件设计工程师以及封装工程师多年来持续不懈的努力，目前 LED 已在照明和显示领域得到了广泛的应用。

8.2.2　光纤通信

光纤的应用使光通信的能力大大加强。光纤实际上是信号源和探测器之间的光波导。简单地说，将玻璃拉制成直径 25 μm 左右的细丝，就形成了光纤。光纤具有柔韧性，能在几千米范围内传输光信号，不需要将信号源和探测器精确对准，这极大地加强了光纤通信技术在诸如电话网络和数据传输网络中的应用。

光纤的结构分为几种。一种比较典型的结构如图 8-12(a)所示，纤芯是掺 Ge 的玻璃，外层是纯度很高的 SiO_2 包覆层，纤芯的折射率高于包覆层的折射率①。由于这种光纤的折射率在两种材料的界面处发生突变，故称为**阶跃光纤**。传输光信号时，光在纤芯与外层的界面上发生全反射，因而将光信号被局限在纤芯内传输。

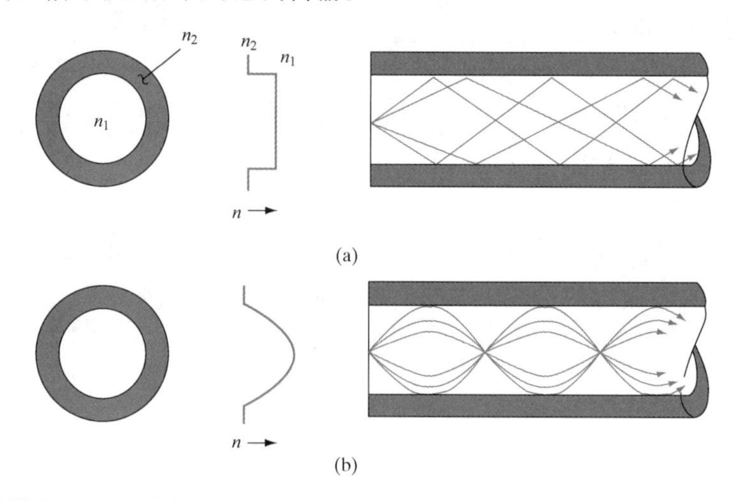

图 8-12　多模光纤的两个实例：左边给出了光纤的截面图，中间给出了纤芯折射率的变化情况，右边给出了典型的工作模。(a)阶跃光纤，纤芯的折射率略大于包覆层的折射率；(b)梯度光纤，纤芯的折射率沿径向缓慢变化(该例中折射率呈抛物线形变化)

光信号在传输介质中的损耗由衰减系数α表示，它与式(4-3)中的吸收系数α类似。设初始强度为 I_0 的光信号在光纤内传播 x 的距离后，强度衰减为 I，信号衰减规律为

$$I(x) = I_0 e^{-\alpha x} \tag{8-6}$$

在光纤材料确定的情况下，衰减系数随波长的不同而变化，如图 8-13 所示。由图可见，玻璃光纤的衰减系数α在波长 1.3 μm 和 1.55 μm 处有极小值，因此通常把这两个波长称为玻璃光纤的“窗口”波长。显然，选择“窗口”波长作为光纤的工作波长，可以减小信号的传输损耗。随着波长的增大，衰减系数总体上呈减小的趋势，这是因为波长较大时**瑞利散射**(Rayleigh scattering)减弱的缘故，瑞利散射引起的信号衰减率随波长的四次方减小。然而，我们并不能据此认为玻璃光纤的工作波长越大越好，事实上，当波长大于 1.7 μm 时，因红外吸收引起的损耗将显著增大，所以，玻璃光纤的工作波长选为 1.55 μm 最为适宜。

① 折射率(n)是光在真空中的传播速度(c)与在介质中的传播速度(v)之比：$n = c/v$。在图 8-12(a)中，如果 $n_1 > n_2$，则光在介质 2 中的传播速度大于在介质 1 中的传播速度。折射率随着光波波长的不同而变化。

选择光纤的工作波长时还需考虑的另一个因素是光脉冲在传播过程中的展宽效应，称为**脉冲色散**。造成脉冲色散的一个原因是由于折射率对波长的依赖关系导致不同波长的光的传播速度不同，但这种色散在玻璃光纤的窗口波长 1.3 μm 附近较弱，如图 8-13 所示。造成色散的另一个原因是不同模的传播光程不同[参见图 8-12(a)]，但这种色散在**梯度光纤**中可得到有效减弱[参见图 8-12(b)]：梯度光纤的折射率沿径向呈连续梯度变化，使不同的模在传播相同的距离后能够重新聚焦，因而色散现象可大为减弱。

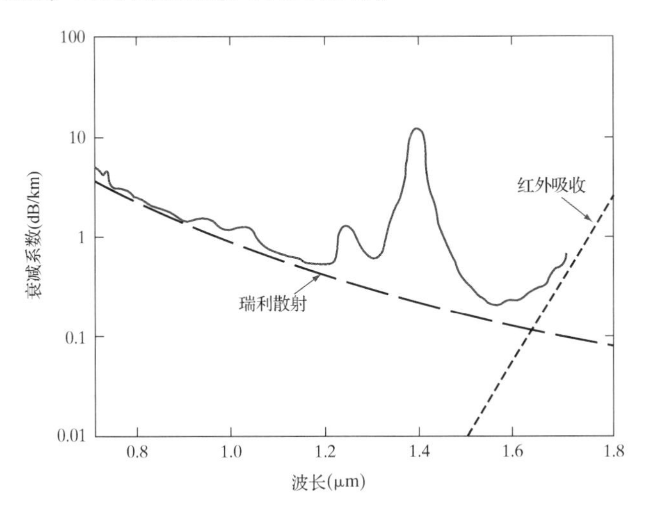

图 8-13　玻璃光纤的信号衰减系数 α 与传输波长 λ 的关系。衰减尖峰主要是由 OH^- 杂质造成的

目前的光纤通信系统中采用激光器作为光源。激光光源单色性好，且具有很宽的带宽(通信用激光光源在 8.4 节专门介绍)。在早期的光纤通信系统中，使用成熟的 GaAs-AlGaAs 激光器或 LED 作为光源最为方便，效率也很高。而探测器则常用 Si p-i-n 探测器或 APD 探测器。但是，GaAs-AlGaAs 激光器或 LED 的工作波长在 0.9 μm 附近，相对于其他波长较长的光，其信号衰减率较大。因此，现代光纤通信系统都采用波长较长的 1.3 μm 或 1.55 μm 激光光源(参见图 8-13)，例如在 InP 衬底上生长 InGaAs 或 InGaAsP 制成的激光器光源，与光源材料相同的探测器等(参见图 8-8)。

多模光纤的直径(约 25 μm)比**单模**光纤的直径大。将许多条光纤集结成一束，置入适当的护套中，便可用于巨量信息[①]的远距离传输。考虑到传输损耗，需要在传输途中每隔一定距离设置中继站以增强信号。也就是说，光纤通信系统中需要用到大量的激光器和光探测器等光电子器件，因此需要有各种各样的激光器和探测器，包括二元、三元以及四元化合物半导体器件，才能满足日益增长的通信需求(参见图 8-14)。

【例 8-3】　$Al_xGa_{1-x}As$ 材料的 Al 组分 x 是多少时，可发射 680 nm 波长的光？$GaAs_{1-x}P_x$ 材料的 P 组分 x 是多少时，可发射同样波长的光？

【解】　波长 680 nm 的光子对应的能量是

$$E_g = 1.24/\lambda = 1.24/0.68 = 1.82 \text{ eV}$$

该能量对应的半导体禁带宽度是 E_g = 1.82 eV，由图 3-6 查得 $Al_xGa_{1-x}As$ 材料中 Al 的组

① 目前 40 Gbit/s 的传输速率已几近成为标准的传输速率。利用超高密度波分复用技术(UDWDM)可获得 400 Gbit/s 的传输速率。UDWDM 技术是利用波长差别很小的光波作为同一光纤不同信道的载波传输信号的。可通过这样一个例子来对比和理解传输速率：人眼给大脑传递信息的速率大约是 1 Gbit/s。

分应是$x = 0.32$；由图 8-10 查得$GaAs_{1-x}P_x$材料中 P 的组分也是$x = 0.32$。也就是说，$Al_{0.32}Ga_{0.68}As$和$GaAs_{0.68}P_{0.32}$都可发射波长为 680 nm 的光。

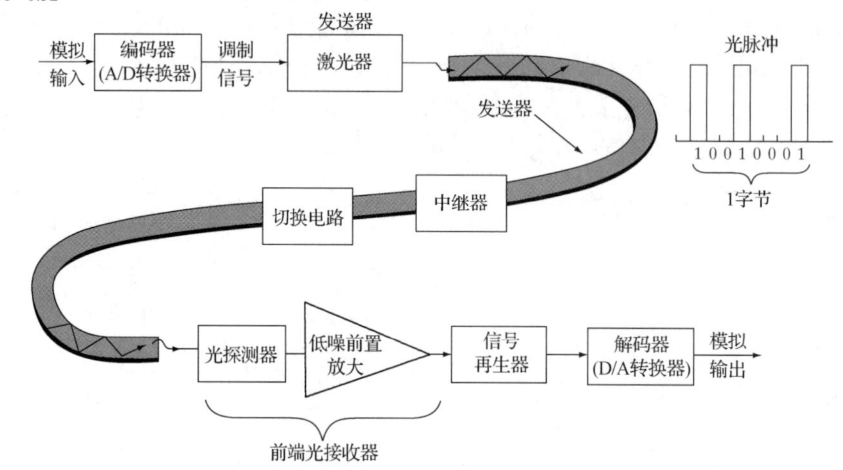

图 8-14 模拟信号光纤通信系统（如电话、电视信号）示意图。模拟信号被转换为数字电信号，驱动激光器发出光脉冲在光纤中传输。传输损耗通过中继器进行补偿。切换电路使发送端和接收端保持适当的连接。光信号经过探测器和低噪声前置放大器后又被转换为模拟电信号。传输过程引起的信号畸变通过信号再生器进行校正

8.3 激光器

激光的全称是受激辐射发光（Light Amplification by Stimulated Emission of Radiation，LASER）。光从来就是人与周围环境进行信息交流的媒介，但是在激光器发明之前，用来交流信息、从事科学实验的光既不是单色光，也不是相干光，且光强较弱。激光器作为方向性、单色性都很好的相干光源，为基础光学和应用光学开辟了新的领域，解决了许多光学领域中的难题，在光电子学、尤其是在光纤通信领域中具有十分重要的地位和作用。目前已有多种工作方式各不相同的激光器，有些可以连续地输出中小功率的激光，有些则可以输出不连续的高强度激光脉冲。在第 2 章曾指出，原子中的电子从高能态向低能态的跃迁过程中，可以放出光子，但一般来说，电子的跃迁过程或光子的发射过程是随机的，即是一种自发跃迁过程或**自发发射**过程。自发发射过程的几率与位于高能态的电子数成正比。随着发光过程的进行，处于高能态的电子数指数式地减小。从统计平均的意义上讲，电子在高能态上停留的统计平均时间是其平均衰减时间。但是，如果受到外界激发的作用，在合适的条件下，处于高能态上的电子并不需要等待一个平均衰减时间才发生跃迁并发射光子，而是可以在短得多的时间内发生跃迁并发射光子。我们把这种情况下的电子跃迁和光子发射过程分别称为**受激跃迁**和**受激发射**过程。下面我们进一步分析受激发射的机制和过程。如图 8-15 所示，如果位于高能态E_2的电子跃迁到低能态E_1，则发射光子的能量等于$h\nu_{12} = (E_2 - E_1)$。现将原子置于光量子等于$h\nu_{12}$的辐射场中（辐射光量子的相位相同），则在辐射场的诱导作用下，位于能级E_2的电子受激跃迁到能级E_1，相应地发射出一个与辐射场的光量子相同相位、相同能量的光子$h\nu_{12}$。如果同时有大量的E_2电子参与这一过程，则辐射场的强度显然会得到很大程度的加强。根据量子力学知识可将受激发射几率与辐射场的强度联系起来，但这里我们不打算采用量子力学方法，而是根据电子在能态上的分布特点来讨论这一问题。设某一时刻位于高

能态 E_2 和低能态 E_1 上的电子数分别为 n_2 和 n_1，并假定两个能级的允许能态数目相同，则在热平衡条件下有

$$n_2 / n_1 = \mathrm{e}^{-(E_2 - E_1)/kT} = \mathrm{e}^{-h\nu_{12}/kT} \tag{8-7}$$

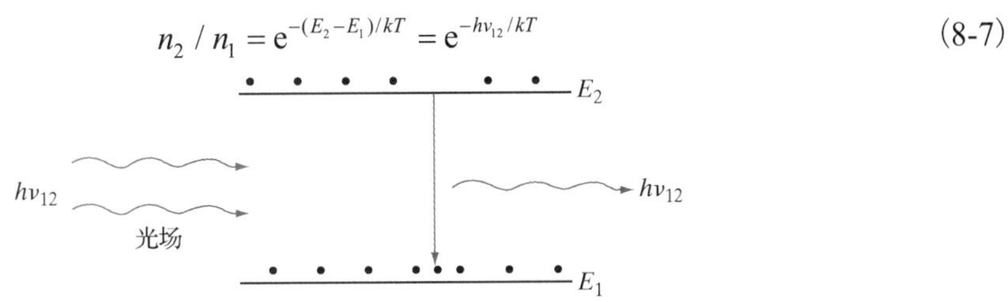

图 8-15　电子受激辐射跃迁：电子从高能态跃迁到低能态并发射光子

由此看出，在热平衡条件下，$n_2 << n_1$。设辐射场中光子的能量为 $h\nu_{12}$，能量密度[①]为 $\rho(\nu_{12})$，则**受激发射率**(即单位时间内受激跃迁或发射的次数，以下类同)与 n_2 和 $\rho(\nu_{12})$ 成正比，表示为 $B_{21}n_2\rho(\nu_{12})$，B_{21} 是比例系数。与受激发射过程同时进行的还有光子吸收过程和自发发射过程。显然，位于能态 E_1 上的电子对 $h\nu_{12}$ 光子的**吸收率**可表示为 $B_{12}n_1\rho(\nu_{12})$。由于**自发发射率**只与 E_2 能态上的电子数 n_2 成正比，与能量密度 $\rho(\nu_{12})$ 无关，所以可表示为 $A_{21}n_2$，A_{21} 是比例系数。在热平衡条件下，受激发射率和自发发射率之和应等于吸收率(参见图 8-16)，即

$$\boxed{\begin{array}{c} B_{12}n_1\rho(\nu_{12}) = A_{21}n_2 + B_{21}n_2\rho(\nu_{12}) \\ \text{吸收率=自发发射率+受激发射率} \end{array}} \tag{8-8a}$$

这个关系最早是由爱因斯坦给出的，故将比例系数 B_{12}、B_{21}、A_{21} 称为**爱因斯坦系数**。显然，从高能态向低能态的自发跃迁过程不需要从辐射场吸收能量(吸收光子)，而从低能态向高能态的跃迁过程则需要从辐射场吸收能量。

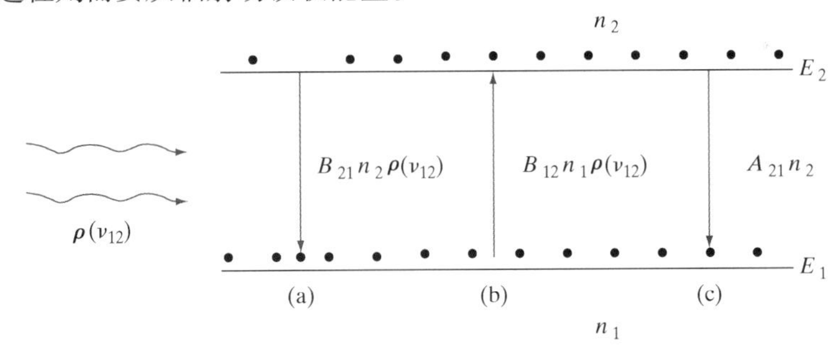

图 8-16　吸收和发射的平衡(稳态情况下)。(a)受激发射；(b)吸收；(c)自发发射

根据上面的分析，可得平衡条件下的受激发射率和自发发射率之比为

$$\frac{\text{受激发射率}}{\text{自发发射率}} = \frac{B_{21}n_2\rho(\nu_{12})}{A_{21}n_2} = \frac{B_{21}}{A_{21}}\rho(\nu_{12}) \tag{8-8b}$$

该比值对平衡态来说是很小的，可以忽略。要增大该比值，则需增大辐射场的能量密度 $\rho(\nu_{12})$。下面将会看到，激光器正是利用其内部的光学谐振腔，依靠腔的反射作用增大腔内的能量密度而形成激光的。

类似地，我们可得到受激发射率和吸收率之比为

$$\frac{\text{受激发射率}}{\text{吸收率}} = \frac{B_{21}n_2\rho(\nu_{12})}{B_{12}n_1\rho(\nu_{12})} = \frac{B_{21}}{B_{12}}\frac{n_2}{n_1} \tag{8-9}$$

① 能量密度 $\rho(\nu_{12})$ 表示单位体积辐射场内频率位于 ν_{12} 附近单位频率间隔内所有光子的能量总和。

根据式(8-7)，在热平衡条件下高能态和低能态上的电子数目之比 n_2/n_1 总是小于 1 的。因此，要增大上述比值、使受激发射率占优势，则应设法增大 n_2/n_1，使 $n_2 > n_1$。我们把 $n_2 > n_1$ 的分布状态称为**粒子数反转**状态。有人也把粒子数反转的条件($n_2 > n_1$)称为“**负温度**”**条件**，意思是说，如果仍按式(8-7)看待电子的分布，则只有在温度为负值的条件下才能使 $n_2 > n_1$，这当然只是为了强调平衡态分布不能使 $n_2 > n_1$ 成立的事实，实际上温度不可能低于 0 K。

总之，要使受激发射相对于其他两个过程占优势，需要满足这样两个要求：(1)要借助某种结构如谐振腔形成能量密度足够高的辐射场；(2)要通过某种机制使粒子数发生反转。

激光器的光学谐振腔如图 8-17 所示，在其两个端面上有“反射镜”，光子在两个反射面之间来回反射，建立起了能量密度很高的辐射场。可以把其中某个端面(或两个端面)做成半透明的，让谐振腔(辐射场)的一部分光通过该面透射出去、输出激光。透射出去的光能量只占辐射场总能量的很小一部分(一个微扰)。为了获得稳定的输出，应该使一个谐振周期内光子数的增益大于相同时间内透射出去的光子数、因散射和吸收而失去的光子数，以及因其他损耗而失去的光子数的总和。光子在两个端面之间的反射与法布里-柏罗干涉仪[①]的原理类似，因此也经常把两个反射面称为法布里-柏罗面。只有某种光的半波长($\lambda/2$)等于腔体长度(L)的某个整数倍(m)时，即当

$$L = \frac{m\lambda}{2} \quad (m \text{ 是整数}) \tag{8-10}$$

时，该波长(λ)的光才能在腔体内发生相长干涉，形成能量密度很高的辐射场(光量子为 $h\nu$)。上式中的整数 m 代表谐振腔的谐振模，波长 λ 是指光在腔体材料中的波长。若腔体材料对该波长的折射率是 n，则激光器输出激光的波长 λ_0(即真空中的波长)为

$$\lambda_0 = n\lambda \tag{8-11}$$

一般来说，$L >> \lambda$，方程式(8-10)是满足的。但是，具有垂直谐振腔的表面发射激光器的腔体却很短，与波长相当(参见 8.4.4 节介绍的垂直腔表面发射激光器)。

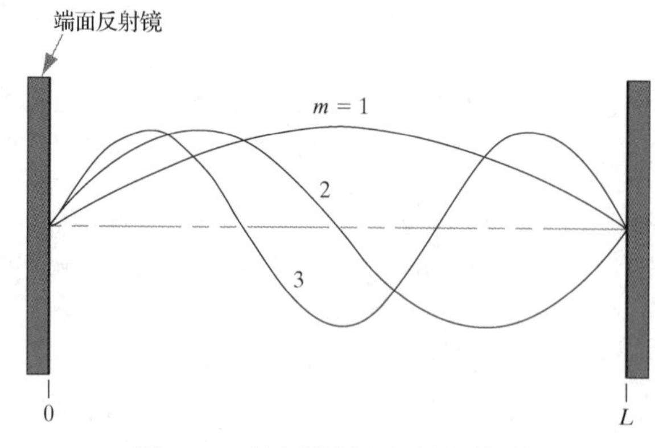

图 8-17 激光器谐振腔中的谐振模

上面介绍了激光器谐振腔的构造及其作用，至于如何实现粒子数反转，对于固体、液体、气体，以及半导体晶体等工作物质的不同的激光器则有各种不同的实现方法，在原子尺度上实现粒子数反转。早期的激光器多采用棒状红宝石作为工作物质。对气体激光器，是将电子

---

① 在许多大学二年级的课程中都对干涉仪有所介绍。

激发到分子的亚稳能级上实现粒子数反转的。对于这里我们所关注的半导体激光器，下一节专门介绍粒子数反转的实现方法。

8.4　半导体激光器

早在 1962 年，人们就使用 p-n 结制造出了 GaAs 红外激光器①和 GaAsP 可见光激光器②。关于 p-n 结的自发复合过程及其相关的发光现象和机理，我们在前面几章已有所了解。本节将讨论半导体 p-n 结激光器的粒子数反转和发射激光的机理。在很多方面，半导体 p-n 结激光器与其他的固体、液体、气体激光器相比有其明显的特点。首先，半导体激光器的体积很小，典型尺寸是 0.1 mm×0.1 mm×0.3 mm；其次，发光效率高，且通过控制 p-n 结的电流可方便地调节输出激光的功率；第三，半导体激光器的输出功率虽然比红宝石和 CO_2 激光器的输出功率小，但与 He-Ne 激光器的输出功率相当。基于这些特点，半导体激光器可作为便携式、易操作、小功率的相干光源使用，特别适合于现代光纤通信系统应用(参见 8.2.2 节)。

8.4.1　粒子数反转

如果形成 p-n 结的材料是简并的，则正偏情况下的能带如图 8-18 所示。只要正偏压足够高，空间电荷区及其附近区域的导带电子和价带空穴的浓度都很高，因而在此区域内可发生粒子数反转。我们把发生了粒子数反转的区域称为**粒子数反转区**③，如图中的斜线区域所示。

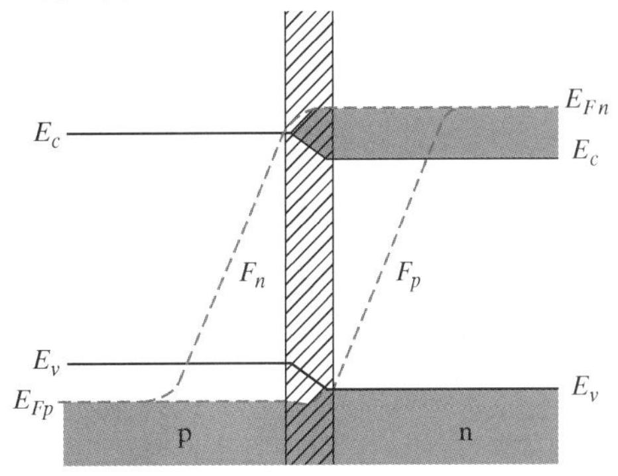

图 8-18　p-n 结激光器在正偏情况下的能带图，其中的斜线区代表粒子数反转区

我们使用准费米能级的概念(参见 4.3.3 节)来描述 p-n 结的粒子数反转。对于正偏压足够高的 p-n 结，反转区内和反转区外几个扩散长度范围内的 p 型区中的电子浓度远大于平衡条件下的电子浓度，n 型区中的空穴也远大于平衡条件下的空穴浓度。根据式(4-15)，此时的非平衡载流子浓度可用准费米能级表示为

$$n = N_c e^{-(E_c - F_n)/kT} = n_i e^{(F_n - E_i)/kT} \tag{8-12a}$$

$$p = N_v e^{-(F_p - E_v)/kT} = n_i e^{(E_i - F_p)/kT} \tag{8-12b}$$

我们知道，在半导体内的任何地方，F_n 和 F_p 的差值反映了该处载流子浓度偏离平衡分布的程度。在距离 p-n 结很远的中性区内，无论是 n 型区还是 p 型区，电子浓度和空穴浓度都等于其各自的平衡浓度，故电子和空穴的准费米能级 F_n 和 F_p 之差等于零。但是，在反转区及其附近，电子和空穴的准费米能级 F_n 和 F_p 之差不为零。比如，反转区附近的 p 型区内 F_n 和 F_p 之差就不是零(n 型区也一样)。特别是在反转区内，F_n 和 F_p 之差最大，且超过了禁带宽度(因为 p-n 结采用了简并的半导体材料)，如图 8-19 所示。

---

① 参阅 R.N.Hall et al., Physical Review Letters 9, pp.366-388 (November 1, 1962); M.I.Nathan et al. Applied Physics Letters 1, pp.62-64 (November 1, 1962); T.M.Quist et al., Applied Physics Letters 1, pp.91-92 (December 1, 1962)。

② 参阅 N.Holonyak, Jr. and S.F.Bevacqua, Applied Physics Letters 1, pp.82-83 (December 1, 1962)。

③ 这里的反转区与 MOS 晶体管的反型区是两个不同的概念。

与 8.3 节介绍的两能级系统的粒子数反转情形不同，半导体激光器(p-n 结)的反转区中允许电子跃迁的能级不只有两个能级，而是有很多允许能级分布在F_n和F_p之间(当然禁带除外)，如图 8-19 所示。分别位于E_c以上至F_n和E_v以下至F_p的两个带中的任意两个能级都满足粒子数反转条件($n_2>n_1$)，电子在这样任意两个能级之间都可以发生辐射跃迁而发射光子。也就是说，只要辐射跃迁发生在F_n和F_p之间，即跃迁能量($h\nu$)满足

$$(F_n - F_p) > h\nu \tag{8-13a}$$

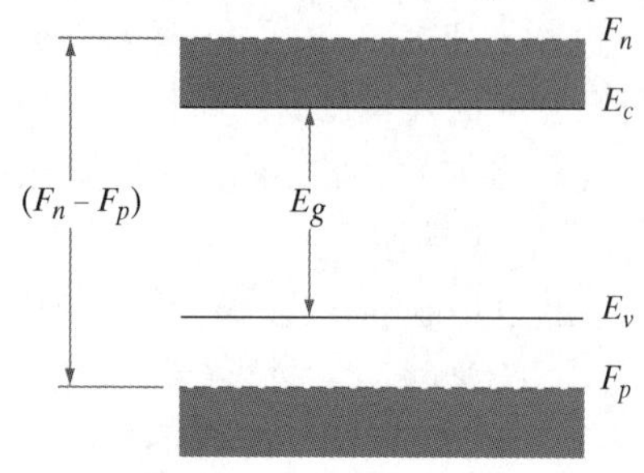

图 8-19 粒子数反转区的放大图，其中标明了准费米能级和能带的相对位置

的所有跃迁都对半导体激光器的发射光谱有贡献。特别地，发生在导带底E_c和价带顶E_v之间的辐射跃迁，相应的跃迁能量($h\nu = E_c–E_v = E_g$)是最小的，即能量最小的辐射跃迁条件为

$$(F_n - F_p) > E_g \tag{8-13b}$$

以上两式说明，半导体 p-n 结粒子数反转区中发生的跃迁可发射出多种频率(或波长)的光，$E_g<h\nu<(F_n–F_p)$，显然这还不能称为激光。从下面的发射光谱中将会看到，半导体激光器依靠谐振腔的作用，使$h\nu = E_g$的光在腔内得到极大加强而成为激光。

从提高发光效率的要求出发，电子和空穴的辐射复合过程应是在带间直接进行，而不应通过陷阱中心，因此半导体激光器所用的材料应是直接禁带半导体(如 GaAs 等)，且这种材料还应易于被掺杂和加工形成 p-n 结和谐振腔。改变 p-n 结的偏压，粒子数反转区的宽度相应地改变，如图 8-20 所示，从而可以改变激光的输出功率。

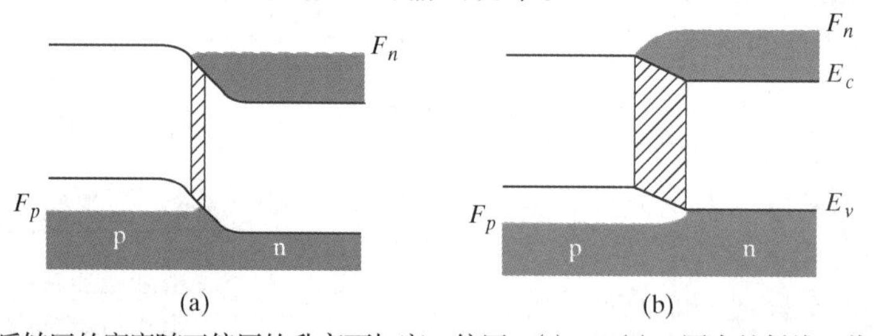

图 8-20 粒子数反转区的宽度随正偏压的升高而加宽，偏压 V(a) < V(b)。图中的斜线区代表粒子数反转区

8.4.2 p-n 结激光器的发射光谱

如前所述，正偏的 p-n 结空间电荷区的导带中有大量的电子，价带中有大量的空穴，从而成为粒子数反转区；E_c和F_n之间存在大量的能级，同时E_v和F_p之间也存在大量的能级。对于分别位于这两个能量区间中的任意两个能级来说，自发辐射跃迁也都是可能的，从而发出波长不同的光。这些自发发射的光对激光器光谱都有贡献。自发发射光子的能量的上、下限分别对应着这样两个特殊情况：若电子在F_n和F_p之间跃迁，则放出光子的能量为$h\nu = (F_n–F_p)$；若电子在E_c和E_v之间跃迁，则放出光子的能量为$h\nu = E_c–E_v = E_g$。因此，$(F_n–F_p)$和E_g分别对应着激光器光谱的上限和下限，如图 8-21 所示。

但是，在激光器材料和谐振腔长度确定的情况下，根据式(8-10)可知，受激辐射跃迁对应的波长受到限制。图 8-21 给出了半导体 p-n 结激光器的发光光谱，即发光强度与跃迁能量(光子能量)的关系曲线。由图可见，当电流很小时，自发发射占优，相应的光谱是连续谱，如图 8-21(a)所示。发射光子的能量范围是$E_g<h\nu<(F_n–F_p)$。当电流增大时，粒子数反转

条件得到满足，发射光谱发生了变化，其中突起的尖峰分别是各个谐振模的受激发射谱，如图 8-21(b)所示。在更大电流下，则只有某个谐振模(或一组谐振模)得到极大加强，发生强烈的受激辐射从而形成激光，如图 8-21(c)所示，尖峰对应的频率就是激光器的工作频率。尖峰的宽度越窄，说明激光器发光的单色性越好。我们注意到，图 8-21(b)和图 8-21(c)中仍然存在强度较弱的连续谱，这是由自发发射造成的本底辐射。

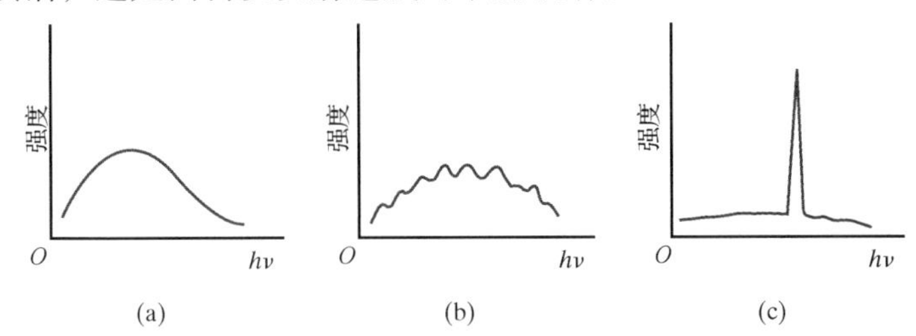

图 8-21　p-n 结激光器的发光光谱。(a)电流小于阈值电流时的自发发射光谱(非相干光)；(b)电流等于阈值电流时的受激发射光谱，各个突起的谱峰对应着不同的谐振模；(c)电流大于阈值电流时的受激发射光谱，出现了强度很强的谱峰，表示某个谐振模的受激发射占据优势。注意三个谱图的强度单位实际上是很不相同的(依次增大)

如前所述，图 8-21(b)中的各个突起的尖峰对应着激光器的各个谐振模，但我们注意到，各个尖峰之间的间隔是不均匀的。这种不均匀性是由于材料对不同波长(λ)的光具有不同的折射率(n)造成的。根据式(8-10)和式(8-11)，有

$$m = \frac{2Ln}{\lambda_0} \tag{8-14}$$

其中 m 是谐振模，表示腔长 L 中容纳的半波长的数目(整数)。对 m 较大的情况，将上式对λ_0求导，可知 m 和λ_0之间有这样的微分关系

$$\frac{\mathrm{d}m}{\mathrm{d}\lambda_0} = -\frac{2Ln}{\lambda_0^2} + \frac{2L}{\lambda_0}\frac{\mathrm{d}n}{\mathrm{d}\lambda_0} \tag{8-15}$$

于是，两个相邻谐振模之间[即图 8-21(b)中两个相邻尖峰之间]的波长间隔为

$$-\Delta\lambda_0 = \frac{\lambda_0^2}{2Ln}\left(1 - \frac{\lambda_0}{n}\frac{\mathrm{d}n}{\mathrm{d}\lambda_0}\right)^{-1}\Delta m \tag{8-16}$$

由于 m 是整数，令$\Delta m = -1$，就可得到 m 和(m−1)两个相邻谐振模的波长间隔$\Delta\lambda_0$。显然，波长间隔$\Delta\lambda_0$仍然是波长λ_0和折射率 n 的函数，反映在发光光谱中，表现为不同谱峰之间的间隔不均匀[参见图 8-21(b)]。

8.4.3　半导体激光器的主要制造步骤

根据上面的讨论可知，要用半导体制造 p-n 结激光器，需要采用重掺杂的(简并的)直接禁带半导体材料(如 GaAs)并构造一个合适的谐振腔。另外，由于工作电流很大，还要做适当的散热考虑。我们以世界上第一个半导体激光器为例简要说明其制造过程，如图 8-22 所示。以简并的 n 型 GaAs 材料作为衬底[参见图 8-22(a)]，在其中扩散替位式受主杂质 Zn 形成 p^+层，得到一个面积很大的平面结[参见图 8-22(b)]；再通过腐蚀或其他手段形成一系列台面，使各台面的 p^+区完全隔离[参见图 8-22(c)]；然后将各个台面分割开来形成独立的小块，每个小块都是一个独立的 p-n 结[参见图 8-22(d)]；最后，也是最重要的一步，就是在 p-n 结中制作谐振腔。

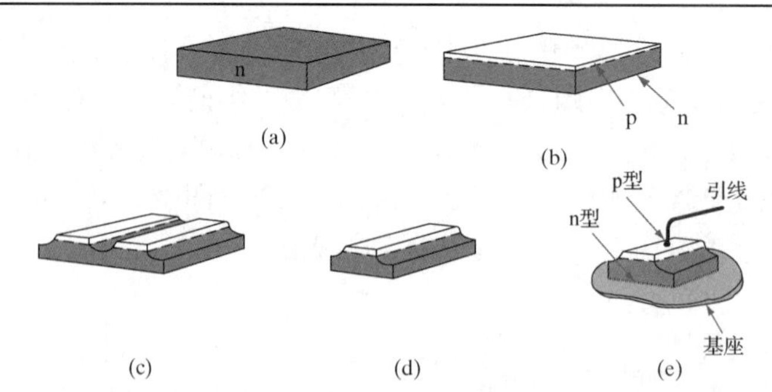

图 8-22 p-n 结激光器的主要制作步骤。(a)以 n 型简并半导体作衬底；(b)扩散形成 p 型区；(c)经切割或腐蚀，隔离出多个 p-n 结区；(d)隔离出的单个 p-n 结；(e)固定好的激光器

制作谐振腔时，必须使腔的两个端面(反射面)既要尽可能地平整[参见图 8-22(e)]，又要互相平行。为达此目的，可利用晶面的解理性质，借助适当的技术措施，使两个端面严格平行于同一个晶面。最后将器件固定在适当的基座上，连接引线，进行封装[参见图 8-22(d)]。

8.4.4 半导体异质结激光器

8.4.3 节介绍的激光器是最早使用的激光器，由于其中使用的 p-n 结是同质结，故称为**同质结激光器**。后来，人们采用了更先进的薄膜制备技术，发展起来了半导体**异质结激光器**，不但发光效率高，而且可以在室温下连续使用，极大地满足了光纤通信系统的应用要求。图 8-23 是异质结激光器的工作原理图，利用异质结所具有的本征特性，将注入的载流子限制在一薄层内，在很小的注入电流作用下就可造成薄层的粒子数反转，故**阈值电流**很小(阈值电流是指满足粒子数反转条件，形成受激辐射所需要的最小电流)。

在图 8-23 所示的异质结中，中间的 p 型 GaAs 层是激光器的有源区，在该层上外延生长 p 型 AlGaAs 形成异质结[参见图 8-23(a)]。这样，注入到 p 型 GaAs 薄层中的大量电子受到 GaAs-AlGaAs 异质结势垒的阻挡作用而被限制在该薄层内，在较小的电流作用下，粒子数反转条件即可满足(对 p 型 GaAs 有源区而言)[参见图 8-23(b)]。异质结除了上述对电子的空间分布范围有约束作用外，还由于折射率在异质结面处发生了突变，因而还具有波导的作用，将光场分布也约束在一定范围内。

如果在图 8-23 的结构中再引入一个 GaAs-AlGaAs 异质结，便形成了如图 8-24 所示的**双异质结激光器**结构。这种结构将 p 型 GaAs 有源层夹在两个异质结中间，使电子分布和光场分布受到更强的约束。为了减小工作电流，双异质结激光器中的电流被限制在一个很窄的条形区域内流动，其阈值电流比单异质结激光器更小[参见图 8-24(b)]。双异质结激光器的研制成功标志着激光器发展历程中的一个重要进步。

分区约束和折射率缓变结构。上面介绍的双异质结激光器也有缺点，主要是载流子和光场被约束在同一个区域，不利于增大发光面积。为了克服这一缺点，可以控制异质结材料的组分变化，将载流子约束在较窄的区域，而将光场约束在较宽的区域。具体做法是在离开有源区边界更远的地方才增大 $Al_xGa_{1-x}As$ 中 Al 的组分 x，形成折射率的阶跃式变化，如图 8-25(a)所示。这样就把注入载流子约束在很窄的区域内，而光场则约束在较宽的区域内。或者，通过组分 x 的梯度变化形成折射率缓变结构，如图 8-25(b)所示(类似于图 8-12 的抛物线形变化)，可获得不同的光场约束效果；同时，组分的梯度变化还可建立一个自建电场，该电场对电子具有更好的约束作用。

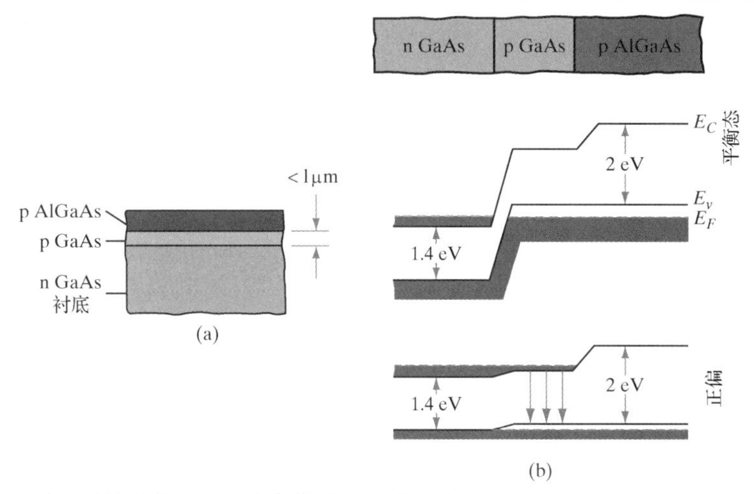

图 8-23　单异质结对载流子的约束作用。(a) 在 p 型 GaAs 层上生长 p 型 AlGaAs 层形成异质结；(b) AlGaAs/GaAs 异质结的能带图，正偏时电子被约束在 p 型 GaAs 薄层内

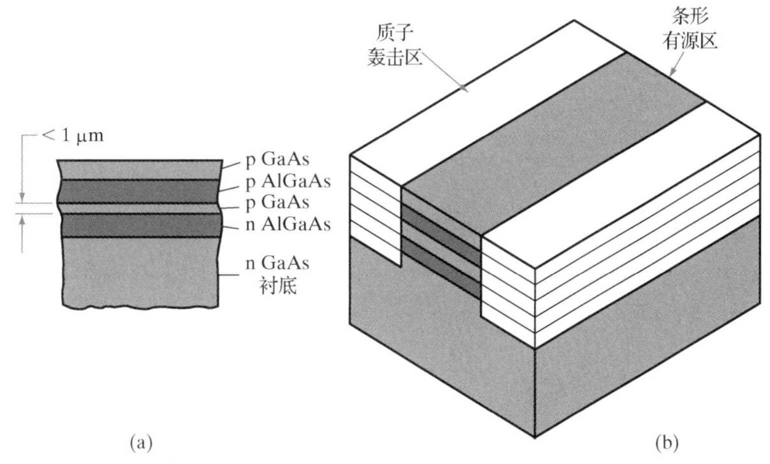

图 8-24　双异质结激光器。(a) 多层异质材料形成双异质结和波导将载流子和光场约束在有源区内；(b) 沿出光方向形成窄条结构，将注入电流限制在窄条内。这里形成窄条结构的方法是将图中的白色区域用质子轰击使其转变为半绝缘体

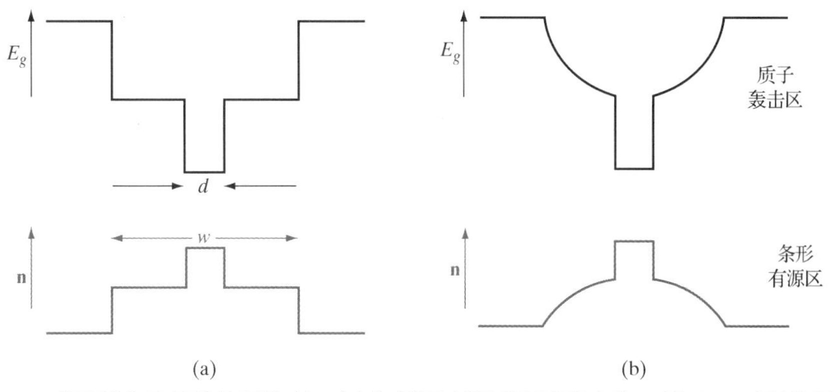

图 8-25　载流子和光场的分区约束。(a) 在有源区 (禁带宽度最小的 p 型 GaAs 区域) 两侧较远的区域陡直地增大 $Al_xGa_{1-x}As$ 的组分 x，引起折射率突变，将载流子约束在宽度较小 (d) 的区域，而将光场约束在宽度较大 (w) 的区域；(b) 在有源区两侧梯度式增大 $Al_xGa_{1-x}As$ 的组分 x，相应地改变折射率，获得更佳的载流子和光场约束效果

垂直腔表面发射激光器。前面介绍的激光器的出光面位于晶片的侧面。如果使激光垂直于表面发射出来，则无论是对激光器的制造、测试，还是应用都有好处。比如，在封装前进行测试时，激光垂直于表面发射出来可大大方便测试。垂直腔表面发射激光器(VCSEL)就是垂直于表面发射激光的，其结构如图 8-26 所示。VCSEL 采用分布式布拉格反射镜(DBR)作为谐振腔的反射面。所谓分布式布拉格反射镜，是用 MBE 或 OMVPE 方法形成的多层膜。位于下方的 DBR 是 AlAs-GaAs 的交替生长层，每层的厚度是四分之一工作波长；位于上方的 DBR 是淀积形成的 ZnSe-MgF 交替介质层。VCSEL 的有源区是 InGaAs-GaAs 量子阱，上下两个 DBR 之间是 GaAs 谐振腔，谐振腔的长度为一个波长。可见，VCSEL 的腔体比其他结构激光器的腔体短得多，因而相邻谐振模之间的能量间隔(或波长间隔)大得多[参见式(8-16)]，更容易获得单模输出。另外，VCSEL 的阈值电流也很小，可以小到 50 μA 以下。

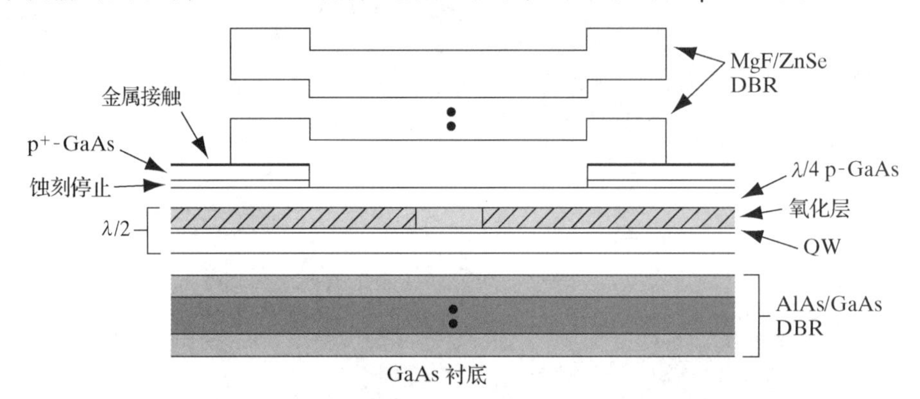

图 8-26 氧化层约束垂直腔表面发射激光器(VCSEL)示意图[参阅 D.G.Deppe et al., IEEE J. Selected Topics in Quantum Elec., 3(3) (June 1997): 893-904]

8.4.5 半导体激光器所用的材料

前面我们讨论的主要是 GaAs-AlGaAs 激光器。除此之外，其他 III ~ V 族化合物半导体材料，如 8.2.2 节介绍的 InP 衬底上生长的 InGaAsP 材料，也非常适合用做激光器材料。在 InP 衬底上生长 InGaAsP 时，不仅在较大的组分范围内外延层和衬底的晶格能够很好匹配，而且 InGaAsP 的禁带宽度也可在较大组分范围内加以改变，因而易于根据需要调整激光器的输出波长，包括光纤通信系统常用的红外波长 1.3 ~ 1.55 μm。另外，在有些应用场合，如污染检测等，还要求使用远红外激光，此时可采用三元合金材料 PbSnTe 制作激光器。基于材料组分的不同，PbSnTe 激光器的工作波长可在 7 ~ 30 μm(低温下)之间变化。若要求激光器的输出波长介于上述红外和远红外之间，则可使用其他材料如 InGaSb 来制作。

用于制作激光器的半导体材料不仅发光效率要高，而且也要有利于 p-n 结或异质结的制造。间接禁带半导体材料的发光效率低，所以不适合制作激光器。II ~ VI 族化合物半导体材料虽然有很高的发光效率，但难以做成 p-n 结。采用现代晶体生长技术如 MBE 和 MOVPE，可将某些 II ~ VI 族化合物半导体如 ZnS，ZnSe，ZnTe 等做成 p-n 结，其中常用 N 作为受主杂质，制作的激光器可输出绿光或蓝光。

近年来在宽带隙半导体 GaN 及其与 InN、AlN 合金材料的制备技术方面取得了许多重要进展。InAlGaN 合金在整个组分变化范围内都是直接禁带材料，因此在各种组分情况下都有很高的发光效率，禁带宽度也在很大的范围内变化，从 InN 的 2 eV 到 GaN 的 3.4 eV 再到 AlN

的 5 eV，对应的光波波长范围是 620 ~ 248 nm，覆盖了从蓝色到紫外的波段。人们对 GaN 发光材料和器件的研究可以追溯到 20 世纪 70 年代，最早的开创性工作是 Pankove 完成的。随后，影响研究进展的主要障碍来自两个方面，一是没有与 GaN 晶格匹配的衬底材料，另一个是无法获得 p 型掺杂的 GaN。采用晶体生长方法一般不能获得 GaN 块状晶体，因为 N 杂质源(通常是氨)的蒸气压过高，需要满足苛刻的高温、高压条件。近年来，日本 Nichia 公司的 Nakamura 等人利用 GaN 制作出了高效蓝色 LED，重新引起了人们对 GaN 发光材料和器件的研究兴趣。

GaN 晶体既可以是闪锌矿结构(这是人们期望的 GaN 晶格结构)，也可以是纤锌矿结构，两种结构的晶格分别为立方晶格和六角晶格。研究表明，在蓝宝石衬底上可以外延生长立方晶格的 GaN，但蓝宝石具有六角晶格，与 GaN 的立方晶格匹配不好(蓝宝石的晶格常数为 4.5 Å，GaN 的晶格常数为 4.8 Å)。但出乎意料的是，采用 MOCVD 方法，用氨和三甲基镓作为前驱体，可在蓝宝石衬底上生长出高质量的 GaN 薄膜(已经有 GaN 基蓝光 LED 和短波激光器的现实应用)，这可能是因为宽带隙半导体的化学键很强的缘故。在 8.2.1 节曾提到，在 GaN 生长过程中掺入一定量的 In，会形成大量富 In 团簇，这些富 In 团簇起到辐射复合区的作用，可使载流子的辐射复合得到加强。针对氮化物半导体的另一个突破是高浓度 p 型掺杂技术，使氮化物半导体 p-n 结成为可能。研究表明，在 MOCVD 生长氮化物薄膜过程中掺入 II 族元素杂质 Mg，随后进行高温退火，可获得高浓度 p 型掺杂薄膜。

工作波长较短的蓝光和紫外线半导体激光器在信息存储和读取方面有十分重要的应用。高密度数字通用光盘(DVD)的信息存储密度之所以比普通光盘(CD)高得多，一个重要的原因就是信息写入时使用了波长更短的激光。信息存储密度与写入波长的平方成反比，若将波长缩短为 1/2，则信息存储密度将提高 4 倍。存储容量的大幅提高为 DVD 打开了全新的应用场景，比如，可用以存放整部影片(而不是片段)。关于短波长激光器发展的最近一个成功的例子是 417 nm InGaN 多量子阱异质结激光器，这为高密度信息存储提供了技术条件。

8.4.6　量子级联激光器

前面介绍的激光器是双极型器件，它们在工作时涉及载流子的带间跃迁，导带电子和价带空穴复合时放出光子的能量取决于禁带宽度，因此这些器件受限于直接禁带半导体材料(具体原因参见第 4 章的相关讨论)。

量子级联激光器(QCL)是单极型器件，它在工作时，电子是在量子阱的子带之间跃迁，量子阱之间是超晶格注入层，如图 8-27 所示。量子阱和超晶格是由异质结实现的(参见第 1 章和第 3 章)，各层的厚度与电子的德布罗意波长相当或更小。

量子阱中电子的能态在垂直于阱层的方向上是受限的(量子化的)，但另外两个方向(平行于阱层)上的能态仍满足平面波态，由此形成的量子阱子带能级如图 8-27 所示。如果精心设计 QCL 的量子阱结构，可以形成如图所示的三能级系统。施加偏压后，载流子从 QCL 的左端注入到能级 3。因为能级 3 和能级 2 之间存在隧道势垒，所以能级 3 相对于能级 2 呈粒子数反转状态。隧道势垒的厚度足够小，电子可在两个能级之间跃迁并发射激光。能级 2 和能级 1 之间存在更薄的隧道势垒，因此能级 2 的电子会立即跃迁到能级1，这样就能继续保持能级 3 相对于能级 2 的粒子数反转状态。跃迁到能级 1 的电子通过数字梯度超晶格注入到下一级的能级 3，重复以上过程，并一级一级持续下去，直到在 QCL 的右端电流被抽出。显然，整体来看，QCL 发射光子的数量依赖于器件结构中发光量子阱的重复周期数。

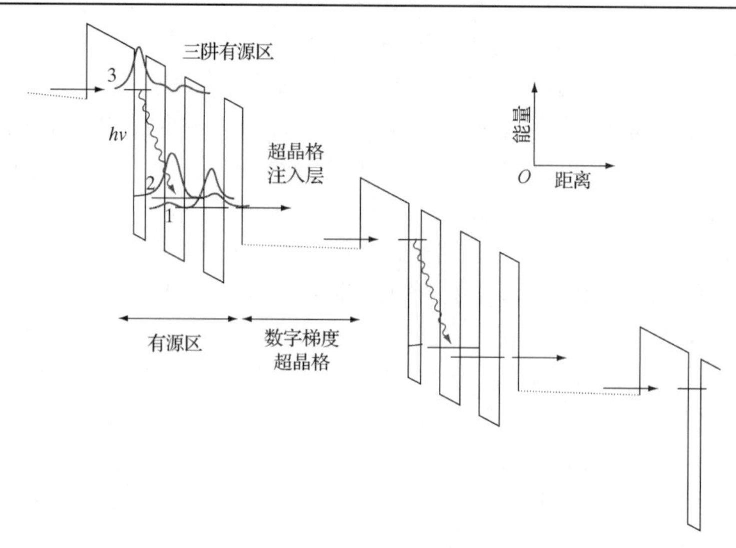

图 8-27 基于导带三能级量子阱的量子级联激光器。电子从上一级的能级 1 经由超晶格的最低子带注入到下一级的能级 3；电子从能级 3 跃迁到能级 2，就会发射相应能量的光子

因为 QCL 的电子跃迁是在导带量子阱的子带之间进行的，所以 QCL 无须采用直接禁带半导体材料，因而发射光子的能量取决于量子阱的结构及其子带能级，与半导体的禁带宽度无关。显然，QCL 所发射光子的能量较小(相对于半导体的禁带宽度)，但光的频率恰好位于 THz 范围，这是很重要的。我们知道，在电磁波谱中，从微米波/亚毫米波到远红外波这一波段(频率为 300 GHz ~ 3 THz)缺少辐射波源，即存在所谓的“THz 鸿沟”，但在传感与检测领域中，痕量气体探测和生化样品探测却正需要这一波段的辐射波源。从这个意义上说，QCL 光源恰能填补这一波段的“鸿沟”，因而具有独特而重要的应用。

小结

8.1 半导体光电子器件利用了半导体对光的发射和吸收性质。光的发射主要发生在直接禁带半导体中。间接带隙半导体一般很难发光，因为其发光过程需要光子(携带能量但动量很小)和声子(携带动量但能量很小)的同时参与，发光效率极低。

8.2 一些光电子器件可以吸收光而产生电子-空穴对(EHP)。在太阳能电池或光探测器中这些光生载流子被收集起来而输出电流[参见式(8-2)]。光生载流子贡献到二极管的反向电流中。太阳能电池将吸收的太阳光能转换为电能输出，是一种可再生能源。

8.3 光探测器的性能参数包括响应速度(以短的吸收区和短的渡越时间作为保证)和灵敏度(以长的吸收区作为保证)，其综合性能取决于对这两个性能参数的折中处理。采用波导型结构可使两个参数都能充分发挥作用。雪崩光探测器(APD)利用光生载流子的碰撞电离导致的雪崩倍增效应而获得增益，但同时增大了探测器的噪声。

8.4 光纤通信系统中使用光电二极管和发光二极管(或激光器)分别实现光信号的接收和发射，光纤则用于光信号的传输。光纤通信是当今互联网和全球通信产业的重要支柱。光纤其实是一种波导，依靠光从低折射率包覆层到高折射率纤芯层的全反射机理实现光信号的传输。

8.5 直接禁带半导体材料不仅可用于探测光子，还可用于发射光子(依靠光生载流子的辐射复合而发光)。半导体光源所发的光，有些是不相干的，如发光二极管(LED)；有些是相干的，如半导体激光器。半导体发光的颜色与所用半导体材料的性质有关，因为发光的频率与半导体材料的禁带宽度成正比(普朗克关系)。

8.6　半导体激光器需要满足粒子数反转条件才能发射相干光。粒子数反转条件保证了受激辐射(相干光)相对于自发辐射(非相干光)更占优势。激光器的光学谐振腔用以建立高能量密度的光场。激光可以从谐振腔的侧边发射(如边发射激光器)，或者从谐振腔的顶部发射(如垂直腔表面发射激光器，VCSEL)。双异质结激光器对载流子和光场都有很好的约束作用，因而具有更好的性能。

习题

8.1　对于图 8-7 所示的 p-i-n 光探测器：(a)试解释这种光探测器为什么没有增益；(b)试解释为什么这种光探测器在提高灵敏度的同时会降低响应速度；(c)若要用这种光探测器探测波长为$\lambda = 0.6$ μm 的光，应采用什么材料比较合适？

8.2　现有 GaAs(E_g = 1.43 eV)和 AlAs(E_g = 2.18 eV)制作的三明治结构的量子阱(GaAs 作为阱层)，已知 GaAs 中电子和空穴的有效质量分别是 $0.067m_0$ 和 $0.5m_0$，异质结导带带阶和价带带阶分别是禁带宽度之差的 2/3 和 1/3。可将势阱近似看成是无限深势阱。如果将该结构用做 LED，它所发射光子的最低能量是多大？如果将其用做光探测器，它所能探测到的最长波长是多大？GaAs 阱区中有多少能态？在离开异质结面多远的地方，空穴最可能处于第二激发态？试定性地画出电子和空穴的几率密度分布图。

8.3　一个矩形光电导器件的长度为 L，横截面积为 A，所加偏压为 V，光照时光产生率为 g_{op}(各处均匀)，电子的迁移率和寿命μ_n 和τ_n 远大于空穴的迁移率和寿命，试推导给出光电导的表达式。针对偏压很低和偏压很高两种情况，推导给出光生载流子在器件中渡越时间τ_t的表达式(载流子饱和速度记为 v_s)。

8.4　一个 n 型 Si 基光电导器件，掺杂浓度为 10^{15} cm^{-3}，长 5 μm，受到光照时光产生率为 10^{20} cm^{-3}·s^{-1}，少子寿命为 0.1 μs。电场低于 10^4 V/cm 时，电子和空穴的迁移率分别是 1500 cm^2/(V·s)和 500 cm^2/(V·s)；电场高于 10^4 V/cm 时，电子和空穴的速度饱和为 10^7 cm/s。求：施加的偏压为 2.5 V 时光电流密度是多大？如果偏压提高到 2500 V，光电流密度又是多大？

8.5　一块 Si 太阳能电池的暗电流是 5 nA，受到光照时的短路电流是 200 mA，试仿照图 8-6 画出该太阳能电池的 I-V 特性曲线。

8.6　定性说明如何使用几种材料的组合制作太阳能电池，才能获得高的光电转换效率。

8.7　太阳能电池性能的主要限制因素是内部串联电阻(主要是表面薄层的电阻)，如图 8-5 所示。对于习题 8.5 的太阳能电池，假设其内部串联电阻是 1 Ω，考虑串联电阻上的压降 IR，其他条件不变，重新画出其 I-V 特性曲线，并与不考虑串联电阻的情形进行比较。

8.8　(a)太阳能电池为什么必须工作在 I-V 特性的第四象限区？(b)使用四元化合物半导体制作光纤通信用 LED 有哪些优点？(c)为什么 GaAs p-n 结二极管不适合用做波长为$\lambda = 1$ μm 的光探测器？

8.9　一块 Si 太阳能电池，p-n 结的面积是 $A = 2$ cm×2 cm，暗电流是 $I_{\mathrm{th}} = 32$ nA，受到光照时光生载流子的产生率是 $g_{\mathrm{op}} = 10^{18}$EHP/cm^3·s，两区中少子的扩散长度是 $L_p = L_n = 2$ μm，工作时耗尽区的宽度是 1 μm。试求该电池的短路电流 I_{SC} 和开路电压 V_{OC}。

8.10　太阳能电池的最大输出功率对应于它的最大输出功率方块的面积。

(a)证明：在输出功率最大时，结电压 V_{mp}、短路电流 I_{sc}、暗电流 I_{th} 之间有如下关系(暗电流 I_{th} 是不受光照时仅由热产生载流子形成的反向饱和电流)：

$$\left(1+\frac{q}{kT}V_{\mathrm{mp}}\right)\mathrm{e}^{qV_{\mathrm{mp}}/kT}=1+\frac{I_{\mathrm{sc}}}{I_{\mathrm{th}}}$$

(b)针对 $I_{\mathrm{sc}} >> I_{\mathrm{th}}$、$V_{\mathrm{mp}} >> kT/q$ 的情况，将上面的方程改写成 $\ln x = C-x$ 的形式。

(c) 设某 Si 太阳能电池的暗电流为 I_{th} = 1.5 nA，受光照时短路电流为 I_{sc} = 100 mA，试用图解法求输出功率最大时对应的结电压 V_{mp}。

(d) 针对 (c) 中所述的太阳能电池，求其最大输出功率。

8.11　太阳能电池的特性方程式(8-2)亦可写成如下形式：

$$V = \frac{kT}{q}\ln\left(1 + \frac{I_{sc} + I}{I_{th}}\right)$$

利用习题 8.10 所给的有关参数，参照图 8-6 画出 I-V 特性曲线，并画出最大输出功率方块。

8.12　太阳能电池的内部串联电阻会严重影响其性能。若内部串联电阻是R，则在工作时串联电阻中将会存在 IR 的欧姆压降。对于习题 8.7 所给的太阳能电池，试计算并画出 $R = 0 \sim 5\ \Omega$(每隔 1 Ω)的 I-V 特性；标出最大输出功率方块，并据此讨论串联电阻 R 对光电转换效率的影响。

8.13　如果使用禁带宽度为 1.8 eV 的半导体制作发光器件，则可能发射光子的频率和动量各是多大？

8.14　如果使用禁带宽度为 2.5 eV 的半导体制作 LED，则发射光子的波长是多大？如果用这种材料制作光探测器，它能否用于探测波长为 900 nm 的光？能否探测波长为 100 nm 的光？

8.15　图 8-19 所示的简并半导体的能带可保证激光器的受激发射率相对于吸收率占优。试解释采用简并半导体可以抑制带间吸收的原因。

8.16　式(8-7)给出了激光器在稳态情况下的自发发射率、受激发射率以及吸收率之间的关系。假设该式对于温度非常高的平衡态激光器系统也适用，以至于可近似认为能量密度$\rho(\nu_{12})$是无穷大的，试证明 $B_{12} = B_{21}$。

8.17　根据普朗克辐射定律，黑体辐射场的能量密度可表示为

$$\rho(\nu_{12}) = \frac{8\pi h\nu_{12}^3}{c^3}(e^{h\nu_{12}/kT} - 1)^{-1}$$

设式(8-7)描述的系统与上述黑体辐射场相互作用，利用习题 8.16 的结果，求比值 A_{21}/B_{12}。

8.18　用 GaAs 做激光器的有源区材料，已知 GaAs 的本征载流子浓度约为 $10^6\ cm^{-3}$，假设电子和空穴浓度相等($n = p$)，且载流子发生带间直接跃迁，求温度为 300 K 时满足粒子数反转条件的最小载流子浓度。

8.19　设长基区 p^+-n 结二极管受到均匀光照，光生载流子的产生率为 g_{op}。在稳态情况下，n 区中空穴的扩散方程可写为 $D_p \frac{d^2\delta p}{dx^2} = \frac{\delta p}{\tau_p} - g_{op}$。试证明：n 区中过剩空穴的浓度分布为

$$\delta p(x_n) = \left[p_n(e^{qV/kT} - 1) - g_{op}\frac{L_p^2}{D_p}\right]e^{-x_n/L_p} + \frac{g_{op}L_p^2}{D_p}$$

或者写为

$$\delta p(x_n) = \left[p_n(e^{qV/kT} - 1) - g_{op}\tau_p\right]e^{-x_n/L_p} + g_{op}\tau_p$$

参考读物

Bhattacharya, P. *Semiconductor Optoelectronic Devices*. Englewood Cliffs, NJ: Prentice Hall, 1994.

Campbell, J. C., A. G. Dentai, W. S. Holden, and B. L. Kasper. "High Performance Avalanche Photodiode with Separate Absorption, Grading and Multiplication Regions." *Electronics Letters*, 19 (1983): 818+.

Casey, Jr., H. C., and M. B. Panish. *Heterostructure Lasers: Part A. Fundamental Principles*. New York: Academic Press, 1978.

Cheo, P. K. *Fiber Optics and Optoelectronics, 2nd ed*. Englewood Cliffs, NJ: Prentice Hall, 1990.

Denbaars, S. P. "Gallium Nitride Based Materials for Blue to Ultraviolet Optoelectronic Devices." *Proc. IEEE*, 85 (11) (November 1997): 1740–1749.

Dupuis, R. D. "AlGaAs-GaAs Lasers Grown by MOCVD–A Review". *Journal of Crystal Growth* 55 (October 1981): 213–222.

Faist, J., Capasso, F., Sivco, D., Sirtori C., Hutchinson A., and Cho A.Y. *Quantum Cascade Laser*. Science 264 (5158) (April 1994): 553–556.

Jewell, J. L., and G. R. Olbright. "Surface-Emitting Lasers Emerge from the Laboratory." *Laser Focus World* 28 (May 1992): 217–223.

Palais, J. C. *Fiber Optic Communication, 3rd ed*. Englewood Cliffs, NJ: Prentice Hall, 1992.

Pankove, J. I. *Optical Processes in Semiconductors.* Englewood Cliffs, NJ: Prentice Hall, 1971.

Singh, J. *Optoelectronics: An Introduction to Materials and Devices*. New York: McGraw-Hill, 1996.

Verdeyen, J. T. *Laser Electronics, 3rd ed*. Englewood Cliffs, NJ: Prentice Hall, 1994.

Yamamoto, Y., and R. E. Slusher. "Optical Processes in Microcavities." *Physics Today* 46 (June 1993): 66–73.

自测题

问题 1

分析下图所示的 LED 的能带图，然后回答问题。假设所有的载流子复合都是直接复合且所有的复合能量都以光子的形式发射出去。由左侧注入的空穴电流和由右侧注入的电子电流组成了 LED 的电流。

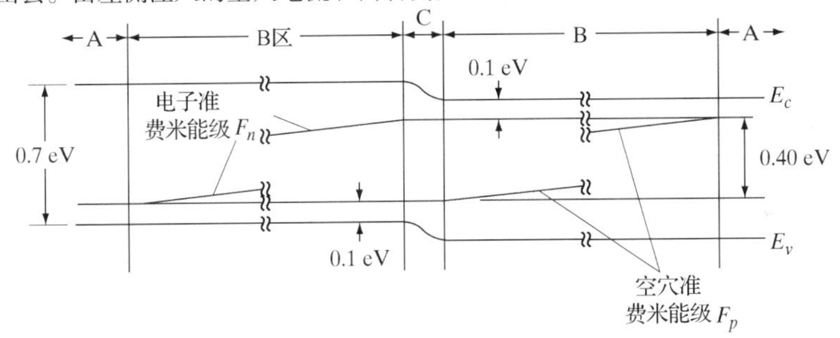

(a) 哪个区域的辐射复合率最大？

(b) 该 LED 发射光子的能量近似为多大？

(c) 若稳态电流 $I = 10$ mA，假设所有的光子都发射出去，那么该 LED 的发光功率是多大？

(d) 若耗尽区内的电压降为 0.4 V，那么区域 C 中两种载流子的准费米能级之差 $(F_n–F_p)$ 是多大？它为什么在数值上小于正向偏压 1.4 V？

(e) 该 LED 所消耗的电功率是多大？

(f) 该 LED 的发光效率是多大？提示：发光效率等于输出光功率与输入电功率之比。

问题 2

某一块太阳能电池在受到充分光照的情况下，其短路电流为 50 mA，开路电压为 0.7 V。假如填充因子为 0.8，那么这块电池的最大输出功率是多少？

问题 3

如果用禁带宽度为 2.5 eV 的直接禁带半导体材料制作 LED，那么该 LED 发光的波长是多少？它能否用于探测波长为 0.9 μm 的光？又能否用于探测波长为 0.1 μm 的光？

问题 4

太阳能电池作为一种公认的新能源，它最吸引人之处是什么？但为什么到现在为止它还没有被广泛应用呢？

第 9 章　半导体集成电路

本章教学目的

1. 熟悉集成电路按比例缩小的规律和规则。
2. 熟悉 CMOS 工艺流程。
3. 熟悉逻辑门器件和 CCD 器件的工作原理和特性。
4. 熟悉 SRAM、DRAM、闪存等存储器件的工作原理。
5. 了解集成电路封装技术和封装形式。

正如晶体管比真空管更加灵活、方便、可靠，使电子学发生了重大变革那样，集成电路(IC)的出现为电子学开辟了前所未有的应用领域，其作用更是分立器件无可比拟的。集成化技术允许将成千上万个晶体管、二极管、电阻、电容集成在一块半导体芯片上，组成复杂的、功能强大的电路。微型化的复杂电路在空间飞行器、大型计算机，以及其他许多场合都有非常广泛的应用，而如果在这些场合使用分立器件完成同样的功能是根本不可能的。除了微型化的优势外，集成电路还具有成本低、可靠性高的优点。分立器件固然在电子学领域具有十分重要的地位和作用，但集成电路并不是由大量的分立器件简单拼凑起来的。因此，电路设计师和系统设计师的传统角色定位不适合集成电路的发展。

本章主要介绍各种类型的集成电路及其制造工艺，包括晶体管、电容、电阻的集成技术和接触、互连、封装等问题。这里的介绍只是非常基本和一般化的，不可能面面俱到地将诸多细节都阐述清楚。因此，为了解更多的信息、掌握最新的发展前沿，可阅读最新的参考文献和专业刊物。本章的最后列举了一些参考书目。以本章的内容作为基础，通过阅读最新文献，可望对集成电路有一个更加全面、深刻的了解。

9.1　集成电路的背景知识

本节将介绍集成电路的基本属性。无论从技术角度还是从经济角度看，集成电路目前在电子学领域中的地位得益于其令人吃惊的发展速度，了解其背后的动力之源是很重要的。本节介绍集成电路的种类及其相关应用，以便对集成电路有一个总体的了解。至于集成电路的专门化制造技术，将在后续各节分别介绍。

9.1.1　集成化的优点

在 Si 晶片中制造复杂电路，包括各种元件和互连组件，从技术和经济两方面来看，似乎都是有一定风险的。但实际上，基于现代集成电路技术，人们可以制造出又可靠又便宜的 IC 芯片。并且，采用大规模集成技术制造的芯片相比于采用分立器件搭建的电路而言，可靠性更好，价格更便宜。之所以如此，其基本原因是得益于**批量制造**技术，即在一个 Si 晶片上能够同时制造出大量相同的电路，如图 9-1 所示。尽管制造工艺复杂且花费较高，但分摊到单个芯片上的成本却是很低的，因为批量制造工艺和单个器件的制造工艺本质上是相同的。批量制造的优势是 IC 工业快速发展的重要驱动力。采用的晶片越来越大（直径可达 300 mm），复杂电路或系统芯片不断涌现，芯片的最终成本并没有因复杂度的提高而上升，反而是下降了，这显然是分立电路所不可比拟的。同时，由于大量的元器件、互连线是同时制作在同一个衬底片上的，集成电路的可靠性也远高于分立电路的可靠性。

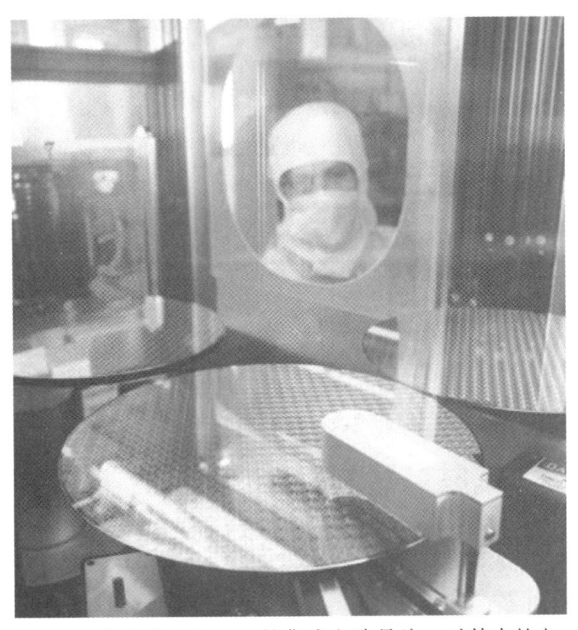

图 9-1　直径为 300 mm 的集成电路晶片。对其中的电路进行测试后，再把它分割成独立的芯片，然后进行封装（照片由 Texas Instruments 公司提供）

集成电路的微型化优势是很明显的。它将许多电路功能集中在一个很小的空间内，使得复杂电子设备的质量和体积显著减小。集成电路用在大型计算机中，不仅减小了系统的体积，而且在发生故障时可方便地替换其中集成电路块，便于维护。集成电路在各种消费类产品如汽车、电话、电视中也有广泛的应用，微型化和低成本使得它在我们的生活所及之处无处不在、随处可见。

微型化的优势还体现在电路对信号的响应速度和传输速度上。我们知道，电信号的传输速度不可能超过光速，缩小器件的尺寸相当于缩短了电路中各部分之间的物理距离，因此可缩短信号响应时间和处理速度。举例来说，在高频电路中，必须尽量减小各部件之间的空间距离，才能缩短信号的传输延迟时间；在高速计算机中，各逻辑运算器件和信息存储器件之间的距离也要尽可能地小，才有利于提高计算速度。在 9.5 节将会看到，电路的大规模集成使得计算机的体积显著减小，工作速度和功能密度显著提高；同时也使得电路中各部分之间的寄生电容和寄生电感显著减小，大大提高了电路的工作速度。

上面指出了大规模集成具有的微型化、高速度、低成本的优势。除此之外，大规模集成还可以有效地提高芯片的成品率和可靠性。我们知道，晶体中的缺陷以及晶片处理过程中损伤、切割引入的缺陷，以及落到光刻版或器件表面的尘埃等是导致器件失效的重要因素，比如，直径 0.5 μm 大小的尘埃就可轻易地损坏电路，因此减小器件的尺寸可减小器件遭受损害的几率。一块集成电路有其最佳面积，超过这个面积遭受缺陷损害的几率提高，相反，低于这个面积则成品率得以提高。

9.1.2　集成电路的分类

根据集成电路的用途和制造方法的不同，可将其分为几类：按照用途可分为**线性集成电路**和**数字集成电路**，按照制造方法可分为**单片集成电路**和**混合集成电路**。

线性集成电路用做信号的放大或线性运算。简单放大器、运算放大器和模拟通信电路都属于线性电路。数字集成电路包括逻辑电路和存储器，用于计算机、微处理器、计算器等产品中。相比之下，数字集成电路的用途很多且很广，所占的市场份额最大。同时，数字集成电路中的晶体管只需要工作在开或关的状态，所以其设计不像线性集成电路那样苛刻。虽然IC 中晶体管的制作与分立晶体管的制作一样容易，但无源元件(如电阻和电容)的制作则要困难一些，因为它们必须满足集成电路的容差要求才能起到应有的作用。

如果整块集成电路(包括绝缘层和金属层)是完整地制作在一个芯片上，就将其称为**单片集成电路**(英文名称是 monolithic，意为“一块石头”)，如图 9-1 所示。**混合集成电路**则采用绝缘基片，其上固定有一个或多个单片集成电路，也装载有电阻、电容、电感等无源元件、独立的晶体管等有源器件以及其他电路元件，元器件之间有适当的互连。相比之下，单片集成电路适于批量生产，即在一块半导体晶片上(通常是 Si 片)能同时制造出大量相同的芯片(一般一个 Si 片上可制造几百个芯片)，而混合集成电路的各个组件之间有很好的隔离效果，所使用的电容和电阻的精度也比较高，小量生产时成本较低。

9.2 集成电路的发展历程

集成电路是德州仪器公司(Texas Instruments)的 Jack Kilby 于 1959 年 2 月发明的。1959 年 7 月仙童公司(Fairchild)的 Robert Noyce 独立发明了平面型集成电路，此后集成电路的发展十分迅猛。图 9-2 画出了过去几十年中 MOS 微处理器 IC 芯片的集成度随年代的变化情况。在半对数坐标上，过去 40 年间微处理器集成度的变化表现为一条直线，说明集成度是随着时间而指数式增长的。从集成度的发展历史可看出这样一个基本规律，即每过 18 个月集成度就会翻一番，这个规律是英特尔公司(Intel)的 Gordon Moore 在 IC 发展的早期就预言到的，因此被称为**摩尔定律**(Moore’s Law)。

根据集成度的不同，可将集成电路的发展划分为几个不同的阶段：小规模集成电路(SSI)阶段，集成度为 $1 \sim 10^2$；中规模集成电路(MSI)，集成度为 $10^2 \sim 10^3$；大规模集成电路(LSI)，集成度为 $10^3 \sim 10^5$；超大规模集成电路(VLSI)，集成度为 $10^5 \sim 10^6$。目前处于特大规模集成电路(ULSI)阶段，集成度为 $10^6 \sim 10^9$。照此速度发展，下一代将是巨大规模集成电路(GSI)。Wags 建议将再往后的集成阶段叫做 RLSI(Ridiculously Large-Scale Integration)。

集成度的提高主要得益于器件尺寸的缩小。图 9-3 给出了**随机动态存取存储器**(DRAM)在不同年代的**特征尺寸**，从中我们再一次看到的是一条直线(注意是在半对数坐标中)，不过是随着年代减小的，这说明过去 40 多年 DRAM 单元的特征尺寸是随着时间指数式减小的。显然，器件尺寸越小，IC 的集成度就越高，功能密度也就越高。不仅如此，在 6.5.9 节还将看到，器件尺寸缩小还使得 IC 的工作速度更快，功耗更低。

器件尺寸不断缩小，一方面为 IC 发展带来更多机会，另一方面也为 IC 发展带来巨大的技术挑战。最大的挑战是光刻技术和刻蚀技术(参见 5.1 节)。根据按比例缩小规则(参见 6.5.9 节)，器件的横向尺寸缩小的同时其纵向尺寸也需按比例缩小，这给诸如掺杂、栅介质选择、金属化等带来严峻的挑战。特征尺寸越来越小、晶圆直径(或面积)越来越大迫使 IC 制造必须在非常洁净的环境中完成才能满足成品率要求。如果说空气中的尘埃对 1 μm 工艺成品率的影响尚不明显的话，那么它对 22 nm 工艺的影响将是极其严重的，因此必须采用高纯度的化学试剂、洁净的设备和非常严格的超净工艺室。实际上，即使是早期 IC 的制造环境也比目前最干净的手术室还要洁净(参见图 9-3)。通常以洁净等级表示 IC 制造环境的洁净程度(洁净度)，比如，若每立方英尺空气中含有直径≥0.2 μm 的尘埃颗粒数量少于 1 个，则该环境的洁净度为 1 级(这也是 2000 年实际达到的洁净度。一般来说，小颗粒尘埃的数量比大颗粒的数量要多)；1 级的洁净度远优于 100 级。要达到如此高的洁净度，就意味着沉重的投资代价：2014 年用于洁净工艺环境的资金投入是 50 ~ 100 亿美元。

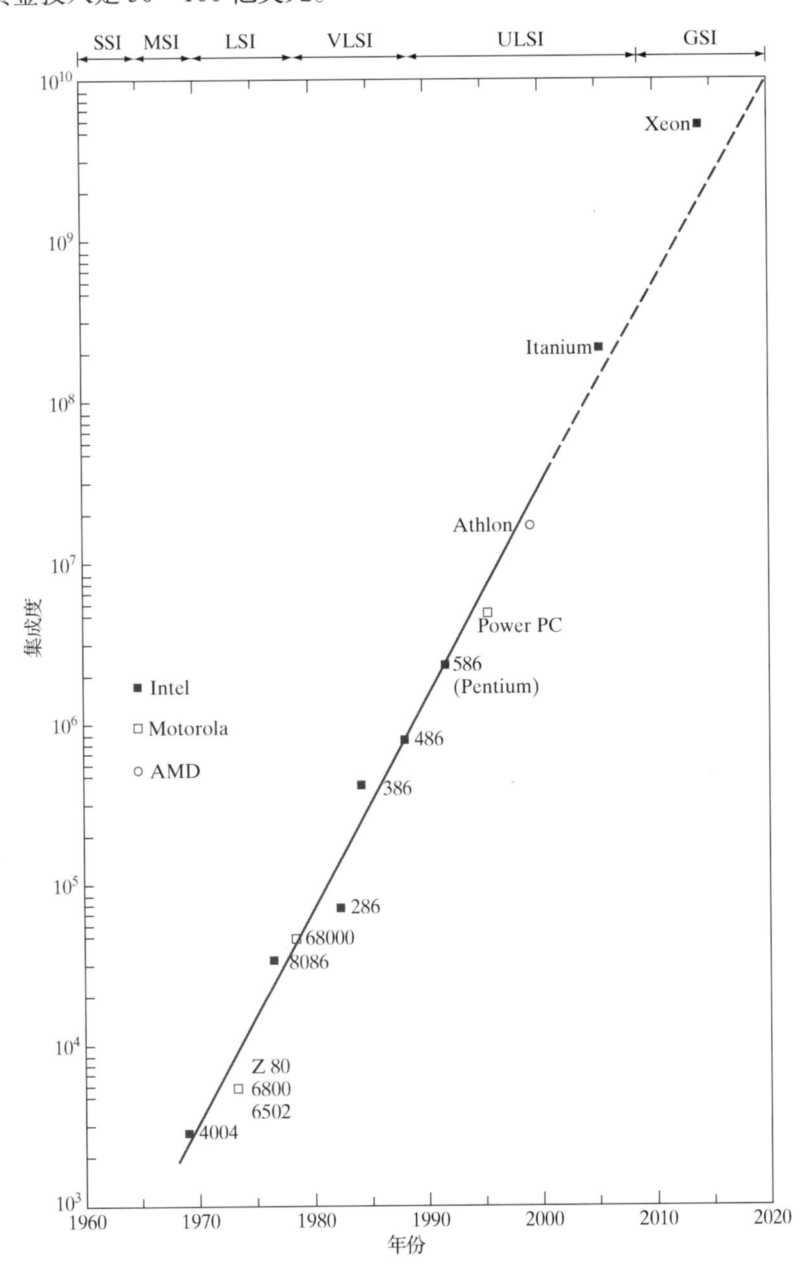

图 9-2　集成电路发展的摩尔定律：微处理器的集成度随年份的增长情况，实线表示实际增长情况，虚线是根据国际半导体技术路线图(ITRS)画出的技术节点。应注意的是，随经济发展和功耗限制等因素的影响，未来集成度的增速可能会与过去有所不同

尽管 ULSI 工厂的投资成本很高，但相应的经济回报却是巨大的。不妨考察一下本世纪初的相关经济数据：2000 年全球经济总产值(GWP)约是 85 万亿美元，同年美国的国民生产总值(GNP)约是 8 万亿美元(约是 GWP 的 1/4)，全球电子工业(包括 IC 工业在内)的产值约是

2 万亿美元，其中 IC 工业的产值约是 3500 亿美元。可见电子工业的产值在 GWP 中所占的份额最大，超过了汽车工业(全球年销售量约 5000 万辆)和石油化学工业，并由此带动全球个人消费电子产品增长，比如，目前全球智能手机的年销量达到了 10 亿部。

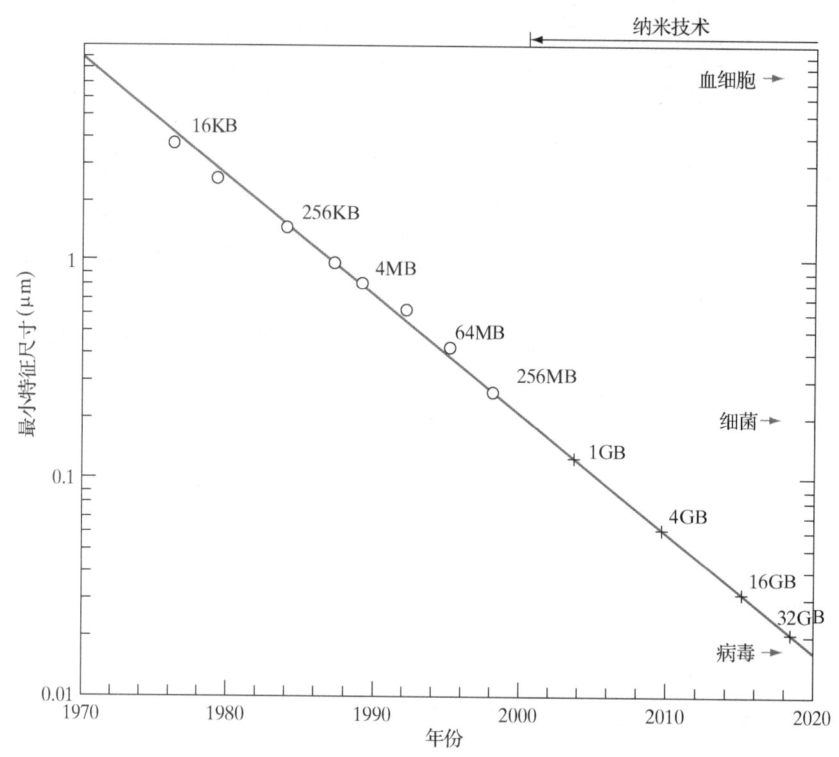

图 9-3 动态随机存取存储器(DRAM)的特征尺寸随年份的减小情况。为便于对比，图中还标出了血细胞、细菌、病毒的大小。特征尺寸小于 100 nm 则标志着进入到纳米技术领域

或许更令人激动的不是这些经济数据，而是 IC 工业和电子工业的增长速度。在过去的 30 年中，IC 的年销量也是随着年份近似指数式增长的。当然，对消费者来说，关心的主要还是电子产品的性价比。在过去的 45 年中，半导体存储器(DRAM)的成本从 1970 年的 1 美分/位下降到了目前的 0.00001 美分/位，下降幅度达 5 个量级之多。相比之下，同期内没有任何一个其他工业产品的性价比有如此巨大的提高。

IC 工业是从 20 世纪 60 年代的双极工艺起步发展起来的，随后发展了 MOS 工艺，再后来又发展了 CMOS 工艺(参见第 6 章和第 7 章的相关介绍)。目前，IC 市场的 90%左右基于 MOS 器件，8%左右基于双极型晶体管(BJT)，光电子器件在半导体市场所占的份额只有 4%左右(预计未来会有所提高)。MOS IC 市场中，数字 IC 占了大部分。在整个半导体工业中，模拟 IC 所占的比例只有14%左右，半导体存储器(包括 DRAM、SRAM、非易失性闪存等)约占 25%，微处理器约 25%，其他专用集成电路(ASIC)约 20%。

9.3 单片集成电路元件

本节将主要介绍构成集成电路的基本元器件以及某些主要的制造工艺步骤。这些基本元件包括晶体管、电阻、电容以及互连线。有些元件是集成电路特有的，没有相应的分立元件，

比如 9.4 节将要介绍的电荷转移器件(CCD)就是 IC 特有的。至于 IC 制造技术，很难在这本书中全面述及，因为集成电路的发展速度很快，工艺条件和技术时常发生更新或变动(甚至可以说比写书的速度还快)，所以这里仅限于对器件设计和工艺流程基本知识的介绍，读者可以从最新的参考文献中了解工艺技术的最新进展。

9.3.1　CMOS 工艺集成

互补 MOS(即 CMOS)工艺是把 NMOS 晶体管和 PMOS 晶体管制造在同一个芯片上的工艺，主要用于数字集成电路的制造。图 9-4(a)所示的电路是一个 CMOS 反相器电路，它是数字 IC 中的最基本电路，两个晶体管的栅极相连作为输入端(V_{in})，漏极相连作为输出端(V_{out})。我们知道，PMOS 管的阈值电压为负值($V_T< 0$)、NMOS 管的阈值电压为正值($V_T> 0$)，因此，当反相器的输入电压 $V_{in} = 0$ 时，NMOS 管截止、PMOS 管导通，输出电压 V_{out} 近似等于 V_{DD}；当 V_{in} 为正且超过某一值时，NMOS 管导通、PMOS 管截止，输出电压近似为零。也就是说，输入端信号为“1”时，输出端信号为“0”；而输入端信号为“0”时，输出端信号为“1”；不管反相器处于哪种逻辑状态，总有一个 MOS 管是截止的。由于两个 MOS 管是串联的，除了在逻辑状态转换的瞬间有很小的充电电流之外，稳态时几乎没有电流流通，所以静态功耗非常小，特别适用于电子表之类的低功耗电路。CMOS 的低功耗优势对于 ULSI 电路(将在 9.5 节介绍)来说非常重要，因为 ULSI 电路中晶体管的数量非常庞大，降低单管的功耗才能使整个 IC 的功耗明显降低。

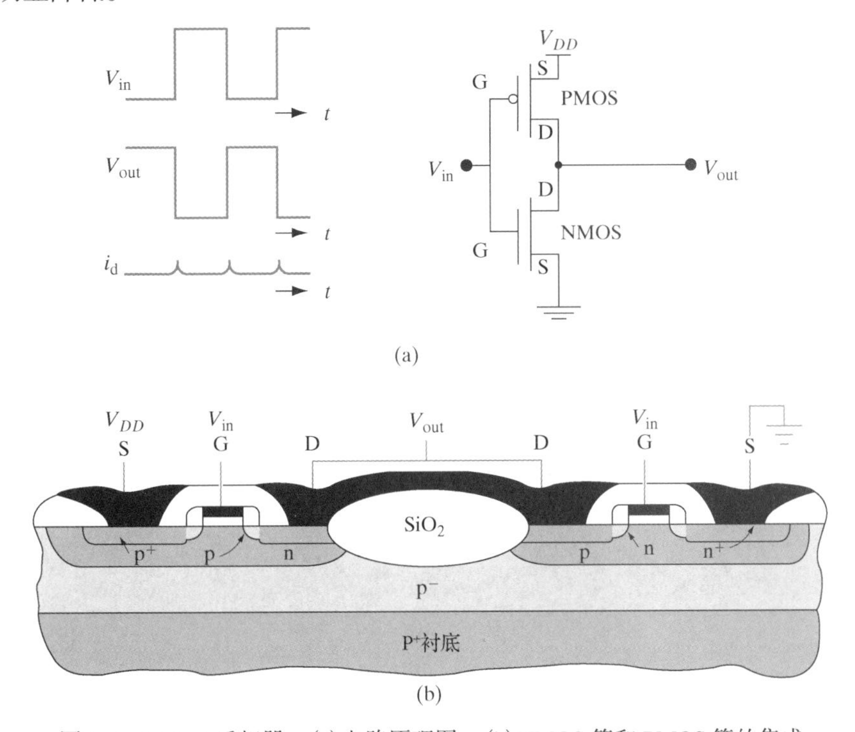

图 9-4　CMOS 反相器。(a)电路原理图；(b)NMOS 管和 PMOS 管的集成

CMOS 工艺要求在同一芯片上制作 PMOS 管和 NMOS 管，且两只 MOS 管的阈值电压应尽可能对称。为此，首先需要采用扩散或离子注入方法在衬底中形成 n 阱和 p 阱，然后在两个阱区分别制作 PMOS 管和 NMOS 管。图 9-5 给出了采用 p 型衬底的 CMOS 工艺流程。阱的

杂质浓度必须由离子注入工艺严格控制，源区和漏区也由离子注入形成。通过控制阱区的杂质浓度和两个晶体管的阈值电压，可使 NMOS 管和 PMOS 管达到良好的匹配状态。

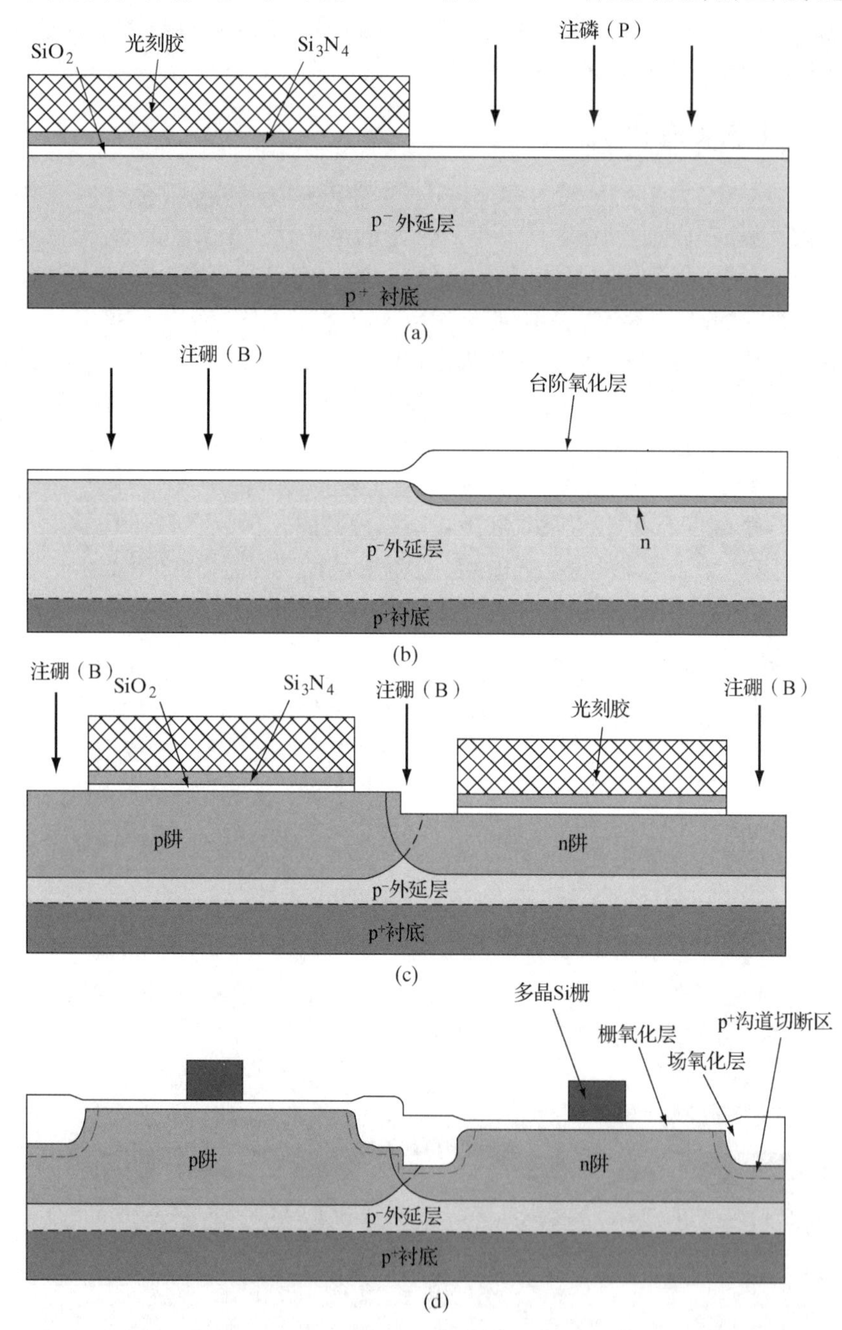

图 9-5　自对准双阱 CMOS 工艺。(a)注磷(P)形成 n 阱及其所用掩模；(b)注硼(B)形成 p 阱及其所用掩模，其中，在去除了氮化硅和氧化硅层的地方生长了一层厚的(约 200 nm)“台阶”氧化层，它作为自对准光刻掩模的边界阻止杂质 B 进入 n 阱；(c)在隔离区(或称场氧区)注入杂质 B 形成 p^+沟道切断区；(d)对沟道切断区进行局域氧化，形成厚的 LOCOS 场氧化层

如果把双极型晶体管工艺与 CMOS 工艺结合起来(称为 BiCMOS 工艺)，就能为电路设计，尤其是提高驱动电流，带来更多的灵活性。

在设计 CMOS 电路时必须注意避免寄生晶闸管导致的**闩锁效应**。所谓闩锁效应，是指两个靠得很近的 MOS 管容易形成 p-n-p-n 寄生晶闸管结构[参见图 9-4(b)]，在某些特定的条件下，其中一个晶体管的集电极向另一个晶体管的基极提供电流，两个晶体管发生深度耦合形成大电流，从而导致器件无法关断的一种效应(参见 10.4.2 节)。避免闩锁效应的一种方法是在 p 阱和 n 阱之间形成隔离槽把二者隔离开来，如图 9-6 所示。当然，这种方法也有利于独立地调整两管的阈值电压。

下面通过**双阱自对准金属硅化物**(SALICIDE)**CMOS 工艺**流程来了解 MOS 集成电路常用工艺的主要步骤。这种工艺非常重要：绝大多数的高性能数字集成电路，包括微处理器、存储器、专用集成电路(ASIC)等，采用的基本都是这种工艺。我们知道，增强型 NMOS 晶体管应采用 p 型衬底，而增强型 PMOS 晶体管应采用 n 型衬底。CMOS 电路要把两种晶体管制作在一块芯片上，要么以 n 型半导体作为衬底，要么以 p 型半导体为衬底，将其中的某个区域掺杂使其与衬底类型相反，形成阱区，然后在适当的区域内分别制作 NMOS 管和 PMOS 管。例如，图 9-5(a)所示的情形，是在 p^+衬底上外延 p 型层用于制作 NMOS 管，在外延层的适当区域注入杂质形成 n 阱层，在这个 n 阱层中制作 PMOS 管。这种工艺称为 n 阱 CMOS 工艺。或者，也可以采用 p 阱 CMOS 工艺，它与 n 阱 CMOS 工艺类似：选用 n^+型衬底，在其上外延 n 层用于制作 PMOS 管，通过离子注入在外延层中形成 p 阱，在 p 阱中制作 NMOS 管。但是，为了获得更好的性能，人们往往更愿意采用**双阱 CMOS 工艺**：通过离子注入分别形成两个阱区，然后在各自的阱区内分别制作 NMOS 管和 PMOS 管；该工艺的特点是单独、分别注入形成各自的阱区(n 阱和 p 阱)，故而称为双阱 CMOS 工艺。人们之所以采用双阱工艺，还有其背后的原因：现代主流 MOS 器件沟道区的掺杂浓度是 10^{18} cm^{-3} 量级，阱区深度(即结深)约 1 μm，沟道区的掺杂水平既要足够高以消除漏诱导势垒降低(DIBL)效应，又要足够低以获得适当小的阈值电压。如果像图 9-5(a)那样在 p 型外延层中制作 NMOS 管，则外延层的掺杂浓度应达到 1×10^{18} cm^{-3}；在 n 阱中制作 PMOS 管，则 n 阱注入的杂质浓度应达到 2×10^{18} cm^{-3} 才能获得 1×10^{18} cm^{-3} 净掺杂浓度，但此时 n 阱的总杂质浓度实际高达 3×10^{18} cm^{-3}，载流子受到的杂质散射作用大大增强，对载流子的输运非常不利。所以，高性能 IC 一般采用 p^+衬底(约 10^{19} cm^{-3})，但外延层掺杂浓度很低(约 10^{16} cm^{-3})，其好处是 p^+衬底可作为接地良导体，有利于解决噪声问题和闩锁问题，因为多子(这里指空穴)被疏导到了 p^+衬底中。

为采用自对准工艺形成双阱，首先在 Si 衬底表面热生长一层氧化层(约 20 nm)作为“垫底”氧化层，再由 LPCVD 生长一层氮化硅(约 20 nm)，形成氧化硅-氮化硅(SiO_2-Si_3N_4)堆叠层，涂覆光刻胶，光刻打开 n 阱注入窗口(仅去除光刻胶)，由 RIE 去除窗口内的氧化硅-氮化硅堆叠层，利用未去除的光刻胶作为掩模，在窗口区域注入杂质 P 形成 n 阱[参见图 9-5(a)]。之所以注入 P 而不注入 As，是因为 P 原子质量较小、射程较大，且扩散速度较快，易于推进扩散形成深的 n 阱。P 注入完成后，去掉光刻胶，由湿氧氧化生长一层“台阶”氧化层(约 200 nm)[参见图 9-5(b)]。“台阶”是由于 n 阱区的 Si 氧化为 SiO_2 时体积膨胀而 p 区的 Si 未氧化(受到 Si_3N_4 层的阻挡)而形成的(生成 1 μm 厚的 SiO_2 要消耗 0.44 μm 厚的 Si，所以 Si 氧化后体积膨胀约 1/0.44 = 2.2 倍)。台阶氧化层可作为后续 B 注入的自对准掩模，这意味着该氧化层的厚度必须大于 B 的注入射程。垫底氧化层有两个方面的作用：一是可以避免氮化硅和 Si 衬底直接接触因热膨胀系数不同而引入界面应力，二是可以阻止氮化硅和 Si 之间形成化学键。

利用台阶氧化层作为自对准注入掩模，对 p 区注入杂质 B 形成 p 阱[参见图 9-5(b)]。“自对准”是个非常重要的概念。采用自对准工艺，可节省光刻步骤，使 IC 工艺变得简单、成本降低；同时，设计版图时可以使 p 阱和 n 阱靠得更近(否则必须预留足够的间距以满足光刻对准误差的要求)，从而减少资源浪费、减小芯片面积。因此，自对准工艺已成为 IC 的主流工艺。B 注入完成后，将 Si 片放入高温(约 1000℃)扩散炉中进行几个小时的推进扩散，使杂质 P 和 B 扩散到约 1 μm 的深度。接着，将 Si 片表面的氧化硅-氮化硅堆叠层和台阶氧化层全部腐蚀去除。由于台阶氧化层消耗了其下方的部分 Si，所以在其被去掉后，在边界处又会形成一个凹下去的台阶，该台阶位于 n 阱和 p 阱之间，见图 9-5(c)(图中把台阶有意地放大了)，所以这个台阶又可作为下一步光刻的自对准标记。应当说明，这种自对准工艺也有其缺点，即光刻时景深不同引起的聚焦问题，所以有时人们仍然采用独立的两个光刻步骤分别实现对 n 阱和 p 阱的离子注入，以获得更加平整的表面，只不过两阱之间的距离大一些，阱区的面积也稍大一些。还有其他一些 CMOS 工艺方法可供选用，具体采用哪种方法取决于芯片的性能要求。

下一步就是采用离子注入方法，在相邻晶体管之间注入杂质形成隔离区，以阻断相邻晶体管之间的寄生沟道和电学串扰(除非是有意要将相邻晶体管互连在一起)。隔离方法和原理是：在 Si 片表面再次生长氧化硅-氮化硅堆叠层，由RIE刻蚀出**沟道切断区**窗口[参见图 9-5(c)]，通过窗口注入杂质 B，控制和优化注入剂量(相当于控制沟道区的掺杂浓度)，使场区寄生晶体管的阈值电压远高于电源电压，确保寄生晶体管在 CMOS 晶体管正常工作范围内总是处于截止状态，从而消除相邻 CMOS 晶体管之间的电学串扰。实现隔离的核心问题是优化注入剂量以使场区寄生晶体管的阈值电压达到最佳。从 MOSFET 的阈值电压式(6-38)看到，增大沟道区的掺杂浓度和采用更厚的栅氧化层，都可提高 MOSFET 的阈值电压 V_T；但从另一方面来看，即从亚阈值斜率式(6-66)看到，增大沟道区的掺杂浓度和采用更厚的栅氧化层，也会导致亚阈值斜率 S 劣化(增大)。因此，必须在 V_T 和 S 之间取得优化，使寄生晶体管的 V_T 足够高以保持截止，同时又使其 S 足够小以保证关态泄漏电流足够小。

需要注意的是，在双阱之间的场区下方是两阱相接的区域，这里既有 p 阱又有 n 阱，在该区域注入的杂质 B 对寄生的 p 阱和 n 阱晶体管的阈值电压的影响是不同的①：对 p 阱寄生晶体管来说，注入的杂质 B 使得沟道区的杂质浓度提高了，因而 V_T 升高了；对 n 阱寄生晶体管来说，注入的杂质 B 与 n 阱的杂质 P 部分补偿，使得沟道区的净杂质浓度降低了，因而 V_T 降低了。因此，对场区注 B 的剂量必须周密优化，以确保 p 阱和 n 阱寄生晶体管的阈值电压都尽可能地高。

沟道切断区的注入完成后，去除最上层的光刻胶，通过湿氧氧化在场区(即隔离区)生长场氧化层(约 300 nm)，称为 LOCOS 氧化层(参见 6.4.1 节)，实现相邻晶体管之间的电学隔离。由于未去除的氧化硅-氮化硅堆叠层阻挡了其下方 Si 的氧化，所以场氧化层比阱区氧化层厚得多[参见图 9-5(d)]。

我们已注意到，LOCOS 氧化发生在一个狭小的区域内，其体积膨胀(约 2.2 倍)会带来一些重要的不利影响：膨胀导致的压应力过大的话，会在衬底中形成位错；氮化硅掩模边缘处侧向氧化引起的体积膨胀会使氮化硅层在此处翘起，导致场氧化层向阱区横向侵入约 0.2 μm(类似鸟嘴样嵌入)，浪费了宝贵的 Si 资源。为避免横向侵入，可采用一些改进的 LOCOS 氧化方法或其他方法进行隔离，其中较好的方法是**浅槽隔离**(STI)法，如图 9-6 所示。

由 RIE 在 Si 衬底中刻蚀形成浅槽(约 0.2 μm)，再由 LPCVD 淀积 SiO_2 和多晶硅将槽填满，然后由化学机械抛光(CMP)使表面平整化。显然，STI 隔离法比 LOCOS 隔离法浪费的 Si 资源少，同时，由于 STI 槽具有尖锐的底部拐角，是一个非常好的势垒，可有效地阻挡泄漏电流，因而隔离效果更好。

① 图 9-5 中既未画出寄生晶体管也未画出 NMOS 管和 PMOS 管——译者注。

前面已提到，垫底氧化层阻止了氮化硅与 Si 衬底直接接触，从而减小了界面应力并阻止氮化硅与 Si 形成化学键。在形成栅氧化层之前，需要将氮化硅去除干净，否则残留的氮化硅就会在衬底表面形成硅氮氧化物斑点，严重影响栅氧化层的质量，这种现象称为**白带效应**或 **Kooi 效应**(德国科学家 Kooi 首次确认了这种效应)。垫底氧化层可在一定程度上减轻这种效应，但无法完全消除。为此，在形成栅氧化层之前，先在 Si 表面湿氧氧化生长一层“牺牲”氧化层，将可能含有氮化硅残留的 Si 表面层消耗掉，然后再将这层氧化层腐蚀掉，从而把表面的氮化硅残留清除干净。

下一步，采用干氧氧化法在 Si 表面生长一层极薄的 SiO_2 层(约 0.3 nm)作为栅氧化层。之所以采用干氧氧化，是因为这层氧化层对 MOSFET 的 Si-SiO_2 界面质量具有至关重要的影响，且干氧氧化层的质量好。在氧化层上淀积一层高 k 介质，然后立即由 LPCVD 淀积多晶硅栅或金属栅电极将介质层覆盖，以防止栅介质被玷污。整个多晶硅层都应是重掺杂的，以确保其电学性质接近于金属。多晶硅栅的掺杂主要有两种方式：要么在淀积多晶硅后，在扩散炉中以 $POCl_3$ 作为杂质源进行掺杂(以 n^+ 多晶硅栅为例)；要么在 LPCVD 淀积过程中通入含有磷化氢(PH_3)或乙硼烷(B_2H_6)的气态杂质源进行原位掺杂。多晶硅的重掺杂(杂质浓度约 10^{20} cm^{-3})是非常重要的，否则，器件工作时多晶硅中可能形成耗尽层，耗尽层的电容与氧化层电容串联使总的栅电容减小，从而导致驱动电流减小[参见式(6-53)]。重掺杂的多晶硅栅还有利于减小栅串联电阻及其相关的 RC 时间常数。多晶硅的掺杂一般比单晶硅更加均匀，因为杂质在多晶硅中沿晶粒间界的扩散系数比其在晶体中的大几个数量级，利于杂质均匀分布。如果采用金属(如 TiN)作为栅电极的话，则不存在上述问题。有时，可根据需要先做一层薄的栅金属层，然后再在其上淀积多晶硅层，形成复合结构的栅电极。

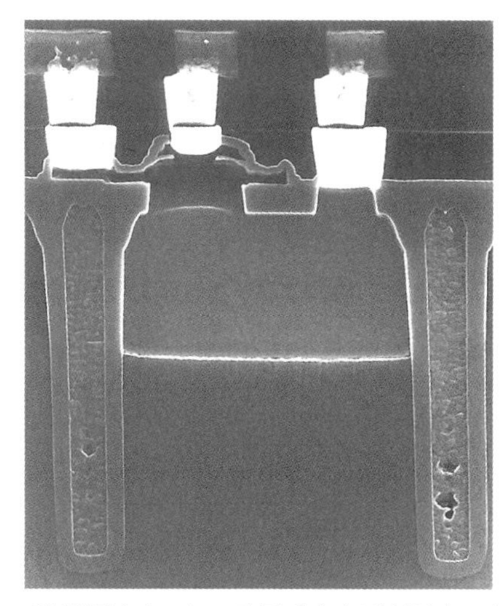
图 9-6　浅槽隔离(STI)。采用反应离子刻蚀(RIE)技术在衬底上刻蚀出浅槽，再采用低压化学气相淀积(LPCVD)方法在槽内填充 SiO_2 和多晶硅。STI 隔离比 LOCOS 隔离的效果更好，Si 资源的消耗更少(照片由 Tom Way IMD/BTV 提供©1998 IBM)

对多晶硅层或金属进行光刻，再由 RIE 各向异性刻蚀形成垂直侧壁，从而形成栅极图形。这一步极其重要，因为所形成的栅极图形将作为下一步源区和漏区离子注入的自对准掩模。正如前面提到的，自对准工艺使得晶体管之间靠得更近，利于提高封装密度。采用自对准方法对源区和漏区进行离子注入，既可使源区、漏区与栅区有一定程度的交叠，又可保证交叠的程度最小。交叠的程度由注入离子的横向散射和后续的退火中杂质的横向扩散决定。如果没有交叠，沟道两端的部分只能依靠栅极的边缘电场才能打开，即整个沟道的电势分布不均匀，对电流输运造成不利影响。另一方面，如果交叠的程度过大，则源区、漏区与栅区的交叠电容增大，特别是漏区与栅区之间的米勒交叠电容增大，在输出端(漏极)和输入端(栅极)之间建立了不必要的容性反馈，严重影响了器件特性(参见 6.5.8 节)。

下一步就是要在 p 阱区制作 NMOS 管。图 9-7 给出了在 p 阱区中制作 NMOS 管的过程。以刻蚀形成的多晶硅栅作为自对准掩模，使用台面掩模层版，用光刻胶将 PMOS 区保护起来，进行离子注入形成源区和漏区。离子注入分两个阶段进行。第一阶段是 LDD 注入(LDD 的本意是轻掺杂漏区)。如图 9-7(a)所示，从紧靠栅区边缘的地方开始注入，其特点是剂量较低(10^{13} ~ 10^{14} cm^{-2}，相应的杂质浓度是 10^{18} ~ 10^{19} cm^{-3})，结深很浅(50 ~ 100 nm)。我们知道，MOSFET 工作时，漏区和沟道之间的 p-n 结是反偏的，沟道夹断区内的电场很高(参见 5.4 节)。LDD 注入的一个目的就是通过降低掺杂浓度降低夹断区的电场、抑制热电子效应，从而避免氧化层击穿(参见 6.5.9 节)；另一个目的是采用浅结，削弱漏致势垒降低效应(DIBL)和短沟效应(SCE)的影响(分别参见 6.5.10 节和 6.5.11 节)。不过，LDD 的代价是源区/漏区的串联电阻增大，电流驱动能力变小。

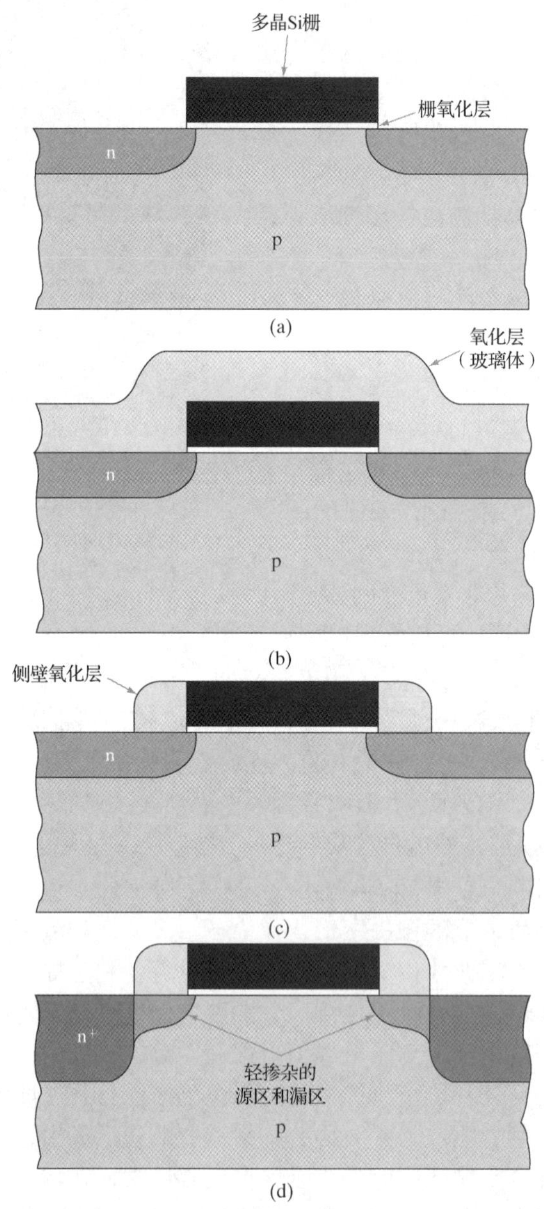

图 9-7 利用侧壁氧化层作为注入掩模形成轻掺杂漏区(LDD)。(a)以多晶硅栅作为自对准掩模对源区和漏区进行低剂量注入；(b)用 LPCVD 淀积共形氧化层；(c)用 RIE 各向异性刻蚀形成侧壁氧化层；(d)以侧壁氧化层作为掩模对源、漏区进行大剂量离子注入，再扩散后形成 LDD 结构

随着技术的发展，IC 使用的电源电压越来越低，热电子效应变得不那么重要了。因此，为了减小串联电阻，目前可以把 LDD 杂质浓度提高到 10^{19} cm^{-3} 以上。在这种情况下，LDD “轻掺杂漏区”这种叫法就显得有点用词不当，取而代之的应当称为“源区或漏区扩展区”则更为贴切。

源区和漏区离子注入的第二个阶段是在离开栅极较远的地方进行高剂量深结注入，形成重掺杂的 n^+型源区和漏区。注入之前，应先去除 PMOS 管所在区域的光刻胶，用正硅酸乙酯(TEOS)作为前驱体，在约 700℃温度下由 LPCVD 在整个表面淀积**共形**氧化层(100 ~ 200 nm)。“共形”的意思是指淀积的氧化层厚度处处相同，因而保持了淀积前的表面拓扑结构，如图 9-7(b)所示。然后，利用 RIE 各向异性刻蚀，通过控制刻蚀时间，将栅两侧平坦部分的氧化层刻蚀掉，而栅边缘处的侧壁氧化层被保留下来，如图 9-7(c)所示。保留下来的侧壁氧化层作为源区和漏区离子注入的自对准掩模，对源区和栅区进行高剂量深结注入。显然，在注入过程中，侧壁氧化层对已经存在的 LDD 区起到了保护作用，使其不被重新掺杂，如图 9-7(d)所示。

下一步，就是要在 n 阱区制作 PMOS 管。把制作好的 NMOS 管区用光刻胶保护起来，对 n 阱进行 p^+重掺杂注入(p^+源区和漏区注入)，形成 PMOS 管，如图 9-8(a)所示。应当说明的是，PMOS 管无须进行 LDD 注入，因为 PMOS 管的热空穴效应比 NMOS 管的热电子效应弱得多[部分原因是空穴的迁移率比电子的小，另一部分原因是 Si-SiO_2 界面处空穴的势垒(5 eV)高于电子的势垒(3.1 eV)]。源区和漏区注入完成后，经退火或快速热退火(RTA)激活杂质并消除晶格损伤。退火温度要尽可能低、退火时间要尽量短，以保证杂质不致扩散到更大的范围，这是制作小尺寸 MOS 器件的必然要求。

这里，需要说明为什么大多数 MOS 逻辑器件都采用 p 型衬底而不采用 n 型衬底。n-MOSFET 的衬底是 p 型 Si 半导体，受热载流子效应的影响，n-MOSFET 的衬底电流比 p-MOSFET 的大，由此产生的空穴在 p 型衬底中比在 n 型衬底中更容易运动到接地端。再者，在 Si 晶体生长过程中(采用丘克拉斯基法)，用 B 作为杂质对熔融体进行掺杂，从而形成 p 型 Si 单晶，比用 Sb 作为杂质形成 n 型 Si 单晶更为容易。Sb 是 n 型 Si 晶体生长过程中的常用杂质，因为它比 As 或 P 的挥发性都小(熔融状态时)。

我们已注意到，NMOS 管和 PMOS 管的栅极均采用 n^+多晶硅，这会引出一些有趣的器件物理问题。由于 n^+多晶硅的费米能级非常靠近导带底，这适宜于 NMOS 管获得低的阈值电压($\Phi_{ms}\approx -1$ V)，但对 PMOS 管不适合($\Phi_{ms}\approx 0$ V)。从式(6-38)阈值电压的表达式来看，随着氧化层越来越薄，氧化层电容 C_i 增大，式中的第二项和第三项趋近于 0。为使 CMOS 器件(或电路)具有良好的电流输运能力，NMOS 管和 PMOS 管的阈值电压 V_T(绝对值)应尽可能相同，即 NMOS 管的 V_T 应控制为 0.3 ~ 0.7 V 为宜，PMOS 管的 V_T 控制为−0.3 ~ −0.7 V 为宜，二者的阈值电压应尽量对称。对位于 p 阱的 NMOS 管来说，调整阱层的掺杂浓度使 V_T 落在 0.3 ~ 0.7 V 范围是容易的(同时 V_T 足够高，避免源-漏串通击穿)，但对于 n 阱的 PMOS 管来说，尽管阱层的掺杂浓度(约 10^{18} cm^{-3})可保证不易发生串通，但费米势 ϕ_F 不仅很大而且很“负”，因而使 V_T 不仅很大而且很“负”。为此，需要对 PMOS 管的沟道区单独进行离子注入(受主杂质)，使其成为弱 p 型，以调整其阈值电压，如图 9-8(b)所示。注入剂量应足够低以保证该 p 型层在零栅偏压下已完全耗尽，使 PMOS 管以增强模式工作而不是以耗尽模式工作。这样，CMOS 中的 NMOS 管和 PMOS 管才能具有尽可能对称的阈值电压 V_T。

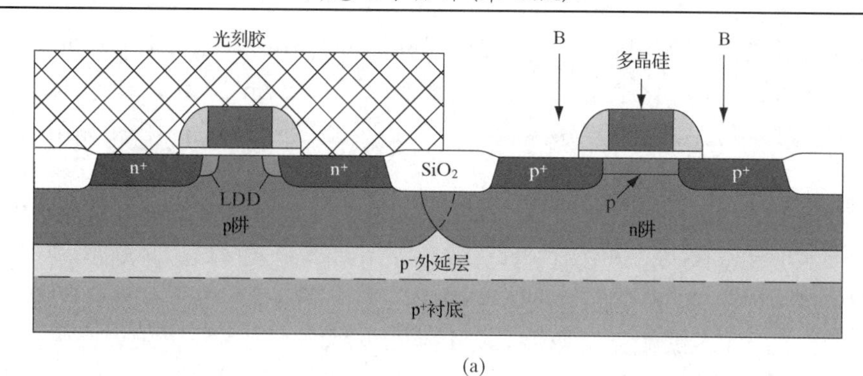

(a)

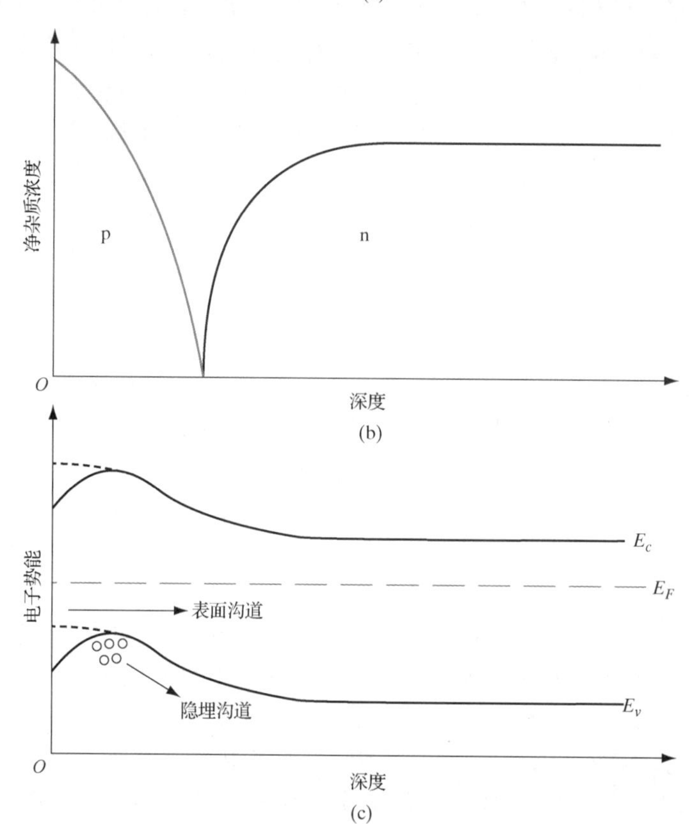

(b)

(c)

图 9-8 隐埋沟道 PMOS 管。(a)对 NMOS 区用光刻胶保护，进行离子注入形成 p^+源区和漏区(没有 LDD 结构)，对沟道区进行了 p 型注入以调整阈值电压 V_T；(b)沟道区净杂质浓度沿深度方向的分布，其中可见沟道表面处注入的 p 型杂质；(c)电子势能沿深度方向的分布，可见隐埋沟道处有空穴的聚集。虚线表示在更高的栅偏压下沟道转移到了表面处

分析一下 PMOS 管的能带图(沿纵深方向的电子势能分布)，如图 9-8(c)所示，可以看到，反型层中空穴势能最小的位置位于 SiO_2-Si 界面的下方某处(约 100 nm)而不是在界面处，说明此处的空穴浓度最高，形成了**隐埋沟道**。这是弱 p 型沟道注入造成的结果。NMOS 管与此不同，反型沟道位于 SiO_2-Si 界面处，具有表面沟道①。PMOS 管的隐埋沟道既有“好”的一面

① 如果 p 型隐埋沟道的注入剂量过高，则 PMOS 管必须在耗尽模式下工作；为将器件关断，就必须施加正的栅偏压。但这样一来，正的栅偏压即使将沟道表面处的空穴耗尽了，隐埋沟道中仍会存在空穴(因为隐埋沟道离开表面较远)。所以，隐埋沟道中的 p 型杂质注入剂量应足够低，使 PMOS 管以增强模式工作而不是以耗尽模式工作。

又有“不好”的一面。如果是表面沟道，空穴在沟道内运动时受到表面粗糙度散射比较强烈，加之空穴的迁移率比电子的小，人们不得不将 PMOS 管的沟道做得更宽，才能获得与 NMOS 管相同的电流。而隐埋沟道使空穴在离开表面稍远的地方运动，避免了表面散射带来的迁移率劣化问题，有利于提高电流，这是其“好”的一面。同时，其“不好”的一面是增大了 DIBL 效应和串通击穿发生的可能性。况且，随着器件尺寸的缩小，DIBL 效应会变得更加严重。因此，人们现在希望采用**双栅** CMOS 结构，其中 NMOS 管和 PMOS 管都具有表面沟道，以避免上述“不好”的一面。在双栅结构中，使用 n^+多晶硅作为 NMOS 管的栅极，使用 p^+多晶硅作为 PMOS 管的栅极。两个栅极的掺杂不是在淀积过程中进行的，而是在对各自的源区、漏区掺杂的同时进行的。这种掺杂方式充分利用了杂质在晶粒间界的扩散，使得栅极的掺杂更为均匀并成为简并材料，同时也使 DIBL 效应最小化。

这里顺便说明，由于历史原因，在 MOSFET 的发展初期，采用金属铝(Al)作为栅电极，但由于 Al 的熔点低、不能经受后续的高温处理工艺，所以不能用于自对准工艺，因而必须在做好源区和漏区(扩散或注入)以后，才能制作金属栅极，这使得米勒电容增大(参见 6.5.8 节)，导致器件特性劣化。后来人们采用高熔点的多晶硅取代金属 Al 作为栅电极，使自对准工艺得以实现。但有趣的是，随着技术的进步，现在人们又返回头来仍希望采用金属作为栅极，不过使用的是某些难熔金属，比如钨(W)，它与多晶硅相比既有更高的电导率和更高的熔点，同时其功函数更适合用做 CMOS 的栅极材料。如果在 CMOS 中用 W 作为栅电极，则 W 的费米能级位于 Si 禁带的中央附近(平衡态时)，人们获得对称的阈值电压(指 NMOS 管和 PMOS 管阈值电压大小相等)变得容易多了，并且也避免了隐埋沟道的不利影响。

下一步，就是要在源区、漏区、栅区的表面淀积金属，进行合金化处理并形成金属硅化物接触层，以减小串联电阻和 RC 时间常数，提高驱动电流。图 9-9 给出了接触层的形成过程。具体是这样进行的：使用溅射方法在整个表面淀积一层难熔金属如 Ti[参见图 9-9(a)]，然后在 N 气氛中做两步高温热处理：先在 600℃下退火使 Ti 和 Si 发生反应生成 Ti_2Si(C49 相，电阻率非常高)，再在 800℃下退火使 Ti_2Si 转变为 $TiSi_2$(C54 相，电阻率非常低)。$TiSi_2$ 的导电性非常好，电阻率约为 17 μΩ·cm，远低于重掺杂的 Si，用做欧姆接触材料非常合适。在此过程中，多晶硅栅侧壁氧化物上的 Ti 是不会与 Si 发生反应的，或者仅生成微量的 TiN(N 气氛使然)；此处的 Ti 或 TiN 可使用含有过氧化氢(H_2O_2，俗称双氧水)的溶液进行腐蚀去除，同时也就把栅极和源极之间、栅极和漏极之间的金属层切断了。由于合金化过程中没有使用独立的掩蔽层，人们就把这种合金化工艺称为自对准金属硅化物(SALICIDE)工艺。

最后，根据电路版图，采用金属化图形将相关的 MOSFET 进行互连，以形成完整的电路。使用 LPCVD 在整个表面淀积一层硼磷硅玻璃(BPSG)，使用接触层掩模版进行光刻，再使用 RIE 刻蚀打开接触窗口[参见图 9-9(b)]。BPSG 中的 B 和 P 使氧化层在后续的退火处理过程中发生软化、流动，使得整个表面平整、光滑。这个特点对保证接触窗口内的互连金属紧密固定非常重要，因为 ULSI 芯片一般有几百万个微小的接触窗口，如果其中某些区域的互连金属松动而没有与合金化层紧密接触，往往造成电路开路，这对 ULSI 芯片是灾难性的，所以利用 BPSG 的流动性将可能存在的空隙完全填充，保证互连金属与接触区的金属硅化物紧密接触。实际上，一般是在打开互连窗口后，先由 CVD 在窗口内淀积金属 W 形成“接触插头”(也有人将其叫做“接触插塞”)，然后在整个表面溅射 Al 合金(其中含有约 1%的 Si 和约 4%的 Cu)，此时使用互连层版进行光刻，再由 RIE 对金属层进行刻蚀形成互连图形。在互连金属

Al 中加入一定量的 Si，是为了抑制 Al 在源结和漏结结面处的“插针效应”而引起的 p-n 结短路现象(因为源结和漏结都很浅)。加入一定量的 Cu，是为了抑制大电流密度下 Al 原子的电迁移现象。图 9-9(c)给出的是一张 LDD MOSFET 的剖面显微照片，从中可清晰看到 SALICIDE 接触层(源极和漏极)、多晶硅化物(栅极)、多晶硅栅、侧壁氧化层等各个部分。

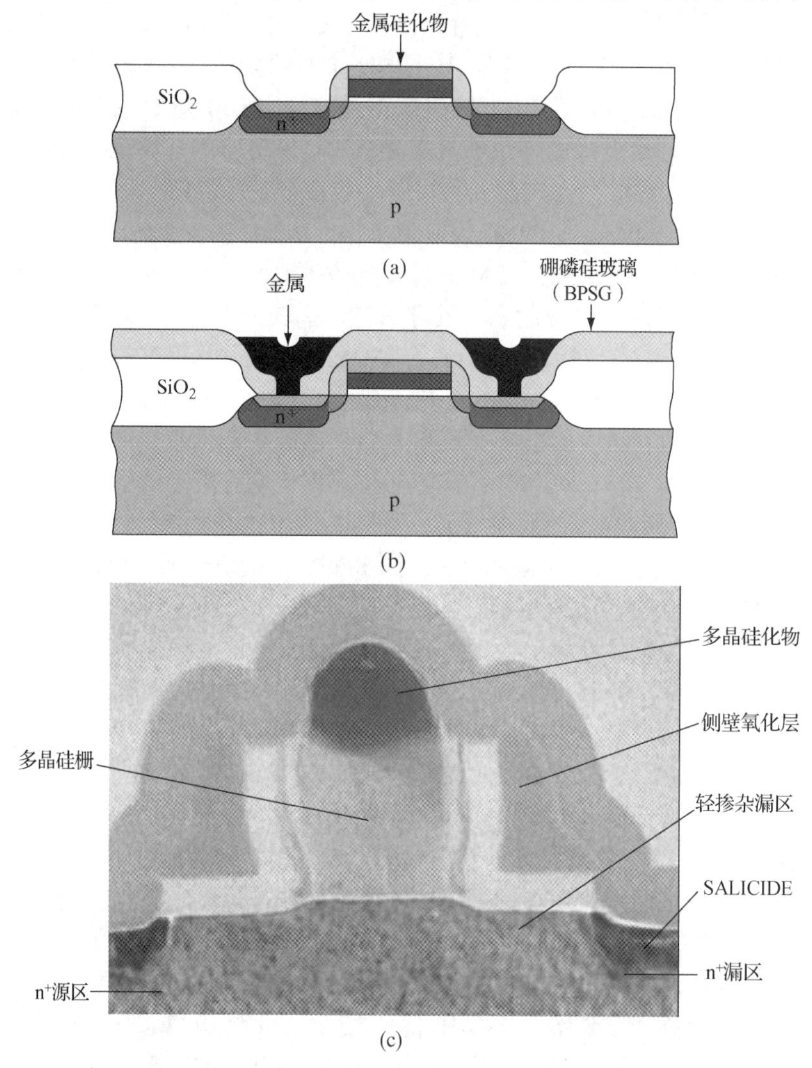

图 9-9 栅、源、漏区的金属硅化物低阻接触。(a)溅射难熔金属层，经高温下热处理与 Si 形成高电导率的金属硅化物作为栅接触；(b)LPCVD 淀积硼磷硅玻璃(BPSG)，用 RIE 在其上打开接触窗口，并淀积金属形成源极和漏极接触；(c)LDD MOSFET(栅长 52 nm)的剖面显微照片(照片由 Texas Instruments 公司提供)

现代 USLI 芯片因集成度和功能密度的需要，往往采用多层金属互连，如图 9-10 所示。当某一互连层制作完毕后，采用低温 CVD 在表面淀积 SiO_2 层作为金属间介质，在介质层上再制作另一互连层。之所以采用低温 CVD(不宜超过 500℃)，是因为此时芯片中所有的有源器件均已制作完成并已各就各位，不宜再经受高温，否则会使其中的杂质进一步扩散而导致器件参数显著改变。在淀积下一个互连金属之前，通常需对介质层进行化学机械抛光(CMP)使其表面平整化，否则 RIE 刻蚀下一层互连金属时会在凸起的金属斑点的侧壁留下金属细丝

“桥梁”而造成相邻的互连线短路。金属“桥梁”的成因与前述多晶硅栅侧壁氧化层的成因是相同的(参见图 9-7)。互连层的拓扑结构对光刻时的景深也会造成一定的影响。互连层之间由**通孔**相连。正像前面合金化时在接触窗口内淀积金属 W 作为“接触插头”提高接触性能一样，在淀积互连金属之前也在通孔内同样淀积金属 W 作为“接触插头”，从而提高层与层之间的连接性能。

最后，要在表面形成保护层，以保护 IC 芯片免受周围环境的玷污，降低失效几率(参见图 9-10)。保护层通常是由等离子体 CVD 淀积的氮化硅层，它能有效阻止水气和 Na 离子扩散进入芯片(参见 6.4.3 节)。有时，采用硼磷硅玻璃(BPSG)作为保护层。保护层做好后，通过光刻打开焊盘引线孔，然后经过测试，将合格管芯进行引线压焊、封装(详见 9.6 节)。

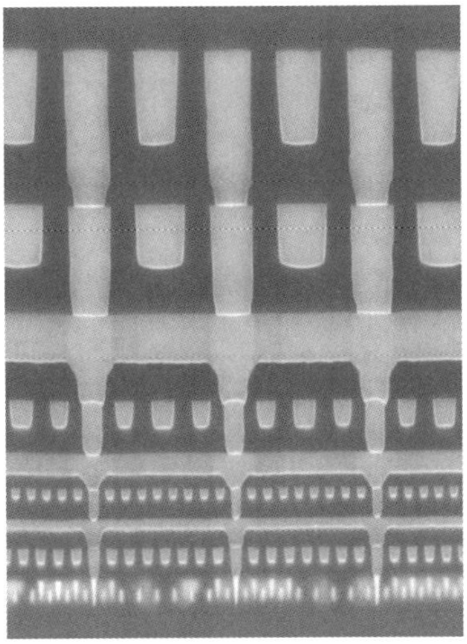

图 9-10　集成电路多层互连的剖面图：这是一个多层 Cu 互连的例子，互连线之间的隔离介质已做了平整化处理，MOS 晶体管位于最下方(22 nm CMOS 晶体管)(照片由 Intel 公司提供)

9.3.2　其他元件的集成

集成电路发展最具革命意义的事实之一，是晶体管的集成成本比其他电路元件如电阻、电容的集成成本还要低。不仅在集成电路中，而且在其他许多应用场合，也需要使用集成形式的二极管、电阻、电容、电感等元器件。本节介绍 IC 芯片中这些元件的是如何实现的。另外，还要对 IC 的另一个重要元件——互连线或互连图形做一简单介绍，以便了解它如何把各种集成元器件连接在一起而构成一个具有特定功能的电路系统。

二极管。在单片集成电路中实现 p-n 结二极管的功能很容易。由于在单片集成电路制造过程中可同时制作出大量的晶体管(晶体管集成技术已很成熟)，所以通常情况下无须经过专门的扩散工艺制作二极管，而只需把已做好的晶体管通过适当的互连，将其连接成为二极管使用。当然，有不少方式都可把晶体管连接成二极管形式，但最常用的方式是把晶体管的基极与集电极短路，利用其发射结作为二极管使用。通过这种连接方式得到的二极管本质上是短基区二极管，特点是开关速度快，存储的电荷少(参见习题 5.40)。因为可同时制作出大量的晶体管，所以可方便地在互连阶段将其中的一部分连接成为二极管即可，不需要单独制作工艺。

电阻。单片集成电路中的电阻是通过浅结扩散或浅结注入形成的。电阻的制作方法与晶体管基区或发射区的制作方法类似[参见图 9-11(a)]。以 n-p-n 晶体管为例，在对晶体管的基区进行离子注入时，对某个 n 型岛也进行注入，便可形成 p 型薄层电阻。或者，在对晶体管的基区进行注入时，采用基区注入的工艺条件对电阻区进行注入，形成 p 型薄层，然后在对发射区注入时，采用发射区注入的工艺条件对 p 型薄层再次注入，即可形成 n 型薄层电阻。不管电阻是何种类型的，都需要将其与周围半导体之间的 p-n 结进行反向偏置以实现电学隔离。例如，如果电阻区是基区注入时形成的 p 型区，则需要把其周围的 n 型区连接到电路的最高电位，以实现 p-n 反偏隔离。电阻阻值的大小取决于注入区的长度、宽度、注入深度、电阻率等。由于注入区的深度和电阻率是由基区或发射区的注入条件决定的，所以用以调整电阻大小的参数是注入区的长度和宽度。图 9-11(b)给出了电阻区的两种典型几何形状。不管是哪种形状，其长度一般都远大于其宽度，且在两个端头处设置面积较大的互连接触区(接触窗口)。

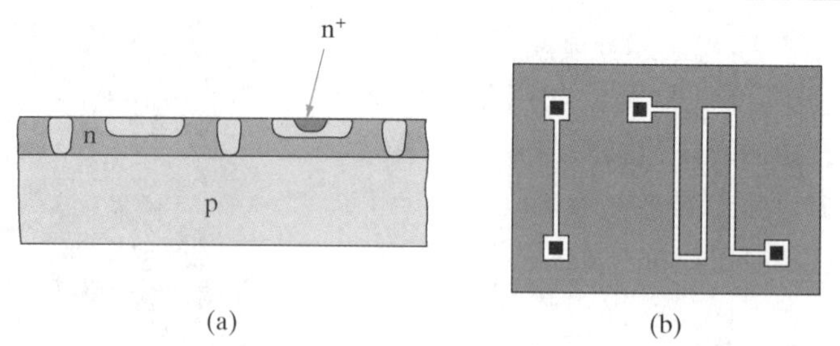

图 9-11 单片集成电路中的电阻。(a)利用基区和发射区扩散的方法形成电阻(剖面图);(b)版图结构不同的两个电阻(俯视图)

如果要采用扩散方法形成电阻，那么在设计时需要了解的一个重要参数是扩散层的**方块电阻**。如果扩散层的平均电阻率是ρ，电阻区的长度、宽度、厚度分别是 L、w、t，则形成电阻的阻值是 $R=\rho L/(wt)$。若在这样的扩散层中任取一长度和宽度相等($w=L$)的正方形，则其电阻总是 $R_s\approx\rho/t$，它与正方形的边长或面积无关，因此被称为**方块电阻**，其单位用Ω/□表示。方块电阻 R_s[①]通常由四探针法测量得到[②]。显然，基于扩散层制作的电阻，其阻值 R 等于扩散层的方块电阻 R_s 与电阻的长宽比 L/w 的乘积。电阻一般设计成条形或蛇形；在散热条件和光刻条件允许的情况下，电阻的宽度 w 应尽可能小，然后根据 w 和 R_s 确定长度 L。若采用蛇形电阻，应考虑拐角处的内侧电场对电阻阻值的影响，一般把拐角处设计成带有一定的弧度而不是直角，即可有效抑制拐角电场效应[参见图 9-12(b)]。

为了减小电阻区域所占的面积，或者为了获得大的电阻，此时就不宜再采用标准的基区或发射区注入条件来形成电阻，而应采用阈值电压 V_T 调整的注入条件进行低剂量浅结注入，这样得到的方块电阻可高达约 10^5Ω/□，因而可大大减小电阻区占用的面积。在许多现代集成电路中(如 CMOS IC 中)，常常会用耗尽型晶体管取代电阻作为负载(参见 6.5.5 节)，这样就省去了制作电阻的工艺步骤。

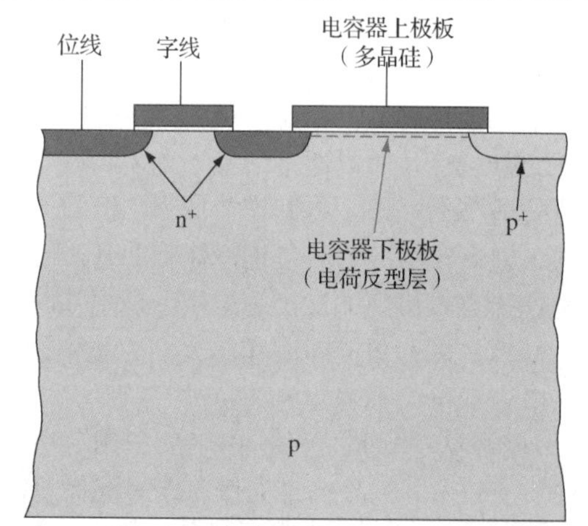

图 9-12 DRAM 存储单元中集成的电容：这里给出的是一个单管存储单元，其中的 MOS 晶体管与紧邻的 MOS 电容相连，前者对后者进行电荷存取操作

电容。电容是集成电路中最重要的元件之一。存储器芯片中的存储电容尤其重要，因为数字信息的每一位都是以电荷形式存储在这样的电容中的，如图 9-12 所示。图中画出了一个单管 DRAM 单元的构造，其中的 MOS 电容用于电荷存储(代表信息存储)。MOS 电容的上电极是多晶硅板，下电极其实就是 MOS 电容的反型沟道。该反型沟道通过 n^+区与 NMOS 管连通，以实现信息存取。图中的位线和字线分别代表存储阵列的行和列(已在 9.5.2 节做详细介绍)。也可以使用 p-n 结电容作为存储电容(关于 p-n 结电容，5.5.5 节已做详细介绍)。

电感。过去的集成电路未曾集成电感元件。电感的集成比其他电路元件要困难得多，且

① 有时用 $R_□$表示方块电阻。——译者注

② 四探针法是测量电阻率或方块电阻的很有用的方法。测量时，电流从一个探针流入被测半导体层，从另一个探针流出；使用另一组探针测量电流在半导体层内流动所造成的电势差，然后根据专门的公式即可计算出电阻率或方块电阻。

对集成电感的需求也不是那么强烈。直到最近几年来，便携式通信电子设备中需要用到高质量的模拟射频集成电路(RF IC)，其中就需要集成电感。在 IC 中，通常使用螺旋形金属薄膜图形作为电感，可得到大小合适的 Q 值。采用光刻和腐蚀(或刻蚀)方法制作螺旋形电感，这些方法与 IC 工艺是兼容的。当然，螺旋形电感也可整合到混合集成电路中使用。

接触和互连。在互连阶段，电路中所有的元器件都通过互连线进行适当形式的互连。Al 是互连金属中最常用的顶层金属，因为淀积后经过短暂的高温(约 550℃)处理就能与 Si 和 SiO_2 紧密接触(黏附性很好)。Au 常用于 GaAs 电路的互连金属，但它与 Si 和 SiO_2 的黏附性很差，并且会在 Si 的禁带中引入陷阱能级，所以不宜用于 Si 基 IC 的互连。

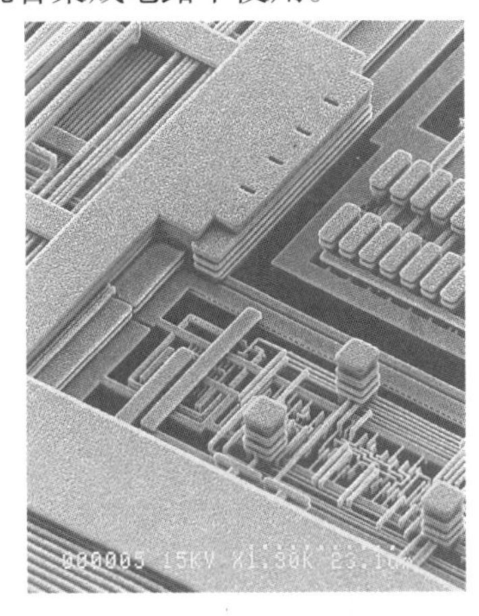

图 9-13　集成电路芯片中多层金属互连的显微照片。金属间介质已被腐蚀去除，留下的是 Cu 互连线(照片由 IBM 公司提供)

前面几节已多次提到，金属硅化物或掺杂多晶硅常被用于 IC 的接触电极。打开接触窗口，淀积金属 Al 层，按照需要通过光刻和 RIE 形成相应的互连图形，即可把电路各部分连接起来。正像 9.3.1 节已提到的那样，为避免纯 Al 与 Si 直接接触导致刻蚀后残留疵点从而导致某些地方发生短路，通常在互连金属 Al 中加入约 1%的 Si；为了防止电迁移现象的发生，在互连金属 Al 也加入约 4%的 Cu。

为提高集成度和封装密度，不可避免地应采用多层金属互连，如图 9-13 所示。互连金属之间是隔离介质。根据后续工艺温度和金属耐高温性能的高低，可选择 Al、Cu、多晶硅、难熔金属等作为互连金属。至于隔离介质，可选择使用 SiO_2、BPSG(硼磷硅玻璃)、Si_3N_4 等。表面平整化极其重要，可使用 BPSG、聚合物或其他具有回流特定的材料并结合 CMP，使表面平整并使互连线更为牢固。

多层互连设计所面临的最大挑战是如何获得最小的 RC 时间常数，因为它对工作速度和功耗都有重要的影响。我们利用一个简单的模型来描述时间常数。如图 9-14 所示，考察两个互连层及其之间的隔离介质。将互连线看成是截面为长方形的电阻条，其阻值可表示为

$$R=\frac{\rho L}{wt}=R_s\frac{L}{w} \tag{9-1a}$$

再将两个互连层及其之间的隔离介质看成是平行板电容器，其电容可表示为

$$C=\frac{\varepsilon Lw}{d} \tag{9-1b}$$

于是，RC 时间常数可表示为

$$RC=\left(\frac{\rho L}{wt}\right)\left(\frac{\varepsilon Lw}{d}\right)=\frac{\rho\varepsilon L^2}{td}=\frac{R_s\varepsilon L^2}{d} \tag{9-2}$$

有趣的是，上式中的 w 被抵消掉了，这意味着没必要使用更宽的互连线。实际上，从提高电路的功能密度角度看，也应该使用尽量窄的互连线。从上式可以看出，要减小时间常数，互连线的厚度应尽量厚，同时其电阻率应尽量低。低电阻率对减小互连线的欧姆压降也是有益的。金属 Al 的性能可满足互连要求，因此许多年来一直是 Si 基 IC 互连的主角。Al 还有其他一些优异的性质，如与 n 型 Si 和 p 型 Si 都能形成良好的欧姆接触，与 SiO_2 的黏附性也很好。

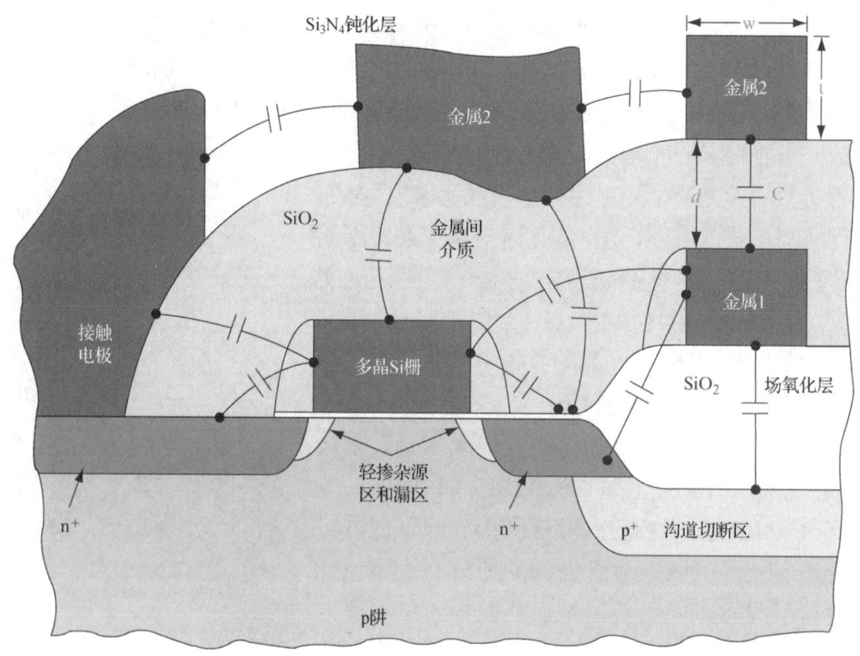

图 9-14 多层互连结构中各部分之间的寄生电容，右上角的部分是对式(9-1)和式(9-2)的平行板电容器模型的图示说明

金属 Cu 的电阻率(1.7 μΩ·cm)比 Al(3 μΩ·cm)的低，而且抗电迁移特性比 Al 好两个数量级，所以高速 IC 的互连金属使用 Cu 比使用 Al 更合适(参见图 9-13)。但是，常规的 CVD 方法和溅射方法对 Cu 互连不太适用，而应该使用电沉积方法或电镀方法。另外，用 RIE 来刻蚀 Cu 也是非常困难的，因为生成的副产物很难挥发而影响刻蚀。所以，通常采用一种金属镶嵌工艺(Damascene 工艺)形成 Cu 互连图形。该工艺是古代土耳其的一种冶金技术，用来将金属嵌入剑柄或工艺品中形成某种特定图形。基于该工艺的 Cu 互连是这样实现的：在介质氧化层中腐蚀出互连图形沟槽，利用电沉积或电镀法淀积 Cu，经过化学机械抛光，将槽外多余的 Cu 去除，槽内留下的就是 Cu 互连图形。Cu 也会在 Si 的禁带中引入深的陷阱能级，因此在淀积 Cu 之前应先在 Si 衬底表面淀积一层过渡层(如 Ti)作为势垒层，以避免 Cu 与 Si 衬底直接接触，然后再淀积 Cu 实现互连。

影响 RC 时间常数的因素还有金属间隔离介质的种类[参见式(9-2)]。在淀积时间和刻蚀时间以相关设备等条件允许的情况下，应选择介电常数尽可能低的隔离介质(称为低 k 介质)。低 k 介质是目前研究的一个热点。人们发现，某些有机材料如聚酰亚胺、干凝胶、气凝胶等，基于其多孔性质，介电常数较低，可用做低 k 隔离介质。

在单片集成电路版图设计时，应全面考虑电路元件的布局和拓扑问题，尽量避免互连线的**交叉**。所谓交叉，是指两条或多条互连线要在同一个地方通过。如果交叉不可避免，则最好将交叉点设置在电阻上方的绝缘 SiO_2 层之上，因为注入或扩散形成的电阻上方总有 SiO_2 绝缘层。如果互连线必须在没有绝缘层(或电阻)的地方进行交叉，那么就人为地在此处“插入”一个低值电阻作为某条互连线的一部分，淀积绝缘氧化层进行保护后，就可允许另一条互连线在此处通过。显然，插入的这个低值电阻应当很短，在源区\漏区(一般是 n^+重掺杂区)注入时即可同时完成，且其两端应设置互连接触窗口以允许互连线在此连接通过。由于这个插入电阻的阻值很低、长度很短，所以不会对互连电阻造成明显影响。

在进行单片集成电路设计时，必须设置一些引线孔(或称为压焊点或焊盘)，以用于封装时外部引线的压焊和连接。引线孔一般是设置在芯片外围某些合适位置的方块形区域(欧姆接触)，面积比较大，在芯片的照片中就能看到。封装时将细 Au 丝或 Al 丝压焊到这些焊点上形成良好的欧姆接触(详见 9.6 节的相关介绍)。

9.4　电荷转移器件

电荷耦合器件(CCD)属于**电荷转移器件**类，是电荷转移器件中的一种，是集成器件中最为有趣且应用最广的器件之一。这种器件利用时钟控制信号使电荷按照既定的路径运动，用于信号处理和成像。本节仅简要介绍 CCD 器件的结构和基本工作原理，至于其最新研究进展和应用情况，请读者自己查阅相关文献进行了解。

9.4.1　MOS 电容的动态效应

CCD 器件的工作过程其实就是电荷在一系列 MOS 电容中存储和转移的动态过程。要理解这一过程，必须在第 6 章的基础上具体分析 MOS 电容中电荷变化的动态效应。图 9-15 给出了 p 型衬底 MOS 电容的示意图，其中栅极上施加了正的偏压脉冲，脉冲的幅度足够高，以至于栅下方半导体的表面势变得比较大，相应地耗尽层的宽度也比较宽，实际上成了一个势阱，可用于电荷存储。CCD 器件就是利用这种势阱来存储和转移电荷的。

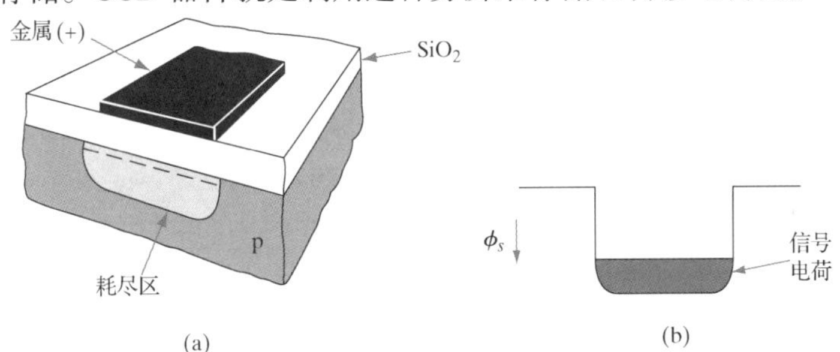

图 9-15　正栅脉冲作用下的 MOS 电容。(a)耗尽区和半导体表面电荷层；(b)电荷层中存储的电荷

如果正偏脉冲的周期足够长，就有足够的时间在下方的耗尽层中热产生大量的电子-空穴对，其中的电子到达半导体表面，使表面反型(成为反型层电子)，稳态时形成稳定的反型层。反型层中电荷的数量实际上代表了势阱存储电荷的容量。热产生的电子把势阱填满所需要的时间称为热弛豫时间，它取决于半导体材料的质量以及氧化层界面的质量。在质量很好的情况下，热弛豫时间可以远大于 CCD 器件工作时必需的电荷存储时间。

如果正偏脉冲的周期很短，且幅度足够大，则耗尽层来不及通过热产生形成足够数量的载流子，因而不能形成稳定的反型层。相反地，耗尽层的宽度瞬间变得很宽，大于平衡态或稳态时的宽度(即 $W > W_m$，W_m 是强反型条件下耗尽层的最大宽度)，这种状态称为**深耗尽**状态。此时如果通过电注入或光注入方法把电子注入到势阱中(注入的电子代表待处理的信号)，则信号电荷就被存储在了势阱中[①]。但是，信号电荷能被存储并保持在势阱中的时间是很有限的，在热产生电子把势阱填充之前，必须把这些信号电荷转移到另一个地方(同样是势阱)存储下来，才能保证信号不丢失。

---

① 注意不要将势阱和耗尽层两个概念搞混淆了。耗尽层的“深度”是以其向衬底深处扩展的距离表示的，而势阱的“深度”是以电势能表示的。势阱中存储的电子实际上是在半导体表面非常薄的一层内。

基于上述 MOS 电荷的动态分析，问题就变得明朗了，即如何把信号电荷及时地从一个势阱转移到另一个势阱中，并且在转移过程中不至于丢失过多的电荷。解决了这个问题，就可以利用电荷的注入、存储、转移等动态特性实现诸多电学功能。下面将要介绍的 CCD 器件就具有这些特性。

9.4.2 CCD 的基本结构和工作原理

最初的 CCD 结构是贝尔实验室的 Boyle 和 Smith 于 1969 年提出的，其核心部分是由 MOS 电容构成的一个阵列，如图 9-16 所示。三条线(L_1, L_2, L_3)分别携载时钟控制的电压脉冲(V_1, V_2, V_3)，且分别连接到三个 MOS 电容的栅电极(G_1, G_2, G_3)上。三个电极(G_1, G_2, G_3)周期性地排列，构成 MOS 电容阵列。电压脉冲(V_1, V_2, V_3)按既定顺序(受时钟控制)分别施加到三个 MOS 栅(G_1, G_2, G_3)上，控制相应的 MOS 电容建立或撤除势阱。这样的结构称为三相 CCD 结构。注入的电荷来自前端的注入二极管(图中未画出)。设在 t_1 时刻所有 G_1 上施加有电压脉冲 V_1，因此所有 G_1 下方的 MOS 中都建立了势阱，且假设这些势阱中已存有电荷(由前一个势阱转移而来)。在 t_2 时刻，所有 G_2 上也施加了电压脉冲 V_2，因此其下方的 MOS 中也形成了势阱；同时，G_1 上的电压脉冲 V_1 减小，其下方的势阱变浅，因此，G_1 下方势阱中的一部分电荷就转移到了 G_2 下方的势阱中。这种情形就像是容器中的流体随着容器形状的改变而发生流动的情形一样。在 t_3 时刻，V_1 进一步减小、V_2 进一步增大，更多的电荷从 G_1 势阱转移到了 G_2 势阱中。到了 t_4 时刻，V_1 减小为 0、V_2 达到最大，此时 G_1 势阱消失(撤除)，G_2 势阱达到最深；相应地，G_1 势阱中的电荷全部转移到了 G_2 势阱中。至此，完成了一次电荷存储与转移操作。在下一周期内，进行同样的操作，可将电荷从 G_2 势阱转移到 G_3 势阱中。按照同样的操作规律以此类推持续进行下去，电荷最后就会在后端送出，供进一步处理。

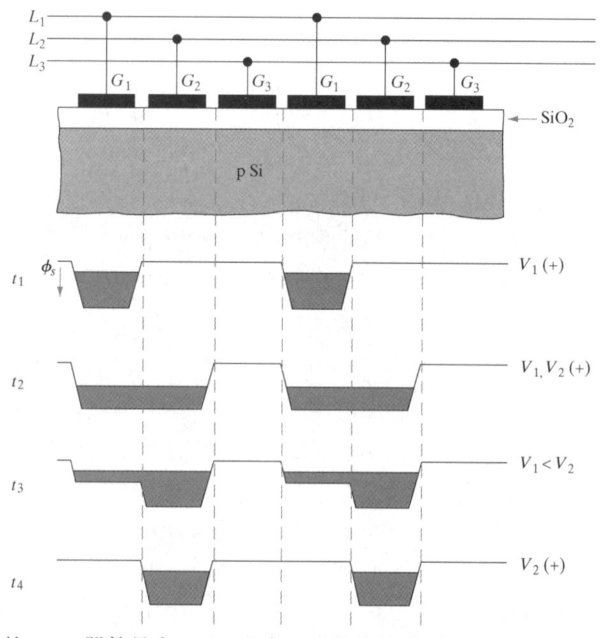

图 9-16 基本的 CCD 器件是由 MOS 电容组成的线性阵列。在 t_1 时刻，电极 G_1 上的电势 V_1 为正，电荷存储在 G_1 下方的势阱中；在 t_2 时刻，电极 G_1 和 G_2 上的电势 V_1 和 V_2 都为正，电荷重新分配到两个势阱中；在 t_3 时刻，G_1 上的电势降低，大部分电荷转移到了 G_2 下方的势阱中；在 t_4 时刻，电荷全部转移到 G_2 下方的势阱中

9.4.3　CCD 器件结构的改进

要实现图 9-16 所示的 CCD 器件结构，需要考虑几个实际问题并加以改进。比如，电极之间的距离必须足够小，才能保证相邻势阱之间充分耦合，进而保证电荷的迅速转移。一种改进的方法是，采用交叠栅结构，如图 9-17 所示，栅电极之间有一定程度的重叠，有效地减小了相邻栅电极之间的距离。交叠栅电极可以是多晶硅，相互之间由 SiO_2 隔开；或者，用两种材料做栅电极，比如多晶硅栅和金属栅交错布置，相互之间也由 SiO_2 隔开。图 9-17 所示的是后一种结构，即由多晶硅和金属 Al 交错布置形成交叠栅结构。

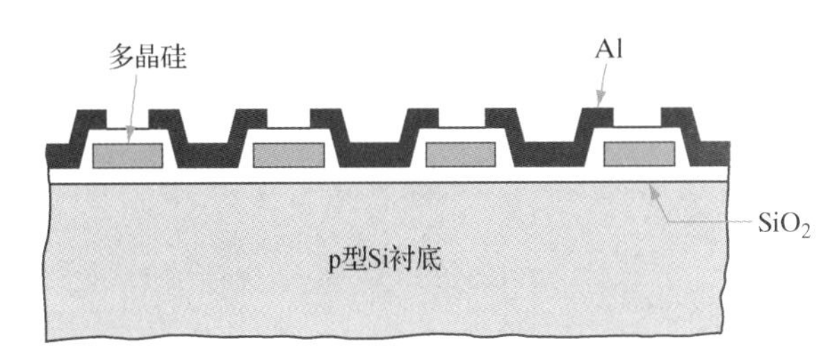

图 9-17　交叠栅 CCD 结构：多晶硅电极和金属 Al 电极交错分布，两种电极之间有重叠的部分，相互之间由 SiO_2 隔开

电荷在势阱之间多次转移，必然存在电荷的损失问题，这其实也是 CCD 器件中始终存在的一个内在问题。如果电荷储存在 Si-SiO_2 界面附近的势阱中，那么表面态（陷阱）会俘获一部分电荷而导致信号丢失。如果逻辑“0”状态是一个空势阱，那么当信号电荷到达该势阱时，脉冲前部的一部分电荷就被陷阱俘获而丢失了。为缓解这一问题，人们采用**胖零技术**加以改进：对逻辑“0”态的空势阱施加足够的偏置，使其在接收信号电荷之前，就预先输入了一定量的背景电荷将陷阱填满了。但即使这样，信号电荷经多次转移后仍会衰减，这是由内在的转移效率决定的。

为提高转移效率，可将电荷转移层设置在离开 Si-SiO_2 界面稍远的地方，以避开界面陷阱。具体做法是：对半导体表面进行离子注入，或在半导体表面再生长一层外延层，但需保证注入层或外延层的掺杂类型与衬底的掺杂类型相反并且很薄，这样就把势阱的位置“挪”到了离开界面稍远的体内，形成了**隐埋沟道** CCD 结构，在很大程度上避开了界面陷阱的影响。

应当说明，图 9-16 所示的三相 CCD 结构只是众多 CCD 结构中的一种。图 9-18 给出了一个两相 CCD 结构的例子，它与图 9-17 所示的三相 CCD 类似，采用了多晶硅作为栅电极，电极之间有一定程度的重叠，不同之处在于，每个电极下方半个栅宽的半导体区域内注入了施主杂质（衬底为 p 型），以形成自建势阱；自建势阱也用于存储和转移电荷。时钟控制脉冲（V_1,V_2）顺序地施加在两个栅极（G_1,G_2）上。当两个栅极上都未施加控制脉冲（即偏压）时，电荷可存储在某个自建势阱中，比如存储在 G_1 势阱中[参见图 9-18(b)]；随后，若在 G_2 上施加控制脉冲，则电荷就从 G_1 势阱转移到了 G_2 下方更深的势阱中[参见图 9-18(c)]；再随后，若把 G_1 和 G_2 上的控制脉冲撤除，则又会出现图 9-18(b)所示的情形，但是电荷已经转移到了 G_2 势阱中。接下来，在 G_1 上施加控制脉冲，电荷便会继续向右边的 G_1 势阱中转移。重复这样的过程，直至信号电荷在后端输出。

针对图 9-17 所示的基本 CCD 器件结构还有其他一些改进方法和技术。比如，增加沟道终端（或采取其他措施）对存储电荷加以横向限制。改进的 CCD 器件可满足多种应用需求。在各种 CCD 结构中，有一点是共同的，即都必须有信号再生机构，对受损变差的信号电荷及时刷新或补充，以保证电荷传输质量。

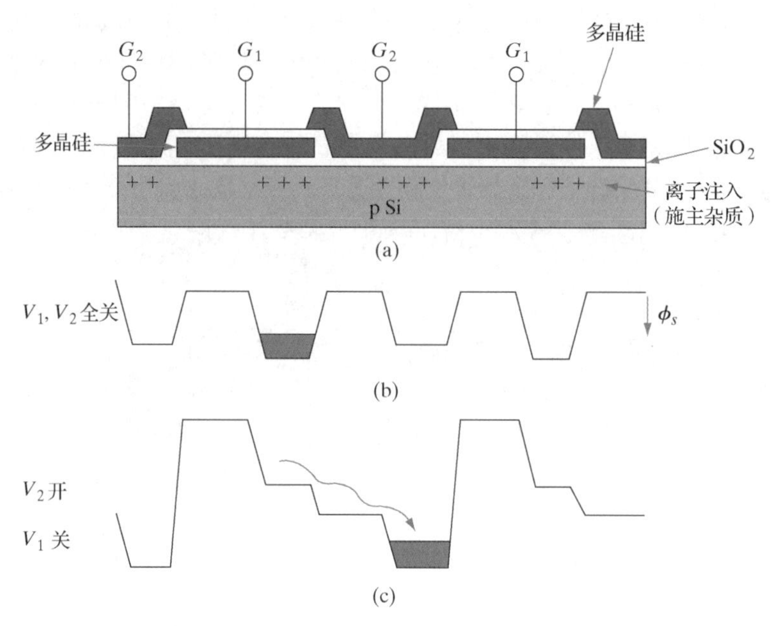

图 9-18　两相 CCD 结构：在每个电极右半部分的下方衬底中注入施主杂质，形成自建势阱

9.4.4　CCD 的应用

电荷耦合器件有多种方式的应用。可用于信号处理，如信号延迟、滤波、多信号复用等。另一个很吸引人的应用是天文学成像或固态摄像机成像，其中利用了光传感器阵列将光信号转换为电荷包(电荷数量与光强成正比)，然后这些电荷包被传递至探测器读出。这种过程在 CCD 中可通过多种方式实现，如线阵逐行扫描方式，其中只有一排感光元件用以获得某个方向的图像信息，移动扫描器可获得另一个方向的图像信息；或者，使用面阵扫描方式，可同时获得二维图像信息。后一种器件可用以替代电子束寻址电视显像管。图 9-19 给出了一个 CCD 图像传感器的应用实例。

图 9-19　CCD 图像传感器及配套电路：白色长方条块是 CCD 图像传感器，其余是配套的信号处理电路(照片由 Texas Instruments 公司提供)

9.5　超大规模集成电路

在集成电路的发展初期，因受到芯片加工工艺条件和工艺过程引入的缺陷限制，人们只能在一块芯片上制造出几十个逻辑门。到了 20 世纪 60 年代后期，人们开始尝试较大规模集成，在一个晶圆上制造许多相同的逻辑门，经过测试，采用**选择布线工艺**，只把其中好的元

器件进行互连。在此过程中，芯片加工技术获得了重大进展，使芯片成品率大幅提高。到了 20 世纪 70 年代初期，在一块芯片上可制造出几百个元器件，成品率也令人满意。这些技术进展一经出现，选择布线技术就立即过时了。后来，工艺缺陷持续减小，封装密度不断提高，晶圆尺寸越来越大，到目前人们已能在一块芯片上制造出几百万个元器件，且成品率更高。

集成电路得以迅速发展的一个主要因素是元器件尺寸的持续减小。良好的设计加上先进的光刻技术，使集成电路的特征尺寸大幅减小(特征尺寸一般以 MOS 器件的栅长表示)。图 9-20 反映了特征尺寸减小对 256 Mb DRAM 存储器芯片面积带来的影响：从第一代到第四代，特征尺寸从 0.13 μm 减小到 0.11 μm；相应地，相同容量(256 Mb)的 DRAM 芯片的面积从 135 mm^2 缩小到了 42 mm^2。显然，特征尺寸越小，批量制造的优势就越明显，芯片的附加值也就越高，经济回报也越大。

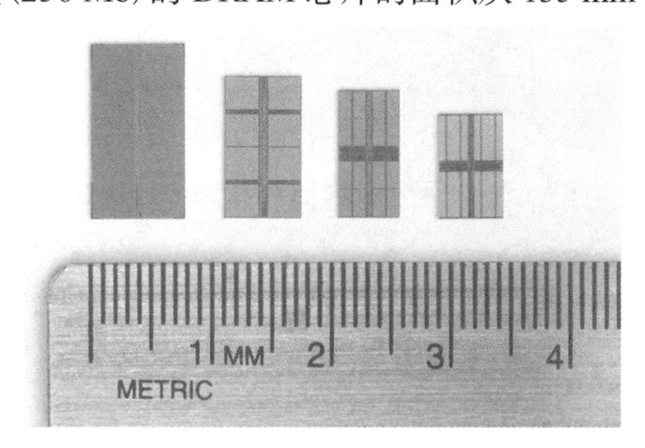

图 9-20　256 Mb DRAM 芯片大小的比较：最左边的 DRAM(第一代)芯片的特征尺寸是 0.13 μm，最右边的是 0.11 μm(© 2004 Micron Technology, Inc.版权所有，获得使用许可)

特征尺寸减小使集成电路的集成度大幅增加。以 DRAM 芯片的集成度为例，在过去的 20 年间，其存储容量(反映了存储单元的数量)从 1 Mb 到 2 Mb 再到 4 Mb…持续翻番增长(2^n Mb)，到目前已增长到 Gb 量级。在图 9-21 中，把一枚 128 Mb、两枚 64 Mb、八枚 16 Mb 的 DRAM 芯片放到一起做了对比，生动地反映出特征尺寸减小对集成度和芯片面积带来的影响。这也正是超大规模集成(ULSI)的具体实例。

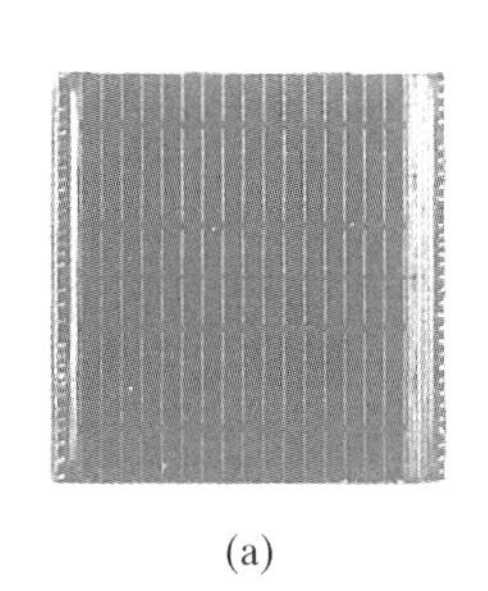

(a)

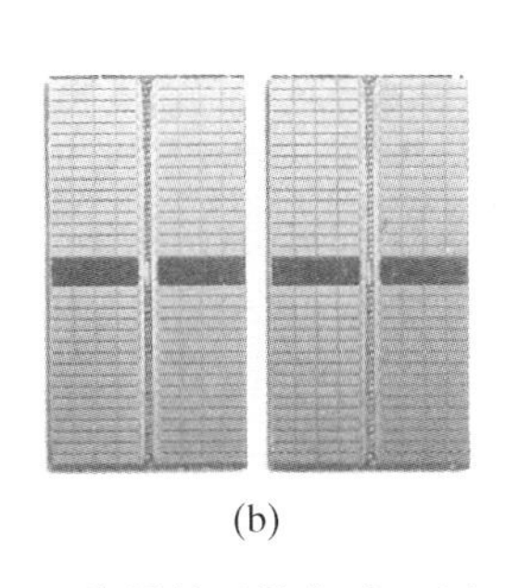

(b)

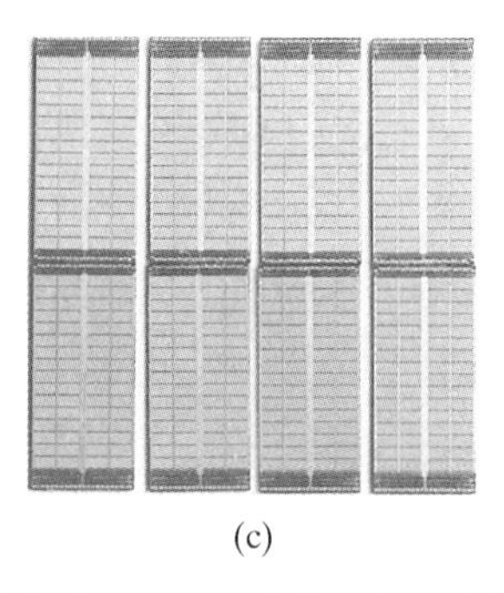

(c)

图 9-21　获得 128 Mb DRAM 容量的三种方式。(a)一枚容量为 128 Mb 的单芯片；(b)两枚容量为 64 Mb 的芯片；(c)八枚容量为 16 Mb 的芯片。单枚 128 Mb 芯片的面积约为 1 英寸见方(© 2004 Micron Technology, Inc.版权所有，获得使用许可)

不仅 DRAM 存储容量持续翻番令人印象深刻，同期内其他 ULSI 芯片的功能提升也是令人激动且非常重要的。例如，微处理器将诸多电路功能集成在了一枚芯片上，包括中央处理单元(CPU)、存储电路、控制电路、时钟电路、接口电路等，由此可完成非常复杂的计算功能。图 9-22 是一个微处理器芯片(ULSI 芯片)的实例，其中就包含了各种复杂的功能模块。

不妨稍微深入了解一下 ULSI 芯片内部某些局部的尺寸。图 9-23 给出了 64 Mb DRAM 芯片内部互连线的 SEM 照片，同时也给出了一根头发丝的 SEM 照片进行对比(两幅照片的缩放比例相同)。DRAM 中密集排列的互连线的宽度是 0.18 μm，而头发丝的直径约是 50 μm。目前 DRAM 存储单元的特征尺寸已达约 25 nm。

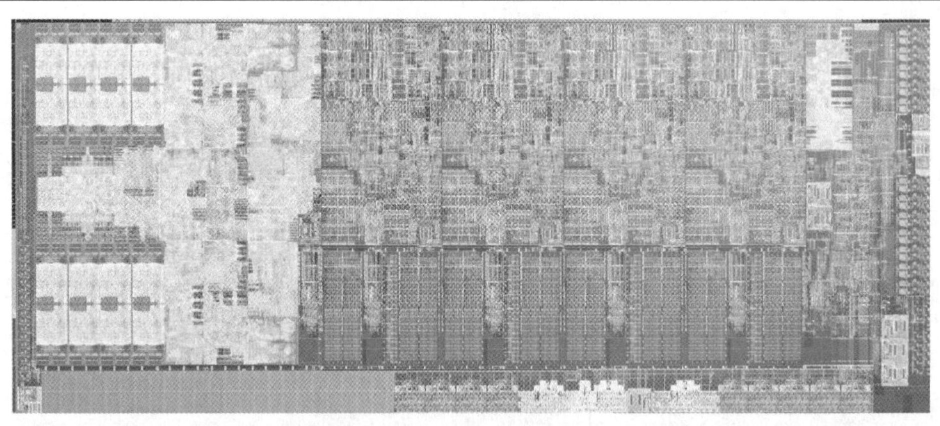

图 9-22 一个 ULSI 芯片实例：Intel 22 nm 四核处理器，其中集成了 14 亿个晶体管(照片由 Intel 公司提供)

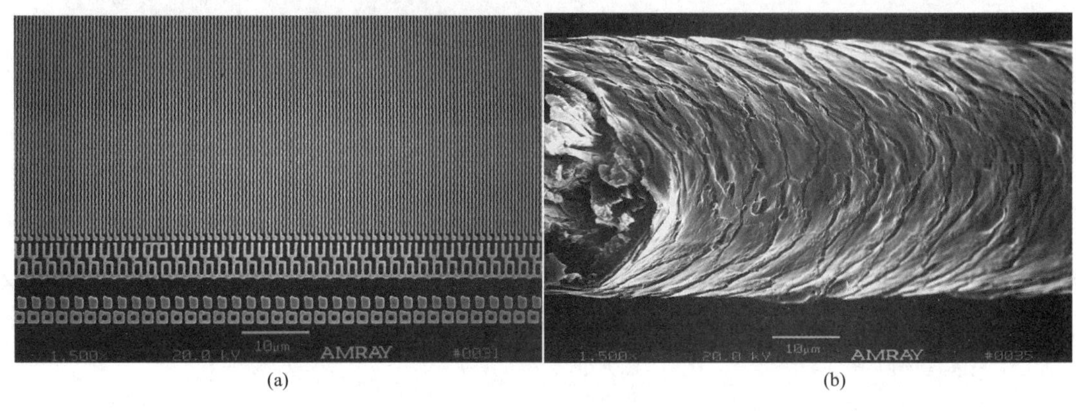

(a) (b)

图 9-23 ULSI 特征尺寸与头发丝直径的比较。(a) 64 Mb DRAM 芯片中密集排列的互连线(SEM 照片)，线宽是 0.18 μm；(b) 一根头发丝的 SEM 照片。两幅照片的缩放比例相同(© 2004 Micron Technology, Inc.版权所有，获得使用许可)

虽然本书的侧重点是器件而不是电路，但是对 MOS 电容和 MOSFET 在 ULSI 逻辑集成电路和存储器中的典型应用做一简略介绍仍是十分有益的，因为逻辑集成电路和存储器在整个 IC 中的占有高达 90%左右的比重。读者能够更深刻地认识到第 6 章介绍的 MOS 器件基本知识的重要性。应当认识到，集成电路分析与设计是一个非常大的课题，需要通过专门的教科书和课程学习才能了解透彻，因此本书不打算做面面俱到地介绍。在后面的几节中，先介绍典型的数字逻辑器件及其相关应用，然后再介绍典型的存储器件及其应用。

9.5.1 逻辑器件

数字逻辑集成电路中最基本的电路单元是反相器。通过反相器实现逻辑状态的翻转：当输入为高电平时(对应逻辑“1”)，则输出为低电平(对应逻辑“0”)，反之亦然。这里以电阻作为负载的 NMOS 反相器为例，如图 9-24(a)所示，介绍其基本工作原理；在此基础上，再介绍更为复杂的 CMOS 反相器的工作原理。CMOS 反相器比简单反相器的用途更多、更广。

反相器的最重要概念是**电压传输特性**(VTC)，它是指反相器的输出电压随输入电压变化的函数关系图，如图 9-24(c)所示。从 VTC 曲线上可以看出一些重要信息：该电路能够承受多大的噪声，逻辑门的转换速度有多快等。VTC 特性中有 5 个关键参数(分别对应图中 I ~ V 的 5 个点)，它们分别是：输出高电平 V_{OH}(对应逻辑“1”)、输出低电平 V_{OL}(对应逻辑“0”)、

逻辑阈值电压 V_m、输入高电平 V_{IH}、输入低电平 V_{IL}。逻辑阈值 V_m 是 VTC 曲线上输出电压和输入电压相等($V_{out} = V_{in}$)的点所对应的电压，它对反相器的应用很重要。例如，触发器中的两个反相器交叉耦合，其中一个反相器的输出就是另一个的输入，反之亦然。输入高电平和输入低电平(V_{IH} 和 V_{IL})是电压增益为 1 时(即 $dV_{out}/dV_{in} = -1$ 时)对应的两个输入电平，它们蕴含的物理意义是，如果输入电压介于 $V_{IL} \sim V_{IH}$ 之间，则其变化量会被放大输出；如果输入电压在 $V_{IL} \sim V_{IH}$ 范围之外，则不会被放大输出。显然，如果输入端的噪声电压也碰巧落在了 $V_{IL} \sim V_{IH}$ 范围内，同样会被放大后输出，这会影响电路的正常工作。

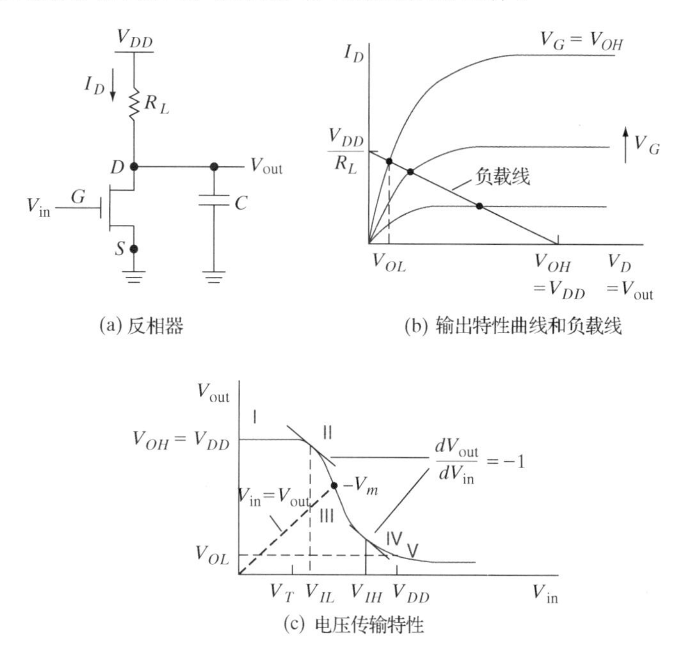

图 9-24　以电阻作为负载的 NMOS 反相器及其 VTC 曲线。(a) NMOS 反相器电路，负载电阻为 R_L，负载电容为 C；(b) n-MOSFET 的输出特性曲线，其中也画出了负载线；(c) 反相器的 VTC 曲线，其中标出了 5 个关键参数：V_{OH} 和 V_{OL} 分别是输出高电平和输出低电平，V_m 是逻辑阈值电压，V_{IH} 和 V_{IL} 分别是输入高电平和输入低电平

那么，反相器的 VTC 曲线是如何确定出来的？从图 9-24(a)的输出回路(从电源到地)可以看出，通过负载电阻的电流应等于通过 MOSFET 的电流，负载电阻上的电压降与 MOSFET 的漏源偏压之和应等于电源电压。从图 9-24(b)的 MOSFET 输出特性和负载线可以看出，负载线与横轴的交点电压是 V_{DD}，因为电流为零时，电源电压全部降落在 MOSFET 上，负载电阻上无压降；与纵轴的交点电流是 V_{DD}/R_L，因为电压为零时，即当 MOSFET 上的压降为零时，负载电阻上的压降等于电源电压。从图 9-24(b)还可以看出[结合图 9-24(a)]，MOSFET 的栅源偏压 V_G 就是反相器的输入电压 V_{in}，负载线与特性曲线的交点所对应的漏源偏压 V_D 就是反相器的输出电压 V_{out}(不过应注意，这里判断得出的电压关系在直流情况下才是成立的，因为此时 MOSFET 的电容不起任何作用，因而负载电阻与 MOSFET 的电流相等。后面将会看到，在交流情况下，在逻辑门状态的转换过程中，还需要考虑 MOSFET 电容充放电的位移电流)。因此，当反相器的输入电压 $V_{in}(= V_G)$ 由低到高变化时，输出电压 $V_{out}(= V_D)$ 则由高到低变化(从 V_{DD} 变化到 V_{OL})，这样就得到了图 9-24(c)所示的 VTC 曲线。实际上，只要能判断出 MOSFET 是工作在线性区还是在饱和区，就可以根据式(6-49)(适用于线性区)或式(6-53)适用于饱和

区)，并令 $I_D = I_L$(MOSFET 和负载 R_L 的电流相等)，从而将 VTC 曲线上的每一点所对应的电流和电压都解析计算出来。比如，若要计算逻辑低电平 V_{OL}，因为此时输入电压($V_{\text{in}} = V_G = V_{DD}$)高、输出电压($V_{\text{out}} = V_D = V_{OL}$)低，所以 MOSFET 工作在线性区，利用线性区电流表达式即式(6-49)，有

$$I_D = k\left(V_G - V_T - \frac{V_D}{2}\right)V_D = k\left(V_{DD} - V_T - \frac{V_{OL}}{2}\right)V_{OL} \tag{9-3a}$$

又因直流情况下 MOSFET 的电流与负载电阻的电流相等，即 $I_D = I_L$，有

$$I_D = I_L = \frac{V_{DD} - V_{OL}}{R_L} \tag{9-3b}$$

只要知道了负载电阻 R_L 和 MOSFET 参数(k 和 V_T)的值，就可将以上两式联立确定出 V_{OL}。不过，在设计实践当中，有时需要根据 V_{OL} 的预定值反过来确定 R_L 的值。比如，双稳态触发器中使用了两个交叉耦合的反相器，其中一个的输出就是另一个的输入，它们的 V_{OL} 必须远小于 MOSFET 的阈值电压 V_T，否则两个反相器中的 MOSFET 都不能充分关断，导致触发器不能正常地完成状态翻转；在这种情况下，就需要根据 V_{OL} 的要求值来设计合理的 R_L 值，以保证 V_{OL} 足够低。与上面解析求解 V_{OL} 的方法类似，只要能判断出 MOSFET 工作在哪个区，就可采用相应的电流表达式，并令 $I_D = I_L$，求得 VTC 曲线上的其他几个关键参数。

根据上面的分析不难发现，反相器逻辑转换区($V_{IL} \sim V_{IH}$)的 VTC 曲线应尽可能陡直(此区段越陡，表示电压增益越大)，且逻辑转换电压(即逻辑阈值 V_m)应尽可能在 $V_{DD}/2$ 附近为宜。

增大负载电阻有利于提高电压增益，高的电压增益有利于保证逻辑转换速度。下面将要讨论的 CMOS 反相器就是用一个 PMOSFET 取代电阻 R_L，以增大负载电阻并提高电压增益。另一方面，使逻辑转换电压在 $V_{DD}/2$ 附近，有利于提高**噪声容限**。为理解噪声容限的意义和重要性，首先应明白，在组合逻辑电路或时序逻辑电路中，某一级反相器(或逻辑门)的输出往往是下一级的输入；噪声容限代表反相器所能允许的噪声电压的变化范围，即当本级输入端的噪声电压在多大的范围内变化时，仍能保证为下一级提供正确的逻辑电平。例如，由图 9-24(c)可见，输入为低电平(逻辑“0”)时，输出为高电平(逻辑“1”)，这个输出高电平作为下一级的输入，其应当输出低电平。可是如果有噪声窜入第一级的输入端，使这一级的输入电平高于 V_m，则会导致这一级和下一级都输出不正确的逻辑电平。同样，当需要为下一级提供低电平时，如果噪声扰动使得这一级在低于 V_m 时就发生了逻辑转换而输出了高电平，同样会导致这一级和下一级都输出不正确的逻辑电平。所以，应尽可能使反相器在 $V_{DD}/2$ 处发生逻辑转换，也就是说，尽可能使高低电平的允许噪声在 $V_{DD}/2$ 两侧都有足够宽的范围，对保证正确的高低电平是非常重要的。

上面介绍的以电阻作为负载的反相器有一个内在的缺点，就是 V_{OL} 虽然很低但并不为零。考虑到电阻是无源元件，不能像晶体管那样被关断，所以这种反相器的待机功耗较大。但这个缺点在下面介绍的 CMOS 反相器中得到了有效克服。

CMOS 反相器电路如图 9-25(a)所示，可以看出它与图 9-24(a)表示的反相器的区别是用 PMOSFET 取代了电阻。显然，NMOSFET 的 V_G 就是反相器的输入电压 V_{in}，而 PMOSFET 的 V_G 是($V_{\text{in}} - V_{DD}$)；同理，NMOSFET 的 V_D 就是反相器的输出电压 V_{out}，而 PMOSFET 的 V_D 是($V_{\text{out}} - V_{DD}$)。负载线也不再是一条直线，而是 PMOSFET 的输出 I_D–V_D 特性曲线，如

图 9-25(b)所示。与前面确定 VTC 的方法类似，只要知道了两个 MOSFET 的工作状态(工作在线性区或是饱和区)，利用相应的电流表达式并令二者的 I_D 相等，就可确定 CMOS 反相器的 VTC 曲线。

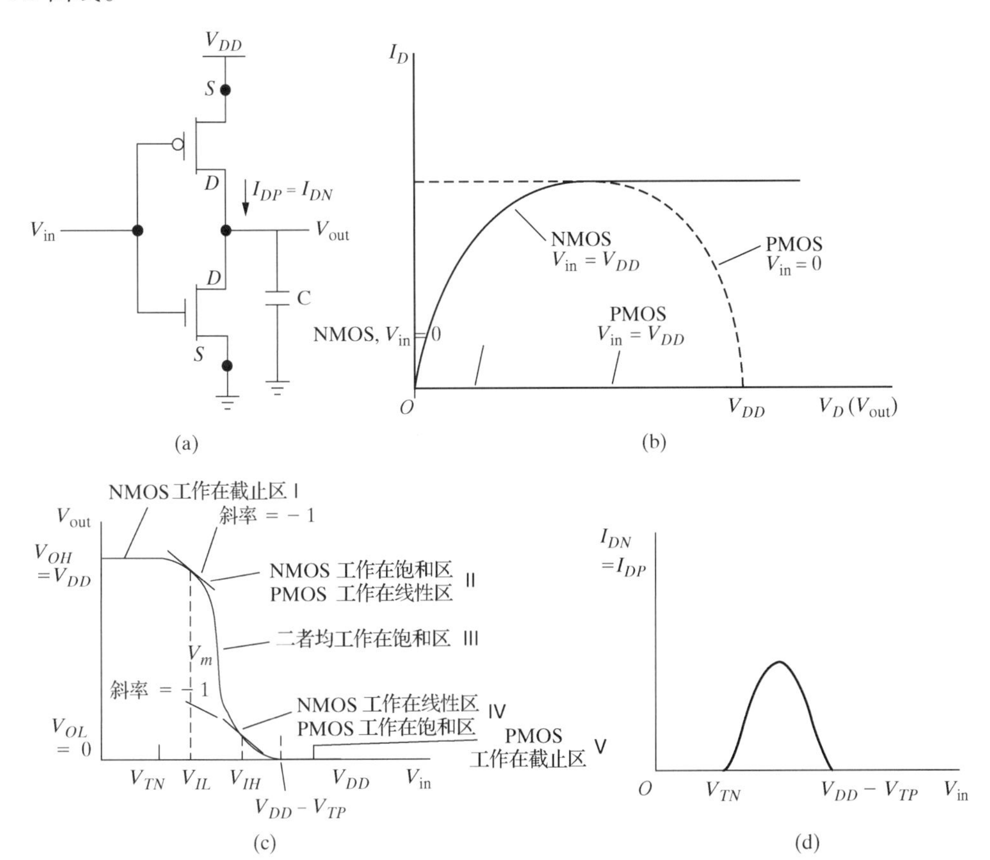

图 9-25　CMOS 反相器及其 VTC 特性曲线。(a)电路原理图，其中 PMOSFET 作为 NMOSFET 的负载，负载电容是 C；(b)NMOSFET 的输出特性，其中的负载线是 PMOSFET 的输出特性曲线，用虚线表示；(c)VTC 曲线，其中标注了几个关键参数：V_{OH} 和 V_{OL} 分别是输出高电平和输出低电平，V_m 是逻辑阈值电压(输入电压和输出电压相等)，V_{IH} 和 V_{IL} 分别是输入高电平和输入低电平；(d)NMOSFET 和 PMOSFET 从截止到开通过程中的转换电流(换向电流)

CMOS 反相器的 VTC 曲线如图 9-25(c)所示，同样有 5 个关键参数，它们的意义与前述相同。将 VTC 曲线划分为 5 个区间，在不同区间内，两个 MOSFET 分别工作在自身的线性区、饱和区或是截止区。在 I 区，NMOSFET 截止，$V_{out} = V_{DD}$。在 V 区，PMOSFET 截止，$V_{out} = 0$。在 II 区，NMOSFET 工作在饱和区，PMOSFET 工作在线性区。在 III 区，NMOSFET 和 PMOSFET 都工作在饱和区。在 IV 区，NMOSFET 工作在线性区，PMOSFET 工作在饱和区。这里以 II 区为例分析该区间的 $V_{out} - V_{in}$ 关系。在 II 区，因 NMOSFET 工作在饱和区，根据式(6-53)写出其漏极电流(这里考虑的是长沟道情形)

$$I_{DN} = \frac{k_N}{2}\left(V_{in} - V_{TN}\right)^2 \tag{9-4a}$$

同时，在该区间内，因 PMOSFET 工作在线性区，根据式(6-49)写出其漏极电流

$$I_{DP}=k_P\left[(V_{DD}-V_{\text{in}})+V_{TP}-\frac{V_{DD}-V_{\text{out}}}{2}\right](V_{DD}-V_{\text{out}}) \tag{9-4b}$$

式中的 V_{TN} 和 V_{TP} 分别表示 NMOSFET 和 PMOSFET 的阈值电压。在直流情况下，负载电容 C 中没有电流(交流情况下则要考虑电容中的位移电流)，两个 MOSFET 的漏极电流应相等

$$I_{DN}=I_{DP} \tag{9-5a}$$

于是得到 II 区的 V_{out}-V_{in} 关系是

$$\frac{k_N}{2k_P}(V_{\text{in}}-V_{TN})^2=\left(\frac{V_{DD}+V_{\text{out}}}{2}-V_{\text{in}}+V_{TP}\right)(V_{DD}-V_{\text{out}}) \tag{9-5b}$$

只要知道两个 MOSFET 的阈值电压和 k 值，便可确定 II 区的 V_{out}-V_{in} 关系。

IV 区的情形与 II 区非常相像[参见图 9-25(c)]，只是 NMOSFET 工作在线性区，PMOSFET 工作在饱和区，V_{out}-V_{in} 关系与 II 区的类似。III 区是逻辑转换区，两个 MOSFET 都工作在饱和区，输出阻抗非常高，相当于在输出回路中串接了半无穷大的电阻，因此 V_{out} -V_{in} 曲线非常陡。这正是 CMOS 反相器转换速度快的原因。人们乐意采用 CMOS 反相器的另一个原因是，无论其处于哪一种逻辑稳态(I 区和 V 区)，总有一个 MOSFET 是截止的，此时反相器中的电流约等于截止的 MOSFET 的反偏漏结的泄漏电流(是很小的)，因此 CMOS 反相器的待机功耗是很小的。

从噪声容限的要求考虑，人们总是希望转换电压位于 $V_{DD}/2$ 处(III 区内)。两个 MOSFET 均工作在饱和区，根据式(6-53)，令二者的饱和电流相等，可证明 CMOS 反相器的逻辑转换电压为

$$V_{\text{in}}=\frac{V_{DD}+\chi V_{TN}+V_{TP}}{1+\chi} \tag{9-6a}$$

$$\chi=\left[\frac{k_N}{k_P}\right]^{\frac{1}{2}}=\left[\frac{\overline{\mu_N}C_{iN}(Z/L)_N}{\overline{\mu_P}C_{iP}(Z/L)_P}\right]^{\frac{1}{2}} \tag{9-6b}$$

如果设计时能保证两管的参数满足 $V_{TN}=-V_{TP}$ 和 $\chi=1$，则逻辑转换电压恰好为 $V_{\text{in}}=V_{DD}/2$。由于 Si MOSFET 中电子的有效迁移率大约是空穴的两倍，设计时应使两管的沟道宽长比满足 $(Z/L)_P\approx 2(Z/L)_N$ 才能使 $\chi=1$。

可将 CMOS 反相器组合成为具有不同功能的逻辑门，从而构成组合逻辑电路。最常用的逻辑门电路是**或非门**(NOR)和**与非门**(NAND)，如图 9-26 所示。图 9-27 中给出了几种逻辑门的**真值表**。在门电路的输入端 A、B 输入任意一组逻辑信号(高电平和低电平的任意组合)，会在输出端得到相应的逻辑信号。根据布尔代数(Boolean Algebra)和德・摩根定律(De Morgan's Law)，任何逻辑功能都可由 NAND 门或 NOR 门与反相器的组合来实现。一种逻辑功能的实现方式可能有多种，从器件物理角度分析，其中应有一种方式是最佳、最简的。由图 9-26 看到，NAND 门中两个 NMOSFET(T_1 和 T_2)是串联的，而 NOR 门中两个 PMOSFET(T_3 和 T_4 管)是串联的。因为电子的迁移率大于空穴的迁移率，所以 NAND 门比 NOR 门的电流更大、速度更快(在其他条件都相同的情况下)。因此，为实现某种特定的逻辑功能，采用 NAND 门和反相器的组合电路更为合适。

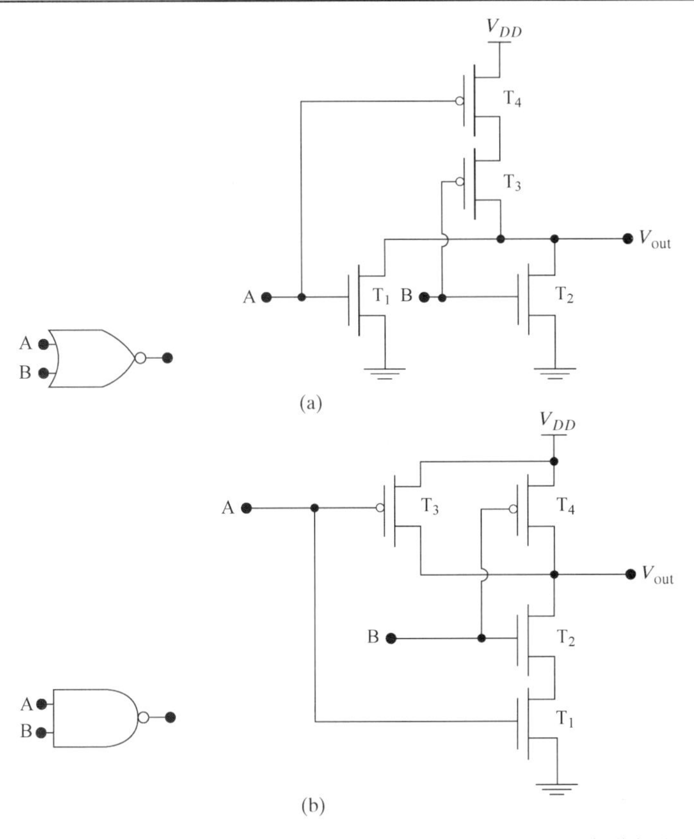

图 9-26　逻辑门电路及其 CMOS 实现。(a) 或非门(NOR)；(b) 与非门(NAND)

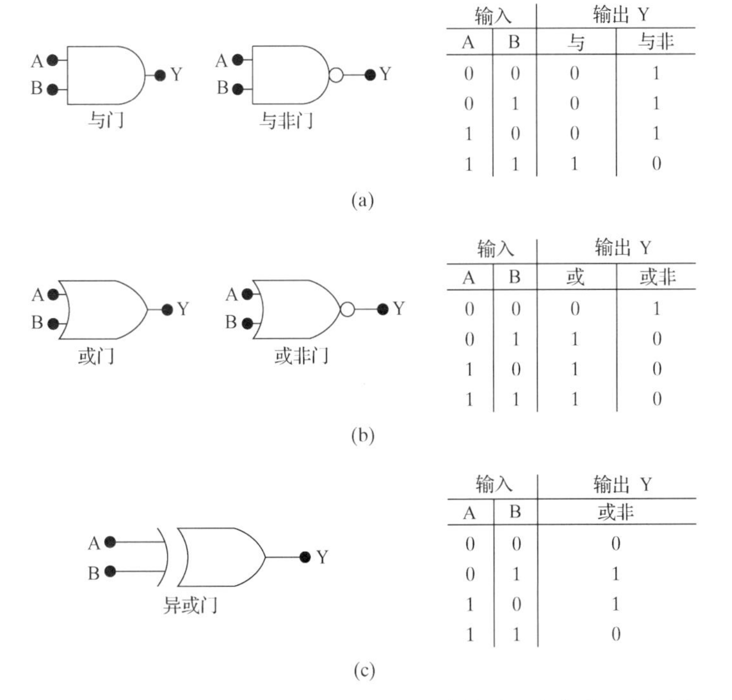

输入		输出 Y	
A	B	与	与非
0	0	0	1
0	1	0	1
1	0	0	1
1	1	1	0

输入		输出 Y	
A	B	或	或非
0	0	0	1
0	1	1	0
1	0	1	0
1	1	1	0

输入		输出 Y
A	B	或非
0	0	0
0	1	1
1	0	1
1	1	0

图 9-27　(a) 与门(AND)和与非门(NAND)的电路符号及真值表；(b) 或门(OR)和或非门(NOR)的电路符号及真值表；(c) 异或门(XOR)的电路符号及真值表

下面分析 CMOS 反相器的功耗。我们已经知道，CMOS 反相器的待机功耗很小，取决于截止状态的 MOSFET 的反偏漏结的泄漏电流；或者，如果阈值电压 V_T 很低，还取决于截止的 MOSFET 的亚阈值区泄漏电流(参见 6.5.7 节)。

除了待机功耗，在反相器逻辑状态转换过程中，还存在**转换电流**(或称为**换向电流**)引起的功耗。所谓转换电流，是指两个 MOSFET 从截止(IV 区)到开通饱和(I 区)过程中的瞬态电流，其大小与两个 MOS 管的阈值电压(V_{TN} 和 V_{TP})有关[参见图 9-25(d)]。阈值电压越高，转换时输入电压的摆幅就越小，相应的功耗就越低。

但是，提高阈值电压在降低功耗的同时，会使驱动电流减小，并因而降低工作速度，这是因为逻辑转换过程中，电流要对负载电容和寄生电容进行充放电[参见图 9-25(a)]，而充放电的时间与电流的大小有关。本级反相器的负载电容是由下一级反相器的输入栅电容和寄生电容构成的(当然，主要是由下一级的输入栅电容构成的)。如果驱动的下一级反相器仅有一个，则负载电容就是下一级的输入栅电容，可表示为 C_i(单位面积栅氧化层电容)与 ZL(栅氧化层面积)的乘积

$$C_{\text{inv}} = C_i[(ZL)_N + (ZL)_P] \tag{9-7}$$

如果驱动的下一级反相器或逻辑门不止一个，则本级**扇出电路**中所有反相器或逻辑门的输入栅电容应加起来作为负载电容 C(即上式必须再乘以驱动的门数)。当然，如果有其他寄生电容的话，也应一并相加。在逻辑状态转换过程中，负载电容的充放电增加了功耗。一次充电过程中所需的能量可表示为

$$E_c = \int i_p(t)[V_{DD} - v(t)]\mathrm{d}t = V_{DD}\int i_p(t)\mathrm{d}t - \int i_p(t)v(t)\mathrm{d}t \tag{9-8a}$$

其中 $i_p(t)$ 表示充电时负载电容 C 中的位移电流，$i_p(t) = C\mathrm{d}v(t)/\mathrm{d}t$，代入上式，得到充电所需的能量：

$$E_c = V_{DD}\int C\frac{\mathrm{d}v}{\mathrm{d}t}\mathrm{d}t - \int Cv\frac{\mathrm{d}v}{\mathrm{d}t}\mathrm{d}t = CV_{DD}\int_0^{V_{DD}}\mathrm{d}v - C\int_0^{V_{DD}} v\mathrm{d}v = CV_{DD}^2 - \frac{1}{2}CV_{DD}^2 \tag{9-8b}$$

类似地，可得到一次放电所消耗的能量

$$E_d = \int i_n(t)v(t)\mathrm{d}t = -\int_{V_{DD}}^{0} Cv\mathrm{d}v = \frac{1}{2}CV_{DD}^2 \tag{9-9}$$

基于以上两式，若充放电的频率为 f，则充放电的功耗(功率)为

$$P = (E_c + E_d)f = CV_{DD}^2 f \tag{9-10}$$

除了功耗，门电路的工作速度也是很重要的性能参数。反相器的转换速度由**传输延迟时间** t_P 决定。为便于分析和讨论，将 V_{out} 从 V_{OH} 变化到 $V_{OH}/2$(NMOSFET 放电过程)所需的时间记为 t_{PHL}，将 V_{out} 从 V_{OL} 变化到 $V_{OH}/2$(PMOSFET 充电过程)所需的时间记为 t_{PLH}。假设在 NMOSFET 放电过程中电流保持为饱和电流不变，根据式(6-53)，可将 t_{PHL} 表示为

$$t_{PHL} = \frac{\frac{1}{2}CV_{DD}}{I_{DN}} = \frac{\frac{1}{2}CV_{DD}}{\frac{1}{2}k_N(V_{DD} - V_{TN})^2} = \frac{CV_{DD}}{k_N(V_{DD} - V_{TN})^2} \tag{9-11a}$$

类似地，假设在 PMOSFET 充电过程中电流也保持为饱和电流不变，同样根据式(6-53)，可将 t_{PLH} 表示为

$$t_{PLH} = \frac{\frac{1}{2}CV_{DD}}{I_{DP}} = \frac{\frac{1}{2}CV_{DD}}{\frac{1}{2}k_P(V_{DD} + V_{TP})^2} = \frac{CV_{DD}}{k_P(V_{DD} + V_{TP})^2} \tag{9-11b}$$

上面给出的延迟时间只是对相关过程做了粗略估计后得出的。这些延迟时间对门电路的工作速度和功耗有非常重要的影响。为了得到更为准确的延迟时间，需要借助计算机进行数值分析与模拟，已有一些专门的软件如 SPICE 等可以做到这一点。上面的讨论充分说明，要做好 IC 设计和分析，必须具备扎实的器件物理知识。

9.5.2　半导体存储器

集成电路除了逻辑器件(典型的如微处理器)外，还包括存储器。本节将介绍三种存储器，它们分别是：**静态随机存取存储器**(SRAM)、**动态随机存取存储器**(DRAM)、**闪存**。SRAM 和 DRAM 是易失性器件，意思是说断电后其中存储的信息会丢失；而闪存是非易失性器件，不管是否供电，其中存储的信息可以永久保持。SRAM 被称为“静态”存储器，意思是说只要保持供电，存储的信息就能保持；而 DRAM 被称为“动态”存储器，是因为逻辑信息是以电荷形式存储的，超过一定的时间就会泄放掉而导致信息丢失，必须周期性地刷新才能保持。

三种存储器的构造大体相同，如图 9-28 所示。这里主要关注它们的器件物理问题，而不拘泥于构造的细节。存储单元的分布是一个阵列，每行和每列的交叉点都对应着一个存储单元，我们需要了解的是如何找到某个存储单元并对其进行读写操作。几种存储器之所以都被称为“随机存取”存储器，是因为可以按任意顺序对任何单元进行操作，而不像硬盘或软盘那样只能按顺序对存储单元进行操作。一般来说，为了节省引脚的数量，存储器的行地址线和列地址线共用一组引脚(地址线复用)。显然，N 个行地址线可寻址 2^N 行，同时 N 个列地址线可寻址 2^N 列，若共用一组 N 个引脚，则可寻址的存储单元数量可达 $2^N \times 2^N$ 个。连接行单元的信号线是**字线**，连接列单元的信号线是**位线**。对某个存储单元进行操作时，行寻址信号首先到达地址线，经锁存并解码后，选中某一行(这一行中所有的 2^N 个存储单元都被选中)。随后，列寻址信号到达地址线，经解码后，从已被选中的一整行中再选中要进行操作的单元，通过读出放大器完成读写操作。应当说明的是，列寻址信号不只可以选中一个单元(称为一位，bit)，也可以同时选中多个单元(依据选中单元的数量多少，称为字节 byte；或字 word)。一般使用双稳态电路或差分放大器作为读出放大器。

静态随机存取存储器(SRAM)。图 9-29 给出了一个 6 管 CMOS SRAM 存储阵列，其中每个存储单元都是由两个交叉耦合的 CMOS 反相器组成的双稳态电路。如果一个反相器输出高电平，则该高电平作为另一个反相器的输入，使另一个反相器输出低电平；这是一个稳定的逻辑状态，记为逻辑“1”。若将两个反相器的状态反过来，则是另一个稳定的逻辑状态，记为逻辑“0”。与逻辑状态转换相关的器件物理问题与 9.5.1 节的讨论是一样的。既然 SRAM 存储单元是由 CMOS 反相器组成的，我们当然希望反相器的逻辑转换电压 V_{OH} 到 V_{OL} 位于 $V_{DD}/2$ 处最为理想，以提高 SRAM 单元的噪声容限和收敛速度(所谓收敛速度，是指存储单元被锁定到一个稳定状态的速度)。由图也可看到，一个 SRAM 存储单元中还有两个**存取晶体管**，它们的栅极与字线相连，受字线电平的控制，以完成读写操作。也就是说，SRAM 存储单元中，两个 CMOS 反相器中有 4 个 MOS 晶体管，加上 2 个读出 MOS 晶体管，共有 6 个 MOS 晶体管，这就是“6 管”存储单元名称的由来。某些其他形式的 SRAM 存储单元，使用电阻作为反相器的负载(而不像这里使用 PMOSFET 作为反相器的负载)，则被称为“4 管 2 电阻”存储单元。相比之下，6 管 CMOS SRAM 存储单元的性能优异，但占用的面积较大。

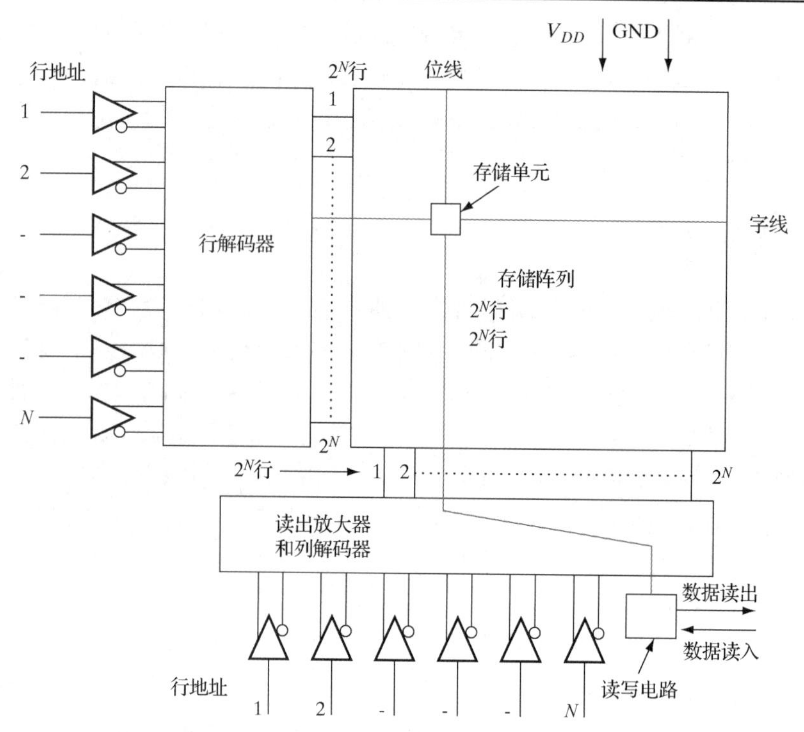

图 9-28　随机存取存储器(RAM)：存储单元按行列形式构成一个 $2^N \times 2^N$ 的阵列，每行(字线)和每列(位线)的交叉处是一个存储单元。根据行寻址信号，行地址被锁存并解码，选中某一整行(包括该行的所有存储单元)；再根据列寻址信号，对列地址进行解码，从被选中的一整行中再选中某个或某些存储单元(位、字节或字)，通过读出放大器对其进行读写操作。为了节省引脚的数量，一般把列地址线复用为行地址线(在行地址被锁存后)

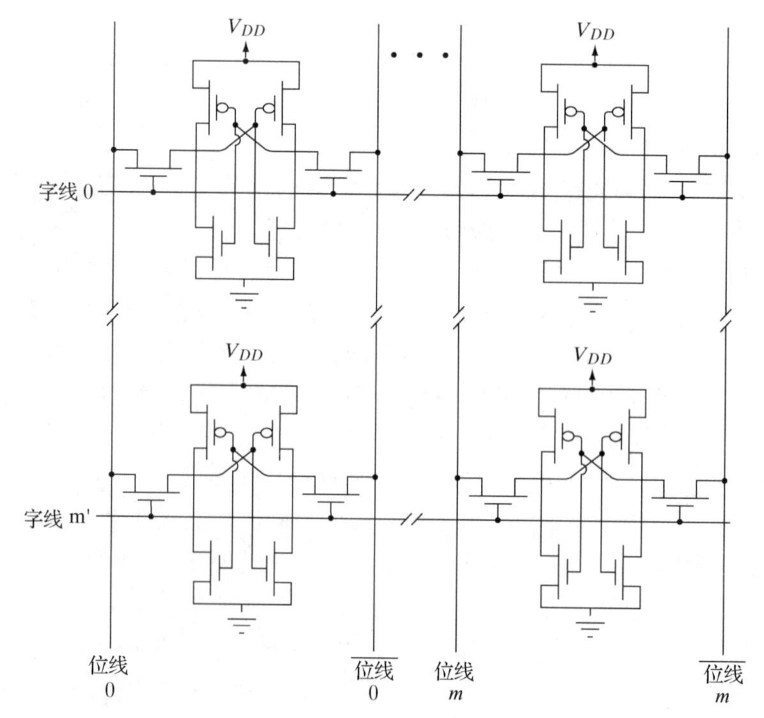

图 9-29　CMOS SRAM 存储单元构成的阵列(这里只画出了 4 个存储单元)，位线和 $\overline{位线}$ 是逻辑互补关系

字线上的存储单元在未被选中进行读写操作之前处于电学隔离状态。对存储单元的读写操作是通过存取晶体管完成的。对某个单元进行操作时，其所在行的字线电压变为高电平，使这一行的存取晶体管导通。存取晶体管位于输出节点和位线(及其互补$\overline{\text{位线}}$)之间，扮演了逻辑门的角色。进行“读”操作时，连接该单元的位线和$\overline{\text{位线}}$被预先置为相同电平；一旦存取晶体管导通，电荷就会在输出节点的寄生电容和位线电容之间发生重新分布，导致位线和$\overline{\text{位线}}$之间形成小的电势差；该电势差被读出放大器放大后便读出了存储的信息。前面已提到，读出放大器是差分放大器，它的构造与 SRAM 存储单元内部的双稳态电路非常相似。位线和$\overline{\text{位线}}$的信号分别送入读出放大器的两个输入端，经差分放大后便获得了存储单元中存储的信息。

动态随机存取存储器(DRAM)。DRAM 存储单元的结构如图 9-30 所示，它是由一个**通道晶体管**和一个 MOS 电容组成的。与 SRAM 的构造一样，DRAM 也是由这样的存储单元构成的存储阵列，只不过这里存储的信息是由 MOS 电容中存储的电荷来代表的。通道晶体管位于位线和存储电容之间，其栅极与字线相连，另外两极中的一极与位线相连，另一极与电容极板相连。当字线电位变高，且高于晶体管的阈值电压 V_T时，晶体管导通(建立反型沟道)，就将位线和存储电容接通了(通过晶体管的反型沟道)。从这个意义上说，通道晶体管本质上是一个开关，其开通和关闭受字线电位的控制。存储电容的一个极板总是与电源 V_{DD} 相接，极板电压为 V_{DD}，因此极板下方总是存在势阱，如图 9-31(a)所示。但势阱中有没有电荷，或者说存储的信息是“0”还是“1”，则正是 DRAM 赖以工作的关键所在。在字线电位高于 V_T的情况下，如果位线电位被置为 0 V，则晶体管的衬底表面形成反型层，同时 MOS 的衬底中形成势阱(也是反型层)，且势阱中存在反型电荷(电子)。这是写“0”的过程，如图 9-31(b)所示。这时如果把字线电位变低，使通道晶体管截止，MOS 势阱中的反型电荷依然能够保持，存储单元呈存“0”状态，如图 9-31(c)所示。这就是说，DRAM 单元的“0”状态是一个稳定的状态。另一方面，同样在字线电位高于 V_T 的情况下，但位线电位被置为 V_{DD}，则 MOS 势阱中的反型电荷通过通道晶体管被抽空，这是写“1”的过程，如图 9-31(d)所示。此时如果将字线电位变低，留下的是一个空势阱，存储单元呈存“1”状态，如图 9-31(e)所示。但是，在经过一定时间后，当时留下的空势阱会被耗尽层中热产生的电子填满，状态“1”会退变为状态“0”。也就是说，DRAM 单元的“1”状态是一个不稳定的状态，要周期性地对存“1”的单元进行刷新以恢复其逻辑状态，才能保持信息“1”不丢失。这就是 DRAM 名称中“动态”一词的由来。

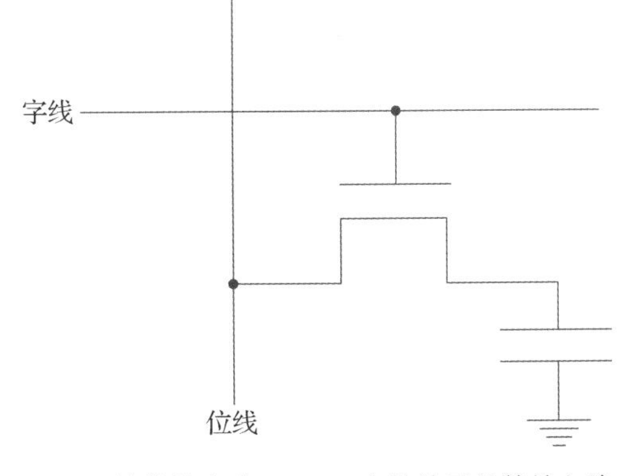

图 9-30　单管单电容 DRAM 存储单元的等效电路：存储电容(MOS)通过通道晶体管(MOSFET)与位线相连，通道晶体管的栅极与字线相连

关于 DRAM 单元中的通道晶体管，还有一些有趣的器件物理问题需要关注。它与 SRAM 单元中存取晶体管一样，都起到逻辑传输门的作用。从其操作过程可以看到，无论是源极还是漏极，都没有被持续地接地。更有趣的是，究竟哪个是源极、哪个是漏极，也不是固定不变的，而是与操作过程有关。比如，在进行写“1”操作时，位线电位保持为高电平(V_{DD})，好像是把源极电位提高到了 V_{DD}。针对这样的偏置状况，从另一个角度也可以这样理解，即是衬底相对于源极施加了反偏压 $-V_{DD}$；受此衬底偏置的影响，通道晶体管的阈值电压 V_T 提高

了(参见 6.5.6 节)。这是非常重要的，因为通道晶体管作为逻辑传输门，它必须工作在线性区而不是饱和区；如果工作在饱和区，则一部分漏源偏压就会降落到夹断区内。所以，在进行写“1”操作时，既然通道晶体管的源极和漏极电位最终都是 V_{DD}，那么其栅极电位(也就是位线电位)必须保持为高于 V_{DD}，即 V_{DD} 再加上阈值电压 V_T。另外，从满足刷新要求的角度来看，同样重要的是，通道晶体管的泄漏电流必须足够小；这不仅要求源结、漏结的泄漏电流足够小，而且还必须保证在字线接地情况下亚阈值泄漏电流也要足够小。

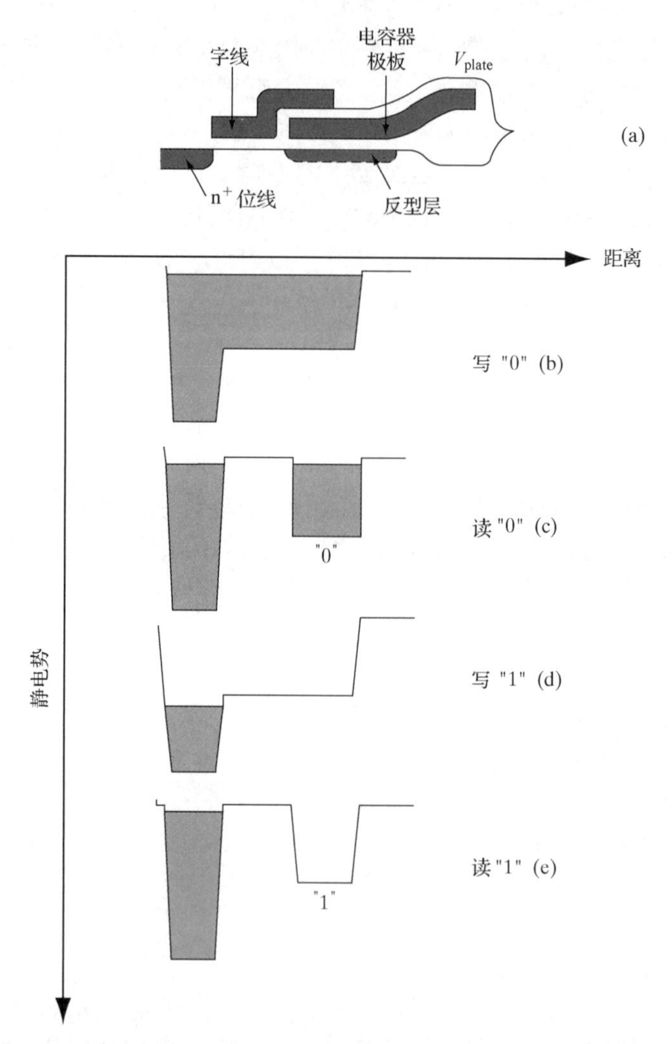

图 9-31 DRAM 存储单元及其工作原理。(a)存储单元结构，该图与图 9-30 给出的等效电路相对应；(b) ~ (e)给出了位线、沟道、电容等不同位置处在进行写存操作时的势能变化情况。电容结构中的反型层是电子势阱，势阱的全满和全空状态分别对应逻辑 0(稳态)和逻辑 1(非稳态)。势阱中的电子来自于衬底中热产生的载流子和晶体管的泄漏电流

DRAM 存储单元在两种逻辑状态下存储的电荷之差可根据 MOS 电容的 C-V 特性变化来确定，如图 9-32 所示。在存“1”状态，MOS 电容的衬底本质上施加了反偏压，导致其阈值电压 V_T 升高(参见 6.5.6 节)，因而 C-V 曲线相对于存“0”状态向右移动。因为 MOS 电容不是固定不变的，而是随偏压而变的，所以存储的电荷应表示为[参见式(6-34a)]

$$Q=\int C(V)\mathrm{d}V \tag{9-12}$$

其大小等于 C-V 曲线下的面积。因此，两种状态存储的电荷之差等于两种状态下 C-V 曲线下方的面积之差，即图中斜线部分(参见图 9-32)。

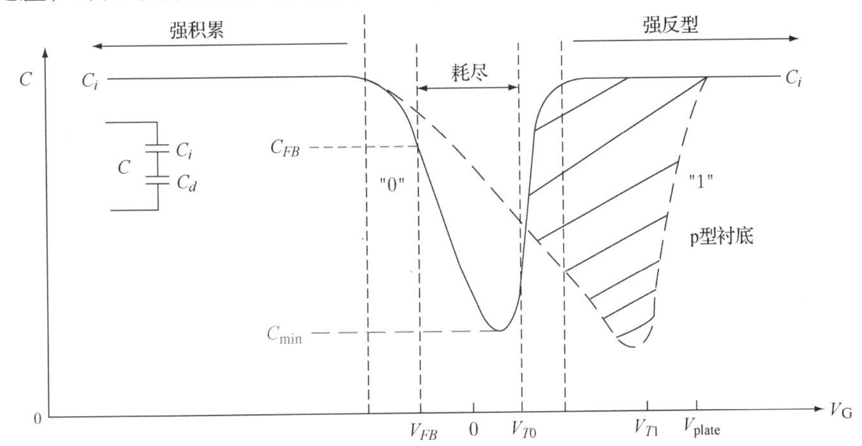

图 9-32　DRAM 中 MOS 电容的 C-V 特性曲线：两条曲线分别对应着逻辑 0 和逻辑 1 状态，曲线下方的面积之差(阴影区的面积)反映了两种状态存储的电荷之差

读取一个 DRAM 单元存储的信息时，通道晶体管打开，MOS 电容(C_C)中存储的电荷馈送至位线电容(C_B)，使位线电容的电压预充电至 V_B(典型情况下充电至 V_{DD})。充电过程中 V_B 的摆幅取决于位线电容(C_B)和存储电容(C_C)之比(这与前面的 SRAM 情形一样)。DRAM 单元的差分读取不像 SRAM 那样利用两个位线(即位线和$\overline{\text{位线}}$)的电位之差实现，而是利用该单元的位线电位与参考单元的位线电位之差实现的，如图 9-33 所示。参考单元也是一个 MOS 电容，其电容(即参考电容) C_D 一般是被选单元存储电容 C_C 的一半。DRAM 中的位线电容(C_B)、存储电容(C_C)、参考电容(C_D)的典型值分别是 800 fF、50 fF、20 fF。由图 9-33 可见，输送至读出放大器的差分电压(ΔV)可表示为

$$\Delta V=\frac{C_CV_C+C_BV_B}{C_C+C_B}-\frac{C_CV_D+C_BV_B}{C_D+C_B}=\frac{(V_B-V_D)C_BC_D-(V_B-V_C)C_BC_D-(V_C-V_D)C_CC_D}{(C_C+C_B)(C_D+C_B)} \tag{9-13a}$$

如果将参考单元的电压 V_D 设为零，则上式简化为

$$\Delta V=\frac{(V_BC_B-V_CC_C)C_D-(V_B-V_C)C_BC_C}{(C_C+C_B)(C_D+C_B)} \tag{9-13b}$$

作为估计，设 C_B/C_C= 15–20(典型比值)，令 V_C= 0 V 或 5 V(分别对应逻辑“1”和逻辑“0”)，代入上式，可得到差分电压为±100 mV(正负号分别表示逻辑“1”和逻辑“0”)，很容易被读出放大器探测到。从上式看到，当 C_B/C_C 很大时，位线电位 V_B 的摆幅就非常小，可以忽略。为使 DRAM 存储单元免受所谓“软错误”的影响，单元电容的最小值应在 50 fF 上下。DRAM 器件像其他许多器件一样，在受到宇宙射线的辐照和高能 α 粒子的轰击时不可避免地会形成电子–空穴对，相应形成的电荷约为 100 fC；只要单元电容大于 50 fF 且被充电到 5V 左右，射线辐照和粒子轰击而产生的电荷就不会对存储的信息构成明显影响。

随着 DRAM 单元尺寸的持续缩小，能否保持存储电容(C_C)不小于 50 fF 成为一个严峻的技术挑战。图 9-34 总结了 DRAM 发展过程中采用的技术和面临的问题，其核心问题是如何在

占用更小的平面面积(A_s)的条件下获得更大的电荷存储密度。如果粗略地将 MOS 电容看成是平行板电容器，则存储的电荷可表示为

$$Q = CV = (\varepsilon A_c / d)V \tag{9-14}$$

其中，A_c是电容的面积，d是介质层的厚度，ε是介质的介电常数。在过去，保持 MOS 电容不至于过小的方法是减小介质层的厚度(d)，但引起的问题是介质隧穿和击穿等问题(参见 6.4.7 节)。目前做法是在减小占用平面面积(A_s)的条件下，增大电荷存储面积(A_c)，即设法利用平面之外的第三维。具体做法有两种，一是“向下”扩展，由 RIE 在 Si 衬底中挖槽，将槽的侧壁也做成 MOS 结构，以增大存储面积(A_c)，如图 9-35(a)所示；二是“向上”扩展，在平面以上的空间中形成多层介质的堆叠结构，也可以增大存储面积(A_c)，如图 9-35(b)所示。另外还有一种做法是有意地把 MOS 电容的多晶硅极板的表面做得很粗糙，以此增大电容。但以上这些做法都或多或少地增加了制造工艺或工艺控制的难度。未来，将会采用更合适的材料作为栅介质；比如，某些铁电材料如钛酸锶钡(BST)和氧化锆(ZrO_2)的介电常数远高于 SiO_2 的介电常数，用这些材料替代 SiO_2 作为栅介质，可在不增大面积或减小厚度的情况下获得更大的电容。

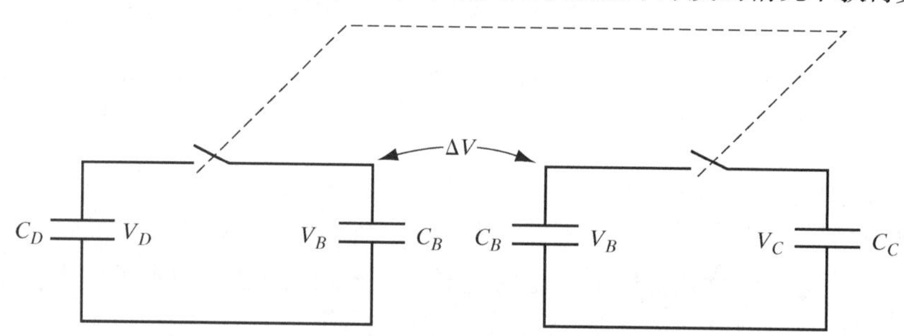

图 9-33 真实单元电容(C_C)和位线电容(C_B)之间、伪单元电容(C_D)和位线电容(C_B)之间的电荷分配关系(等效电路)

时　间	过　去	现　在	将　来
采用的技术	减小介质层厚度	槽型电容，堆层电容	采用替代介质
存在的问题	介质隧穿和磨损消耗	立体加工	材料性质的掌控
$\frac{Q}{A_s} = \frac{CV}{A_s} = \frac{V}{d} \times \frac{A_c}{A_s} \times \epsilon$			

图 9-34 在不增加电容面积的条件下,获取足够大的 DRAM 存储单元电容和提高电荷存储密度的方法。其中，A_s是电容所占的平面面积，A_c是电容的电荷存储面积，对于平面电容，$A_c = A_s$；对于非平面电容，$A_c > A_s$。d是栅介质层的厚度，ϵ是栅介质的介电常数。若假定电容与电压无关，则电容 $C = \epsilon A_c/d$，存储的电荷 $Q = CV$

闪存。闪存也是一种重要的 MOS 器件，它是非挥易性存储器中最重要的一种。闪存的存储单元结构如图 9-36 所示，其特点是简单而且紧凑，整体结构与 MOSFET 相似，不过有两个叠在一起的栅极：上面的是**控制栅**，下面的是**浮置栅**。浮置栅和控制栅都是多晶硅。控制栅直接与外部电路相连,而浮置栅与上方的控制栅和下方的 Si 衬底之间通过电容耦合作用发生联系。

图 9-36 中给出了浮置栅与其他各部分之间的耦合电容。浮置栅和控制栅之间的介质是氧化物-氮化物-氧化物堆层介质，因此把二者之间的耦合电容记为 C_{ONO}。相应地，把浮置栅和沟道之间(介质是隧穿氧化层)的耦合电容记为 C_{TOX}，把浮置栅和衬底之间(介质是 LOCOS 场氧化层)的耦合电容记为 C_{FLD}，把浮置栅和源区之间的交叠电容记为 C_{SRC}，把浮置栅和漏区之

间的交叠电容记为 C_{DRN}。因此，闪存单元的总电容(C_{TOT})可表示为

$$C_{TOT}=C_{ONO}+C_{TOX}+C_{FLD}+C_{SRC}+C_{DRN} \tag{9-15}$$

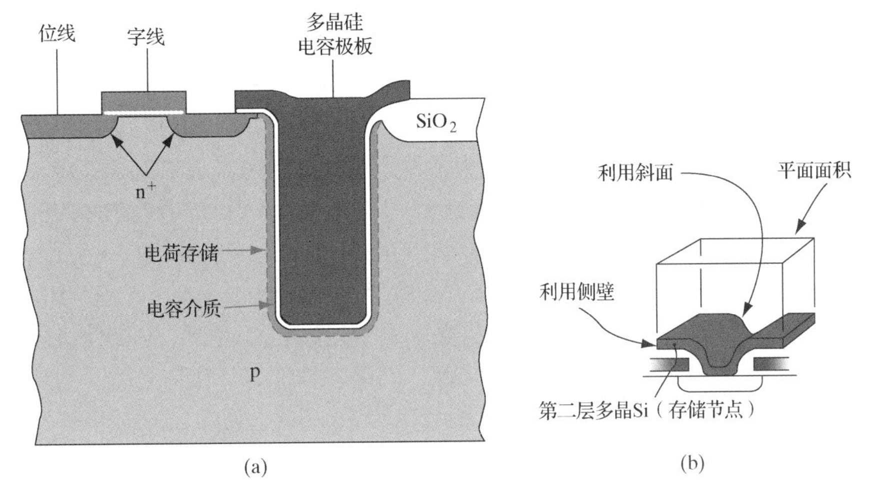

图 9-35　利用第三维增大 MOS 存储电容的面积。(a)“向下”扩展：在衬底中刻蚀出沟槽，在其侧壁形成 MOS 结构以增大存储面积；(b)“向上”扩展：利用多层介质的堆叠结构或鳍形结构增大存储面积，同时也充分利用了所占平面的面积

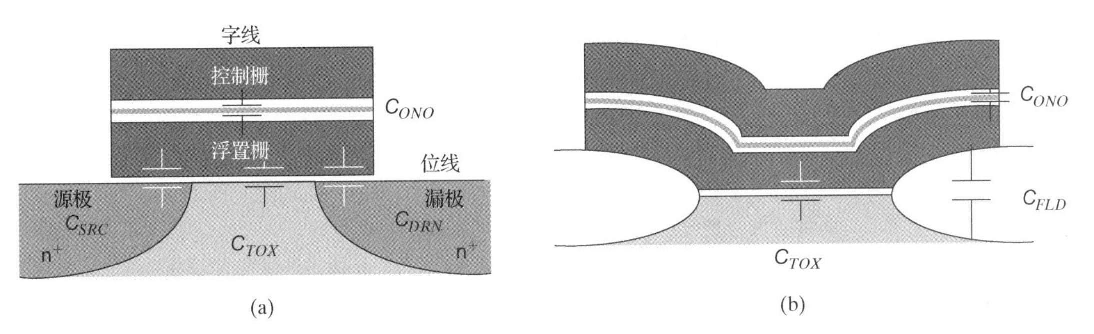

图 9-36　快闪存储器(闪存)的存储单元。(a)沿沟道长度方向画出的单元结构；(b)沿沟道宽度方向画出的单元结构。图中标出了与浮置栅关联的各种耦合电容

由于浮置栅周围被氧化层包围(隔离)，所以在端电压(V_G、V_S、V_D)变化不大的情况下，浮置栅上的电荷 Q_{FG} 不变[①]，即

$$Q_{FG}=C_{ONO}(V_{FG}-V_G)+C_{SRC}(V_{FG}-V_S)+C_{DRN}(V_{FG}-V_D)=0 \tag{9-16}$$

上式假定衬底偏压固定不变，因而将 C_{TOX} 和 C_{FLD} 对浮置栅电荷的贡献忽略了。显然，浮置栅的电压 V_{FG} 与端电压(V_G、V_S、V_D)有关，可表示为

$$V_{FG}=V_G\cdot GCR+V_S\cdot SCR+V_D\cdot DCR \tag{9-17}$$

其中 GCR、SCR、DCR 分别表示浮置栅与控制栅极、源极、漏极的耦合系数，分别被定义为

$$GCR=\frac{C_{ONO}}{C_{TOT}},\qquad SCR=\frac{C_{SRC}}{C_{TOT}},\qquad DCR=\frac{C_{DRN}}{C_{TOT}}$$

闪存单元的工作原理是：将电荷“存入”浮置栅，或者将电荷从浮置栅中“取出”，以获

① Q_{FG} 应理解为浮置栅电荷的变化量——译者注。

得不同的阈值电压 V_T，实现两种不同的逻辑状态。可以把浮置栅中的电荷看成是氧化层中的固定电荷[参见式(6-38)]。如果把电荷“存入”某个单元的浮置栅，则其 V_T变高，可认为其被**编程**到了逻辑状态“0”。相反，如果把电荷从某个单元中“取出”，则其 V_T 变低，可认为其被**擦除**到了逻辑状态“1”。

那么，怎样才能把电荷“存入”浮置栅呢？即如何对闪存单元进行编程？它是利用热电子效应实现的(参见 6.5.9 节)，如图 9-37(a)所示。从图 9-37(a)所示的结构可以看出，闪存单元的漏区比源区浅(源区注入时的能量更高)，这是为了最大限度地利用沟道热电子效应。编程时，在漏区和浮置栅区域施加很强的电场[①]，使 MOSFET 工作在饱和区，沟道夹断区内的横向电场对沟道电子加速，使其中一部分电子成为热电子(动能很大)；热电子在纵方向上克服 Si-SiO_2 界面处高约 3.1 eV 的导带势垒而进入浮置栅，或者隧穿通过氧化层而进入浮置栅，如图 9-37(b)所示。电子一旦进入到浮置栅内，就会受到浮置栅的两个边界处高达 3.1 eV 的势垒阻挡作用而永久停留其中(除非人为地将其擦除)。正因为如此，闪存才被称为“非易失性”存储器。

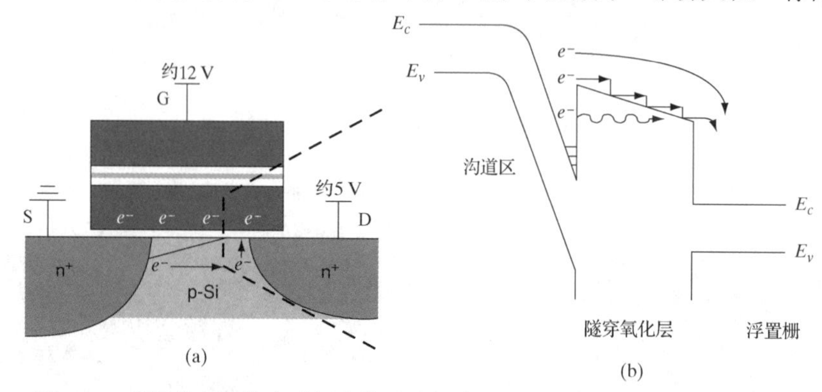

图 9-37　利用热电子效应对闪存单元进行编程。(a)闪存单元结构以及编程操作所需的偏置条件，MOSFET 的沟道被夹断，工作在饱和区；(b)沿竖直方向画出的能带图，沟道区的热电子通过隧穿氧化层注入到浮置栅中

那么，又怎样才能从浮置栅中把电荷“取出”？即如何对闪存单元进行擦除呢？擦除实际上就是让浮置栅上的电荷隧穿通过浮置栅-源区交叠区的氧化层到达源区而泄放的过程(参见 6.4.7 节)，如图 9-38(a)所示。擦除时，将栅极接地、源极电位抬高(如约 12 V)，此时浮置栅中的电子发生 Fowler-Nordheim 隧穿通过氧化层进入源区，如图 9-38(b)所示，电荷就被擦除了。从以上分析可以看出，闪存单元赖以实现编程和擦除的机理分别是热电子效应和 Fowler-Nordheim 隧穿效应，这两种效应在常规的 MOS 器件中往往被认为是“有问题”的表现，而在闪存中却被用于信息存储，这正是闪存富有创意的一面。

通过编程和擦除操作，使闪存单元的阈值电压 V_T分别升高和降低了(相对于彼此)。这里分析如何读出闪存单元存储的信息。读出信息时，在闪存单元的漏极(位线)相对于源极施加适当的偏压(约 1 V)，同时在控制栅上(字线)上也施加适当的偏压 V_{CG}；施加的 V_{CG}应使浮置栅电位 V_{FG}既要低于编程后的高阈值电压(对应逻辑是“0”)，又要高于擦除后的低阈值电压(对应逻辑是“1”)，即浮置栅的电位应介于高、低两个阈值电压之间，如图 9-39 所示[②]。在

① 应理解为漏-源偏压和栅-源偏压都足够高，以使单元结构内的纵向电场和横向电场都很强——译者注。

② 这里的表述不准确且与图 9-39 的图示和图题说明都不相符。其实既无必要也难以掌控使 V_{FG}满足上述条件；应理解为控制栅偏压 V_{CG}满足上述条件即可——译者注。

这样的偏置条件下，如果探测到的位线电流(漏极电流)很小，则可判断出该单元的阈值电压高，存储的逻辑信息必然是“0”；如果探测到的位线电流较大，则可判断出该单元的阈值电压低，存储的逻辑信息必然是“1”。图 9-39 中给出了同一闪存单元在编程和擦除后的转移特性曲线，有助于更好地理解读出操作的原理。

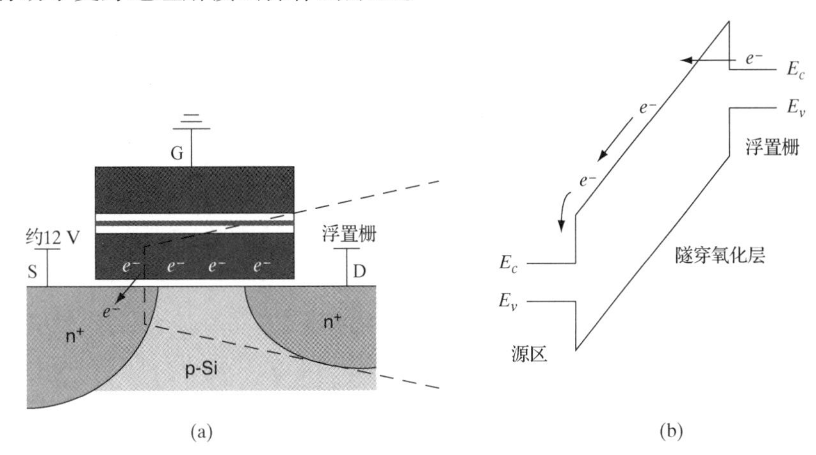

图 9-38　利用 Fowler-Nordheim 隧穿效应对闪存单元进行擦除。(a)闪存单元结构以及擦除操作所需的偏置条件；(b)沿浮置栅-源区交叠区竖直方向画出的能带图，浮置栅中的电子隧穿通过氧化层进入源区

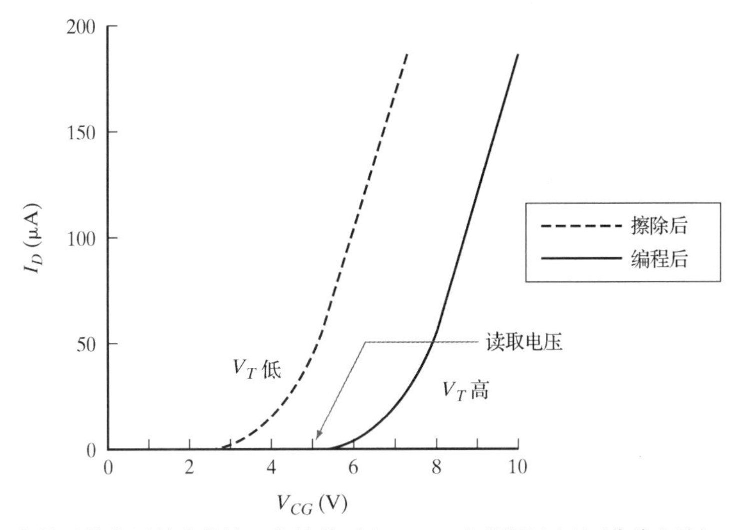

图 9-39　闪存单元的电压转移特性：存储单元(MOSFET)的漏极电流(位线电流)I_D 随控制栅电压(字线电压)V_{CG} 的变化关系：如果闪存单元被编程为高阈值电压 V_T(对应逻辑“0”)，则施加读取电压后，MOSFET 不导通，位线电流很小；如果闪存单元被擦除为低阈值电压(对应逻辑“1”)，则施加读取电压后，MOSFET 导通，位线电流显著增大

9.6　测试、压焊与封装

前面介绍的 IC 制造工艺技术引人入胜。相对而言，芯片的压焊和封装技术似乎显得不那么重要，然而事实并非如此。实际上，压焊和封装是整个芯片制造中最重要的一环，对芯片的成本和可靠性具有决定性的影响，因为 IC 芯片从晶圆上划开后必须与外部引线进行适当连接和封装后才能方便使用，而压焊和封装的成本是昂贵的。本节先介绍普通压焊工艺(通过引

线把芯片上的焊盘和封装座上的引线端子焊接在一起)，然后介绍两种先进的引线键合方法(可同时完成所有引线键合)，最后介绍封装工艺和封装形式。

9.6.1 测试

当包含大量芯片的晶片在金属互连工艺完成以后，需要进行测试以检测出不合格的管芯。测试时，将晶片放置在测试台上，使用专门的设备在显微镜下将多点探针与芯片的焊盘对齐并接触，按照预先编制好的测试程序，在短时间内完成一系列电学参数的测试，如图 9-40 所示。对简单芯片的测试一般只需几毫秒即可完成，对复杂的 ULSI 芯片的测试一般也只需要几秒钟。测试结果输送给计算机，与存储其中的特性参数表进行对比，并判断该管芯(或芯片)是否达到性能指标的要求。如果某个管芯不合格，则计算机会自动将其记录下来并打上标记，随后不再对其进行封装(被剔除了)。一个管芯测试完成后，多点探针会自动相对于晶片移动一个预先设定好的距离，使探针与下一个管芯的焊盘对齐并接触，进行同样的测试。待所有管芯的测试完成后，将晶片从测试台上取下，接着使用自动划片机进行划片，如图 9-41 所示，得到独立的管芯(或芯片)。然后，将管芯放入封装座准备引线压焊与封装。在测试过程中，每个芯片的测试结果都会被保存下来，以便评估工艺质量并查找管芯不合格的可能原因。

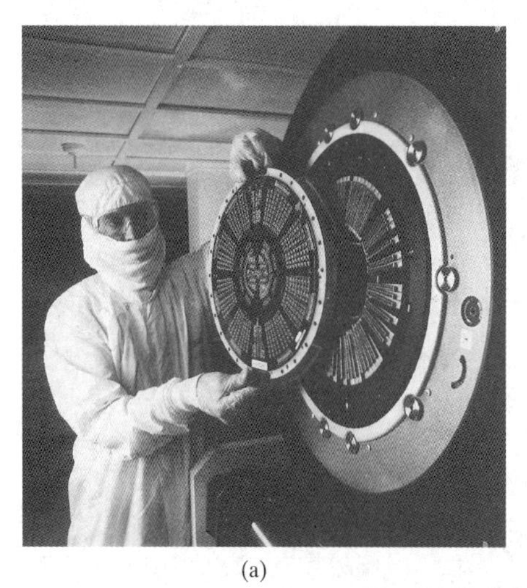

(a)

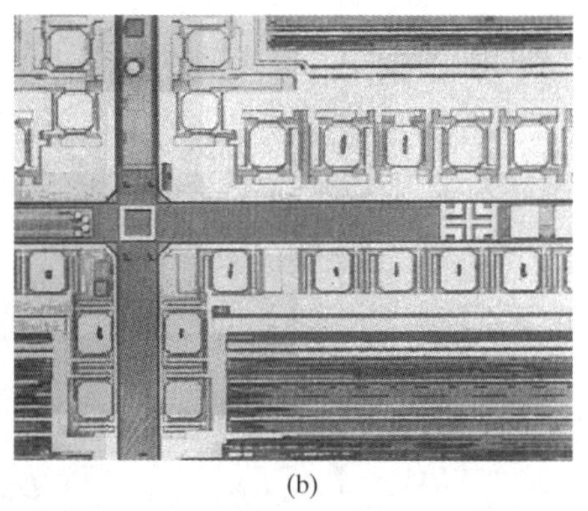

(b)

图 9-40 器件或芯片的自动测试系统。(a)使用探针卡对芯片进行快速测试。探针卡中有许多探针，与待测芯片的焊盘相对应。自动测试系统可以适应各种焊盘并测试出大量的电学参数。一个芯片测试完毕后，系统会自动将晶片移动到下一个芯片的焊盘位置，进行同样的测试；(b)芯片周边的 Al 焊盘，焊盘之间的区域留有划片道(©2004 Micron Technology Inc.版权所有，获得使用许可)

9.6.2 引线压焊

引线压焊工艺是在管芯焊盘和封装座引线焊点之间连接引线的工艺。最早使用的引线是 Au，后来也使用 Al，并发展出了多种压焊工艺。这里只对压焊工艺中的几个关键点做一介绍。

管芯的背面有金属化 Au 薄层(其中含有 Ge 或其他成分以改善键合质量)。在进行引线压焊之前，先要进行**管芯键合**，即把管芯紧密固定在金属引线框架上。管芯键合一般由智能机械臂完成，包括夹起、转向、放置等一系列程序化动作。管芯键合完成后，就可以进行引线压焊了，就是把引线的两端分别与管芯的焊盘与封装座的引线焊点连接起来，如图 9-42 所示。

图 9-41　划片：测试完成后，合格管芯被喷字或打上标记，然后沿划片道把晶片划分成独立的管芯，以备压焊、封装（©2004 Micron Technology Inc.版权所有，获得使用许可）

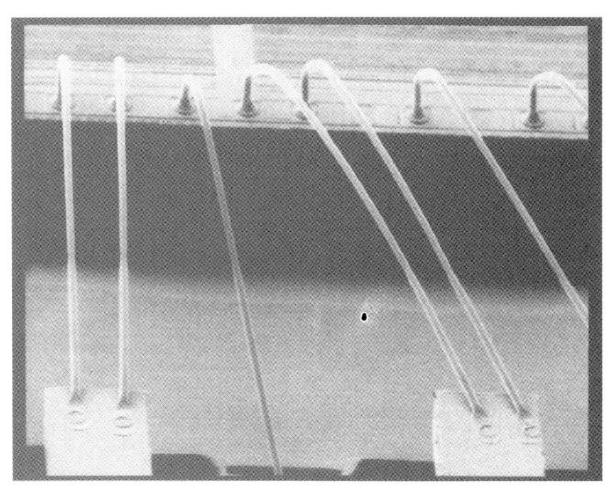

图 9-42　在管芯的焊盘和封装座的引线焊点之间压焊金属引线（©2004 Micron Technology Inc.版权所有，获得使用许可）

引线压焊时，若使用 Au 作为引线，将一卷细 Au 丝固定在压焊机上，引线的一端穿过玻璃毛细管或碳化钨毛细管，如图 9-43(a)所示。Au 丝的直径约为 0.002～0.007 英寸。使用氢气火焰喷枪把引线端头烧制成球形，然后进行**热压焊**：将管芯(连同引线框架)加热到 360℃左右，将毛细管头部对准管芯的焊盘向下加压，就将 Au 引线压焊在管芯的 Al 焊盘上了，如图 9-43(b)所示。然后，抬起毛细管，对准封装座上的焊点进行压焊。再次抬起毛细管后，用氢气火焰将 Au 丝端头重新烧制成球形，如图 9-43(c)所示。然后，对下一对焊点进行同样的操作，完成所有引线的压焊。

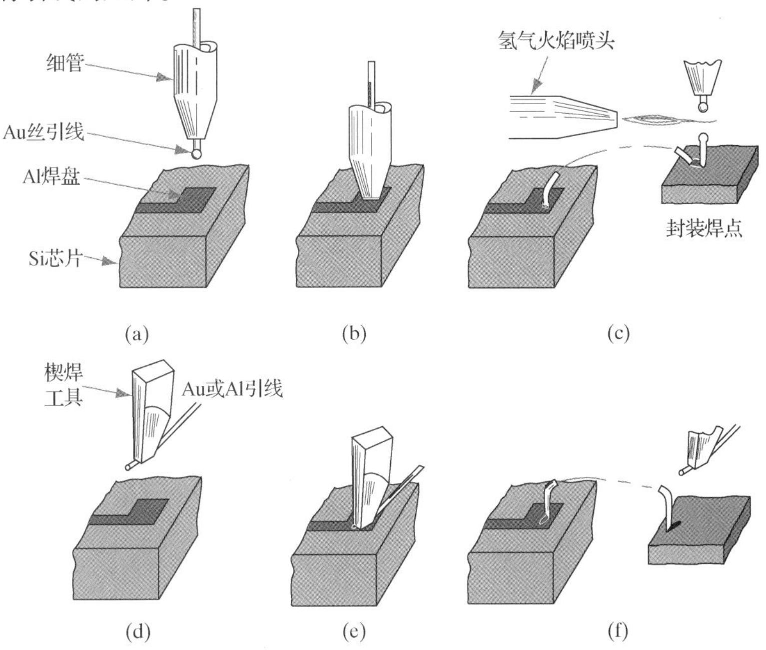

图 9-43　引线压焊技术。(a)引线对准某个焊点准备球焊；(b)加压进行焊接；(c)引线的另一端压焊到封装座的焊点上，然后把引线烧断(引线头部被重新烧制成球形)；(d)楔焊工具；(e)施加压力和超声进行焊接；(f)引线的另一端压焊到封装座的焊点上，最后切断引线

上述简单的引线压焊方法有一些变种，其中一种是**超声压焊**法，它不需要将衬底加热，而是把碳化钨压焊头与超声换能器相连；当压焊头和焊点接触时，施加超声振动完成压焊。另一种改进方法能够自动地把留在封装座焊点上的引线“尾巴”去掉，如图 9-43(c)所示。这些方法都使用 Au 引线，并且都是在引线的球形端头施加压力进行压焊，所以统称为**球焊**。球焊形成焊点的形状与钉子后端的形状很相似，如图 9-44(a)所示，因此有时也将球焊称为**钉头焊**。

Al 引线可用于超声压焊，它与 Au 引线相比有不少优点，例如可以避免 Au 引线与 Al 焊盘的冶金接触问题。使用 Al 引线压焊时，引线端头不是用氢气火焰烧断，而是在合适位置被剪断或折断。压焊时，使用楔形工具把引线的端部折弯，如图 9-43(d)所示；然后施加压力和超声振动进行压焊，如图 9-43(e)和图 9-43(f)所示。这样形成的焊点较为平整且呈楔形，所以把这种压焊方法称为**楔焊**。图 9-44 给出了球焊和楔焊各自形成焊点的放大图。

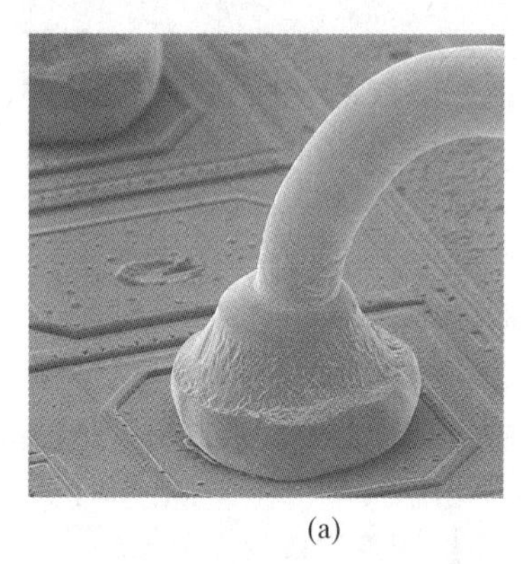
(a)

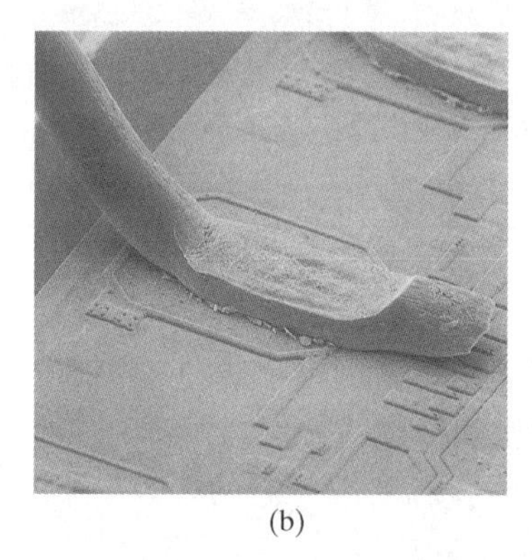
(b)

图 9-44 球焊(a)和楔焊(b)焊点的 SEM 照片(©2004 Micron Technology Inc.版权所有，获得使用许可)

9.6.3 芯片倒装技术

对管芯上大量的引线一一进行压焊显然很费时间。某些其他方法可克服这个缺点，其中典型的一种是**芯片倒装**，它可以同时完成所有焊点的焊接。在划片前，在焊盘上淀积更厚的金属；划片后，管芯焊盘上的金属与封装座上预先做好的金属化图形接触，便完成了所有焊点的焊接。

使用芯片倒装方法，要求焊料或特殊合金在焊点处形成凸点，这样才便于倒装接触(参见图 9-45)；同时，焊点可分布在芯片表面各处，而不局限于分布在芯片四周。“倒装”焊接时，将芯片上有金属凸点的一面朝下，与封装座上的金属化图形对准，使芯片上的每个凸点与封装座上的接触点一一对应，施加超声或使用焊锡将二者焊接在一起。显然，这种方法的优点是可以同时完成所有连接点的焊接，缺点是焊点位于芯片下方，不便于检测、排查接触故障(因为无法直接看到焊点)，并且还需要对芯片加压或加热。

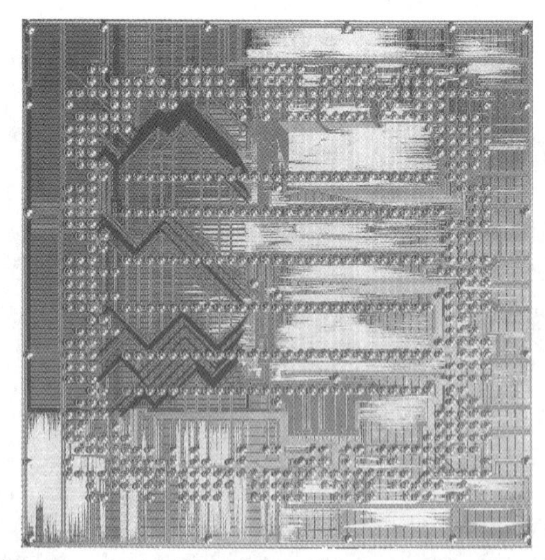

图 9-45 芯片倒装：这是一枚 Power PC 芯片，表面有大量的金属凸点；将这些凸点与封装座上的金属化图形对准，可同时完成所有接触点的焊接（照片由 IBM 公司提供）

9.6.4　封装

IC 制造工艺的最后一步就是将管芯封装在合适的介质基座内，使其免受应用环境可能存在的各种危害。大多数情况下，芯片可能受到危害的因素有湿气侵蚀、杂质玷污、焊点腐蚀、机械振动等，封装的作用就是将芯片保护起来，免受这些因素的危害。尽管芯片制作过程中其表面已形成了保护钝化层，但仍需在封装环节做进一步保护。封装形式的选择应兼顾应用要求和封装成本。目前已有各种各样的封装形式和封装技术可供选择，其仍在不断地改进变化。所以，本节只针对几种常用的、具有代表性的封装形式和技术加以介绍。

早期的 IC 芯片使用金属封装。将芯片固定在金属基座上，引线焊接到金属接头上，然后用金属帽将其密封起来。封装是在可控的环境中进行的，比如在某种特定的惰性气体气氛中进行，这样就把一部分惰性气体也密封在了封装内部，所以人们将其称为**气密封装**。这种封装虽然有其不足之处，但却能很好地将芯片与外界隔绝。

现在的 IC 封装都有很多输入输出引脚，如图 9-46 所示。一种常见的封装形式是将芯片固定在金属引线框架上(其上带有型号标记)，引线的两端分别焊接到芯片和框架引脚上，然后用塑料或陶瓷将其打包(裁掉多余的部分)。

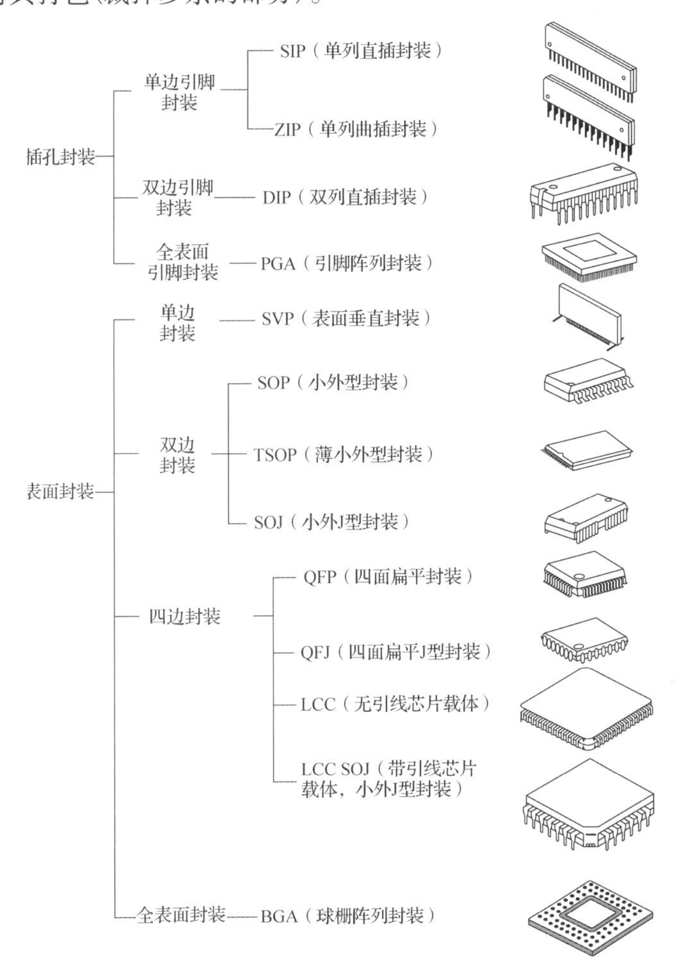

图 9-46　集成电路芯片的封装形式：主要有插孔封装和表面封装两大类，所用材料可以是塑料或者是陶瓷。引脚可以分布在一边(如 SIP)、两边(如 DIP)、甚至四边，或者分布在表面(如 PGA 和 BGA)

封装的形式多种多样，大致可分为两类：一类是插孔封装，一类是表面贴装。插孔封装的芯片在使用时需将引脚插入印制电路板(PCB)上的孔洞内进行焊接，而表面贴装的芯片在使用时将封装引脚与PCB板表面的触点对齐，采用焊锡回流方法将所有引脚和触点进行焊接。大多数封装材质是陶瓷或塑料(塑封的成本相对便宜)，引脚可分布在一边(如单列直插 SIP 和单列曲插 ZIP)，也可分布在两边(如双列直插 DIP)，还可以分布在四边，如图 9-46 所示。某些先进的封装则是把引脚分布在表面各处而呈阵列状分布，如图 9-47 所示的插孔式引脚阵列封装(PGA)和图 9-48 所示的表面贴装球栅阵列封装(BGA)，这些封装的引脚数明显比其他封装的引脚数多得多，特别适合于现代 ULSI 芯片的封装。

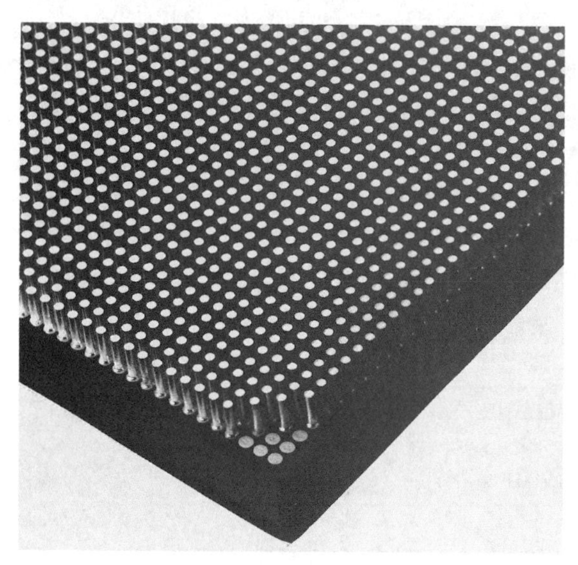

图 9-47 陶瓷基柱栅阵列封装(CCGA)：这是引脚阵列封装(PGA)的一种，其表面有几百个柱状金属引脚。图 9-45 所示的表面带有金属凸点的芯片可倒装在这种封装的背面而构成多芯片模块(MCM)(照片由 IBM 公司提供)

图 9-48 球栅阵列封装(BGA)：IC 芯片放置在正面中间部位，通过引线焊接到封装座的相应焊点上。这种封装本身的正面还带有焊料球阵列，使用时与 PCB 板上的触点图形对准反扣在 PCB 板上，采用焊锡回流方法即可贴装到PCB板上(照片由IBM公司提供)

由于压焊和封装的成本较高，所以人们一直设法使压焊封装工艺尽可能实现自动化。**载带自动键合**(TAB)工艺就是一种自动化键合封装工艺，它是将金属接触图案制作在不导电的薄膜带材上，带材被盘成一卷，利用其上的定位机构(如齿孔)自动将带材送入封装设备，并使带材上的金属图案与芯片上的焊盘精确对准，进行压焊封装。这种工艺显然不是将引线一根一根地进行压焊，因而特别适合于多芯片模块的压焊与封装，即在一个较大的陶瓷基座上，把多个芯片压焊、封装在一起而组成功能丰富的多芯片模块(MCM)。

小结

9.1 集成电路(IC)发展过程的一个显著特点是遵从摩尔定律(Moore's Law)，即单片集成的晶体管数量随着年代的推移而指数式增长，同时器件的特征尺寸指数式缩小。器件尺寸的不断缩小和大规模生产技术的普及带来了巨大的经济效益。

9.2　CMOS 技术是集成电路(IC)的主流技术。CMOS 电路是数字逻辑电路(微处理器)、存储器(DRAM、SRAM 和 NVM)以及专用集成电路(ASIC)的基础。

习题

9.1　在 n 型均匀掺杂的 Si 衬底中扩散硼(B)杂质，形成的净杂质浓度分布是 $N_a(x)-N_d$。假设在大部分结深范围内受主杂质浓度都远高于本底受主浓度($N_a(x)$ >> N_d)，试建立一个表达式，将扩散层的方块电阻与受主杂质浓度 $N_a(x)$ 和扩散结深 x_j 联系起来。

9.2　基区扩散层方块电阻的典型值为 200Ω/□。(a)若以这样的扩散层制作一个 10 kΩ的长条形电阻，长宽比应取为多大？(b)若将电阻区的宽度固定为 w = 5 μm，试计算电阻区的长度并仿照图 9-12(b)画出示意图，要求占用的面积尽可能小。

9.3　在 p 型 Si 衬底上生长 3 μm 厚的 n 型外延层，外延层的施主杂质浓度 N_d 为 10^{16} cm^{-3}。现要像图 9-11(a)那样通过扩硼(B)形成 p-n 结将 n 区隔离，扩散温度为 1200℃，该温度下 B 在 Si 中的扩散系数 D 为 2.5×10^{-12} cm^2/s，扩散过程中表面处 B 杂质的浓度固定为 10^{20} cm^{-3}(参见习题 5.2)。试求：(a)扩散需要多长时间？(b)在扩 B 过程中，衬底中的杂质 Sb 能扩散到外延层中的什么位置？已知 1200℃条件下 Sb 在 Si 中的扩散系数 D 为 2×10^{-13} cm^2/s，并假设扩散过程中衬底与外延层界面处 Sb 杂质的浓度保持为 10^{20} cm^{-3} 不变。

9.4　设 500 μm 厚的 p 型 Si 衬底的掺杂浓度为 10^{15} cm^{-3}，在其表面某处扩磷(P)，结深为 0.8 μm，表面浓度为 6×10^{19} cm^{-3}(扩散过程中保持不变)。试求：p 型衬底的方块电阻是多大？若测得 n 区的方块电阻是 90 Ω/□，此处的平均电阻率是多大？

参考读物

有关集成电路发展历程的资料，请参考：http://public.itrs.net/。

Campbell, S. A. *The Science and Engineering of Microelectronic Fabrication*. New York: Oxford, 2001.

Chang, C. Y., and S. M. Sze. *ULSI Technology*. New York: McGraw-Hill, 1996.

Chang, C. Y., and S. M. Sze. *ULSI Devices*. New York: John Wiley, 2000.

Howe, R. T., and C. G. Sodini. *Microelectronics: An Integrated Approach*. Upper Saddle River, NJ: Prentice Hall, 1997.

Jaeger, R. C. *Modular Series on Solid State Devices: Vol. V. Introduction to Microelectronic Fabrication*. Reading, MA: Addison-Wesley, 1988.

Rabaey, J. M. *Digital Integrated Circuits*. Upper Saddle River, NJ: Prentice Hall, 1996.

Seraphim, D. P., R. C. Lasky, and C. Y. Li, eds. *Principles of Electronic Packaging*. New York: McGraw-Hill, 1989.

Sharma, A. K. *Semiconductor Memories*. New York: IEEE Press, 1997.

Tummala, R. R. and E. J. Rymaszewski. *Microelectronics Packaging Handbook*. New York: Chapman and Hall, 1997.

Wolf, S., and R. N. Tauber. *Silicon Processing for the VLSI Era*. Sunset Beach, CA: Lattice Press, 2000.

自测题

问题 1

请登录网站 http://public.itrs.net/，仔细研读“国际半导体技术发展路线图”(ITRS)关于“工艺，集成，器件，结构”和“前道工艺”两个章节，了解 CMOS 技术的发展趋势和最新进展。

(a) 针对 MOS 器件的主要特性参数，从网站所列的各种表格中收集相关数据，把这些数据按照年代顺序画图并进行分析。它们是否遵从摩尔定律?

(b) 根据从第 6 章和第 9 章学习的知识判断: ITRS 拟定的各个技术节点 n 沟道 MOSFET 的 I_{Dsat} 指标是否有意义? 对其他 MOSFET 参数(主要是指标记为红色的项目)拟定的指标是否有意义?

问题 2

试分析、讨论 MOSFET 中量子隧穿效应对器件造成的影响，包括好的方面和不好的方面。

问题 3

什么是热电子效应? 它造成的损害后果与热空穴效应相比哪个更严重? 怎样才能将热电子效应的损害程度降到最低?

问题 4

Si 基 MOS 器件总是采用(100) Si 晶片作为衬底，因此制作的 Si-SiO_2 的界面总是平行于{100}面，这是为什么?

第10章　高频、大功率及纳电子器件

本章教学目的

1. 学习掌握负微分电阻(NDR)器件的种类、结构和工作原理。
2. 熟悉 SCR 的结构、工作原理和器件特性。
3. 熟悉 IGBT 的结构、工作原理和器件特性。
4. 学习纳电子逻辑器件和存储器件的基本知识。

到目前为止，我们讨论的大多数半导体器件都是由二极管和晶体管构成的，然而还有一些新器件值得关注。这些新兴的器件与材料可成为未来应用的基础。本章首先介绍两类高频应用的**负电导**器件，然后讨论大功率开关器件即半导体可控整流器(SCR)，最后介绍某些新材料及其在器件中的应用。这些新材料所表现出的奇特物理性质扩展了以往的应用场景，有望成为未来电子学的基础。

10.1　隧道二极管

隧道二极管是一种 p-n 结器件，它是依靠电子在结型势垒的量子力学隧穿效应工作的(参见 2.4.4 节和 5.4.1 节)，且工作在 *I-V* 特性的特定区段。隧道二极管的反向隧穿本质上是齐纳效应，但是只需要很小的反向偏压就会引发隧穿过程。隧道二极管又名 Esaki 二极管，因为 L. Esaki 针对此效应的研究工作于 1973 年获得了诺贝尔奖。本节我们将看到，在其 *I-V* 特性的某一区段内，隧道二极管具有**负阻**特性。

到目前为止，我们了解的大多数器件的掺杂浓度与半导体晶格原子密度相比都是很低的。因为只有少量的杂质原子广泛分散在半导体的晶格中，所以我们有充分理由相信杂质能级之间不会发生电荷传输。但是，当杂质浓度很高时，杂质原子之间的距离已经足够小，杂质能级就不能再被看成是孤立的、没有相互作用的能态。比如，施主杂质能级展宽形成了一个能带，该能带甚至可以与导带底发生交叠。如果导带电子浓度 n 超过导带的有效态密度 N_c，费米能级 E_F 将不再位于禁带中，而是进入到了导带中。我们把具有这种性质的重掺杂的 n 型半导体称为**简并**的 n 型半导体。类似地，如果受主杂质浓度足够高而使费米能级进入到价带中，这种重掺杂的 p 型半导体就成为简并的 p 型半导体。根据费米统计分布可以知道，除了极少数例外，E_F 以下的能态几乎全被电子占据，而 E_F 以上的能态几乎全空，因此，n 型简并半导体中 E_F 和 E_c 之间的绝大多数能态都被电子占据，而 p 型简并半导体中 E_v 和 E_F 之间的绝大多数能态都是空的(或者说被空穴占据)。

图 10-1(a)给出了由简并半导体形成 p-n 结的平衡态能带图，费米能级在其中是水平的。我们注意到，p 型侧的 E_{Fp} 位于 E_v 以下，n 型侧的 E_{Fn} 位于 E_c 以上；将两侧的 E_F 对齐时，两侧的导带和价带在能量上出现了交叠的部分。这意味着在很小的正向或反向偏压作用下，能带的错动使一侧被占据的部分能态与另一侧未被占据的部分能态相对应，中间隔着空间电荷区，即势垒；只要势垒足够窄，势垒区的电场足够强，就具备了隧穿条件，电子就能够从一

侧隧穿到另一侧。应当说明的是，根据费米-狄拉克统计分布规律，E_{Fp} 以下有一小部分能态是空的，而 E_{Fn} 以上有一小部分能态是被电子占据的，但在图 10-1 的图示中，为了便于说明问题，没有严格准确地反映 E_{Fp} 以下和 E_{Fn} 以上的能态被占据的情况，特请读者注意，不要因此形成误解。

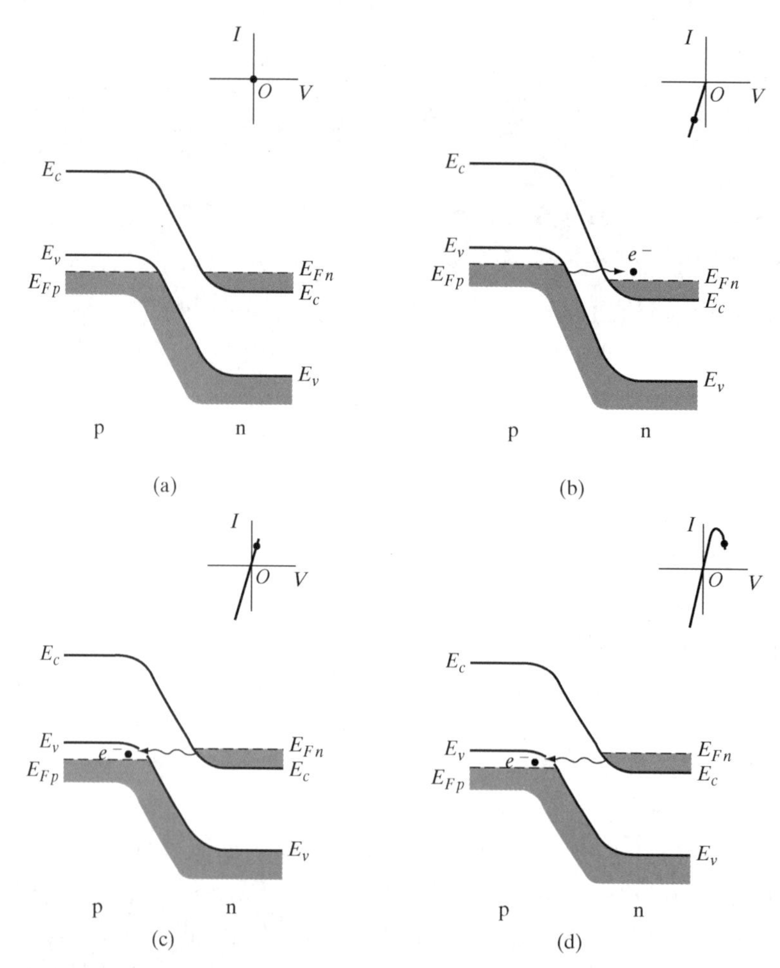

图 10-1 各种偏置情况下隧道二极管的能带图及 I-V 特性。(a) 热平衡状态，净隧道电流为零；(b) 反向偏压较小的状态，电子由 p 侧的价带隧穿到 n 侧的导带；(c) 正向偏压较小的状态，电子由 n 侧的导带隧穿到 p 侧的价带；(d) 正向偏压较大的状态，隧道电流减小

在很小的反向偏压作用下，隧道二极管 p 型侧 E_{Fp} 以下的电子隧穿通过势垒到达 n 型侧 E_{Fn} 以上的空态，形成隧道电流(也是反向电流)，如图 10-1(b) 所示。这种情形与齐纳效应类似，但零偏时两侧能带中具有相同能量能态的交叠程度有所不同，因而所需要的反向偏压的大小也有所不同。随着反向偏压的增大，E_{Fn} 相对于 E_{Fp} 移动到更低的位置，使两侧能带中被电子占据和未被占据的能态的交叠部分增多，因此隧道电流随着反向偏压的增大而增大。可以理解，即使在平衡条件下，隧道二极管内也有隧道电流，只不过由 n 区向 p 区和由 p 区向 n 区的两股隧道电流的大小相等、方向相反，“净”的隧道电流为零[参见图 10-1(a)]。

在较小的正向偏压作用下，E_{Fn} 相对于 E_{Fp} 的位置升高，n 型侧 E_{Fn} 以下和 p 型侧 E_{Fp} 以上仍然分别有被电子占据的能态和空能态互相对应，电子由 n 型侧隧穿到 p 型侧，如图 10-1(c)

所示，形成的正向电流由 p 区指向 n 区。随着偏压的增大，隧道电流相应增大，当偏压增大到某一定值时，两侧能带的交叠部分达到最大，此时隧道电流达到最大。偏压进一步增大，两侧能带的交叠部分逐渐减小，发生量子隧穿的条件逐渐消失，隧道电流逐渐减小，此时 *I-V* 特性曲线的斜率是负的，如图 10-1(d)所示。这一区段非常重要，因为此区段的**动态电阻** d*V*/d*I* 是负的，即呈现出了负微分电阻特性。这一特性在高频振荡器中非常有用。

当正向偏压增大而超出负阻区，电流又随着偏压的增大而增大，如图 10-2 所示。这是因为此时两侧的能带不再有交叠的部分，隧道二极管的行为与普通二极管的行为变得一样，电流主要是载流子注入而形成的扩散电流。当然，在形成正向隧道电流的区段内也存在扩散电流，只不过相较而言扩散电流可忽略[图 10-2(b)中的实线表示隧道电流，虚线表示扩散电流]。

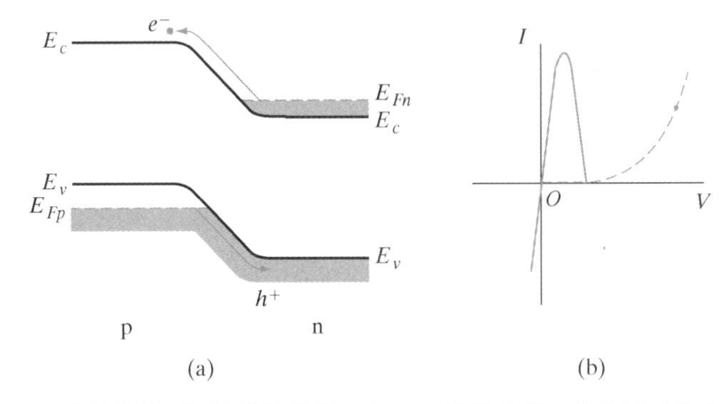

图 10-2　(a)隧道二极管的能带图；(b)*I-V* 特性曲线，其中同时给出了隧道电流(用实线表示)和扩散电流(用虚线表示)随偏压的变化情况

图 10-3 给出了隧道二极管的全范围 *I-V* 特性曲线。可以看出，该曲线总体上呈 *N* 形(加上一点点想象)，因此通常形象地称为 ***N* 形负阻特性曲线**。有时也将这种特性称为**压控负阻特性**，以反映其电流从某点 V_p 开始随偏压迅速减小的特点，V_p 是正向隧道电流最大值对应的正向偏压。

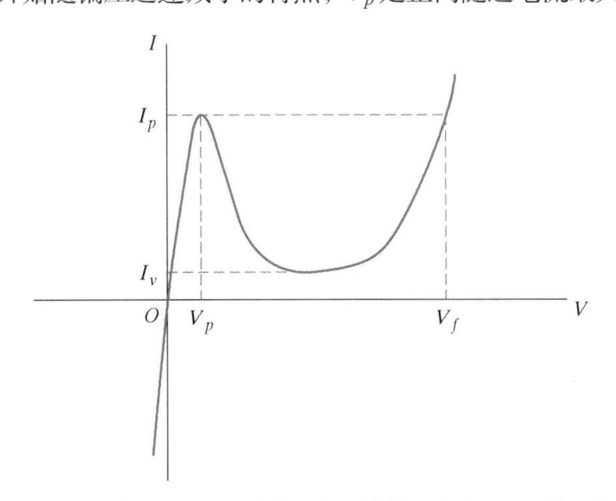

图 10-3　隧道二极管的总电流(隧道电流和扩散电流之和)与外加偏压的关系

图 10-3 中的 I_p 和 I_v 是隧道二极管的两个重要参数，分别表示隧道二极管的峰电流和谷电流，决定了负阻区的斜率。正因为如此，它们的比值 I_p/I_v 可作为隧道二极管的特征参数。另外，以隧道电流最大值为基准对应着两个偏压 V_p 和 V_f，它们的比值 V_p/V_f 可作为另一个特征参数，用以表征两个正阻区的间隔。

利用隧道二极管的负阻特性可实现振荡或其他电路功能。由于载流子的隧穿过程不像漂移和扩散那样需要一定的时间，所以隧道二极管成为特定高速电路的自然选择。但是，由于电流小，与其他一些器件相比缺乏竞争优势，隧道二极管并未获得广泛应用。

10.2 碰撞雪崩渡越时间(IMPATT)二极管

本节将介绍一种基于载流子雪崩倍增和渡越时间效应的微波负电导器件。将简单 p-n 结(或其变种)构成的二极管进行适当的偏置，具体来说是在直流偏置的基础上叠加交流偏压，使二极管发生隧穿或雪崩击穿，产生的载流子通过漂移区到达另一极形成脉冲输出。我们将会看到，这种器件在适当的偏置条件下，输出的交流电流分量相对于施加的交流偏压分量可发生近似 180° 的相移，表现出负电导特性，从而可在谐振电路中用做振荡源器件。这种基于渡越时间效应的器件可将直流功率转换为微波脉冲功率输出，且转换效率很高，因而在很多场合用做微波功率源。

利用渡越时间效应形成微波器件的最初设想是由 W. T. Read 提出的，器件结构如图 10-4 所示是一种 p^+-n-i-n^+结构，因其依靠载流子的雪崩倍增和渡越时间效应而工作，所以被称为**碰撞雪崩渡越时间二极管**(IMPATT)。虽然 IMPATT 的工作原理也可在其他更简单的结构中实现，但图 10-4 所示的 n^+-p-i-p^+结构做原理性阐述最为合适。该结构由两个基本部分构成：一个是 n^+-p 区域，载流子在其中发生雪崩倍增；另一个是近乎本征的“i”区，雪崩倍增的空穴通过该区到达 p^+接触区。当然，p^+-n-i-n^+结构也可以用做 IMPATT 二极管，其中电子发生雪崩倍增并通过“i”区，迁移率更高(相对于空穴)，因而渡越时间更短。

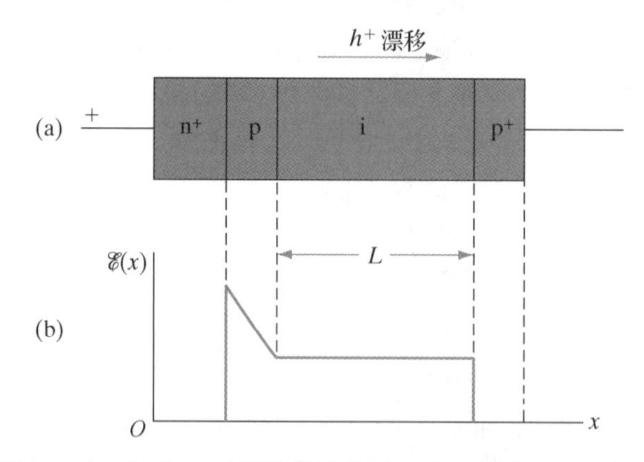

图 10-4 里德(Read)二极管。(a)器件结构简图；(b)反偏情况下器件中的电场分布

要详细分析 IMPATT 二极管中载流子的运动行为及特点，需要进行复杂的推导和计算，但这里只阐述其基本物理机制和过程。如果器件工作在负电导模式下，则在工作周期的某个时间段内，交流偏压为正时，输出电流的交流分量却为负，反之亦然。负电导的形成依赖于两个延迟过程，一个是雪崩倍增过程，另一个是渡越过程，这两个过程都造成输出延迟，使输出电流的相位滞后于偏置电压的相位。如果两个过程的延迟时间之和近似等于工作周期的二分之一，则器件表现出负电导特性，可用于振荡或放大。

还可以从另一个角度来理解负电导的成因。如果载流子的漂移方向与交变电场的方向相反，也会造成负的交流电导。例如，图 10-4 中的器件在施加的直流偏压作用下，空穴从左向右沿电场方向做漂移运动。此时如果在器件两端再叠加一个交流偏压，使器件中的电场 $\mathscr{E}$ 在交流偏压的负半周内减小，则按通常的理解，电场减小使空穴的漂移运动减弱，右端输出的空穴电流应该减小。但实际上 IMPATT 二极管在工作时，当电场减小时输出电流却是增大的。为了说明这个问题,需要在下面分析一个完整周期内的不同时间段内载流子雪崩倍增和漂移运动的情况[参见图 10-5]。

为简化讨论，我们假设图 10-4 所示结构中左边的 p 区很窄，并认为雪崩倍增主要发生在 n^+-p 结附近的 p 型薄层内，且假定本征区内的电场是均匀的，如图 10-5 所示。设器件两端施加的直流反偏压恰好使 p 区内的电场达到雪崩临界电场 $\mathscr{E}_a$，并从 $t = 0$ 时刻开始施加交流偏压[如图 10-5(a)所示]。在交流偏压的正半周内，由于 p 区的电场高于临界电场 $\mathscr{E}_a$，雪崩倍增产生的电子向左侧的 n^+区运动，空穴则向右侧渡越通过本征区向 p^+区运动。随着交流偏压的增大，通过雪崩倍增过程产生了更多的载流子[如图 10-5(b)所示]。只要在交流偏压的正半周内，p 区内的电场就总是高于临界电场 $\mathscr{E}_a$，因而持续产生了更多的载流子。已经产生的那部分空穴继续向右运动。随着雪崩倍增和漂移运动的进行，空穴在器件内形成了一个“脉冲”分布，如图中的虚线所示。显然，空穴“脉冲”在向右运动的同时其高度会不断增加，直到 t 为 1/2 周期时，空穴“脉冲”的高度达到最大[如图 10-5(c)所示]。也就是说，空穴“脉冲”的峰值形成于交流偏压相位的$\omega t = \pi$处而不是$\pi/2$ 处。但应注意雪崩倍增过程本身造成的相位延迟是$\pi/2$，更多的相位延迟由后续的漂移过程决定。随后，交流偏压进入负半周，p 区的电场降低到雪崩临界电场 $\mathscr{E}_a$以下，载流子的雪崩倍增过程停止，但是已经形成的空穴“脉冲”仍然继续向右侧的 p^+接触区运动[如图 10-5(d)所示]，最后到达 p^+接触后输出一个电流脉冲。也就是说，在交流偏压的负半周内，器件右端输出的电流反而是增大的，因而形成了负电导特性。

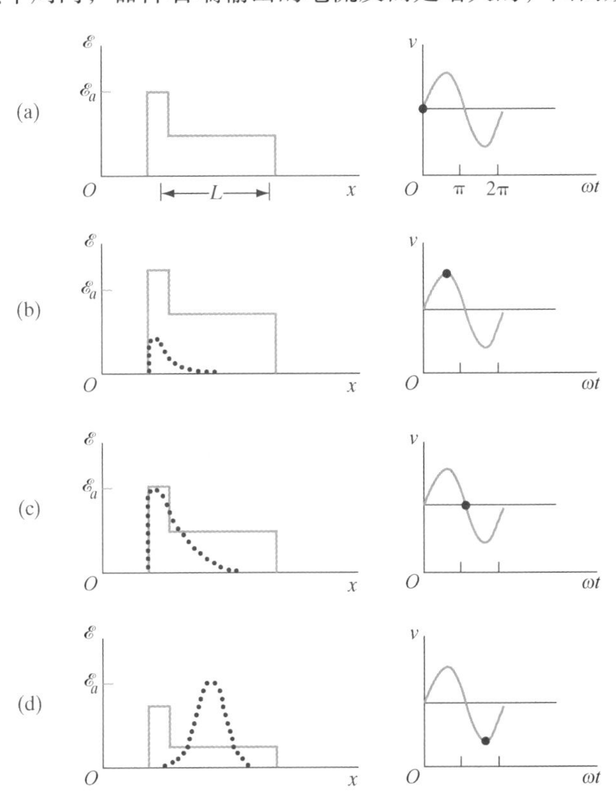

图 10-5　IMPATT 二极管内空穴脉冲的形成和运动(虚线表示空穴浓度脉冲)。(a) $\omega t = 0$；(b) $\omega t = \pi/2$；(c) $\omega t = \pi$；(d) $\omega t = 3\pi/2$

空穴漂移通过本征区需要一定的渡越时间。如果适当地选择本征区(漂移区)的长度，就可以使空穴“脉冲”恰好在一个周期完成时到达 p^+接触区形成输出。如果使空穴脉冲在本征区的渡越时间恰好是工作周期的一半(负半周)，那么 IMPATT 二极管的最佳工作频率f、本征区长度L，以及载流子漂移速度[①] v_d之间满足如下关系：

$$\frac{L}{v_d}=\frac{1}{2}\frac{1}{f}, \qquad f=\frac{v_d}{2L} \tag{10-1}$$

由此可见，IMPATT 二极管的最佳工作频率等于渡越时间倒数的一半。本征区的长度 L 对渡越时间(因而对工作频率)具有决定性的影响。例如，对于 Si-IMPATT 二极管，取 $v_d = 10^7$cm/s，如果本征区长度为 $L = 5$ μm，则其最佳工作频率是 $f = v_d/(2L) = 10^{10}$ Hz。在高于或低于最佳工作频率的频率下工作的 IMPATT 二极管也具有负电导特性，并可实现准确的 180°相移。对 IMPATT 二极管的小信号交流阻抗的详细分析表明，保证器件具有负电导特性的最低工作频率是在式(10-1)给出的最佳工作频率附近随着直流电流分量的平方根变化的。

上面基于图 10-4 所示的器件结构简捷地描述了 IMPATT 二极管的工作原理。实际上在某些更为简单的结构中，如 p-n 结或 p-i-n 结构，也可实现负电导特性，甚至更为有效。如果将 p-i-n 结构用做负电导器件，则其“i”区既是雪崩倍增区也是漂移区，不像图 10-4 所示结构中的两个区是分开的，这意味着在 p-i-n 结构中两种载流子(电子和空穴)都参与到了雪崩倍增和漂移过程之中。

10.3 耿氏(Gunn)二极管

耿氏二极管的名称源于人名 J. B. Gunn(故亦称为 Gunn 二极管)，因为他首先研究并展示了这种二极管的高频振荡特性。这种二极管利用电子转移机制工作，即电子在强电场的作用下从高迁移率的能谷转移到低迁移率的能谷，因此也称为**电子转移器件**。依靠电子转移机制工作的器件，都具有负电导特性[②]。本节首先介绍电子转移的机制和过程，然后讨论这种器件的工作模式。

10.3.1 电子转移机制

3.4.4 节指出了载流子漂移速度对电场的依赖关系。在电场很强时，载流子的漂移速度与电场的关系偏离线性关系，v_d随 $\mathscr{E}$ 的增大而趋于饱和(参见图 3-24)。对大多数半导体材料而言，迁移率随电场都有类似的变化规律，但对有些半导体而言，当电场增大到某一值以上时，电子可以从导带中较低的能谷转移到较高的能谷；相应地，电子的有效质量和迁移率都发生了变化，由此可能导致负电导(参见 3.1 节)。

为了形象地描述电子转移过程，我们不妨回顾一下 3.1 节描述的半导体能带结构。图 10-6 给出了 GaAs 能带的简化结构。此处为了方便，图中忽略了能带的某些细节。由图可见，GaAs 的导带有中央谷$\Gamma(k = 0)$和卫星谷 L 等极值[③]。卫星谷(L)高于中央谷(Γ)，谷间能量差约为

---

① 一般来讲，载流子的漂移速度是电场的函数。但是对于基于“i”区工作的器件来说，“i”区内的电场一般足够强，以至于载流子在其中以饱和速度做漂移运动。速度饱和是受到散射作用的结果(参见图 3-24)。在这种情况下，载流子的漂移速度不会受到小信号交变电场的明显影响。

② 这些器件都是两端器件，虽然也称为二极管，但其中并没有 p-n 结。它们在工作时依靠的是半导体的体不稳定性，而与 p-n 结和半导体表面效应无关。

③ 为简便起见，图中只画出了一个卫星谷。GaAs 在波矢空间的不同方向上还有其他与该能谷等价的能谷，都是卫星谷。图中的有效质量之比(0.55)是对各卫星谷有效质量做了平均后得到的结果。

0.3 eV，远大于 kT，所以通常情况下导带电子位于中央谷，卫星谷中没有电子(参见 8.4 节)。但是，卫星谷的存在对于耿氏效应至关重要。如果电场高于某一临界电场(约 3000 V/cm)，中央谷Γ 中的电子将获得高于 0.3 eV 的能量而转移到卫星谷 L 中(参见图 10-6)。

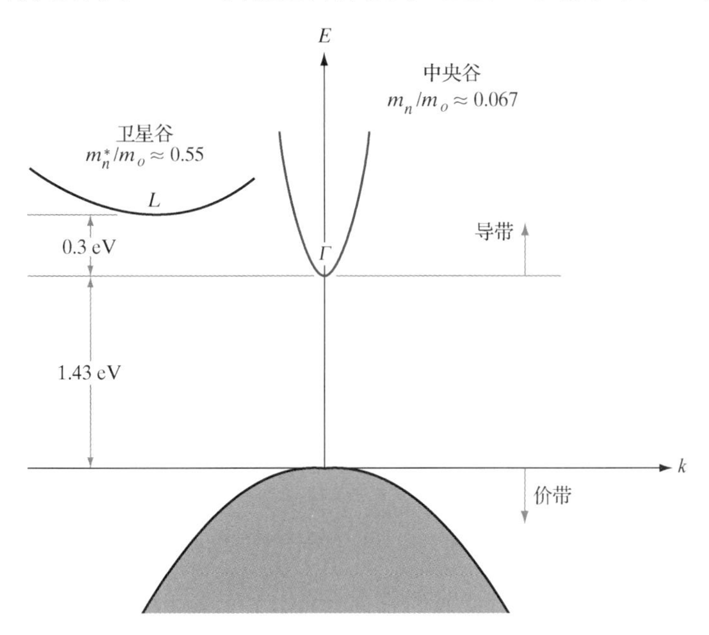

图 10-6　GaAs 导带的低能谷(Γ)和高能谷(L)示意图

电子一旦从低能谷(中央谷)转移到高能谷(卫星谷)，只要保持电场一直高于临界电场，它们将停留在高能谷中。关于这一点，一个合理的解释是：GaAs 中所有等价的卫星谷的能态数目之和远大于中央谷的能态数目(对于 GaAs 大约是 24 倍)，即使在不做严格证明的情况下我们也可以有把握地说，电子不大可能从能态数目很多的卫星谷返回到能态数目较少的中央谷去。所以，只要电场高于临界电场，GaAs 中参与导电的电子绝大多数是那些位于卫星谷中的电子，而不是位于中央谷中的电子。更为重要的是，由于卫星谷能带的曲率比中央谷的小，所以电子在卫星谷中的有效质量比在中央谷中的大(对于 GaAs 大约是 8 倍)，故电子转移后迁移率减小了。综合起来，耿氏二极管负电导的成因可概括为：电场较小时，电子的漂移速度随着电场的增大而增大；当电场增大到高于临界电场 $\mathscr{E}_{th}$(也称为阈值电场)时，某些电子便转移到了高能谷，漂移速度减小；当电场进一步增大时，更多的电子转移到了高能谷。这个过程反映到二极管的电流中(电流密度可表示为 $J = q\mathrm{v}_d n$)，表现为电场高于临界电场时，电流随着电场的增大反而减小，器件表现出了负微分电导特性，如图 10-7 所示。

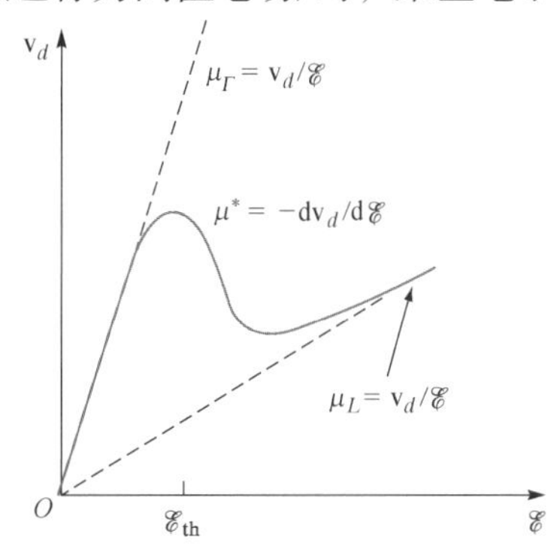

图 10-7　具有电子转移特性的半导体材料中载流子漂移速度和电场的可能关系

图 10-7 是受电子转移影响的漂移速度随电场的变化关系曲线。在低电场下，电子位于导带的Γ能谷(中央谷)中，迁移率较高且不随电场变化($\mu_\Gamma = \mathrm{v}_d/\mathscr{E}$ 是常数)；在强电场($\mathscr{E} >> \mathscr{E}_{th}$)作用下，电子转移到 L 能谷，迁移率减小为μ_L($\mu_L < \mu_\Gamma$)，漂移速度减小很多。

在这两种情况之间，漂移速度随电场的增大而减小，v_d -$\mathscr{E}$ 曲线的斜率是负的，电子具有**负微分迁移率**$(-\mu^* = dv_d/d\mathscr{E} < 0)$①。

图 10-8 给出了 GaAs 和 InP 中电子漂移速度随电场变化的实测结果。可见，InP 出现负电导的临界电场比 GaAs 的高，电子转移前的漂移速度也比 GaAs 的大。

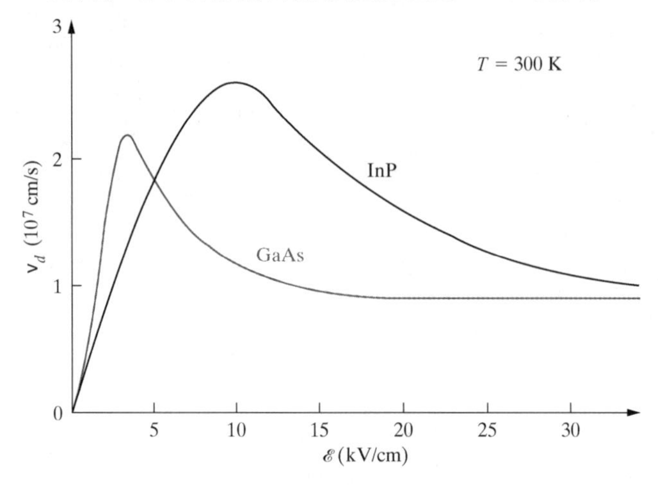

图 10-8　GaAs 和 InP 中电子漂移速度与电场的关系

实际上，在 Gunn 展示 GaAs 负电导特性之前的几年，Ridley、Watkins 以及 Hilsum 等人已经预言到了电子迁移率随电场的增大而减小，进而可能导致负电导的规律，所以也有人把电子转移效应称为芮瓦希(Ridley-Watkins-Hilsum)效应。从前面的讨论不难看出，负电导效应是半导体中的一种体效应，与半导体的表面效应和 p-n 结作用无关，因此也被称为**体负微分电导效应**(简称 BNDC 效应)。

10.3.2　空间电荷畴的形成及其漂移

如果 GaAs 样品中的强电场使其具有了负电导性质，则其中的空间电荷具有不稳定性，器件也不能维持在直流稳定态。为了理解不稳定性的成因，我们首先考察一下通常情况下半导体内空间电荷的消散过程。设半导体内某处因随机涨落而形成了局域化的空间电荷，在半导体不具有负电导性质的情况下，这些空间电荷将会在很短的时间内消失。从连续性方程出发可以证明，空间电荷的消散过程可由下面的指数式规律表示(参见习题 10.3)：

$$Q(t) = Q_0 e^{-t/\tau_d} \tag{10-2}$$

其中 Q_0 是初始时刻的电荷量，τ_d 是半导体材料的**介电弛豫时间**。$\tau_d = \varepsilon/\sigma$，其中$\varepsilon$ 是介电常数，σ 是电导率。由于介电弛豫时间 τ_d 很短(电阻率为 1.0 Ω·cm 的 Si 或 GaAs 材料的 τ_d 约为 10^{-12} s 量级)，所以随机涨落造成的空间电荷可在很短时间内消失，因而半导体总可以被看成是电中性的。

但是，在半导体具有负电导性质的情况下，介电弛豫时间 τ_d 也是负的，根据式(10-2)可知，空间电荷不仅不会很快消失，反而会随着时间的加长而大量增多。这意味着一个很小的空间电荷区会在很短时间内“长大”成为一个宏观的空间电荷区。图 10-9 示意地描述了 n 型 GaAs 在电导率为负的条件下其中空间电荷区的“长大”过程[其中图 10-9(a)是 n 型 GaAs 中电子的漂移速度-电场关系]。假设体内某处的电子浓度因随机涨落发生了变化而形成了一个电荷偶

① 这只是一个粗略的近似。由于迁移率是随着电场的变化而变化的，所以偶极畴在增大的过程中，介电弛豫时间也是在不断变化的。

极区[参见图 10-9(b)]，则该偶极区在随后的很短时间内“长大”成了一个宏观的畴[参见图 10-9(c)]。显然，畴内的电子在电场中仍是运动着的(由阴极向阳极运动)，因而畴本身也是在运动着的，并且在运动过程中不断“长大”。当畴最终运动到阳极时，便输出一个电流脉冲。

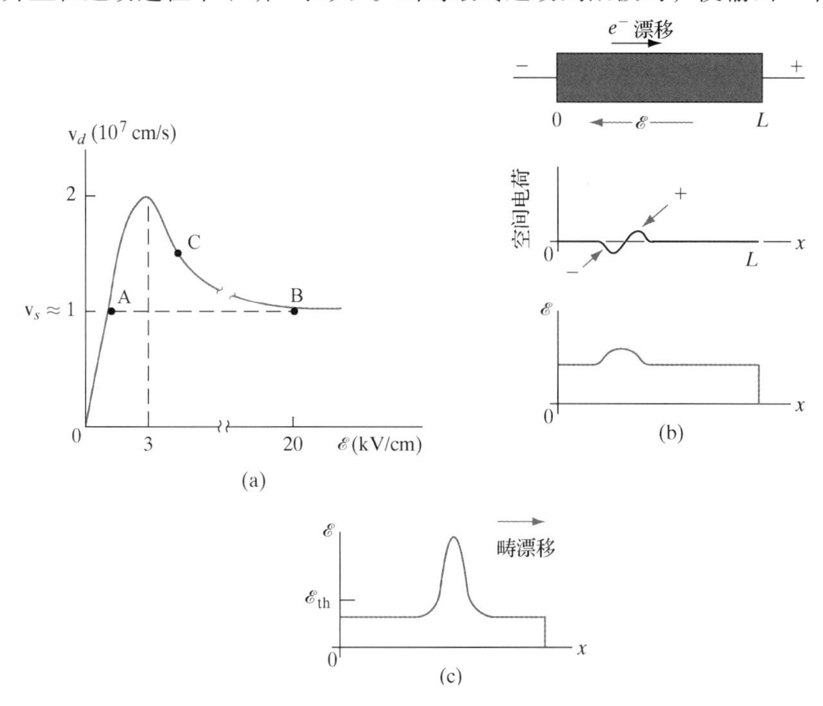

图 10-9　GaAs 中电荷畴的形成和漂移。(a) n 型 GaAs 中载流子的速度-电场关系；(b) 偶极畴的形成；(c) 偶极畴“长大”并在电场中漂移。图中给出了畴内和畴外的电场分布

样品内一旦形成空间电荷畴，外加电压的一部分将降落其中。随着畴的“长大”，畴内承受了更多的压降，畴外的压降相应减小。这样，畴外的电场会越来越小，以至于减小到阈值电场 $\mathscr{E}_{th}$ 以下，不再满足负电导的形成条件。换句话说，就是在已经形成了一个空间电荷畴的情况下，样品内不大可能再形成第二个空间电荷畴。但从另一方面来看，畴内的电场也不可能无限增大(因而畴外的电场也不可能减小为零)，当畴内的电场增大到图 10-9(a) 中 B 点对应的电场 $\mathscr{E}_B$、同时畴外的电场也减小到 A 点对应的电场 $\mathscr{E}_A$ 时，系统便稳定在这个状态，畴内和畴外的电子以相同的速度 v_s 运动，畴也不再“长大”，运动到阳极时输出一个电流脉冲。接着，体内又会形成一个畴，并按上述规律重复着同样的“长大”和运动过程。半导体晶体中的缺陷、杂质、甚至阴极本身都可引起载流子浓度的随机涨落，从而导致空间电荷畴的形成。但应当指出，形成稳定的空间电荷畴并不是电子转移器件的唯一工作模式，况且对大多数微波应用来说这也不是最佳模式，因为输出的电流脉冲不足以用于微波功率源。器件的耗散功率可达 10^7 W/cm^2 或更高(参见习题 10.5)，由此产生大量的热，因而散热是应用中的大问题。如果不需要连续工作，那么以微波振荡脉冲形式输出的峰值功率可达几百瓦。

10.4　p-n-p-n 二极管

器件应用的一个最常用功能是用做开关。作为开关应用时，要求器件能在阻断态和导通态之间实现快速切换。我们已了解了晶体管的开关作用，通过改变基极电流的大小可实现截

止状态和饱和状态之间的转换。与此类似，其他一些器件如二极管等也可用做某种形式的开关。在很多应用场合，要求器件即使是在正向偏置的情况下也能保持为阻断态，直到在外加信号的作用下将其转变为导通态。目前已有几种这样的器件，其中一类是**半导体可控整流器**(SCR)[①]。这类器件的特征是阻断态的阻抗很高，导通态的阻抗很低。开关信号由外部电路提供和控制，因此器件可以阻断或允许电流通过。

SCR 是一种 p-n-p-n 四层结构的器件，两个电极间的电流受到第三个电极的控制。我们先了解两端 p-n-p-n 结构中的电流输运特点，然后再扩展讨论控制极的触发作用和机制。将会看到，可以把 p-n-p-n 结构看成是由 n-p-n 和 p-n-p 两个晶体管组成的耦合器件来理解。第 7 章 BJT 的相关知识可以帮助读者理解 p-n-p-n 四层器件的工作原理。

10.4.1 基本结构

图 10-10(a)所示是一个 p-n-p-n 四层结构二极管，它有两个电极：与 p 区接触的电极称为**阳极**(A)，与 n 区接触的电极称为**阴极**(K)。我们把靠近阳极的 p-n 结记为 j_1，靠近阴极的 p-n 结记为 j_3，中间的 p-n 结记为 j_2。若在阳极上施加相对于阴极的正偏压，则器件被正向偏置，反之则被反向偏置。图 10-10(b)给出了这种器件的 *I-V* 特性曲线。可以看到，正偏情况下的 p-n-p-n 二极管有两种工作状态，即高阻抗的**正向阻断态**和低阻抗的**正向导通态**。当正向偏压达到某一个临界值 V_p 时，器件由正向阻断态转变为正向导通态。

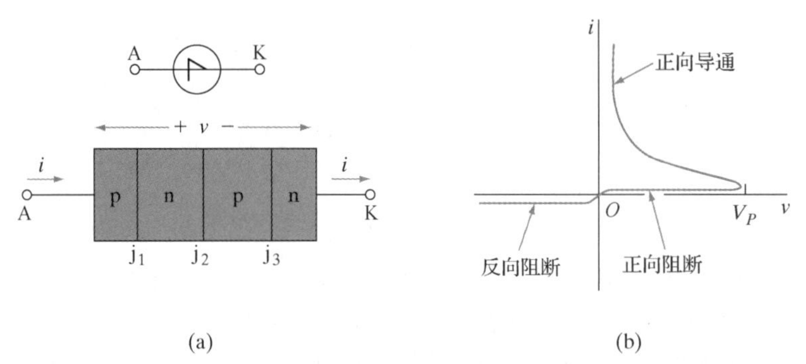

图 10-10 两端 p-n-p-n 器件。(a)基本结构和电路符号；(b)*I-V* 特性

我们注意到，在正向阻断态，j_1 和 j_3 两个结都是正偏的，而 j_2 结是反偏的，此时外加偏压 v 的大部分降落在了反偏的 j_2 结中。当器件转变为导通态后，整个器件承受的电压降很小，即阳极和阴极之间的电压降很小，一般不足 1 V。因此我们可以说，正向导通情况下 p-n-p-n 二极管中的三个结都是正偏的。至于 j_2 结由反偏转变为正偏的机制，正是下一节将要重点讨论的。

将 p-n-p-n 二极管反偏时，器件工作在反向阻断态，此时 j_1 结和 j_3 结均是反偏的，而 j_2 结是正偏的。尽管 j_2 结是正偏的，但通过其中的载流子受到两侧的两个反偏 p-n 结(即 j_1 结和 j_3 结)的限制，所以通过整个器件的电流是很小的，约等于一个反偏 p-n 结的反向饱和电流(由反偏 p-n 结附近的热产生载流子形成)。增大反向偏压，通过器件的电流基本不变；直到在很高的反偏压下器件发生雪崩击穿时，电流才激剧增大。某些具有电场限制环的器件其击穿电压可高达几千伏。p-n-p-n 二极管也常被称为**肖克利(Shockley)二极管**。下面我们分析其开关机制。

---

① 由于这种器件常用 Si 作为衬底材料，所以 SCR 也可用于指代 Silicon Controlled Rectifier，称为可控硅。

10.4.2　双晶体管模型

可以把图 10-10(a)所示的 p-n-p-n 二极管看成是两个晶体管的耦合结构，如图 10-11 所示。j_1 结和 j_2 结分别是 p-n-p 晶体管的发射结和集电结，j_2 结和 j_3 结分别是 n-p-n 晶体管的集电结和发射结；n-p-n 晶体管的集电区同时也是 p-n-p 晶体管的基区，n-p-n 晶体管的基区同时也是 p-n-p 晶体管的集电区；两个晶体管有共同的集电结，即中间的 j_2 结。这个分析模型称为 p-n-p-n 二极管的**双晶体管模型**。

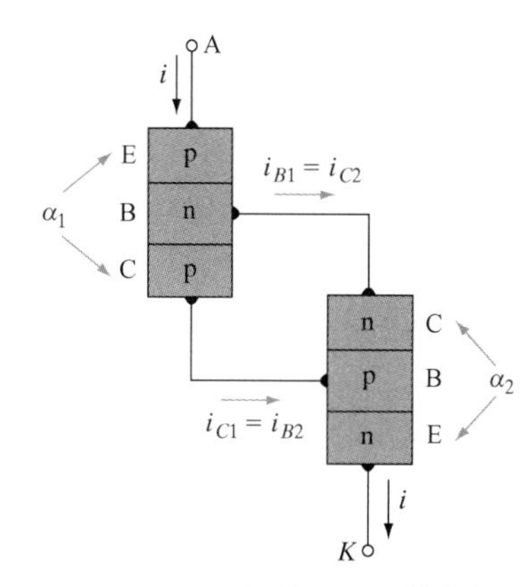

图 10-11　p-n-p-n 二极管的双晶体管耦合模型

由图 10-11 可知，p_1-n_1-p_2 晶体管的集电极电流 i_{C1} 等于 n_1-p_2-n_2 晶体管的基极电流 i_{B2}，同时 n_1-p_2-n_2 晶体管的集电极电流 i_{C2} 也等于 p_1-n_1-p_2 晶体管的基极电流 i_{B1}。容易将通过二极管的总电流 i 表示出来。若设两个晶体管的电流传输系数分别是 α_1 和 α_2，集电结饱和电流分别是 I_{C01} 和 I_{C02}，根据式(7-37b)，有

$$i_{C1} = \alpha_1 i + I_{C01} = i_{B2} \tag{10-3a}$$

$$i_{C2} = \alpha_2 i + I_{C02} = i_{B1} \tag{10-3b}$$

通过器件的总电流 i 应是 i_{C1} 和 i_{C2} 之和

$$i_{C1} + i_{C2} = i \tag{10-4}$$

将式(10-3)代入上式，并整理得到

$$i(\alpha_1 + \alpha_2) + I_{C01} + I_{C02} = i$$

$$i = \frac{I_{C01} + I_{C02}}{1 - (\alpha_1 + \alpha_2)} \tag{10-5}$$

上式说明，只要两个晶体管的电流传输系数之和($\alpha_1+\alpha_2$)远小于 1，通过器件的电流就很小，基本上等于两个晶体管的集电结的饱和电流之和($I_{C01}+I_{C02}$)。由此不难想到，如果利用某种机制使($\alpha_1+\alpha_2$)增大，通过器件的电流就会相应地增大；当($\alpha_1+\alpha_2$) ≈1 时，器件由阻断态转变为导通态。但器件导通后，通过其中的电流不会像式(10-5)预期的那样变成无穷大，因为($\alpha_1+\alpha_2$) ≈1 时，前面的推导已不适用。器件导通后，j_2 结呈正偏状态，两个晶体管均保持在饱和状态。

10.4.3　电流传输系数的改变

根据上述分析，器件在($\alpha_1+\alpha_2$) ≈1 时由阻断态转变为导通态，那么电流传输系数的改变就成为转变的关键。由 7.2 节的有关知识可知，晶体管的电流传输系数α是发射结注入效率γ和基区输运因子 B 的乘积。γ 和 B 两者之一发生变化或者两者都发生变化，都会引起α 变化。电流很小时，γ 主要受制于发射结空间电荷区内的复合(参见 7.7.4 节)；电流增大时，γ 随注入程度的加强而增大(参见 6.5.2 节)。另一方面，有多种机制均可引起 B 的变化，其中一个机制是过剩载流子浓度增大引起复合中心饱和从而导致 B 增大。不管何种机制引起 γ 和 B 增大，α 都会增大，p-n-p-n 二极管的导通条件($\alpha_1+\alpha_2$ ≈1)是能够自然满足的。一般来说，不需要做特殊的设计，p-n-p-n 二极管在正向阻断情况下($\alpha_1+\alpha_2$)总是小于 1，因为此时的电流受制于 j_1 结和 j_3 结空间电荷区的复合，是很小的。

10.4.4 正向阻断态

如图 10-12(a)所示，p-n-p-n 二极管处于正向阻断态时，外加偏压 v 主要降落在反偏的 j_2 结上。此时，虽然 j_1 结和 j_3 结是正偏的，但整个器件中的电流很小。不妨分析一下向 n_1 区补充电子和向 p_2 区补充空穴的来源限制。假设一个空穴由 p_1 区通过 j_1 结注入到 n_1 区，并与 n_1 区的一个电子复合，为保持 n_1 区的电中性，就必须向 n_1 区补充一个电子(当然，同时也必须向 p_1 区补充一个空穴)。但是，补充电子的来源是十分有限的：n_1 区的右侧是反偏的 j_2 结，它不能像欧姆接触那样源源不断地提供足够的电子，因此补充的电子只能来自于 j_2 结耗尽区及其附近一个扩散长度范围内热产生的载流子。由此可知，在正向阻断态下，通过 j_1 结的电流与 j_2 结的反向饱和电流基本相等。同样的道理，通过 j_3 结的电流也近似等于 j_2 结的反向饱和电流，即通过 j_3 结向 n_2 区注入的空穴以及在 p_2 区内复合掉的空穴也必须由 j_2 结的热产生载流子补充，且补充的数量也受到 j_2 结反向饱和电流的限制。

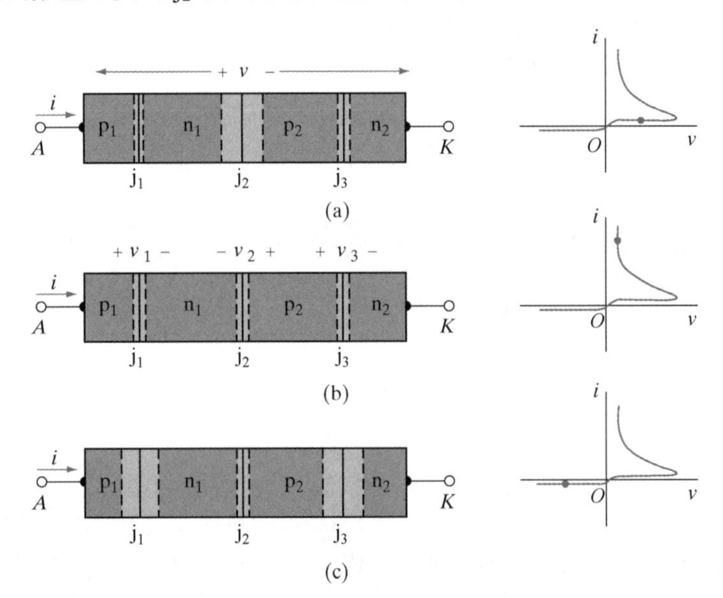

图 10-12 p-n-p-n 二极管的三种偏置状态。(a)正向阻断态；(b)正向导通态；(c)反向阻断态

上面的分析指出通过 j_2 结的电流是热产生电流，这意味着即使 j_3 结是正偏的，也不能向 p_2 区注入足量的电子并被 j_2 结扫向 n_1 区，因此 n_1-p_2-n_2 晶体管的 α_2 是很小的。同样地，即使 j_1 结是正偏的，也不能向 n_1 区注入足量的空穴并被 j_2 结扫向 p_2 区，所以 p_1-n_1-p_2 晶体管的 α_1 也是很小的。也就是说，向 n_1 区补充的电子和向 p_2 区补充的空穴都来源于 j_2 结空间电荷区的热产生载流子，显然都是非常有限的，进而不难理解，两个晶体管都还不具有放大作用。这也帮助我们理解了式(10-5)的含义，即 $\alpha_1+\alpha_2$ 很小时，通过 p-n-p-n 二极管的电流也就很小。

10.4.5 正向导通态

如果两个晶体管 $\alpha_1+\alpha_2$ 都进入了放大状态，则器件内的电荷输运情形将发生很大变化。依靠 p_1-n_1-p_2 晶体管的放大作用，大量的空穴由 p_1 区通过 j_1 结注入到 n_1 区，并扩散到达 j_2 结被扫向 p_2 区。同样地，依靠 n_1-p_2-n_2 晶体管的放大作用，大量的电子由 n_2 区通过 j_3 结注入到 p_2 区，并扩散到达 j_2 结被扫向 n_1 区。由此可见，只要晶体管进入放大状态，电流将会持续剧烈增大，这反过来又会进一步加强晶体管的注入作用。例如，随着电流的增大，n_1 区的电子数量增多，为保持 n_1 区的电中性，j_1 结就必然注入更多的空穴；而注入空穴的增多，又使 p_1-n_1-p_2 晶体管的电流变得更大。显然，载流子的注入过程具有自我加强的作用，正因为如此，通过器件的电流不断增大，最终使器件完全导通。

随着电流 $\alpha_1+\alpha_2$ 的增大，n_1 区中的电子越来越多，p_2 区的空穴也越来越多，反偏 j_2 结的耗尽区不断收缩，最终由反偏状态转变为正偏状态，器件转变为导通态，如图 10-12(b)所示。此时，两个晶体管 $\alpha_1+\alpha_2$ 都工作在深度饱和区，三个 p-n 结都是正偏的，但 j_1 结(或 j_3 结)与 j_2 结上的电压降方向相反，所以整个器件两端的电压降(即通态压降)只相当于单个 p-n 结的正向压降。对于 Si 基 p-n-p-n 二极管来说，通态压降一般小于 1 V。当电流很大时，器件中的欧姆压降有所增大，通态压降会略有所增大。

上面分别分析了阻断态和导通态各自的特点，但尚未涉及促成两个状态转变的触发机制。所谓“触发”，就是设法增大 j_1 结和 j_3 结的注入，以此诱导 j_2 结的注入，增强两个晶体管的放大和耦合作用，使载流子的注入进入自我增强的过程，最终使器件导通。下面介绍触发机制。

10.4.6　触发机制

触发一个双端 p-n-p-n 二极管的最常用方法是将偏压提高到临界转变电压 V_p 以上。这种情况下，反偏的 j_2 结发生雪崩击穿使电流增大，诱发 j_1 结和 j_3 结的注入作用，最终使器件导通。这种触发方式称为**电压触发**。在 j_2 结的击穿过程中，载流子**雪崩倍增效应**和**基区变窄效应**都起了作用。

当 j_2 结发生载流子倍增时，给 n_1 区提供了大量的电子，给 p_2 区提供了大量的空穴，这为增大两个晶体管发射结的注入准备了多子条件。由于存在晶体管作用，j_2 结无须发生真正的击穿就会触发导通过程。根据式(7-52)可知，单独一个晶体管当基极开路时($i_B=0$)其集电结发生击穿的条件是 $M\alpha=1$，而对这里的 p-n-p-n 二极管而言，因其包含了两个耦合的晶体管，j_2 结作为其共同的集电结，发生击穿的条件可表示为

$$M_p\alpha_1+M_n\alpha_2=1 \tag{10-6}$$

其中，M_n 和 M_p 分别是 j_2 结中电子和空穴的雪崩倍增因子。

当正向偏压逐渐增大时，反偏的 j_2 结的耗尽区宽度相应地增大以承受增大了的偏压。耗尽区的扩展使两个晶体管的基区变窄，α_1 和 α_2 增大，因而诱发了导通过程。基区穿通一般不会发生，因为在穿通之前 α_1 和 α_2 已增大到足以使器件进入导通过程。况且，诱发导通过程的因素不止有基区变窄，而可能是基区变窄、载流子雪崩倍增，以及偏压较高时泄漏电流增大等各种因素共同作用的结果。从式(10-6)可以看出，($\alpha_1+\alpha_2$)不需要接近于 1，j_2 结也会发生击穿，器件就可以进入自动增强的导通过程。随着导通过程的进行，j_2 结上的反偏压消失，击穿机制也失去作用。因此可以说，基区变窄和载流子雪崩倍增仅仅只是起到了诱发(或启动)导通过程的作用。

如果使正向偏压 v 快速增大，也会诱发 p-n-p-n 二极管的导通过程，这种触发方式称为 **dv/dt 触发**。其机理是，j_2 结的耗尽区宽度随着偏压的升高而相应增大，n_1 区的电子和 p_2 区的空穴分别通过 j_1 结和 j_3 结被抽走，导致电流显著增大，器件进入导通过程。但是，如果偏压 v 的变化很慢(即 dv/dt 很小)，则向 j_1 结运动的电子和向 j_2 结运动的空穴都不能形成显著的电流。只有在 v 变化很快(即 dv/dt 很大)的情况下，才可形成显著的瞬时电流。瞬时电流与反偏 j_2 结的耗尽层电容 C_{j2} 有关，可表示为

$$i(t)=\frac{\mathrm{d}C_{j2}v_{j2}}{\mathrm{d}t}=C_{j2}\frac{\mathrm{d}v_{j2}}{\mathrm{d}t}+v_{j2}\frac{\mathrm{d}C_{j2}}{\mathrm{d}t} \tag{10-7}$$

其中 v_{j2} 是反偏 j_2 结的瞬时结电压。显然，该电流是**位移电流**，它不仅与电压变化率 $\mathrm{d}v_{j2}/\mathrm{d}t$ 有关，而且也与电容变化率 $\mathrm{d}C_{j2}/\mathrm{d}t$ 有关，因为结电容 C_{j2} 是随着耗尽区宽度的变化而变化的。

$\mathrm{d}v/\mathrm{d}t$ 额定值和临界转变电压 V_P 是 p-n-p-n 二极管的两个重要技术指标。采用 $\mathrm{d}v/\mathrm{d}t$ 触发时，p-n-p-n 二极管可以在远低于临界转变电压 V_P 的偏压下实现导通，这是 $\mathrm{d}v/\mathrm{d}t$ 触发的优点。但这个优点在有些情况下可能成为缺点，比如，某些不可预知的电压波动通过 $\mathrm{d}v/\mathrm{d}t$ 触发机制可能会造成器件误导通。

上面介绍的触发方式适用于双端的 p-n-p-n 二极管。下一节将介绍三端器件半导体可控整流器(SCR)的触发方式，它是在第三极(栅极)上施加触发信号而实现触发的。

10.5 半导体可控整流器

半导体可控整流器(SCR)用于功率开关电路和各种控制电路等很多场合，其电流处理能力从几毫安到几百安培。施加在栅极上的信号可以使器件导通，因此 SCR 可用于控制输送给负载的功率。例如，家庭中常用的调光灯就是利用 SCR 的这个特点，控制分配到灯泡(或其他发光体)的功率而实现亮度调节的。这个特点也在电机、加热器以及其他很多系统的控制电路中得到广泛应用。本节先介绍 SCR 的工作原理，然后再介绍其应用。

10.5.1 栅极的控制作用

在功率电路应用中最重要的四层器件是三端 SCR[①]，图 10-13(a)所示是其基本结构和特性示意图。可以看到，SCR 在结构上与 p-n-p-n 二极管类似，只是多了一个控制极，这个控制极就是栅极。器件的开通是受栅极信号控制的。器件开通所需要的栅电流是很小的(与阳极电流相比)。SCR 的开通电压 V_P 与栅电流 i_G 的大小有关；栅电流越大，开通电压越小，如图 10-13(b)所示。这种栅控作用为器件的广泛应用奠定了基础(参见图 10-14)。

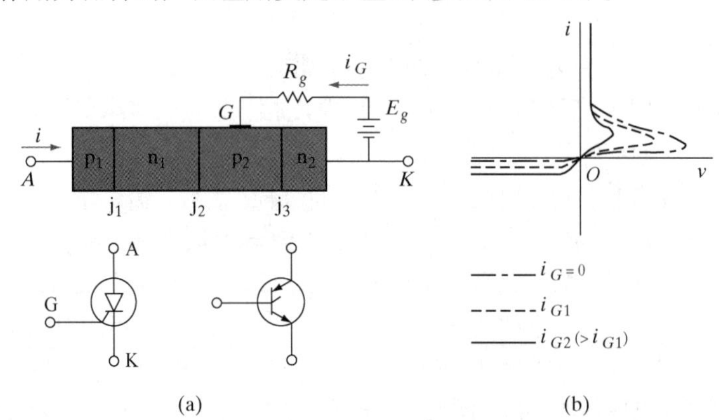

图 10-13 半导体可控整流器。(a)基本结构和电路符号；(b)I-V 特性

为说明**栅触发**的机理，我们假设器件最初处于正向阻断态，此时器件的阳极和阴极之间只有很小的饱和电流流过。此时如果在栅极-阴极之间施加一个正偏信号，则栅极-阴极回路

① 由于这类器件是在半导体中实现的，故被称为晶体闸流管，简称晶闸管。

中就有电流，大量电子从 n_2 区注入到 p_2 区，同时大量的空穴由 p_2 区注入到 n_2 区。经过一段时间 τ_{t2} 后（τ_{t2} 是电子在 p_2 区的渡越时间），由 j_3 结注入到 p_2 区的电子到达 j_2 结并立即被扫向 p_1-n_1-p_2 晶体管的基区（n_1 区）。为保持 n_1 区的电中性，j_1 结必须向 n_1 区注入相同数量的空穴。这样，在经过一段时间 τ_{t1} 后（τ_{t1} 是空穴 n_1 区的渡越时间），由 j_1 结注入到 n_1 区的空穴到达 j_2 结并立即被扫向 n_1-p_2-n_2 晶体管的基区（p_2 区）。也就是说，从栅极信号开始作用的时刻算起，在经过了（$\tau_{t1}+\tau_{t2}$）的延迟时间后，两个晶体管的作用都被"发挥"出来，器件被驱动进入正向导通态。大多数 SCR 的导通延迟时间约为几微秒，所需的栅电流也只有几毫安，但通过器件的电流可达几安培。器件能够处理的功率可以很大。

正如前面已讨论的那样，导通过程是一个自我增强的过程，器件一旦进入这样一个自我增强的过程，就不再需要栅电流来维持导通过程，同时栅极也失去了对器件的控制作用。因此，对一个 SCR 来说，触发器件导通所需的最小栅控脉冲的高度和宽度（持续时间）是其重要的技术参数。触发脉冲持续几微秒的时间已足以使器件转变为导通态。

10.5.2　SCR 的关断

如果要将 SCR 从导通态转变为阻断态，将 SCR 关断，应设法将器件中的电流减小到**挚住电流**以下。所谓挚住电流，是指维持（$\alpha_1+\alpha_2$）≈ 1 这个导通条件所需的最小电流。如果将栅偏压反向，利用栅的抽取作用快速地将 p_2 区的空穴抽走，使 n_1-p_2-n_2 晶体管脱离饱和状态，就可将器件关断。但是，一般在实践中依靠栅反偏的方法来实现关断是有困难的，因为即使将靠近栅电极的部分空穴快速抽走，远离栅电极的区域内仍有大量的空穴沿原方向继续运动（输运电流），j_3 结实际上呈不均匀偏置状态，这使得侧向电流继续得以维持。因此，要想 SCR 具备栅关断能力，必须经过特殊设计才行。一般情况是，一个给定的 SCR 器件，即使有栅关断能力，这个能力也只在特定电流以下的范围内才能发挥作用。图 10-14 是利用 SCR 的开关性质控制输送到负载功率的一个例子。

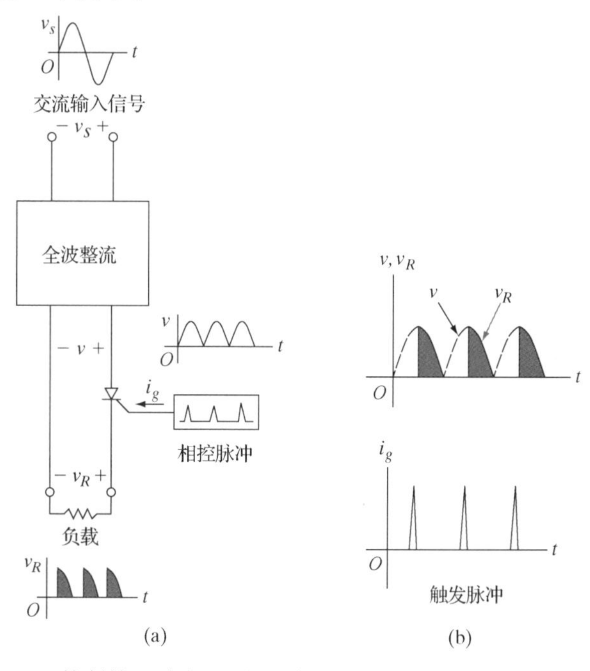

图 10-14　SCR 控制输送功率。(a) 电路原理图；(b) 负载电压波形和触发脉冲

10.6 绝缘栅双极型晶体管

上一节指出，利用栅的抽取作用实现 SCR 的关断一般是困难的。因此，需要借助适当的外接电路，才可容易地将阳极-阴极之间的电流减小到挚住电流以下，从而将器件关断。但显然，这样做既烦琐也不经济。

1979 年由 Baliga 发明的**绝缘栅双极型晶体管**(IGBT)，是 SCR 器件的一个变种，可以依靠栅控作用将器件关断。该器件还有其他一些名称，如电导调制场效应晶体管(COMFET)、绝缘栅晶体管(IGT)、绝缘栅整流器(IGR)、增益增强型 MOS 场效应晶体管(GEMFET)，以及双极场效应晶体管(BiFET)等。

IGBT 的结构如图 10-15 所示，它是一种 SCR 和 MOSFET 的组合器件，依靠 MOSFET 的栅控作用将 n^+阴极和 n^-基区接通或断开。MOSFET 的沟道长度取决于 p 区表面处的宽度，它是由离子注入经过扩散后形成的，而不是像通常的 MOSFET 那样由栅区光刻决定的。这样形成的 MOSFET 是**双扩散 MOSFET**(简写为 DMOS)。

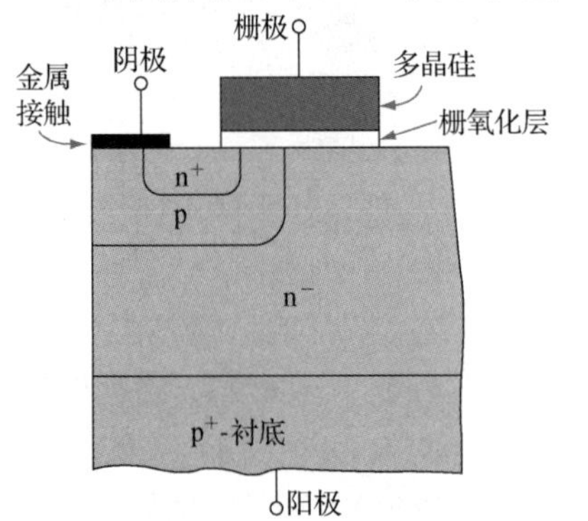

图 10-15 绝缘栅双极型晶体管(IGBT)的结构示意图

IGBT 的主体部分是在 p^+衬底上外延生长的 n^-轻掺杂区，它是 DMOS 的漏区，厚度约为 50 μm，掺杂浓度约为 10^{14} cm^{-3} 量级。重掺杂的 p^+衬底是 IGBT 的阳极。在阻断态，主体部分(n^-轻掺杂区)可承受很高的电压降，因而 IGBT 阻断电压很高。在导通态，由 n^+阴极注入的电子和由 p^+阳极注入的空穴使 n^-区发生电导调制，其中的电压降很小，因而 IGBT 的通态压降很低。

图 10-16 给出了 IGBT 的 *I-V* 特性示意图。栅偏压为零或低于 DMOS 的阈值电压时，p 区表面尚未形成反型沟道，此时 IGBT 类似于阻断态的 SCR，无论阳极偏压的极性如何，通过器件的电流都很小，直至发生雪崩击穿。如果阳极偏压 V_{AK} 为正，则击穿发生在 n^--p 结；如果偏压 V_{AK} 为负，则击穿则发生在 n^--p^+结。

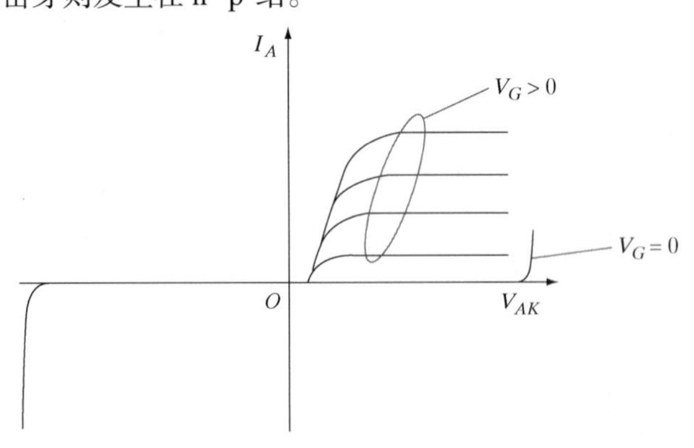

图 10-16 绝缘栅双极型晶体管(IGBT)的 *I-V* 特性示意图

当 DMOS 的栅偏压高于阈值电压时，在 V_{AK} 为正的情况下，通过器件的电流明显增大(参见图 10-17)。此时 IGBT 的 *I-V* 特性类似于 MOSFET 的 *I-V* 特性，但不同之处是 MOSFET 的

电流 I_D 是从原点($V_D=0$)处开始增大的，而 IGBT 的电流 I_A 是在偏离原点约 0.7 V 处才开始增大的，即 IGBT 的**开启电压**与一个二极管的开启电压大致相同。究其原因，可由图 10-17(a)所示的 IGBT 等效电路来解释：V_{AK} 较小时，IGBT 可看成是一个 DMOS 与一个 p-i-n 二极管的串联，其中的 p-i-n 二极管由 p^+ 衬底(阳极)、n^- 高阻区(基区)以及 n^+ 阴极组成，且是正向偏置的，DMOS 中的电压降可忽略，因此只有当 V_{AK} 增大到 p-i-n 二极管的开启电压(约 0.7 V)时才允许较大的电流 I_A 通过。从 p^+ 阳极注入的空穴和从 n^+ 阴极注入的电子在 n^- 基区内发生复合，根据 5.6.2 节的讨论，在以耗尽区的复合电流为主的小电流情况下，二极管的理想因子为 $n=2$，因此在 V_{AK} 小于开启电压的范围内通过 IGBT 的电流可表示为

$$I_A \propto \exp\left(\frac{qV_{AK}}{2kT}\right) \tag{10-8}$$

另一方面，当 V_{AK} 大于开启电压时，IGBT 可看成是由两个具有耦合作用的器件组成的：一个是水平方向的 DMOSFET，另一个是竖直方向的 $p\text{-}n^-\text{-}p^+$ BJT，等效电路如图 10-17(b)所示。此时注入的载流子不都在 n^- 基区内复合。由图可见，DMOSFET 的漏极电流 I_{MOS} 同时也是 BJT 的基极电流，因此，通过 IGBT 的电流可表示为

$$I_A = (1+\beta_{pnp})I_{MOS} \tag{10-9}$$

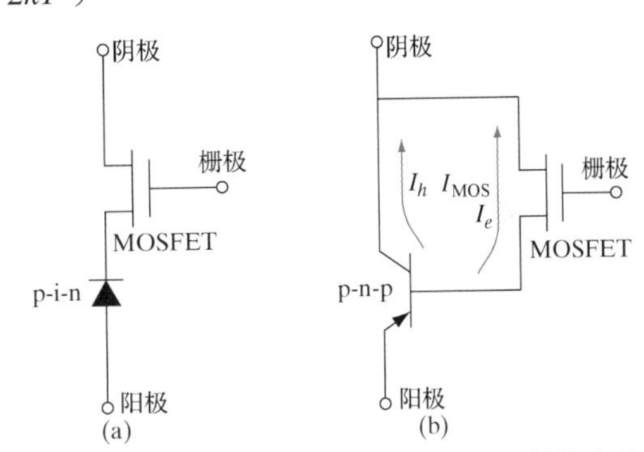

图 10-17　绝缘栅双极型晶体管(IGBT)的等效电路：(a) V_{AK} 低于开启电压；(b) V_{AK} 高于开启电压

其中 β_{pnp} 是 BJT 的基极-集电极电流放大因子。

在电流很大的情况下，IGBT 也会像 SCR(导通态)一样发生闩锁现象，这意味着 DMOS 栅失去了控制作用。这当然是我们不希望看到的，应用时应注意避免。

由以上分析可以看出，IGBT 利用了 MOSFET 和 BJT 两者各自的优点，既有 MOSFET 输入阻抗高和输入电容小的优点，又有 BJT(或 SCR)通态电阻小和电流处理能力强的优点。另外，IGBT 与 SCR 相比，更容易实现栅控关断。正是基于这些优点，IGBT 正在逐渐取代传统的 SCR 而成为大功率应用的首选器件。

10.7　纳电子器件

纳米技术有时被定义是针对尺度为 1 ~ 100 nm 的物质或结构进行设计制备和性能控制的一项新技术。在此尺度下，物质或结构具有某些新颖的、奇妙的性质，人们利用这些性质可以制造具有特定功能的新型器件。纳米尺度介于微米尺度(μm)和原子(或分子)尺度(约 0.1 nm)之间，所以有时也被称为介观尺度。当实体对象的尺度从宏观尺度缩小到微米尺度甚至更小时，变化的不仅仅只是尺度，许多性质或行为也发生了变化。不妨试想一下这样一种情形：一个球体，如果其尺寸较大，则不管从宏观上看还是从微观上看，其中的原子绝大多数都分布在球体内部。但如果球体的尺寸缩小到介观尺度，则有相当一部分原子分布在球体的表面。这个例子形象地说明了“更小则不同”这样一种规律。另一方面，如果实体对象小到了单个原子或分子的尺度，则其性质属于量子力学和化学的研究范围。而介观尺度的实体与此又有不同，因为其中含有原子或分子的团簇且原子之间存在集聚效应，所以其性质不同于单个原

子的性质，而具有奇妙的新的性质，这正是物理学家 Philip Anderson 指出的“更多则不同”的含义所在。

目前有许多纳电子器件正处于实验室研究阶段。本节我们将按照器件的维度，介绍几种典型的、有趣的器件实例，包括零维量子点、一维量子线和纳米管、二维层状晶体如石墨烯等。纳电子器件的许多新性质都与这些低维结构的态密度分布有关；附录 D 给出了各种维度结构的态密度推导。

10.7.1 零维量子点

零维量子点的态密度 $N(E)$ 随着能量按照 $1/E$ 的规律变化，具有奇异性。尽管有人经常把量子点称为“人工原子”，但这个类比并不十分贴切。我们知道，原子具有球对称的库仑势 $V(r)$，它随着距离按照 $1/r$ 的规律变化，相应的轨道能级表示为 $1/n^2$ 的形式[参见式(2-15)]。而量子点的约束势近似为抛物线形(类似于简谐振子)；根据量子力学规律，量子点具有等间距的本征能级。量子点的带隙宽度相对于体材料的带隙宽度变得更大，因为随着尺寸的减小，量子点的约束性质使得导带和价带的最低本征态的能量升高，发生了蓝移效应。带隙宽度的变化，可导致那些基于量子点的光电子器件的光谱结构发生显著改变，利用这一性质可改善光电子器件的性能，比如在半导体激光器的有源区引入并控制量子点的尺寸，可有效地改变激光器的发射光谱(发生蓝移)，并有效地锐化光谱的线宽。量子点还可用于太阳能电池，以调控其吸收特性，使其与太阳光谱更好地匹配，从而获得更高的光电转换效率。

关于量子点的制备，有“自上而下”的方法，也有“自下而上”的方法。前一种方法使用纳米光刻技术转移图形，然后使用刻蚀技术形成纳米图形。后一种方法是在异质外延过程中利用原子或分子的自组装性质形成量子点。在第 1 章我们已了解，在某种衬底上外延生长异质半导体层，最初的外延层以 Frank-Van der Merwe 模式逐层生长，外延层是光滑的；随着外延层加厚，因晶格失配在外延层中引入应变，外延层以 Volmer-Weber 模式生长，形成岛状凸起，导致外延层表面变得粗糙。如果晶格失配较为严重，应变的加剧导致外延层表面更加粗糙，原子或分子可以以自组装的方式在衬底表面形成量子点，这就是所谓的 Stranski-Krastanov 生长模式。在许多光电器件的制备过程中，如果量子点的精确定位不作为严苛的技术参数，则可以优先选用这种模式制备量子点，其好处是在避免了耗时而烦琐的光刻和蚀刻工艺的情况下，在器件的有源区(如激光器的谐振腔)内制备了量子点，从而锐化了光谱线宽。

关于量子点的应用，高密度量子点闪速存储器(简称闪存)是一个典型的例子。在 9.5.2 节我们已了解，在闪存单元中，电子以非易失方式存储在 MOS 结构中的浮置栅上，浮置栅上电子的存储和释放分别代表数字逻辑“1”和“0”。当存储单元缩小时，根据“按比例缩小”法则(参见 6.5.9 节)，隧穿氧化层的厚度也必须按比例减小，但是当隧穿层的厚度减小约 8 nm 以下时，工艺加工过程中会不可避免地形成疵点，存储的电荷容易通过这些疵点泄放掉，致使信息存储的时间远达不到 10 年的预期时间。为避免这一问题，可以把连续的浮置栅替换为不连续的量子点，电荷分散存储在这些量子点中，纵使隧穿介质层中存在某些疵点，也只是影响到一小部分量子点的电荷存储，而大部分量子点中存储的电荷仍能长时间保持，这显然会大大提高闪存的可靠性。

10.7.2 一维量子线

一维半导体量子线(或称为纳米线)是制造超大规模 MOS 电路的一个非常有吸引力的选择。

这可以看做是对 FinFET 或 MuGFET 的一种革新。我们知道(参见 6.6.3 节)，在 FinFET 这种三维器件结构中，沟道的三面被栅包裹着，相对于体硅 MOSFET 而言，可以更有效地调控沟道电势的分布，沟道长度也具有更好的可扩展性。而纳米线 MOSFET 相对于 FinFET 则更进一步，可把沟道的四面全部用栅包裹，因此栅控能力比 FinFET 更强。但是，单个纳米线 MOSFET 的驱动电流一般比较小，若要获得较大的驱动电流，需要将这些器件组成并行阵列使用。

正如量子点的制备一样，量子线也可采用“自上而下”的方法制备，即先用纳米光刻技术转移图形，再用蚀刻技术形成图形。或者，可采用新的“自下而上”的方法制备量子线，其中一种是称为**气-液-固**(VLS)的制备方法,该方法是 Wagner 于 20 世纪 60 年代开发出来的。使用 VLS 方法制备量子线的大致过程是这样：首先在衬底表面上制备出有序排列的金属催化剂(如 Au)量子点，然后将衬底置于 CVD 反应室中加热至金属催化剂熔化，此时向反应室内通入适当的前驱气体，前驱气体在熔化的金属催化剂的作用下发生分解反应，因而在衬底表面生长出垂直的纳米线。比如，若要生长 Si 纳米线，则通入硅烷(SiH_4)气体作为前驱气体，在 Au 催化剂的作用下分解并在衬底表面生长出 Si 纳米线,而催化剂 Au 则始终浮在纳米线的顶端。最后，作为催化剂的 Au 可以采用刻蚀方法加以去除。幸运的是，由于 Au 在 Si 中的固溶度很低，所以它对 Si 纳米线或 Si 衬底造成的 Au 污染很少，可以忽略不计。如此制得的垂直纳米线可用于制作垂直沟道场效应晶体管。或者，亦可将制得的纳米线进行“收割”，然后平放于另一衬底上，用于其他器件的制造。如果要制备其他材料的纳米线，比如要制备 Ge 纳米线或 III ~ V 族材料的纳米线,同样可以采用 VLS 方法,但需使用相应的气体作为前驱气体。

另一种引人关注的一维纳米结构是碳纳米管。在第 1 章中我们已了解，碳(C)原子之间可通过 sp^3 杂化与周围四个碳原子结合形成四面体的金刚石结构。其实，C 原子也可通过 sp^2 杂化形成平面结构，如石墨中的碳原子片状结构就是通过 sp^2 杂化形成的。人们发现的碳的第一种纳米结构，即所谓的富勒烯或巴基球[①]，也正是碳原子二维平面成键的结果。富勒烯可以被拉伸成管状而形成碳纳米管，如图 10-18 所示。碳纳米管可用于制作场效应晶体管。碳纳米管场效应晶体管与纳米线场效应晶体管有某些相似之处，但碳基材料的态密度却有明显不同。例如，碳纳米管的导电性取决于其中碳原子的排列方向，也就是与碳纳米管的**螺旋度**或**手性**密切相关，可以表现为半导体型碳纳米管，适合于制作场效应晶体管；也可以表现为金属型碳纳米管，适合于制作金属互连。

10.7.3　二维层状晶体

我们已了解 MOSFET 的工作原理，其沟道反型层中的二维电子气体(2-DEG)就是一种准二维系统，它是通过静电约束而形成的。近年来，人们在二维原子晶体或层状材料的研究方面取得了突破性的进展，在此加以简单介绍。

2004 年 Andre Geim 和 Konstantin Novoselov 证实可以从石墨中剥离出 sp^2 杂化结合的单层或多层碳原子层，获得了二维原子晶体，即石墨烯。其实也可以把石墨烯看成是将单壁碳纳米管沿其轴线切开，然后展开、摊平得到的碳原子层。石墨烯的晶胞是由碳原子组成的六角形结构，具有独特的线性能带结构 $E(K)$，如图 10-18 所示。这种能带结构显然不同于大多数半导体的抛物线形能带结构。在 3.2.2 节我们已经知道，抛物线能带的曲率决定了载流子(电

---

① 巴基球或富勒烯的称谓源于美国建筑师 Buckminister Fuller 的名字，他所设计建造的穹顶建筑与这里的碳原子零维纳米结构看起来非常相似。

子或空穴)的有效质量。与此相反，石墨烯的线性能带结构让人更容易联想到光子的线性色散关系。我们已经知道，光子的静止质量为零，且以光速 c 传播。石墨烯中的载流子与光子类似，有效质量也为零(因而被称为无质量的狄拉克费米子)，它们的群速度由 1.5 节介绍的色散关系的斜率决定。波矢空间中，线性 E-k 关系描绘的锥形表面被称为狄拉克锥，如图 10-18(d)所示。在石墨烯中，电子和空穴以费米速度运动，大约是在 Si 或大多数半导体中饱和漂移速度的 10 倍，这说明石墨烯在制备超高速器件如射频晶体管方面具有应用潜力。但美中不足的是，石墨烯的导带和价带之间没有带隙［参见图 10-18(d)］，因此，石墨烯场效应管的关态泄漏电流很大。根据第 6 章的知识我们知道，用做数字逻辑器件的场效应晶体管必须有尽可能大的关态-开态电阻之比，但石墨烯场效应管并不能满足这一要求，所以石墨烯不适合制作数字逻辑器件。

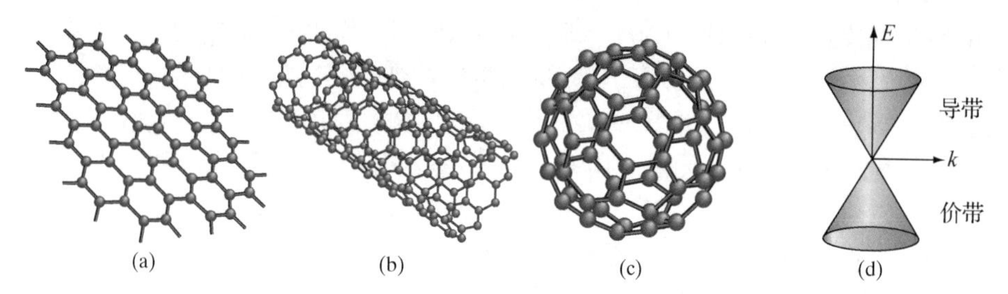

图 10-18 碳原子组成的纳米结构。(a)二维石墨烯；(b)一维碳纳米管；(c)零维巴基球(富勒烯)；(d)石墨烯的能带结构(狄拉克锥)

由于石墨烯没有带隙，人们转而寻求其他与石墨烯类似但具有带隙的二维层状材料，其中一类是过渡金属硫化物(TMD)。过渡元素包括 Mo、W 等，而硫属元素包括元素周期表中的 VI 族元素如 S、Se 和 Te。过渡金属硫化物 MoS_2 具有与石墨烯类似的六角形晶胞和二维单原子层状结构，但与石墨烯的不同之处是具有带隙的，因此可以用于制作场效应器件。

近年来引起人们研究兴趣的另一类二维层状材料是拓扑绝缘体(TI)，如硒化铋和碲化铋。拓扑绝缘体是一类特殊的绝缘体，其体内的能带结构是绝缘体型，具有带隙，但表面处总是存在狄拉克锥形的电子态，因而其表面能带是金属型。我们知道，电子具有自旋，自旋量子数的取值有两个，即±1/2，分别表示“自旋向上”和“自旋向下”。通常情况下，大多数半导体中两种自旋电子的分布几率相同。在态密度分布中计入自旋时，只是增加了一个因子 2(自旋简并度是 2)，但自旋的作用其实不可忽视，尤其是在自旋-轨道相互作用比较强烈的情况下。我们知道，电子在围绕原子核的轨道上运动，会产生一个有效磁场；同时由于自旋-轨道的互作用，自旋向上和自旋向下的电子在这个磁场中的能量会略有不同(图 3-10 中所示的自旋-轨道分裂带就是这种互作用的结果)。在拓扑绝缘体如 Bi_2Se_3 的表面，强的自旋-轨道相互作用使电子的自旋被锁定为始终与波矢 k 正交(波矢 k 代表了电子的轨道运动)。换句话说，在拓扑绝缘体的表面上，如果向左运动的电子的自旋“向上”，那么向右运动的电子的自旋必定“向下”。对这种有趣的物理规律加以利用，可以开发出新型的纳电子器件，这些器件不仅利用电子的电荷携载信息，也利用电子的自旋携载信息。这一新兴领域在现阶段已发展成为**自旋电子学**。

10.7.4 自旋电子存储器

尽管半导体自旋器件的研究正处于萌芽阶段，但铁磁自旋器件用于硬盘信息存储已有很长时间，且于最近几年已用于**自旋转移力矩随机存取存储器**(简称 STTRAM)。了解一下固体的磁性有助于理解自旋器件的基本原理。可以把自旋的电子看成是磁矩方向向上或向下的微小磁体。铁磁性是材料的一种磁性状态，在这种状态下，大多数电子的自旋指向同一个方向，即使在没有外加磁场的情况下也能保持这种状态。

在 10.7.3 节中已指出，一般情况下固体中的电子自旋向上或自旋向下的几率是相等的，态密度中包含了自旋简并度因子 2。在第 3 章中也看到，固体中电子的波函数 $\psi(r, \boldsymbol{s})$ 与空间轨道 (r) 和电子自旋 $(\boldsymbol{s})$ 有关，具有反对称性质。如果波函数的空间轨道是对称的，则自旋一定是反平行的，反之亦然。由于对称轨道（即成键轨道）具有更低的能量（参见图 3-2），所以其中电子的自旋是反平行的，这样系统的能量才能最低，因而这类固体是顺磁性的，不具有铁磁性。另一方面，如果考虑自由电子体系，因为它们之间的距离较大，库仑排斥作用较弱，没有受到离子实势场的强烈作用，所以轨道是反对称的，自旋是平行的，因而系统具有铁磁性。因此，铁磁性系统中使得电子自旋趋于一致的因素是静电库仑作用，而不是磁偶极子之间非常弱的静磁相互作用。这种更强的有效场被称为外斯（Weiss）交换场，它是电子交换时波函数的反对称性造成的。其结果是，在铁磁体的费米能级附近，自旋多子的态密度更高，如图 10-19(a) 所示。

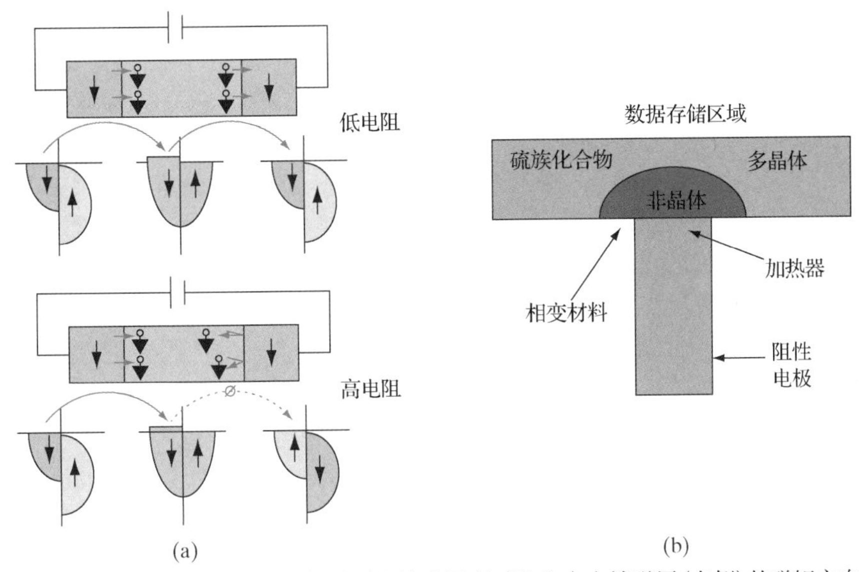

图 10-19　(a) 磁性自旋存储器。如果固定铁磁层（左侧）和自由铁磁层（右侧）的磁矩方向平行，则隧穿电阻低；如果两者的磁矩反平行，则隧穿电阻高。隧穿电阻的高低代表两种存储逻辑状态；(b) 相变存储器，其电阻的变化取决于硫属化物的结晶度

上面所述正是许多铁磁自旋存储器的物理基础。例如，图 10-19(a) 所示的磁性隧道结，**固定磁性层**（左侧）的磁矩方向总是向上的，**自由磁性层**的磁矩方向受到调控，既可以向上也可以向下，两个磁性层之间隔着很薄的隧穿介质层。如果两个磁性层的磁矩方向平行排列，则自旋多子在通过隧穿层的过程中不改变其自旋状态，其初态密度和终态密度都很高，即隧穿电阻很低，这对应着逻辑状态“1”。反之，如果自由磁性层的磁矩方向和固定磁性层的磁矩方向反平行，则自旋多子和自旋少子在隧穿前后的初态密度和终态密度都存在严重的失配，即隧穿电阻变高，这对应着逻辑状态“0”。通常把电子隧穿通过这种隧道结的电阻称为**隧穿磁电阻**（TMR）。计算机中广泛使用的硬盘存储器就是基于隧穿磁电阻效应和类似的**巨磁电阻**（GMR）效应工作的。

上述效应也是 STTRAM 的工作基础。这种存储器是一种新型的“通用”存储器，在不久的将来有望取代其他类型的存储器(如第 9 章介绍的 SRAM、DRAM 以及闪存等)而成为主流存储器。对 STTRAM 单元进行写“1”操作时，在固定磁性层中通以电流使其中电子的自旋沿着多子自旋的方向发生极化，当自旋极化的电子到达自由磁性层时，它将自旋角动量转移给自由磁性层，使自由磁性层受到力矩的作用，从而改变其磁矩方向与固定磁性层的磁矩方向平行，这样就把 STTRAM 单元设置为低电阻状态(对应逻辑“1”)。在对该单元进行读取时，读取的信息就是“1”。反之，如果把“写”操作的电流加以反向，则转移的角动量的方向随之反转，从而使自由层的磁矩方向与固定层的磁矩方向反平行，STTRAM 单元就被设置为高电阻状态了(对应逻辑“0”)。

10.7.5 纳电子阻变存储器

根据前面的介绍可知,STTRAM 存储器以高低两种电阻状态分别代表逻辑状态“0”和“1”。在某种程度上说，这些存储器比逻辑晶体管的制造更为简单，因为逻辑晶体管对其开态-关态电阻之比的要求要严苛得多。近年来，还有一些基于电阻变化的新型非易失性存储器件被研发出来，比如**阻变存储器**(ReRAM)就是这样一种器件。它是在两个金属电极之间夹持一层高 *k* 介质形成的一种简单结构，当一个较大的“写”操作隧道电流通过介质时，可在介质中形成缺陷态或陷阱电荷，从而导致其电阻改变。这种现象与 6.4.7 节讨论的 SiO_2 层的电学特性非常相似。ReRAM 单元的编程(Set)和擦除(Reset)过程的具体细节与所用介质的种类有关，人们对某些相关的物理问题也还存有争议。在以氧化钛作为介质的阻变存储器中，一般认为是电流变化引起的氧空位串的产生及湮灭导致了电阻的变化。有些介质的 ReRAM 仅需使用极性相同但振幅不同的单极性脉冲就可实现编程和擦除，但另一些介质的 ReRAM 则需要使用极性相反的双极性脉冲才能完成编程和擦除。阻变存储器还有多个其他名称，如**记忆电阻**或**忆阻器**。典型情况下，ReRAM 阻值变化的幅度可达百分之几百。ReRAM 面临的挑战是在不发生 TDDB 介质击穿的情况下(参见 6.4.7 节)，经过反复的编程和擦除循环后是否仍具有良好的可靠性。

还有一种阻变存储器，即**相变存储器**(PCM)，其两种电阻态(或逻辑态)之间的阻值差异比 ReRAM 的大得多(可达约 10^5 倍)。如图 10-19(b)所示，相变存储器的存储元件是一种玻璃态材料如硫族化合物 $Ge_2Sb_2Te_5$(GST)，当电流流经器件时，通过加热单元(如 TiN)对 GST 进行快速加热和淬火使其转变为非晶态，此时存储元件的电阻很高，呈高阻态。反之，将存储元件保持在结晶温度范围内并持续一段时间，使其转变为结晶相，此时的电阻变低，呈低阻态。应当说明，使用相变材料作为存储介质并不是一个新的想法，实际上相变材料早已作为可重写光盘(CD)的存储介质用于数字信息的存储。在 CD 光盘的信息刻录过程中，使用激光使存储介质转变成非晶态(反射率低)或者多晶态(反射率高)，依据反射率的高低变化实现数字信息的存储。

目前纳米电子学还只是处于起步阶段，尚有大量的问题有待研究和解决。用著名物理学家理查德 · 费曼(Richard Feynman)的话作为总结，就是：There is plenty of room at the bottom!

小结

10.1 利用负电导器件可获得微波功率输出。这些器件包括：基于量子隧穿效应的器件，如隧道二极管，基于电子转移效应的器件，如 Gunn 二极管，以及基于渡越时间效应的器件，如 IMPATT 二极管等。

10.2　p-n-p-n 二极管、晶闸管、半导体可控整流器(SCR)等器件可用做大功率开关器件。这些器件的开通或关断基于两个寄生的 BJT 之间的耦合作用。在 CMOS 器件中，寄生 BJT 的耦合作用可能会导致闩锁现象的发生。

10.3　绝缘栅双极型晶体管(IGBT)是现代功率半导体器件的主流，这种器件是 SCR 和 MOSFET 的组合器件，具有 SCR 和 MOSFET 各自的优点。

10.4　纳电子器件的有源区的线度介于微米尺度和原子尺度之间(称为介观尺度)，在这个尺度范围内的材料或结构具有一些新奇的物理性质或现象，这使得纳电子器件具有潜在的开发利用前景。

习题

10.1　一个 p-n 突变结，p 区的掺杂浓度很高，是简并的；n 区的费米能级位于导带底。试画出该 p-n 结在正偏和反偏情况下的能带图以及两种情况下的 I-V 特性曲线，并解释。

10.2　隧道二极管的隧穿电压 V_p 是由什么因素决定的(参见图 10-3)？为什么？假设隧道二极管内存在大量的陷阱中心，如图 P10-2 所示，则隧道过程可以通过下列两步来完成：n 区电子先由导带到达陷阱能级 E_t(由 A ~ B)，然后由陷阱能级 E_t 到达 p 区的价带(由 B ~ C)。如果提高偏压，隧道电流将相应地增大。设图中$(E_t-E_v)=0.3$ eV，$E_g=1.0$ eV，n 区的$(E_{Fn}-E_c)$和 p 区的(E_v-E_{Fp})相等，都为 0.1 eV。

(a) 计算载流子通过 E_t 发生隧穿的最小正偏压。

(b) 计算载流子通过 E_t 发生隧穿的最大正偏压。

(c) 假设通过 E_t 发生隧穿形成的最大隧道电流是带间直接隧穿形成的最大隧道电流的 1/3，试画出该隧道二极管的 I-V 特性曲线。

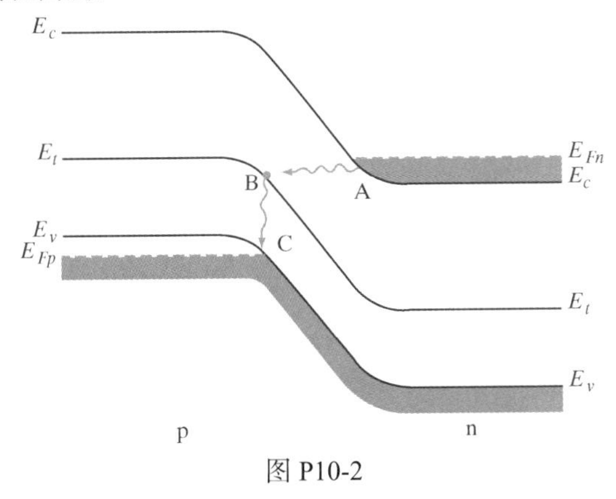

图 P10-2

10.3　(a) 试根据泊松方程、电流连续性方程和电流密度方程将空间电荷密度$\rho(t)$(随时间 t 变化)用材料的电导率σ 和电容率ε 表示出来。提示：忽略载流子的复合作用。

(b) 设 $t=0$ 时刻空间电荷密度为$\rho(0)=\rho_0$，证明$\rho(t)$是随着时间指数式衰减的，衰减的时间常数等于介电弛豫时间τ_d。

(c) 给定样品长度 L 和横截面积 A，试计算样品的固有 RC 时间常数。

10.4　设 t 时刻 GaAs 导带Γ 能谷中电子的浓度为 n_Γ，L 能谷中电子的浓度为 n_L，证明 GaAs 材料出现负微分电导($\mathrm{d}J/\mathrm{d}\mathscr{E}<0$，$\mathscr{E}$是电场强度)的判据(或条件)为

$$\frac{\mathscr{E}(\mu_\Gamma-\mu_L)\dfrac{\mathrm{d}n_\Gamma}{\mathrm{d}\mathscr{E}}+\mathscr{E}\left(n_\Gamma\dfrac{\mathrm{d}\mu_\Gamma}{\mathrm{d}\mathscr{E}}+n_L\dfrac{\mathrm{d}\mu_L}{\mathrm{d}\mathscr{E}}\right)}{n_\Gamma\mu_\Gamma+n_L\mu_L}<-1$$

其中μ_Γ 和μ_L分别是Γ 能谷和 L 能谷的电子迁移率。讨论在$\mu^* \propto 1/\mathscr{E}$的情况下，负微分电导出现的条件。提示：GaAs 导带电子的浓度为 $n_0 = n_\Gamma + n_L$。

10.5 设 GaAs Gunn 二极管的长度为 5 μm，工作时形成了稳定的偶极畴，并输出电流脉冲。

(a) 试求最小电子浓度 n_0 和输出脉冲的时间间隔。

(b) 设电场恰好等于阈值电场，利用图 10-9(a) 中的数据和 (a) 中求出的 n_0 计算该 Gunn 二极管单位体积的耗散功率。是不是工作频率越高，耗散功率越大？

10.6 (a) 计算 GaAs 能带的高能谷 (L 能谷) 和低能谷 (Γ 能谷) 的有效态密度的比值 N_L/N_Γ(参见图 10-6)。

(b) 设高能谷和低能谷的电子分布满足玻尔兹曼分布规律：$\frac{n_L}{n_\Gamma} = \frac{N_L}{N_\Gamma} e^{-\Delta E/kT}$，计算 300 K 平衡条件下两能谷中电子浓度的比值 n_L/n_Γ。

(c) 设低能谷 (Γ 能谷) 中电子的动能为 kT，当这些电子被散射到高能谷 (L 能谷) 时，它们的温度大致为多高？

10.7 如果把两个独立的晶体管按图 10-11 的方式进行连接，则所得电路不具有开关功能，这是为什么？

10.8 图 10-12(a) 中 p-n-p-n 二极管的 j_3 结本来就是正偏的，但为什么还要按图 10-13 的方式在栅极-阴极之间施加正偏压才能使其导通？

10.9 (a) 画出 p-n-p-n 二极管在平衡态、正向阻断态、正向导通态的能带图。(b) 画出 p-n-p-n 二极管在正向导通情况下 n_1 区和 p_2 区中过剩少子的分布。

10.10 采用图 7-3 的图示方法，画出 p-n-p-n 二极管在正向阻断和正向导通情况下的电子流和空穴流示意图，并加以说明。

10.11 基于双晶体管耦合模型，将其中 j_2 结的雪崩倍增考虑在内，重新改写式 (10-3)，并证明式 (10-6) 对 p-n-p-n 二极管是适用的。

参考读物

Baliga, B. J. *Power Semiconductor Devices.* Boston: PWS, 1996.

Esaki, L. “Discovery of the Tunnel Diode.” *IEEE Trans. Elec. Dev.,* ED-23 (1976).

Feynman, R. P. “There’s Plenty of Room at the Bottom,” lecture available online.

Gentry, F. E., F. W. Gutzwiller, N. Holonyak, Jr., and E. E. Von Zastrow. *Semiconductor Controlled Rectifiers: Principles and Application of p-n-p-n Devices.* Englewood Cliffs, NJ: Prentice-Hall, 1964.

Gunn, J. B. “Microwave Oscillations of Current in III-V Semiconductors,” *Solid State Comm.,* 1 (1963).

Moll, J. L., M. Tanenbaum, J. M. Goldey, and N. Holonyak. “P-N-P-N Transistor Switches.” *Proc. IRE,* 44 (1956).

Read, W. T. “A Proposed High Frequency, Negative Resistance Diode,” *Bell Syst.Tech. J.,* 37 (1958).

Ridley, B. K., and T. B. Watkins. “The Possibility of Negative Resistance Effects in Semiconductors,” *Proc. Phys. Soc. Lond.,* 78 (1961).

Shockley, W. “Negative Resistance Arising from Transit Time in Semiconductor Diodes.” *Bell Syst. Tech. J.,* 33 (1954).

自测题

请登录网站 http://public.itrs.net/，仔细研读“国际半导体技术发展路线图”(ITRS)关于“新兴器件”的相关内容，了解纳电子器件的发展趋势和最新进展。

根据你的理解，认为在未来的 5 年、10 年以至 20 年中有哪些纳电子器件有望发展成为实际产品？请围绕这一问题，将相关材料加以整理，撰写一份报告。

附录A　常用符号的定义[1]

符号	定义
a	第 1 章：元胞大小的单位(Å)；第 6 章：FET 沟道的半宽度(cm)
$\boldsymbol{a}, \boldsymbol{b}, \boldsymbol{c}$	晶体元胞的基矢
A	面积(cm^2)
$\mathscr{B}$	磁感应强度(Wb/cm^2)
B	BJT 的基区传输因子
B, E, C	BJT 的基极、发射极、集电极
c	光速(cm/s)
C	电容
C_i, C_d, C_{it}	MOS 结构单位面积上的绝缘层电容、耗尽层电容、界面态电容(F/cm^2)
C_j	结电容(耗尽层电容)(F)
C_s	电荷存储电容(扩散电容)(F)
D, D_n, D_p	杂质、电子、空穴的扩散系数(cm^2/s)
D, G, S	FET 的漏极、栅极、源极
e	自然对数比
e^-	电子
$\mathscr{E}$	电场强度(V/cm)
E	能量[2](J, eV)；电源电压(V)
E_a, E_d	受主、施主杂质能级(J, eV)
E_c, E_v	导带底、价带顶的能量(J, eV)
E_F	平衡态费米能级(J, eV)
E_g	带隙宽度(J, eV)
E_i	本征能级(J, eV)
E_r, E_t	复合能级、陷阱能级(J, eV)
$f(E)$	费米-狄拉克统计分布函数
F_n, F_p	电子、空穴的准费米能级(J, eV)
g, g_{th}, g_{op}	载流子的产生率、热产生率、光产生率($cm^{-3}\cdot s^{-1}$)
g_m	双向跨导(Ω^{-1}，S)
h	普朗克常量(J·s, eV·s)；第 6 章：FET 的中性沟道半宽度(cm)
$\hbar$	约化普朗克常量(J·s, eV·s)
$h\nu$	光子能量(J, eV)
h, k, l	米勒指数
h^+	空穴

① 这里列出的符号不包括仅在某一节中使用的符号，采用的单位是半导体物理学中常用的单位，但在某些公式中应采用 MKS 单位制。

② 玻尔兹曼因子 $\exp(-\Delta E/kT)$中，如果 k 的单位采用 J/K(或者 eV/K)，则ΔE 的单位应采用 J(或者 eV)。

i, I	电流[①](A)，光强度
I(下标)	BJT 的反向工作模式
i_B, i_C, i_E	基极、集电极、发射极电流(A)
I_{CO}, I_{EO}	集电极饱和电流(发射极开路)，发射极饱和电流(集电极开路)(A)
I_{CS}, I_{ES}	集电极饱和电流(发射极短路)，发射极饱和电流(集电极短路)(A)
I_D	FET 的沟道电流(A)
I_0	p-n 结的反向饱和电流(A)
j	$\sqrt{-1}$
J	电流密度(A/cm^2)
k	玻尔兹曼常数(J/K, eV/K)
k_N, k_P	NMOSFET、PMOSFET 的跨导再除以 V_D(A/V^2)
$\boldsymbol{k}$	波矢(cm^{-1})
k_d	杂质分凝系数
K	集成电路按比例缩放因子
K	$4\pi\mathscr{E}_0$ (F/cm)
l, L	长度(cm)
L_D	德拜长度(cm)
$\bar{l}$	载流子随机热运动的平均自由程(cm)
m, m^*	载流子质量、有效质量(kg)
m_n^*, m_p^*	电子、空穴的有效质量(kg)
m_l, m_t	电子的纵向、横向有效质量(kg)
m_{lh}, m_{hh}	轻空穴、重空穴有效质量(kg)
m_0	电子的静止质量(kg)
M	雪崩倍增因子
m, n	整数，幂，理想因子
n	导带电子浓度(cm^{-3})
n	n 型半导体材料
n^+	重掺杂 n 型半导体材料
n_i	本征载流子浓度(cm^{-3})
n_n, n_p	n 型半导体、p 型半导体中电子的平衡浓度(cm^{-3})
n_0	电子的平衡浓度(cm^{-3})
N(下标)	净杂质浓度；做下标时代表 BJT 的正向模式
N_a, N_d	受主杂质浓度、施主杂质浓度(cm^{-3})
N_a^-, N_d^+	电离的受主杂质浓度、电离的施主杂质浓度(cm^{-3})
N_c, N_v	导带的有效态密度，价带的有效态密度(cm^{-3})
p	价带空穴浓度(cm^{-3})
p	p 型半导体

① 参见本附录后的脚注。

p^+	重掺杂 p 型半导体
p	动量(kg·m/s)
p_i	本征半导体中的空穴浓度(cm^{-3})=n_i
p_n, p_p	n 型半导体、p 型半导体中空穴的平衡浓度(cm^{-3})
p_0	空穴的平衡浓度(cm^{-3})
q	基本电荷(1.6×10^{-19}/C)
Q_+, Q_-	空间电荷区中的正、负电荷量(C)
Q_d	耗尽层中的空间电荷密度(C/cm^2)
Q_f	固定氧化物电荷密度(C/cm^2)
Q_i	有效界面电荷密度(C/cm^2)
Q_{it}	界面陷阱电荷密度(C/cm^2)
Q_m	可动离子电荷密度(C/cm^2)
Q_n, Q_p	存储的电子电荷、空穴电荷(C)
Q_n	MOS 沟道反型层中的可动载流子电荷密度(C/cm^2)
Q_{ot}	氧化物陷阱电荷密度(C/cm^2)
$R_p, \Delta R_p$	离子注入的射程、射程偏差(cm)
r, R	电阻(Ω)
R_H	霍尔系数(cm^3/C)
S	亚阈值区 *I-V* 特性曲线的斜率(mV/decade)
t	时间(s)；样品厚度(cm)
$\bar{t}$	载流子散射的平均自由时间(s)
t_{sd}	存储延迟时间(s)
T	温度(K)
v, V	电压[①](V)
V	电势能(J)
$\mathscr{V}$	静电势(V)
V_{CB}, V_{EB}	BJT 的集电结偏压，发射结偏压(V)
V_D, V_G	场效应晶体管的漏偏压、栅偏压(V)
$\mathscr{V}_n, \mathscr{V}_p$	n 型中性区、p 型中性区的电势(V)
V_0	接触电势(V)
V_P	第 6 章：JFET 的夹断电压(V)；第 10 章：SCR 的转折电压(V)
V_T, V_{FB}	MOS 结构的阈值电压、平带电压(V)
v, v_d	速度、漂移速度(cm/s)
w	样品宽度(cm)
W	耗尽层宽度(cm)
W_b	BJT 的中性基区宽度(cm)
x	距离(cm)；合金组分
x_n, x_p	p-n 结中某点在中性 n 区、中性 p 区中的坐标(以空间电荷区边界为原点)(cm)

① 参见本附录后的脚注。

x_{n0}, x_{p0}	耗尽区在 n 区、p 区中的扩展宽度(以冶金结所在位置为起点度量)(cm)
Z	原子序数；z 方向上的距离(cm)
α	BJT 的共基极电流增益(电流传输系数)
$\boldsymbol{\alpha}$	光吸收系数(cm^{-1})
α_r	载流子复合系数(cm^3/s)
β	BJT 的共发射极电流增益(基极-集电极电流放大因子)
γ	BJT 的发射结注入效率
δ, Δ	变化量 i_{Ep}
$\delta n, \delta p$	过剩电子浓度，过剩空穴浓度(cm^{-3})
$\Delta n_p, \Delta p_n$	空间电荷区边界处的过剩电子浓度、过剩空穴浓度(cm^{-3})
$\Delta p_C, \Delta p_E$	BJT 中性基区边界处的过剩电子浓度(集电结一侧)、过剩空穴浓度(发射结一侧)
ε，ε_r，ε_0	电容率、相对电容率、真空电容率；$\varepsilon = \varepsilon_r\varepsilon_0$
λ	光的波长(μm, Å)
μ	载流子迁移率($cm^2/V\cdot s$)
ν	光的频率(Hz, s^{-1})
ρ	电阻率($\Omega\cdot cm$)；空间电荷密度(C/cm^3)
σ	电导率($(\Omega\cdot cm)^{-1}$)
τ_d	介电弛豫时间(s)
τ_n, τ_p	电子寿命、空穴寿命(s)
τ_t	渡越时间(s)
ϕ	流密度($(cm^2\cdot s)^{-1}$)；电势(V)；离子注入剂量(cm^{-2})
ϕ_F	半导体内部$(E_i-E_F)/q$(V)
ϕ_s	表面势(V)
Φ	功函数(V)
Φ_B	金属-半导体接触势垒高度(V)
Φ_{ms}	金属-半导体的功函数差(V)
ψ	与时间有关的波函数、与时间无关的波函数
ω	角频率(s^{-1})
$\langle\ \rangle$	对括号内的物理量或表达式求平均①

① 注意：用带有下标的符号表示一个物理量时，物理量的意义随着符号和下标的大小写形式的不同而变化。对于电流和电压，惯用的表示方法是，大写字母和大写下标表示直流电压或直流电流，小写字母和小写下标表示交流电压或交流电流，小写字母和大写下标表示交流与直流的电压总和(或电流总和)。有时表示电势差时采用双下标，表示两个位置的电势差，比如用 V_{GD} 表示栅极和漏极之间的电势差(V_G-V_D)。

附录B　物理常量和换算因子

阿伏伽德罗常数	N_A	$= 6.02\times10^{23}$ mol^{-1}
玻尔兹曼常数	k	$= 1.38\times10^{-23}$ J/K $= 8.62\times10^{-5}$ eV/K
电子电荷	q	$= 1.60\times10^{-19}$ C
电子静止质量	m_0	$= 9.11\times10^{-31}$ kg
真空电容率	ε_0	$= 8.85\times10^{-14}$ F/cm $= 8.85\times10^{-12}$ F/m
普朗克常数	h	$= 6.63\times10^{-34}$ J・s $= 4.14\times10^{-15}$ eV・s
室温(300 K)下 kT 的值	kT	$= 0.0259$ eV
光速	c	$= 2.998\times10^{10}$ cm/s
波长 1 μm 的光子的能量	1.24 eV	

1 Å(angstrom) $= 10^{-8}$ cm
1 μm(micron) $= 10^{-4}$ cm
1 nm $= 10$ Å $= 10^{-7}$ cm
1 in. $= 2.54$ cm
1 eV $= 1.6\times10^{-19}$ J

前缀:

milli-	m-	$= 10^{-3}$
micro-	μ-	$= 10^{-6}$
nano-	n-	$= 10^{-9}$
pico-	p-	$= 10^{-12}$
kilo-	k-	$= 10^{3}$
mega-	M-	$= 10^{6}$
giga-	G-	$= 10^{9}$

附录 C　常用半导体材料的性质(300 K)

半导体名称	能带/晶格类型	E_g (eV)	μ_n ($cm^2/V\cdot s$)	μ_p ($cm^2/V\cdot s$)	m_n^*/m_0 (m_l, m_t)	m_p^*/m_0 (m_{lh}, m_{hh})	a(Å)	ε_r	密度 (g/cm^3)	熔点 (°C)
Si	*i/D*	1.11	1350	480	0.98,0.19	0.16,0.49	5.43	11.8	2.33	1415
Ge	*i/D*	0.67	3900	1900	1.64,0.082	0.04,0.28	5.65	16	5.32	936
SiC(α)	*i/W*	2.86	500	—	0.6	1.0	3.08	10.2	3.21	2830
AlP	*i/Z*	2.45	80	—	—	0.2,0.63	5.46	9.8	2.40	2000
AlAs	*i/Z*	2.16	1200	420	2.0	0.15,0.76	5.66	10.9	3.60	1740
AlSb	*i/Z*	1.6	200	300	0.12	0.98	6.14	11	4.26	1080
GaP	*i/Z*	2.26	300	150	1.12,0.22	0.14,0.79	5.45	11.1	4.13	1467
GaAs	*d/Z*	1.43	8500	400	0.067	0.074,0.50	5.65	13.2	5.31	1238
GaN	*d/Z, W*	3.4	380	—	0.19	0.60	4.5	12.2	6.1	2530
GaSb	*d/Z*	0.7	5000	1000	0.042	0.06,0.23	6.09	15.7	5.61	712
InP	*d/Z*	1.35	4000	100	0.077	0.089,0.85	5.87	12.4	4.79	1070
InAs	*d/Z*	0.36	22600	200	0.023	0.025,0.41	6.06	14.6	5.67	943
InSb	*d/Z*	0.18	10^5	1700	0.014	0.015,0.40	6.48	17.7	5.78	525
ZnS	*d/Z, W*	3.6	180	10	0.28	—	5.409	8.9	4.09	1650*
ZnSe	*d/Z*	2.7	600	28	0.14	0.60	5.671	9.2	5.65	1100*
ZnTe	*d/Z*	2.25	530	100	0.18	0.65	6.101	10.4	5.51	1238*
CdS	*d/W, Z*	2.42	250	15	0.21	0.80	4.137	8.9	4.82	1475
CdSe	*d/W*	1.73	800	—	0.13	0.45	4.30	10.2	5.81	1258
CdTe	*d/Z*	1.58	1050	100	0.10	0.37	6.482	10.2	6.20	1098
PbS	*i/H*	0.37	575	200	0.22	0.29	5.936	17.0	7.6	1119
PbSe	*i/H*	0.27	1500	1500	—	—	6.147	23.6	8.73	1081
PbTe	*i/H*	0.29	6000	4000	0.17	0.20	6.452	30	8.16	925

* 表示气化温度

对本表数据的说明：

1 本表第 1 栏为半导体材料的化学名称。第 2 栏为能带类型和晶格结构，*i* 和 *d* 分别表示间接禁带半导体和直接禁带半导体，*D*、*Z*、*W*、*H* 分别表示金刚石结构、闪锌矿结构、纤锌矿结构和 NaCl 结构。

2 由于纤锌矿结构的原胞不是立方体，所以表中所给的晶格常数不足以完整地描述纤锌矿结构的特点。有些 II ~ VI 族化合物既可在闪锌矿结构的晶体上生长，也可在纤锌矿结构的晶体上生长。

3 表中对 II ~ VI 族和 IV ~ VI 族化合物半导体给出的数据有些是近似值，有些还不甚确定。表中的空白(画“—”处)表示目前尚没有相关数据。

4 关于电子的有效质量，有些地方给出了两个数值：前一个表示纵向有效质量，后一个表示横向有效质量。对于空穴的有效质量，有些地方也给出了两个数值：前一个表示轻空穴有效质量，后一个表示重空穴有效质量。

附录D　导带态密度的推导

可将导带中的电子作为自由电子处理。电子的波函数ψ满足薛定谔方程

$$-\frac{\hbar^2}{2m}\nabla^2\psi = E\psi \tag{D-1}$$

其中，E是电子的能量。该方程的解具有如下形式：

$$\psi = 常量 \times \mathrm{e}^{\mathrm{j}\boldsymbol{k}\cdot\boldsymbol{r}} \tag{D-2}$$

晶体中运动的电子，其波函数ψ应满足周期性边界条件。考虑电子在一个边长为 L 的正方体晶体内运动，则x方向的边界条件可写为

$$\psi(x+L,y,z) = \psi(x,y,z) \tag{D-3}$$

y方向和z方向的边界条件与此类似。因此，波函数式(D-2)可写为

$$\psi_n = A\exp\left[\mathrm{j}\frac{2\pi}{L}(n_x x + n_y y + n_z z)\right] \tag{D-4}$$

其中因子 $2\pi n/L$ 是考虑到边界条件式(D-3)而引入的(n 是整数)，A 是波函数的归一化因子。将式(D-4)代入薛定谔方程式(D-1)，有

$$-\frac{\hbar^2}{2m}A\nabla^2\exp\left[\mathrm{j}\frac{2\pi}{L}(n_x x + \mathrm{n}_y y + n_z z)\right] = EA\exp\left[\mathrm{j}\frac{2\pi}{L}(n_x x + n_y y + n_z z)\right] \tag{D-5}$$

下面计算单位体积允许的状态数目，即态密度。三维情形下，式(D-5)中波矢 $\boldsymbol{k}$ 的三个分量分别是 $\boldsymbol{k}_x = 2\pi n_x/L$、$\boldsymbol{k}_y = 2\pi n_y/L$、$\boldsymbol{k}_z = 2\pi n_z/L$，即一组整数$(n_x, n_y, n_z)$确定一个 $\boldsymbol{k}$；也就是说，一个允许的 $\boldsymbol{k}$ 值在波矢空间中所占的体积是$(2\pi/L)^3$，那么波矢空间中“体积元”$\Delta\boldsymbol{k}$ 中包含的容许 $\boldsymbol{k}$ 值的数目就是$\left(\frac{L}{2\pi}\right)^3\Delta\boldsymbol{k}$。考虑到对每个容许的 $\boldsymbol{k}$ 值，电子的自旋简并度为 2，则“体积元”$\Delta\boldsymbol{k}$ 内包含的状态数可表示为

$$2\left(\frac{L}{2\pi}\right)^3\Delta\boldsymbol{k} \tag{D-6a}$$

因 L^3 是晶体的体积，所以单位体积晶体内包含的状态数为

$$\frac{2}{(2\pi)^3}\Delta\boldsymbol{k} \tag{D-6b}$$

将上式推广到 p 维空间($p = 1, 2, 3$)，则有

$$p\text{ 维空间单位体积包含的状态数} = \frac{2}{(2\pi)^p}(\Delta\boldsymbol{k}) \tag{D-7a}$$

将单位体积内能量分布在 $E \sim E+\Delta E$ 范围内的状态数目记为 $N(E)\Delta E$，则有

$$N(E)\Delta E = \frac{2}{(2\pi)^p}(\Delta\boldsymbol{k}) \tag{D-7b}$$

利用 E-$\boldsymbol{k}$ 关系，可将上式右边用 E 和ΔE 表示出来，从而求得态密度 $N(E)$。抛物线形的

E-$\boldsymbol{k}$ 关系在多数情况下是对能带结构的很好近似(特别是在导带底和价带顶附近更是如此)

$$E(\boldsymbol{k})=\frac{\hbar^2 k^2}{2m^*} \tag{D-8a}$$

可得

$$k=\sqrt{\frac{2m^* E}{\hbar^2}} \tag{D-8b}$$

$$\mathrm{d}k=\left(\sqrt{\frac{m^*}{2}}\frac{1}{\hbar}\right)\frac{1}{\sqrt{E}}\mathrm{d}E \tag{D-8c}$$

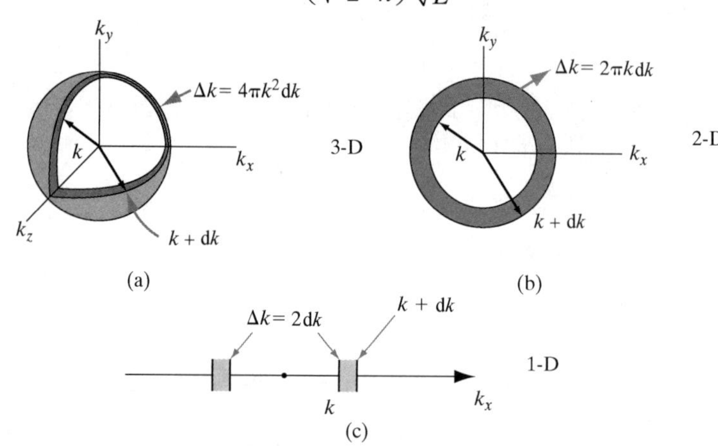

图 D-1　$\boldsymbol{k}$ 空间的体积。(a) 三维系统；(b) 二维系统；(c) 一维系统

对三维情形($p=3$)，波矢空间中两个球面 $\boldsymbol{k}$ 和 $k+\mathrm{d}k$ 之间包围的“体积” Δk 可表示为[参见图 D-1(a)]：

$$\Delta \boldsymbol{k}=4\pi k^2 \mathrm{d}k \tag{D-9a}$$

将其代入式(D-7b)，并利用式(D-8c)，便得到三维系统单位体积内能量在 $E\sim E+\Delta E$ 范围内的状态数目

$$N(E)\mathrm{d}E=\frac{2}{(2\pi)^3}4\pi k^2 \mathrm{d}k=\frac{\sqrt{2}}{\pi^2}\left(\frac{m^*}{\hbar^2}\right)^{3/2}\sqrt{E}\mathrm{d}E \tag{D-9b}$$

由此可见，如果画出 $N(E)$-E 图，则具有抛物线形能带关系的三维系统的态密度函数曲线是一条抛物线[参见图 D-2(a)]。

对二维情形($p=2$)，如二维电子气(或空穴气)、量子阱(参见 3.2.5 节)以及 MOSFET 的沟道反型层等。

波矢空间的“体积元” $\Delta \boldsymbol{k}$ [实际上是一个面元，参见图 D-1(b)] 可表示为

$$\Delta \boldsymbol{k}=2\pi k \mathrm{d}k \tag{D-10a}$$

利用式(D-7a)，得到二维系统单位面积内能量在 $E\sim E+\Delta E$ 范围内的状态数目为

$$N(E)\mathrm{d}E=\frac{2}{(2\pi)^2}(2\pi k)\mathrm{d}k=\frac{m^*}{\pi\hbar^2}\mathrm{d}E \tag{D-10b}$$

由此可见，二维系统的态密度 $N(E)$ 是常数[参见图 D-2(b)]。

对一维情形($p=1$)，比如由 MBE 和 MOCVD 生长的量子“线”，波矢空间的“体积元” $\Delta \boldsymbol{k}$ 为[实际上是一个线元，参见图 D-1(c)]

$$\Delta \boldsymbol{k} = 2\mathrm{d}k \tag{D-11a}$$

利用式(D-7a)，得到一维系统的单位长度内能量在 $E \sim E+\Delta E$ 范围内的能态数目为

$$N(E)\mathrm{d}E = \frac{2}{(2\pi)} 2\mathrm{d}k = \frac{\sqrt{2m^*}}{\pi\hbar\sqrt{E}}\mathrm{d}E \tag{D-11b}$$

由此可见，一维系统的态密度是 $1/E^{1/2}$ 的函数[参见图 D-2(c)]。

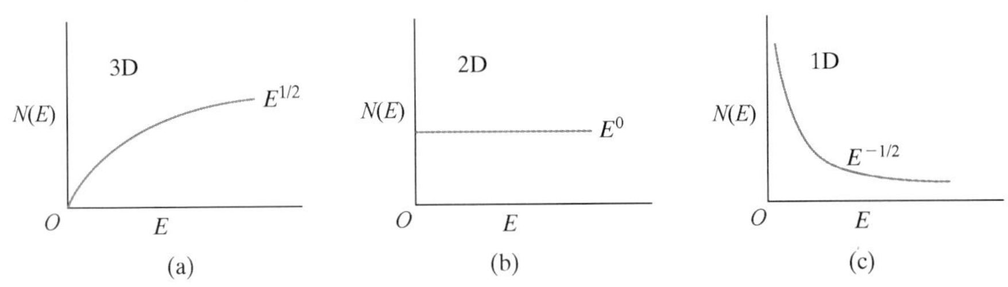

图 D-2 态密度函数曲线。(a)三维(块状)固体；(b)二维电子气(或二维空穴气)；(c)一维量子线

对上述三维、二维以及一维系统的态密度进行比较便可看出这样的规律：系统每减少一维，态密度对能量的依赖关系便缩小一个因子 $1/E^{1/2}$。以此推论，对零维的量子“点”，态密度对能量的关系成为 $1/E$。对一维和零维系统，态密度随着能量趋近于 0 而出现奇点，这对半导体器件来说有其重要的含义。低维器件系统在 10.7 节有简单介绍。

我们知道，费米-狄拉克分布函数

$$f(E) = \frac{1}{\mathrm{e}^{(E-E_F)/kT} + 1} \tag{D-12}$$

给出了能级 E 被电子占据的几率，因此，将 $N(E)\mathrm{d}E$ 与 $f(E)$ 相乘，便可得到单位体积内能量在 $E \sim E+\mathrm{d}E$ 范围内的电子数目 $N_e\mathrm{d}E$，即

$$N_e\mathrm{d}E = N(E)f(E)\mathrm{d}E \tag{D-13}$$

将上式对导带的全部能量区间进行积分，便得到导带电子的浓度。对三维系统，有

$$n = \int_0^\infty N(E)f(E)\mathrm{d}E = \frac{1}{2\pi^2}\left(\frac{2m^*}{\hbar^2}\right)^{3/2} \mathrm{e}^{E_F/kT}\int_0^\infty E^{1/2}\mathrm{e}^{-E/kT}\mathrm{d}E \tag{D-14}$$

其中将导带底的能量 E_c 选为了能量的参考点(即认为 $E_c = 0$)，且已经使用了 $(E-E_F) >> kT$ 情况下 $f(E)$ 的近似表达式

$$f(E) = \mathrm{e}^{(E_F-E)/kT} \tag{D-15}$$

式(D-14)右边的积分有这样的特点

$$\int_0^\infty x^{1/2}\mathrm{e}^{-ax}\mathrm{d}x = \frac{\sqrt{\pi}}{2a\sqrt{a}} \tag{D-16}$$

于是，便得到导带电子的浓度为

$$n = 2\left(\frac{2\pi m_n^* kT}{h^2}\right)^{3/2} \mathrm{e}^{E_F/kT} \tag{D-17}$$

这是把导带底 E_c 作为能量参考点得到的电子浓度的表达式。如果不以 E_c 作为能量的参考点，则电子浓度可表示为

$$n = 2\left(\frac{2\pi m_n^* kT}{h^2}\right)^{3/2} \mathrm{e}^{(E_F-E_c)/kT} \tag{D-18}$$

这就是第 3 章的式(3-15)，其中的 m_n^* 是电子的有效质量。

附录 E　费米-狄拉克分布的推导

这里我们简要地给出费米-狄拉克分布函数的推导过程。首先面临的问题是：在满足泡利不相容原理的前提下，要将 n_k 个不可分辨的电子分配到能级 E_k 的 g_k 个量子态上，可能的分配方式 W_k 是多少？我们已经知道，费米系统具有如下性质：

1．每个允许的量子态最多只能由 1 个电子占据。

2．每个允许的量子态被电子占据的几率是相同的。

3．所有电子是不可分辨的。

因此，上述问题的答案，也就是将 n_k 个电子分布到某个能级 E_k(简并度是 g_k)上的可能方式数 W_k 可表示为

$$W_k = \frac{g_k(g_k-1)(g_k-\overline{n_k-1})}{n_k!} = \frac{g_k!}{(g_k-n_k)!n_k!} \tag{E-1}$$

在系统含有 N 个能级的情况下(如能带中的大量能级)，电子分布到各个能级的各个量子态的方式总数 W_b 应当是 n_k 个电子分布到能级 E_k(简并度是 g_k)的方式数 W_k 的乘积，可由重度函数表示为

$$W_b = \prod_k W_k = \prod_k \frac{g_k!}{(g_k-n_k)!n_k!} \tag{E-2}$$

假如提这样一个问题：n_k 个电子在能量为 E_k 的各量子态(g_k 个)上的最可能的分布是什么？统计力学的答案是：在热平衡条件下，使系统的混乱度最大的分布是最可几分布；也可以这样说，在热平衡条件下，使系统的熵最大的分布是最可几分布。因此，求系统的最概然分布的问题，其实就是求 W_b 的最大值的问题，其核心是求 n_k 怎样取值才能使 W_b 最大。

这里我们假设能带中的电子总数 n 是固定不变的，故有

$$\sum_k n_k = n = \text{常量} \qquad \Rightarrow \qquad \sum_k \mathrm{d}n_k = 0 \tag{E-3}$$

我们还假设能带的总能量是常数，故有

$$E_{tot} = \sum_k E_k n_k = \text{常量} \qquad \Rightarrow \qquad \sum_k E_k \mathrm{d}n_k = 0 \tag{E-4}$$

如果要得到某一函数在约束条件下的最大值或最小值，可采用拉格朗日待定乘子法。这种方法的基本思想是，如果某函数 $f(x_i)$ 有 q 个自变量 $x_i\,(i=1,2,3,\cdots,q)$，约束条件是 $g(x_i)$ = 常数和 $h(x_i)$ = 常数，则函数 $f(x_i)$ 的最大值和最小值满足的条件是

$$\mathrm{d}f = 0 \tag{E-5}$$

$$\mathrm{d}g = 0, \quad \mathrm{d}h = 0 \tag{E-6}$$

引入两个拉格朗日待定乘子 α 和 β，则上述条件可重写为

$$\frac{\partial}{\partial x_i}[f(x_i) + \alpha g(x_i) + \beta h(x_i)] = 0 \tag{E-7}$$

$$g(x_i)=\text{常数}, \quad h(x_i)=\text{常数} \tag{E-8}$$

因此，有 $(q+2)$ 个方程和 $(q+2)$ 个未知数 (x_i,α,β)。

现在我们用上述拉格朗日待定乘子法求重度函数 W_b 的最大值。实际上求 $\ln W_b$ 的最大值更为方便。将式(E-2)两边取对数，有

$$\ln W_b=\sum_k[\ln(g_k)!-\ln(g_k-n_k)!-\ln(n_k)!] \tag{E-9}$$

利用斯特林近似，当 x 很大时，$\ln x!=x\ln x-x$，上式可写为

$$\begin{aligned}\ln W_b&=\sum_k[g_k\ln(g_k)-g_k-(g_k-n_k)\ln(g_k-n_k)+(g_k-n_k)-n_k\ln(n_k)+n_k]\\&=\sum_k[g_k\ln(g_k)-(g_k-n_k)\ln(g_k-n_k)-n_k\ln(n_k)]\end{aligned} \tag{E-10}$$

由于 E_k 能级的简并度 g_k 是不变的，所以 $\mathrm{d}g_k=0$（约束条件），因此应有

$$\mathrm{d}(\ln W_b)=\sum_k\frac{\partial[\ln W_b]}{\partial n_k}\mathrm{d}n_k=\sum_k\ln\left(\frac{g_k}{n_k}-1\right)\mathrm{d}n_k=0 \tag{E-11}$$

利用式(E-3)和式(E-4)给出的约束条件，即

$$\sum_k\mathrm{d}n_k=0, \qquad \sum_k E_k\mathrm{d}n_k=0 \tag{E-12}$$

可得到

$$\sum_k\left[\ln\left(\frac{g_k}{n_k}-1\right)-\alpha-\beta E_k\right]\mathrm{d}n_k=0 \tag{E-13}$$

$$\ln\left(\frac{g_k}{n_k}-1\right)-\alpha-\beta E_k=0 \tag{E-14}$$

进而可得到能级 E_k 被电子占据的几率为

$$\frac{n_k}{g_k}=f(E_k)=\frac{1}{1+\mathrm{e}^{\alpha+\beta E_k}} \tag{E-15}$$

根据热力学基础知识可以证明两个拉格朗日乘子分别是

$$\alpha=-\frac{E_F}{kT} \qquad \beta=\frac{1}{kT} \tag{E-16}$$

代入式(E-15)，便得到费米-狄拉克分布函数 $f(E_k)$

$$f(E_k)=\frac{1}{\exp\left(\dfrac{E_k-E_F}{kT}\right)+1} \tag{E-17}$$

在 $E_k>>E_F$ 的情况下，费米-狄拉克分布可近似表示为经典的麦克斯韦-玻尔兹曼分布

$$f(E)\approx\exp\left(\frac{E_F-E}{kT}\right) \qquad (E>>E_F) \tag{E-18}$$

既已得到某个能级 E 被电子占据的几率 $f(E)$，那么该能级不被电子占据的几率（即被空穴占据的几率）可表示为

$$1-f(E)=\frac{1}{\exp\left(\frac{E_F-E}{kT}\right)+1} \tag{E-19}$$

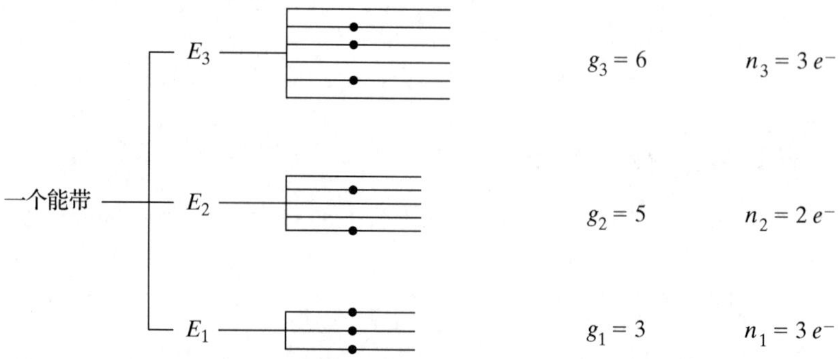

一个能带

E_3 $g_3=6$ $n_3=3\,e^-$

E_2 $g_2=5$ $n_2=2\,e^-$

E_1 $g_1=3$ $n_1=3\,e^-$

图 E-1 同一个能带中不同能级的简并度和电子占据情况。图中画出了三个能级作为示例，各能级具有不同的简并度(g)和电子数(n)

附录F　Si(100)面干氧和湿氧生长SiO_2层的厚度随氧化时间和温度的变化关系[①]

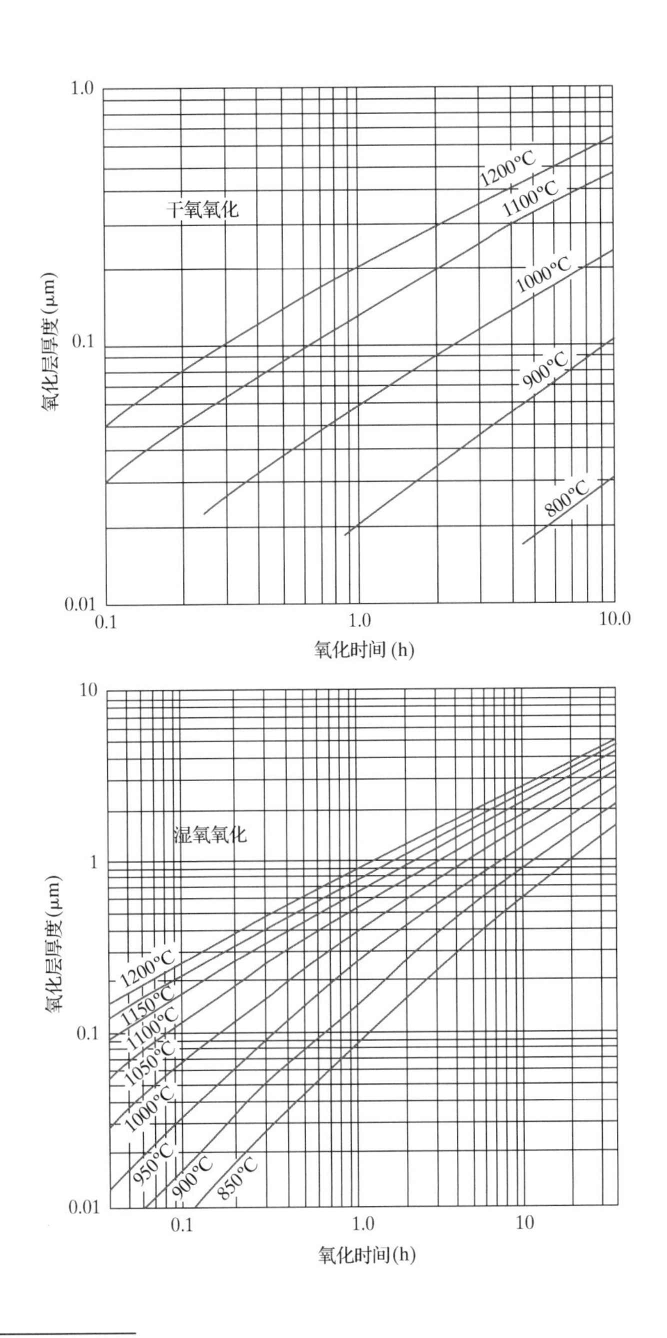

① 数据引自 B. Deal, "The Oxidation of Silicon in Dry Oxygen, Wet Oxygen and Steam", *J. Electrochem. Soc.*, 110 (1963): 527。

附录 G　某些杂质在 Si 中的固溶度①

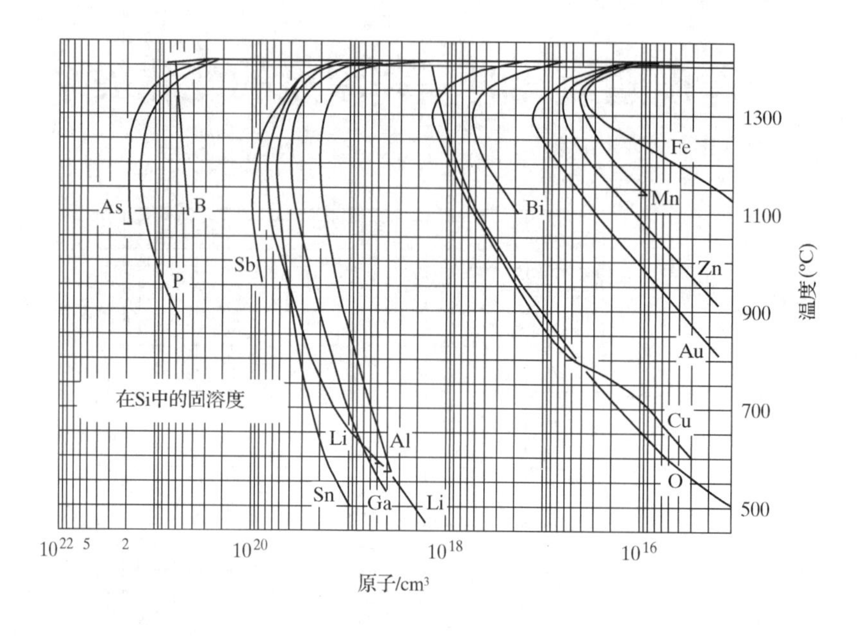

① 数据引自 F. A. Trumbore, "Solid Solubilities of Impurity Elements in Si and Ge", Bell System Technical Journal, 39, no.1, pp.205-233 (1960), The American Telephone and Telegraph Co., ©1960。本书采用这些数据时得到了版权人的许可，并补充了一些新的数据。

附录 H 某些杂质在 Si 和 SiO_2 中的扩散系数①

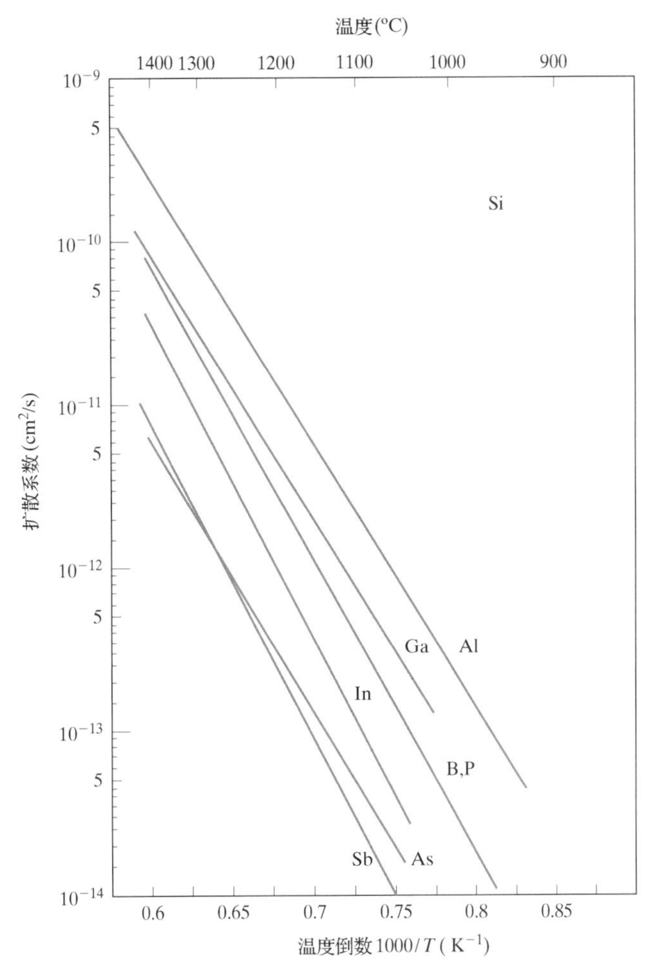

某些杂质在 SiO_2 中的扩散系数和激活能		
杂　质	扩散系数 D_0(cm^2/s)	激活能 E_A(eV)
硼(B)	3×10^{-4}	3.53
磷(P)	0.19	4.03
砷(As)	250	4.90
鍗(An)	1.31×10^{16}	8.75

① 杂质在 Si 中的扩散系数引自 C. S. Fuller and J. A. Ditzenberger, "Diffusion of Donor and Acceptor Elements in Silicon", J. Appl. Physics, 27(1956), 544. 杂质在 SiO_2 中的扩散系数引自 M. Ghezzo and D. M. Brown, "Diffusivity Summary of B, Ga, P, As and Sb in SiO_2", J. Electrochem. Soc.,120(1973), 146。

附录I　Si中离子注入的射程与射程偏差随注入能量的变化关系①

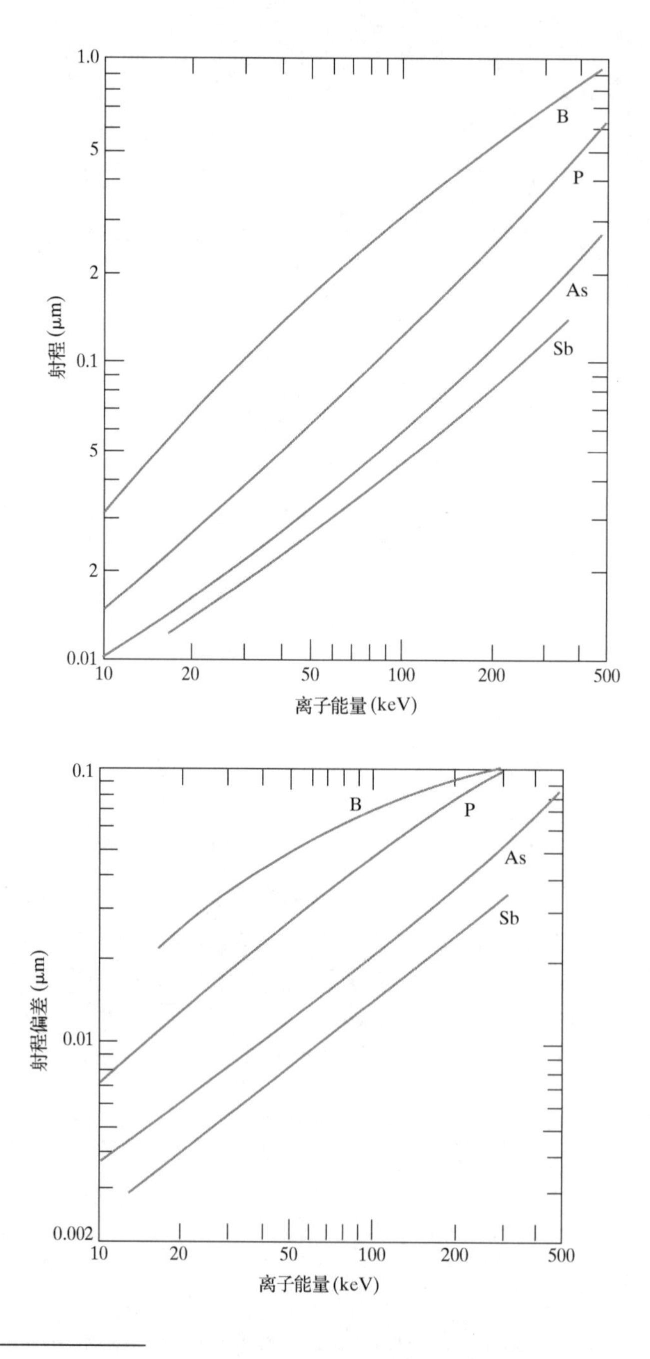

① 数据引自 J.F.Gibbons, W.S.Johnson, and S.W.Mylroie, "Projected Range Statistics: Semiconductors and Related Materials", Stroudsberg: Dowden, Hutchison and Ross, 1975。离子在 SiO_2 中的射程与在 Si 中的射程十分接近。

部分自测题答案

第 1 章

1．(a) (111)；(100)；(110)
2．(a)第一个和第二个；(b) {110}；(c)第二个
3．(a)第三个；(b) (1)闪锌矿；(2)金刚石
4．0D：空位，间隙式杂质；1D：位错；2D：晶粒间界，表面
6．InP

第 2 章

1．(a)不允许；(b)不允许；(c)允许
2．(a)不能；(b)可以
3．(a)不能；(b)可以；(c)可以
4．不能确定(所给条件不足)
5．第三次：p_0；第四次：不能确定；第五次：不能确定
6．(a)能量增大，数量不变；(b)能量不变，数量减少

第 3 章

1．(a)材料 1：半导体；材料 2：金属；材料 3：绝缘体；(b) 材料 3
2．(a) X 能谷；(b) μ 能谷
3．(a) GaAs；(b) GaAs；(c)能量 1.4 eV，波长 0.87 μm，红外线；(d) Si：6 个，GaAs：1 个
4．(a) GaAs；(b)相等
5．(a) p 型；(b)等于；(c)受主杂质浓度很高
6．(a) 1.08 eV；(b) $n_0 = 10^{16}\ \text{cm}^{-3}$；$p_0 = 10^4\ \text{cm}^{-3}$；(c) $p_0 = 10^{16}\ \text{cm}^{-3}$；$n_0 = 10^4\ \text{cm}^{-3}$；(d) 0.36 eV

第 4 章

1．(a) $10^{17}\ \text{cm}^{-3}\cdot\text{s}$；(b) $2\times10^{17}\ \text{eV/cm}^3\cdot\text{s}$；(c) $10^{17}\ \text{eV/cm}^3\cdot\text{s}$
2．(a)深能级陷阱，金(Au)；(b) Si，间接禁带；(c)增大
3．(a) E_F 水平；(b)电场恒定，方向向右
4．(a)向左，向右，向右，向左；(b)向左，向右，向左，向右
5．(b) 4 种
6．(a)向右，向右，向左，向右；(b)向右，向右，向右，向左

第 5 章

3．短基区二极管

4．1.5 V

7．(b)欧姆接触

第 6 章

2．(b) 1.2 μF/cm^2；(c) 与低频 C-V 曲线相同

3．从左上到右下各图依次是：(a)耗尽；(b)弱反型；(c)积累；(d)强反型；(e)平带；(f)阈值

4．(a) n 沟道；(b)长沟道；(c) –0.5 V；(d)耗尽模式

5．(a)减小；(b)减小

6．(a)增大；(b)增大

7．(a)不变；(b)减小；(c) 减小

8．(a) 10^{-3} S；(b) –0.2 V；(c)短沟道；(d) p 沟道；(e)增强模式

9．(a)常开型；(b)长沟道；(c) 25 mV/decade；(d)亚阈值区斜率(S)不可能小于 60 mV/decade

第 7 章

1．(a) 50；(c) 6 V；(d) 21 V

3．(a)增大；(b)增大；(c)增大；(d)减小

5．(a)增大；(b)增大；(c)减小

第 8 章

1．(a) C 区；(b) 0.7 eV；(c) 7 mW；(d) 0.4 eV；(e) 14 mW；(f) 50%

2．28 mW

3．0.5 μm；不能(0.9 μm)；可以(0.1 μm)

4．可再生能源和绿色能源；成本

第 9 章

1．(a)是；(b)不是

4．具有最小的氧化层电荷密度(Q_{ox})

术 语 表

A

abrupt junction 突变结
absorption coefficient 吸收系数
a-c capacitance 交流电容
a-c conductance 交流电导
a-c transconductance 交流跨导
acceptor level 受主能级
alkali metals 碱金属
amorphous silicon 非晶硅
amphoteric impurity 两性杂质
amplification factor 放大因子
Anderson affinity rule 安德森亲和势准则
anisotropic wet etching 各向异性湿法腐蚀
annealing 退火
annealing damages 退火损伤
antibonding state 反键态
anti-punch-through implant 防穿通注入
application-specific IC（ASIC） 专用集成电路
atomic layer deposition（ALD） 原子层淀积
atomic spectra 原子光谱
atomic structure 原子结构
attenuation coefficient 衰减系数
avalanche breakdown 雪崩击穿
avalanche multiplication 雪崩倍增
avalanche photodiode（APD） 雪崩光电二极管
average momentum per electron 电子平均动量

B

back-end processing 后道工艺
ball bond 球形压焊
Balmer series 巴耳末系
band curvature 能带曲率
band diagram 能带图
band gap 能隙
band structure 能带结构
base Gummel number 基区 Gummel 数
base resistance 基区电阻
base transport factor 基区输运因子
base-to-collector current amplification factor 基极-集电极电流放大因子
base-width narrowing 基区变窄
batch fabrication 批量生产
bias-temperature stress test（BTST） 偏压-温度应力测试
bipolar and CMOS（BiCMOS）circuit 双极型 COMS 集成电路
bipolar junction transistor（BJT） 双极结型晶体管
bipolar transistor 双极型晶体管
bit line 位线
Bloch functions 布洛赫函数
body effect 体效应
body-centered cubic（bcc）lattice 体心立方晶格
Bohr model 波尔模型
Boltzmann factor 玻尔兹曼因子
Boltzmann's constant 玻尔兹曼常数
borophospho-silicate glass（BPSG） 硼磷硅玻璃
Bose–Einstein statistics 玻色-爱因斯坦统计
Bravais lattices 布拉维点阵
Brillouin zone 布里渊区
built-in field 自建电场
bulk negative differential conductivity（BNDC）effect 体负微分电导效应
buried collector 隐埋集电区

C

capacitance 电容
capacitance of p-n junction p-n 结电容
capacitance transient 电容瞬变
carbon nanotube 碳纳米管
carrier concentration 载流子浓度

carrier drift velocity 载流子漂移速度
carrier injection 载流子注入
carrier lifetime 载流子寿命
cathodoluminescence 阴极发光
channel conductance 沟道电导
channel length modulation parameter 沟道长度调制参数
channel stop implant 沟道切断注入
charge carriers in semiconductors 半导体中的载流子
charge control analysis 电荷控制分析
charge sharing 电荷共享效应
charge storage capacitance 电荷存储电容
charge transfer device 电荷转移器件
charge-coupled device (CCD) 电荷耦合器件
chemical mechanical polishing (CMP) 化学机械抛光
chemical potential 化学势
chemical vapor deposition (CVD) 化学气相淀积
CMOS inverter COMS 反相器
CMOS process integration COMS 工艺集成
coherent radiation 相干辐射
collector junction 集电结
collector saturation current 集电极饱和电流
common-base configuration 共基极电路
common-emitter circuit 共发射极电路
complementary error function 余误差函数
complementary MOS (CMOS) 互补金属氧化物半导体
complementary MOS (CMOS) circuits 互补金属氧化物半导体电路
compound semiconductor 化合物半导体
conducting states 导通态
conduction band 导带
conductivity 电导率
conductivity modulation 电导调制
conductivity-modulated FET (COMFET) 电导调制场效应管
contact potential 接触电势
continuous medium 连续介质
coupled-diode model 耦合二极管模型
covalent bonding 共价键
covalent bonding model 共价键模型
crystal momentum 晶体动量
crystal plane 晶面
cubic lattices 立方晶格
current transfer ratio 电流传输系数
current-voltage characteristics, *I-V* characteristics 电流-电压特性
C-V characteristics 电容-电压特性
Czochralski method 丘克拉斯基法

D

De Broglie relation 德布罗意关系
De Broglie wavelength 德布罗意波长
Debye length capacitance 德拜电容
Debye screening length 德拜屏蔽长度
deep depletion 深度耗尽
degenerate semiconductor 简并半导体
degree of cleanliness 洁净度
delay time 延迟时间
density of state in conduction band 导带有效态密度
density of states (DOS) 态密度
density-of-states effective mass 态密度有效质量
depletion approximation 耗尽层近似
depletion capacitance 耗尽层电容
depletion electric field 耗尽层电场
depletion layer 耗尽层
depletion region 耗尽区
depletion region width 耗尽区宽度
depletion-mode transistor 耗尽型晶体管
depth-of-focus (DOF) 景深
diamond lattice 金刚石晶格
die bonding 管芯焊接
dielectric relaxation time 介电弛豫时间
differential voltage 差分电压
diffraction-limited minimum geometry 衍射限制最小线宽
diffusion capacitance 扩散电容
diffusion coefficient 扩散系数
diffusion current 扩散电流
diffusion equation for electrons 电子扩散方程

diffusion length 扩散长度
digital circuits 数字电路
diode equation 二极管方程
Dirac cone 狄拉克锥
direct recombination 直接复合
direct recombination of electrons and holes 电子空穴直接复合
direct semiconductor 直接禁带半导体
direct tunneling 直接隧穿
directions in lattices 晶向
discrete medium 离散介质
displacement current 位移电流
distribution coefficient 分凝系数
domain drift 畴漂移
dopants 掺杂剂(杂质)
doping concentration 掺杂浓度
double-diffused MOSFET (DMOS) 双扩散 MOSFET
double-heterojunction structure 双异质结结构
drain 漏极
drain-induced barrier lowering (DIBL) 漏致势垒降低
drift current 漂移电流
drift speed 漂移速度
d*v*/d*t* triggering d*v*/d*t* 触发
dynamic random access memory (DRAM) 动态随机存取存储器

E

Early effect Early 效应
Early voltage Early 电压
Ebers-Moll equation 埃伯斯-莫尔方程
Ebers-Moll model 埃伯斯-莫尔模型
effective density of states 有效态密度
effective interface charges 有效界面电荷
effective mass 有效质量
eigenenergies 能量本征值
eigenfunctions 本征函数
Einstein coefficients 爱因斯坦系数
Einstein relation 爱因斯坦关系
electric field 电场
electrochemical potential 电化学势
electroluminescence 电致发光
electromigration phenomenon 电迁移现象
electron affinity 电子亲和能
electron beam resist 电子束曝光抗蚀剂
electron mobility 电子迁移率
electron potential energy 电势能
electron projection lithography (EPL) 电子束投射光刻
electron-hole pair (EHP) 电子-空穴对
electrostatic Coulomb interactions 静电库仑相互作用
elemental semiconductors 元素半导体
emission spectra 发射光谱
emitter crowding 发射极电流集边
emitter Gummel number 发射区 Gummel 数
emitter injection efficiency 发射结注入效率
emitter junction 发射结
energy band 能带
energy band discontinuities 能带带阶
energy band gap of semiconductors 半导体禁带宽度
energy ellipsoids 椭球形等能面
enhancement mode 增强模式
epitaxial growth (epitaxy) 外延生长(外延)
equivalent circuit 等效电路
error function (erf) 误差函数
etching 刻蚀
evolution of IC 集成电路的演化
excess carriers 过剩载流子
excess carriers concentration 过剩载流子浓度
excess carriers distribution 过剩载流子分布
external quantum efficiency 外量子效率
extrinsic detectors 非本征探测器
extrinsic semiconductors 非本征半导体

F

Fabry-Perot interferometer 法布里-珀罗干涉仪
face-centered cubic (fcc) lattice 面心立方晶格
fan-out 扇出电路
fast interface states 快界面态
Fermi level 费米能级

Fermi potential 费米势
Fermi velocity 费米速度
Fermi-Dirac distribution function 费米-狄拉克分布函数
Fermi-Dirac statistics 费米-狄拉克统计
fermions 费米子
ferromagnetism 铁磁性
fiber optic communications 光纤通信
field region 场区
field-effect transistor (FET) 场效应晶体管
fill factor 填充因子
FinFET 鳍式场效应晶体管
flash memory 快闪存储器(闪存)
flat band voltage 平带电压
flip-chip techniques 芯片倒装技术
flip-flop circuit 触发器电路
fluorescence 荧光
fluorescent materials 荧光材料
forbidden band 禁带
forward-blocking state 正向阻断态
Fowler-Nordheim tunneling F-N 隧穿
Frank-Van der Merwe growth mode F-M 生长模式
fullerenes 富勒烯(C60)

G

gain-bandwidth characteristics 增益-带宽特性
gain-bandwidth product 增益-带宽之积
gate 栅极
gate induced drain leakage (GIDL) 栅诱导泄漏电流
gate oxide 栅氧化层
gate-last process 后栅工艺
gate-triggering mechanism 栅触发机制
Gauss's law 高斯定律
Gaussian distribution 高斯分布
generation current 产生电流
giant magnetoresistance (GMR) 巨磁电阻
giga-scale integration (GLSI) 极大规模集成
gradual channel approximation (GCA) 缓变沟道近似
grapheme 石墨烯
group velocity 群速度
Gummel-Poon model Gummel-Poon 模型
Gunn diode 耿氏二极管

H

half-rectified sine wave 半波整流正弦波
Hall coefficient 霍尔系数
Hall effect 霍尔效应
Hall voltage 霍尔电压
Haynes-Shockley experiment 海恩斯-肖克利实验
heavy hole band 重空穴带
Heisenberg uncertainty principle 海森伯不确定原理
Heisenberg's matrix mechanics 海森伯矩阵力学
He-Ne lasers 氦氖激光器
heteroepitaxy 异质外延
heterojunction 异质结
heterojunction bipolar junction transistor (BJT) 异质结双极型晶体管
heterojunction laser 异质结激光器
high electron mobility transistor(HEMT) 高电子迁移率晶体管
high field effect 高场效应
high-frequency 高频
high-k gate dielectrics 高 *k* 栅介质
holding current 挚住电流
hole gas 空穴气
homojunction 同质结
hot carrier effect 热载流子效应
hot electron effect 热电子效应
hybrid circuit 混合集成电路
hybrid-pi model 混合 π 型电路模型
hyperabrupt junction 超突变结

I

ideal diode 理想二极管
ideality factor 理想因子
impact avalanche transit-time (IMPATT) 碰撞雪崩渡越时间
implant energy 注入能量
implanted dose 注入剂量
impurity concentration of semiconductors 半导体中的杂质浓度

indirect semiconductor　间接禁带半导体

inductor　电感

injection electroluminescence　注入式电致发光

input impedance　输入阻抗

insulated-gate bipolar transistor (IGBT)　绝缘栅双极型晶体管

insulated-gate field-effect transistor (IGFET)　绝缘栅场效应晶体管

integrated circuit (IC)　集成电路

interface charges　界面电荷

interface states　界面态

intrinsic semiconductor　本征半导体

inversion　反型

inversion layer　反型层

inversion region　反转区

ion implantation　离子注入

ionic bonding　离子键

isotropic wet etching　各向同性湿法腐蚀

J

Johnson noise　约翰逊噪声

junction capacitance　结电容

junction FET (JFET)　结型场效应晶体管

junction voltage　结电压

K

kinetic energy of an electron　电子动能

Kirk effect　Kirk 效应

Kooi effect　Kooi 效应

L

Laplace transforms　拉普拉斯变换

laser　激光器

latchup effect　闩锁效应

lattice　晶格

lattice constant　晶格常数

lattice matching　晶格匹配

lattice scattering　晶格散射

light hole band　轻空穴带

light-emitting diode (LED)　发光二极管

light-emitting material　发光材料

lightly doped drain (LDD)　轻掺杂漏区结构

linear circuit　线性集成电路

linear combinations of atomic orbitals (LCAO)　原子轨道线性组合

linear regime　线性工作区

load line　负载线

long base diode　长基区二极管

low pressure chemical vapor deposition (LPCVD)　低压化学气相淀积

Lyman series　莱曼系

M

majority carrier current　多子电流

majority carriers　多数载流子(多子)

mask　掩模

massless Dirac fermions　无质量狄拉克费米子

mean free time　平均自由时间

memristor　记忆阻器

metal-insulator-semiconductor FET (MOSFET)　金属-氧化物-半导体场效应晶体管

metallization　金属化

metallurgical grade Si (MGS)　冶金级硅

metallurgical junction　冶金结

metal-organic vapor-phase epitaxy (MOVPE)　金属-有机气相外延

metal-semiconductor FET (MESFET)　金属-半导体场效应晶体管

metal-semiconductor junction　金属-半导体结

microprocessor　微处理器

Miller indices　米勒指数

Miller overlap capacitance　米勒交叠电容

miniaturization　微型化

minority carrier injection　少子注入

minority carrier lifetime　少子寿命

minority carriers　少数载流子

misfit dislocations　失配位错

mobility　迁移率

mobility degradation parameter　迁移率劣化因子

mobility models　迁移率模型

modulation doping　调制掺杂

molecular beam epitaxy(MBE) 分子束外延
monolithic circuits 单片集成电路
Moore's Law 摩尔定律
MOS field-effect transistor (MOSFET) MOS 场效应晶体管
multichip module 多芯片组件
multimode fibers 多模光纤
multiple gate FETs (MuGFETs) 多栅场效应晶体管

N

nanoelectronic resistive memory 纳电子阻变存储器
nanotechnology 纳米技术
narrow (short) base diode 窄(短)基区二极管
narrow width effect 窄沟效应
n-channel n 型沟道
negative effective mass 负有效质量
negative resistance 负阻
negative temperature 负温度
net current 净电流
Newton's law 牛顿定律
nitrides 氮化物
normal active mode 正向放大模式
n-p-n transistors n-p-n 晶体管
Nyquist frequency 奈奎斯特频率

O

Ohm's law 欧姆定律
ohmic contact 欧姆接触
ohmic losses 欧姆损耗
One-dimensional quantum wires 一维量子线
optical absorption 光吸收
optical fiber 光纤
optical resonant cavity 光学谐振腔
optoelectronic devices 光电器件
optoelectronic isolator 光电隔离器
optoelectronics 光电子学
Organometallic vapor-phase epitaxy (OMVPE) 有机金属气相外延
output characteristics 输出特性

P

packaging 封装
packaging for IC 集成电路封装
parasitic bipolar structures 寄生晶体管结构
Paschen series 帕邢系
Pauli exclusion principle 泡利不相容原理
p-channel p 型沟道
periodic boundary condition 周期性边界条件
periodic table 元素周期表
phase change memory (PCM) 相变存储器
phase velocity 相速度
phonons 声子
phosphorescence 磷光现象
photodetectors 光探测器
photodiodes 光电二极管
photoelectric effect 光电效应
photolithography 光刻
photoluminescence 光致发光
photon energy 光子能量
photoresist 光刻胶
photovoltaic effect 光生伏特效应
piecewise-linear equivalent 分段线性等效
p-i-n diode p-i-n 二极管
p-i-n photodetector p-i-n 光电探测器
pinch-off 关断
pinch-off region 夹断区
Planck relation 普朗克关系
Planck's constant 普朗克常数
plasma-enhanced CVD (PECVD) 等离子增强化学气相淀积
p-n junction diode p-n 结二极管
p-n junction laser p-n 结激光器
p-n junctions p-n 结
p-n-p-n diodes p-n-p-n 二极管
point contact transistor 点接触晶体管
Poisson's equation 泊松方程
poly depletion effect 多晶硅栅耗尽效应
polycrystalline solids 多晶体
polysilicon emitter (polyemitter) 多晶硅发射极
polysilicon gate 多晶硅栅
population inversion 粒子数反转
potential barrier 势垒

potential well　势阱
power dissipation　功率损耗
primitive cell　原胞
printed circuit board（PCB）　印制电路板
probability density function　概率密度函数
projected range　射程
propagation delay time　传输延迟时间
p-type material　p 型材料
pulse dispersion　脉冲色散
punch-through　穿通
punch-through condition　穿通条件
punch-through effect　穿通效应
pyrolysis　高温分解

Q

quantum cascade laser（QCL）　量子级联激光器
quantum dot　量子点
quantum mechanical operators　量子力学算符
quantum mechanical tunneling　量子隧穿
quantum number　量子数
quantum well　量子阱
quasi-Fermi level　准费米能级
quasi-steady state approximation　准稳态近似

R

random access memory（RAM）　随机存取存储器
rapid thermal processing（RTP）　快速热处理
Rayleigh scattering　瑞利散射
reactive ion etching（RIE）　反应离子刻蚀
Read diode　里德二极管
real space　实空间
recombination　复合
recombination lifetime　复合寿命
rectifier　整流器
rectifying contact　整流接触
resistive RAM (ReRAM)　阻变存储器
resistivity　电阻率
resonant cavity　谐振腔
reverse p-n isolation　反偏 p-n 结隔离
reverse recovery transient　反向恢复过程
reverse saturation current　反向饱和电流
reverse short channel effect（RSCE）　反向短沟道效应
reverse-bias　反偏压
reverse-bias breakdown　反向击穿
reverse-bias breakdown voltage　反向击穿电压
reverse-blocking state　反向阻断态
Ridley-Watkins-Hilsum mechanism　芮瓦希效应
rise time　上升时间
Rydberg constant　里德伯常数

S

satellite valley　卫星谷
saturation　饱和
saturation condition　饱和态
saturation drain current　饱和漏极电流
saturation region　饱和区
saturation region transfer characteristics　饱和区转移特性
scaling rules　按比例缩小规则
Schottky barrier　肖特基势垒
Schottky barrier diode　肖特基二极管
Schrödinger equation　薛定谔方程
self-aligned implant mask　自对准注入掩模
self-aligned mask　自对准掩模
self-aligned process　自对准工艺
self-aligned siLICIDE（SALICIDE）CMOS process　自对准多晶硅 COMS 工艺
self-alignment　自对准
semi-classical dynamics　半经典力学
semiconductor controlled rectifier（SCR）　半导体可控整流器
semiconductor laser　半导体激光器
semiconductor materials　半导体材料
semiconductor memories　半导体存储器
shallow trench isolation（STI）　浅槽隔离
sheet resistance　方块电阻
Shockley diode　肖克利二极管
short channel effect（SCE）　短沟效应
short channel MOSFET　短沟道 MOSFET
shot noise　散粒噪声
sidewall oxide spacers　侧壁氧化层

Siemens (S) 西门子(电导单位)
signal-to-noise ratio 信噪比
silicon-on-insulator (SOI) 绝缘体上硅
simple cubic structure 简单立方结构
simple harmonic oscillator (SHO) 简谐振子
Simulation Program with Integrated Circuit Emphasis (SPICE) 集成电路模拟程序
single-mode fibers 单模光纤
solar cell 太阳能电池
space charge neutrality 空间电荷中性
space charge region 空间电荷区
spin transfer torque random access memory (STTRAM) 自旋转移力矩随机存取存储器
spintronics 自旋电子学
spontaneous emission 自发发射
static random access memory (SRAM) 静态随机存取存储器
step-index fiber 阶跃光纤
stimulated emission 受激发射
storage delay time 存储延迟时间
stored charge 存储电荷
stored charge depletion 存储电荷耗尽
straggle 射程偏差
strained Si FET 应变硅场效应晶体管
strained-layer superlattice (SLS) 应变超晶格
strong inversion 强反型
substrate bias effects 衬底偏置效应
subthreshold characteristic 亚阈值区特性
subthreshold slope 亚阈值区斜率
surface states 半导体表面态
switching current 转换电流
switching diodes 开关二极管
symmetric transistor 对称型晶体管

T

target chamber 靶室
thermal budget 热预算
thermal equilibrium 热平衡
thermal excitation 热激发
thermal excitation of an electron 电子热激发
thermal oxidation 热氧化
thermal runaway 热逃逸
threshold voltage 阈值电压
thyristor 晶闸管
time-dependent dielectric breakdown (TDDB) 时间相关的介质击穿
topological insulators (TI) 拓扑绝缘体
transconductance 跨导
transfer characteristic 转移特性
transit time effects 渡越时间效应
transition metal dichalcogenides (TMD) 过渡金属硫化物
trapping 俘获
tri-gate FETs 三栅场效应晶体管
tunnel diode 隧道二极管
tunnel magnetoresistance (TMR) 隧道磁电阻
tunneling 隧穿
twin-well CMOS process 双阱 CMOS 工艺
two-dimensional electron gas (2-DEG) 二维电子气
two-dimensional layered crystals 二维层状晶格
type automated bonding 载带自动健合

U

ultra large-scale integration (ULSI) 超大规模集成
ultrasonic bonding 超声键合
uncertainty principle 不确定性原理
unipolar transistor 单极型晶体管
unit cell 晶胞

V

valence band 价带
vapor-phase epitaxy (VPE) 气相外延
varactor diode 变容二极管
vertical cavity surface-emitting lasers (VCSELs) 垂直腔表面发射激光器
voltage regulators 稳压器
voltage transfer characteristic (VTC) 电压传输特性
voltage triggering 电压触发

W

wafer 晶圆

wave propagation　波的传播
wavefunctions　波函数
wave–particle duality　波粒二象性
waveshaping　波形整形
wavevector　波矢
Webster effect　Webster 效应
wedge bond　楔形压焊
white ribbon effect　白带效应
wide band gap semiconductor　宽禁带半导体
wire bonding　引线键合
word line　字线
work function　功函数
wurtzite lattice　纤锌矿晶格

X

x-ray lithography　x 射线光刻

Z

Zener breakdown　齐纳击穿
Zener diode　齐纳二极管
Zener effect　齐纳效应
Zerbst technique　Zerbst 技术
zincblende lattice　闪锌矿晶格

CMOS 芯片的多层铜金属互连的 SEM 照片，其中有 6 层互连线；
互连线之间的隔离介质已被腐蚀去除(照片由 IBM 公司提供)

重要公式摘录

半导体物理

电子动量：$\mathrm{p} = m^*\mathrm{v} = \hbar\boldsymbol{k} = \dfrac{h}{\lambda}$　　普朗克公式：$E = h\nu = \hbar\omega$

电子动能：$E = \dfrac{1}{2}m\mathrm{v}^2 = \dfrac{1}{2}\dfrac{p^2}{m^*} = \dfrac{\hbar^2}{2m^*}\boldsymbol{k}$　(3-4)　　有效质量：$m^* = \dfrac{\hbar^2}{\mathrm{d}^2E/\mathrm{d}\boldsymbol{k}^2}$　(3-3)

电子总能量 = 势能 + 动能 = $E_c + E(\boldsymbol{k})$

费米-狄拉克分布函数：$f(E) = \dfrac{1}{\mathrm{e}^{(E-E_F)/kT}+1} \approx \mathrm{e}^{(E_F-E)/kT}$　$(E >> E_F)$　(3-10)

平衡态：$n_0 = \int_{E_c}^{\infty} f(E)N(E)\mathrm{d}E = N_c f(E_c) = N_c\mathrm{e}^{-(E_c-E_F)/kT}$　(3-15)

$p_0 = N_v[1-f(E_v)] = N_v\mathrm{e}^{-(E_F-E_v)/kT}$　(3-19)

有效态密度：

$N_c = 2\left(\dfrac{2\pi m_n^* kT}{h^2}\right)^{3/2}$　(3-16a)

$N_v = 2\left(\dfrac{2\pi m_p^* kT}{h^2}\right)^{3/2}$　(3-20)

本征载流子浓度：$n_i = N_c\mathrm{e}^{-(E_c-E_i)/kT}$，$p_i = N_v\mathrm{e}^{-(E_i-E_v)/kT}$　(3-21)

$n_i = \sqrt{N_cN_v}\,\mathrm{e}^{-E_g/2kT} = 2\left(\dfrac{2\pi kT}{h^2}\right)^{3/2}\left(m_n^*m_p^*\right)^{3/4}\mathrm{e}^{-E_g/2kT}$　(3-23)，(3-26)

平衡态：$n_0 = n_i\mathrm{e}^{(E_F-E_i)/kT}$，$p_0 = n_i\mathrm{e}^{(E_i-E_F)/kT}$　(3-25)　　$n_0p_0 = n_i^2$　(3-24)

稳态：$n = N_c\mathrm{e}^{-(E_c-F_n)/kT} = n_i\mathrm{e}^{(F_n-E_i)/kT}$，$p = N_v\mathrm{e}^{-(F_p-E_v)/kT} = n_i\mathrm{e}^{(E_i-F_p)/kT}$　(4-15)　　$np = n_i^2\mathrm{e}^{(F_n-F_p)/kT}$　(5-38)

电场：$\mathscr{E}(x) = -\dfrac{\mathrm{d}\mathscr{V}(x)}{\mathrm{d}x} = \dfrac{1}{q}\dfrac{\mathrm{d}E_i}{\mathrm{d}x}$　(4-26)

泊松方程：$\dfrac{\mathrm{d}\mathscr{E}(x)}{\mathrm{d}x} = -\dfrac{\mathrm{d}^2\mathscr{V}(x)}{\mathrm{d}x^2} = \dfrac{\rho(x)}{\varepsilon} = \dfrac{q}{\varepsilon}(p-n+N_d^+-N_a^-)$　(5-14)

载流子迁移率：$\mu \equiv \dfrac{q\bar{t}}{m^*}$　(3-40a)

漂移速度：$\mathrm{v}_d \approx \dfrac{\mu\mathscr{E}}{1+\mu\mathscr{E}/\mathrm{v}_s}\begin{cases} = \mu\mathscr{E}(\text{低电场}) \\ = \mathrm{v}_s(\text{高电场})\end{cases}$　(6-13)

漂移电流密度：$\dfrac{I_x}{A} = J_x = q(n\mu_n + p\mu_p)\mathscr{E}_x = \sigma\mathscr{E}_x$　(3-43)

传导电流：
$$J_n(x)=q\mu_n n(x)\mathscr{E}(x)+qD_n\frac{\mathrm{d}n(x)}{\mathrm{d}x}$$
$$J_p(x)=q\mu_p p(x)\mathscr{E}(x)-qD_p\frac{\mathrm{d}p(x)}{\mathrm{d}x}\qquad(4\text{-}23)$$

总电流：$J_{总}=J_{传导}+J_{位移}=J_n+J_p+C\dfrac{\mathrm{d}V}{\mathrm{d}t}$

连续性方程：$\dfrac{\partial p(x,t)}{\partial t}=\dfrac{\partial\delta p}{\partial t}=-\dfrac{1}{q}\dfrac{\partial J_p}{\partial x}-\dfrac{\delta p}{\tau_p}$，$\dfrac{\partial\delta n}{\partial t}=\dfrac{1}{q}\dfrac{\partial J_n}{\partial x}-\dfrac{\delta n}{\tau_n}$　(4-31)

稳态扩散方程：$\dfrac{\mathrm{d}^2\delta n}{\mathrm{d}x^2}=\dfrac{\delta n}{D_n\tau_n}\equiv\dfrac{\delta n}{L_n^2}$，$\dfrac{\mathrm{d}^2\delta p}{\mathrm{d}x^2}=\dfrac{\delta p}{L_p^2}$　(4-34)

扩散长度：$L\equiv\sqrt{D\tau}$

爱因斯坦关系：$\dfrac{D}{\mu}=\dfrac{kT}{q}$　(4-29)

p-n 结性质

接触电势(自建电势)：$V_0=\dfrac{kT}{q}\ln\dfrac{p_p}{p_n}=\dfrac{kT}{q}\ln\dfrac{N_a}{n_i^2/N_d}=\dfrac{kT}{q}\ln\dfrac{N_aN_d}{n_i^2}$　(5-8)

$$\frac{p_n}{p_p}=\frac{n_n}{n_p}=\mathrm{e}^{qV_0/kT}\qquad(5\text{-}10)$$

耗尽区宽度：$W=\left[\dfrac{2\varepsilon(V_0-V)}{q}\left(\dfrac{N_a+N_d}{N_aN_d}\right)\right]^{1/2}$　(5-57)

单边突变结(p^+-n)：$x_{n0}=\dfrac{WN_a}{N_a+N_d}\simeq W$　(5-23b)　　$V_0=\dfrac{qN_dW^2}{2\varepsilon}$

少子浓度：$\Delta p_n=p(x_{no})-p_n=p_n(\mathrm{e}^{qV/kT}-1)$　(5-29)

$$\delta p(x_n)=\Delta p_n\mathrm{e}^{-x_n/L_p}=p_n(\mathrm{e}^{qV/kT}-1)\mathrm{e}^{-x_n/L_p}\qquad(5\text{-}31\mathrm{b})$$

理想二极管：$I=qA\left(\dfrac{D_p}{L_p}p_n+\dfrac{D_n}{L_n}n_p\right)(\mathrm{e}^{qV/kT}-1)=I_0(\mathrm{e}^{qV/kT}-1)$　(5-36)

非理想情况：$I=I_0'(\mathrm{e}^{qV/nkT}-1)$　(n=1~2)　(5-74)

受到光激发：$I_{\mathrm{op}}=qAg_{\mathrm{op}}(L_p+L_n+W)$　(8-1)

电容：$C=\left|\dfrac{\mathrm{d}Q}{\mathrm{d}V}\right|$　(5-55)

耗尽层电容：$C_j=\varepsilon A\left[\dfrac{q}{2\varepsilon(V_0-V)}\dfrac{N_dN_a}{N_d+N_a}\right]^{1/2}=\dfrac{\varepsilon A}{W}$　(5-62)

存储的过剩少子电荷：$Q_p=qA\displaystyle\int_0^\infty\delta p(x_n)\mathrm{d}x_n=qA\Delta p_n\int_0^\infty\mathrm{e}^{-x_n/L_p}\mathrm{d}x_n=qAL_p\Delta p_n$　(5-39)

电荷控制分析：$I_p(x_n=0)=\dfrac{Q_p}{\tau_p}=qA\dfrac{L_p}{\tau_p}\Delta p_n=qA\dfrac{D_p}{L_p}p_n(\mathrm{e}^{qV/kT}-1)$　(5-40)，(5-29)

长基区二极管的交流电导：$G_s = \frac{\mathrm{d}I}{\mathrm{d}V} = \frac{qAL_p p_n}{\tau_p} \frac{\mathrm{d}}{\mathrm{d}V}(\mathrm{e}^{qV/kT}) = \frac{q}{kT} I$ （5-65）

二极管的瞬态电流(p^+-n)：$i(t) = \frac{Q_p(t)}{\tau_p} + \frac{\mathrm{d}Q_p(t)}{\mathrm{d}t}$ （5-47）

NMOS 结构，n-MOSFET

氧化层电容：$C_j = \frac{\varepsilon_i}{d}$ 耗尽层电容：$C_d = \frac{\varepsilon_s}{W}$ MOS 电容：$C = \frac{C_i C_d}{C_i + C_d}$ （6-36）

阈值电压：$V_T = \Phi_{ms} - \frac{Q_i}{C_i} - \frac{Q_d}{C_i} + 2\phi_F$ （6-38） $W = \left[\frac{2\varepsilon_s \phi_s}{qN_a}\right]^{1/2}$ （6-30）

强反型条件：$\phi_s = 2\phi_F = 2\frac{kT}{q}\ln\frac{N_a}{n_i}$ （6-15） $Q_d = -qN_a W_m = -2(\varepsilon_s q N_a \phi_F)^{1/2}$ （6-32）

平带电容：$C_{FB} = \frac{C_i C_{\mathrm{debye}}}{C_i + C_{\mathrm{debye}}}$，$C_{\mathrm{debye}} = \frac{\varepsilon_s}{L_D}$ （6-40），$L_D = \sqrt{\frac{\varepsilon_s kT}{q^2 p_0}}$ （6-25）

衬底偏置效应：$\Delta V_T \approx \frac{\sqrt{2\varepsilon_s q N_a}}{C_i}(-V_B)^{1/2}$ n 沟道 （6-63b）

$$I_D = \frac{\bar{\mu}_n Z C_i}{L}\left\{\left(V_G - V_{FB} - 2\phi_F - \frac{1}{2}V_D\right)V_D - \frac{2}{3}\frac{\sqrt{2\varepsilon_s q N_a}}{C_i}\left[\left(V_D + 2\phi_F\right)^{3/2}\right] - (2\phi_F)^{3/2}\right\}$$

漏极电流： （6-50）

$$I_D \approx \frac{\bar{\mu}_n Z C_i}{L}\left[\left(V_G - V_T\right)V_D - \frac{1}{2}V_D^2\right] \quad (6\text{-}49)$$

饱和电流：$I_{D(\text{饱和})} \approx \frac{1}{2}\bar{\mu}_n C_i \frac{Z}{L}\left(V_G - V_T\right)^2 = \frac{Z}{2L}\bar{\mu}_n C_i V_{D(\text{饱和})}^2$ （6-53）

跨导：$g_m = \frac{\partial I_D}{\partial V_G}$，$g_{m(\text{饱和})} = \frac{\partial I_{D(\text{饱和})}}{\partial V_G} \approx \frac{Z}{L}\bar{\mu}_n C_i\left(V_G - V_T\right)$ （6-54）

短沟 MOSFET：$I_D \approx Z C_i\left(V_G - V_T\right)v_s$ （6-60）

亚阈值区斜率：$S = \frac{\mathrm{d}V_G}{\mathrm{d}(\log I_D)} = (\ln 10)\frac{kT}{q}\left[1 + \frac{C_d + C_{it}}{C_i}\right]$ （6-66）

p-n-p BJT

注入空穴电流：$I_{Ep} = qA\frac{D_p}{L_p}\left(\Delta p_E \mathrm{ctnh}\frac{W_b}{L_p} - \Delta p_C \mathrm{csch}\frac{W_b}{L_p}\right)$ （7-18）

基区边界过剩少子浓度：

$$\Delta p_E = p_n(\mathrm{e}^{qV_{EB}/kT} - 1)$$
$$\Delta p_C = p_n(\mathrm{e}^{qV_{CB}/kT} - 1) \quad (7\text{-}8)$$

端电流：$I_C = qA\frac{D_p}{L_p}\left(\Delta p_E \mathrm{csch}\frac{W_b}{L_p} - \Delta p_C \mathrm{ctnh}\frac{W_b}{L_p}\right)$ （7-18）

$$I_B = qA\frac{D_p}{L_p}\left[\left(\Delta p_E + \Delta p_C\right)\tanh\frac{W_b}{2L_p}\right] \quad (7\text{-}19)$$

基区输运因子：$B = \frac{I_C}{I_{Ep}} = \frac{\operatorname{csch} W_b/L_p}{\operatorname{ctnh} W_b/L_p} = \operatorname{sech}\frac{W_b}{L_p} \approx 1 - \left(\frac{W_b^2}{2L_p^2}\right)$ （7-26）

发射结注入效率：$\gamma = \frac{I_{Ep}}{I_{En} + I_{Ep}} = \left[1 + \frac{L_p^n n_n \mu_n^p}{L_n^p p_p \mu_p^n}\tanh\frac{W_b}{L_p^n}\right]^{-1} \approx \left[1 + \frac{W_b n_n \mu_n^p}{L_n^p p_p \mu_p^n}\right]^{-1}$ （7-25）

共基极电流增益：$\frac{i_C}{i_E} = B\gamma \equiv \alpha$ （7-3）

共发射极电流增益：$\frac{i_C}{i_B} = \frac{B\gamma}{1 - B\gamma} = \frac{\alpha}{1-\alpha} \equiv \beta$ （7-6）　　$\frac{i_C}{i_B} = \beta = \frac{\tau_p}{\tau_i}$ （假设γ=1） （7-7）